[초스피드기억법]

화재안전기준 포켓북

다중이용업소의 안전관리에 관한 특별법령 수록

우석대학교 소방방재학과 교수 **공하성**

■ 도서 A/S 안내

성안당에서 발행하는 모든 도서는 저자와 출판사, 그리고 독자가 함께 만들어 나갑니다.
좋은 책을 펴내기 위해 많은 노력을 기울이고 있습니다. 혹시라도 내용상의 오류나 오탈자 등이 발견되면 **"좋은 책은 나라의 보배"**로서 우리 모두가 함께 만들어 간다는 마음으로 연락주시기 바랍니다. 수정 보완하여 더 나은 책이 되도록 최선을 다하겠습니다.

성안당은 늘 독자 여러분들의 소중한 의견을 기다리고 있습니다. 좋은 의견을 보내주시는 분께는 성안당 쇼핑몰의 포인트(3,000포인트)를 적립해 드립니다.

잘못 만들어진 책이나 부록 등이 파손된 경우에는 교환해 드립니다.

저자 문의 : cafe.daum.net/firepass　(공하성)
　　　　　　cafe.naver.com/fireleader
본서 기획자 e-mail : coh@cyber.co.kr(최옥현)
홈페이지 : http://www.cyber.co.kr　전화 : 031) 950-6300

제10조【배출설비】배출설비는 다음 각 호의 기준에 따라 설치해야 한다.
1. 배풍기·배출덕트·후드 등을 이용하여 강제적으로 배출할 것
2. 바닥면적 $18m^3/m^2 \cdot hr$($1m^2$에 시간당 $18m^3$) 이상의 용량을 배출할 것
3. 화재감지기의 감지에 따라 작동할 것
4. 옥외와 면하는 벽체에 설치할 것

제11조【설치장소】전기저장장치는 관할 소방대의 원활한 소방활동을 위해 지면으로부터 지상 22m 이내, 지하 9m 이내로 설치해야 한다.

제12조【방화구획】전기저장장치 설치장소의 벽체, 바닥 및 천장은「건축물의 피난·방화구조 등의 기준에 관한 규칙」에 따라 건축물의 다른 부분과 방화구획 해야 한다. 다만, 배터리실 외의 장소와 옥외형 전기저장장치 설비는 방화구획 하지 않을 수 있다.

제13조【설치·유지기준의 특례】① 소방본부장 또는 소방서장은 중앙소방기술심의위원회의 심의를 거쳐 소방청장이 인정하는 시험방법에 따라 제2항에 따른 시험기관에서 화재안전 성능을 인정받은 경우에는 인정받은 성능 범위 안에서 제6조 및 제7조를 적용하지 않을 수 있다.
② 전기저장시설의 화재안전 성능과 관련된 시험은 다음 각 호의 시험기관에서 수행할 수 있다.
1. 한국소방산업기술원
2. 한국화재보험협회 부설 방재시험연구원
3. 제1항에 따라 소방청장이 인정하는 시험방법으로 화재안전 성능을 시험할 수 있는 비영리 국가공인시험기관(「국가표준기본법」제23조에 따라 한국인정기구로부터 시험기관으로 인정받은 기관을 말한다.)

제14조【규제의 재검토】소방청장은「행정규제기본법」제8조에 따라 2022년 7월 1일을 기준으로 매 3년이 되는 시점(매 3년째의 6월 30일까지를 말한다.)마다 그 타당성을 검토하여 개선 등의 조치를 해야 한다.

제15조【재검토기한】소방청장은「훈령·예규 등의 발령 및 관리에 관한 규정」에 따라 이 고시에 대하여 2022년 7월 1일을 기준으로 매 3년이 되는 시점(매 3년째의 6월 30일까지를 말한다.)마다 그 타당성을 검토하여 개선 등의 조치를 해야 한다.

부 칙 ⟨제2022-1호, 22.2.7.⟩

제1조【시행일】 이 고시는 발령 후 「화재예방, 소방시설 설치·유지 및 안전관리에 관한 법률 시행령(대통령령 제31949호, 2021.8.24. 일부개정)」 개정 규정 시행일인 2022년 2월 25일부터 시행한다.

제2조【적용례】 이 고시는 이 고시 시행 후 「전기사업법」 제61조 및 「전기안전관리법」 제8조에 따라 전기저장시설의 설치공사계획 또는 변경공사계획에 대한 인가를 신청하거나 신고하는 전기저장시설부터 적용한다.

전기저장시설(NFSC 607)

제정 2022. 2. 7. 소방청고시 제2022-1호

제1조【목적】 이 기준은 「화재예방, 소방시설 설치·유지 및 안전관리에 관한 법률」 제9조 제1항에 따라 소방청장에게 위임한 사항 중 전기저장시설에 설치해야 하는 소방시설 등의 설치기준과 유지 및 안전관리에 관하여 필요한 사항을 규정함을 목적으로 한다.

제2조【정의】 이 기준에서 사용하는 용어의 정의는 다음과 같다.
1. "**전기저장장치**"란 생산된 전기를 전력 계통에 저장했다가 전기가 가장 필요한 시기에 공급해 에너지 효율을 높이는 것으로 **배터리**(이차전지에 한정한다. 이하 같다.), 배터리관리시스템, 전력변환장치 및 에너지관리시스템 등으로 구성되어 발전·송배전·일반 건축물에서 목적에 따라 단계별 저장이 가능한 장치를 말한다.
2. "**옥외형 전기저장장치 설비**"란 컨테이너, 패널 등 전기저장장치 설비 전용 건축물의 형태로 **옥외**의 구획된 실에 설치된 전기저장장치를 말한다.
3. "**옥내형 전기저장장치 설비**"란 전기저장장치 설비 전용 건축물이 아닌 **건축물의 내부**에 설치되는 전기저장장치로 '**옥외형 전기저장장치 설비**'가 아닌 설비를 말한다.
4. "**배터리실**"이란 전기저장장치 중 **배터리**를 보관하기 위해 **별도로 구획**된 실을 말한다.
5. "**더블인터락**(double-interlock)**방식**"이란 준비작동식스프링클러설비의 작동방식 중 화재감지기와 스프링클러헤드가 모두 작동되는 경우 준비작동식유수검지장치가 개방되는 방식을 말한다.

제3조【적용범위】 「화재예방, 소방시설 설치·유지 및 안전관리에 관한 법률 시행령」 (이하 "**영**"이라 한다.) 제15조에 의한 전기저장시설에 설치하는 소방시설 등은 이 기준에서 정하는 규정에 따라 설비를 설치하고 유지·관리해야 한다.

제4조【다른 화재안전기준과의 관계】 전기저장장치에 설치하는 소방시설 등의 설치기준 중 이 기준에서 규정하지 않은 사항은 개별 화재안전기준에 따라 설치해야 한다.

제5조【소화기】 소화기는 「소화기구 및 자동소화장치의 화재안전기준(NFSC 101)」 [별표 4] 제2호에 따라 구획된 실마다 설치해야 한다.

제6조【스프링클러설비】 스프링클러설비는 다음 각 호의 기준에 따라 설치해야 한다. 다만, 배터리실 외의 장소에는 스프링클러헤드를 설치하지 않을 수 있다.

1

1. 스프링클러설비는 습식스프링클러설비 또는 준비작동식스프링클러설비(신속한 작동을 위해 **더블인터락**'방식은 제외한다.)로 설치할 것
2. 전기저장장치가 설치된 실의 바닥면적(바닥면적이 230m^2 이상인 경우에는 230m^2) **12L/m^2·min**(1m^2에 분당 12.2L) 이상의 수량을 균일하게 30분 이상 방수할 수 있도록 할 것
3. 스프링클러헤드 방수로 인해 인접 헤드에 미치는 영향을 최소화하기 위하여 스프링클러헤드 사이의 간격을 **1.8m 이상** 유지할 것
4. 준비작동식스프링클러설비를 설치할 경우 제8조 제2항에 따른 **감지기**를 설치할 것
5. 스프링클러설비를 **30분** 이상 작동할 수 있는 **비상전원**을 갖출 것
6. 준비작동식스프링클러설비의 경우 전기저장장치의 **출입구 부근에 수동식 기동장치**를 설치할 것
7. 소방자동차로부터 전기저장장치 설비에 송수할 수 있는 송수구를 「스프링클러설비의 화재안전기준(NFSC 103)」제11조에 따라 설치할 것

제7조【배터리용 소화장치】 다음 각 호의 어느 하나에 해당하는 경우에는 제6조에도 불구하고 중앙소방기술심의위원회의 심의를 거쳐 소방청장이 인정하는 시험방법으로 제13조 제2항에 따른 시험기관에서 전기저장장치에 대한 소화성능을 인정받은 배터리용 소화장치를 설치할 수 있다.
1. 옥외형 전기저장장치 설비가 **컨테이너 내부**에 설치된 경우
2. 옥외형 전기저장장치 설비가 **다른 건축물, 주차장, 공용도로, 적재된 가연물, 위험물** 등으로부터 **30m 이상** 떨어진 지역에 설치된 경우

제8조【자동화재탐지설비】 ① 자동화재탐지설비는 「자동화재탐지설비 및 시각경보장치의 화재안전기준(NFSC 203)」에 따라 설치한다. 다만, 옥외형 전기저장장치 설비에는 자동화재탐지설비를 설치하지 않을 수 있다.
② 감지기는 다음 각 호 중 어느 하나의 감지기를 설치해야 한다.
1. 공기흡입형 감지기 또는 아날로그식 연기감지기(감지기의 신호처리방식은 「자동화재탐지설비 및 시각경보장치의 화재안전기준(NFSC 203)」제3조의2에 따른다.)
2. 중앙소방기술심의위원회의 심의를 통해 전기저장장치에 적응성이 있다고 인정된 감지기

제9조【자동화재속보설비】 자동화재속보설비는 「자동화재속보설비의 화재안전기준(NFSC 204)」에 따라 설치해야 한다. 다만, **옥외형** 전기저장장치 설비에 설치하는 자동화재속보설비는 속보기에 **감지기**를 **직접 연결**하는 방식으로 설치할 수 있다.

머리말

God loves you, and has a wonderful plan for you.

안녕하십니까?
우석대학교 소방방재학과 교수 공하성입니다.
지난 21년간 보내주신 독자 여러분의 아낌없는 찬사에 진심으로 감사드립니다.
앞으로도 변함없는 성원을 부탁드리며, 여러분들의 성원에 힘입어 항상 더 좋은 책으로 거듭나겠습니다.
본 책은 소방시설관리사 및 소방기술사 시험에 응시하고자 하는 많은 수험생들과 소방공무원·현장실무자들을 위한 것입니다.
또한, 대학교에서 학생들의 교재로 활용되기를 바랍니다.

▶ 이 책의 특징을 보면
① 본문의 중요부분은 굵은 고딕으로 표기하여 구분을 명확히 하였습니다.
② 어느 곳에서든 휴대하여 쉽게 볼 수 있도록 하였습니다.
③ 찾아보기(INDEX)를 수록하여 궁금한 내용을 아주 쉽게 찾아볼 수 있도록 하였습니다.
④ 기억법으로 쉽게 암기할 수 있도록 하였습니다.

본 책에는 일부 잘못된 부분이 있을 수 있으며, 잘못된 부분에 대해서는 발견 즉시 저자의 카페(cafe.daum.net/firepass 또는 cafe.naver.com/fireleader)에 올리도록 하고, 새로운 책이 나올 때마다 늘 수정·보완하도록 하겠습니다.
끝으로 이 책에 대한 모든 영광을 그 분께 돌려 드립니다.

공하성 올림

CONTENTS

제1편 화재안전기준(기계분야)

제1장 소화설비 3
  1. 소화기구 및 자동소화장치(NFSC 101) 3
  2. 옥내소화전설비(NFSC 102) 12
  3. 옥외소화전설비(NFSC 109) 29
  4. 스프링클러설비(NFSC 103) 39
  5. 간이스프링클러설비(NFSC 103A) 69
  6. 화재조기진압용 스프링클러설비(NFSC 103B) 86
  7. 물분무소화설비(NFSC 104) 106
  8. 미분무소화설비(NFSC 104A) 120
  9. 포소화설비(NFSC 105) 134
  10. 이산화탄소소화설비(NFSC 106) 155
  11. 할론소화설비(NFSC 107) 167
  12. 할로겐화합물 및 불활성기체소화설비(NFSC 107A) 177
  13. 분말소화설비(NFSC 108) 189
  14. 고체에어로졸 소화설비(NFSC 110) 198

제2장 피난구조설비 206
  1. 피난기구(NFSC 301) 206
  2. 인명구조기구(NFSC 302) 214

제3장 소화활동설비 217
  1. 제연설비(NFSC 501) 217
  2. 특별피난계단의 계단실 및 부속실 제연설비(NFSC 501A) 225
  3. 지하구(NFSC 605) 238
  4. 연결살수설비(NFSC 503) 247
  5. 연결송수관설비(NFSC 502) 256

차 례

제4장 소화용수설비 및 기타 시설 ······ 265
1. 상수도소화용수설비(NFSC 401) ······ 265
2. 소화수조 및 저수조(NFSC 402) ······ 267
3. 도로터널(NFSC 603) ······ 270
4. 고층건축물(NFSC 604) ······ 276
5. 임시소방시설(NFSC 606) ······ 281
6. 소방시설의 내진설계기준 ······ 284
7. 건축물의 화재안전성능보강 방법 등에 관한 기준 ······ 297

제2편 화재안전기준(전기분야)

제1장 경보설비 ······ 301
1. 자동화재탐지설비 및 시각경보장치(NFSC 203) ······ 301
2. 자동화재속보설비(NFSC 204) ······ 320
3. 비상경보설비 및 단독경보형감지기(NFSC 201) ······ 322
4. 비상방송설비(NFSC 202) ······ 326
5. 누전경보기(NFSC 205) ······ 329
6. 가스누설경보기(NFSC 206) ······ 332

제2장 피난구조설비 ······ 335
1. 유도등 및 유도표지(NFSC 303) ······ 335
2. 비상조명등(NFSC 304) ······ 343

제3장 소화활동설비 및 기타 설비 ······ 346
1. 비상콘센트설비(NFSC 504) ······ 346
2. 무선통신보조설비(NFSC 505) ······ 350
3. 소방시설용 비상전원수전설비(NFSC 602) ······ 354

CONTENTS

제3편 다중이용업소의 안전관리에 관한 특별법령

1. **다중이용업소의 안전관리에 관한 특별법** ················ 363
   - 제1장 총 칙 ··· 363
   - 제2장 다중이용업소의 안전관리기본계획 등 ················ 364
   - 제3장 허가관청의 통보 등 ··· 365
   - 제3장의2 다중이용업주의 화재배상책임보험의 의무가입 등 ······· 370
   - 제4장 다중이용업소 안전관리를 위한 기반 조성 ··········· 372
   - 제5장 보 칙 ··· 376
   - 제6장 벌 칙 ··· 377

2. **다중이용업소의 안전관리에 관한 특별법 시행령** ········ 380

3. **다중이용업소의 안전관리에 관한 특별법 시행규칙** ······ 412

제4편 기타 소방 관련 법령

1. **공공기관의 소방안전관리에 관한 규정** ······················ 441
2. **건축물의 피난·방화구조 등의 기준에 관한 규칙** ········ 445
3. **방화문 및 자동방화셔터의 인정 및 관리기준** ············· 484
4. **화재예방, 소방시설 설치·유지 및 안전관리에 관한 법률 시행령** ··· 504
5. **화재예방, 소방시설 설치·유지 및 안전관리에 관한 법률 시행규칙** ··· 519

▼ 찾아보기 ··· 529

NATIONAL FIRE SAFETY CODES

소방설비기사 · 소방시설관리사 · 소방기술사 시험, 현장실무자를 위한

화재안전기준

Part 1
화재안전기준(기계분야)

제1장 소화설비
제2장 피난구조설비
제3장 소화활동설비
제4장 소화용수설비 및 기타 시설

브레슬로 박사가 제안한 7가지 건강습관

1. 하루 7~8시간 충분한 수면
2. 금연
3. 적정한 체중유지
4. 과음을 삼간다.
5. 주 3회 이상 운동
6. 아침식사를 거르지 않는다.
7. 간식을 먹지 않는다.

제1장 소화설비

1 소화기구 및 자동소화장치(NFSC 101)

타법개정 2021. 1. 15. 소방청고시 제2021-11호

제1조【목적】 이 기준은 「화재예방, 소방시설 설치·유지 및 안전관리에 관한 법률」 제9조 제1항에 따라 소방청장에게 위임한 사항 중 소화설비인 소화기구 및 자동소화장치의 설치·유지 및 안전관리에 필요한 사항을 규정함을 목적으로 한다. 〈개정 17.7.26.〉

제2조【적용범위】「화재예방, 소방시설 설치·유지 및 안전관리에 관한 법률 시행령」 (이하 "**영**"이라 한다.) [별표 5] 제1호 가목 및 나목에 따른 소화기구 및 자동소화장치는 이 기준에서 정하는 규정에 따라 설치하고 유지·관리하여야 한다. 〈개정 17.4.11.〉

제3조【정의】 이 기준에서 사용하는 용어의 정의는 다음과 같다.
1. "**소화약제**"란 소화기구 및 자동소화장치에 사용되는 소화성능이 있는 **고체·액체** 및 **기체**의 물질을 말한다. 〈개정 17.4.11.〉
2. "**소화기**"란 소화약제를 압력에 따라 방사하는 기구로서 사람이 **수동**으로 조작하여 소화하는 다음 각 목의 것을 말한다. 〈개정 12.6.11.〉
   가. "**소형소화기**"란 능력단위가 **1단위** 이상이고 대형소화기의 능력단위 미만인 소화기를 말한다.
   나. "**대형소화기**"란 화재 시 사람이 운반할 수 있도록 운반대와 바퀴가 설치되어 있고 능력단위가 A급 **10단위** 이상, B급 **20단위** 이상인 소화기를 말한다.

   > 기억법 B2(비이커)

3. "**자동확산소화기**"란 화재를 감지하여 **자동**으로 소화약제를 방출·확산시켜 국소적으로 소화하는 소화기를 말한다. 〈신설 17.4.11.〉
4. "**자동소화장치**"란 소화약제를 자동으로 방사하는 고정된 소화장치로서 법 제36조 또는 제39조에 따라 형식승인이나 성능인증을 받은 유효설치 범위(설계방호체적, 최대설치높이, 방호면적 등을 말한다.) 이내에 설치하여 소화하는 다음 각 목의 것을 말한다. 〈개정 17.4.11.〉
   가. "**주거용 주방자동소화장치**"란 주거용 주방에 설치된 열발생 조리기구의 사용으로 인한 화재 발생 시 열원(전기 또는 가스)을 자동으로 차단하며 소화약제를 방출하는 소화장치를 말한다. 〈개정 17.4.11.〉

나. "**상업용 주방자동소화장치**"란 상업용 주방에 설치된 열발생 조리기구의 사용으로 인한 화재발생 시 열원(전기 또는 가스)을 자동으로 차단하며 소화약제를 방출하는 소화장치를 말한다.〈신설 17.4.11.〉

다. "**캐비닛형 자동소화장치**"란 열, 연기 또는 불꽃 등을 감지하여 소화약제를 방사하여 소화하는 캐비닛 형태의 소화장치를 말한다.〈개정 17.4.11.〉

라. "**가스자동소화장치**"란 열, 연기 또는 불꽃 등을 감지하여 **가스계** 소화약제를 방사하여 소화하는 소화장치를 말한다.〈개정 17.4.11.〉

마. "**분말자동소화장치**"란 열, 연기 또는 불꽃 등을 감지하여 **분말**의 소화약제를 방사하여 소화하는 소화장치를 말한다.〈개정 17.4.11.〉

바. "**고체에어로졸자동소화장치**"란 열, 연기 또는 불꽃 등을 감지하여 **에어로졸**의 소화약제를 방사하여 소화하는 소화장치를 말한다.〈개정 17.4.11.〉

5. "**거실**"이란 거주·집무·작업·집회·오락 그 밖에 이와 유사한 목적을 위하여 사용하는 방을 말한다.〈개정 12.6.11.〉

6. "**능력단위**"란 소화기 및 소화약제에 따른 간이소화용구에 있어서는 법 제36조 제1항에 따라 형식승인된 수치를 말하며, 소화약제 외의 것을 이용한 간이소화용구에 있어서는 [별표 2]에 따른 수치를 말한다.〈전문개정 12.6.11.〉

7. "**일반화재(A급 화재)**"란 나무, 섬유, 종이, 고무, 플라스틱류와 같은 일반 가연물이 타고 나서 재가 남는 화재를 말한다. 일반화재에 대한 소화기의 적응 화재별 표시는 'A'로 표시한다.〈신설 15.1.23.〉

8. "**유류화재(B급 화재)**"란 인화성 액체, 가연성 액체, 석유 그리스, 타르, 오일, 유성도료, 솔벤트, 래커, 알코올 및 인화성 가스와 같은 유류가 타고 나서 재가 남지 않는 화재를 말한다. 유류화재에 대한 소화기의 적응 화재별 표시는 'B'로 표시한다.〈신설 15.1.23.〉

9. "**전기화재(C급 화재)**"란 전류가 흐르고 있는 전기기기, 배선과 관련된 화재를 말한다. 전기화재에 대한 소화기의 적응 화재별 표시는 'C'로 표시한다.〈신설 15.1.23.〉

10. "**주방화재(K급 화재)**"란 주방에서 동식물유를 취급하는 조리기구에서 일어나는 화재를 말한다. 주방화재에 대한 소화기의 적응 화재별 표시는 'K'로 표시한다.〈신설 17.4.11.〉

제4조【설치기준】 ① 소화기구는 다음 각 호의 기준에 따라 설치하여야 한다.〈개정 12.6.11.〉

1. 특정소방대상물의 설치장소에 따라 [별표 1]에 적합한 종류의 것으로 할 것〈개정 12.6.11.〉

2. 특정소방대상물에 따라 소화기구의 능력단위는 [별표 3]의 기준에 따를 것
   〈개정 12.6.11.〉
3. 제2호에 따른 능력단위 외에 [별표 4]에 따라 부속용도별로 사용되는 부분에 대하여는 소화기구 및 자동소화장치를 추가하여 설치할 것〈개정 17.4.11.〉
4. 소화기는 다음 각 목의 기준에 따라 설치할 것〈개정 12.6.11.〉
   가. **각 층**마다 설치하되, 특정소방대상물의 각 부분으로부터 1개의 소화기까지의 보행거리가 **소형소화기**의 경우에는 **20m** 이내, **대형소화기**의 경우에는 **30m** 이내가 되도록 배치할 것. 다만, **가연성 물질**이 **없는 작업장**의 경우에는 작업장의 실정에 맞게 보행거리를 완화하여 배치할 수 있다.〈개정 21.1.15.〉
   나. 특정소방대상물의 각 층이 **2 이상의 거실**로 구획된 경우에는 가목의 규정에 따라 각 층마다 설치하는 것 외에 바닥면적이 **33m^2** 이상으로 구획된 각 거실(아파트의 경우에는 각 세대를 말한다.)에도 배치할 것〈개정 12.6.11.〉
   다. 삭 제〈08.12.15.〉
5. 능력단위가 2단위 이상이 되도록 소화기를 설치하여야 할 특정소방대상물 또는 그 부분에 있어서는 간이소화용구의 능력단위가 전체 능력단위의 $\frac{1}{2}$을 초과하지 아니하게 할 것. 다만, 노유자시설의 경우에는 그렇지 않다.〈개정 12.6.11.〉
6. 소화기구(자동확산소화기를 제외한다.)는 거주자 등이 손쉽게 사용할 수 있는 장소에 바닥으로부터 높이 **1.5m** 이하의 곳에 비치하고, 소화기에 있어서는 "**소화기**", 투척용 소화용구에 있어서는 "**투척용 소화용구**", 마른모래에 있어서는 "**소화용 모래**", 팽창질석 및 팽창진주암에 있어서는 "**소화질석**"이라고 표시한 표지를 보기 쉬운 곳에 부착할 것〈개정 17.4.11.〉
7. 자동확산소화기는 다음 각 목의 기준에 따라 설치할 것〈신설 17.4.11.〉
   가. 방호대상물에 소화약제가 유효하게 방사될 수 있도록 설치할 것
   나. 작동에 지장이 없도록 견고하게 고정할 것
8. 삭 제〈17.4.11.〉
9. 삭 제〈17.4.11.〉
② 자동소화장치는 다음 각 호의 기준에 따라 설치하여야 한다.〈개정 17.4.11.〉
   1. 주거용 **주방자**동소화장치는 다음 각 목의 기준에 따라 설치할 것 〔설계 12회〕
      가. 소화약제 **방**출구는 환기구(주방에서 발생하는 열기류 등을 밖으로 배출하는 장치를 말한다. 이하 같다.)의 청소부분과 분리되어 있어야 하며, 형식승인 받은 유효설치 높이 및 방호면적에 따라 설치할 것
      나. **감**지부는 형식승인 받은 유효한 높이 및 위치에 설치할 것

다. **차**단장치(전기 또는 가스)는 상시 확인 및 점검이 가능하도록 설치할 것
라. 가스용 주방자동소화장치를 사용하는 경우 **탐**지부는 수신부와 분리하여 설치하되, 공기보다 가벼운 가스를 사용하는 경우에는 **천장면**으로부터 **30cm** 이하의 위치에 설치하고, 공기보다 무거운 가스를 사용하는 장소에는 **바닥면**으로부터 **30cm** 이하의 위치에 설치할 것
마. **수**신부는 주위의 열기류 또는 습기 등과 주위온도에 영향을 받지 아니하고 사용자가 상시 볼 수 있는 장소에 설치할 것

> 기억법 주자방 감차탐수

2. 상업용 주방자동소화장치는 다음 각 목의 기준에 따라 설치할 것
  가. 소화장치는 조리기구의 종류별로 성능인증 받은 설계 매뉴얼에 적합하게 설치할 것
  나. 감지부는 성능인증 받는 유효높이 및 위치에 설치할 것
  다. 차단장치(전기 또는 가스)는 상시 확인 및 점검이 가능하도록 설치할 것
  라. 후드에 방출되는 분사헤드는 후드의 가장 긴 변의 길이까지 방출될 수 있도록 약제 방출 방향 및 거리를 고려하여 설치할 것
  마. 덕트에 방출되는 분사헤드는 성능인증 받는 길이 이내로 설치할 것
3. 캐비닛형 자동소화장치는 다음 각 목의 기준에 따라 설치하여야 한다.
  가. 분사헤드의 설치 높이는 방호구역의 바닥으로부터 최소 **0.2m** 이상 최대 **3.7m** 이하로 하여야 한다. 다만, 별도의 높이로 형식승인 받은 경우에는 그 범위 내에서 설치할 수 있다.
  나. 화재감지기는 방호구역 내의 천장 또는 옥내에 면하는 부분에 설치하되「자동화재탐지설비 및 시각경보장치의 화재안전기준(NFSC 203)」제7조에 적합하도록 설치할 것
  다. 방호구역 내의 화재감지기의 감지에 따라 작동되도록 할 것
  라. 화재감지기의 회로는 **교차회로방식**으로 설치할 것. 다만, 화재감지기를「자동화재탐지설비 및 시각경보장치의 화재안전기준(NFSC 203)」제7조 제1항 단서의 각 호의 감지기로 설치하는 경우에는 그러하지 아니하다.
  마. 교차회로 내의 각 화재감지기회로별로 설치된 화재감지기 1개가 담당하는 바닥면적은「자동화재탐지설비 및 시각경보장치의 화재안전기준(NFSC 203)」제7조 제3항 제5호·제8호 및 제10호에 따른 바닥면적으로 할 것
  바. 개구부 및 통기구(환기장치를 포함한다. 이하 같다.)를 설치한 것에 있어서는 약제가 방사되기 전에 해당 개구부 및 통기구를 자동으로 폐쇄할 수 있도록 할 것. 다만, 가스압에 의하여 폐쇄되는 것은 소화약제 방출과 동시에 폐쇄할 수 있다.

사. 작동에 지장이 없도록 견고하게 고정시킬 것
아. 구획된 장소의 방호체적 이상을 방호할 수 있는 소화성능이 있을 것
4. **가**스, **분**말, **고**체에어로졸자동소화장치는 다음 각 목의 기준에 따라 설치하여야 한다. 설계 14회
  가. 소화약제 **방**출구는 형식승인 받은 유효설치범위 내에 설치할 것
  나. **자**동소화장치는 방호구역 내에 형식승인된 1개의 제품을 설치할 것. 이 경우 연동방식으로서 하나의 형식을 받은 경우에는 1개의 제품으로 본다.
  다. **감**지부는 형식승인된 유효설치범위 내에 설치하여야 하며 설치장소의 평상시 최고주위온도에 따라 다음 표에 따른 표시온도의 것으로 설치할 것. 다만, 열감지선의 감지부는 형식승인 받은 최고주위온도범위 내에 설치하여야 한다.

설치장소의 최고주위온도	표시온도
39℃ 미만	**79**℃ 미만
39℃ 이상 **64**℃ 미만	79℃ 이상 **121**℃ 미만
64℃ 이상 **106**℃ 미만	121℃ 이상 **162**℃ 미만
106℃ 이상	162℃ 이상

> 기억법
> 39   79
> 64   121
> 106 162

  라. 다목에도 불구하고 **화**재감지기를 감지부를 사용하는 경우에는 제3호 나목부터 마목까지의 설치방법에 따를 것

> 기억법 가분고 방자감화

③ 이산화탄소 또는 할로겐화합물을 방사하는 소화기구(자동확산소화기를 제외한다.)는 **지하층**이나 **무창층** 또는 **밀폐된 거실**로서 그 바닥면적이 20m² 미만의 장소에는 설치할 수 없다. 다만, **배기를 위한 유효한 개구부**가 있는 장소인 경우에는 그러하지 아니하다. 〈개정 17.4.11.〉 설계 17회

제5조【소화기의 감소】 ① 소형소화기를 설치하여야 할 특정소방대상물 또는 그 부분에 **옥내소화전설비·스프링클러설비·물분무등소화설비·옥외소화전설비** 또는 **대형소화기**를 설치한 경우에는 해당 설비의 유효범위의 부분에 대하여는 제4조 제1항 제2호 및 제3호에 따른 **소화기**의 $\frac{2}{3}$(**대형소화기**를 둔 경우에는 $\frac{1}{2}$)를 감소할 수 있다. 다만, 층수가 11층 이상인 부분, 근린생활시설, 위락시설, 문화 및 집회시설, 운동시설, 판매시설, 운수시설, 숙박시설, 노유자시설, 의료시설, 아파트, 업무시설(무인

변전소를 제외한다.), 방송통신시설, 교육연구시설, 항공기 및 자동차관련시설, 관광 휴게시설은 그러하지 아니하다. 〈개정 12.6.11.〉

② 대형소화기를 설치하여야 할 특정소방대상물 또는 그 부분에 **옥내소화전설비·스프링클러설비·물분무등소화설비** 또는 **옥외소화전설비**를 설치한 경우에는 해당 설비의 유효범위 안의 부분에 대하여는 대형소화기를 설치하지 아니할 수 있다.
〈개정 12.6.11.〉 설계 17회
〈제목개정 12.6.11.〉

제6조【설치·유지기준의 특례】 소방본부장 또는 소방서장은 특정소방대상물의 위치·구조·설비의 상황에 따라 유사한 소방시설로도 이 기준에 따라 해당 특정소방대상물에 설치하여야 할 소화기구의 기능을 수행할 수 있다고 인정되는 경우에는 그 효력범위 안에서 그 유사한 소방시설을 이 기준에 따른 소방시설로 보고 소화기구의 설치·유지기준의 일부를 적용하지 아니할 수 있다. 〈개정 12.6.11.〉

제7조【재검토 기한】 소방청장은 「훈령·예규 등의 발령 및 관리에 관한 규정」에 따라 이 고시에 대하여 2017년 7월 1일 기준으로 매 3년이 되는 시점(매 3년째의 6월 30일까지를 말한다.)마다 그 타당성을 검토하여 개선 등의 조치를 하여야 한다.
〈개정 17.7.26.〉

부 칙 〈제2021-11호, 21.1.15.〉

제1조【시행일】 이 고시는 발령한 날부터 시행한다.

제2조 생 략

제3조【다른 고시의 개정】 ①「소화기구 및 자동소화장치의 화재안전기준(NFSC 101)」 일부를 다음과 같이 개정한다.
제4조 제1항 제4호 가목 중 단서 조항을 "다만, 가연성물질이 없는 작업장의 경우에는 작업장의 실정에 맞게 보행거리를 완화하여 배치할 수 있다."로 개정한다.
[별표 4] 부속용도별로 추가하여야 할 소화기구 및 자동소화장치 중 용도별 제1호 라목을 삭제하고 소화기구의 능력단위 제1호 단서 조항 "다만, 지하구의 제어반 또는 분전반의 경우에는 제어반 또는 분전반마다 그 내부에 가스·분말·고체에어로졸자동소화장치를 설치하여야 한다."를 삭제한다.
②부터 ④까지 생략

[별표 1] 소화기구의 소화약제별 적응성(제4조 제1항 제1호 관련)〈개정 18.11.19.〉 설계 17회

소화약제 구분 적응대상	가스			분말		액체			기타		
	이산화탄소소화약제	할론소화약제	할로겐화합물 및 불활성기체소화약제	인산염류소화약제	중탄산염류소화약제	산알칼리소화약제	강화액소화약제	포소화약제	물·침윤소화약제	고체에어로졸화합물	마른모래	팽창질석·팽창진주암	그 밖의 것
일반화재 (A급 화재)	–	O	O	O	–	O	O	O	O	O	O	O	–
유류화재 (B급 화재)	O	O	O	O	O	O	O	O	O	O	O	O	–
전기화재 (C급 화재)	O	O	O	O	O	*	*	*	*	O	O	O	–
주방화재 (K급 화재)	–	–	–	–	*	–	*	*	*	–	–	–	*

(주) "*"의 소화약제별 적응성은 「화재예방, 소방시설 설치유지 및 안전관리에 관한 법률」 제36조에 의한 형식승인 및 제품검사의 기술기준에 따라 화재 종류별 적응성에 적합한 것으로 인정되는 경우에 한한다.

[별표 2] 소화약제 외의 것을 이용한 간이소화용구의 능력단위(제3조 제6호 관련)
〈개정 12.6.11.〉

간이소화용구		능력단위
1. 마른모래	삽을 상비한 50L 이상의 것 1포	0.5단위
2. 팽창질석 또는 팽창진주암	삽을 상비한 80L 이상의 것 1포	

[별표 3] 특정소방대상물별 소화기구의 능력단위기준(제4조 제1항 제2호 관련)
〈개정 12.6.11.〉 설계 12회, 14회, 17회

특정소방대상물	소화기구의 능력단위
1. 위락시설 기억법 위3(위상)	해당 용도의 바닥면적 $30m^2$마다 능력단위 1단위 이상
2. 공연장 · 집회장 · 관람장 · 문화재 · 장례식장 및 의료시설 기억법 5공연장 문의 집관람 (손오공 연장 문의 집관람)	해당 용도의 바닥면적 $50m^2$마다 능력단위 1단위 이상
3. 근린생활시설 · 판매시설 · 운수시설 · 숙박시설 · 노유자시설 · 전시장 · 공동주택 · 업무시설 · 방송통신시설 · 공장 · 창고시설 · 항공기 및 자동차 관련 시설 및 관광휴게시설 기억법 근판숙노전 주업방차창 1항관광 (근판숙노전 주업방차창 일본항 관광)	해당 용도의 바닥면적 $100m^2$마다 능력단위 1단위 이상
4. 그 밖의 것	해당 용도의 바닥면적 $200m^2$마다 능력단위 1단위 이상

(주) 소화기구의 능력단위를 산출함에 있어서 건축물의 주요 구조부가 **내화구조**이고, 벽 및 반자의 실내에 면하는 부분이 **불연재료 · 준불연재료** 또는 **난연재료**로 된 특정소방대상물에 있어서는 위 표의 기준면적의 2배를 해당 특정소방대상물의 기준면적으로 한다.

[별표 4] 부속용도별로 추가하여야 할 소화기구 및 자동소화장치(제4조 제1항 제3호 관련)
〈개정 17.4.11.〉

용도별	소화기구의 능력단위
1. 다음 각 목의 시설. 다만, 스프링클러설비 · 간이스프링클러설비 · 물분무등소화설비 또는 상업용 주방자동소화장치가 설치된 경우에는 자동확산소화기를 설치하지 아니할 수 있다. 가. 보일러실(아파트의 경우 방화구획된 것을 제외한다.) · 건조실 · 세탁소 · 대량화기취급소 나. 음식점(지하가의 음식점을 포함한다.) · 다중이용업소 · 호텔 · 기숙사 · 노유자시설 · 의료시설 · 업무시설 · 공장 · 장례식장 · 교육연구시설 · 교정 및 군사시설의 주방. 다만, 의료시설 · 업무시설 및 공장의 주방은 공동취사를 위한 것에 한한다. 다. 관리자의 출입이 곤란한 변전실 · 송전실 · 변압기실 및 배전반실(불연재료로 된 상자 안에 장치된 것을 제외한다.) 라. 삭 제 기억법 보건세대 음주다변	1. 해당 용도의 바닥면적 $25m^2$마다 능력단위 1단위 이상의 **소화기**로 하고, 그 외에 **자동확산소화기**를 바닥면적 $10m^2$ **이하**는 1개, $10m^2$ **초과**는 2개를 설치할 것 2. 나목의 주방의 경우, 1호에 의하여 설치하는 소화기 중 1개 이상은 주방화재용 소화기(K급)를 설치하여야 한다.

용도별			소화기구의 능력단위
2. 발전실 · 변전실 · 송전실 · 변압기실 · 배전반실 · 통신기기실 · 전산기기실 · 기타 이와 유사한 시설이 있는 장소. 다만, 제1호 다목의 장소를 제외한다.			해당 용도의 바닥면적 $50m^2$ 마다 적응성이 있는 **소화기** 1개 이상 또는 유효설치방호체적 이내의 가스 · 분말 · 고체에어로졸자동소화장치, 캐비닛형자동소화장치(다만, 통신기기실 · 전자기기실을 제외한 장소에 있어서는 **교류 600V** 또는 **직류 750V 이상**의 것에 한한다.)
3. 위험물안전관리법 시행령 [별표 1]에 따른 지정수량의 $\frac{1}{5}$ 이상 지정수량 미만의 위험물을 저장 또는 취급하는 장소			능력단위 2단위 이상 또는 유효설치 방호체적 이내의 가스 · 분말 · 고체에어로졸자동소화장치, 캐비닛형 자동소화장치
4. 소방기본법 시행령 [별표 2]에 따른 특수가연물을 저장 또는 취급하는 장소		소방기본법 시행령 [별표 2]에서 정하는 수량 이상	소방기본법 시행령 [별표 2]에서 정하는 수량의 **50배** 이상마다 능력단위 **1단위 이상**
		소방기본법 시행령 [별표 2]에서 정하는 수량의 500배 이상	**대형소화기 1개** 이상
5. 고압가스안전관리법 · 액화석유가스의 안전관리 및 사업법 및 도시가스사업법에서 규정하는 가연성 가스를 연료로 사용하는 장소		액화석유가스 기타 가연성 가스를 연료로 사용하는 연소기기가 있는 장소	각 연소기로부터 **보행거리 10m 이내**에 능력단위 **3단위 이상의 소화기 1개** 이상. 다만, 상업용 주방자동소화장치가 설치된 장소는 제외한다.
		액화석유가스 기타 가연성 가스를 연료로 사용하기 위하여 저장하는 저장실(저장량 300kg 미만은 제외한다.)	능력단위 **5단위** 이상의 **소화기 2개** 이상 및 **대형소화기 1개** 이상
6. 고압가스안전관리법 · 액화석유가스의 안전관리 및 사업법 또는 도시가스사업법에서 규정하는 가연성 가스를 제조하거나 연료 외의 용도로 저장 · 사용하는 장소	저장하고 있는 양 또는 1개월 동안 제조 · 사용하는 양	200kg 미만	
		저장하는 장소	능력단위 **3단위** 이상의 **소화기 2개** 이상
		제조 · 사용하는 장소	능력단위 **3단위** 이상의 **소화기 2개** 이상
		200kg 이상 300kg 미만	
		저장하는 장소	능력단위 **5단위** 이상의 **소화기 2개** 이상
		제조 · 사용하는 장소	바닥면적 $50m^2$ 마다 능력단위 **5단위** 이상의 **소화기 1개** 이상
		300kg 이상	
		저장하는 장소	**대형소화기 2개** 이상
		제조 · 사용하는 장소	바닥면적 $50m^2$ 마다 능력단위 **5단위** 이상의 **소화기 1개** 이상

[비고]
액화석유가스 · 기타 가연성 가스를 제조하거나 연료 외의 용도로 사용하는 장소에 소화기를 설치하는 때에는 해당 장소 바닥면적 $50m^2$ 이하인 경우에도 해당 소화기를 **2개** 이상 비치하여야 한다.

2 옥내소화전설비(NFSC 102)

일부개정 2021. 12. 16. 소방청고시 제2021-43호

제1조【목적】 이 기준은 「화재예방, 소방시설 설치·유지 및 안전관리에 관한 법률」 제9조 제1항에 따라 소방청장에게 위임한 사항 중 소화설비인 옥내소화전설비의 설치·유지 및 안전관리에 필요한 사항을 규정함을 목적으로 한다.〈개정 17.7.26.〉

제2조【적용범위】 「화재예방, 소방시설 설치·유지 및 안전관리에 관한 법률 시행령」(이하 "**영**"이라 한다.) [별표 5] 제1호 다목에 따른 옥내소화전설비는 이 기준에서 정하는 규정에 따라 설비를 설치하고 유지·관리하여야 한다.〈개정 16.5.16.〉

제3조【정의】 이 기준에서 사용하는 용어의 정의는 다음과 같다.
1. "**고가수조**"란 **구조물** 또는 **지형지물** 등에 설치하여 자연낙차의 압력으로 급수하는 수조를 말한다.
2. "**압력수조**"란 소화용수와 공기를 채우고 **일정압력 이상**으로 **가압**하여 그 압력으로 급수하는 수조를 말한다.
3. "**충압펌프**"란 배관 내 압력손실에 따른 **주펌프**의 **빈번한 기동**을 **방지**하기 위하여 충압역할을 하는 펌프를 말한다.
4. "**정격토출량**"이란 **정격토출압력**에서의 펌프의 토출량을 말한다.
5. "**정격토출압력**"이란 **정격토출량**에서의 펌프의 토출측 압력을 말한다.
6. "**진공계**"란 대기압 이하의 **압력**을 측정하는 계측기를 말한다.
7. "**연성계**"란 대기압 이상의 **압력**과 대기압 이하의 **압력**을 측정할 수 있는 계측기를 말한다.
8. "**체절운전**"이란 펌프의 **성능시험**을 목적으로 펌프 토출측의 개폐밸브를 닫은 상태에서 펌프를 운전하는 것을 말한다.
9. "**기동용 수압개폐장치**"란 소화설비의 배관 내 **압력변동**을 **검지**하여 자동적으로 **펌프**를 기동 및 정지시키는 것으로서 **압력챔버** 또는 **기동용 압력스위치** 등을 말한다.
10. "**급수배관**"이란 수원 및 옥외송수구로부터 옥내소화전방수구에 급수하는 배관을 말한다.
10의2. "**분기배관**"이란 배관 측면에 구멍을 뚫어 둘 이상의 관로가 생기도록 가공한 배관으로서 확관형 분기배관과 비확관형 분기배관을 말한다.
10의3. "**확관형 분기배관**"이란 배관의 측면에 조그만 구멍을 뚫고 소성가공으로 확관시켜 배관 용접이음자리를 만들거나 배관 용접이음자리에 배관이음쇠를 용접이음한 배관을 말한다.
10의4. "**비확관형 분기배관**"이란 배관의 측면에 분기호칭내경 이상의 구멍을 뚫고 배관이음쇠를 용접이음한 배관을 말한다.

2. 옥내소화전설비(NFSC 102)

11. "개폐표시형밸브"란 밸브의 개폐여부를 외부에서 식별이 가능한 밸브를 말한다.
12. "가압수조"란 가압원인 압축공기 또는 불연성 고압기체에 따라 소방용수를 가압시키는 수조를 말한다.〈신설 08.12.15.〉

제4조【수원】 ① 옥내소화전설비의 수원은 그 저수량이 옥내소화전의 설치개수가 가장 많은 층의 설치개수(2개 이상 설치된 경우에는 2개)에 $2.6m^3$(호스릴옥내소화전설비를 포함한다.)를 곱한 양 이상이 되도록 하여야 한다.〈개정 21.4.1.〉

② **옥**내소화전설비의 수원은 제1항에 따라 산출된 유효수량 외에 **유효수량**의 $\frac{1}{3}$ 이상을 옥상(옥내소화전설비가 설치된 건축물의 주된 옥상을 말한다. 이하 같다.)에 설치하여야 한다. 다만, 다음 각 호의 어느 하나에 해당하는 경우에는 그러하지 아니하다.〈개정 13.6.10.〉
  1. 삭 제〈13.6.10.〉
  2. **지**하층만 있는 건축물
  3. 제5조 제2항에 따른 **고**가수조를 가압송수장치로 설치한 옥내소화전설비
  4. **수**원이 건축물의 최상층에 설치된 방수구보다 높은 위치에 설치된 경우〈개정 15.1.23.〉
  5. **건**축물의 높이가 지표면으로부터 10m 이하인 경우
  6. **주펌프**와 동등 이상의 성능이 있는 별도의 펌프로서 **내연기관**의 기동과 연동하여 작동되거나 **비상전원**을 연결하여 설치한 경우
  7. 제5조 제1항 제9호 단서에 해당하는 경우〈신설 08.12.15.〉
  8. 제5조 제4항에 따라 **가**압수조를 가압송수장치로 설치한 옥내소화전설비〈신설 09.10.22.〉

③ 삭 제〈13.6.11.〉

④ 옥상수조(제1항에 따라 산출된 유효수량의 $\frac{1}{3}$ 이상을 옥상에 설치한 설비를 말한다. 이하 같다.)는 이와 연결된 배관을 통하여 상시 소화수를 공급할 수 있는 구조인 특정소방대상물인 경우에는 둘 이상의 특정소방대상물이 있더라도 하나의 특정소방대상물에만 이를 설치할 수 있다.
[종전의 제3항에서 이동 12.2.15.]

> [기억법] 옥지고수건가

⑤ 옥내소화전설비의 수원을 수조로 설치하는 경우에는 소방설비의 **전용수조**로 하여야 한다. 다만, 다음 각 호의 어느 하나에 해당하는 경우에는 그러하지 아니하다.
[종전의 제4항에서 이동 12.2.15.]〈개정 13.6.10.〉
  1. 옥내소화전펌프의 후드밸브 또는 흡수배관의 흡수구(수직회전축펌프의 흡수구를 포함한다. 이하 같다.)를 다른 설비(소방용 설비 외의 것을 말한다. 이하 같다.)의 후드밸브 또는 흡수구보다 **낮은 위치**에 설치한 때

2. 제5조 제2항에 따른 고가수조로부터 옥내소화전설비의 수직배관에 물을 공급하는 급수구를 다른 설비의 급수구보다 **낮은 위치**에 설치한 때
⑥ 제1항 및 제2항에 따른 저수량을 산정함에 있어서 다른 설비와 겸용하여 옥내소화전설비용 수조를 설치하는 경우에는 옥내소화전설비의 후드밸브·흡수구 또는 수직배관의 급수구와 다른 설비의 후드밸브·흡수구 또는 수직배관의 급수구와의 사이의 수량을 그 유효수량으로 한다.
[종전의 제5항에서 이동 12.2.15.]
⑦ 옥내소화전설비용 수조는 다음 각 호의 기준에 따라 설치하여야 한다.
[종전의 제6항에서 이동 12.2.15.]
1. 점검에 편리한 곳에 설치할 것
2. **동결방지조치**를 하거나 동결의 우려가 없는 장소에 설치할 것
3. 수조의 **외측**에 **수위계**를 설치할 것. 다만, 구조상 불가피한 경우에는 수조의 맨홀 등을 통하여 수조 안의 물의 양을 쉽게 확인할 수 있도록 하여야 한다.
4. 수조의 상단이 바닥보다 높은 때에는 수조의 **외측**에 **고정식 사다리**를 설치할 것
5. 수조가 실내에 설치된 때에는 그 **실내**에 **조명설비**를 설치할 것
6. 수조의 밑부분에는 **청소용 배수밸브** 또는 **배수관**을 설치할 것
7. 수조의 외측의 보기 쉬운 곳에 "**옥내소화전설비용 수조**"라고 표시한 표지를 할 것. 이 경우 그 수조를 다른 설비와 겸용하는 때에는 그 겸용되는 설비의 이름을 표시한 표지를 함께 하여야 한다.
8. 옥내소화전펌프의 **흡수배관** 또는 옥내소화전설비의 **수직배관**과 수조의 **접속부분**에는 "**옥내소화전설비용 배관**"이라고 표시한 표지를 할 것. 다만, 수조와 가까운 장소에 옥내소화전펌프가 설치되고 옥내소화전펌프에 제5조 제1항 제14호에 따른 표지를 설치한 때에는 그러하지 아니하다.

제5조【가압송수장치】 ① **전동기** 또는 **내연기관**에 따른 펌프를 이용하는 가압송수장치는 다음 각 호의 기준에 따라 설치하여야 한다. 다만, 가압송수장치의 주펌프는 전동기에 따른 펌프로 설치하여야 한다.〈개정 15.1.23.〉
1. 쉽게 접근할 수 있고 점검하기에 충분한 공간이 있는 장소로서 화재 및 침수 등의 재해로 인한 피해를 받을 우려가 없는 곳에 설치할 것
2. 동결방지조치를 하거나 동결의 우려가 없는 장소에 설치할 것
3. 특정소방대상물의 어느 층에 있어서도 해당 층의 옥내소화전(2개 이상 설치된 경우에는 2개의 옥내소화전)을 동시에 사용할 경우 각 소화전의 노즐선단에서의 방수압력이 **0.17MPa**(호스릴옥내소화전설비를 포함한다.) 이상이고, 방수량이 **130L/min**(호스릴옥내소화전설비를 포함한다.) 이상이 되는 성능의 것으로 할 것. 다만, 하나의 옥내소화전을 사용하는 노즐선단에서의 방수압력이 **0.7MPa**을 초과할 경우에는 호스접결구의 **인입측**에 **감압장치**를 설치하여야 한다.〈개정 21.4.1.〉

4. 펌프의 토출량은 옥내소화전이 가장 많이 설치된 층의 설치개수(옥내소화전이 2개 이상 설치된 경우에는 2개)에 130L/min를 곱한 양 이상이 되도록 할 것〈개정 21.4.1.〉
5. 펌프는 **전용**으로 할 것. 다만, 다른 소화설비와 겸용하는 경우 각각의 소화설비의 성능에 지장이 없을 때에는 그러하지 아니하다.
5의2. 삭 제〈13.6.11.〉
6. 펌프의 **토출측**에는 **압력계**를 체크밸브 이전에 펌프 토출측 플랜지에서 가까운 곳에 설치하고, **흡입측**에는 **연성계** 또는 **진공계**를 설치할 것. 다만, 수원의 수위가 펌프의 위치보다 높거나 수직회전축 펌프의 경우에는 연성계 또는 진공계를 설치하지 아니할 수 있다.
7. 가압송수장치에는 정격부하운전 시 **펌프**의 **성능**을 **시험**하기 위한 **배관**을 설치할 것. 다만, **충압펌프**의 경우에는 그러하지 아니하다.
8. 가압송수장치에는 체절운전 시 **수온**의 **상승**을 **방지**하기 위한 **순환배관**을 설치할 것. 다만, **충압펌프**의 경우에는 그러하지 아니하다.
9. 기동장치로는 기동용 수압개폐장치 또는 이와 동등 이상의 성능이 있는 것을 설치할 것. 다만, **학교·공장·창고시설**(제4조 제2항에 따라 옥상수조를 설치한 대상은 제외한다.)로서 동결의 우려가 있는 장소에 있어서는 기동스위치에 보호판을 부착하여 옥내소화전함 내에 설치할 수 있다.〈개정 16.5.16.〉
9의2. 제9호 단서의 경우에는 주펌프와 동등 이상의 성능이 있는 별도의 펌프로서 내연기관의 기동과 연동하여 작동되거나 비상전원을 연결한 펌프를 추가 설치할 것. 다만, 다음 각 목의 경우는 제외한다.〈신설 16.5.16.〉
 가. 지하층만 있는 건축물
 나. 고가수조를 가압송수장치로 설치한 경우
 다. 수원이 건축물의 최상층에 설치된 방수구보다 높은 위치에 설치된 경우
 라. 건축물의 높이가 지표면으로부터 10m 이하인 경우
 마. 가압수조를 가압송수장치로 설치한 경우
10. **기동용 수압개폐장치**(압력챔버)를 사용할 경우 그 용적은 **100L** 이상의 것으로 할 것
11. 수원의 수위가 펌프보다 낮은 위치에 있는 가압송수장치에는 다음 각 목의 기준에 따른 물올림장치를 설치할 것〈개정 13.6.10.〉
 가. 물올림장치에는 **전용**의 **탱크**를 설치할 것
 나. 탱크의 유효수량은 **100L** 이상으로 하되, 구경 **15mm** 이상의 급수배관에 따라 해당 탱크에 물이 계속 보급되도록 할 것

12. 기동용 수압개폐장치를 기동장치로 사용할 경우에는 다음 각 목의 기준에 따른 **충압펌프**를 설치할 것. 다만, 옥내소화전이 각 층에 1개씩 설치된 경우로서 소화용 급수펌프로도 상시 충압이 가능하고 다음 가목의 성능을 갖춘 경우에는 충압펌프를 별도로 설치하지 아니할 수 있다.〈개정 13.6.10.〉
    가. 펌프의 토출압력은 그 설비의 최고위 호스접결구의 자연압보다 적어도 **0.2MPa**이 더 크도록 하거나 가압송수장치의 정격토출압력과 같게 할 것
    나. 펌프의 정격토출량은 정상적인 누설량보다 적어서는 아니 되며, 옥내소화전설비가 자동적으로 작동할 수 있도록 충분한 토출량을 유지할 것
13. 내연기관을 사용하는 경우에는 다음 각 목의 기준에 적합한 것으로 할 것〈개정 13.6.10.〉
    가. 내연기관의 기동은 제9호의 기동장치를 설치하거나 또는 소화전함의 위치에서 원격조작이 가능하고 기동을 명시하는 **적색등**을 설치할 것
    나. 제어반에 따라 내연기관의 **자동기동** 및 **수동기동**이 가능하고, 상시 충전되어 있는 **축전지설비**를 갖출 것
    다. 내연기관의 연료량은 펌프를 **20분**(층수가 30층 이상 49층 이하는 **40분**, 50층 이상은 **60분**) 이상 운전할 수 있는 용량일 것〈신설 13.6.10.〉
14. 가압송수장치에는 "**옥내소화전펌프**"라고 표시한 표지를 할 것. 이 경우 그 가압송수장치를 다른 설비와 겸용하는 때에는 그 겸용되는 설비의 이름을 표시한 표지를 함께 하여야 한다.
15. 가압송수장치가 기동이 된 경우에는 자동으로 정지되지 아니하도록 하여야 한다. 다만, **충압펌프**의 경우에는 그러하지 아니하다.〈개정 08.12.15.〉
16. 가압송수장치는 부식 등으로 인한 펌프의 고착을 방지할 수 있도록 다음 각 목의 기준에 적합한 것으로 할 것. 다만, 충압펌프는 제외한다.〈개정 21.4.1.〉
    가. **임펠러**는 **청동** 또는 **스테인리스** 등 **부식**에 강한 재질을 사용할 것
    나. **펌프축**은 **스테인리스** 등 **부식**에 강한 재질을 사용할 것
② **고가수조**의 자연낙차를 이용한 가압송수장치는 다음 각 호의 기준에 따라 설치하여야 한다.
1. 고가수조의 자연낙차수두(수조의 하단으로부터 최고층에 설치된 소화전 호스접결구까지의 수직거리를 말한다.)는 다음의 식에 따라 산출한 수치 이상이 되도록 할 것〈개정 08.12.15.〉

$$H = h_1 + h_2 + 17(\text{호스릴옥내소화전설비를 포함한다.})$$

여기서, H : 필요한 낙차[m]
h_1 : 소방용 호스의 마찰손실수두[m]
h_2 : 배관의 마찰손실수두[m]

2. **고**가수조에는 **수**위계 · **배**수관 · **급**수관 · **오**버플로관 및 **맨**홀을 설치할 것

    기억법 고수배급오맨

③ **압력수조**를 이용한 가압송수장치는 다음 각 호의 기준에 따라 설치하여야 한다.
  1. 압력수조의 압력은 다음의 식에 따라 산출한 수치 이상으로 할 것〈개정 08.12.15.〉

    $P = p_1 + p_2 + p_3 + 0.17$ (호스릴옥내소화전설비를 포함한다.)

    여기서, P : 필요한 압력〔MPa〕
    p_1 : 소방용 호스의 마찰손실수두압〔MPa〕
    p_2 : 배관의 마찰손실수두압〔MPa〕
    p_3 : 낙차의 환산수두압〔MPa〕

  2. **압**력수조에는 수위계 · 급수관 · 배수관 · 급**기**관 · 맨홀 · 압력계 · **안**전장치 및 압력 저하 방지를 위한 **자**동식 공기압축기를 설치할 것

    기억법 압기안자

④ **가압수조**를 이용한 가압송수장치는 다음 각 호의 기준에 따라 설치하여야 한다. 〈신설 08.12.15.〉
  1. 가압수조의 압력은 제1항 제3호에 따른 방수량 및 방수압이 20분 이상유지되도록 할 것〈개정 13.6.11.〉
  2. 삭 제〈15.1.23.〉
  3. 가압수조 및 가압원은 「건축법 시행령」 제46조에 따른 방화구획된 장소에 설치할 것
  4. 삭 제〈15.1.23.〉
  5. 가압수조를 이용한 가압송수장치는 소방청장이 정하여 고시한 「가압수조식 가압송수장치의 성능인증 및 제품검사의 기술기준」에 적합한 것으로 설치할 것 〈개정 17.7.26.〉

제6조【배관 등】 ① 배관과 배관이음쇠는 다음 각 호의 어느 하나에 해당하는 것 또는 동등 이상의 강도 · 내식성 및 내열성을 국내 · 외 공인기관으로부터 인정 받은 것을 사용하여야 하고, **배관용 스테인리스강관**(KS D 3576)의 이음을 용접으로 할 경우에는 **알곤용접방식**에 따른다. 다만, 본 조에서 정하지 않은 사항은 건설기술진흥법 제44조 제1항의 규정에 따른 건축기계설비공사 표준설명서에 따른다.〈개정 16.7.25.〉
  1. 배관 내 사용압력이 **1.2MPa 미만**일 경우에는 다음 각 목의 어느 하나에 해당하는 것〈신설 13.6.10., 개정 16.7.25.〉
    가. 배관용 **탄**소강관(KS D 3507)
    나. **이**음매 없는 구리 및 **구리합금관**(KS D 5301). 다만, 습식의 배관에 한한다.
    다. 배관용 **스**테인리스강관(KS D 3576) 또는 **일반배관용 스**테인리스강관(KS D 3595)

라. 덕타일 주철관(KS D 4311)〈신설 16.7.25.〉

> 기억법 탄이스스

2. 배관 내 사용압력이 **1.2MPa 이상**일 경우에는 다음 각 목의 어느 하나에 해당하는 것〈신설 13.6.10., 개정 16.7.25.〉

가. **압력배관용 탄소강관**(KS D 3562)〈신설 16.7.25.〉

나. **배관용 아크용접 탄소강강관**(KS D 3583)〈신설 16.7.25.〉

② 제1항에도 불구하고 다음 각 호의 어느 하나에 해당하는 장소에는 소방청장이 정하여 고시한 「소방용 합성수지배관의 성능인증 및 제품검사의 기술기준」에 적합한 **소방용 합성수지배관**으로 설치할 수 있다.〈개정 17.7.26.〉

1. 배관을 **지하**에 **매설**하는 경우
2. 다른 부분과 **내화구조**로 구획된 덕트 또는 피트의 내부에 설치하는 경우
3. 천장(상층이 있는 경우에는 상층바닥의 하단을 포함한다. 이하 같다.)과 반자를 **불연재료** 또는 **준불연재료**로 설치하고 그 내부에 **습식**으로 **배관**을 설치하는 경우

③ 급수배관은 **전용**으로 하여야 한다. 다만, 옥내소화전의 기동장치의 조작과 동시에 다른 설비의 용도에 사용하는 배관의 송수를 차단할 수 있거나, 옥내소화전설비의 성능에 지장이 없는 경우에는 다른 설비와 겸용할 수 있다.

④ 삭 제〈13.6.11.〉

⑤ 펌프의 **흡**입측 배관은 다음 각 호의 기준에 따라 설치하여야 한다.
[종전의 제4항에서 이동 12.2.15.]

1. **공**기고임이 생기지 아니하는 구조로 하고 **여**과장치를 설치할 것
2. **수**조가 펌프보다 낮게 설치된 경우에는 각 펌프(충압펌프를 포함한다.)마다 수조로부터 **별**도로 설치할 것

⑥ 펌프의 토출측 주배관의 구경은 유속이 **4m/s** 이하가 될 수 있는 크기 이상으로 하여야 하고, 옥내소화전방수구와 연결되는 **가지배관**의 구경은 **40mm**(**호스릴옥**내소화전설비의 경우에는 **25mm**) 이상으로 하여야 하며, 주배관 중 **수직배관**의 구경은 **50mm**(호스릴옥내소화전설비의 경우에는 **32mm**) 이상으로 하여야 한다.〈개정 08.12.15.〉
[종전의 제5항에서 이동 12.2.15.]

> 기억법 흡공여수별호옥23

⑦ **연결송수관설비**의 배관과 겸용할 경우의 **주배관**은 구경 **100mm** 이상, 방수구로 연결되는 배관의 구경은 **65mm** 이상의 것으로 하여야 한다.
[종전의 제6항에서 이동 12.2.15.]

2. 옥내소화전설비(NFSC 102)

⑧ 펌프의 성능은 체절운전 시 정격토출압력의 **140%**를 초과하지 아니하고, 정격토출량의 **150%**로 운전 시 정격토출압력의 **65%** 이상이 되어야 하며, 펌프의 성능시험배관은 다음 각 호의 기준에 적합하여야 한다.
[종전의 제7항에서 이동 12.2.15.]
  1. 성능시험배관은 펌프의 토출측에 설치된 **개폐밸브 이전**에서 분기하여 설치하고, **유**량측정장치를 기준으로 **전**단 직관부에 **개**폐밸브를 **후**단 직관부에는 **유**량조절**밸**브를 설치할 것

  > 기억법   유전개후유

  2. 유량측정장치는 성능시험배관의 직관부에 설치하되, 펌프의 정격토출량의 **175% 이상** 측정할 수 있는 성능이 있을 것
⑨ 가압송수장치의 체절운전 시 수온의 상승을 방지하기 위하여 체크밸브와 펌프 사이에서 분기한 구경 **20mm** 이상의 배관에 **체절압력 미만**에서 개방되는 **릴리프밸브**를 설치하여야 한다.
[종전의 제8항에서 이동 12.2.15.]
⑩ **동결방지조치**를 하거나 동결의 우려가 없는 장소에 설치하여야 한다. 다만, 보온재를 사용할 경우에는 **난연재료** 성능 이상의 것으로 하여야 한다.〈개정 15.1.23.〉
⑪ 급수배관에 설치되어 급수를 차단할 수 있는 **개폐밸브**(옥내소화전방수구를 제외한다.)는 **개폐표시형**으로 하여야 한다. 이 경우 펌프의 흡입측 배관에는 **버터플라이밸브 외**의 **개폐표시형밸브**를 설치하여야 한다.
[종전의 제10항에서 이동 12.2.15.]
⑫ 배관은 다른 설비의 배관과 쉽게 구분이 될 수 있는 위치에 설치하거나, 그 배관 표면 또는 배관 보온재 표면의 색상은 「한국산업표준(배관계의 식별 표시, KS A 0503)」 또는 적색으로 식별이 가능하도록 소방용 설비의 배관임을 표시하여야 한다.
〈개정 08.12.15.〉
[종전의 제11항에서 이동 12.2.15.]〈개정 13.6.10.〉
⑬ 옥내소화전설비에는 소방차로부터 그 설비에 송수할 수 있는 송수구를 다음 각 호의 기준에 의하여 설치하여야 한다.
[종전의 제12항에서 이동 12.2.15.]〈개정 13.6.10.〉
  1. 송수구는 **소방차**가 쉽게 접근할 수 있는 잘 보이는 장소에 설치하되 화재층으로부터 지면으로 떨어지는 유리창 등이 송수 및 그 밖의 소화작업에 지장을 주지 아니하는 장소에 설치할 것〈개정 13.6.10.〉
  2. 송수구로부터 주배관에 이르는 연결배관에는 **개폐밸브**를 설치하지 아니할 것. 다만, **스프링클러설비·물분무소화설비·포소화설비** 또는 **연결송수관설비**의 배관과 겸용하는 경우에는 그러하지 아니하다.

3. 지면으로부터 높이가 **0.5m 이상 1m 이하**의 위치에 설치할 것
4. 구경 **65mm**의 **쌍구형** 또는 **단구형**으로 할 것
5. 송수구의 가까운 부분에 **자동배수밸브**(또는 직경 **5mm**의 **배수공**) 및 **체크밸브**를 설치할 것. 이 경우 자동배수밸브는 배관 안의 물이 잘 빠질 수 있는 위치에 설치하되, 배수로 인하여 다른 물건 또는 장소에 피해를 주지 아니하여야 한다.
6. **송수구**에는 이물질을 막기 위한 **마개**를 씌울 것〈신설 08.12.15.〉
⑭ 확관형 분기배관을 사용할 경우에는 소방청장이 정하여 고시한 「분기배관의 성능인증 및 제품검사의 기술기준」에 적합한 것으로 설치하여야 한다.〈개정 17.7.26.〉

제7조【함 및 방수구 등】 ① 옥내소화전설비의 함은 다음 각 호의 기준에 따라 설치하여야 한다.
1. 함은 소방청장이 정하여 고시한 「소화전함 성능인증 및 제품검사의 기술기준」에 적합한 것으로 설치하되 **밸브**의 **조작**, **호스**의 **수납** 및 **문**의 **개방** 등 옥내소화전 사용에 장애가 없도록 설치할 것. 연결송수관의 방수구를 같이 설치하는 경우에도 또한 같다.〈개정 21.4.1.〉
2. 삭 제〈개정 15.1.23.〉
3. 제1호와 제2호에도 불구하고 제2항 제1호의 기준을 초과하는 경우로서 **기둥** 또는 **벽**이 설치되지 아니한 **대형공간**의 경우는 다음 각 목의 기준에 따라 설치할 수 있다.〈개정 13.6.10.〉
   가. 호스 및 관창은 방수구의 가장 가까운 장소의 벽 또는 기둥 등에 함을 설치하여 비치할 것
   나. 방수구의 위치표지는 **표시등** 또는 **축광도료** 등으로 상시 확인이 가능하도록 할 것
② 옥내소화전방수구는 다음 각 호의 기준에 따라 설치하여야 한다.
1. 특정소방대상물의 **층**마다 설치하되, 해당 특정소방대상물의 각 부분으로부터 하나의 옥내소화전방수구까지의 **수평거리**가 **25m**(호스릴옥내소화전설비를 포함한다.) 이하가 되도록 할 것. 다만, **복층형 구조**의 **공동주택**의 경우에는 세대의 출입구가 설치된 층에만 설치할 수 있다.〈개정 09.10.22.〉
2. 바닥으로부터의 높이가 **1.5m** 이하가 되도록 할 것
3. 호스는 구경 **40mm**(호스릴옥내소화전설비의 경우에는 **25mm**) 이상의 것으로서 특정소방대상물의 각 부분에 물이 유효하게 뿌려질 수 있는 길이로 설치할 것
4. 호스릴옥내소화전설비의 경우 그 노즐에는 노즐을 쉽게 개폐할 수 있는 장치를 부착할 것

2. 옥내소화전설비(NFSC 102)

③ 표시등은 다음 각 호의 기준에 따라 설치하여야 한다.
  1. 옥내소화전설비의 위치를 표시하는 **표시등**은 함의 **상부**에 설치하되, 소방청장이 고시하는 「표시등의 성능인증 및 제품검사의 기술기준」에 적합한 것으로 할 것 〈개정 17.7.26.〉
  2. 가압송수장치의 기동을 표시하는 **표시등**은 옥내소화전함의 **상부** 또는 그 **직근**에 설치하되 **적색등**으로 할 것. 다만, **자체소방대**를 구성하여 운영하는 경우(「위험물안전관리법 시행령」 [별표 8]에서 정한 소방자동차와 자체소방대원의 규모를 말한다.) **가압송수장치**의 **기동표시등**을 설치하지 않을 수 있다.〈개정 13.6.10.〉
  3. 삭 제〈15.1.23.〉
④ 옥내소화전설비의 함에는 그 표면에 "**소화전**"이라는 표시와 그 사용 요령을 기재한 표지판(외국어 병기)을 붙여야 한다.〈개정 10.12.27.〉

제8조【전원】 ① 옥내소화전설비에는 그 특정소방대상물의 수전방식에 따라 다음 각 호의 기준에 따른 상용전원회로의 배선을 설치하여야 한다. 다만, **가압수조방식**으로서 모든 기능이 **20분** 이상 유효하게 지속될 수 있는 경우에는 그러하지 아니하다. 〈개정 13.6.11.〉
  1. **저압수전**인 경우에는 **인입개폐기**의 **직후**에서 분기하여 **전용배선**으로 하여야 하며, 전용의 전선관에 보호되도록 할 것
  2. **특고압수전** 또는 **고압수전**일 경우에는 **전력용 변압기 2차측**의 **주차단기 1차측**에서 분기하여 **전용배선**으로 하되, 상용전원의 상시공급에 지장이 없을 경우에는 주차단기 2차측에서 분기하여 전용배선으로 할 것. 다만, 가압송수장치의 정격입력전압이 수전전압과 같은 경우에는 제1호의 기준에 따른다.
② 다음 각 호의 어느 하나에 해당하는 특정소방대상물의 옥내소화전설비에는 **비상전원**을 설치하여야 한다. 다만, 2 이상의 **변전소**(「전기사업법」 제67조에 따른 변전소를 말한다. 이하 같다.)에서 **전력**을 **동시**에 **공급**받을 수 있거나 하나의 변전소로부터 전력의 공급이 중단되는 때에는 자동으로 다른 변전소로부터 전원을 공급받을 수 있도록 **상용전원**을 설치한 경우와 **가압수조방식**에는 그러하지 아니하다.〈개정 13.6.10.〉
  1. 층수가 **7층** 이상으로서 연면적이 **2,000㎡** 이상인 것〈개정 13.6.10.〉
  2. 제1호에 해당하지 아니하는 특정소방대상물로서 지하층의 바닥면적의 합계가 **3,000㎡** 이상인 것〈개정 13.6.10.〉
③ 제2항에 따른 비상전원은 **자가발전설비**, **축전지설비**(내연기관에 따른 펌프를 사용하는 경우에는 내연기관의 기동 및 제어용 축전지를 말한다.) 또는 **전기저장장치**(외부 전기에너지를 저장해 두었다가 필요한 때 전기를 공급하는 장치)로서 다음 각 호의 기준에 따라 설치하여야 한다.〈개정 16.7.25.〉

1. 점검에 편리하고 화재 및 침수 등의 재해로 인한 피해를 받을 우려가 없는 곳에 설치할 것
2. 옥내소화전설비를 유효하게 **20분** 이상 작동할 수 있어야 할 것〈개정 13.6.11.〉
3. 상용전원으로부터 전력의 공급이 중단된 때에는 자동으로 **비상전원**으로부터 전력을 공급받을 수 있도록 할 것
4. **비상전원**(내연기관의 기동 및 제어용 축전기를 제외한다.)의 설치장소는 다른 장소와 **방화구획**할 것. 이 경우 그 장소에는 비상전원의 공급에 필요한 기구나 설비 외의 것(**열병합발전설비**에 필요한 기구나 설비는 제외한다.)을 두어서는 아니 된다. 〈개정 08.12.15.〉
5. 비상전원을 실내에 설치하는 때에는 그 실내에 **비상조명등**을 설치할 것

제9조【제어반】 ① 옥내소화전설비에는 제어반을 설치하되, **감시제어반**과 **동력제어반**으로 구분하여 설치하여야 한다. 다만, 다음 각 호의 어느 하나에 해당하는 옥내소화전설비의 경우에는 감시제어반과 동력제어반으로 구분하여 설치하지 아니할 수 있다.〈개정 13.6.10.〉 설계 12회

1. 제8조 제2항에 해당하지 아니하는 특정소방대상물에 설치되는 옥내소화전설비
2. **내연기관**에 따른 가압송수장치를 사용하는 옥내소화전설비
3. **고가수조**에 따른 가압송수장치를 사용하는 옥내소화전설비
4. **가압수조**에 따른 가압송수장치를 사용하는 옥내소화전설비〈신설 08.12.15.〉

② **감**시제어반의 기능은 다음 각 호의 기준에 적합하여야 한다.〈개정 13.6.10.〉 점검 10회
1. 각 펌프의 작동여부를 확인할 수 있는 **표**시등 및 **음**향경보기능이 있어야 할 것
2. 각 펌프를 **자**동 및 **수**동으로 작동시키거나 중단시킬 수 있어야 할 것〈개정 13.6.10.〉
3. **비**상전원을 설치한 경우에는 상용전원 및 비상전원의 공급여부를 확인할 수 있어야 할 것〈개정 08.12.15.〉
4. **수**조 또는 물올림탱크가 저수위로 될 때 **표시등** 및 **음향**으로 경보할 것
5. 각 **확**인회로(기동용 수압개폐장치의 압력스위치회로·수조 또는 물올림탱크의 감시회로를 말한다.)마다 **도통시험** 및 **작동시험**을 할 수 있어야 할 것
6. **예**비전원이 확보되고 예비전원의 적합여부를 시험할 수 있어야 할 것

기억법 감표음자수비수확예

③ 감시제어반은 다음 각 호의 기준에 따라 설치하여야 한다.
1. 화재 및 침수 등의 재해로 인한 피해를 받을 우려가 없는 곳에 설치할 것
2. 감시제어반은 옥내소화전설비의 **전용**으로 할 것. 다만, 옥내소화전설비의 **제어**에 지장이 없는 경우에는 다른 설비와 겸용할 수 있다.

전기저장시설(NFSC 607)

제정 2022. 2. 7. 소방청고시 제2022-1호

제1조【목적】 이 기준은 「화재예방, 소방시설 설치·유지 및 안전관리에 관한 법률」 제9조 제1항에 따라 소방청장에게 위임한 사항 중 전기저장시설에 설치해야 하는 소방시설 등의 설치기준과 유지 및 안전관리에 관하여 필요한 사항을 규정함을 목적으로 한다.

제2조【정의】 이 기준에서 사용하는 용어의 정의는 다음과 같다.
1. **"전기저장장치"**란 생산된 전기를 전력 계통에 저장했다가 전기가 가장 필요한 시기에 공급해 에너지 효율을 높이는 것으로 **배터리**(이차전지에 한정한다. 이하 같다.), 배터리관리시스템, 전력변환장치 및 에너지관리시스템 등으로 구성되어 발전·송배전·일반 건축물에서 목적에 따라 단계별 저장이 가능한 장치를 말한다.
2. **"옥외형 전기저장장치 설비"**란 컨테이너, 패널 등 전기저장장치 설비 전용 건축물의 형태로 **옥외**의 구획된 실에 설치된 전기저장장치를 말한다.
3. **"옥내형 전기저장장치 설비"**란 전기저장장치 설비 전용 건축물이 아닌 **건축물의 내부**에 설치되는 전기저장장치로 '**옥외형 전기저장장치 설비**'가 아닌 설비를 말한다.
4. **"배터리실"**이란 전기저장장치 중 **배터리**를 보관하기 위해 **별도로 구획**된 실을 말한다.
5. **"더블인터락(double-interlock)방식"**이란 준비작동식스프링클러설비의 작동방식 중 화재감지기와 스프링클러헤드가 모두 작동되는 경우 준비작동식유수검지장치가 개방되는 방식을 말한다.

제3조【적용범위】 「화재예방, 소방시설 설치·유지 및 안전관리에 관한 법률 시행령」(이하 "**영**"이라 한다.) 제15조에 의한 전기저장시설에 설치하는 소방시설 등은 이 기준에서 정하는 규정에 따라 설비를 설치하고 유지·관리해야 한다.

제4조【다른 화재안전기준과의 관계】 전기저장장치에 설치하는 소방시설 등의 설치기준 중 이 기준에서 규정하지 않은 사항은 개별 화재안전기준에 따라 설치해야 한다.

제5조【소화기】 소화기는 「소화기구 및 자동소화장치의 화재안전기준(NFSC 101)」[별표 4] 제2호에 따라 구획된 실마다 설치해야 한다.

제6조【스프링클러설비】 스프링클러설비는 다음 각 호의 기준에 따라 설치해야 한다. 다만, 배터리실 외의 장소에는 스프링클러헤드를 설치하지 않을 수 있다.

1

1. 스프링클러설비는 습식스프링클러설비 또는 **준비작동식스프링클러설비**(신속한 작동을 위해 '**더블인터락**'방식은 제외한다.)로 설치할 것
2. 전기저장장치가 설치된 실의 바닥면적(바닥면적이 230㎡ 이상인 경우에는 230㎡) **12L/㎡·min**(1㎡에 분당 12.2L) 이상의 수량을 균일하게 30분 이상 방수할 수 있도록 할 것
3. 스프링클러헤드 방수로 인해 인접 헤드에 미치는 영향을 최소화하기 위하여 스프링클러헤드 사이의 간격을 1.8m 이상 유지할 것
4. **준비작동식스프링클러설비**를 설치할 경우 제8조 제2항에 따른 **감지기**를 설치할 것
5. 스프링클러설비를 **30분** 이상 작동할 수 있는 **비상전원**을 갖출 것
6. 준비작동식스프링클러설비의 경우 전기저장장치의 **출입구 부근**에 **수동식 기동장치**를 설치할 것
7. 소방자동차로부터 전기저장장치 설비에 송수할 수 있는 송수구를 「스프링클러설비의 화재안전기준(NFSC 103)」 제11조에 따라 설치할 것

제7조【배터리용 소화장치】 다음 각 호의 어느 하나에 해당하는 경우에는 제6조에도 불구하고 중앙소방기술심의위원회의 심의를 거쳐 소방청장이 인정하는 시험방법으로 제13조 제2항에 따른 시험기관에서 전기저장장치에 대한 소화성능을 인정받은 배터리용 소화장치를 설치할 수 있다.
1. 옥외형 전기저장장치 설비가 **컨테이너 내부**에 설치된 경우
2. 옥외형 전기저장장치 설비가 **다른 건축물, 주차장, 공용도로, 적재된 가연물, 위험물** 등으로부터 **30m** 이상 떨어진 지역에 설치된 경우

제8조【자동화재탐지설비】 ① 자동화재탐지설비는 「자동화재탐지설비 및 시각경보장치의 화재안전기준(NFSC 203)」에 따라 설치한다. 다만, 옥외형 전기저장장치 설비에는 자동화재탐지설비를 설치하지 않을 수 있다.
② 감지기는 다음 각 호 중 어느 하나의 감지기를 설치해야 한다.
1. **공기흡입형 감지기** 또는 **아날로그식 연기감지기**(감지기의 신호처리방식은 「자동화재탐지설비 및 시각경보장치의 화재안전기준(NFSC 203)」 제3조의2에 따른다.)
2. 중앙소방기술심의위원회의 심의를 통해 전기저장장치에 적응성이 있다고 인정된 감지기

제9조【자동화재속보설비】 자동화재속보설비는 「자동화재속보설비의 화재안전기준(NFSC 204)」에 따라 설치해야 한다. 다만, **옥외형 전기저장장치** 설비에 설치하는 자동화재속보설비는 속보기에 **감지기**를 **직접 연결**하는 방식으로 설치할 수 있다.

제10조【배출설비】 배출설비는 다음 각 호의 기준에 따라 설치해야 한다.
1. 배풍기·배출덕트·후드 등을 이용하여 강제적으로 배출할 것
2. 바닥면적 $18m^3/m^2 \cdot hr$($1m^2$에 시간당 $18m^3$) 이상의 용량을 배출할 것
3. 화재감지기의 감지에 따라 작동할 것
4. 옥외와 면하는 벽체에 설치할 것

제11조【설치장소】 전기저장장치는 관할 소방대의 원활한 소방활동을 위해 지면으로부터 **지상 22m** 이내, **지하 9m** 이내로 설치해야 한다.

제12조【방화구획】 전기저장장치 설치장소의 **벽체, 바닥** 및 **천장**은 「건축물의 피난·방화구조 등의 기준에 관한 규칙」에 따라 건축물의 다른 부분과 방화구획 해야 한다. 다만, 배터리실 외의 장소와 옥외형 전기저장장치 설비는 방화구획 하지 않을 수 있다.

제13조【설치·유지기준의 특례】 ① 소방본부장 또는 소방서장은 중앙소방기술심의위원회의 심의를 거쳐 소방청장이 인정하는 시험방법에 따라 제2항에 따른 시험기관에서 화재안전 성능을 인정받은 경우에는 인정받은 성능 범위 안에서 제6조 및 제7조를 적용하지 않을 수 있다.
② 전기저장시설의 화재안전 성능과 관련된 시험은 다음 각 호의 시험기관에서 수행할 수 있다.
1. 한국소방산업기술원
2. 한국화재보험협회 부설 방재시험연구원
3. 제1항에 따라 **소방청장**이 인정하는 시험방법으로 화재안전 성능을 시험할 수 있는 **비영리 국가공인시험기관**(「국가표준기본법」 제23조에 따라 한국인정기구로부터 시험기관으로 인정받은 기관을 말한다.)

제14조【규제의 재검토】 소방청장은 「행정규제기본법」 제8조에 따라 2022년 7월 1일을 기준으로 매 3년이 되는 시점(매 3년째의 6월 30일까지를 말한다.)마다 그 타당성을 검토하여 개선 등의 조치를 해야 한다.

제15조【재검토기한】 소방청장은 「훈령·예규 등의 발령 및 관리에 관한 규정」에 따라 이 고시에 대하여 2022년 7월 1일을 기준으로 **매 3년**이 되는 시점(매 3년째의 6월 30일까지를 말한다.)마다 그 타당성을 검토하여 개선 등의 조치를 해야 한다.

부 칙 〈제2022-1호, 22.2.7.〉

제1조【시행일】 이 고시는 발령 후 「화재예방, 소방시설 설치·유지 및 안전관리에 관한 법률 시행령(대통령령 제31949호, 2021.8.24. 일부개정)」 개정 규정 시행일인 2022년 2월 25일부터 시행한다.

제2조【적용례】 이 고시는 이 고시 시행 후 「전기사업법」 제61조 및 「전기안전관리법」 제8조에 따라 전기저장시설의 설치공사계획 또는 변경공사계획에 대한 인가를 신청하거나 신고하는 전기저장시설부터 적용한다.

3. 감시제어반은 다음 각 목의 기준에 따른 **전용실 안**에 설치할 것. 다만 제1항 각 호의 어느 하나에 해당하는 경우와 공장, 발전소 등에서 설비를 집중 제어·운전할 목적으로 설치하는 중앙제어실 내에 감시제어반을 설치하는 경우에는 그러하지 아니하다.〈개정 13.6.10.〉

  가. 다른 부분과 **방화구획**을 할 것. 이 경우 전용실의 벽에는 기계실 또는 전기실 등의 감시를 위하여 두께 **7mm** 이상의 **망입유리**(두께 **16.3mm** 이상의 **접합유리** 또는 두께 **28mm** 이상의 **복층유리**를 포함한다.)로 된 $4m^2$ 미만의 **붙박이창**을 설치할 수 있다.

  나. **피난층** 또는 **지하 1층**에 설치할 것. 다만, 다음 각 세목의 어느 하나에 해당하는 경우에는 **지상 2층**에 설치하거나 **지하 1층** 외의 지하층에 설치할 수 있다.〈개정 13.6.10.〉

    (1) 「건축법 시행령」제35조에 따라 특별피난계단이 설치되고 그 계단(부속실을 포함한다.) 출입구로부터 **보행거리 5m** 이내에 전용실의 출입구가 있는 경우

    (2) 아파트의 관리동(관리동이 없는 경우에는 경비실)에 설치하는 경우

  다. **비상조명등** 및 **급·배기설비**를 설치할 것

  라. 「무선통신보조설비의 화재안전기준(NFSC 505)」제5조 제3항에 따라 유효하게 통신이 가능할 것(영 [별표 5]의 제5호 마목에 따른 무선통신보조설비가 설치된 특정소방대상물에 한한다.)〈개정 21.3.25.〉

  마. 바닥면적은 감시제어반의 설치에 필요한 면적 외에 화재 시 소방대원이 그 감시제어반의 조작에 필요한 최소면적 이상으로 할 것

4. 제3호에 따른 전용실에는 특정소방대상물의 기계·기구 또는 시설 등의 제어 및 감시설비 외의 것을 두지 아니할 것

④ 동력제어반은 다음 각 호의 기준에 따라 설치하여야 한다.

  1. 앞면은 **적색**으로 하고 "**옥내소화전설비용 동력제어반**"이라고 표시한 표지를 설치할 것

  2. 외함은 두께 **1.5mm** 이상의 **강판** 또는 이와 동등 이상의 강도 및 내열성능이 있는 것으로 할 것

  3. 그 밖의 동력제어반의 설치에 관하여는 제3항 제1호 및 제2호의 기준을 준용할 것

제10조【배선 등】 ① 옥내소화전설비의 배선은「전기사업법」제67조에 따른 기술기준에서 정한 것 외에 다음 각 호의 기준에 따라 설치하여야 한다.

1. 비상전원으로부터 동력제어반 및 가압송수장치에 이르는 **전원회로**의 배선은 **내화배선**으로 할 것. 다만, **자가발전설비**와 **동력제어반**이 동일한 실에 설치된 경우에는 자가발전기로부터 그 제어반에 이르는 전원회로의 배선은 그러하지 아니하다.
2. 상용전원으로부터 동력제어반에 이르는 배선, 그 밖의 옥내소화전설비의 **감시·조작** 또는 **표시등회로**의 배선은 **내화배선** 또는 **내열배선**으로 할 것. 다만, 감시제어반 또는 동력제어반 안의 감시·조작 또는 표시등회로의 배선은 그러하지 아니하다.

② 제1항에 따른 내화배선 및 내열배선에 사용되는 전선 및 설치방법은 [별표 1]의 기준에 따른다.

③ 옥내소화전설비의 과전류차단기 및 개폐기에는 "**옥내소화전설비용**"이라고 표시한 표지를 하여야 한다.

④ 옥내소화전설비용 전기배선의 양단 및 접속단자에는 다음 각 호의 기준에 따라 표지하여야 한다.
  1. 단자에는 "**옥내소화전단자**"라고 표시한 표지를 부착할 것
  2. 옥내소화전설비용 전기배선의 양단에는 다른 배선과 **식별**이 **용이**하도록 표시할 것

제11조【방수구의 설치제외】 불연재료로 된 특정소방대상물 또는 그 부분으로서 다음 각 호의 어느 하나에 해당하는 곳에는 옥**내**소화전 **방**수구를 설치하지 아니할 수 있다. 〈개정 13.6.10.〉 설계 12회
  1. **냉**장창고 중 온도가 영하인 **냉장실** 또는 냉동창고의 **냉동실** 〈개정 13.6.10.〉
  2. **고**온의 **노**가 설치된 장소 또는 물과 격렬하게 **반응**하는 물품의 저장 또는 취급 장소
  3. **발**전소·변전소 등으로서 전기시설이 설치된 장소
  4. **식**물원·수족관·목욕실·수영장(관람석 부분을 제외한다.) 또는 그 밖의 이와 비슷한 장소
  5. **야**외음악당·야외극장 또는 그 밖의 이와 비슷한 장소

> 기억법 내방냉고발식야

제12조【수원 및 가압송수장치의 펌프 등의 겸용】 ① 옥내소화전설비의 수원을 스프링클러설비·간이스프링클러설비·화재조기진압용 스프링클러설비·물분무소화설비·포소화설비 및 옥외소화전설비의 수원과 겸용하여 설치하는 경우의 저수량은 각 소화설비에 필요한 **저수량**을 **합한 양** 이상이 되도록 하여야 한다. 다만, 이들 소화설비 중 고정식 소화설비(펌프·배관과 소화수 또는 소화약제를 최종 방출하는 방

출구가 고정된 설비를 말한다. 이하 같다.)가 2 이상 설치되어 있고, 그 소화설비가 설치된 부분이 방화벽과 방화문으로 구획되어 있는 경우에는 각 고정식 소화설비에 필요한 저수량 중 최대의 것 이상으로 할 수 있다.

② 옥내소화전설비의 가압송수장치로 사용하는 펌프를 스프링클러설비·간이스프링클러설비·화재조기진압용 스프링클러설비·물분무소화설비·포소화설비 및 옥외소화전설비의 가압송수장치와 겸용하여 설치하는 경우의 펌프의 토출량은 각 소화설비에 해당하는 **토출량을 합한 양** 이상이 되도록 하여야 한다. 다만, 이들 소화설비 중 고정식 소화설비가 2 이상 설치되어 있고, 그 소화설비가 설치된 부분이 방화벽과 방화문으로 구획되어 있으며 각 소화설비에 지장이 없는 경우에는 펌프의 토출량 중 최대의 것 이상으로 할 수 있다.

③ 옥내소화전설비·스프링클러설비·간이스프링클러설비·화재조기진압용 스프링클러설비·물분무소화설비·포소화설비 및 옥외소화전설비의 가압송수장치에 있어서 각 토출측 배관과 일반급수용의 가압송수장치의 토출측 배관을 상호 연결하여 화재 시 사용할 수 있다. 이 경우 연결배관에는 **개폐표시형밸브**를 설치하여야 하며, 각 소화설비의 성능에 지장이 없도록 하여야 한다.

④ 옥내소화전설비의 송수구를 스프링클러설비·간이스프링클러설비·화재조기진압용 스프링클러설비·물분무소화설비·포소화설비 또는 연결송수관비의 송수구와 겸용으로 설치하는 경우에는 스프링클러설비의 송수구의 설치기준에 따르고, 연결살수설비의 송수구와 겸용으로 설치하는 경우에는 옥내소화전설비의 송수구의 설치기준에 따르되 각각의 소화설비의 기능에 지장이 없도록 하여야 한다.

제13조【설치·유지기준의 특례】 소방본부장 또는 소방서장은 기존건축물이 증축·개축·대수선되거나 용도변경되는 경우에 있어서 이 기준이 정하는 기준에 따라 해당 건축물에 설치하여야 할 옥내소화전설비의 배관·배선 등의 공사가 현저하게 곤란하다고 인정되는 경우에는 해당 설비의 기능 및 사용에 지장이 없는 범위 안에서 옥내소화전설비 설치·유지기준의 일부를 적용하지 아니할 수 있다.

제14조【재검토 기한】 소방청장은 「훈령·예규 등의 발령 및 관리에 관한 규정」에 따라 이 고시에 대하여 2022년 1월 1일을 기준으로 매 3년이 되는 시점(매 3년째의 12월 31일까지를 말한다.)마다 그 타당성을 검토하여 개선 등의 조치를 하여야 한다.〈전문개정 17.7.26.〉

부 칙 ⟨제2021-43호, 21.12.16.⟩

제1조【시행일】 이 고시는 발령한 날부터 시행한다.

제2조【일반적 적용례】 이 고시는 이 고시 시행 후 특정소방대상물의 신축·증축·개축·재축·이전·용도변경 또는 대수선의 허가·협의를 신청하거나 신고하는 경우부터 적용한다.

2. 옥내소화전설비(NFSC 102)

[별표 1] 배선에 사용되는 전선의 종류 및 공사방법(제10조 제2항 관련)

1. 내화배선 〈개정 17.7.26.〉

사용전선의 종류	공사방법
1. 450/750V 저독성 난연 가교 폴리올레핀 절연전선 2. 0.6/1kV 가교 폴리에틸렌 절연 저독성 난연 폴리올레핀 시스 전력 케이블 3. 6/10kV 가교 폴리에틸렌 절연 저독성 난연 폴리올레핀 시스 전력용 케이블 4. 가교 폴리에틸렌 절연 비닐시스 트레이용 난연 전력 케이블 5. 0.6/1kV EP 고무절연 클로로프렌 시스 케이블 6. 300/500V 내열성 실리콘 고무 절연전선(180℃) 7. 내열성 에틸렌-비닐아세테이트 고무절연 케이블 8. 버스덕트(Bus Duct) 9. 기타 전기용품안전관리법 및 전기설비기술기준에 따라 동등 이상의 내화성능이 있다고 주무부장관이 인정하는 것	금속관・2종 금속제 가요전선관 또는 합성수지관에 수납하여 내화구조로 된 벽 또는 바닥 등에 벽 또는 바닥의 표면으로부터 25mm 이상의 깊이로 매설하여야 한다. 다만, 다음 각 목의 기준에 적합하게 설치하는 경우에는 그러하지 아니하다. 설계 5회, 13회 기억법 **금가합25** 가. 배선을 내화성능을 갖는 배선전용실 또는 배선용 샤프트・피트・덕트 등에 설치하는 경우 기억법 **내전샤피덕** 나. 배선전용실 또는 배선용 샤프트・피트・덕트 등에 다른 설비의 배선이 있는 경우에는 이로부터 15cm 이상 떨어지게 하거나 소화설비의 배선과 이웃하는 다른 설비의 배선 사이에 배선지름(배선의 지름이 다른 경우에는 가장 큰 것을 기준으로 한다.)의 1.5배 이상의 높이의 **불연성 격벽**을 설치하는 경우 기억법 **다15**
내화전선	**케이블공사**의 방법에 따라 설치하여야 한다.

[비고]
내화전선의 내화성능은 버너의 노즐에서 **75mm**의 거리에서 온도가 **750±5℃**인 불꽃으로 **3시간** 동안 가열한 다음 **12시간** 경과 후 전선 간에 허용전류용량 **3A**의 퓨즈를 연결하여 내화시험 전압을 가한 경우 퓨즈가 단선되지 아니하는 것. 또는 **소방청장**이 정하여 고시한 「소방용 전선의 성능인증 및 제품검사의 기술기준」에 적합할 것

2. 내열배선 〈개정 17.7.26.〉

사용전선의 종류	공사방법
1. 450/750V 저독성 난연 가교 폴리올레핀 절연전선 2. 0.6/1kV 가교 폴리에틸렌 절연 저독성 난연 폴리올레핀 시스 전력 케이블 3. 6/10kV 가교 폴리에틸렌 절연 저독성 난연 폴리올레핀 시스 전력용 케이블 4. 가교 폴리에틸렌 절연 비닐시스 트레이용 난연 전력 케이블 5. 0.6/1kV EP 고무절연 클로로프렌 시스 케이블 6. 300/500V 내열성 실리콘 고무 절연전선(180℃) 7. 내열성 에틸렌-비닐 아세테이트 고무절연 케이블 8. 버스덕트(Bus Duct) 9. 기타 전기용품안전관리법 및 전기설비기술기준에 따라 동등 이상의 내열성능이 있다고 주무부장관이 인정하는 것	**금속관 · 금속제 가요전선관 · 금속덕트** 또는 **케이블**(불연성 덕트에 설치하는 경우에 한한다.) **공사방법**에 따라야 한다. 다만, 다음 각 목의 기준에 적합하게 설치하는 경우에는 그러하지 아니하다. 가. 배선을 내화성능을 갖는 배선전용실 또는 배선용 샤프트 · 피트 · 덕트 등에 설치하는 경우 나. 배선전용실 또는 배선용 샤프트 · 피트 · 덕트 등에 다른 설비의 배선이 있는 경우에는 이로부터 **15cm** 이상 떨어지게 하거나 소화설비의 배선과 이웃하는 다른 설비의 배선 사이에 배선지름(배선의 지름이 다른 경우에는 지름이 가장 큰 것을 기준으로 한다.)의 **1.5배** 이상의 높이의 **불연성 격벽**을 설치하는 경우
내화전선 · 내열전선	**케이블공사**의 방법에 따라 설치하여야 한다.

[비고]
내열전선의 내열성능은 온도가 816±10℃인 불꽃을 **20분**간 가한 후 불꽃을 제거하였을 때 **10초** 이내에 자연소화가 되고, 전선의 연소된 길이가 **180mm** 이하이거나 가열온도의 값을 한국산업표준(KS F 2257-1)에서 정한 건축구조부분의 내화시험방법으로 **15분** 동안 **380℃**까지 가열한 후 전선의 연소된 길이가 가열로의 벽으로부터 **150mm** 이하일 것. 또는 **소방청장**이 정하여 고시한 「소방용 전선의 성능인증 및 제품검사의 기술기준」에 적합할 것

3 옥외소화전설비(NFSC 109)

일부개정 2021. 12. 16. 소방청고시 제2021-50호

제1조【목적】 이 기준은「화재예방, 소방시설 설치·유지 및 안전관리에 관한 법률」제9조 제1항에 따라 소방청장에게 위임한 사항 중 소화설비인 옥외소화전설비의 설치·유지 및 안전관리에 필요한 사항을 규정함을 목적으로 한다.

제2조【적용범위】「화재예방, 소방시설 설치·유지 및 안전관리에 관한 법률 시행령」(이하 "**영**"이라 한다.) [별표 5] 제1호 사목에 따른 옥외소화전설비는 이 기준에서 정하는 규정에 따라 설비를 설치하고 유지·관리하여야 한다.

제3조【정의】 이 기준에서 사용하는 용어의 정의는 다음과 같다.
1. "**고가수조**"란 **구조물** 또는 **지형지물** 등에 설치하여 자연낙차 압력으로 급수하는 수조를 말한다.
2. "**압력수조**"란 소화용수와 공기를 채우고 **일정압력 이상**으로 **가압**하여 그 압력으로 급수하는 수조를 말한다.
3. "**충압펌프**"란 배관 내 압력손실에 따른 **주펌프**의 **빈번한 기동**을 **방지**하기 위하여 충압역할을 하는 펌프를 말한다.
4. "**연성계**"란 대기압 이상의 압력과 대기압 이하의 압력을 측정할 수 있는 계측기를 말한다.
5. "**진공계**"란 대기압 이하의 압력을 측정하는 계측기를 말한다.
6. "**정격토출량**"이란 **정격토출압력**에서의 펌프의 토출량을 말한다.
7. "**정격토출압력**"이란 **정격토출량**에서의 펌프의 토출측 압력을 말한다.
8. "**개폐표시형밸브**"란 밸브의 **개폐여부**를 **외부**에서 **식별**이 **가능**한 밸브를 말한다.
9. "**기동용 수압개폐장치**"란 소화설비의 배관 내 압력변동을 검지하여 자동적으로 펌프를 기동 및 정지시키는 것으로서 **압력챔버** 또는 **기동용 압력스위치** 등을 말한다.
10. "**급수배관**"이란 수원으로부터 옥외소화전방수구에 급수하는 배관을 말한다.
10의2. "**분기배관**"이란 배관 측면에 구멍을 뚫어 둘 이상의 관로가 생기도록 가공한 배관으로서 확관형 분기배관과 비확관형 분기배관을 말한다.
10의3. "**확관형 분기배관**"이란 배관의 측면에 조그만 구멍을 뚫고 소성가공으로 확관시켜 배관 용접이음자리를 만들거나 배관 용접이음자리에 배관이음쇠를 용접이음한 배관을 말한다.
10의4. "**비확관형 분기배관**"이란 배관의 측면에 분기호칭내경 이상의 구멍을 뚫고 배관이음쇠를 용접이음한 배관을 말한다.
11. "**가압수조**"란 가압원인 **압축공기** 또는 **불연성 고압기체**에 따라 소방용수를 가압시키는 수조를 말한다.

제4조【수원】 ① 옥외소화전설비의 수원은 그 저수량이 옥외소화전의 설치개수(옥외소화전이 2개 이상 설치된 경우에는 2개)에 7m³를 곱한 양 이상이 되도록 하여야 한다.
② 삭 제⟨15.1.23.⟩
③ 삭 제⟨15.1.23.⟩
④ 옥외소화전설비의 수원을 수조로 설치하는 경우에는 소방설비의 **전용수조**로 하여야 한다. 다만, 다음 각 호의 어느 하나에 해당하는 경우에는 그러하지 아니하다.
  1. 옥외소화전펌프의 후드밸브 또는 흡수배관의 흡수구(수직회전축펌프의 흡수구를 포함한다. 이하 같다.)를 다른 설비(소방용 설비 외의 것을 말한다. 이하 같다.)의 후드밸브 또는 흡수구보다 **낮은 위치**에 설치한 때
  2. 제5조 제2항에 따른 고가수조로부터 옥외소화전설비의 수직배관에 물을 공급하는 급수구를 다른 설비의 급수구보다 **낮은 위치**에 설치한 때
⑤ 제1항과 제2항에 따른 저수량을 산정함에 있어서 다른 설비와 겸용하여 옥외소화전설비용 수조를 설치하는 경우에는 옥외소화전설비의 후드밸브·흡수구 또는 수직배관의 급수구와 다른 설비의 후드밸브·흡수구 또는 수직배관의 급수구와의 사이의 수량을 그 유효수량으로 한다.
⑥ 옥외소화전설비용 수조는 다음 각 호의 기준에 따라 설치하여야 한다.
  1. 점검에 편리한 곳에 설치할 것
  2. **동결방지조치**를 하거나 동결의 우려가 없는 장소에 설치할 것
  3. 수조의 **외측**에 **수위계**를 설치할 것. 다만, 구조상 불가피한 경우에는 수조의 맨홀 등을 통하여 수조 안의 물의 양을 쉽게 확인할 수 있도록 하여야 한다.
  4. 수조의 상단이 바닥보다 높은 때에는 수조의 **외측**에 **고정식 사다리**를 설치할 것
  5. 수조가 실내에 설치된 때에는 그 **실내**에 **조명설비**를 설치할 것
  6. 수조의 밑부분에는 **청소용 배수밸브** 또는 **배수관**을 설치할 것
  7. 수조의 외측의 보기 쉬운 곳에 "**옥외소화전설비용 수조**"라고 표시한 표지를 할 것. 이 경우 그 수조를 다른 설비와 겸용하는 때에는 그 겸용되는 설비의 이름을 표시한 표지를 함께 하여야 한다. 점검 14회
  8. 옥외소화전펌프의 **흡수배관** 또는 옥외소화전설비의 **수직배관**과 수조의 **접속부분**에는 "**옥외소화전설비용 배관**"이라고 표시한 표지를 할 것. 다만, 수조와 가까운 장소에 옥외소화전펌프가 설치되고 옥외소화전펌프에 제5조 제1항 제13호에 따른 표지를 설치한 때에는 그러하지 아니하다. 점검 14회

제5조【가압송수장치】 ① 전동기 또는 내연기관에 따른 펌프를 이용하는 가압송수장치는 다음 각 호의 기준에 따라 설치하여야 한다.
  1. 쉽게 접근할 수 있고 점검하기에 충분한 공간이 있는 장소로서 화재 및 침수 등의 재해로 인한 피해를 받을 우려가 없는 곳에 설치할 것

2. 동결방지조치를 하거나 동결의 우려가 없는 장소에 설치할 것
3. 해당 특정소방대상물에 설치된 옥외소화전(2개 이상 설치된 경우에는 2개의 옥외소화전)을 동시에 사용할 경우 각 옥외소화전의 노즐선단에서의 방수압력이 0.25MPa 이상이고, 방수량이 350L/min 이상이 되는 성능의 것으로 할 것. 이 경우 하나의 옥외소화전을 사용하는 노즐선단에서의 방수압력이 0.7MPa을 초과할 경우에는 호스접결구의 **인입측**에 **감압장치**를 설치하여야 한다.
4. 펌프는 **전용**으로 할 것. 다만, 다른 소화설비와 겸용하는 경우 각각의 소화설비의 성능에 지장이 없을 때에는 그러하지 아니하다.
5. 펌프의 **토출측**에는 **압력계**를 체크밸브 이전에 펌프 토출측 플랜지에서 가까운 곳에 설치하고, **흡입측**에는 **연성계** 또는 **진공계**를 설치할 것. 다만, 수원의 수위가 펌프의 위치보다 높거나 수직회전축 펌프의 경우에는 연성계 또는 진공계를 설치하지 아니할 수 있다.
6. 가압송수장치에는 정격부하운전 시 **펌프**의 **성능**을 **시험**하기 위한 **배관**을 설치할 것. 다만, **충압펌프**의 경우에는 그러하지 아니하다.
7. 가압송수장치에는 체절운전 시 **수온**의 **상승**을 **방지**하기 위한 **순환배관**을 설치할 것. 다만, **충압펌프**의 경우에는 그러하지 아니하다.
8. 기동장치로는 기동용 수압개폐장치 또는 이와 동등 이상의 성능이 있는 것을 설치할 것. 다만, **아파트 · 업무시설 · 학교 · 전시시설 · 공장 · 창고시설** 또는 **종교시설** 등으로서 동결의 우려가 있는 장소에 있어서는 기동스위치에 보호판을 부착하여 옥외소화전함 내에 설치할 수 있다.
9. **기동용 수압개폐장치**(압력챔버)를 사용할 경우 그 용적은 100L 이상의 것으로 할 것
10. 수원의 수위가 펌프보다 낮은 위치에 있는 가압송수장치에는 다음 각 목의 기준에 따른 물올림장치를 설치할 것
  가. 물올림장치에는 **전용**의 **수조**를 설치할 것
  나. 수조의 유효수량은 100L 이상으로 하되, 구경 15mm 이상의 급수배관에 따라 당해 수조에 물이 계속 보급되도록 할 것
11. 기동용 수압개폐장치를 기동장치로 사용할 경우에는 다음 각 목의 기준에 따른 **충압펌프**를 설치할 것. 다만, 옥외소화전이 1개 설치된 경우로서 소화용 급수펌프로도 상시 충압이 가능하고 다음 가목의 성능을 갖춘 경우에는 충압펌프를 별도로 설치하지 아니할 수 있다.
  가. 펌프의 토출압력은 그 설비의 최고위 호스접결구의 자연압보다 적어도 0.2MPa 이상 더 크도록 하거나 가압송수장치의 정격토출압력과 같게 할 것

나. 펌프의 정격토출량은 정상적인 누설량보다 적어서는 아니 되며, 옥외소화전설비가 자동적으로 작동할 수 있도록 충분한 토출량을 유지하여야 한다.
12. 내연기관을 사용하는 경우에는 다음 각 목의 기준에 적합한 것으로 할 것
 가. 내연기관의 기동은 제8호의 기동장치를 설치하거나 또는 소화전함의 위치에서 원격조작으로 가능하고 기동을 명시하는 **적색등**을 설치할 것
 나. 제어반에 따라 내연기관의 **자동기동** 및 **수동기동**이 가능하고, 상시 충전되어 있는 **축전지설비**를 갖출 것
13. 가압송수장치에는 "**옥외소화전펌프**"라고 표시한 표지를 할 것. 이 경우 그 가압송수장치를 다른 설비와 겸용하는 때에는 그 겸용되는 설비의 이름을 표시한 표지를 함께 하여야 한다. 〔점검 14회〕
14. 가압송수장치가 기동이 된 경우에는 자동으로 정지되지 아니하도록 하여야 한다. 다만, **충압펌프**인 경우에는 그러하지 아니하다.
15. 가압송수장치는 부식 등으로 인한 펌프의 고착을 방지할 수 있도록 다음 각 목의 기준에 적합한 것으로 할 것. 다만, 충압펌프는 제외한다.〈신설 21.7.22.〉
 가. 임펠러는 청동 또는 스테인리스 등 부식에 강한 재질을 사용할 것
 나. 펌프축은 스테인리스 등 부식에 강한 재질을 사용할 것
② 고가수조의 자연낙차를 이용한 가압송수장치는 다음 각 호의 기준에 따라 설치하여야 한다.
 1. 고가수조의 자연낙차수두(수조의 하단으로부터 최고층에 설치된 소화전 호스접결구까지의 수직거리를 말한다.)는 다음의 식에 따라 산출한 수치 이상이 되도록 할 것

$$H = h_1 + h_2 + 25$$

 여기서, H : 필요한 낙차〔m〕
  h_1 : 소방용 호스의 마찰손실수두〔m〕
  h_2 : 배관의 마찰손실수두〔m〕
 2. **고**가수조에는 **수**위계·**배**수관·**급**수관·**오**버플로관 및 **맨**홀을 설치할 것

> 〔기억법〕 고수배급오맨

③ 압력수조를 이용한 가압송수장치는 다음 각 호의 기준에 따라 설치하여야 한다.
 1. 압력수조의 압력은 다음의 식에 따라 산출한 수치 이상으로 할 것

$$P = p_1 + p_2 + p_3 + 0.25$$

 여기서, P : 필요한 압력〔MPa〕
  p_1 : 소방용 호스의 마찰손실수두압〔MPa〕
  p_2 : 배관의 마찰손실수두압〔MPa〕
  p_3 : 낙차의 환산수두압〔MPa〕

3. 옥외소화전설비(NFSC 109)

2. **압**력수조에는 수위계·급수관·배수관·**급기**관·맨홀·압력계·**안**전장치 및 압력저하 방지를 위한 **자**동식 공기압축기를 설치할 것

> **기억법** 압기안자

④ 가압수조를 이용한 가압송수장치는 다음 각 호의 기준에 따라 설치하여야 한다.
  1. 가압수조의 압력은 제1항 제3호에 따른 방수량 및 방수압이 **20분** 이상 유지되도록 할 것
  2. 삭 제〈15.1.23.〉
  3. 가압수조 및 가압원은 「건축법 시행령」제46조에 따른 방화구획된 장소에 설치할 것
  4. 삭 제〈15.1.23.〉
  5. 소방청장이 정하여 고시한 「가압수조식 가압송수장치의 성능인증 및 제품검사의 기술기준」에 적합한 것으로 설치할 것

제6조【배관 등】 ① 호스접결구는 지면으로부터 높이가 0.5m 이상 1m 이하의 위치에 설치하고 특정소방대상물의 각 부분으로부터 하나의 호스접결구까지의 **수평거리**가 **40m** 이하가 되도록 설치하여야 한다.
② 호스는 구경 **65mm**의 것으로 하여야 한다.
③ 배관은 **배관용 탄소강관**(KS D 3507) 또는 배관 내 사용압력이 **1.2MPa** 이상일 경우에는 **압력배관용 탄소강관**(KS D 3562) 또는 **이음매 없는 동** 및 **동합금**(KS D 5301)의 **배관용 동관**이나 이와 동등 이상의 강도·내식성 및 내열성을 가진 것으로 하여야 한다. 다만, 다음 각 호의 어느 하나에 해당하는 장소에는 법 제39조에 따라 제품검사에 합격한 **소방용 합성수지배관**으로 설치할 수 있다.
  1. 배관을 **지하**에 **매설**하는 경우
  2. 다른 부분과 **내화구조**로 구획된 덕트 또는 피트의 내부에 설치하는 경우
  3. 천장(상층이 있는 경우에는 상층바닥의 하단을 포함한다. 이하 같다.)과 반자를 **불연재료** 또는 **준불연재료**로 설치하고 그 내부에 **습식**으로 **배관**을 설치하는 경우
④ 급수배관은 **전용**으로 하여야 한다. 다만, 옥외소화전의 기동장치의 조작과 동시에 다른 설비의 용도에 사용하는 배관의 송수를 차단할 수 있거나, 옥외소화전설비의 성능에 지장이 없는 경우에는 다른 설비와 겸용할 수 있다.
⑤ 펌프의 흡입측 배관은 다음 각 호의 기준에 따라 설치하여야 한다.
  1. 공기고임이 생기지 아니하는 구조로 하고 **여과장치**를 설치할 것
  2. 수조가 펌프보다 낮게 설치된 경우에는 각 펌프(충압펌프를 포함한다.)마다 수조로부터 별도로 설치할 것

⑥ 펌프의 성능은 체절운전 시 정격토출압력의 **140%**를 초과하지 아니하고, 정격토출량의 **150%**로 운전 시 정격토출압력의 **65%** 이상이 되어야 하며, 펌프의 성능시험배관은 다음 각 호의 기준에 적합하여야 한다.
  1. 성능시험배관은 펌프의 토출측에 설치된 **개폐밸브 이전**에서 분기하여 설치하고, 유량측정장치를 기준으로 **전단 직관부**에 **개폐밸브**를 **후단 직관부**에는 **유량조절밸브**를 설치할 것
  2. 유량측정장치는 성능시험배관의 직관부에 설치하되, 펌프의 정격토출량의 **175% 이상** 측정할 수 있는 성능이 있을 것
⑦ 가압송수장치의 체절운전 시 수온의 상승을 방지하기 위하여 체크밸브와 펌프 사이에서 분기한 구경 **20mm** 이상의 배관에 **체절압력 미만**에서 개방되는 **릴리프밸브**를 설치하여야 한다.
⑧ **동결방지조치**를 하거나 동결의 우려가 없는 장소에 설치하여야 한다. 다만, 보온재를 사용할 경우에는 **난연재료** 성능 이상의 것으로 하여야 한다.
⑨ 급수배관에 설치되어 급수를 차단할 수 있는 개폐밸브(옥외소화전방수구를 제외한다.)는 **개폐표시형**으로 하여야 한다. 이 경우 펌프의 흡입측 배관에는 **버터플라이밸브 외**의 **개폐표시형밸브**를 설치하여야 한다.
⑩ 배관은 다른 설비의 배관과 쉽게 구분이 될 수 있는 위치에 설치하거나 그 배관 표면 또는 배관 보온재 표면의 색상은 식별이 가능하도록「한국산업표준(배관계의 식별 표시, KS A 0503)」또는 **적색**으로 소방용 설비의 배관임을 표시하여야 한다.
⑪ 확관형 분기배관을 사용할 경우에는 소방청장이 정하여 고시한「분기배관의 성능인증 및 제품검사의 기술기준」에 적합한 것으로 설치하여야 한다.〈개정 21.12.16.〉

제7조【소화전함 등】① 옥외소화전설비에는 옥외소화전마다 그로부터 **5m** 이내의 장소에 소화전함을 다음 각 호의 기준에 따라 설치하여야 한다.
  1. 옥외소화전이 10개 이하 설치된 때에는 옥외소화전마다 5m 이내의 장소에 1개 이상의 소화전함을 설치하여야 한다.
  2. 옥외소화전이 **11개 이상 30개 이하** 설치된 때에는 **11개 이상**의 소화전함을 각각 분산하여 설치하여야 한다.
  3. 옥외소화전이 **31개 이상** 설치된 때에는 옥외소화전 **3개마다 1개 이상**의 소화전함을 설치하여야 한다.
② 옥외소화전설비의 함은 소방청장이 정하여 고시한「소화전함 성능인증 및 제품검사의 기술기준」에 적합한 것으로 설치하되 밸브의 **조작**, 호스의 **수납** 등에 충분한 여유를 가질 수 있도록 할 것. 연결송수관의 방수구를 같이 설치하는 경우에도 또한 같다.

③ 옥외소화전설비의 소화전함 표면에는 "**옥외소화전**"이라고 표시한 표지를 하고, 가압송수장치의 조작부 또는 그 부근에는 가압송수장치의 기동을 명시하는 적색등을 설치하여야 한다. 점검 14회
④ 표시등은 다음 각 호의 기준에 따라 설치하여야 한다.
  1. 옥외소화전설비의 위치를 표시하는 **표시등**은 함의 **상부**에 설치하되, 소방청장이 정하여 고시한 「표시등의 성능인증 및 제품검사의 기술기준」에 적합한 것으로 할 것
  2. 가압송수장치의 기동을 표시하는 표시등은 옥외소화전함의 **상부** 또는 그 **직근**에 설치하되 **적색등**으로 할 것. 다만, 자체소방대를 구성하여 운영하는 경우(「위험물안전관리법 시행령」 [별표 8]에서 정한 소방자동차와 자체소방대원의 규모를 말한다.) 가압송수장치의 기동표시등을 설치하지 않을 수 있다.
  3. 삭 제⟨15.1.23.⟩

제8조 【전원】 옥외소화전설비에는 그 특정소방대상물의 수전방식에 따라 다음 각 호의 기준에 따른 상용전원회로의 배선을 설치하여야 한다. 다만, **가압수조방식**으로서 모든 기능이 **20분** 이상 유효하게 지속될 수 있는 경우에는 그러하지 아니하다.
  1. **저압수전**인 경우에는 **인입개폐기**의 **직후**에서 분기하여 **전용배선**으로 하여야 하며, 전용의 전선관에 보호되도록 할 것
  2. **특고압수전** 또는 **고압수전**일 경우에는 **전력용 변압기 2차측**의 **주차단기 1차측**에서 분기하여 전용배선으로 하되, 상용전원의 상시공급에 지장이 없을 경우에는 **주차단기 2차측**에서 분기하여 **전용배선**으로 할 것. 다만, 가압송수장치의 정격입력전압이 수전전압과 같은 경우에는 제1호의 기준에 따른다.

제9조 【제어반】 ① 옥외소화전설비에는 제어반을 설치하되, **감시제어반과 동력제어반**으로 구분하여 설치하여야 한다. 다만, 다음 각 호의 어느 하나에 해당하는 경우에는 감시제어반과 동력제어반으로 구분하여 설치하지 아니할 수 있다.
  1. 다음 각 목의 어느 하나에 해당하지 아니하는 특정소방대상물에 설치되는 옥외소화전설비
    가. 지하층을 제외한 층수가 **7층** 이상으로서 연면적이 **2,000㎡** 이상인 것
    나. 제1호에 해당하지 않는 특정소방대상물로서 지하층의 바닥면적의 합계가 **3,000㎡** 이상인 것. 다만, **차고 · 주차장** 또는 **보일러실 · 기계실 · 전기실** 등 이와 유사한 장소의 면적은 제외한다.
  2. **내연기관**에 따른 가압송수장치를 사용하는 옥외소화전설비
  3. **고가수조**에 따른 가압송수장치를 사용하는 옥외소화전설비
  4. **가압수조**에 따른 가압송수장치를 사용하는 옥외소화전설비

② **감**시제어반의 기능은 다음 각 호의 기준에 적합하여야 한다. 다만, 제1항 각 호의 어느 하나에 해당하는 경우에는 제3호와 제6호를 적용하지 아니한다.
1. 각 펌프의 작동여부를 확인할 수 있는 **표**시등 및 **음**향경보기능이 있어야 할 것
2. 각 펌프를 **자**동 및 **수**동으로 작동시키거나 중단시킬 수 있어야 한다.
3. **비**상전원을 설치한 경우에는 상용전원 및 비상전원의 공급여부를 확인할 수 있어야 할 것
4. **수**조 또는 물올림탱크가 저수위로 될 때 **표**시등 및 **음**향으로 경보할 것
5. 각 **확**인회로(기동용 수압개폐장치의 압력스위치회로·수조 또는 물올림탱크의 감시회로를 말한다.)마다 **도통시험** 및 **작동시험**을 할 수 있어야 할 것
6. **예**비전원이 확보되고 예비전원의 적합여부를 시험할 수 있어야 할 것

> [기억법] 감표음자수비수확예

③ 감시제어반은 다음 각 호의 기준에 따라 설치하여야 한다.
1. 화재 및 침수 등의 재해로 인한 피해를 받을 우려가 없는 곳에 설치할 것
2. 감시제어반은 옥외소화전설비의 **전용**으로 할 것. 다만, 옥외소화전설비의 **제어**에 지장이 없는 경우에는 다른 설비와 겸용할 수 있다.
3. 감시제어반은 다음 각 목의 기준에 따른 **전용실 안**에 설치할 것. 다만, 제1항 각 호의 어느 하나에 해당하는 경우와 공장, 발전소 등에서 설비를 집중 제어·운전할 목적으로 설치하는 중앙제어실 내에 감시제어반을 설치하는 경우에는 그러하지 아니하다.
   가. 다른 부분과 **방화구획**을 할 것. 이 경우 전용실의 벽에는 기계실 또는 전기실 등의 감시를 위하여 두께 **7mm** 이상의 **망입유리**(두께 **16.3mm** 이상의 **접합유리** 또는 두께 **28mm** 이상의 **복층유리**를 포함한다.)로 된 **4m²** 미만의 **붙박이창**을 설치할 수 있다.
   나. **피난층** 또는 **지하 1층**에 설치할 것. 다만, 다음 각 세목의 어느 하나에 해당하는 경우에는 지상 2층에 설치하거나 지하 1층 외의 지하층에 설치할 수 있다.
      (1) 「건축법 시행령」제35조에 따라 특별피난계단이 설치되고 그 계단(부속실을 포함한다.) 출입구로부터 **보행거리 5m** 이내에 전용실의 출입구가 있는 경우
      (2) 아파트의 관리동(관리동이 없는 경우에는 경비실)에 설치하는 경우
   다. **비상조명등** 및 **급·배기설비**를 설치할 것
   라. 「무선통신보조설비의 화재안전기준(NFSC 505)」제5조 제3항에 따라 유효하게 통신이 가능할 것(영 [별표 5]의 제5호 마목에 따른 무선통신보조설비가 설치된 특정소방대상물에 한한다.)〈개정 21.3.25.〉

마. 바닥면적은 감시제어반의 설치에 필요한 면적 외에 화재 시 소방대원이 그 감시제어반의 조작에 필요한 최소면적 이상으로 할 것
4. 제3호에 따른 전용실에는 소방대상물의 기계·기구 또는 시설 등의 제어 및 감시설비 외의 것을 두지 아니할 것
④ 동력제어반은 다음 각 호의 기준에 따라 설치하여야 한다.
1. 앞면은 **적색**으로 하고 **"옥외소화전설비용 동력제어반"**이라고 표시한 표지를 설치할 것 〔점검 14회〕
2. 외함은 두께 **1.5mm** 이상의 **강판** 또는 이와 동등 이상의 강도 및 내열성능이 있는 것으로 할 것
3. 그 밖의 동력제어반의 설치에 관하여는 제3항 제1호와 제2호의 기준을 준용할 것

제10조 【배선 등】 ① 옥외소화전설비의 배선은 「전기사업법」 제67조에 따른 기술기준에서 정한 것 외에 다음 각 호의 기준에 따라 설치하여야 한다.
1. 비상전원으로부터 동력제어반 및 가압송수장치에 이르는 **전원회로**배선은 **내화배선**으로 할 것. 다만, **자가발전설비**와 **동력제어반**이 동일한 실에 설치된 경우에는 자가발전기로부터 그 제어반에 이르는 전원회로배선은 그러하지 아니하다.
2. 상용전원으로부터 동력제어반에 이르는 배선, 그 밖의 옥외소화전설비의 **감시·조작** 또는 표시등회로의 배선은 **내화배선** 또는 **내열배선**으로 할 것. 다만, 감시제어반 또는 동력제어반의 감시·조작 또는 표시등회로의 배선은 그러하지 아니하다.
② 제1항에 따른 내화배선 및 내열배선에 사용되는 전선 및 설치방법은 「옥내소화전의 화재안전기준(NFSC 102)」 [별표 1]의 기준에 따른다.
③ 옥외소화전설비의 과전류차단기 및 개폐기에는 **"옥외소화전설비용"**이라고 표시한 표지를 하여야 한다. 〔점검 14회〕
④ 옥외소화전설비용 전기배선의 양단 및 접속단자에는 다음 각 호의 기준에 따라 표지하여야 한다.
1. 단자에는 **"옥외소화전단자"**라고 표시한 표지를 부착한다. 〔점검 14회〕
2. 옥외소화전설비용 전기배선의 양단에는 다른 배선과 **식별**이 **용이**하도록 표시하여야 한다.

제11조 【수원 및 가압송수장치의 펌프 등의 겸용】 ① 옥외소화전설비의 수원을 옥내소화전설비·스프링클러설비·간이스프링클러설비·화재조기진압용 스프링클러설비·물분무소화설비 및 포소화설비의 수원과 겸용하여 설치하는 경우의 저수량은 각 소화설비에 필요한 **저수량**을 **합한 양** 이상이 되도록 하여야 한다. 다만, 이들 소

화설비 중 고정식 소화설비(펌프·배관과 소화수 또는 소화약제를 최종 방출하는 방출구가 고정된 설비를 말한다. 이하 같다.)가 2 이상 설치되어 있고, 그 소화설비가 설치된 부분이 방화벽과 방화문으로 구획되어 있는 경우에는 각 고정식 소화설비에 필요한 저수량 중 최대의 것 이상으로 할 수 있다.

② 옥외소화전설비의 가압송수장치로 사용하는 펌프를 옥내소화전설비·스프링클러설비·간이스프링클러설비·화재조기진압용 스프링클러설비·물분무소화설비 및 포소화설비의 가압송수장치와 겸용하여 설치하는 경우의 펌프의 토출량은 각 소화설비에 해당하는 **토출량**을 **합한 양** 이상이 되도록 하여야 한다. 다만, 이들 소화설비 중 고정식 소화설비가 2 이상 설치되어 있고, 그 소화설비가 설치된 부분이 방화벽과 방화문으로 구획되어 있으며 각 소화설비에 지장이 없는 경우에는 펌프의 토출량 중 최대의 것 이상으로 할 수 있다.

③ 옥내소화전설비·스프링클러설비·간이스프링클러설비·화재조기진압용 스프링클러설비·물분무소화설비·포소화설비 및 옥외소화전설비의 가압송수장치에 있어서 각 토출측 배관과 일반급수용의 가압송수장치의 토출측 배관을 상호 연결하여 화재 시 사용할 수 있다. 이 경우 연결배관에는 **개·폐표시형밸브**를 설치하여야 하며, 각 소화설비의 성능에 지장이 없도록 하여야 한다.

제12조【설치·유지기준의 특례】 소방본부장 또는 **소방서장**은 기존 건축물이 증축·개축·대수선되거나 용도변경되는 경우에 있어서 이 기준이 정하는 기준에 따라 해당 건축물에 설치하여야 할 옥외소화전설비의 배관·배선 등의 공사가 현저하게 곤란하다고 인정되는 경우에는 해당 설비의 기능 및 사용에 지장이 없는 범위 안에서 옥외소화전설비의 설치·유지기준의 일부를 적용하지 아니할 수 있다.

제13조【재검토 기한】 소방청장은 이 고시에 대하여「훈령·예규 등의 발령 및 관리에 관한 규정」에 따라 2022년 1월 1일 기준으로 매 3년이 되는 시점(매 3년째의 12월 31일까지를 말한다.)마다 그 타당성을 검토하여 개선 등의 조치를 하여야 한다.
〈개정 19.5.24.〉

부 칙 〈제2021-50호, 21.12.16.〉

제1조【시행일】 이 고시는 발령한 날부터 시행한다.

제2조【일반적 적용례】 이 고시는 이 고시 시행 후 특정소방대상물의 신축·증축·개축·재축·이전·용도변경 또는 대수선의 허가·협의를 신청하거나 신고하는 경우부터 적용한다.

4 스프링클러설비(NFSC 103)

일부개정 2021. 12. 16. 소방청고시 제2021-44호

제1조【목적】 이 기준은 「화재예방, 소방시설 설치·유지 및 안전관리에 관한 법률」 제9조 제1항에 따라 소방청장에게 위임한 사항 중 소화설비인 스프링클러설비의 설치·유지 및 안전관리에 필요한 사항을 규정함을 목적으로 한다. 〈개정 17.7.26.〉

제2조【적용범위】「화재예방, 소방시설 설치·유지 및 안전관리에 관한 법률 시행령」(이하 "**영**"이라 한다.) [별표 5] 제1호 라목에 따른 스프링클러설비는 이 기준에서 정하는 규정에 따라 설비를 설치하고 유지·관리하여야 한다. 〈개정 16.7.13.〉

제3조【정의】 이 기준에서 사용하는 용어의 정의는 다음과 같다.
1. "**고가수조**"란 **구조물** 또는 **지형지물** 등에 설치하여 자연낙차 압력으로 급수하는 수조를 말한다.
2. "**압력수조**"란 소화용수와 공기를 채우고 **일정압력 이상**으로 **가압**하여 그 압력으로 급수하는 수조를 말한다.
3. "**충압펌프**"란 배관 내 압력손실에 따른 **주펌프**의 **빈번한 기동**을 **방지**하기 위하여 충압역할을 하는 펌프를 말한다.
4. "**정격토출량**"이란 **정격토출압력**에서의 펌프의 토출량을 말한다.
5. "**정격토출압력**"이란 **정격토출량**에서의 펌프의 토출측 압력을 말한다.
6. "**진공계**"란 대기압 이하의 압력을 측정하는 계측기를 말한다.
7. "**연성계**"란 대기압 이상의 압력과 대기압 이하의 압력을 측정할 수 있는 계측기를 말한다.
8. "**체절운전**"이란 펌프의 **성능시험**을 목적으로 펌프 토출측의 개폐밸브를 닫은 상태에서 펌프를 운전하는 것을 말한다.
9. "**기동용 수압개폐장치**"란 소화설비의 배관 내 압력변동을 검지하여 자동적으로 **펌프**를 기동 및 정지시키는 것으로서 **압력챔버** 또는 **기동용 압력스위치** 등을 말한다.
10. "**개방형스프링클러헤드**"란 감열체 없이 방수구가 **항상 열려져 있는** 스프링클러헤드를 말한다.
11. "**폐쇄형스프링클러헤드**"란 정상상태에서 방수구를 **막고 있는** 감열체가 일정온도에서 자동적으로 **파괴·용해** 또는 **이탈**됨으로써 방수구가 개방되는 스프링클러헤드를 말한다.
12. "**조기반응형헤드**"란 표준형스프링클러헤드보다 **기류온도** 및 **기류속도**에 조기에 **반응**하는 것을 말한다.
13. "**측벽형스프링클러헤드**"란 가압된 물이 분사될 때 헤드의 축심을 중심으로 한 **반원상**에 **균일**하게 **분산**시키는 헤드를 말한다.

14. **"건식스프링클러헤드"**란 물과 **오리피스**가 **분리**되어 **동파**를 **방지**할 수 있는 스프링클러헤드를 말한다.
15. **"유수검지장치"**란 습식유수검지장치(패들형을 포함한다.), 건식유수검지장치, 준비작동식유수검지장치를 말하며 본체 내의 **유수현상**을 **자동**적으로 **검지**하여 신호 또는 경보를 발하는 장치를 말한다.〈개정 08.12.15.〉
16. **"일제개방밸브"**란 개방형스프링클러헤드를 사용하는 **일제살수식 스프링클러설비**에 설치하는 **밸브**로서 화재발생 시 **자동** 또는 **수동식 기동장치**에 따라 밸브가 열려지는 것을 말한다.〈개정 08.12.15.〉
17. **"가지배관"**이란 **스프링클러헤드**가 설치되어 있는 배관을 말한다.
18. **"교차배관"**이란 **직접** 또는 **수직배관**을 통하여 **가지배관**에 **급수**하는 배관을 말한다.
19. **"주배관"**이란 **각 층**을 **수직**으로 **관통**하는 **수직배관**을 말한다.
20. **"신축배관"**이란 가지배관과 스프링클러헤드를 연결하는 **구부림**이 **용이**하고 **유연성**을 가진 배관을 말한다.
21. **"급수배관"**이란 수원 및 옥외송수구로부터 스프링클러헤드에 **급수**하는 **배관**을 말한다.
21의2. **"분기배관"**이란 배관 측면에 구멍을 뚫어 둘 이상의 관로가 생기도록 가공한 배관으로서 확관형 분기배관과 비확관형 분기배관을 말한다.
21의3. **"확관형 분기배관"**이란 배관의 측면에 조그만 구멍을 뚫고 소성가공으로 확관시켜 배관 용접이음자리를 만들거나 배관 용접이음자리에 배관이음쇠를 용접이음한 배관을 말한다.
21의4. **"비확관형 분기배관"**이란 배관의 측면에 분기호칭내경 이상의 구멍을 뚫고 배관이음쇠를 용접이음한 배관을 말한다.
22. **"습식스프링클러설비"**란 가압송수장치에서 폐쇄형스프링클러헤드까지 배관 내에 항상 **물**이 **가압**되어 있다가 화재로 인한 열로 **폐쇄형스프링클러헤드**가 개방되면 배관 내에 유수가 발생하여 **습식유수검지장치**가 작동하게 되는 스프링클러설비를 말한다.
22의2. **"부압식스프링클러설비"**란 가압송수장치에서 준비작동식유수검지장치의 **1차측**까지는 항상 정압의 물이 가압되고, **2차측** 폐쇄형스프링클러헤드까지는 소화수가 **부압**으로 되어 있다가 화재 시 **감지기**의 **작동**에 의해 **정압**으로 변하여 유수가 발생하면 작동하는 스프링클러설비를 말한다.〈신설 11.11.24.〉
23. **"준비작동식스프링클러설비"**란 가압송수장치에서 준비작동식유수검지장치 **1차측**까지 배관 내에 항상 **물**이 **가압**되어 있고 **2차측**에서 폐쇄형스프링클러헤드까지 **대기압** 또는 **저압**으로 있다가 화재발생 시 **감지기**의 **작동**으로 **준비작동식유수검지장치**가 작동하여 **폐쇄형스프링클러헤드**까지 소화용수가 송수되어 폐쇄형스프링클러헤드가 열에 따라 개방되는 방식의 스프링클러설비를 말한다.

24. "**건식스프링클러설비**"란 건식유수검지장치 2차측에 **압축공기** 또는 **질소** 등의 기체로 충전된 배관에 **폐쇄형스프링클러헤드**가 부착된 스프링클러설비로서, 폐쇄형스프링클러헤드가 개방되어 배관 내의 압축공기 등이 방출되면 건식유수검지장치 1차측의 수압에 의하여 건식유수검지장치가 작동하게 되는 스프링클러설비를 말한다.〈신설 08.12.15.〉
25. "**일제살수식스프링클러설비**"란 가압송수장치에서 **일제개방밸브 1차측**까지 배관 내에 항상 **물**이 가압되어 있고 2차측에서 **개방형스프링클러헤드**까지 대기압으로 있다가 화재발생 시 **자동감지장치** 또는 **수동식 기동장치**의 작동으로 일제개방밸브가 개방되면 스프링클러헤드까지 소화용수가 송수되는 방식의 스프링클러설비를 말한다.〈신설 08.12.15.〉
26. "**반사판(디플렉터)**"이란 스프링클러헤드의 방수구에서 유출되는 물을 **세분**시키는 작용을 하는 것을 말한다.〈개정 08.12.15.〉
27. "**개폐표시형밸브**"란 밸브의 **개폐여부**를 **외부**에서 **식별**이 **가능**한 밸브를 말한다. 〈개정 08.12.15.〉
28. "**연소할 우려가 있는 개구부**"란 각 방화구획을 관통하는 **컨베이어 · 에스컬레이터** 또는 이와 유사한 시설의 주위로서 방화구획을 할 수 없는 부분을 말한다. 〈개정 08.12.15.〉
29. "**가압수조**"란 가압원인 **압축공기** 또는 **불연성 고압기체**에 따라 소방용수를 가압시키는 수조를 말한다.〈신설 08.12.15.〉
30. "**소방부하**"란 법 제2조 제1항 제1호에 따른 **소방시설** 및 **방화 · 피난 · 소화활동**을 위한 **시설**의 전력부하를 말한다.〈신설 11.11.24.〉
31. "**소방전원 보존형 발전기**"란 소방부하 및 소방부하 이외의 부하(이하 비상부하라 한다.) 겸용의 비상발전기로서, **상용전원** 중단 시에는 **소방부하** 및 **비상부하**에 비상전원이 동시에 공급되고, 화재 시 **과부하**에 접근될 경우 **비상부하**의 일부 또는 전부를 자동적으로 **차단**하는 제어장치를 구비하여, 소방부하에 비상전원을 연속 공급하는 **자가발전설비**를 말한다.〈신설 11.11.24., 개정 13.6.10.〉

제4조【수원】 ① 스프링클러설비의 수원은 그 저수량이 다음 각 호의 기준에 적합하도록 하여야 한다.
1. 폐쇄형스프링클러헤드를 사용하는 경우에는 다음 표의 스프링클러설비 설치장소별 스프링클러헤드의 **기준개수**[스프링클러헤드의 설치개수가 가장 많은 층(아파트의 경우에는 설치개수가 가장 많은 세대)에 설치된 스프링클러헤드의 개수가 기준개수보다 작은 경우에는 그 설치개수를 말한다. 이하 같다.]에 **1.6m³**를 곱한 양 이상이 되도록 할 것〈개정 13.6.10.〉

스프링클러설비 설치장소			기준개수
지하층을 제외한 층수가 10층 이하인 소방대상물	**공**장 또는 **창**고 (랙크식 창고를 포함한다.)	특수가연물을 저장·취급하는 것	30
		그 밖의 것	20
	근린생활시설·**판**매시설 ·운수시설 또는 복합건축물	판매시설 또는 복합건축물(판매시설이 설치되는 복합건축물을 말한다.)	30
		그 밖의 것	20
	그 밖의 것	헤드의 부착높이가 8m 이상인 것	20
		헤드의 부착높이가 8m 미만인 것	10
아파트			10
지하층을 제외한 층수가 **11**층 이상인 소방대상물(아파트를 제외한다.)·지하가 또는 지하역사			30

[기억법] 공창근판아지11

[비고]
하나의 소방대상물이 2 이상의 "스프링클러헤드의 기준개수"란에 해당하는 때에는 기준개수가 많은 난을 기준으로 한다. 다만, 각 기준개수에 해당하는 수원을 별도로 설치하는 경우에는 그러하지 아니하다.

2. 개방형스프링클러헤드를 사용하는 스프링클러설비의 수원은 최대 방수구역에 설치된 스프링클러헤드의 개수가 **30개 이하**일 경우에는 설치헤드수에 **1.6m³**를 곱한 양 이상으로 하고, **30개를 초과**하는 경우에는 제5조 제1항 제9호 및 제10호에 따라 산출된 가압송수장치의 **1분당 송수량**에 20을 곱한 양 이상이 되도록 할 것
3. 삭 제〈13.6.11.〉

② 스프링클러설비의 수원은 제1항에 따라 산출된 유효수량 외에 **유효수량**의 $\frac{1}{3}$ **이상**을 옥상(스프링클러설비가 설치된 건축물의 주된 옥상을 말한다. 이하 같다.)에 설치하여야 한다. 다만, 다음 각 호의 어느 하나에 해당하는 경우에는 그러하지 아니하다.
1. 삭 제〈13.6.10.〉
2. **지하층**만 있는 건축물
3. 제5조 제2항에 따라 **고가수조**를 가압송수장치로 설치한 스프링클러설비
4. **수원**이 건축물의 **최상층**에 설치된 헤드보다 높은 위치에 설치된 경우〈개정 15.1.23.〉
5. 건축물의 높이가 지표면으로부터 **10m** 이하인 경우
6. **주펌프**와 동등 이상의 성능이 있는 별도의 펌프로서 **내연기관**의 기동과 연동하여 작동되거나 **비상전원**을 연결하여 설치한 경우
7. 제5조 제4항에 따라 **가압수조**를 가압송수장치로 설치한 스프링클러설비
〈신설 09.10.22.〉

③ 삭 제〈13.6.11.〉
④ 옥상수조(제1항에 따라 산출된 유효수량의 $\frac{1}{3}$ 이상을 옥상에 설치한 설비를 말한다.)는 이와 연결된 배관을 통하여 상시 소화수를 공급할 수 있는 구조인 특정소방대상물인 경우에는 둘 이상의 특정소방대상물이 있더라도 하나의 특정소방대상물에만 이를 설치할 수 있다.
[종전의 제3항에서 이동 12.2.15.]
⑤ 스프링클러설비의 수원을 수조로 설치하는 경우에는 소방설비의 **전용수조**로 하여야 한다. 다만, 다음 각 호의 어느 하나에 해당하는 경우에는 그러하지 아니하다.
[종전의 제4항에서 이동 12.2.15.]
1. 스프링클러펌프의 후드밸브 또는 흡수배관의 흡수구(수직회전축펌프의 흡수구를 포함한다. 이하 같다.)를 다른 설비(소방용 설비 외의 것을 말한다. 이하 같다.)의 후드밸브 또는 흡수구보다 낮은 위치에 설치한 때
2. 제5조 제2항에 따른 고가수조로부터 스프링클러설비의 수직배관에 물을 공급하는 급수구를 다른 설비의 급수구보다 낮은 위치에 설치한 때
⑥ 제1항 및 제2항에 따른 저수량을 산정함에 있어서 다른 설비와 겸용하여 스프링클러설비용 수조를 설치하는 경우에는 스프링클러설비의 후드밸브·흡수구 또는 수직배관의 급수구와 다른 설비의 후드밸브·흡수구 또는 수직배관의 급수구와의 사이의 수량을 그 **유효수량**으로 한다.
[종전의 제5항에서 이동 12.2.15.]
⑦ 스프링클러설비용 수조는 다음 각 호의 기준에 따라 설치하여야 한다.
[종전의 제6항에서 이동 12.2.15.]
1. 점검에 편리한 곳에 설치할 것
2. **동결방지조치**를 하거나 동결의 우려가 없는 장소에 설치할 것
3. 수조의 **외측**에 **수위계**를 설치할 것. 다만, 구조상 불가피한 경우에는 수조의 맨홀 등을 통하여 수조 안의 물의 양을 쉽게 확인할 수 있도록 하여야 한다.
4. 수조의 상단이 바닥보다 높은 때에는 수조의 **외측**에 **고정식 사다리**를 설치할 것
5. 수조가 실내에 설치된 때에는 그 **실내**에 **조명설비**를 설치할 것
6. 수조의 밑부분에는 **청소용 배수밸브** 또는 **배수관**을 설치할 것
7. 수조의 외측의 보기 쉬운 곳에 "**스프링클러설비용 수조**"라고 표시한 표지를 할 것. 이 경우 그 수조를 다른 설비와 겸용하는 때에는 그 겸용되는 설비의 이름을 표시한 표지를 함께 하여야 한다.
8. 스프링클러펌프의 **흡수배관** 또는 스프링클러설비의 **수직배관**과 수조의 **접속부분**에는 "**스프링클러설비용 배관**"이라고 표시한 표지를 할 것. 다만, 수조와 가까운

장소에 스프링클러펌프가 설치되고 스프링클러펌프에 제5조 제1항 제15호에 따른 표지를 설치한 때에는 그러하지 아니하다.

제5조【가압송수장치】 ① **전동기** 또는 **내연기관**에 따른 펌프를 이용하는 가압송수장치는 다음 각 호의 기준에 따라 설치하여야 한다. 다만, 가압송수장치의 주펌프는 전동기에 따른 펌프로 설치하여야 한다.〈개정 15.1.23.〉

1. 쉽게 접근할 수 있고 점검하기에 충분한 공간이 있는 장소로서 화재 및 침수 등의 재해로 인한 피해를 받을 우려가 없는 곳에 설치할 것
2. **동결방지조치**를 하거나 동결의 우려가 없는 장소에 설치할 것
3. 펌프는 **전용**으로 할 것. 다만, 다른 소화설비와 겸용하는 경우 각각의 소화설비의 성능에 지장이 없을 때에는 그러하지 아니하다.

3의2. 삭 제〈13.6.11.〉

4. 펌프의 **토출측**에는 **압력계**를 체크밸브 이전에 펌프 토출측 플랜지에서 가까운 곳에 설치하고, **흡입측**에는 **연성계** 또는 **진공계**를 설치할 것. 다만, 수원의 수위가 펌프의 위치보다 높거나 수직회전축 펌프의 경우에는 연성계 또는 진공계를 설치하지 아니할 수 있다.
5. 가압송수장치에는 정격부하 운전 시 **펌프**의 **성능**을 **시험**하기 위한 **배관**을 설치할 것. 다만, **충압펌프**의 경우에는 그러하지 아니하다.
6. 가압송수장치에는 체절운전 시 **수온**의 **상승**을 **방지**하기 위한 **순환배관**을 설치할 것. 다만, **충압펌프**의 경우에는 그러하지 아니하다.
7. 기동장치로는 **기동용 수압개폐장치** 또는 이와 동등 이상의 성능이 있는 것으로 설치할 것. 다만, 기동용 수압개폐장치 중 압력챔버를 사용할 경우 그 용적은 **100L** 이상의 것으로 할 것〈개정 13.6.10.〉
8. 수원의 수위가 펌프보다 낮은 위치에 있는 가압송수장치에는 다음 각 목의 기준에 따른 물올림장치를 설치할 것
    가. 물올림장치에는 **전용**의 **수조**를 설치할 것
    나. 수조의 유효수량은 **100L** 이상으로 하되, 구경 **15mm** 이상의 급수배관에 따라 해당 수조에 물이 계속 보급되도록 할 것
9. 가압송수장치의 정격토출압력은 하나의 헤드선단에 **0.1MPa 이상 1.2MPa 이하**의 방수압력이 될 수 있게 하는 크기일 것 〔설계 3회〕
10. 가압송수장치의 송수량은 **0.1MPa**의 방수압력 기준으로 **80L/min** 이상의 방수성능을 가진 기준개수의 모든 헤드로부터의 방수량을 충족시킬 수 있는 양 이상의 것으로 할 것. 이 경우 **속도수두**는 계산에 포함하지 아니할 수 있다. 〔설계 3회〕

11. 제10호의 기준에 불구하고 가압송수장치의 1분당 송수량은 폐쇄형스프링클러헤드를 사용하는 설비의 경우 제4조 제1항 제1호에 따른 기준개수에 **80L**를 곱한 양 이상으로도 할 수 있다.
12. 제10호의 기준에 불구하고 가압송수장치의 1분당 송수량은 제4조 제1항 제2호의 **개방형스프링클러 헤드**수가 **30개 이하**의 경우에는 그 개수에 **80L**를 곱한 양 이상으로 할 수 있으나 30개를 초과하는 경우에는 제9호 및 제10호에 따른 기준에 적합하게 할 것
13. 기동용 수압개폐장치를 기동장치로 사용하는 경우에는 다음의 각 목의 기준에 따른 충압펌프를 설치할 것
    가. 펌프의 토출압력은 그 설비의 **최고위 살수장치**(일제 개방밸브의 경우는 그 밸브)의 **자연압**보다 적어도 **0.2MPa**이 더 크도록 하거나 가압송수장치의 정격토출압력과 같게 할 것
    나. 펌프의 정격토출량은 정상적인 누설량보다 적어서는 아니되며 스프링클러설비가 자동적으로 작동할 수 있도록 충분한 토출량을 유지할 것
14. 내연기관을 사용하는 경우에는 다음 각 목의 기준에 적합하게 설치할 것
    〈개정 13.6.10.〉
    가. 제어반에 따라 내연기관의 **자동기동** 및 **수동기동**이 가능하고, 상시 충전되어 있는 **축전지설비**를 갖출 것
    나. 내연기관의 연료량은 펌프를 **20분**(층수가 30층 이상 49층 이하는 **40분**, 50층 이상은 **60분**) 이상 운전할 수 있는 용량일 것
15. 가압송수장치에는 "**스프링클러펌프**"라고 표시한 표지를 할 것. 이 경우 그 가압송수장치를 다른 설비와 겸용하는 때에는 그 겸용되는 설비의 이름을 표시한 표지를 함께 하여야 한다.
16. 가압송수장치가 기동되는 경우에는 자동으로 정지되지 아니하도록 하여야 한다. 다만, **충압펌프**의 경우에는 그러하지 아니하다.〈개정 08.12.15.〉
17. 가압송수장치는 부식 등으로 인한 펌프의 고착을 방지할 수 있도록 다음 각 목의 기준에 적합한 것으로 할 것. 다만, 충압펌프는 제외한다.〈신설 21.1.29.〉
    가. 임펠러는 청동 또는 스테인리스 등 부식에 강한 재질을 사용할 것
    나. 펌프축은 스테인리스 등 부식에 강한 재질을 사용할 것

② 고가수조의 자연낙차를 이용한 가압송수장치는 다음 각 호의 기준에 따라 설치하여야 한다.
1. 고가수조의 자연낙차수두(수조의 하단으로부터 최고층에 설치된 헤드까지의 수직거리를 말한다.)는 다음의 식에 따라 산출한 수치 이상이 되도록 할 것

$$H = h_1 + 10$$

여기서, H : 필요한 낙차[m]

h_1 : 배관의 마찰손실수두[m]

2. **고**가수조에는 **수**위계 · **배**수관 · **급**수관 · **오**버플로관 및 **맨**홀을 설치할 것 〖설계 3회〗

> [기억법] 고수배급오맨

③ 압력수조를 이용한 가압송수장치는 다음 각 호의 기준에 따라 설치하여야 한다.
  1. 압력수조의 압력은 다음의 식에 따라 산출한 수치 이상으로 할 것

$$P = p_1 + p_2 + 0.1$$

여기서, P : 필요한 압력[MPa]

p_1 : 낙차의 환산수두압[MPa]

p_2 : 배관의 마찰손실수두압[MPa]

  2. **압**력수조에는 수위계 · 급수관 · 배수관 · **급기**관 · 맨홀 · 압력계 · **안**전장치 및 압력저하방지를 위한 **자**동식 공기압축기를 설치할 것 〖설계 3회〗

> [기억법] 압기안자

④ 가압수조를 이용한 가압송수장치는 다음 각 호의 기준에 따라 설치하여야 한다. 〈신설 08.12.15.〉
  1. 가압수조의 압력은 제1항 제10호에 따른 방수량 및 방수압이 **20분 이상** 유지되도록 할 것〈개정 13.6.11.〉
  2. 삭 제〈15.1.23.〉
  3. 가압수조 및 가압원은 「건축법 시행령」 제46조에 따른 방화구획된 장소에 설치할 것
  4. 삭 제〈15.1.23.〉
  5. 가압수조를 이용한 가압송수장치는 소방청장이 정하여 고시한 「가압수조식 가압송수장치의 성능인증 및 제품검사의 기술기준」에 적합한 것으로 설치할 것〈개정 17.7.26.〉

제6조 【**폐**쇄형스프링클러설비의 방호구역 · **유**수검지장치】

폐쇄형스프링클러헤드를 사용하는 설비의 방호구역(스프링클러설비의 소화범위에 포함된 영역을 말한다. 이하 같다.) · 유수검지장치는 다음 각 호의 기준에 적합하여야 한다.〈개정 08.12.15.〉 〖점검 13회〗
  1. 하나의 방호구역의 바닥면적은 **3**,000m²를 초과하지 아니할 것. 다만, 폐쇄형스프링클러설비에 **격자형배관방식**(2 이상의 수평주행배관 사이를 가지배관으로 연결하는 방식을 말한다.)을 채택하는 때에는 3,700m² 범위 내에서 **펌프용량, 배관의 구경** 등을 수리학적으로 계산한 결과 헤드의 방수압 및 방수량이 방호구역 범위 내에서 소화목적을 달성하는 데 충분할 것〈개정 11.11.24.〉

2. 하나의 방호구역에는 **1**개 이상의 **유수검지장치**를 설치하되, 화재발생 시 접근이 쉽고 점검하기 편리한 장소에 설치할 것〈개정 08.12.15.〉
3. 하나의 방호구역은 **2개 층**에 미치지 아니하도록 할 것. 다만, 1개 층에 설치되는 스프링클러헤드의 수가 **10개 이하**인 경우와 **복층형 구조**의 **공동주택**에는 **3개 층 이내**로 할 수 있다.〈개정 09.10.22.〉
4. **유수검지장치**를 **실**내에 설치하거나 보호용 철망 등으로 구획하여 바닥으로부터 **0.8m 이상 1.5m 이하**의 위치에 설치하되, 그 실 등에는 개구부가 가로 **0.5m 이상** 세로 **1m** 이상의 출입문을 설치하고 그 **출입문** 상단에 "**유수검지장치실**"이라고 표시한 표지를 설치할 것. 다만, 유수검지장치를 기계실(공조용 기계실을 포함한다.) 안에 설치하는 경우에는 별도의 실 또는 보호용 철망을 설치하지 아니하고 기계실 출입문 상단에 "**유수검지장치실**"이라고 표시한 표지를 설치할 수 있다.〈개정 21.1.29.〉
5. 스프링클러헤드에 공급되는 **물**은 **유수검지장치**를 지나도록 할 것. 다만, **송수구**를 통하여 공급되는 물은 그러하지 아니하다.
6. 자연**낙**차에 따른 압력수가 흐르는 배관상에 설치된 유수검지장치는 화재 시 물의 흐름을 검지할 수 있는 최소한의 압력이 얻어질 수 있도록 수조의 하단으로부터 낙차를 두어 설치할 것〈개정 08.12.15.〉
7. **조**기반응형 스프링클러헤드를 설치하는 경우에는 **습식유수검지장치** 또는 **부압식 스프링클러설비**를 설치할 것〈개정 11.11.24.〉

> **기억법** 폐유3 1층실물낙조

제7조【개방형스프링클러설비의 방수구역 및 일제개방밸브】 개방형스프링클러설비의 방수구역 및 일제개방밸브는 다음 각 호의 기준에 적합하여야 한다.
1. 하나의 방수구역은 **2개 층**에 미치지 아니할 것
2. **방수구역**마다 일제개방밸브를 설치할 것
3. 하나의 방수구역을 담당하는 헤드의 개수는 **50개 이하**로 할 것. 다만, 2개 이상의 **방수구역**으로 나눌 경우에는 하나의 방수구역을 담당하는 헤드의 개수는 **25개 이상**으로 할 것
4. 일제개방밸브의 설치위치는 제6조 제4호의 기준에 따르고, 표지는 "**일제개방밸브실**"이라고 표시할 것〈개정 08.12.15.〉

제8조【배관】 ① 배관과 배관이음쇠는 다음 각 호의 어느 하나에 해당하는 것 또는 동등 이상의 강도·내식성 및 내열성을 국내·외 공인기관으로부터 인정 받은 것을 사용하여야 하고, 배관용 스테인리스강관(KS D 3576)의 이음을 용접으로 할 경우에

는 알곤용접방식에 따른다. 다만, 본 조에서 정하지 않은 사항은 건설기술진흥법 제44조 제1항의 규정에 따른 건축기계설비공사 표준설명서에 따른다.〈개정 16.7.13.〉
1. 배관 내 사용압력이 **1.2MPa 미만**일 경우에는 다음 각 목의 어느 하나에 해당하는 것〈신설 13.6.10., 개정 16.7.13.〉
   가. **배관용 탄소강관**(KS D 3507)
   나. **이음매 없는 구리** 및 **구리합금관**(KS D 5301). 다만, **습식**의 배관에 한한다.
   다. **배관용 스테인리스강관**(KS D 3576) 또는 **일반배관용 스테인리스강관**(KS D 3595)
   라. **덕타일 주철관**(KS D 4311)〈신설 16.7.13.〉
2. 배관 내 사용압력이 **1.2MPa 이상**일 경우에는 다음 각 목의 어느 하나에 해당하는 것〈신설 13.6.10., 개정 16.7.13.〉
   가. **압력배관용 탄소강관**〈신설 16.7.13.〉
   나. **배관용 아크용접 탄소강강관**(KS D 3583)〈신설 16.7.13.〉
② 제1항에도 불구하고 다음 각 호의 어느 하나에 해당하는 장소에는 소방청장이 정하여 고시한「소방용 합성수지배관의 성능인증 및 제품검사의 기술기준」에 적합한 **소방용 합성수지배관**으로 설치할 수 있다.〈개정 17.7.26.〉
1. 배관을 **지하**에 **매설**하는 경우
2. 다른 부분과 **내화구조**로 구획된 덕트 또는 피트의 내부에 설치하는 경우
3. 천장(상층이 있는 경우에는 상층바닥의 하단을 포함한다. 이하 같다.)과 반자를 **불연재료** 또는 **준불연재료**로 설치하고 **소화배관 내부**에 항상 **소화수**가 **채워진 상태**로 설치하는 경우〈개정 11.11.24.〉
③ 급수배관은 다음 각 호의 기준에 따라 설치하여야 한다.
1. **전용**으로 할 것. 다만, 스프링클러설비의 기동장치의 조작과 동시에 다른 설비의 용도에 사용하는 배관의 송수를 차단할 수 있거나, 스프링클러설비의 성능에 지장이 없는 경우에는 다른 설비와 겸용할 수 있다.
1의2. 삭 제〈13.6.11.〉
2. 급수를 차단할 수 있는 개폐밸브는 **개폐표시형**으로 할 것. 이 경우 펌프의 흡입측 배관에는 **버터플라이밸브** 외의 **개폐표시형밸브**를 설치하여야 한다.
3. 배관의 구경은 제5조 제1항 제10호에 적합하도록 수리계산에 의하거나 [별표 1]의 기준에 따라 설치할 것. 다만, 수리계산에 따르는 경우 **가지배관**의 유속은 **6m/s**, 그 밖의 배관의 유속은 **10m/s**를 초과할 수 없다.
④ 펌프의 흡입측 배관은 다음 각 호의 기준에 따라 설치하여야 한다.
1. 공기고임이 생기지 아니하는 구조로 하고 **여과장치**를 설치할 것

2. 수조가 펌프보다 낮게 설치된 경우에는 각 펌프(충압펌프를 포함한다.)마다 수조로부터 별도로 설치할 것
⑤ **연결송수관설비**의 배관과 겸용할 경우의 **주배관**은 구경 **100mm** 이상, 방수구로 연결되는 배관의 구경은 **65mm** 이상의 것으로 하여야 한다.
⑥ 펌프의 성능은 체절운전 시 정격토출압력의 **140%**를 초과하지 아니하고, 정격토출량의 **150%**로 운전 시 정격토출압력의 **65%** 이상이 되어야 하며, 펌프의 성능시험 배관은 다음 각 호의 기준에 적합하여야 한다.
  1. 성능시험배관은 펌프의 토출측에 설치된 **개폐밸브 이전**에서 분기하여 설치하고, 유량측정장치를 기준으로 **전단 직관부**에 **개폐밸브**를 후단 직관부에는 **유량조절밸브**를 설치할 것
  2. 유량측정장치는 성능시험배관의 직관부에 설치하되, 펌프의 정격토출량의 **175% 이상** 측정할 수 있는 성능이 있을 것
⑦ 가압송수장치의 체절운전 시 수온의 상승을 방지하기 위하여 체크밸브와 펌프 사이에서 분기한 구경 **20mm** 이상의 배관에 **체절압력 미만**에서 개방되는 **릴리프밸브**를 설치하여야 한다.
⑧ **동결방지조치**를 하거나 동결의 우려가 없는 장소에 설치하여야 한다. 다만, **보온재**를 사용할 경우에는 **난연재료** 성능 이상의 것으로 하여야 한다. 〈개정 15.1.23.〉
⑨ 가지배관의 배열은 다음 각 호의 기준에 따른다.
  1. **토너먼트**(tournament)**방식**이 **아닐 것**
  2. 교차배관에서 분기되는 지점을 기점으로 한쪽 가지배관에 설치되는 헤드의 개수(반자 아래와 반자 속의 헤드를 하나의 가지배관상에 병설하는 경우에는 반자 아래에 설치하는 헤드의 개수)는 **8개 이하**로 할 것. 다만, 다음 각 목의 어느 하나에 해당하는 경우에는 그러하지 아니하다.
    가. 기존의 방호구역 안에서 칸막이 등으로 구획하여 **1개의 헤드**를 **증설**하는 경우
    나. **습식스프링클러설비** 또는 **부압식스프링클러설비**에 **격자형 배관방식**(2 이상의 수평주행배관 사이를 가지배관으로 연결하는 방식을 말한다.)을 채택하는 때에는 펌프의 용량, 배관의 구경 등을 수리학적으로 계산한 결과 헤드의 방수압 및 방수량이 소화목적을 달성하는 데 충분하다고 인정되는 경우〈개정 11.11.24.〉
  3. 가지배관과 스프링클러헤드 사이의 배관을 신축배관으로 하는 경우에는 소방청장이 정하여 고시한 「스프링클러설비 신축배관 성능인증 및 제품검사의 기술기준」에 적합한 것으로 설치할 것. 이 경우 신축배관의 설치길이는 제10조 제3항의 거리를 초과하지 아니할 것 〈개정 17.7.26.〉

⑩ 교차배관의 위치·청소구 및 가지배관의 헤드설치는 다음 각 호의 기준에 따른다.
1. 교차배관은 **가지배관**과 **수평**으로 설치하거나 또는 **가지배관 밑**에 설치하고, 그 구경은 제3항 제3호에 따르되 최소구경이 **40mm** 이상이 되도록 할 것. 다만, **패들형 유수검지장치**를 사용하는 경우에는 교차배관의 구경과 동일하게 설치할 수 있다.
2. 청소구는 교차배관 끝에 **개폐밸브**를 설치하고, 호스접결이 가능한 나사식 또는 **고정배수 배관식**으로 할 것. 이 경우 **나사식**의 개폐밸브는 옥내소화전 **호스접결용**의 것으로 하고, 나사보호용의 **캡**으로 마감하여야 한다.
3. **하향식헤드**를 설치하는 경우에 가지배관으로부터 헤드에 이르는 헤드접속배관은 **가지관 상부**에서 **분기**할 것. 다만, 소화설비용 수원의 수질이 「먹는물관리법」 제5조에 따라 먹는물의 수질기준에 적합하고 덮개가 있는 저수조로부터 물을 공급받는 경우에는 **가지배관**의 **측면** 또는 **하부**에서 분기할 수 있다.

⑪ **준비작동식유수검지장치** 또는 **일제개방밸브**를 사용하는 스프링클러설비에 있어서 동 밸브 2차측 배관의 부대설비는 다음 각 호의 기준에 따른다. 〈개정 08.12.15.〉 설계 17회
1. **개폐표시형밸브**를 설치할 것
2. 제1호에 따른 밸브와 **준비작동식유수검지장치** 또는 **일제개방밸브** 사이의 배관은 다음 각 목과 같은 구조로 할 것〈개정 08.12.15.〉
가. 수직배수배관과 연결하고 동연결배관상에는 **개폐밸브**를 설치할 것
나. **자동배수장치** 및 **압력스위치**를 설치할 것
다. 나목에 따른 압력스위치는 수신부에서 **준비작동식유수검지장치** 또는 **일제개방 밸브**의 개방여부를 확인할 수 있게 설치할 것〈개정 08.12.15.〉

⑫ **습식유수검지장치** 또는 **건식유수검지장치**를 사용하는 스프링클러설비와 부압식스프링클러설비에는 동장치를 시험할 수 있는 시험장치를 다음 각 호의 기준에 따라 설치하여야 한다. 〈개정 11.11.24.〉
1. 습식스프링클러설비 및 부압식스프링클러설비에 있어서는 유수검지장치 2차측 배관에 연결하여 설치하고 건식스프링클러설비인 경우 유수검지장치에서 가장 먼 거리에 위치한 가지배관의 끝으로부터 연결하여 설치할 것. 유수검지장치 2차측 설비의 내용적이 2,840L를 초과하는 건식스프링클러설비의 경우 시험장치 개폐밸브를 완전 개방 후 1분 이내에 물이 방사되어야 한다. 〈개정 21.1.29.〉
2. 시험장치 배관의 구경은 25mm 이상으로 하고, 그 끝에 개폐밸브 및 개방형헤드 또는 스프링클러헤드와 동등한 방수성능을 가진 오리피스를 설치할 것. 이 경우 개방형헤드는 반사판 및 프레임을 제거한 오리피스만으로 설치할 수 있다. 〈개정 21.1.29.〉
3. 시험배관의 끝에는 **물받이통** 및 **배수관**을 설치하여 시험 중 방사된 물이 바닥에 흘러내리지 아니하도록 할 것. 다만, **목욕실·화장실** 또는 그 밖의 곳으로서 배수처리가 쉬운 장소에 시험배관을 설치한 경우에는 그러하지 아니하다.

⑬ 배관에 설치되는 행가는 다음 각 호의 기준에 따라 설치하여야 한다.
  1. **가지배관**에는 헤드의 설치지점 사이마다 1개 이상의 **행가**를 설치하되, 헤드 간의 거리가 3.5m를 초과하는 경우에는 **3.5m 이내**마다 **1개 이상** 설치할 것. 이 경우 상향식헤드와 행가 사이에는 **8cm** 이상의 간격을 두어야 한다.
  2. **교차배관**에는 가지배관과 가지배관 사이마다 1개 이상의 행가를 설치하되, 가지배관 사이의 거리가 4.5m를 초과하는 경우에는 **4.5m 이내**마다 **1개 이상** 설치할 것
  3. 제1호 및 제2호의 **수평주행배관**에는 **4.5m 이내**마다 **1개 이상** 설치할 것
⑭ **수직배수배관**의 구경은 **50mm** 이상으로 하여야 한다. 다만, 수직배관의 구경이 50mm 미만인 경우에는 수직배관과 동일한 구경으로 할 수 있다.
⑮ **주차장**의 스프링클러설비는 **습식** 외의 **방식**으로 하여야 한다. 다만, 다음 각 호의 어느 하나에 해당하는 경우에는 그러하지 아니하다.〈개정 08.12.15.〉
  1. 동절기에 상시 난방이 되는 곳이거나 그 밖에 동결의 염려가 없는 곳
  2. 스프링클러설비의 동결을 방지할 수 있는 구조 또는 장치가 된 것
⑯ 급수배관에 설치되어 급수를 차단할 수 있는 개폐밸브에는 그 밸브의 개폐상태를 **감시제어반**에서 확인할 수 있도록 급수개폐밸브 작동표시 스위치를 다음 각 호의 기준에 따라 설치하여야 한다.
  1. 급수개폐밸브가 잠길 경우 탬퍼스위치의 동작으로 인하여 **감시제어반** 또는 **수신기**에 표시되어야 하며 **경보음**을 발할 것
  2. 탬퍼스위치는 감시제어반 또는 수신기에서 **동작**의 **유무확인**과 **동작시험, 도통시험**을 할 수 있을 것
  3. 급수개폐밸브의 작동표시 스위치에 사용되는 전기배선은 **내화전선** 또는 **내열전선**으로 설치할 것
⑰ 스프링클러설비 배관의 배수를 위한 기울기는 다음 각 호의 기준에 따른다.〈개정 11.11.24.〉
  1. **습식스프링클러설비** 또는 **부압식스프링클러설비**의 배관을 **수평**으로 할 것. 다만, 배관의 구조상 소화수가 남아 있는 곳에는 **배수밸브**를 설치하여야 한다.
  2. **습식스프링클러설비** 또는 **부압식스프링클러설비** 외의 설비에는 헤드를 향하여 상향으로 **수평주행배관**의 기울기를 $\frac{1}{500}$ 이상, **가지배관**의 기울기를 $\frac{1}{250}$ 이상으로 할 것. 다만, 배관의 구조상 기울기를 줄 수 없는 경우에는 배수를 원활하게 할 수 있도록 **배수밸브**를 설치하여야 한다.
⑱ 배관은 다른 설비의 배관과 쉽게 구분이 될 수 있는 위치에 설치하거나, 그 배관 표면 또는 배관 보온재 표면의 색상은 「한국산업표준(배관계의 식별 표시, KS A 0503)」 또는 **적색**으로 식별이 가능하도록 소방용 설비의 배관임을 표시하여야 한다.
〈개정 13.6.10.〉

⑲ 확관형 분기배관을 사용할 경우에는 소방청장이 정하여 고시한 「분기배관의 성능인증 및 제품검사의 기술기준」에 적합한 것으로 설치하여야 한다.〈개정 17.7.26.〉

제9조【음향장치 및 기동장치】 ① 스프링클러설비의 음향장치 및 기동장치는 다음 각 호의 기준에 따라 설치하여야 한다.
1. **습식유수검지장치** 또는 **건식유수검지장치**를 사용하는 설비에 있어서는 헤드가 개방되면 유수검지장치가 화재신호를 발신하고 그에 따라 음향장치가 경보되도록 할 것〈개정 08.12.15.〉
2. **준비작동식유수검지장치** 또는 **일제개방밸브**를 사용하는 설비에는 **화재감지기**의 감지에 따라 음향장치가 경보되도록 할 것. 이 경우 화재감지기회로를 **교차회로방식**(하나의 **준비작동식유수검지장치** 또는 **일제개방밸브**의 담당구역 내에 2 이상의 화재감지기회로를 설치하고 인접한 2 이상의 화재감지기가 동시에 감지되는 때에 **준비작동식유수검지장치** 또는 **일제개방밸브**가 개방·작동되는 방식을 말한다.)으로 하는 때에는 하나의 화재감지기회로가 화재를 감지하는 때에도 음향장치가 경보되도록 하여야 한다.〈개정 08.12.15.〉
3. 음향장치는 **유수검지장치** 및 **일제개방밸브** 등의 담당구역마다 설치하되 그 구역의 각 부분으로부터 하나의 음향장치까지의 **수평거리**는 **25m** 이하가 되도록 할 것〈개정 08.12.15.〉
4. 음향장치는 **경종** 또는 **사이렌**(전자식 사이렌을 포함한다.)으로 하되, 주위의 소음 및 다른 용도의 경보와 구별이 가능한 음색으로 할 것. 이 경우 경종 또는 사이렌은 **자동화재탐지설비·비상벨설비** 또는 **자동식 사이렌설비**의 음향장치와 겸용할 수 있다.
5. 주음향장치는 수신기의 **내부** 또는 그 **직근**에 설치할 것
6. 층수가 **5층** 이상으로서 연면적이 **3,000m²**를 초과하는 특정소방대상물은 다음 각 목에 따라 경보를 발할 수 있도록 하여야 한다.〈개정 12.2.15.〉
   가. **2층** 이상의 층에서 발화한 때에는 **발화층** 및 그 **직상층**에 경보를 발할 것
   나. **1층**에서 발화한 때에는 **발화층**·그 **직상층** 및 **지하층**에 경보를 발할 것
   다. **지하층**에서 발화한 때에는 **발화층**·그 **직상층** 및 **기타**의 **지하층**에 경보를 발할 것
6의2. 삭 제〈13.6.11.〉
7. 음향장치는 다음 각 목의 기준에 따른 구조 및 성능의 것으로 할 것
   가. 정격전압의 **80%** 전압에서 음향을 발할 수 있는 것으로 할 것
   나. 음량은 부착된 음향장치의 중심으로부터 **1m** 떨어진 위치에서 **90dB** 이상이 되는 것으로 할 것〈개정 08.12.15.〉

② 스프링클러설비의 가압송수장치로서 펌프가 설치되는 경우에는 그 펌프의 작동은 다음 각 호의 어느 하나의 기준에 적합하여야 한다.
  1. **습식유수검지장치** 또는 **건식유수검지장치**를 사용하는 설비에 있어서는 유수검지장치의 발신이나 기동용 수압개폐장치에 의하여 작동되거나 또는 이 두 가지의 혼용에 따라 작동될 수 있도록 할 것〈개정 13.6.10.〉
  2. **준비작동식유수검지장치** 또는 **일제개방밸브**를 사용하는 설비에 있어서는 화재감지기의 화재감지나 기동용 수압개폐장치에 따라 작동되거나 또는 이 두 가지의 혼용에 따라 작동할 수 있도록 할 것〈개정 09.10.22.〉
③ **준비작동식유수검지장치** 또는 **일제개방밸브**의 작동은 다음 각 호의 기준에 적합하여야 한다.〈개정 08.12.15.〉
  1. 담당구역 내의 화재감지기의 동작에 따라 개방 및 작동될 것
  2. 화재감지회로는 **교차회로방식**으로 할 것. 다만, 다음 각 목의 어느 하나에 해당하는 경우에는 그러하지 아니하다.
    가. 스프링클러설비의 배관 또는 헤드에 **누설경보용 물** 또는 **압축공기**가 채워지거나 **부압식스프링클러설비**의 경우〈개정 11.11.24.〉
    나. 화재감지기를 「자동화재탐지설비의 화재안전기준(NFSC 203)」 제7조 제1항 단서의 각 호의 감지기로 설치한 때〈개정 13.6.10.〉
  3. **준비작동식유수검지장치** 또는 **일제개방밸브**의 인근에서 **수동기동(전기식 및 배수식)**에 따라서도 개방 및 작동될 수 있게 할 것〈개정 08.12.15.〉
  4. 제1호 및 제2호에 따른 화재감지기의 설치기준에 관하여는 「자동화재탐지설비의 화재안전기준(NFSC 203)」 제7조 및 제11조를 준용할 것. 이 경우 **교차회로방식**에 있어서의 화재감지기의 설치는 각 **화재감지기 회로별**로 설치하되, 각 화재감지기회로별 화재감지기 1개가 담당하는 바닥면적은 「자동화재탐지설비의 화재안전기준(NFSC 203)」 제7조 제3항 제5호·제8호부터 제10호까지에 따른 바닥면적으로 한다.〈개정 13.6.10.〉
  5. 화재감지기회로에는 다음 각 목의 기준에 따른 발신기를 설치할 것. 다만, **자동화재탐지설비**의 **발신기**가 설치된 경우에는 그러하지 아니하다.〈개정 08.12.15.〉
    가. 조작이 **쉬운 장소**에 설치하고, 스위치는 바닥으로부터 **0.8m 이상 1.5m 이하**의 높이에 설치할 것
    나. 특정소방대상물의 **층**마다 설치하되, 해당 특정소방대상물의 각 부분으로부터 하나의 발신기까지의 **수평거리**가 **25m** 이하가 되도록 할 것. 다만, **복도** 또는 **별도**로 **구획**된 **실**로서 **보행거리**가 **40m** 이상일 경우에는 추가로 설치하여야 한다.

다. 발신기의 위치를 표시하는 **표시등**은 **함**의 **상부**에 설치하되, 그 불빛은 부착면으로부터 15° 이상의 범위 안에서 부착지점으로부터 10m 이내의 어느 곳에서도 쉽게 식별할 수 있는 **적색등**으로 할 것

제10조【헤드】 ① 스프링클러헤드는 특정소방대상물의 천장·반자·천장과 반자 사이·덕트·선반 기타 이와 유사한 부분(폭이 1.2m를 초과하는 것에 한한다.)에 설치하여야 한다. 다만, 폭이 9m 이하인 실내에 있어서는 **측벽**에 설치할 수 있다.

② 랙크식 창고의 경우로서 「소방기본법 시행령」[별표 2]의 **특수가연물**을 저장 또는 취급하는 것에 있어서는 랙크높이 4m 이하마다, 그 밖의 것을 취급하는 것에 있어서는 랙크높이 6m 이하마다 스프링클러헤드를 설치하여야 한다. 다만, 랙크식 창고의 천장높이가 13.7m 이하로서 「화재조기진압용 스프링클러설비의 화재안전기준(NFSC 103B)」에 따라 설치하는 경우에는 천장에만 스프링클러헤드를 설치할 수 있다.
〈개정 13.6.10.〉

③ 스프링클러헤드를 설치하는 천장·반자·천장과 반자 사이·덕트·선반 등의 각 부분으로부터 하나의 스프링클러헤드까지의 수평거리는 다음 각 호와 같이 하여야 한다. 다만, 성능이 별도로 인정된 스프링클러헤드를 수리계산에 따라 설치하는 경우에는 그러하지 아니하다. 설계 8회

1. **무대부**·「소방기본법 시행령」[별표 2]의 **특수가연물**을 저장 또는 취급하는 장소에 있어서는 1.7m 이하
2. **랙크식 창고**에 있어서는 2.5m 이하. 다만, **특수가연물**을 저장 또는 취급하는 **랙크식 창고**의 경우에는 1.7m 이하
3. **공동주택(아파트)** 세대 내의 거실에 있어서는 3.2m 이하(「스프링클러헤드의 형식승인 및 제품검사의 기술기준」 유효반경의 것으로 한다.)〈개정 13.6.10.〉
4. 제1호부터 제3호까지 규정 외의 **특**정소방대상물에 있어서는 2.1m 이하(**내**화구조로 된 경우에는 2.3m 이하)

> **기억법** 무랙아특내

④ 영 [별표 5] 소화설비의 소방시설 적용기준란 제1호 라목 1)에 따른 **무대부** 또는 **연소**할 **우려**가 있는 **개구부**에 있어서는 **개방형스프링클러헤드**를 설치하여야 한다.

⑤ 다음 각 호의 어느 하나에 해당하는 장소에는 **조기반응형 스프링클러헤드**를 설치하여야 한다.
 1. **공동주택**·**노유자시설**의 **거실**
 2. **오피스텔**·**숙박시설**의 **침실**, **병원**의 **입원실**

4. 스프링클러설비(NFSC 103)

⑥ **폐쇄형스프링클러헤드**는 그 설치장소의 평상시 최고주위온도에 따라 다음 표에 따른 표시온도의 것으로 설치하여야 한다. 다만, 높이가 **4m 이상**인 **공장** 및 **창고**(랙크식 창고를 포함한다.)에 설치하는 스프링클러헤드는 그 설치장소의 평상시 최고주위온도에 관계없이 표시온도 **121℃ 이상**의 것으로 할 수 있다. 〔설계 3회, 16회〕

설치장소의 최고주위온도	표시온도
39℃ 미만	**79**℃ 미만
39℃ 이상 **64**℃ 미만	79℃ 이상 **121**℃ 미만
64℃ 이상 **106**℃ 미만	121℃ 이상 **162**℃ 미만
106℃ 이상	162℃ 이상

기억법	39	79
	64	121
	106	162

⑦ **스**프링클러헤드는 다음 각 호의 방법에 따라 설치하여야 한다. 〔설계 2회, 4회〕
  1. **살**수가 방해되지 아니하도록 스프링클러헤드로부터 반경 **60cm 이상**의 공간을 보유할 것. 다만, **벽**과 **스프링클러헤드** 간의 공간은 **10cm 이상**으로 한다.
  2. 스프링클러헤드와 그 **부**착면(상향식헤드의 경우에는 그 헤드의 직상부의 천장·반자 또는 이와 비슷한 것을 말한다. 이하 같다.)과의 거리는 **30cm 이하**로 할 것
  3. 배관·**행**가 및 조명기구 등 살수를 방해하는 것이 있는 경우에는 제1호 및 제2호에도 불구하고 그로부터 아래에 설치하여 살수에 장애가 없도록 할 것. 다만, 스프링클러헤드와 장애물과의 이격거리를 장애물 폭의 **3배 이상** 확보한 경우에는 그러하지 아니하다.〈개정 08.12.15.〉
  4. 스프링클러헤드의 **반사판**은 그 부착면과 **평행**하게 설치할 것. 다만, 측벽형헤드 또는 제6호에 따른 **연**소할 우려가 있는 개구부에 설치하는 스프링클러헤드의 경우에는 그러하지 아니하다.
  5. 천장의 **기**울기가 $\dfrac{1}{10}$ 을 초과하는 경우에는 가지관을 천장의 마루와 **평행**하게 **설치**하고, 스프링클러헤드는 다음 각 목의 어느 하나의 기준에 적합하게 설치할 것
    가. 천장의 최상부에 스프링클러헤드를 설치하는 경우에는 최상부에 설치하는 스프링클러헤드의 반사판을 **수평**으로 설치할 것
    나. 천장의 최상부를 중심으로 가지관을 서로 마주보게 설치하는 경우에는 최상부의 가지관 상호간의 거리가 가지관상의 스프링클러헤드 상호간의 거리의 $\dfrac{1}{2}$ 이하(최소 1m 이상이 되어야 한다.)가 되게 스프링클러헤드를 설치하고, 가지관

의 최상부에 설치하는 스프링클러헤드는 천장의 최상부로부터의 수직거리가 **90cm 이하**가 되도록 할 것. 톱날지붕, 둥근지붕 기타 이와 유사한 지붕의 경우에도 이에 준한다.

6. **연소할 우려**가 있는 **개구부**에는 그 상하좌우에 **2.5m** 간격으로(개구부의 폭이 2.5m 이하인 경우에는 그 중앙에) 스프링클러헤드를 설치하되, 스프링클러헤드와 개구부의 내측면으로부터 직선거리는 **15cm** 이하가 되도록 할 것. 이 경우 사람이 상시 출입하는 개구부로서 통행에 지장이 있는 때에는 개구부의 상부 또는 측면(개구부의 폭이 **9m** 이하인 경우에 한한다.)에 설치하되, 헤드 상호간의 간격은 **1.2m** 이하로 설치하여야 한다.

7. **습**식스프링클러설비 및 **부**압식스프링클러설비 외의 **설비**에는 **상향식스프링클러헤드**를 설치할 것. 다만, 다음 각 목의 어느 하나에 해당하는 경우에는 그러하지 아니하다.〈개정 11.11.24.〉 설계 7회
   가. **드**라이펜던트스프링클러헤드를 사용하는 경우
   나. 스프링클러헤드의 설치장소가 **동파**의 **우려**가 **없는 곳**인 경우
   다. **개**방형스프링클러헤드를 사용하는 경우

8. 측벽형스프링클러헤드를 설치하는 경우 긴 변의 한쪽 벽에 일렬로 설치(폭이 **4.5m 이상 9m 이하**인 실에 있어서는 긴변의 양쪽에 각각 일렬로 설치하되 마주보는 스프링클러헤드가 나란히꼴이 되도록 설치)하고 **3.6m** 이내마다 설치할 것

9. **상**부에 설치된 헤드의 방출수에 따라 감열부에 영향을 받을 우려가 있는 헤드에는 방출수를 차단할 수 있는 유효한 **차폐판**을 설치할 것

| 기억법 | 스살부3행평연기습부드동개상차 |

⑧ 제7항 제2호에도 불구하고 특정소방대상물의 보와 가장 가까운 스프링클러헤드는 다음 표의 기준에 따라 설치하여야 한다. 다만, 천장면에서 보의 하단까지의 길이가 **55cm**를 **초과**하고 보의 하단 측면 끝부분으로부터 스프링클러헤드까지의 거리가 스프링클러헤드 상호간 거리의 $\frac{1}{2}$ **이하**가 되는 경우에는 스프링클러헤드와 그 부착면과의 거리를 **55cm 이하**로 할 수 있다.〈개정 13.6.10.〉

스프링클러헤드의 반사판 중심과 보의 수평거리	스프링클러헤드의 반사판 높이와 보의 하단 높이의 수직거리
0.75m 미만	보의 하단보다 낮을 것
0.75m 이상 1m 미만	0.1m 미만일 것
1m 이상 1.5m 미만	0.15m 미만일 것
1.5m 이상	0.3m 미만일 것

제11조 【송수구】 스프링클러설비에는 소방차로부터 그 설비에 송수할 수 있는 송수구를 다음 각 호의 기준에 따라 설치하여야 한다.
1. 송수구는 소방차가 쉽게 접근할 수 있는 잘 보이는 장소에 설치하되 화재층으로부터 지면으로 떨어지는 유리창 등이 송수 및 그 밖의 소화작업에 지장을 주지 아니하는 장소에 설치할 것〈개정 13.6.10.〉
2. 송수구로부터 스프링클러설비의 주배관에 이르는 연결배관에 **개폐밸브**를 설치한 때에는 그 **개폐상태**를 **쉽게 확인** 및 조작할 수 있는 **옥외** 또는 **기계실** 등의 장소에 설치할 것
3. 구경 **65mm**의 **쌍구형**으로 할 것
4. 송수구에는 그 가까운 곳의 보기 쉬운 곳에 **송수압력범위**를 **표시**한 표지를 할 것
   [설계 17회]
5. **폐쇄형스프링클러헤드**를 사용하는 스프링클러설비의 송수구는 하나의 층의 바닥면적이 **3,000m²**를 넘을 때마다 1개 이상(5개를 넘을 경우에는 **5개**로 한다.)을 설치할 것
6. 지면으로부터 높이가 **0.5m 이상 1m** 이하의 위치에 설치할 것
7. 송수구의 가까운 부분에 **자동배수밸브**(또는 직경 **5mm의 배수공**) 및 **체크밸브**를 설치할 것. 이 경우 자동배수밸브는 배관 안의 물이 잘 빠질 수 있는 위치에 설치하되, 배수로 인하여 다른 물건 또는 장소에 피해를 주지 아니하여야 한다.
8. **송수구**에는 이물질을 막기 위한 **마개**를 씌워야 한다.〈개정 08.12.15.〉

제12조 【전원】 ① 스프링클러설비에는 다음 각 호의 기준에 따른 상용전원회로의 배선을 설치하여야 한다. 다만, **가압수조방식**으로서 모든 기능이 **20분** 이상 유효하게 지속될 수 있는 경우에는 그러하지 아니하다.〈개정 13.6.11.〉
1. **저압수전**인 경우에는 **인입개폐기**의 **직후**에서 분기하여 전용배선으로 하여야 하며, 전용의 전선관에 보호되도록 할 것
2. **특고압수전** 또는 **고압수전**일 경우에는 **전력용 변압기 2차측의 주차단기 1차측**에서 분기하여 **전용배선**으로 하되, 상용전원의 상시공급에 지장이 없을 경우에는 **주차단기 2차측**에서 분기하여 **전용배선**으로 할 것. 다만, 가압송수장치의 정격입력전압이 수전전압과 같은 경우에는 제1호의 기준에 따른다.

② 스프링클러설비에는 **자가발전설비**, **축전지설비** 또는 **전기저장장치**에 따른 **비상전원**을 설치하여야 한다. 다만, **차고·주차장**으로서 스프링클러설비가 설치된 부분의 바닥면적(「포소화설비의 화재안전기준(NFSC 105)」 제13조 제2항 제2호에 따른 차고·주차장의 바닥면적을 포함한다.)의 합계가 **1,000m²** 미만인 경우에는 **비상전원**

수전설비로 설치할 수 있으며, 2 이상의 변전소(「전기사업법」제67조에 따른 변전소를 말한다. 이하 같다.)에서 전력을 동시에 공급받을 수 있거나 하나의 변전소로부터 전력의 공급이 중단되는 때에는 자동으로 다른 변전소로부터 전력을 공급받을 수 있도록 상용전원을 설치한 경우와 가압수조방식에는 비상전원을 설치하지 아니할 수 있다.〈개정 16.7.13.〉

③ 제2항에 따른 비상전원 중 자가발전설비, 축전기설비(내연기관에 따른 펌프를 설치한 경우에는 내연기관의 기동 및 제어용 축전지를 말한다.) 또는 전기저장장치(외부 전기에너지를 저장해 두었다가 필요한 때 전기를 공급하는 장치)는 다음 각 호의 기준을, 비상전원수전설비는 「소방시설용 비상전원수전설비의 화재안전기준(NFSC 602)」에 따라 설치하여야 한다.〈개정 16.7.13.〉

1. 점검에 편리하고 화재 및 침수 등의 재해로 인한 피해를 받을 우려가 없는 곳에 설치할 것
2. 스프링클러설비를 유효하게 **20분** 이상 작동할 수 있어야 할 것〈개정 13.6.11.〉
3. 상용전원으로부터 전력의 공급이 중단된 때에는 자동으로 비상전원으로부터 전력을 공급받을 수 있도록 할 것
4. **비상전원**(내연기관의 기동 및 제어용 축전기를 제외한다.)의 설치장소는 다른 장소와 **방화구획**할 것. 이 경우 그 장소에는 비상전원의 공급에 필요한 기구나 설비 외의 것(**열병합발전설비**에 필요한 기구나 설비는 제외한다.)을 두어서는 아니 된다.〈개정 08.12.15.〉
5. 비상전원을 실내에 설치하는 때에는 그 실내에 **비상조명등**을 설치할 것
6. 옥내에 설치하는 비상전원실에는 옥외로 직접 통하는 충분한 용량의 **급배기설비**를 설치할 것〈개정 11.11.24.〉
7. 비상전원의 출력용량은 다음 각 목의 기준을 충족할 것〈신설 11.11.24.〉
  가. 비상전원설비에 설치되어 동시에 운전될 수 있는 모든 부하의 합계 입력용량을 기준으로 **정격출력**을 선정할 것. 다만, **소방전원 보존형발전기**를 사용할 경우에는 그러하지 아니하다.
  나. 기동전류가 가장 큰 부하가 기동될 때에도 부하의 **허용최저입력전압 이상**의 **출력전압**을 유지할 것
  다. 단시간 과전류에 견디는 내력은 입력용량이 가장 큰 부하가 최종 기동할 경우에도 견딜 수 있을 것
8. 자가발전설비는 부하의 용도와 조건에 따라 다음 각 목 중의 하나를 설치하고 그 부하용도별 표지를 부착하여야 한다. 다만, 자가발전설비의 정격출력용량은 하나의 건축물에 있어서 소방부하의 설비용량을 기준으로 하고, 나목의 경우 비상부하

4. 스프링클러설비(NFSC 103)

　는 국토해양부장관이 정한 건축전기설비설계기준의 수용률 범위 중 최대값 이상
　을 적용한다.〈신설 11.11.24., 개정 13.6.10.〉
　가. **소방전용 발전기** : 소방부하용량을 기준으로 정격출력용량을 산정하여 사용하
　　는 발전기〈개정 13.6.10.〉
　나. **소방부하 겸용 발전기** : 소방 및 비상부하 겸용으로서 소방부하와 비상부하의
　　전원용량을 합산하여 정격출력용량을 산정하여 사용하는 발전기〈개정 13.6.10.〉
　다. **소방전원 보존형 발전기** : 소방 및 비상부하 겸용으로서 소방부하의 전원용량
　　을 기준으로 정격출력용량을 산정하여 사용하는 발전기〈신설 13.6.10.〉
9. 비상전원실의 출입구 외부에는 실의 위치와 비상전원의 종류를 식별할 수 있도록
　표지판을 부착할 것〈신설 11.11.24.〉

제13조【제어반】 ① 스프링클러설비에는 제어반을 설치하되, **감**시제어반과 **동**력제
어반으로 구분하여 설치하여야 한다. 다만, 다음 각 호의 어느 하나에 해당하는 경
우에는 감시제어반과 동력제어반으로 구분하여 설치하지 아니할 수 있다. 설계 12회
1. 다음 각 목의 어느 하나에 해당하지 아니하는 특정소방대상물에 설치되는 스프링
　클러설비
　가. 지하층을 제외한 층수가 **7층** 이상으로서 연면적이 **2,000㎡** 이상인 것
　나. 가목에 해당하지 아니하는 특정소방대상물로서 **지**하층의 바닥면적의 합계가
　　3,000㎡ 이상인 것〈개정 15.1.23.〉
2. **내**연기관에 따른 가압송수장치를 사용하는 스프링클러설비
3. **고**가수조에 따른 가압송수장치를 사용하는 스프링클러설비
4. **가**압수조에 따른 가압송수장치를 사용하는 스프링클러설비〈신설 08.12.15.〉

> 기억법　**감동72지내고가**

② 감시제어반의 기능은 다음 각 호의 기준에 적합하여야 한다.〈개정 13.6.10.〉
1. 각 펌프의 작동여부를 확인할 수 있는 **표시등** 및 **음향경보기능**이 있어야 할 것
2. 각 펌프를 자동 및 수동으로 작동시키거나 중단시킬 수 있어야 한다.〈개정 13.6.10.〉
3. 비상전원을 설치한 경우에는 상용전원 및 비상전원의 공급여부를 확인할 수 있어
　야 할 것〈신설 08.12.15.〉
4. 수조 또는 물올림탱크가 저수위로 될 때 **표시등** 및 **음향**으로 경보할 것
5. 예비전원이 확보되고 **예비전원**의 **적합여부**를 시험할 수 있어야 할 것
③ 감시제어반은 다음 각 호의 기준에 따라 설치하여야 한다.
1. 화재 및 침수 등의 재해로 인한 피해를 받을 우려가 없는 곳에 설치할 것

2. 감시제어반은 스프링클러설비의 **전용**으로 할 것. 다만, 스프링클러설비의 **제어**에 지장이 없는 경우에는 다른 설비와 겸용할 수 있다.
3. 감시제어반은 다음 각 목의 기준에 따른 **전용실 안**에 설치할 것. 다만, 제1항 각 호의 어느 하나에 해당하는 경우와 공장, 발전소 등에서 설비를 집중 제어·운전할 목적으로 설치하는 **중앙제어실 내**에 **감시제어반**을 **설치**하는 경우에는 그러하지 아니하다.
   가. 다른 부분과 **방화구획**을 할 것. 이 경우 전용실의 벽에는 기계실 또는 전기실 등의 감시를 위하여 두께 **7mm** 이상의 **망입유리**(두께 **16.3mm** 이상의 **접합유리** 또는 **두께 28mm** 이상의 **복층유리**를 포함한다.)로 된 $4m^2$ 미만의 **붙박이창**을 설치할 수 있다.
   나. **피난층** 또는 **지하 1층**에 설치할 것. 다만, 다음 각 세목의 어느 하나에 해당하는 경우에는 **지상 2층**에 설치하거나 **지하 1층 외**의 지하층에 설치할 수 있다.
   〈개정 13.6.10.〉
   (1) 「건축법 시행령」 제35조에 따라 특별피난계단이 설치되고 그 계단(부속실을 포함한다.) 출입구로부터 **보행거리 5m** 이내에 전용실의 출입구가 있는 경우
   (2) 아파트의 관리동(관리동이 없는 경우에는 경비실)에 설치하는 경우
   다. **비상조명등** 및 **급·배기설비**를 설치할 것
   라. 「무선통신보조설비의 화재안전기준(NFSC 505)」 제5조 제3항에 따라 유효하게 통신이 가능할 것(영 [별표 5]의 제5호 마목에 따른 무선통신보조설비가 설치된 특정소방대상물에 한한다.)〈개정 21.3.25.〉
   마. 바닥면적은 감시제어반의 설치에 필요한 면적 외에 화재 시 소방대원이 그 감시제어반의 조작에 필요한 최소면적 이상으로 할 것
4. 제3호에 따른 전용실에는 특정소방대상물의 기계·기구 또는 시설 등의 제어 및 감시설비 외의 것을 두지 아니할 것
5. 각 **유수검지장치** 또는 **일제개방밸브**의 **작동여부**를 확인할 수 있는 **표시** 및 **경보기능**이 있도록 할 것
6. 일제개방밸브를 개방시킬 수 있는 **수동조작스위치**를 설치할 것
7. 일제개방밸브를 사용하는 설비의 화재감지는 각 경계회로별로 화재표시가 되도록 할 것
8. 다음의 각 확인회로마다 **도통시험** 및 **작동시험**을 할 수 있도록 할 것 〔점검 11회〕
   가. **기**동용 수압개폐장치의 **압**력스위치회로

나. **수**조 또는 물올림탱크의 **저**수위감시회로
다. **유**수검지장치 또는 일제개방밸브의 **압**력스위치회로
라. **일**제개방밸브를 사용하는 설비의 화재**감**지기회로
마. 제8조 제16항에 따른 **개폐밸브**의 **폐**쇄상태 확인회로
바. 그 밖의 이와 비슷한 회로

> **기억법** 기압수저유압일감개폐

9. 감시제어반과 자동화재탐지설비의 수신기를 별도의 장소에 설치하는 경우에는 이들 상호간 연동하여 화재발생 및 제2항 제1호·제3호와 제4호의 기능을 확인할 수 있도록 할 것〈개정 13.6.10.〉

④ 동력제어반은 다음 각 호의 기준에 따라 설치하여야 한다.
  1. 앞면은 **적색**으로 하고 "**스프링클러설비용 동력제어반**"이라고 표시한 표지를 설치할 것
  2. 외함은 두께 **1.5mm** 이상의 **강판** 또는 이와 동등 이상의 강도 및 **내열성능**이 있는 것으로 할 것
  3. 그 밖의 동력제어반의 설치에 관하여는 제3항 제1호 및 제2호의 기준을 준용할 것

⑤ 자가발전설비 제어반의 제어장치는 비영리 공인기관의 시험을 필한 것으로 설치하여야 한다. 다만, 소방전원 보존형 발전기의 제어장치는 다음 각 호의 기준이 포함되어야 한다.〈신설 11.11.24., 개정 13.6.10.〉
  1. 소방전원 보존형임을 식별할 수 있도록 표기할 것〈개정 13.6.10.〉
  2. 발전기 운전 시 소방부하 및 비상부하에 **전원**이 **동시 공급**되고, 그 상태를 확인할 수 있는 표시가 되도록 할 것〈개정 13.6.10.〉
  3. 발전기가 정격용량을 초과할 경우 **비상부하**는 **자동**적으로 **차단**되고, 소방부하만 공급되는 상태를 확인할 수 있는 표시가 되도록 할 것〈개정 13.6.10.〉

제14조【배선 등】① 스프링클러설비의 배선은「전기사업법」제67조에 따른 기술기준에서 정한 것 외에 다음 각 호의 기준에 따라 설치하여야 한다.
  1. **비상전원**으로부터 동력제어반 및 가압송수장치에 이르는 전원회로배선은 **내화배선**으로 할 것. 다만, 자가발전설비와 동력제어반이 동일한 실에 설치된 경우에는 자가발전기로부터 그 제어반에 이르는 전원회로배선은 그러하지 아니하다.
  2. **상용전원**으로부터 동력제어반에 이르는 배선, 그 밖의 스프링클러설비의 감시·조작 또는 표시등회로의 배선은 **내화배선** 또는 **내열배선**으로 할 것. 다만, 감시제어반 또는 동력제어반 안의 감시·조작 또는 표시등회로의 배선은 그러하지 아니하다.

② 제1항에 따른 내화배선 및 내열배선에 사용되는 전선 및 설치방법은 「옥내소화전설비의 화재안전기준(NFSC 102)」의 [별표 1]의 기준에 따른다. 〈개정 13.6.10.〉
③ 스프링클러설비의 **과전류차단기** 및 **개폐기**에는 "**스프링클러설비용**"이라고 표시한 표지를 하여야 한다.
④ 스프링클러설비용 전기배선의 양단 및 접속단자에는 다음 각 호의 기준에 따라 표지하여야 한다.
  1. 단자에는 "**스프링클러설비단자**"라고 표시한 표지를 부착할 것
  2. 스프링클러설비용 전기배선의 양단에는 다른 배선과 **식별**이 **용이**하도록 표시할 것

제15조 【헤드의 설치제외】 ① 스프링클러설비를 설치하여야 할 특정소방대상물에 있어서 다음 각 호의 어느 하나에 해당하는 장소에는 스프링클러헤드를 설치하지 아니할 수 있다.

1. **계**단실(특별피난계단의 부속실을 포함한다.) · **경사로** · **승강기**의 **승강로** · **비상용 승강기**의 **승강장** · **파이프덕트** 및 **덕트피트**(파이프 · 덕트를 통과시키기 위한 구획된 구멍에 한한다.) · **목욕실** · **수영장**(관람석 부분을 제외한다.) · **화장실** · 직접 외기에 개방되어 있는 복도 · 기타 이와 유사한 장소 〈개정 11.11.24.〉
2. **통**신기기실 · **전자기기실** · 기타 이와 유사한 장소
3. **발**전실 · **변전실** · **변압기** · 기타 이와 유사한 전기설비가 설치되어 있는 장소
4. **병**원의 **수술실** · **응급처치실** · 기타 이와 유사한 장소
5. 천장과 반자 양쪽이 **불연재료**로 되어 있는 경우로서 그 사이의 거리 및 구조가 다음 각 목의 어느 하나에 해당하는 부분 점검 17회
   가. 천장과 반자 사이의 거리가 **2m 미만**인 부분
   나. 천장과 반자 사이의 벽이 불연재료이고 천장과 반자 사이의 거리가 **2m 이상**으로서 그 사이에 가연물이 존재하지 아니하는 부분
6. 천장 · 반자 중 **한쪽**이 **불연재료**로 되어 있고 천장과 반자 사이의 거리가 **1m 미만**인 부분
7. 천장 및 반자가 **불연재료 외**의 것으로 되어 있고 천장과 반자 사이의 거리가 **0.5m 미만**인 부분
8. **펌**프실 · **물탱크실** · **엘리베이터 권상기실** 그 밖의 이와 비슷한 장소 〈신설 08.12.15.〉
9. 삭 제 〈13.6.10.〉
10. **현**관 또는 **로비** 등으로서 바닥으로부터 높이가 **20m 이상**인 장소
11. 영하의 **냉**장창고의 **냉장실** 또는 냉동창고의 **냉동실** 〈신설 08.12.15.〉
12. **고**온의 **노**가 설치된 장소 또는 물과 **격렬**하게 **반응**하는 물품의 저장 또는 취급장소

13. **불**연재료로 된 특정소방대상물 또는 그 부분으로서 다음 각 목의 어느 하나에 해당하는 장소
   가. **정**수장 · **오**물처리장 그 밖의 이와 비슷한 장소
   나. **펄**프공장의 작업장 · **음**료수공장의 세정 또는 **충전**하는 **작업장** 그 밖의 이와 비슷한 장소
   다. 불연성의 **금속** · **석재** 등의 **가공공장**으로서 가연성 물질을 저장 또는 취급하지 아니하는 장소
   라. 가연성 물질이 존재하지 않는 「건축물의 에너지절약설계기준」에 따른 방풍실 〈신설 21.1.29.〉
14. 실내에 설치된 **테니스장** · **게이트볼장** · **정구장** 또는 이와 비슷한 장소로서 실내 바닥 · 벽 · 천장이 **불연재료** 또는 **준불연재료**로 구성되어 있고 가연물이 존재하지 않는 장소로서 **관람석**이 **없는 운동시설**(지하층은 제외한다.)
15. 「건축법 시행령」 제46조 제4항에 따른 공동주택 중 **아**파트의 대피공간〈신설 13.6.10.〉

> **기억법** 스계통발병22105펌현냉고불정오펄음아

② 제10조 제7항 제6호의 연소할 우려가 있는 개구부에 다음 각 호의 기준에 따른 드렌처설비를 설치한 경우에는 해당 개구부에 한하여 스프링클러헤드를 설치하지 아니할 수 있다. 설계 6회
1. **드**렌처헤드는 개구부 위측에 2.5m 이내마다 1개를 설치할 것
2. **제**어밸브(일제개방밸브 · 개폐표시형밸브 및 수동조작부를 합한 것을 말한다. 이하 같다.)는 특정소방대상물 **층**마다에 바닥면으로부터 0.8m 이상 1.5m 이하의 위치에 설치할 것
3. 수원의 수량은 드렌처헤드가 가장 많이 설치된 제어밸브의 드렌처헤드의 설치개수에 1.6m³를 곱하여 얻은 수치 이상이 되도록 할 것
4. 드렌처설비는 드렌처헤드가 가장 많이 설치된 제어밸브에 설치된 드렌처헤드를 동시에 사용하는 경우에 각각의 헤드선단에 방수압력이 0.1MPa 이상, 방수량이 80L/min 이상이 되도록 할 것
5. 수원에 연결하는 가압송수장치는 점검이 쉽고 화재 등의 재해로 인한 피해 우려가 없는 장소에 설치할 것

> **기억법** 드제층

제16조【수원 및 가압송수장치의 펌프 등의 겸용】 ① 스프링클러설비의 수원을 옥내소화전설비 · 간이스프링클러설비 · 화재조기진압용 스프링클러설비 · 물분무소화설

비·포소화전설비 및 옥외소화전설비의 수원과 겸용하여 설치하는 경우의 저수량은 각 소화설비에 필요한 **저수량을 합한 양** 이상이 되도록 하여야 한다. 다만, 이들 소화설비 중 고정식 소화설비(펌프·배관과 소화수 또는 소화약제를 최종 방출하는 방출구가 고정된 설비를 말한다. 이하 같다.)가 2 이상 설치되어 있고, 그 소화설비가 설치된 부분이 방화벽과 방화문으로 구획되어 있는 경우에는 각 고정식 소화설비에 필요한 저수량 중 최대의 것 이상으로 할 수 있다.

② 스프링클러설비의 가압송수장치로 사용하는 펌프를 옥내소화전설비·간이스프링클러설비·화재조기진압용 스프링클러설비·물분무소화설비·포소화설비 및 옥외소화전설비의 가압송수장치와 겸용하여 설치하는 경우의 펌프의 토출량은 각 소화설비에 해당하는 **토출량을 합한 양** 이상이 되도록 하여야 한다. 다만, 이들 소화설비 중 고정식 소화설비가 2 이상 설치되어 있고, 그 소화설비가 설치된 부분이 방화벽과 방화문으로 구획되어 있으며 각 소화설비에 지장이 없는 경우에는 펌프의 토출량 중 최대의 것 이상으로 할 수 있다.

③ 옥내소화전설비·스프링클러설비·간이스프링클러설비·화재조기진압용 스프링클러설비·물분무소화설비·포소화설비 및 옥외소화전설비의 가압송수장치에 있어서 각 토출측 배관과 일반급수용의 가압송수장치의 토출측 배관을 상호 연결하여 화재시 사용할 수 있다. 이 경우 연결배관에는 **개폐표시형밸브**를 설치하여야 하며, 각 소화설비의 성능에 지장이 없도록 하여야 한다.

④ 스프링클러설비의 송수구를 옥내소화전설비·간이스프링클러설비·화재조기진압용 스프링클러설비·물분무소화설비·포소화설비·연결송수관설비 또는 연결살수설비의 송수구와 겸용으로 설치하는 경우에는 스프링클러설비의 송수구의 설치기준에 따르되 각각의 소화설비의 기능에 지장이 없도록 하여야 한다.

제17조【설치·유지기준의 특례】 소방본부장 또는 소방서장은 기존 건축물이 증축·개축·대수선되거나 용도변경되는 경우에 있어서 이 기준이 정하는 기준에 따라 해당 건축물에 설치하여야 할 스프링클러설비의 배관·배선 등의 공사가 현저하게 곤란하다고 인정되는 경우에는 해당 설비의 기능 및 사용에 지장이 없는 범위 안에서 스프링클러설비의 설치·유지기준의 일부를 적용하지 아니할 수 있다.

제18조【재검토 기한】 소방청장은 「훈령·예규 등의 발령 및 관리에 관한 규정」에 따라 이 고시에 대하여 2022년 1월 1일 기준으로 매 3년이 되는 시점(매 3년째의 12월 31일까지를 말한다.)마다 그 타당성을 검토하여 개선 등의 조치를 하여야 한다.
〈개정 17.7.26.〉

부 칙 〈제2021-44호, 21.12.16.〉

제1조【시행일】 이 고시는 발령한 날부터 시행한다.

제2조【일반적 적용례】 이 고시는 이 고시 시행 후 특정소방대상물의 신축·증축·개축·재축·이전·용도변경 또는 대수선의 허가·협의를 신청하거나 신고하는 경우부터 적용한다.

[별표 1] 스프링클러헤드수별 급수관의 구경(제8조 제3항 제3호 관련) 점검 1회

(단위 : mm)

구 분 \ 급수관의 구경	25	32	40	50	65	80	90	100	125	150
가	2	3	5	10	30	60	80	100	160	161 이상
나	2	4	7	15	30	60	65	100	160	161 이상
다	1	2	5	8	15	27	40	55	90	91 이상

> 기억법 235136816
> 247536516
> 12585274559

(주) 1. 폐쇄형스프링클러헤드를 사용하는 설비의 경우로서 1개층에 하나의 급수배관(또는 밸브 등)이 담당하는 구역의 최대면적은 **3,000m²**를 초과하지 아니할 것
2. **폐쇄형스프링클러헤드**를 설치하는 경우에는 "가"란의 헤드수에 따를 것. 다만, **100개 이상**의 헤드를 담당하는 급수배관(또는 밸브)의 구경을 100mm로 할 경우에는 **수리계산**을 통하여 제8조 제3항 제3호에서 규정한 배관의 유속에 적합하도록 할 것
3. **폐쇄형스프링클러헤드**를 설치하고 반자 아래의 헤드와 반자 속의 헤드를 **동일 급수관의 가지관상**에 **병설**하는 경우에는 "나"란의 헤드수에 따를 것
4. 제10조 제3항 제1호의 경우로서 **폐쇄형스프링클러헤드**를 설치하는 설비의 배관구경은 "다"란에 따를 것
5. **개방형스프링클러헤드**를 설치하는 경우 하나의 방수구역이 담당하는 헤드의 개수가 **30개 이하**일 때는 "다"란의 헤드수에 의하고, 30개를 **초과**할 때는 **수리계산 방법**에 따를 것

소방시설법 시행령 [별표 5]

스프링클러설비를 설치하여야 하는 특정소방대상물(위험물 저장 및 처리 시설 중 가스시설 또는 지하구는 제외한다.)은 다음의 어느 하나와 같다.

1) 문화 및 집회시설(동·식물원은 제외한다.), 종교시설(주요 구조부가 목조인 것은 제외한다.), 운동시설(물놀이형 시설은 제외한다.)로서 다음의 어느 하나에 해당하는 경우에는 모든 층 설계 15회
   가) 수용인원이 100명 이상인 것
   나) 영화상영관의 용도로 쓰이는 층의 바닥면적이 지하층 또는 무창층인 경우에는 500m² 이상, 그 밖의 층의 경우에는 1,000m² 이상인 것
   다) 무대부가 지하층·무창층 또는 4층 이상의 층에 있는 경우에는 무대부의 면적이 300m² 이상인 것
   라) 무대부가 다) 외의 층에 있는 경우에는 무대부의 면적이 500m² 이상인 것
2) 판매시설, 운수시설 및 창고시설(물류터미널에 한정한다.)로서 바닥면적의 합계가 5,000m² 이상이거나 수용인원이 500명 이상인 경우에는 모든 층

3) 층수가 6층 이상인 특정소방대상물의 경우에는 모든 층. 다만, 다음의 어느 하나에 해당하는 경우에는 제외한다.
   가) 주택 관련 법령에 따라 기존의 아파트 등을 리모델링하는 경우로서 건축물의 연면적 및 층높이가 변경되지 않는 경우. 이 경우 해당 아파트 등의 사용검사 당시의 소방시설의 설치에 관한 대통령령 또는 화재안전기준을 적용한다.
   나) 스프링클러설비가 없는 기존의 특정소방대상물을 용도변경하는 경우. 다만, 1)·2)·4)·5) 및 8)부터 12)까지의 규정에 해당하는 특정소방대상물로 용도변경하는 경우에는 해당 규정에 따라 스프링클러설비를 설치한다.
4) 다음의 어느 하나에 해당하는 용도로 사용되는 시설의 바닥면적의 합계가 600m² 이상인 것은 모든 층
   가) 의료시설 중 정신의료기관
   나) 의료시설 중 종합병원, 병원, 치과병원, 한방병원 및 요양병원(정신병원은 제외한다.)
   다) 노유자시설
   라) 숙박이 가능한 수련시설
5) 창고시설(물류터미널은 제외한다.)로서 바닥면적 합계가 5,000m² 이상인 경우에는 모든 층
6) 천장 또는 반자(반자가 없는 경우에는 지붕의 옥내에 면하는 부분)의 높이가 10m를 넘는 랙크식 창고(rack warehouse)(물건을 수납할 수 있는 선반이나 이와 비슷한 것을 갖춘 것을 말한다.)로서 바닥면적의 합계가 1,500m² 이상인 것
7) 1)부터 6)까지의 특정소방대상물에 해당하지 않는 특정소방대상물의 지하층·무창층(축사는 제외한다.) 또는 층수가 4층 이상인 층으로서 바닥면적이 1,000m² 이상인 층
8) 6)에 해당하지 않는 공장 또는 창고시설로서 다음의 어느 하나에 해당하는 시설
   가) 「소방기본법 시행령」[별표 2]에서 정하는 수량의 1천배 이상의 특수가연물을 저장·취급하는 시설
   나) 「원자력안전법 시행령」제2조 제1호에 따른 중·저준위방사성폐기물(이하 "중·저준위방사성폐기물"이라 한다.)의 저장시설 중 소화수를 수집·처리하는 설비가 있는 저장시설
9) 지붕 또는 외벽이 불연재료가 아니거나 내화구조가 아닌 공장 또는 창고시설로서 다음의 어느 하나에 해당하는 것 설계 17회
   가) 창고시설(물류터미널에 한정한다.) 중 2)에 해당하지 않는 것으로서 바닥면적의 합계가 2,500m² 이상이거나 수용인원이 250명 이상인 것
   나) 창고시설(물류터미널은 제외한다.) 중 5)에 해당하지 않는 것으로서 바닥면적의 합계가 2,500m² 이상인 것

다) 랙크식 창고시설 중 6)에 해당하지 않는 것으로서 바닥면적의 합계가 750m^2 이상인 것

라) 공장 또는 창고시설 중 7)에 해당하지 않는 것으로서 지하층·무창층 또는 층수가 4층 이상인 것 중 바닥면적이 500m^2 이상인 것

마) 공장 또는 창고시설 중 8) 가)에 해당하지 않는 것으로서「소방기본법 시행령」[별표 2]에서 정하는 수량의 500배 이상의 특수가연물을 저장·취급하는 시설

10) 지하가(터널은 제외한다.)로서 연면적 1,000m^2 이상인 것

11) 기숙사(교육연구시설·수련시설 내에 있는 학생 수용을 위한 것을 말한다.) 또는 복합건축물로서 연면적 5,000m^2 이상인 경우에는 모든 층

12) 교정 및 군사시설 중 다음의 어느 하나에 해당하는 경우에는 해당 장소

    가) 보호감호소, 교도소, 구치소 및 그 지소, 보호관찰소, 갱생보호시설, 치료감호시설, 소년원 및 소년분류심사원의 수용거실

    나)「출입국관리법」제52조 제2항에 따른 보호시설(외국인보호소의 경우에는 보호대상자의 생활공간으로 한정한다. 이하 같다.)로 사용하는 부분. 다만, 보호시설이 임차건물에 있는 경우는 제외한다.

    다)「경찰관 직무집행법」제9조에 따른 유치장

13) 1)부터 12)까지의 특정소방대상물에 부속된 보일러실 또는 연결통로 등

5 간이스프링클러설비(NFSC 103A)

일부개정 2021. 12. 16. 소방청고시 제2021-45호

제1조【목적】 이 기준은 「화재예방, 소방시설 설치·유지 및 안전관리에 관한 법률」 제9조 제1항에 따라 소방청장에게 위임한 사항 중 소화설비인 간이스프링클러설비의 설치·유지 및 안전관리에 필요한 사항을 규정함을 목적으로 한다. 〈개정 17.7.26.〉

제2조【적용범위】「화재예방, 소방시설 설치·유지 및 안전관리에 관한 법률 시행령」(이하 "**영**"이라 한다.) [별표 5] 제1호 마목에 따른 간이스프링클러설비 및 「다중이용업소의 안전관리에 관한 특별법」(이하 "**특별법**"이라 한다.) 제9조 제1항 및 같은 법 시행령(이하 "**특별법령**"이라 한다.) 제9조 제1항 제1호 가목에 따른 간이스프링클러설비는 이 기준에서 정하는 규정에 따라 설비를 설치하고 유지·관리하여야 한다. 〈개정 16.7.13.〉

제3조【정의】 이 기준에서 사용하는 용어의 정의는 다음과 같다.
1. "**간이헤드**"란 **폐쇄형헤드**의 일종으로 간이스프링클러설비를 설치하여야 하는 특정소방대상물의 화재에 적합한 **감도·방수량** 및 **살수분포**를 갖는 헤드를 말한다. 〈개정 11.11.24.〉
2. 삭 제〈11.11.24.〉
3. "**충압펌프**"란 배관 내 압력손실에 따른 주펌프의 빈번한 기동을 방지하기 위하여 압력을 보충하는 역할을 하는 펌프를 말한다. 〈신설 13.6.10.〉
4. "**고가수조**"란 **구조물** 또는 **지형지물** 등에 설치하여 자연낙차 압력으로 급수하는 수조를 말한다.
5. "**압력수조**"란 소화용수와 공기를 채우고 **일정압력 이상**으로 **가압**하여 그 압력으로 급수하는 수조를 말한다.
6. "**가압수조**"란 가압원인 **압축공기** 또는 **불연성 고압기체**에 따라 소방용수를 가압시키는 수조를 말한다.
7. "**진공계**"란 대기압 이하의 **압력**을 측정하는 계측기를 말한다.
8. "**연성계**"란 대기압 이상의 **압력**과 대기압 이하의 **압력**을 측정할 수 있는 계측기를 말한다.
9. "**기동용 수압개폐장치**"란 소화설비의 배관 내 압력변동을 검지하여 자동적으로 **펌프**를 기동 및 정지시키는 것으로서 **압력챔버** 또는 **기동용 압력스위치** 등을 말한다.
10. "**가지배관**"이란 간이헤드가 설치되어 있는 배관을 말한다.
11. "**교차배관**"이란 직접 또는 **수직배관**을 통하여 가지배관에 급수하는 배관을 말한다.

12. **"주배관"**이란 각 층을 수직으로 관통하는 수직배관을 말한다.
13. **"신축배관"**이란 가지배관과 간이헤드를 연결하는 구부림이 용이하고 유연성을 가진 배관을 말한다.
14. **"급수배관"**이란 수원 및 옥외송수구로부터 간이헤드에 급수하는 배관을 말한다.
14의2. **"분기배관"**이란 배관 측면에 구멍을 뚫어 둘 이상의 관로가 생기도록 가공한 배관으로서 확관형 분기배관과 비확관형 분기배관을 말한다.
14의3. **"확관형 분기배관"**이란 배관의 측면에 조그만 구멍을 뚫고 소성가공으로 확관시켜 배관 용접이음자리를 만들거나 배관 용접이음자리에 배관이음쇠를 용접이음한 배관을 말한다.
14의4. **"비확관형 분기배관"**이란 배관의 측면에 분기호칭내경 이상의 구멍을 뚫고 배관이음쇠를 용접이음한 배관을 말한다.
15. **"습식유수검지장치"**란 1차측 및 2차측에 가압수를 가득 채운 상태에서 폐쇄형스프링클러헤드가 열린 경우 2차측의 압력저하로 시트가 열려 가압수 등이 2차측으로 유출되도록 하는 장치(패들형을 포함한다.)를 말한다.〈개정 11.11.24.〉
16. **"준비작동식유수검지장치"**란 1차측에 가압수 등을 채우고 2차측에서 폐쇄형스프링클러헤드까지 대기압 또는 저압으로 있다가 화재감지설비의 감지기 또는 화재감지용 헤드의 작동에 의하여 시트가 열려 가압수 등이 2차측으로 유출되도록 하는 장치를 말한다.〈신설 13.6.10.〉
17. **"반사판(디플렉터)"**이란 간이헤드의 방수구에서 유출되는 물을 세분시키는 작용을 하는 것을 말한다.
18. **"개폐표시형밸브"**란 밸브의 개폐여부를 외부에서 식별이 가능한 밸브를 말한다.
19. **"캐비닛형 간이스프링클러설비"**란 가압송수장치, 수조(「캐비닛형 간이스프링클러설비 성능인증 및 제품검사의 기술기준」에서 정하는 바에 따라 분리형으로 할 수 있다.) 및 유수검지장치 등을 집적화하여 캐비닛 형태로 구성시킨 간이형태의 스프링클러설비를 말한다.〈신설 11.11.24., 개정 13.6.10.〉
20. **"상수도직결형 간이스프링클러설비"**란 수조를 사용하지 아니하고 상수도에 직접 연결하여 항상 기준 압력 및 방수량 이상을 확보할 수 있는 설비를 말한다.
〈신설 11.11.24.〉
21. **"정격토출량"**이란 정격토출압력에서의 펌프의 토출량을 말한다.〈신설 11.11.24.〉
22. **"정격토출압력"**이란 정격토출량에서의 펌프의 토출측 압력을 말한다.〈신설 11.11.24.〉

제4조【수원】 ① 간이스프링클러설비의 수원은 다음 각 호와 같다.
1. 상수도직결형의 경우에는 **수돗물**〈개정 11.11.24.〉
2. **수조**("**캐비닛형**"을 포함한다.)를 사용하고자 하는 경우에는 적어도 **1개 이상**의 **자동급수장치**를 갖추어야 하며, **2개의 간이헤드**에서 최소 **10분**[영 [별표 5] 제1호

마목 1) 가 또는 6)과 7)에 해당하는 경우에는 5개의 간이헤드에서 최소 **20분**] 이상 방수할 수 있는 양 이상을 수조에 확보할 것〈개정 21.1.12.〉

② 간이스프링클러설비의 수원을 수조로 설치하는 경우에는 소방설비의 전용수조로 하여야 한다. 다만, 다음 각 호의 어느 하나에 해당하는 경우에는 그러하지 아니하다.
  1. 간이스프링클러펌프의 후드밸브 또는 흡수배관의 흡수구(수직회전축펌프의 흡수구를 포함한다. 이하 같다.)를 다른 설비(소방용 설비 외의 것을 말한다. 이하 같다.)의 후드밸브 또는 흡수구보다 낮은 위치에 설치한 때
  2. 제5조 제3항에 따른 고가수조로부터 간이스프링클러설비의 수직배관에 물을 공급하는 급수구를 다른 설비의 급수구보다 낮은 위치에 설치한 때

③ 제1항 제2호에 따른 저수량을 산정함에 있어서 다른 설비와 겸용하여 간이스프링클러설비용 수조를 설치하는 경우에는 간이스프링클러설비의 후드밸브·흡수구 또는 수직배관의 급수구와 다른 설비의 후드밸브·흡수구 또는 수직배관의 급수구와의 사이의 수량을 그 **유효수량**으로 한다.

④ 간이스프링클러설비용 수조는 다음 각 호의 기준에 따라 설치하여야 한다.
  1. 점검에 편리한 곳에 설치할 것
  2. **동결방지조치**를 하거나 동결의 우려가 없는 장소에 설치할 것
  3. 수조의 **외측**에 **수위계**를 설치할 것. 다만, 구조상 불가피한 경우에는 수조의 맨홀 등을 통하여 수조 안의 물의 양을 쉽게 확인할 수 있도록 하여야 한다.
  4. 수조의 상단이 바닥보다 높은 때에는 수조의 **외측**에 **고정식 사다리**를 설치할 것
  5. 수조가 실내에 설치된 때에는 그 **실내**에 **조명설비**를 설치할 것
  6. 수조의 밑부분에는 **청소용 배수밸브** 또는 **배수관**을 설치할 것
  7. 수조의 외측의 보기 쉬운 곳에 "**간이스프링클러설비용 수조**"라고 표시한 표지를 할 것. 이 경우 그 수조를 다른 설비와 겸용하는 때에는 그 겸용되는 설비의 이름을 표시한 표지를 함께 하여야 한다.
  8. 간이스프링클러펌프의 흡수배관 또는 간이스프링클러설비의 수직배관과 수조의 접속부분에는 "**간이스프링클러설비용 배관**"이라고 표시한 표지를 할 것. 다만, 수조와 가까운 장소에 간이스프링클러펌프가 설치되고 "**간이스프링클러설비펌프**"라고 표지를 설치한 때에는 그러하지 아니하다.

제5조【가압송수장치】① 방수압력(상수도직결형의 상수도압력)은 가장 먼 가지배관에서 **2개**[영 [별표 5] 제1호 마목 1) 가 또는 6)과 7)에 해당하는 경우에는 **5개**]의 **간이헤드**를 동시에 개방할 경우 각각의 간이헤드 선단 방수압력은 **0.1MPa** 이상, 방수량은 **50L/min** 이상이어야 한다. 다만, 제6조 제7호에 따른 주차장에 표준반응형스프링클러헤드를 사용할 경우 헤드 1개의 방수량은 **80L/min** 이상이어야 한다.〈개정 21.1.12.〉

② 전동기 또는 내연기관에 따른 펌프를 이용하는 가압송수장치는 다음 각 호의 기준에 따라 설치하여야 한다.
1. 쉽게 접근할 수 있고 점검하기에 충분한 공간이 있는 장소로서 화재 및 침수 등의 재해로 인한 피해를 받을 우려가 없는 곳에 설치할 것
2. **동결방지조치**를 하거나 동결의 우려가 없는 장소에 설치할 것
3. 펌프는 **전용**으로 할 것. 다만, 다른 소화설비와 겸용하는 경우 각각의 소화설비의 성능에 지장이 없을 때에는 그러하지 아니하다.
4. 펌프의 **토출측**에는 **압력계**를 체크밸브 이전에 펌프 토출측 플랜지에서 가까운 곳에 설치하고, **흡입측**에는 **연성계** 또는 **진공계**를 설치할 것. 다만, 수원의 수위가 펌프의 위치보다 높거나 수직회전축 펌프의 경우에는 연성계 또는 진공계를 설치하지 아니할 수 있다.
5. 가압송수장치에는 정격부하운전 시 펌프의 **성능**을 **시험**하기 위한 **배관**을 설치할 것 〈개정 11.11.24.〉
6. 가압송수장치에는 체절운전 시 수온의 상승을 방지하기 위한 **순환배관**을 설치할 것 〈개정 11.11.24.〉
7. 기동장치로는 기동용 수압개폐장치 또는 이와 동등 이상의 성능이 있는 것을 설치하고 다음 각 목의 기준에 따른 충압펌프를 설치할 것. 다만, 캐비닛형의 경우에는 그러하지 아니하다. 〈개정 13.6.10.〉
   가. 펌프의 토출압력은 그 설비의 최고위 살수장치의 자연압보다 적어도 0.2MPa이 더 크도록 하거나 가압송수장치의 정격토출압력과 같게 할 것 〈신설 13.6.10.〉
   나. 펌프의 정격토출량은 정상적인 누설량보다 적어서는 아니되며 간이스프링클러설비가 자동적으로 작동할 수 있도록 충분한 토출량을 유지할 것 〈신설 13.6.10.〉
8. 수원의 수위가 펌프보다 낮은 위치에 있는 가압송수장치에는 다음 각 목의 기준에 따른 물올림장치를 설치할 것. 다만, **캐비닛형**일 경우에는 그러하지 아니하다. 〈개정 11.11.24.〉
   가. 물올림장치에는 전용의 탱크를 설치할 것
   나. 탱크의 유효수량은 **100L** 이상으로 하되, 구경 **15mm** 이상의 급수배관에 따라 당해 탱크에 물이 계속 보급되도록 할 것
9. 내연기관을 사용하는 경우에는 제어반에 따라 내연기관의 **자동기동** 및 **수동기동**이 가능하고, 상시 충전되어 있는 **축전지설비**를 갖출 것
10. 삭 제〈11.11.24.〉
11. 가압송수장치에는 "**간이스프링클러펌프**"라고 표시한 표지를 할 것. 이 경우 그 가압송수장치를 다른 설비와 겸용하는 때에는 그 겸용되는 설비의 이름을 함께 표시한 표지를 하여야 한다.
12. 가압송수장치는 부식 등으로 인한 펌프의 고착을 방지할 수 있도록 다음 각 목의 기준에 적합한 것으로 할 것. 다만, 충압펌프는 제외한다.〈신설 21.7.22.〉

가. 임펠러는 청동 또는 스테인리스 등 부식에 강한 재질을 사용할 것
나. 펌프축은 스테인리스 등 부식에 강한 재질을 사용할 것
③ 고가수조의 자연낙차를 이용한 가압송수장치는 다음 각 호의 기준에 따라 설치하여야 한다.
  1. 고가수조의 자연낙차수두(수조의 하단으로부터 최고층에 설치된 헤드까지의 수직거리를 말한다.)는 다음의 식에 따라 산출한 수치 이상이 되도록 할 것

  $$H = h_1 + 10$$

  여기서, H : 필요한 낙차[m]
  　　　　h_1 : 배관의 마찰손실수두[m]

  2. 고가수조에는 **수위계·배수관·급수관·오버플로관** 및 **맨홀**을 설치할 것
④ 압력수조를 이용한 가압송수장치는 다음 각 호의 기준에 따라 설치하여야 한다.
  1. 압력수조의 압력은 다음의 식에 따라 산출한 수치 이상으로 할 것

  $$P = p_1 + p_2 + 0.1$$

  여기서, P : 필요한 압력[MPa]
  　　　　p_1 : 낙차의 환산수두압[MPa]
  　　　　p_2 : 배관의 마찰손실수두압[MPa]

  2. 압력수조에는 **수위계·급수관·배수관·급기관·맨홀·압력계·안전장치** 및 압력저하 방지를 위한 **자동식 공기압축기**를 설치할 것
⑤ **가압수조**를 이용한 **가압송수장치**는 다음 각 호의 기준에 따라 설치하여야 한다.
  1. 가압수조의 압력은 간이헤드 **2개**를 동시에 개방할 때 적정방수량 및 방수압이 **10분**[영 [별표 5] 제1호 마목 1) 가 또는 6)과 7)에 해당하는 경우에는 5개의 간이헤드에서 최소 **20분**] 이상 유지되도록 할 것〈개정 21.1.12.〉
  2. 삭 제〈15.1.23.〉
  3. 삭 제〈15.1.23.〉
  4. 소방청장이 정하여 고시한 「가압수조식가압송수장치의 성능인증 및 제품검사의 기술기준」에 적합한 것으로 설치할 것〈신설 17.7.26.〉
⑥ 캐비닛형 간이스프링클러설비를 사용할 경우 소방청장이 정하여 고시한 「캐비닛형 간이스프링클러설비 성능인증 및 제품검사의 기술기준」에 적합한 것으로 설치하여야 한다.〈신설 11.11.24., 개정 17.7.26.〉
⑦ 영 [별표 5] 제1호 마목 1) 가 또는 6)과 7)에 해당하는 특정소방대상물의 경우에는 상수도 직결형 및 캐비닛형 간이스프링클러설비를 제외한 가압송수장치를 설치하여야 한다.〈신설 13.6.10., 개정 21.1.12.〉

제6조【간이스프링클러설비의 방호구역 · 유수검지장치】 간이스프링클러설비의 방호구역(간이스프링클러설비의 소화범위에 포함된 영역을 말한다. 이하 같다.) · 유수검지장치는 다음 각 호의 기준에 적합하여야 한다. 다만, **캐비닛형**의 경우에는 제3호의 기준에 적합하여야 한다.〈개정 11.11.24.〉

1. 하나의 방호구역의 바닥면적은 **1,000㎡**를 초과하지 아니할 것〈개정 13.6.10.〉
2. 하나의 방호구역에는 1개 이상의 **유수검지장치**를 설치하되, 화재발생 시 접근이 쉽고 점검하기 편리한 장소에 설치할 것〈개정 08.12.15.〉
3. 하나의 방호구역은 **2개층**에 미치지 아니하도록 할 것. 다만, 1개층에 설치되는 간이헤드의 수가 **10개 이하**인 경우에는 **3개층** 이내로 할 수 있다.
4. 유수검지장치는 실내에 설치하거나 보호용 철망 등으로 구획하여 바닥으로부터 0.8m 이상 1.5m 이하의 위치에 설치하되, 그 실 등에는 개구부가 가로 **0.5m 이상** 세로 **1m 이상**의 출입문을 설치하고 그 출입문 상단에 "**유수검지장치실**"이라고 표시한 표지를 설치할 것. 다만, 유수검지장치를 기계실(공조용 기계실을 포함한다.) 안에 설치하는 경우에는 별도의 실 또는 보호용 철망을 설치하지 아니하고 기계실 출입문 상단에 "**유수검지장치실**"이라고 표시한 표지를 설치할 수 있다.〈개정 21.7.22.〉
5. 간이헤드에 공급되는 물은 **유수검지장치**를 지나도록 할 것. 다만, **송수구**를 통하여 공급되는 물은 그러하지 아니하다.〈개정 08.12.15.〉
6. 자연낙차에 따른 압력수가 흐르는 배관상에 설치된 유수검지장치는 화재 시 물의 흐름을 검지할 수 있는 최소한의 압력이 얻어질 수 있도록 수조의 하단으로부터 낙차를 두어 설치할 것〈개정 08.12.15.〉
7. 간이스프링클러설비가 설치되는 특정소방대상물에 부설된 주차장 부분(영 [별표 5] 제1호 바목에 해당하지 아니하는 부분에 한한다.)에는 습식 외의 방식으로 하여야 한다. 다만, 동결의 우려가 없거나 동결을 방지할 수 있는 구조 또는 장치가 된 곳은 그러하지 아니하다.〈신설 13.6.10.〉

제7조【제어반】 간이스프링클러설비에는 다음 각 호의 어느 하나의 기준에 따른 제어반을 설치하여야 한다. 다만, 캐비닛형 간이스프링클러설비의 경우에는 그러하지 아니하다.〈신설 13.6.10.〉

1. 상수도 직결형의 경우에는 급수배관에 설치되어 급수를 차단할 수 있는 개폐밸브(제8조 제16항 제1호 나목의 급수차단장치를 포함한다.) 및 유수검지장치의 작동 상태를 확인할 수 있어야 하며, 예비전원이 확보되고 예비전원의 적합여부를 시험할 수 있어야 한다.〈신설 13.6.10.〉

2. 상수도 직결형을 제외한 방식의 것에 있어서는 「스프링클러설비의 화재안전기준 (NFSC 103)」 제13조를 준용한다.〈신설 13.6.10.〉

제8조【배관 및 밸브】 ① 배관과 배관이음쇠는 다음 각 호의 어느 하나에 해당하는 것 또는 동등 이상의 강도·내식성 및 내열성을 국내·외 공인기관으로부터 인정받은 것을 사용하여야 하고, 배관용 스테인리스강관(KS D 3576)의 이음을 용접으로 할 경우에는 알곤용접방식에 따른다. 다만, 상수도 직결형에 사용하는 배관 및 밸브는 「수도법」 제14조(수도용 자재와 제품의 인증 등)에 적합한 제품을 사용하여야 한다. 또한, 본 조에서 정하지 않은 사항은 「건설기술진흥법」 제44조 제1항의 규정에 따른 건축기계설비공사 표준설명서에 따른다.〈개정 16.7.13.〉

1. 배관 내 사용압력이 **1.2MPa 미만**일 경우에는 다음 각 목의 어느 하나에 해당하는 것〈신설 13.6.10., 개정 16.7.13.〉
  가. **배관용 탄소강관**(KS D 3507)
  나. **이음매 없는 구리 및 구리합금관**(KS D 5301). 다만, **습식**의 배관에 한한다.
  다. **배관용 스테인리스강관**(KS D 3576) 또는 **일반배관용 스테인리스강관**(KS D 3595)
  라. **덕타일 주철관**(KS D 4311)〈신설 16.7.13.〉
2. 배관 내 사용압력이 **1.2MPa 이상**일 경우에는 다음 가목의 어느 하나에 해당하는 것〈신설 13.6.10., 개정 16.7.13.〉
  가. **압력배관용 탄소강관**(KS D 3562)〈신설 16.7.13.〉
  나. **배관용 아크용접 탄소강강관**(KS D 3583) 배관〈신설 16.7.13.〉

② 제1항에도 불구하고 다음 각 호의 어느 하나에 해당하는 장소에는 소방청장이 정하여 고시한 「소방용 합성수지배관의 성능인증 및 제품검사의 기술기준」에 적합한 소방용 합성수지배관으로 설치할 수 있다.〈개정 17.7.26.〉
1. 배관을 **지하**에 **매설**하는 경우
2. 다른 부분과 **내화구조**로 구획된 덕트 또는 피트의 내부에 설치하는 경우
3. 천장(상층이 있는 경우에는 상층바닥의 하단을 포함한다. 이하 같다.)과 반자를 **불연재료** 또는 **준불연재료**로 설치하고 그 내부에 **습식**으로 **배관**을 설치하는 경우

③ 급수배관은 다음 각 호의 기준에 따라 설치하여야 한다.
1. **전용**으로 할 것. 다만, **상수도 직결형**의 경우에는 수도배관 호칭지름 **32mm** 이상의 배관이어야 하고, 간이헤드가 개방될 경우에는 유수신호 작동과 동시에 다른 용도로 사용하는 배관의 송수를 **자동 차단**할 수 있도록 하여야 하며, 배관과 연결되는 이음쇠 등의 부속품은 물이 고이는 현상을 방지하는 조치를 하여야 한다.〈개정 11.11.24.〉

2. 급수를 차단할 수 있는 개폐밸브는 **개폐표시형**으로 할 것. 이 경우 펌프의 흡입측 배관에는 **버터플라이밸브** 외의 **개폐표시형밸브**를 설치하여야 한다.
3. 배관의 구경은 제5조 제1항에 적합하도록 수리계산에 의하거나 [별표 1]의 기준에 따라 설치할 것. 다만, 수리계산에 의하는 경우 **가지배관**의 유속은 **6m/s**, 그 밖의 **배관**의 유속은 **10m/s**를 초과할 수 없다.
④ 펌프의 흡입측 배관은 다음 각 호의 기준에 따라 설치하여야 한다.
  1. 공기고임이 생기지 아니하는 구조로 하고 **여과장치**를 설치할 것
  2. 수조가 펌프보다 낮게 설치된 경우에는 각 펌프(충압펌프를 포함한다.)마다 수조로부터 별도로 설치할 것
⑤ **연결송수관설비**의 배관과 겸용할 경우의 **주배관**은 구경 **100mm** 이상, 방수구로 연결되는 배관의 구경은 **65mm** 이상의 것으로 하여야 한다.
⑥ 펌프의 성능은 체절운전 시 정격토출압력의 **140%**를 초과하지 아니하고, 정격토출량의 **150%**로 운전 시 정격토출압력의 **65%** 이상이 되어야 하며, 펌프의 성능시험배관은 다음 각 호의 기준에 적합하여야 한다.
  1. 성능시험배관은 펌프의 토출측에 설치된 **개폐밸브 이전**에서 분기하여 설치하고, 유량측정장치를 기준으로 **전단 직관부**에 **개폐밸브**를 **후단 직관부**에는 **유량조절밸브**를 설치할 것
  2. 유량측정장치는 성능시험배관의 직관부에 설치하되, 펌프의 정격토출량의 **175% 이상** 측정할 수 있는 성능이 있을 것
⑦ 가압송수장치의 체절운전 시 수온의 상승을 방지하기 위하여 체크밸브와 펌프 사이에서 분기한 구경 **20mm** 이상의 배관에 **체절압력 미만**에서 개방되는 **릴리프밸브**를 설치하여야 한다.
⑧ **동결방지조치**를 하거나 동결의 우려가 없는 장소에 설치하여야 한다. 다만, 보온재를 사용할 경우에는 **난연재료** 성능 이상의 것으로 하여야 한다.〈개정 15.1.23.〉
⑨ 가지배관의 배열은 다음 각 호의 기준에 따른다.
  1. **토너먼트**(tournament)**방식**이 **아닐 것**
  2. 교차배관에서 분기되는 지점을 기점으로 한쪽 가지배관에 설치되는 간이헤드의 개수(반자 아래와 반자 속의 헤드를 하나의 가지배관상에 병설하는 경우에는 반자 아래에 설치하는 헤드의 개수)는 **8개 이하**로 할 것. 다만, 다음 각 목의 어느 하나에 해당하는 경우에는 그러하지 아니하다.
    가. 기존의 방호구역 안에서 칸막이 등으로 구획하여 **1개**의 **간이헤드**를 **증설**하는 경우

나. **격자형 배관방식**(2 이상의 수평주행배관 사이를 가지배관으로 연결하는 방식을 말한다.)을 채택하는 때에는 펌프의 용량, 배관의 구경 등을 수리학적으로 계산한 결과 간이헤드의 방수압 및 방수량이 소화목적을 달성하는 데 충분하다고 인정되는 경우〈개정 11.11.24.〉
3. 가지배관과 간이헤드 사이의 배관을 신축배관으로 하는 경우에는 소방청장이 정하여 고시한 「스프링클러설비 신축배관 성능인증 및 제품검사의 기술기준」에 적합한 것으로 설치할 것. 이 경우 신축배관의 설치길이는 소방청장이 정하여 고시한 「스프링클러설비의 화재안전기준」제10조 제3항의 거리를 초과하지 아니할 것
〈전문개정 17.7.26.〉
⑩ 가지배관에 하향식간이헤드를 설치하는 경우에 가지배관으로부터 간이헤드에 이르는 헤드접속배관은 **가지관 상부**에서 분기할 것. 다만, 소화설비용 수원의 수질이 「먹는물관리법」제5조에 따라 먹는물의 수질기준에 적합하고 덮개가 있는 저수조로부터 물을 공급받는 경우에는 **가지배관**의 **측면** 또는 **하부**에서 분기할 수 있다.
〈개정 11.11.24.〉
⑪ 준비작동식유수검지장치를 사용하는 간이스프링클러설비에 있어서 유수검지장치 2차측 배관의 부대설비는 다음 각 호의 기준에 따른다.〈신설 13.6.10.〉
  1. **개폐표시형밸브**를 설치할 것
  2. 제1호에 따른 밸브와 준비작동식유수검지장치 사이의 배관은 다음 각 목과 같은 구조로 할 것
   가. 수직배수배관과 연결하고 동 연결배관상에는 개폐밸브를 설치할 것
   나. 자동배수장치 및 압력스위치를 설치할 것
   다. 나목에 따른 압력스위치는 수신부에서 준비작동식유수검지장치의 개방여부를 확인할 수 있게 설치할 것
⑫ **간이스프링클러설비**에는 유수검지장치를 시험할 수 있는 시험장치를 다음 각 호의 기준에 따라 설치하여야 한다. 다만, 준비작동식유수검지장치를 설치하는 부분은 그러하지 아니하다.〈개정 21.7.22.〉
  1. 펌프(캐비닛형 제외)를 가압송수장치로 사용하는 경우 유수검지장치 2차측 배관에 연결하여 설치하고 펌프 외의 가압송수정치를 사용하는 경우 유수검지장치에서 가장 먼 거리에 위치한 가지배관의 끝으로부터 연결하여 설치할 것
  2. 시험장치배관의 구경은 25mm 이상으로 하고, 그 끝에 **개폐밸브** 및 **개방형간이헤드** 또는 **간이스프링클러헤드**와 동등한 방수성능을 가진 **오리피스**를 설치할 것. 이 경우 개방형간이헤드는 **반사판** 및 프레임을 제거한 **오리피스**만으로 설치할 수 있다.
  3. 시험배관의 끝에는 **물받이통** 및 **배수관**을 설치하여 시험 중 방사된 물이 바닥에 흘러내리지 아니하도록 하여야 한다. 다만, **목욕실·화장실** 또는 그 밖의 곳으로서 배수처리가 쉬운 장소에 시험배관을 설치한 경우에는 그러하지 아니하다.

⑬ 배관에 설치되는 행가는 다음 각 호의 기준에 따라 설치하여야 한다.
  1. **가지배관**에는 간이헤드의 설치지점 사이마다 1개 이상의 **행가**를 설치하되, 간이헤드 간의 거리가 3.5m를 초과하는 경우에는 **3.5m 이내**마다 **1개 이상** 설치할 것. 이 경우 상향식간이헤드와 행가 사이에는 **8cm** 이상의 간격을 두어야 한다.
  2. **교차배관**에는 가지배관과 가지배관 사이마다 1개 이상의 행가를 설치하되, 가지배관 사이의 거리가 4.5m를 초과하는 경우에는 **4.5m 이내**마다 **1개 이상** 설치할 것
  3. 제1호 및 제2호의 **수평주행배관**에는 **4.5m 이내**마다 **1개 이상** 설치할 것

⑭ 급수배관에 설치되어 급수를 차단할 수 있는 개폐밸브에는 그 밸브의 개폐상태를 **감시제어반**에서 확인할 수 있도록 급수개폐밸브 작동표시 스위치를 다음 각 호의 기준에 따라 설치하여야 한다.
  1. 급수개폐밸브가 잠길 경우 탬퍼스위치의 동작으로 인하여 **감시제어반** 또는 **수신기**에 표시되어야 하며 **경보음**을 발할 것
  2. 탬퍼스위치는 감시제어반 또는 수신기에서 **동작**의 **유무확인**과 **동작시험, 도통시험**을 할 수 있을 것
  3. 급수개폐밸브의 작동표시 스위치에 사용되는 전기배선은 **내화전선** 또는 **내열전선**으로 설치할 것

⑮ 간이스프링클러설비 배관의 배수를 위한 기울기는 다음 각 호의 기준에 따른다.
  1. **간이스프링클러설비**의 배관을 **수평**으로 할 것. 다만, 배관의 구조상 소화수가 남아 있는 곳에는 배수밸브를 설치하여야 한다.〈개정 11.11.24.〉
  2. 삭 제〈11.11.24.〉

⑯ 간이스프링클러설비의 배관 및 밸브 등의 순서는 다음 각 호의 기준에 따라 설치하여야 한다.
  1. **상수도 직결형**은 다음 각 목의 기준에 따라 설치할 것〈개정 11.11.24.〉
    가. **수도**용 계량기, **급수**차단장치, **개폐표시형밸브**, **체크밸브**, **압**력계, **유수검지장치**(압력스위치 등 유수검지장치와 동등 이상의 기능과 성능이 있는 것을 포함한다. 이하 같다.), **2**개의 **시험밸브**의 순으로 설치할 것〈개정 11.11.24.〉 설계 16회
    나. 간이스프링클러설비 이외의 배관에는 화재 시 배관을 차단할 수 있는 **급수차단장치**를 설치할 것〈개정 11.11.24.〉

  > 기억법 상수도급수개체압유2시

  2. 펌프 등의 가압송수장치를 이용하여 배관 및 밸브 등을 설치하는 경우에는 **수원**, **연**성계 또는 **진공계**(수원이 펌프보다 높은 경우를 제외한다. 이하 같다.), **펌프**

5. 간이스프링클러설비(NFSC 103A)

또는 압력수조, **압**력계, **체**크밸브, **성**능시험배관, **개**폐표시형밸브, **유**수검지장 치, **시**험밸브의 순으로 설치할 것〈개정 11.11.24.〉 설계 16회

가. 삭 제〈11.11.24.〉
나. 삭 제〈11.11.24.〉

> 기억법 수연펌프압체성개유시

3. **가**압수조를 가압송수장치로 이용하여 배관 및 밸브 등을 설치하는 경우에는 **수**원, **가**압수조, **압**력계, **체**크밸브, **성**능시험배관, **개**폐표시형밸브, **유**수검지장치, **2** 개의 **시**험밸브의 순으로 설치할 것〈개정 11.11.24.〉

가. 삭 제〈11.11.24.〉
나. 삭 제〈11.11.24.〉

> 기억법 가수가압체성개유2시

4. **캐**비닛형의 가압송수장치에 배관 및 밸브 등을 설치하는 경우에는 **수**원, **연**성계 또는 진공계(수원이 펌프보다 높은 경우를 제외한다. 이하 같다.), **펌**프 또는 압 력수조, **압**력계, **체**크밸브, **개**폐표시형밸브, **2**개의 **시**험밸브의 순으로 설치할 것. 다만, 소화용수의 공급은 상수도와 직결된 바이패스관 또는 펌프에서 공급받 아야 한다.〈신설 11.11.24., 개정 13.6.10.〉

> 기억법 캐수연펌압체개2시

⑰ 배관은 다른 설비의 배관과 쉽게 구분이 될 수 있는 위치에 설치하거나 그 배관 표면 또는 배관 보온재 표면은 「한국산업표준(배관계의 식별 표시, KS A 0503)」 또는 적 색으로 식별이 가능하도록 소방용 설비의 배관임을 표시하여야 한다.〈개정 13.6.10.〉
⑱ **확관형 분기배관**을 사용할 경우에는 소방청장이 정하여 고시한 「분기배관의 성능인 증 및 제품검사의 기술기준」에 적합한 것으로 설치하여야 한다.〈개정 21.12.16.〉

제9조 【간이헤드】 간이헤드는 다음 각 호의 기준에 적합한 것을 사용하여야 한다.
1. **폐쇄형간이헤드**를 사용할 것〈개정 11.11.24.〉
2. 간이헤드의 작동온도는 실내의 최대 주위천장온도가 0℃ 이상 38℃ 이하인 경우 공칭작동온도가 57℃에서 77℃의 것을 사용하고, 39℃ 이상 66℃ 이하인 경우에 는 공칭작동온도가 79℃에서 109℃의 것을 사용할 것
3. 간이헤드를 설치하는 천장·반자·천장과 반자 사이·덕트·선반 등의 각 부분으 로부터 간이헤드까지의 **수평거리**는 2.3m(「스프링클러헤드의 형식승인 및 제품검 사의 기술기준」 유효반경의 것으로 한다.) 이하가 되도록 하여야 한다. 다만, 성능

이 별도로 인정된 간이헤드를 수리계산에 따라 설치하는 경우에는 그러하지 아니하다.〈개정 13.6.10.〉
4. 상향식간이헤드 또는 하향식간이헤드의 경우에는 간이헤드의 디플렉터에서 천장 또는 반자까지의 거리는 25mm에서 102mm 이내가 되도록 설치하여야 하며, 측벽형간이헤드의 경우에는 102mm에서 152mm 사이에 설치할 것. 다만, **플러쉬 스프링클러헤드**의 경우에는 천장 또는 반자까지의 거리를 102mm 이하가 되도록 설치할 수 있다.
5. 간이헤드는 천장 또는 반자의 경사·보·조명장치 등에 따라 살수장애의 영향을 받지 아니하도록 설치할 것
6. 제4호의 규정에도 불구하고 소방대상물의 보와 가장 가까운 간이헤드는 다음 표의 기준에 따라 설치할 것. 다만, 천장면에서 보의 하단까지의 길이가 **55cm를 초과**하고 보의 하단 측면 끝부분으로부터 간이헤드까지의 거리가 간이헤드 상호간 거리의 $\frac{1}{2}$ 이하가 되는 경우에는 간이헤드와 그 부착면과의 거리를 **55cm 이하**로 할 수 있다.〈개정 13.6.10.〉

간이헤드의 반사판 중심과 보의 수평거리	간이헤드의 반사판 높이와 보의 하단 높이의 수직거리
0.75m 미만	보의 하단보다 낮을 것
0.75m 이상 1m 미만	0.1m 미만일 것
1m 이상 1.5m 미만	0.15m 미만일 것
1.5m 이상	0.3m 미만일 것

7. 상향식간이헤드 아래에 설치되는 하향식간이헤드에는 상향식헤드의 방출수를 차단할 수 있는 유효한 **차폐판**을 설치할 것
8. 간이스프링클러설비를 설치하여야 할 소방대상물에 있어서는 간이헤드 설치 제외에 관한 사항은 「스프링클러설비의 화재안전기준」 제15조 제1항을 준용한다.
9. 제6조 제7호에 따른 주차장에는 표준반응형스프링클러헤드를 설치하여야 하며 설치기준은 「스프링클러설비의 화재안전기준(NFSC 103)」 제10조를 준용한다.
〈신설 13.6.10.〉

제10조【음향장치 및 기동장치】 ① 간이스프링클러설비의 음향장치 및 기동장치는 다음 각 호의 기준에 따라 설치하여야 한다.
1. **습식유수검지장치**를 사용하는 설비에 있어서는 간이헤드가 개방되면 **유수검지장치가 화재신호를 발신**하고 그에 따라 **음향장치**가 **경보**되도록 할 것〈개정 11.11.24.〉
2. 음향장치는 **습식유수검지장치**의 담당구역마다 설치하되 그 구역의 각 부분으로부터 하나의 음향장치까지의 **수평거리**는 25m 이하가 되도록 할 것〈개정 11.11.24.〉

3. 음향장치는 **경종** 또는 **사이렌**(전자식 사이렌을 포함한다.)으로 하되, 주위의 소음 및 다른 용도의 경보와 구별이 가능한 음색으로 할 것. 이 경우 경종 또는 사이렌은 **자동화재탐지설비·비상벨설비** 또는 **자동식 사이렌설비**의 음향장치와 겸용할 수 있다.
4. 주음향장치는 수신기의 내부 또는 그 직근에 설치할 것
5. **5층**(지하층을 제외한다.) 이상으로서 연면적이 **3,000m²**를 초과하는 소방대상물 또는 그 부분에 있어서는 2층 이상의 층에서 발화한 때에는 **발화층** 및 그 **직상층**에 한하여, 1층에서 발화한 때에는 **발화층**·그 **직상층** 및 **지하층**에 한하여, 지하층에서 발화한 때에는 **발화층**·그 **직상층** 및 **기타**의 **지하층**에 한하여 경보를 발할 수 있도록 할 것
6. 음향장치는 다음 각 목의 기준에 따른 구조 및 성능의 것으로 할 것
   가. 정격전압의 **80%** 전압에서 음향을 발할 수 있는 것으로 할 것
   나. 음량은 부착된 음향장치의 중심으로부터 **1m** 떨어진 위치에서 **90dB** 이상이 되는 것으로 할 것〈개정 08.12.15.〉
② 간이스프링클러설비의 가압송수장치로서 펌프가 설치되는 경우에는 그 펌프의 작동은 다음 각 호의 어느 하나의 기준에 적합하여야 한다.
1. **습식유수검지장치**를 사용하는 설비에 있어서는 **동장치**의 **발신**이나 **기동용 수압개폐장치**에 따라 작동되거나 또는 이 두 가지의 혼용에 따라 작동될 수 있도록 할 것〈개정 11.11.24.〉
2. 준비작동식유수검지장치를 사용하는 설비에 있어서는 화재감지기의 화재감지나 기동용 수압개폐장치에 따라 작동되거나 또는 이 두 가지의 혼용에 따라 작동될 수 있도록 할 것〈신설 13.6.10.〉
③ 준비작동식유수검지장치의 작동기준은「스프링클러설비의 화재안전기준(NFSC 103)」 제9조 제3항을 준용한다.〈신설 13.6.10.〉
 1. 삭 제〈11.11.24.〉
 2. 삭 제〈11.11.24.〉
  가. 삭 제〈11.11.24.〉
  나. 삭 제〈11.11.24.〉
 3. 삭 제〈11.11.24.〉
 4. 삭 제〈11.11.24.〉
 5. 삭 제〈11.11.24.〉
  가. 삭 제〈11.11.24.〉

나. 삭 제〈11.11.24.〉
다. 삭 제〈11.11.24.〉

④ 제1항부터 제3항의 배선(감지기 상호간의 배선은 제외한다.)은 「옥내소화전설비의 화재안전기준(NFSC 102)」 [별표 1]에 따라 **내화** 또는 **내열성능**이 있는 배선을 사용하되, 다른 배선과 공유하는 회로방식이 되지 아니하도록 하여야 한다. 다만, 음향장치의 작동에 지장을 주지 아니하는 회로방식의 경우에는 그러하지 아니하다.
〈개정 13.6.10.〉

제11조 【송수구】 간이스프링클러설비에는 소방차로부터 그 설비에 송수할 수 있는 송수구를 다음 각 호의 기준에 따라 설치하여야 한다. 다만, 「다중이용업소의 안전관리에 관한 특별법」 제9조 제1항 및 같은 법 시행령 제9조에 해당하는 영업장(건축물 전체가 하나의 영업장일 경우는 제외)에 설치되는 **상수도 직결형** 또는 **캐비닛형**의 경우에는 **송수구**를 설치하지 아니할 수 있다.〈개정 13.6.10.〉

1. 송수구는 소방차가 쉽게 접근할 수 있는 잘 보이는 장소에 설치하되 화재층으로부터 지면으로 떨어지는 유리창 등이 송수 및 그 밖의 소화작업에 지장을 주지 아니하는 장소에 설치할 것〈개정 13.6.10.〉
2. 송수구로부터 간이스프링클러설비의 주배관에 이르는 연결배관에 개폐밸브를 설치한 때에는 그 개폐상태를 쉽게 확인 및 조작할 수 있는 옥외 또는 기계실 등의 장소에 설치할 것
3. 구경 **65mm**의 **단구형** 또는 **쌍구형**으로 하여야 하며, 송수배관의 안지름은 **40mm** 이상으로 할 것
4. 지면으로부터 높이가 **0.5m 이상 1m 이하**의 위치에 설치할 것
5. 송수구의 가까운 부분에 **자동배수밸브**(또는 직경 **5mm**의 **배수공**) 및 **체크밸브**를 설치할 것. 이 경우 자동배수밸브는 배관 안의 물이 잘 빠질 수 있는 위치에 설치하되, 배수로 인하여 다른 물건 또는 장소에 피해를 주지 아니하여야 한다.
6. 송수구에는 이물질을 막기 위한 **마개**를 씌울 것〈신설 08.12.15.〉

제12조 【비상전원】 간이스프링클러설비에는 다음 각 호의 기준에 적합한 비상전원 또는 「소방시설용 비상전원수전설비의 화재안전기준(NFSC 602)」의 규정에 따른 비상전원수전설비를 설치하여야 한다. 다만, 무전원으로 작동되는 간이스프링클러설비의 경우에는 모든 기능이 **10분**[영 [별표 5] 제1호 마목 1) 가 또는 6)과 7)에 해당하는 경우에는 **20분**] 이상 유효하게 지속될 수 있는 구조를 갖추어야 한다.〈개정 21.1.12.〉

1. 간이스프링클러설비를 유효하게 **10분**[영 [별표 5] 제1호 마목 1) 가 또는 6)과 7)에 해당하는 경우에는 **20분**] 이상 작동할 수 있도록 할 것〈개정 21.1.12.〉

2. 상용전원으로부터 전력의 공급이 중단된 때에는 자동으로 비상전원으로부터 전원을 공급받을 수 있는 구조로 할 것

제13조 【수원 및 가압송수장치의 펌프 등의 겸용】 ① 간이스프링클러설비의 수원을 옥내소화전설비·스프링클러설비·화재조기진압용 스프링클러설비·물분무소화설비·포소화전설비 및 옥외소화전설비의 수원과 겸용하여 설치하는 경우의 저수량은 각 소화설비에 필요한 **저수량**을 **합한 양** 이상이 되도록 하여야 한다. 다만, 이들 소화설비 중 고정식 소화설비(펌프·배관과 소화수 또는 소화약제를 최종 방출하는 방출구가 고정된 설비를 말한다. 이하 같다.)가 2 이상 설치되어 있고, 그 소화설비가 설치된 부분이 방화벽과 방화문으로 구획되어 있는 경우에는 각 고정식 소화설비에 필요한 저수량 중 최대의 것 이상으로 할 수 있다.
② 간이스프링클러설비의 가압송수장치로 사용하는 펌프를 옥내소화전설비·스프링클러설비·화재조기진압용 스프링클러설비·물분무소화설비·포소화설비 및 옥외소화전설비의 가압송수장치와 겸용하여 설치하는 경우의 펌프의 토출량은 각 소화설비에 해당하는 **토출량**을 **합한 양** 이상이 되도록 하여야 한다. 다만, 이들 소화설비 중 고정식 소화설비가 2 이상 설치되어 있고, 그 소화설비가 설치된 부분이 방화벽과 방화문으로 구획되어 있으며 각 소화설비에 지장이 없는 경우에는 펌프의 토출량 중 최대의 것 이상으로 할 수 있다.
③ 옥내소화전설비·스프링클러설비·간이스프링클러설비·화재조기진압용 스프링클러설비·물분무소화설비·포소화설비 및 옥외소화전설비의 가압송수장치에 있어서 각 토출측 배관과 일반급수용의 가압송수장치의 토출측 배관을 상호 연결하여 화재 시 사용할 수 있다. 이 경우 연결배관에는 개·폐표시형밸브를 설치하여야 하며, 각 소화설비의 성능에 지장이 없도록 하여야 한다.
④ 간이스프링클러설비의 송수구를 옥내소화전설비·스프링클러설비·화재조기진압용 스프링클러설비·물분무소화설비·포소화설비·연결송수관설비 또는 연결살수설비의 송수구와 겸용으로 설치하는 경우에는 스프링클러설비의 송수구의 설치기준에 따르되 각각의 소화설비의 기능에 지장이 없도록 하여야 한다.

제14조 【설치·유지기준의 특례】 소방본부장 또는 **소방서장**은 기존 건축물이 증축·개축·대수선되거나 용도변경되는 경우에 있어서 이 기준이 정하는 기준에 따라 해당 건축물에 설치하여야 할 간이스프링클러설비의 배관·배선 등의 공사가 현저하게 곤란하다고 인정되는 경우에는 해당 설비의 기능 및 사용에 지장이 없는 범위 안에서 간이스프링클러설비의 설치·유지기준의 일부를 적용하지 아니할 수 있다.
〈개정 13.6.10.〉

제15조【재검토 기한】 소방청장은 「훈령·예규 등의 발령 및 관리에 관한 규정」에 따라 이 고시에 대하여 2022년 1월 1일 기준으로 매 3년이 되는 시점(매 3년째의 12월 31일까지를 말한다.)마다 그 타당성을 검토하여 개선 등의 조치를 하여야 한다.
〈전문개정 17.7.26.〉

부 칙 〈제2021-45호, 21.12.16.〉

제1조【시행일】 이 고시는 발령한 날부터 시행한다.

제2조【일반적 적용례】 이 고시는 이 고시 시행 후 특정소방대상물의 신축·증축·개축·재축·이전·용도변경 또는 대수선의 허가·협의를 신청하거나 신고하는 경우부터 적용한다.

[별표 1] 간이헤드수별 급수관의 구경(제8조 제3항 제3호 관련)〈개정 15.1.23.〉

(단위 : mm)

급수관의 구경 구 분	25	32	40	50	65	80	100	125	150
가	2	3	5	10	30	60	100	160	161 이상
나	2	4	7	15	30	60	100	160	161 이상
다	〈삭제 11.11.24.〉								

(주) 1. 폐쇄형간이헤드를 사용하는 설비의 경우로서 1개층에 하나의 급수배관(또는 밸브 등)이 담당하는 구역의 최대면적은 1,000m²를 초과하지 아니할 것〈개정 15.1.23.〉
2. **폐쇄형간이헤드**를 설치하는 경우에는 "**가**"란의 헤드수에 따를 것〈개정 11.11.24.〉
3. **폐쇄형간이헤드**를 설치하고 반자 아래의 헤드와 반자 속의 헤드를 동일 급수관의 가지관상에 병설하는 경우에는 "**나**"란의 헤드수에 따를 것
4. "**캐비닛형**" 및 "**상수도 직결형**"을 사용하는 경우 **주배관**은 **32**, **수평주행배관**은 **32**, **가지배관**은 **25** 이상으로 할 것. 이 경우 최장배관은 제5조 제6항에 따라 인정받은 길이로 하며 하나의 가지배관에는 간이헤드를 **3개** 이내로 설치하여야 한다.〈개정 11.11.24.〉

6 화재조기진압용 스프링클러설비(NFSC 103B)

일부개정 2021. 12. 16. 소방청고시 제2021-46호

제1조【목적】 이 기준은 「화재예방, 소방시설 설치·유지 및 안전관리에 관한 법률」 제9조 제1항에 따라 소방청장에게 위임한 사항 중 소화설비인 화재조기진압용 스프링클러설비의 설치·유지 및 안전관리에 필요한 사항을 규정함을 목적으로 한다. 〈개정 17.7.26.〉

제2조【적용범위】 「화재예방, 소방시설 설치·유지 및 안전관리에 관한 법률 시행령」 (이하 "**영**"이라 한다.) [별표 5] 제1호 라목에 따른 스프링클러설비 중 「스프링클러설비의 화재안전기준(NFSC 103)」 제10조 제2항의 랙크식 창고에 설치하는 화재조기진압용 스프링클러설비는 이 기준에서 정하는 규정에 따라 설비를 설치하고 유지·관리하여야 한다. 〈개정 16.7.13.〉

제3조【정의】 이 기준에서 사용하는 용어의 정의는 다음과 같다.
1. "**화재조기진압용 스프링클러헤드**"란 특정 높은 장소의 화재위험에 대하여 **조기**에 **진화**할 수 있도록 설계된 스프링클러헤드를 말한다. 〈개정 12.8.20.〉
2. "**충압펌프**"란 배관 내 압력손실에 따른 **주펌프**의 **빈번한 기동**을 **방지**하기 위하여 충압역할을 하는 펌프를 말한다. 〈개정 12.8.20.〉
3. "**고가수조**"란 **구조물** 또는 **지형지물** 등에 설치하여 자연낙차 압력으로 급수하는 수조를 말한다. 〈개정 12.8.20.〉
4. "**압력수조**"란 소화용수와 공기를 채우고 **일정압력 이상**으로 **가압**하여 그 압력으로 급수하는 수조를 말한다. 〈개정 12.8.20.〉
5. "**정격토출량**"이란 **정격토출압력**에서의 펌프의 토출량을 말한다. 〈개정 12.8.20.〉
6. "**정격토출압력**"이란 **정격토출량**에서의 펌프의 토출측 압력을 말한다. 〈개정 12.8.20.〉
7. "**진공계**"란 대기압 이하의 **압력**을 측정하는 계측기를 말한다. 〈개정 12.8.20.〉
8. "**연성계**"란 대기압 이상의 **압력**과 대기압 이하의 **압력**을 측정할 수 있는 계측기를 말한다. 〈개정 12.8.20.〉
9. "**체절운전**"이란 펌프의 **성능시험**을 목적으로 펌프 토출측의 개폐밸브를 닫은 상태에서 펌프를 운전하는 것을 말한다. 〈개정 12.8.20.〉
10. "**기동용 수압개폐장치**"란 소화설비의 배관 내 압력변동을 검지하여 자동적으로 펌프를 기동 및 정지시키는 것으로서 **압력챔버** 또는 **기동용 압력스위치** 등을 말한다. 〈개정 12.8.20.〉

11. "유수검지장치"란 습식유수검지장치를 말하며 본체 내의 유수현상을 자동적으로 검지하여 신호 또는 경보를 발하는 장치를 말한다.〈개정 12.8.20.〉
12. "가지배관"이란 화재조기진압용 스프링클러헤드가 설치되어 있는 배관을 말한다. 〈개정 12.8.20.〉
13. "교차배관"이란 직접 또는 수직배관을 통하여 가지배관에 급수하는 배관을 말한다. 〈개정 12.8.20.〉
14. "주배관"이란 각 층을 수직으로 관통하는 수직배관을 말한다.〈개정 12.8.20.〉
15. "신축배관"이란 가지배관과 스프링클러헤드를 연결하는 구부림이 용이하도록 유연성을 가진 배관을 말한다.〈개정 12.8.20.〉
16. "급수배관"이란 수원 및 옥외송수구로부터 화재조기진압용 스프링클러헤드에 급수하는 배관을 말한다.〈개정 12.8.20.〉
16의2. "분기배관"이란 배관 측면에 구멍을 뚫어 둘 이상의 관로가 생기도록 가공한 배관으로서 확관형 분기배관과 비확관형 분기배관을 말한다.
16의3. "확관형 분기배관"이란 배관의 측면에 조그만 구멍을 뚫고 소성가공으로 확관시켜 배관 용접이음자리를 만들거나 배관 용접이음자리에 배관이음쇠를 용접이음한 배관을 말한다.
16의4. "비확관형 분기배관"이란 배관의 측면에 분기호칭내경 이상의 구멍을 뚫고 배관이음쇠를 용접이음한 배관을 말한다.
17. "개폐표시형밸브"란 밸브의 개폐여부를 외부에서 식별이 가능한 밸브를 말한다. 〈개정 12.8.20.〉
18. "가압수조"란 가압원인 압축공기 또는 불연성 고압기체에 따라 소방용수를 가압시키는 수조를 말한다.〈신설 08.12.15., 개정 12.8.20.〉

제4조【설치장소의 구조】화재조기진압용 스프링클러설비를 설치할 장소의 구조는 다음 각 호에 적합하여야 한다.〈개정 12.8.20.〉
1. 해당 층의 높이가 13.7m 이하일 것. 다만, 2층 이상일 경우에는 해당 층의 바닥을 내화구조로 하고 다른 부분과 방화구획할 것〈개정 12.8.20.〉
2. 천장의 기울기가 $\frac{168}{1000}$을 초과하지 않아야 하고, 이를 초과하는 경우에는 반자를 지면과 수평으로 설치할 것
3. 천장은 평평하여야 하며 철재나 목재트러스 구조인 경우, 철재나 목재의 돌출부분이 102mm를 초과하지 아니할 것
4. 보로 사용되는 목재·콘크리트 및 철재 사이의 간격이 0.9m 이상 2.3m 이하일 것. 다만, 보의 간격이 2.3m 이상인 경우에는 화재조기진압용 스프링클러헤드의 동작을 원활히 하기 위하여 보로 구획된 부분의 천장 및 반자의 넓이가 28m²를 초과하지 아니할 것
5. 창고 내의 선반의 형태는 하부로 물이 침투되는 구조로 할 것

> **기억법** 137기168평102선

제5조【수원】 ① 화재조기진압용 스프링클러설비의 수원은 수리학적으로 가장 **먼 가지배관 3개**에 각각 **4개의 스프링클러헤드**가 동시에 개방되었을 때 헤드선단의 압력이 [별표 3]에 따른 값 이상으로 **60분**간 방사할 수 있는 양으로 계산식은 다음과 같다.

$$Q = 12 \times 60 \times k \sqrt{10p}$$

여기서, Q : 수원의 양〔L〕
k : 상수〔L/min/(MPa)$^{\frac{1}{2}}$〕
p : 헤드선단의 압력〔MPa〕

② 화재조기진압용 스프링클러설비의 수원은 제1항에 따라 산출된 유효수량 외 **유효수량의 $\frac{1}{3}$ 이상**을 옥상(화재조기진압용 스프링클러설비가 설치된 건축물의 주된 옥상을 말한다.)에 설치하여야 한다. 다만, 다음 각 호의 어느 하나에 해당하는 경우에는 그러하지 아니하다. 〈개정 12.8.20.〉
1. **옥상**이 **없는** 건축물 또는 공작물
2. **지하층**만 있는 건축물
3. 제6조 제2항에 따라 **고가수조**를 가압송수장치로 설치한 화재조기진압용 스프링클러설비 〈개정 12.8.20.〉
4. 수원이 건축물의 지붕보다 높은 위치에 설치된 경우
5. 건축물의 높이가 지표면으로부터 **10m** 이하인 경우
6. **주펌프**와 동등 이상의 성능이 있는 별도의 펌프로서 **내연기관**의 기동과 연동하여 작동되거나 **비상전원**을 연결하여 설치한 경우
7. 제6조 제4항에 따라 **가압수조**를 가압송수장치로 설치한 화재조기진압용 스프링클러설비 〈신설 09.10.22., 개정 12.8.20.〉

③ 옥상수조(제1항에 따라 산출된 유효수량의 $\frac{1}{3}$ 이상을 옥상에 설치한 설비를 말한다. 이하 같다.)는 이와 연결된 배관을 통하여 상시 소화수를 공급할 수 있는 구조인 특정소방대상물인 경우에는 둘 이상의 특정소방대상물이 있더라도 하나의 특정소방대상물에만 이를 설치할 수 있다. 〈개정 12.8.20.〉

④ 화재조기진압용 스프링클러설비의 수원을 수조로 설치하는 경우에는 소방설비의 **전용수조**로 하여야 한다. 다만, 다음 각 호의 어느 하나에 해당하는 경우에는 그러하지 아니하다. 〈개정 12.8.20.〉
1. 화재조기진압용 스프링클러펌프의 후드밸브 또는 흡수배관의 흡수구(수직회전축 펌프의 흡수구를 포함한다. 이하 같다.)를 다른 설비(소방용 설비 외의 것을 말한다. 이하 같다.)의 후드밸브 또는 흡수구보다 낮은 위치에 설치한 때

2. 제6조 제2항에 따른 고가수조로부터 화재조기진압용 스프링클러설비의 수직배관에 물을 공급하는 급수구를 다른 설비의 급수구보다 낮은 위치에 설치한 때〈개정 12.8.20.〉
⑤ 제1항과 제2항에 따른 저수량을 산정함에 있어서 다른 설비와 겸용하여 화재조기진압용 스프링클러설비용 수조를 설치하는 경우에는 화재조기진압용 스프링클러설비의 후드밸브·흡수구 또는 수직배관의 급수구와 다른 설비의 후드밸브·흡수구 또는 수직배관의 급수구와의 사이의 수량을 그 **유효수량**으로 한다.〈개정 12.8.20.〉
⑥ 화재조기진압용 스프링클러설비용 수조는 다음 각 호의 기준에 따라 설치하여야 한다.〈개정 12.8.20.〉
   1. 점검에 편리한 곳에 설치할 것
   2. **동결방지조치**를 하거나 동결의 우려가 없는 장소에 설치할 것
   3. 수조의 **외측**에 **수위계**를 설치할 것. 다만, 구조상 불가피한 경우에는 수조의 맨홀 등을 통하여 수조 안의 물의 양을 쉽게 확인할 수 있도록 하여야 한다.
   4. 수조의 상단이 바닥보다 높은 때에는 수조의 **외측**에 **고정식 사다리**를 설치할 것
   5. 수조가 **실내**에 설치된 때에는 그 실내에 **조명설비**를 설치할 것
   6. 수조의 밑부분에는 **청소용 배수밸브** 또는 **배수관**을 설치할 것
   7. 수조의 외측의 보기 쉬운 곳에 "**화재조기진압용 스프링클러설비용 수조**"라고 표시한 표지를 할 것. 이 경우 그 수조를 다른 설비와 겸용하는 때에는 그 겸용되는 설비의 이름을 표시한 표지를 함께 하여야 한다.
   8. 화재조기진압용 스프링클러펌프의 흡수배관 또는 화재조기진압용 스프링클러설비의 수직배관과 수조의 접속부분에는 "**화재조기진압용 스프링클러설비용 배관**"이라고 표시한 표지를 할 것. 다만, 수조와 가까운 장소에 화재조기진압용 스프링클러펌프가 설치되고 화재조기진압용 스프링클러펌프에 제6조 제1항 제12호에 따른 표지를 설치한 때에는 그러하지 아니하다.〈개정 12.8.20.〉

제6조【가압송수장치】 ① 전동기 또는 내연기관에 따라 펌프를 이용하는 가압송수장치는 다음 각 호의 기준에 따라 설치하여야 한다.〈개정 12.8.20.〉
   1. 쉽게 접근할 수 있고 점검하기에 충분한 공간이 있는 장소로서 화재 및 침수 등의 재해로 인한 피해를 받을 우려가 없는 곳에 설치할 것
   2. **동결방지조치**를 하거나 동결의 우려가 없는 장소에 설치할 것
   3. 펌프는 **전용**으로 할 것. 다만, 다른 소화설비와 겸용하는 경우 각각의 소화설비의 성능에 지장이 없을 때에는 그러하지 아니하다.
   4. 펌프의 **토출측**에는 **압력계**를 체크밸브 이전에 펌프 토출측 플랜지에서 가까운 곳에 설치하고, **흡입측**에는 **연성계** 또는 **진공계**를 설치할 것. 다만, 수원의 수위가 펌프의 위치보다 높거나 수직회전축 펌프의 경우에는 연성계 또는 진공계를 설치하지 아니할 수 있다.

5. 가압송수장치에는 정격부하 운전 시 펌프의 **성능**을 **시험**하기 위한 배관을 설치할 것. 다만, **충압펌프**의 경우에는 그러하지 아니하다.
6. 가압송수장치에는 체절운전 시 수온의 상승을 방지하기 위한 **순환배관**을 설치할 것. 다만, **충압펌프**의 경우에는 그러하지 아니하다.
7. 기동용 수압개폐장치(압력챔버)를 사용할 경우 그 용적은 100L 이상의 것으로 할 것
8. 수원의 수위가 펌프보다 낮은 위치에 있는 가압송수장치에는 다음 각 목의 기준에 따른 물올림장치를 설치할 것〈개정 12.8.20.〉
   가. 물올림장치에는 **전용**의 **수조**를 설치할 것
   나. 수조의 유효수량은 **100L** 이상으로 하되, 구경 **15mm** 이상의 **급수배관**에 따라 당해 수조에 물이 계속 보급되도록 할 것
9. 제5조의 방사량 및 헤드선단의 압력을 충족할 것
10. 기동용 수압개폐장치를 기동장치로 사용하는 경우에는 다음 각 목의 기준에 따른 충압펌프를 설치할 것〈개정 12.8.20.〉
    가. 펌프의 토출압력은 그 설비의 최고위 살수장치의 자연압보다 적어도 **0.2MPa**이 더 크도록 하거나 가압송수장치의 정격토출압력과 같게 할 것
    나. 펌프의 정격토출량은 정상적인 누설량보다 적어서는 아니 되며 화재조기진압용 스프링클러설비가 자동적으로 작동할 수 있도록 충분한 토출량을 유지할 것
11. 내연기관을 사용하는 경우에는 제어반에 따라 내연기관의 **자동기동** 및 **수동기동**이 가능하고, 상시 충전되어 있는 **축전지설비**를 갖출 것
12. 가압송수장치에는 "**화재조기진압용 스프링클러펌프**"라고 표시한 표지를 할 것. 이 경우 그 가압송수장치를 다른 설비와 겸용하는 때에는 그 겸용되는 설비의 이름을 표시한 표지를 함께 하여야 한다.
13. 가압송수장치가 기동이 된 경우에는 자동으로 정지되지 아니하도록 하여야 한다. 다만, **충압펌프**의 경우에는 그러하지 아니하다.〈개정 08.12.15.〉
14. 가압송수장치는 부식 등으로 인한 펌프의 고착을 방지할 수 있도록 다음 각 목의 기준에 적합한 것으로 할 것. 다만, 충압펌프는 제외한다.〈신설 21.7.22.〉
    가. 임펠러는 청동 또는 스테인리스 등 부식에 강한 재질을 사용할 것
    나. 펌프축은 스테인리스 등 부식에 강한 재질을 사용할 것
② 고가수조의 자연낙차를 이용한 가압송수장치는 다음 각 호의 기준에 따라 설치하여야 한다.〈개정 12.8.20.〉
1. 고가수조의 자연낙차수두(수조의 하단으로부터 최고층에 설치된 헤드까지의 수직거리를 말한다.)는 다음의 식에 따라 산출한 수치 이상이 되도록 할 것

$$H = h_1 + h_2$$

여기서, H : 필요한 낙차[m]

h_1 : 배관의 마찰손실수두[m]

h_2 : [별표 3]에 의한 최소방사압력의 환산수두[m]

2. 고가수조에는 **수위계·배수관·급수관·오버플로관** 및 **맨홀**을 설치할 것
③ 압력수조를 이용한 가압송수장치는 다음 각 호의 기준에 따라 설치하여야 한다.
〈개정 12.8.20.〉

1. 압력수조의 압력은 다음의 식에 따라 산출한 수치 이상으로 할 것

$$P = p_1 + p_2 + p_3$$

여기서, P : 필요한 압력[MPa]

p_1 : 낙차의 환산수두압[MPa]

p_2 : 배관의 마찰손실수두압[MPa]

p_3 : [별표 3]에 의한 최소방사압력[MPa]

2. 압력수조에는 **수위계·급수관·배수관·급기관·맨홀·압력계·안전장치** 및 압력저하 방지를 위한 **자동식 공기압축기**를 설치할 것

④ **가압수조**를 이용한 가압송수장치는 다음 각 호의 기준에 따라 설치하여야 한다.
〈신설 08.12.15., 개정 12.8.20.〉

1. 가압수조의 압력은 제1항 제9호에 따른 방수량 및 방수압이 20분 이상 유지되도록 할 것〈개정 12.8.20.〉
2. 삭 제〈15.1.23.〉
3. 가압수조 및 가압원은 「건축법 시행령」 제46조에 따른 방화구획 된 장소에 설치할 것
4. 삭 제〈15.1.23.〉
5. 소방청장이 정하여 고시한 「가압수조식 가압송수장치의 성능인증 및 제품검사의 기술기준」에 적합한 것으로 설치할 것〈개정 17.7.26.〉

제7조【방호구역·유수검지장치】 화재조기진압용 스프링클러설비의 방호구역(화재조기진압용 스프링클러설비의 소화범위에 포함된 영역을 말한다. 이하 같다.)·유수검지장치는 다음 각 호의 기준에 적합하여야 한다.〈개정 12.8.20.〉

1. 하나의 방호구역의 바닥면적은 **3,000m²**를 초과하지 아니할 것
2. 하나의 방호구역에는 1개 이상의 유수검지장치를 설치하되, 화재발생 시 접근이 쉽고 점검하기 편리한 장소에 설치할 것
3. 하나의 방호구역은 **2개층**에 미치지 아니하도록 할 것. 다만, 1개층에 설치되는 화재조기진압용 스프링클러헤드의 수가 **10개 이하**인 경우에는 **3개층 이내**로 할 수 있다.
4. 유수검지장치를 실내에 설치하거나 보호용 철망 등으로 구획하여 바닥으로부터 **0.8m 이상 1.5m 이하**의 위치에 설치하되, 그 실 등에는 개구부가 가로 **0.5m 이상** 세로 **1m 이상**의 출입문을 설치하고 그 출입문 상단에 "**유수검지장치실**"이라고 표시한

표지를 설치할 것. 다만, 유수검지장치를 기계실(공조용 기계실을 포함한다.) 안에 설치하는 경우에는 별도의 실 또는 보호용 철망을 설치하지 아니하고 기계실 출입문 상단에 "**유수검지장치실**"이라고 표시한 표지를 설치할 수 있다. 〈개정 21.7.22〉

5. 화재조기진압용 스프링클러헤드에 공급되는 물은 **유수검지장치**를 지나도록 할 것. 다만, **송수구**를 통하여 공급되는 물은 그러하지 아니하다.
6. 자연낙차에 따른 압력수가 흐르는 배관상에 설치된 유수검지장치는 화재 시 물의 흐름을 검지할 수 있는 최소한의 압력이 얻어질 수 있도록 수조의 하단으로부터 낙차를 두어 설치할 것

제8조【배관】 ① 화재조기진압용 스프링클러설비의 배관은 **습식**으로 하여야 한다.
② 배관은 **배관용 탄소강관**(KS D 3507) 또는 배관 내 사용압력이 **1.2MPa** 이상일 경우에는 **압력배관용 탄소강관**(KS D 3562) 또는 **이음매 없는 동** 및 **동합금**(KS D 5301)의 **배관용 동관**이나 이와 동등 이상의 강도·내식성 및 내열성을 가진 것으로 하여야 한다.
③ 제2항에도 불구하고 다음 각 호의 어느 하나에 해당하는 장소에는 법 제39조에 따라 제품검사에 합격한 **소방용 합성수지배관**으로 설치할 수 있다. 〈개정 12.8.20.〉
 1. 배관을 **지하**에 **매설**하는 경우
 2. 다른 부분과 **내화구조**로 구획된 덕트 또는 피트의 내부에 설치하는 경우
 3. 천장(상층이 있는 경우에는 상층바닥의 하단을 포함한다. 이하 같다.)과 반자를 **불연재료** 또는 **준불연재료**로 설치하고 그 내부에 **습식**으로 **배관**을 설치하는 경우
④ 급수배관은 다음 각 호의 기준에 따라 설치하여야 한다. 〈개정 12.8.20.〉
 1. **전용**으로 할 것. 다만, 화재조기진압용 스프링클러설비의 기동장치의 조작과 동시에 다른 설비의 용도에 사용하는 배관의 송수를 차단할 수 있거나, 화재조기진압용 스프링클러의 성능에 지장이 없는 경우에는 다른 설비와 겸용할 수 있다.
 2. 급수를 차단할 수 있는 개폐밸브는 **개폐표시형**으로 할 것. 이 경우 펌프의 흡입측 배관에는 **버터플라이밸브** 외의 **개폐표시형밸브**를 설치하여야 한다.
 3. 배관의 구경은 제5조 제1항에 적합하도록 수리계산에 따라 설치할 것. 다만, 이 경우 **가지배관**의 유속은 **6m/s**, 그 밖의 **배관**의 유속은 **10m/s**를 초과할 수 없다.
 〈개정 12.8.20.〉
⑤ 펌프의 흡입측 배관은 다음 각 호의 기준에 따라 설치하여야 한다. 〈개정 12.8.20.〉
 1. 공기고임이 생기지 아니하는 구조로 하고 **여과장치**를 설치할 것
 2. 수조가 펌프보다 낮게 설치된 경우에는 각 펌프(충압펌프를 포함한다.)마다 수조로부터 별도로 설치할 것

⑥ **연결송수관설비**의 배관과 겸용할 경우의 **주배관**은 구경 100mm 이상, 방수구로 연결되는 배관의 구경은 65mm 이상의 것으로 하여야 한다.
⑦ 펌프의 성능은 체절운전 시 정격토출압력의 140%를 초과하지 아니하고, 정격토출량의 150%로 운전 시 정격토출압력의 65% 이상이 되어야 하며, 펌프의 성능시험배관은 다음 각 호의 기준에 적합하여야 한다.〈개정 12.8.20.〉
 1. 성능시험배관은 펌프의 토출측에 설치된 **개폐밸브 이전**에서 분기하여 설치하고, 유량측정장치를 기준으로 **전단 직관부**에 **개폐밸브**를 후단 직관부에는 **유량조절밸브**를 설치할 것
 2. 유량측정장치는 성능시험배관의 직관부에 설치하되, 펌프의 정격토출량의 **175% 이상** 측정할 수 있는 성능이 있을 것〈개정 12.8.20.〉
⑧ 가압송수장치의 체절운전 시 수온의 상승을 방지하기 위하여 체크밸브와 펌프 사이에서 분기한 구경 20mm 이상의 배관에 **체절압력 미만**에서 개방되는 **릴리프밸브**를 설치하여야 한다.
⑨ **동결방지조치**를 하거나 동결의 우려가 없는 장소에 설치하여야 한다. 다만, 보온재를 사용할 경우에는 **난연재료** 성능 이상의 것으로 하여야 한다.〈개정 15.1.23.〉
⑩ 가지배관의 배열은 다음 각 호의 기준에 따른다.〈개정 12.8.20.〉
 1. **토너먼트**(tournament)**방식**이 **아닐 것**
 2. 가지배관 사이의 거리는 **2.4m 이상 3.7m 이하**로 할 것. 다만, 천장의 높이가 **9.1m 이상 13.7m 이하**인 경우에는 **2.4m 이상 3.1m 이하**로 한다.
 3. 교차배관에서 분기되는 지점을 기점으로 한쪽 가지배관에 설치되는 헤드의 개수(반자 아래와 반자 속의 헤드를 하나의 가지배관상에 병설하는 경우에는 반자 아래에 설치하는 헤드의 개수)는 **8개 이하**로 할 것. 다만, 다음 각 목의 어느 하나에 해당하는 경우에는 그러하지 아니하다.〈개정 12.8.20.〉
  가. 기존의 방호구역 안에서 칸막이 등으로 구획하여 **1개**의 **헤드**를 **증설**하는 경우
  나. **격자형 배관방식**(2 이상의 수평주행배관 사이를 가지배관으로 연결하는 방식을 말한다.)을 채택하는 때에는 펌프의 용량, 배관의 구경 등을 수리학적으로 계산한 결과 헤드의 방수압 및 방수량이 소화목적을 달성하는 데 충분하다고 인정되는 경우. 다만, 중앙소방기술심의위원회 또는 지방소방기술심의위원회의 심의를 거친 경우에 한정한다.
 4. 가지배관과 화재조기진압용 스프링클러헤드 사이의 배관을 신축배관으로 하는 경우에는 소방청장이 정하여 고시한「스프링클러설비 신축배관 성능인증 및 제품검사의 기술기준」에 적합한 것으로 설치할 것. 이 경우 신축배관의 설치길이는 소방

청장이 정하여 고시한「스프링클러설비의 화재안전기준」제10조 제3항의 거리를 초과하지 아니할 것〈전문개정 17.7.26.〉
⑪ 교차배관의 위치·청소구 및 가지배관의 헤드설치는 다음 각 호의 기준에 따른다. 〈개정 12.8.20.〉
 1. 교차배관은 **가지배관과 수평**으로 설치하거나 또는 **가지배관** 밑에 설치하고, 그 구경은 제4항 제3호에 따르되, 최소구경이 **40mm** 이상이 되도록 할 것〈개정 12.8.20.〉
 2. **청소구**는 교차배관 끝에 **40mm** 이상 크기의 **개폐밸브**를 설치하고, 호스접결이 가능한 **나사식** 또는 **고정배수 배관식**으로 할 것. 이 경우 나사식의 개폐밸브는 옥내소화전 **호스접결용**의 것으로 하고, 나사보호용의 **캡**으로 마감하여야 한다.
 3. 하향식헤드를 설치하는 경우에 가지배관으로부터 헤드에 이르는 헤드접속배관은 **가지관 상부**에서 **분기**할 것. 다만, 소화설비용 수원의 수질이「먹는물관리법」제5조에 따라 먹는물의 수질기준에 적합하고 덮개가 있는 저수조로부터 물을 공급받는 경우에는 **가지배관의 측면** 또는 **하부**에서 분기할 수 있다.〈개정 12.8.20.〉
⑫ 유수검지장치를 시험할 수 있는 시험장치를 다음 각 호의 기준에 따라 설치하여야 한다.〈개정 21.7.22.〉
 1. 유수검지장치 2차측 배관에 연결하여 설치할 것
 2. 시험장치 배관의 구경은 32mm 이상으로 하고, 그 끝에 개방형헤드 또는 화재조기진압용 스프링클러헤드와 동등한 방수성능을 가진 오리피스를 설치할 것. 이 경우 **개방형헤드**는 반사판 및 프레임을 제거한 **오리피스**만으로 설치할 수 있다.
 3. 시험배관의 끝에는 **물받이통** 및 **배수관**을 설치하여 시험 중 방사된 물이 바닥에 흘러내리지 아니하도록 할 것. 다만, **목욕실·화장실** 또는 그 밖의 곳으로서 배수처리가 쉬운 장소에 시험배관을 설치한 경우에는 그러하지 아니하다.
⑬ 배관에 설치되는 행가는 다음 각 호의 기준에 따라 설치하여야 한다.〈개정 12.8.20.〉
 1. **가지배관**에는 헤드의 설치지점 사이마다 1개 이상의 **행가**를 설치하되, 헤드 간의 거리가 3.5m를 초과하는 경우에는 **3.5m 이내**마다 **1개 이상** 설치할 것. 이 경우 상향식헤드와 행가 사이에는 **8cm** 이상의 간격을 두어야 한다.
 2. **교차배관**에는 가지배관과 가지배관 사이마다 1개 이상의 행가를 설치하되, 가지배관 사이의 거리가 4.5m를 초과하는 경우에는 **4.5m 이내**마다 **1개 이상** 설치할 것
 3. 제1호와 제2호의 **수평주행배관**에는 **4.5m 이내**마다 **1개 이상** 설치할 것
 〈개정 12.8.20.〉
⑭ **수직배수배관**의 구경은 **50mm** 이상으로 하여야 한다.

⑮ 급수배관에 설치되어 급수를 차단할 수 있는 개폐밸브에는 그 밸브의 개폐상태를 감시제어반에서 확인할 수 있도록 급수개폐밸브 작동표시 스위치를 다음 각 호의 기준에 따라 설치하여야 한다.〈개정 12.8.20.〉
  1. 급수개폐밸브가 잠길 경우 탬퍼스위치의 동작으로 인하여 **감시제어반** 또는 **수신기**에 표시되어야 하며 **경보음**을 발할 것
  2. 탬퍼스위치는 감시제어반 또는 수신기에서 **동작**의 **유무확인**과 **동작시험**, **도통시험**을 할 수 있을 것
  3. 급수개폐밸브의 작동표시 스위치에 사용되는 전기배선은 **내화전선** 또는 **내열전선**으로 설치할 것
⑯ 화재조기진압용 스프링클러설비 배관을 **수평**으로 하여야 한다. 다만, 배관의 구조상 소화수가 남아 있는 곳에는 **배수밸브**를 설치할 수 있다.
⑰ 배관은 다른 설비의 배관과 쉽게 구분이 될 수 있는 위치에 설치하거나 그 **배관 표면** 또는 **배관 보온재 표면**의 **색상**을 달리하는 방법 등으로 소방용 설비의 배관임을 표시하여야 한다.〈개정 08.12.15.〉
⑱ 확관형 분기배관을 사용할 경우에는 소방청장이 정하여 고시한 「분기배관의 성능인증 및 제품검사의 기술기준」에 적합한 것으로 설치하여야 한다.〈개정 21.12.16.〉

제9조【음향장치 및 기동장치】 ① 화재조기진압용 스프링클러설비의 음향장치 및 기동장치는 다음 각 호의 기준에 따라 설치하여야 한다.〈개정 12.8.20.〉
  1. 유수검지장치를 사용하는 설비는 헤드가 개방되면 유수검지장치가 화재신호를 발신하고 그에 따라 음향장치가 경보되도록 할 것〈개정 12.8.20.〉
  2. 음향장치는 유수검지장치의 담당구역마다 설치하되 그 구역의 각 부분으로부터 하나의 음향장치까지의 **수평거리**는 **25m** 이하가 되도록 할 것
  3. 음향장치는 **경종** 또는 **사이렌**(전자식 사이렌을 포함한다.)으로 하되, 주위의 소음 및 다른 용도의 경보와 구별이 가능한 음색으로 할 것. 이 경우 경종 또는 사이렌은 **자동화재탐지설비·비상벨설비** 또는 **자동식 사이렌설비**의 음향장치와 겸용할 수 있다.
  4. 주음향장치는 수신기의 **내부** 또는 그 **직근**에 설치할 것
  5. 층수가 **5층** 이상으로서 연면적이 **3,000m²**를 초과하는 특정소방대상물은 다음 각 목에 따라 경보를 발할 수 있도록 하여야 한다.〈개정 12.8.20.〉
    가. **2층** 이상의 층에서 발화한 때에는 **발화층** 및 그 **직상층**에 경보를 발할 수 있도록 할 것

나. 1층에서 발화한 때에는 **발화층** · 그 **직상층** 및 **지하층**에 경보를 발할 수 있도록 할 것
다. **지하층**에서 발화한 때에는 **발화층** · 그 **직상층** 및 **기타**의 **지하층**에 경보를 발할 수 있도록 할 것
6. 음향장치는 다음 각 목의 기준에 따른 구조 및 성능의 것으로 할 것〈개정 12.8.20.〉
가. 정격전압의 **80%** 전압에서 음향을 발할 수 있는 것으로 할 것
나. 음량은 부착된 음향장치의 중심으로부터 **1m** 떨어진 위치에서 **90폰** 이상이 되는 것으로 할 것
② 화재조기진압용 스프링클러설비의 가압송수장치로서 펌프가 설치되는 경우에는 그 펌프의 작동은 유수검지장치의 발신이나 기동용 수압개폐장치에 따라 작동되거나 또는 이 두 가지의 혼용에 따라 작동될 수 있도록 하여야 한다.

제10조【헤드】 화재조기진압용 스프링클러설비의 **헤**드는 다음 각 호에 적합하여야 한다.〈개정 12.8.20.〉
1. 헤드 하나의 **방**호면적은 **6.0**m² 이상 **9.3**m² 이하로 할 것
2. 가지배관의 헤드 사이의 거리는 천장의 높이가 **9.1m 미만**인 경우에는 **2.4m 이상 3.7m** 이하로, 9.1m 이상 13.7m 이하인 경우에는 3.1m 이하로 할 것
3. 헤드의 반사판은 천장 또는 반자와 **평**행하게 설치하고 저장물의 최상부와 **914**mm 이상 확보되도록 할 것

> **기억법** 헤방6093912437평914

4. **하향식헤드**의 반사판의 위치는 천장이나 반자 아래 125mm 이상 355mm 이하일 것
5. **상향식헤드**의 감지부 중앙은 천장 또는 반자와 **101mm 이상 152mm 이하**이어야 하며, 반사판의 위치는 스프링클러배관의 윗부분에서 최소 **178mm** 상부에 설치되도록 할 것
6. 헤드와 벽과의 거리는 헤드 상호간 거리의 $\frac{1}{2}$을 초과하지 않아야 하며 최소 102mm 이상일 것
7. 헤드의 작동온도는 **74℃** 이하일 것. 다만, 헤드 주위의 온도가 **38℃** 이상의 경우에는 그 온도에서의 화재시험 등에서 헤드 작동에 관하여 공인기관의 시험을 거친 것을 사용할 것
8. 헤드의 살수분포에 장애를 주는 장애물이 있는 경우에는 다음 각 목의 어느 하나에 적합할 것〈개정 12.8.20.〉

가. 천장 또는 천장 근처에 있는 장애물과 반사판의 위치는 [별도 1] 또는 [별도 2]와 같이 하며, 천장 또는 천장 근처에 보·덕트·기둥·난방기구·조명기구·전선관 및 배관 등의 기타 장애물이 있는 경우에는 장애물과 헤드 사이의 수평거리에 따른 장애물의 하단과 그 보다 윗부분에 설치되는 헤드 반사판 사이의 수직거리는 [별표 1] 또는 [별도 3]에 따를 것

나. 헤드 아래에 덕트·전선관·난방용 배관 등이 설치되어 헤드의 살수를 방해하는 경우에는 [별표 1] 또는 [별도 3]에 따를 것. 다만, **2개 이상**의 헤드의 살수를 방해하는 경우에는 [별표 2]를 참고로 한다.

9. 상부에 설치된 헤드의 방출수에 따라 감열부에 영향을 받을 우려가 있는 헤드에는 방출수를 차단할 수 있는 유효한 **차폐판**을 설치할 것

제11조【저장물의 간격】 저장물품 사이의 간격은 모든 방향에서 152mm 이상의 간격을 유지하여야 한다.

제12조【환기구】 화재조기진압용 스프링클러설비의 환기구는 다음 각 호에 적합하여야 한다.

1. 공기의 유동으로 인하여 헤드의 작동온도에 영향을 주지 않는 구조일 것
2. 화재감지기와 연동하여 동작하는 **자동식 환기장치**를 설치하지 아니할 것. 다만, 자동식 환기장치를 설치할 경우에는 최소작동온도가 **180℃** 이상일 것

제13조【송수구】 화재조기진압용 스프링클러설비에는 소방차로부터 그 설비에 송수할 수 있는 송수구를 다음 각 호의 기준에 따라 설치하여야 한다.〈개정 12.8.20.〉

1. 송수구는 화재층으로부터 지면으로 떨어지는 유리창 등이 송수 및 그 밖의 소화작업에 지장을 주지 아니하는 장소에 설치할 것
2. 송수구로부터 주배관에 이르는 연결배관에 **개폐밸브**를 설치한 때에는 그 개폐상태를 쉽게 확인 및 조작할 수 있는 **옥외** 또는 **기계실** 등의 장소에 설치할 것
3. 구경 **65mm**의 **쌍구형**으로 할 것
4. 송수구에는 그 가까운 곳의 보기 쉬운 곳에 송수압력범위를 표시한 표지를 할 것
   〔설계 17회〕
5. 송수구는 하나의 층의 바닥면적이 3,000m²를 넘을 때마다 **1개**(5개를 넘을 경우에는 **5개**로 한다.) 이상을 설치할 것
6. 지면으로부터 높이가 **0.5m 이상 1m 이하**의 위치에 설치할 것
7. 송수구의 가까운 부분에 **자동배수밸브**(또는 직경 **5mm의 배수공**) 및 **체크밸브**를 설치할 것. 이 경우 자동배수밸브는 배관 안의 물이 잘 빠질 수 있는 위치에 설치하되, 배수로 인하여 다른 물건 또는 장소에 피해를 주지 아니하여야 한다.

8. **송수구**에는 이물질을 막기 위한 **마개**를 씌어야 한다.〈신설 08.12.15.〉

제14조【전원】 ① 화재조기진압용 스프링클러설비에는 다음 각 호의 기준에 따른 상용전원회로의 배선을 설치하여야 한다. 다만, **가압수조방식**으로서 모든 기능이 **20분** 이상 유효하게 지속될 수 있는 경우에는 그러하지 아니하다.〈개정 12.8.20.〉
  1. **저압수전**인 경우에는 **인입개폐기**의 **직후**에서 분기하여 전용배선으로 하여야 하며, 전용의 전선관에 보호되도록 할 것
  2. **특고압수전** 또는 **고압수전**일 경우에는 **전력용 변압기 2차측**의 **주차단기 1차측**에서 분기하여 **전용배선**으로 하되, 상용전원의 상시공급에 지장이 없을 경우에는 주차단기 2차측에서 분기하여 **전용배선**으로 할 것. 다만, 가압송수장치의 정격입력전압이 수전전압과 같은 경우에는 제1호의 기준에 따른다.
② 화재조기진압용 스프링클러설비에는 **자가발전설비, 축전지설비** 또는 **전기저장장치**에 따른 비상전원을 설치하여야 한다. 다만, **2 이상**의 **변전소**(「전기사업법」 제67조에 따른 변전소를 말한다. 이하 같다.)에서 **전력**을 **동시**에 **공급**받을 수 있거나 하나의 변전소로부터 전력의 공급이 중단되는 때에는 자동으로 다른 변전소로부터 **전력**을 **공급**받을 수 있도록 **상용전원**을 **설치**한 경우와 가압수조방식에는 비상전원을 설치하지 아니할 수 있다.〈개정 16.7.13.〉
③ 제2항에 따라 비상전원 중 **자가발전설비, 축전지설비**(내연기관에 따른 펌프를 설치한 경우에는 내연기관의 기동 및 제어용 축전지를 말한다.) 또는 **전기저장장치**(외부 전기에너지를 저장해 두었다가 필요한 때 전기를 공급하는 장치)는 다음 각 호의 기준에 따라 설치하여야 한다.〈개정 16.7.13.〉
  1. 점검에 편리하고 화재 및 침수 등의 재해로 인한 피해를 받을 우려가 없는 곳에 설치할 것
  2. 화재조기진압용 스프링클러설비를 유효하게 **20분** 이상 작동할 수 있어야 할 것
  3. 상용전원으로부터 전력의 공급이 중단된 때에는 자동으로 비상전원으로부터 전력을 공급받을 수 있도록 할 것
  4. **비상전원**(내연기관의 기동 및 제어용 축전기를 제외한다.)의 설치장소는 다른 장소와 **방화구획**할 것. 이 경우 그 장소에는 비상전원의 공급에 필요한 기구나 설비 외의 것(**열병합발전설비**에 필요한 기구나 설비는 제외한다.)을 두어서는 아니 된다.〈개정 08.12.15.〉
  5. 비상전원을 실내에 설치하는 때에는 그 실내에 **비상조명등**을 설치할 것

제15조【제어반】 ① 화재조기진압용 스프링클러설비에는 제어반을 설치하되, **감시제어반**과 **동력제어반**으로 구분하여 설치하여야 한다. 다만, 다음 각 호의 어느 하나에

해당하는 경우에는 감시제어반과 동력제어반으로 구분하여 설치하지 아니할 수 있다. 〈개정 12.8.20.〉
1. 다음 각 목의 어느 하나에 해당하지 아니하는 특정소방대상물에 설치되는 화재조기진압용 스프링클러설비〈개정 12.8.20.〉
   가. 지하층을 제외한 층수가 **7층** 이상으로서 연면적이 **2,000m²** 이상인 것
   나. 제1호에 해당하지 아니하는 특정소방대상물로서 **지하층**의 바닥면적의 합계가 **3,000m²** 이상인 것. 다만, **차고·주차장** 또는 **보일러실·기계실·전기실** 등 이와 유사한 장소의 면적은 제외한다. 〈개정 12.8.20.〉
2. **내연기관**에 따른 가압송수장치를 사용하는 화재조기진압용 스프링클러설비
3. **고가수조**에 따른 가압송수장치를 사용하는 화재조기진압용 스프링클러설비
4. **가압수조**에 따른 가압송수장치를 사용하는 화재조기진압용 스프링클러설비
   〈신설 08.12.15.〉
② 감시제어반의 기능은 다음 각 호의 기준에 적합하여야 한다. 다만, 제1항 각 호의 어느 하나에 해당하는 경우에는 제3호 및 제5호의 규정을 적용하지 아니한다. 〈개정 12.8.20.〉
1. 각 펌프의 작동여부를 확인할 수 있는 **표시등** 및 **음향경보기능**이 있어야 할 것
2. 각 펌프를 자동 및 수동으로 작동시키거나 중단시킬 수 있어야 한다.
   〈개정 08.12.15.〉
3. 비상전원을 설치한 경우에는 상용전원 및 비상전원의 공급여부를 확인할 수 있어야 할 것 〈개정 08.12.15.〉
4. 수조 또는 물올림탱크가 저수위로 될 때 **표시등** 및 **음향**으로 경보할 것
5. 예비전원이 확보되고 **예비전원**의 **적합여부**를 시험할 수 있어야 할 것
③ 감시제어반은 다음 각 호의 기준에 따라 설치하여야 한다. 〈개정 12.8.20.〉
1. 화재 및 침수 등의 재해로 인한 피해를 받을 우려가 없는 곳에 설치할 것
2. 감시제어반은 스프링클러설비의 **전용**으로 할 것. 다만, 스프링클러설비의 **제어**에 지장이 없는 경우에는 다른 설비와 겸용할 수 있다.
3. 감시제어반은 다음 각 목의 기준에 따른 **전용실 안**에 설치할 것. 다만, 제1항 각 호의 어느 하나에 해당하는 경우와 공장, 발전소 등에서 설비를 집중 제어·운전할 목적으로 설치하는 중앙제어실 내에 감시제어반을 설치하는 경우에는 그러하지 아니하다. 〈개정 12.8.20.〉
   가. 다른 부분과 **방화구획**을 할 것. 이 경우 전용실의 벽에는 기계실 또는 전기실 등의 감시를 위하여 두께 **7mm** 이상의 **망입유리**(두께 **16.3mm** 이상의 **접합유리** 또는 두께 **28mm** 이상의 **복층유리**를 포함한다.)로 된 **4m²** 미만의 **붙박이창**을 설치할 수 있다.

나. **피난층** 또는 **지하 1층**에 설치할 것. 다만, 「건축법 시행령」제35조에 따라 특별피난계단이 설치되고 그 계단(부속실을 포함한다.) 출입구로부터 **보행거리 5m** 이내에 전용실의 출입구가 있는 경우에는 지상 2층에 설치하거나 지하 1층 외의 지하층에 설치할 수 있다.〈개정 12.8.20.〉

다. **비상조명등** 및 **급·배기설비**를 설치할 것

라. 「무선통신보조설비의 화재안전기준(NFSC 505)」제5조 제3항에 따라 유효하게 통신이 가능할 것(영 [별표 5]의 제5호 마목에 따른 무선통신보조설비가 설치된 특정소방대상물에 한한다.)〈개정 21.3.25.〉

마. 바닥면적은 감시제어반의 설치에 필요한 면적 외에 화재 시 소방대원이 그 감시제어반의 조작에 필요한 최소면적 이상으로 할 것

4. 제3호에 따른 전용실에는 특정소방대상물의 기계·기구 또는 시설 등의 제어 및 감시설비 외의 것을 두지 아니할 것〈개정 12.8.20.〉

5. 각 유수검지장치의 작동여부를 확인할 수 있는 **표시** 및 **경보기능**이 있도록 할 것

6. 다음 각 목의 확인회로마다 **도통시험** 및 **작동시험**을 할 수 있도록 할 것
〈개정 12.8.20.〉

가. 기동용 수압개폐장치의 **압력스위치회로**

나. 수조 또는 물올림탱크의 **저수위감시회로**

다. **유수검지장치** 또는 **압력스위치회로**

라. 제8조 제15항에 따른 **개폐밸브**의 **폐쇄상태 확인회로**〈개정 12.8.20.〉

마. 그 밖의 이와 비슷한 회로

7. 감시제어반과 자동화재탐지설비의 수신기를 별도의 장소에 설치하는 경우에는 이들 상호간에 **동시 통화**가 가능하도록 할 것

④ 동력제어반은 다음 각 호의 기준에 따라 설치하여야 한다.〈개정 12.8.20.〉

1. 앞면은 **적색**으로 하고 **"화재조기진압용 스프링클러설비용 동력제어반"**이라고 표시한 표지를 설치할 것

2. 외함은 두께 **1.5mm** 이상의 **강판** 또는 이와 동등 이상의 강도 및 **내열성능**이 있는 것으로 할 것

3. 그 밖의 동력제어반의 설치에 관하여는 제3항 제1호 및 제2호의 기준을 준용할 것

제16조 【배선 등】 ① 화재조기진압용 스프링클러설비 배선은 「전기사업법」제67조에 따른 기술기준에서 정한 것 외에 다음 각 호의 기준에 따라 설치하여야 한다.
〈개정 12.8.20.〉

1. **비상전원**으로부터 동력제어반 및 가압송수장치에 이르는 전원회로배선은 **내화배선**으로 할 것. 다만, 자가발전설비와 동력제어반이 동일한 실에 설치된 경우에는 자가발전기로부터 그 제어반에 이르는 전원회로배선은 그러하지 아니하다.
2. **상용전원**으로부터 동력제어반에 이르는 배선, 그 밖의 스프링클러설비의 감시·조작 또는 표시등회로의 배선은 **내화배선** 또는 **내열배선**으로 할 것. 다만, 감시제어반 또는 동력제어반 안의 감시·조작 또는 표시등회로의 배선은 그러하지 아니하다.

② 제1항에 따른 내화배선 및 내열배선에 사용되는 전선 및 설치방법은 「옥내소화전설비의 화재안전기준(NFSC 102)」[별표 1]의 기준에 따른다.〈개정 12.8.20.〉

③ 화재조기진압용 스프링클러설비의 과전류차단기 및 개폐기에는 "**화재조기진압용 스프링클러설비용**"이라고 표시한 표지를 하여야 한다.

④ 화재조기진압용 스프링클러설비용 전기배선의 양단 및 접속단자에는 다음 각 호의 기준에 따라 표지하여야 한다.〈개정 12.8.20.〉
  1. 단자에는 "**화재조기진압용 스프링클러설비단자**"라고 표시한 표지를 부착할 것
  2. 화재조기진압용 스프링클러설비용 전기배선의 양단에는 다른 배선과 **식별**이 **용이**하도록 표시할 것

제17조 【설치제외】 다음 각 호에 해당하는 물품의 경우에는 화재**조**기진압용 스프링클러를 설치하여서는 아니 된다. 다만, 물품에 대한 화재시험 등 공인기관의 시험을 받은 것은 제외한다.〈개정 12.8.20.〉 점검 17회
  1. 제**4류** 위험물
  2. **타**이어, 두루마리 **종**이 및 **섬**유류, 섬유제품 등 연소 시 화염의 속도가 빠르고 방사된 물이 하부까지에 도달하지 못하는 것

> 기억법 제조4류타종섬

제18조 【수원 및 가압송수장치의 펌프 등의 겸용】 ① 화재조기진압용 스프링클러설비의 수원을 옥내소화전설비·스프링클러설비·간이스프링클러설비·물분무소화설비·포소화전설비 및 옥외소화전설비의 수원과 겸용하여 설치하는 경우의 저수량은 각 소화설비에 필요한 **저수량**을 **합한 양** 이상이 되도록 하여야 한다. 다만, 이들 소화설비 중 고정식 소화설비(펌프·배관과 소화수 또는 소화약제를 최종 방출하는 방출구가 고정된 설비를 말한다. 이하 같다.)가 2 이상 설치되어 있고, 그 소화설비가 설치된 부분이 방화벽과 방화문으로 구획되어 있는 경우에는 각 고정식 소화설비에 필요한 저수량 중 최대의 것 이상으로 할 수 있다.

② 화재조기진압용 스프링클러설비의 가압송수장치로 사용하는 펌프를 옥내소화전설비·스프링클러설비·간이스프링클러설비·물분무소화설비·포소화설비 및 옥외소화전설비의 가압송수장치와 겸용하여 설치하는 경우의 펌프의 토출량은 각 소화설비에 해당하는 **토출량을 합한 양** 이상이 되도록 하여야 한다. 다만, 이들 소화설비 중 고정식 소화설비가 2 이상 설치되어 있고, 그 소화설비가 설치된 부분이 방화벽과 방화문으로 구획되어 있으며 각 소화설비에 지장이 없는 경우에는 펌프의 토출량 중 최대의 것 이상으로 할 수 있다.

③ 옥내소화전설비·스프링클러설비·간이스프링클러설비·화재조기진압용 스프링클러설비·물분무소화설비·포소화설비 및 옥외소화전설비의 가압송수장치에 있어서 각 토출측 배관과 일반급수용의 가압송수장치의 토출측 배관을 상호 연결하여 화재 시 사용할 수 있다. 이 경우 연결배관에는 개폐표시형밸브를 설치하여야 하며, 각 소화설비의 성능에 지장이 없도록 하여야 한다.

④ 화재조기진압용 스프링클러설비의 송수구를 옥내소화전설비·스프링클러설비·간이스프링클러설비·물분무소화설비·포소화설비·연결송수관설비 또는 연결살수설비의 송수구와 겸용으로 설치하는 경우에는 스프링클러설비의 송수구의 설치기준에 따르되 각각의 소화설비의 기능에 지장이 없도록 하여야 한다.

제19조【설치·유지기준의 특례】 소방본부장 또는 소방서장은 기존 건축물이 증축·개축·수선되거나 용도변경 되는 경우에 있어서 이 기준이 정하는 기준에 따라 해당 건축물에 설치하여야 할 화재조기진압용 스프링클러설비의 배관·배선 등의 공사가 현저하게 곤란하다고 인정되는 경우에는 당해 설비의 기능 및 사용에 지장이 없는 범위 안에서 화재조기진압용 스프링클러설비의 설치·유지기준의 일부를 적용하지 아니할 수 있다.〈개정 12.8.20.〉

제20조【재검토 기한】 소방청장은 「훈령·예규 등의 발령 및 관리에 관한 규정」에 따라 이 고시에 대하여 2022년 1월 1일 기준으로 매 3년이 되는 시점(매 3년째의 12월 31일까지를 말한다.)마다 그 타당성을 검토하여 개선 등의 조치를 하여야 한다.〈전문개정 17.7.26.〉

부 칙〈제2021-46호, 21.12.16.〉

제1조【시행일】 이 고시는 발령한 날부터 시행한다.

제2조【일반적 적용례】 이 고시는 이 고시 시행 후 특정소방대상물의 신축·증축·개축·재축·이전·용도변경 또는 대수선의 허가·협의를 신청하거나 신고하는 경우부터 적용한다.

[별표 1] 보 또는 기타 장애물 아래에 헤드가 설치된 경우의 반사판 위치
(제10조 제8호 관련)

장애물과 헤드 사이의 수평거리	장애물의 하단과 헤드의 반사판 사이의 수직거리	장애물과 헤드 사이의 수평거리	장애물의 하단과 헤드의 반사판 사이의 수직거리
0.3m 미만	0mm	1.1m 이상~1.2m 미만	300mm
0.3m 이상~0.5m 미만	40mm	1.2m 이상~1.4m 미만	380mm
0.5m 이상~0.7m 미만	75mm	1.4m 이상~1.5m 미만	460mm
0.7m 이상~0.8m 미만	140mm	1.5m 이상~1.7m 미만	560mm
0.8m 이상~0.9m 미만	200mm	1.7m 이상~1.8m 미만	660mm
1.0m 이상~1.1m 미만	250mm	1.8m 이상	790mm

기억법			
3	0	2	3
5	4	4	8
7	7	5	46
8	4	7	6
9	2	8	6
1	5	8	79

[별표 2] 저장물 위에 장애물이 있는 경우의 헤드설치 기준(제10조 제8호 관련)

장애물의 류(폭)		조 건
돌출 장애물	0.6m 이하	1. [별표 1] 또는 [별도 2]에 적합하거나 2. 장애물의 끝 부근에서 헤드 반사판까지의 수평거리가 0.3m 이하로 설치할 것
	0.6m 초과	[별표 1] 또는 [별도 3]에 적합할 것
연속 장애물	5cm 이하	1. [별표 1] 또는 [별도 3]에 적합하거나 2. 장애물이 헤드 반사판 아래 0.6m 이하로 설치된 경우는 허용한다.
	5cm 초과~0.3m 이하	1. [별표 1] 또는 [별도 3]에 적합하거나 2. 장애물의 끝 부근에서 헤드 반사판까지의 수평거리가 0.3m 이하로 설치할 것
	0.3m 초과~0.6m 이하	1. [별표 1] 또는 [별도 3]에 적합하거나 2. 장애물의 끝 부근에서 헤드 반사판까지의 수평거리가 0.6m 이하로 설치할 것
	0.6m 초과	1. [별표 1] 또는 [별도 3]에 적합하거나 2. 장애물이 평편하고 견고하며 수평적인 경우에는 저장물의 최상단과 헤드 반사판의 간격이 0.9m 이하로 설치할 것 3. 장애물이 평편하지 않거나 비연속적인 경우에는 저장물 아래에 평편한 판을 설치한 후 헤드를 설치할 것

〔별표 3〕화재조기진압용 스프링클러헤드의 최소방사압력(MPa)(제5조 제1항 관련)

최대층고	최대저장높이	화재조기진압용 스프링클러헤드				
		$K=360$ 하향식	$K=320$ 하향식	$K=240$ 하향식	$K=240$ 상향식	$K=200$ 하향식
13.7m	12.2m	0.28	0.28	—	—	—
13.7m	10.7m	0.28	0.28	—	—	—
12.2m	10.7m	0.17	0.28	0.36	0.36	0.52
10.7m	9.1m	0.14	0.24	0.36	0.36	0.52
9.1m	7.6m	0.10	0.17	0.24	0.24	0.34

[별도 1] 보 또는 기타 장애물 위에 헤드가 설치된 경우의 반사판 위치
([별도 3] 또는 [별도 1]을 함께 사용할 것)

[별도 2] 장애물이 헤드 아래에 연속적으로 설치된 경우의 반사판 위치
([별도 3] 또는 [별도 1]을 함께 사용할 것)

[별도 3] 장애물 아래에 설치되는 헤드 반사판의 위치

7 물분무소화설비(NFSC 104)

일부개정 2021. 12. 16. 소방청고시 제2021-47호

제1조【목적】 이 기준은 「화재예방, 소방시설 설치·유지 및 안전관리에 관한 법률」 제9조 제1항에 따라 소방청장에게 위임한 사항 중 물분무등소화설비인 물분무소화설비의 설치유지 및 안전관리에 필요한 사항을 규정함을 목적으로 한다. 〈개정 17.7.26.〉

제2조【적용범위】 「화재예방, 소방시설 설치·유지 및 안전관리에 관한 법률 시행령」 (이하 "**영**"이라 한다.) [별표 5] 제1호 바목에 따른 물분무소화설비는 이 기준에서 정하는 규정에 따라 설비를 설치하고 유지·관리하여야 한다. 〈개정 16.7.13.〉

제3조【정의】 이 기준에서 사용하는 용어의 정의는 다음과 같다.
1. "**물분무헤드**"란 화재 시 **직선류** 또는 **나선류**의 물을 충돌·확산시켜 미립상태로 분무함으로서 소화하는 헤드를 말한다. 〈개정 12.8.20.〉
2. "**고가수조**"란 **구조물** 또는 **지형지물** 등에 설치하여 자연낙차 압력으로 급수하는 수조를 말한다. 〈개정 12.8.20.〉
3. "**압력수조**"란 소화용수와 공기를 채우고 **일정압력 이상**으로 **가압**하여 그 압력으로 급수하는 수조를 말한다. 〈개정 12.8.20.〉
4. "**급수배관**"이란 수원 및 옥외송수구로부터 **물분무헤드**에 **급수**하는 배관을 말한다. 〈개정 12.8.20.〉
4의2. "**분기배관**"이란 배관 측면에 구멍을 뚫어 둘 이상의 관로가 생기도록 가공한 배관으로서 확관형 분기배관과 비확관형 분기배관을 말한다.
4의3. "**확관형 분기배관**"이란 배관의 측면에 조그만 구멍을 뚫고 소성가공으로 확관시켜 배관 용접이음자리를 만들거나 배관 용접이음자리에 배관이음쇠를 용접이음한 배관을 말한다.
4의4. "**비확관형 분기배관**"이란 배관의 측면에 분기호칭내경 이상의 구멍을 뚫고 배관이음쇠를 용접이음한 배관을 말한다.
5. "**진공계**"란 대기압 이하의 압력을 측정하는 계측기를 말한다. 〈개정 12.8.20.〉
6. "**연성계**"란 대기압 이상의 압력과 대기압 이하의 압력을 측정할 수 있는 계측기를 말한다. 〈개정 12.8.20.〉
7. "**기동용 수압개폐장치**"란 소화설비의 배관 내 압력변동을 검지하여 자동적으로 펌프를 기동 및 정지시키는 것으로서 **압력챔버** 또는 **기동용 압력스위치** 등을 말한다. 〈개정 12.8.20.〉
8. "**일제개방밸브**"란 화재발생 시 **자동** 또는 **수동식 기동장치**에 따라 밸브가 열리는 것을 말한다. 〈개정 12.8.20.〉

9. "**가압수조**"란 가압원인 **압축공기** 또는 **불연성 고압기체**에 따라 소방용수를 가압시 키는 수조를 말한다.〈신설 08.12.15., 개정 12.8.20.〉

제4조 【수원】 ① 물분무소화설비의 수원은 그 저수량이 다음 각 호의 기준에 적합하 도록 하여야 한다.〈개정 12.8.20.〉

1. 「소방기본법 시행령」[별표 2]의 **특수가연물**을 저장 또는 취급하는 특정소방대상 물 또는 그 부분에 있어서 그 바닥면적(**최대방수구역**의 **바닥면적**을 **기준**으로 하 며, $50m^2$ 이하인 경우에는 $50m^2$) $1m^2$에 대하여 **10L/min**로 20분간 방수할 수 있 는 양 이상으로 할 것〈개정 12.8.20.〉

2. **차**고 또는 **주차장**은 그 바닥면적(최대방수구역의 **바닥면적**을 **기준**으로 하며, $50m^2$ 이하인 경우에는 $50m^2$) $1m^2$에 대하여 **20L/min**로 20분간 방수할 수 있는 양 이상으로 할 것〈개정 12.8.20.〉

3. **절**연유 봉입 변압기는 바닥부분을 제외한 표면적을 합한 면적 $1m^2$에 대하여 **10L/min**로 20분간 방수할 수 있는 양 이상으로 할 것〈개정 12.8.20.〉

4. **케**이블트레이, 케이블덕트 등은 투영된 바닥면적 $1m^2$에 대하여 **12L/min**로 20분 간 방수할 수 있는 양 이상으로 할 것〈개정 12.8.20.〉

5. **컨**베이어벨트 등은 벨트부분의 바닥면적 $1m^2$에 대하여 **10L/min**로 20분간 방수 할 수 있는 양 이상으로 할 것〈개정 12.8.20.〉

> **기억법** 컨절특케차
>   1   12

② 물분무소화설비의 수원을 수조로 설치하는 경우에는 소방설비의 **전용수조**로 하여야 한다. 다만, 다음 각 호의 어느 하나에 해당하는 경우에는 그러하지 아니하다. 〈개정 12.8.20.〉

1. 물분무소화설비 펌프의 후드밸브 또는 흡수배관의 흡수구(수직회전축펌프의 흡수 구를 포함한다. 이하 같다.)를 다른 설비(소방용 설비 외의 것을 말한다. 이하 같 다.)의 후드밸브 또는 흡수구보다 낮은 위치에 설치한 때

2. 제5조 제2항에 따른 고가수조로부터 물분무소화설비의 수직배관에 물을 공급하는 급수구를 다른 설비의 급수구보다 낮은 위치에 설치한 때〈개정 12.8.20.〉

③ 제1항에 따른 저수량을 산정함에 있어서 다른 설비와 겸용하여 물분무소화설비용 수조를 설치하는 경우에는 물분무소화설비의 후드밸브·흡수구 또는 수직배관의 급수구와 다른 설비의 후드밸브·흡수구 또는 수직배관의 급수구와의 사이의 수량 을 그 **유효수량**으로 한다.〈개정 12.8.20.〉

④ 물분무소화설비용 수조는 다음 각 호의 기준에 따라 설치하여야 한다.〈개정 12.8.20.〉

1. 점검에 편리한 곳에 설치할 것
2. **동결방지조치**를 하거나 동결의 우려가 없는 장소에 설치할 것

3. 수조의 **외측**에 **수위계**를 설치할 것. 다만, 구조상 불가피한 경우에는 수조의 맨홀 등을 통하여 수조 안의 물의 양을 쉽게 확인할 수 있도록 하여야 한다.
4. 수조의 상단이 바닥보다 높은 때에는 수조의 **외측**에 **고정식 사다리**를 설치할 것
5. 수조가 실내에 설치된 때에는 그 **실내**에 **조명설비**를 설치할 것
6. 수조의 밑부분에는 **청소용 배수밸브** 또는 **배수관**을 설치할 것
7. 수조의 외측의 보기 쉬운 곳에 "**물분무소화설비용 수조**"라고 표시한 표지를 할 것. 이 경우 그 수조를 다른 설비와 겸용하는 때에는 그 겸용되는 설비의 이름을 표시한 표지를 함께 하여야 한다.
8. 물분무소화설비의 **흡수배관** 또는 물분무소화설비의 **수직배관**과 수조의 **접속부분**에는 "**물분무소화설비용 배관**"이라고 표시한 표지를 할 것. 다만, 수조와 가까운 장소에 물분무소화설비펌프가 설치되고 물분무소화설비에 제5조 제1항 제13호에 따른 표지를 설치한 때에는 그러하지 아니하다.〈개정 12.8.20.〉

제5조【가압송수장치】① **전동기** 또는 **내연기관**에 따른 펌프를 이용하는 가압송수장치는 다음 각 호의 기준에 따라 설치하여야 한다.〈개정 12.8.20.〉
1. 점검에 편리하고 화재 등의 재해로 인한 피해를 받을 우려가 없는 곳에 설치할 것
2. 펌프의 1분당 토출량은 다음 각 목의 기준에 따라 설치할 것〈개정 12.8.20.〉
   가. 「소방기본법 시행령」 [별표 2]의 **특수가연물**을 저장·취급하는 특정소방대상물 또는 그 부분은 그 바닥면적(**최대방수구역**의 **바닥면적**을 **기준**으로 하며, $50m^2$ 이하인 경우에는 $50m^2$) $1m^2$에 대하여 **10L**를 곱한 양 이상이 되도록 할 것 〈개정 12.8.20.〉
   나. **차고** 또는 **주차장**은 그 바닥면적(**최대방수구역**의 **바닥면적**을 **기준**으로 하며, $50m^2$ 이하인 경우에는 $50m^2$) $1m^2$에 대하여 **20L**를 곱한 양 이상이 되도록 할 것 〈개정 12.8.20.〉
   다. **절연유 봉입 변압기**는 바닥면적을 제외한 표면적을 합한 면적 $1m^2$당 **10L**를 곱한 양 이상이 되도록 할 것〈개정 12.8.20.〉
   라. **케이블트레이, 케이블덕트** 등은 투영된 바닥면적 $1m^2$당 **12L**를 곱한 양 이상이 되도록 할 것〈개정 12.8.20.〉 설계 11회
   마. **컨베이어벨트** 등은 벨트부분의 바닥면적 $1m^2$당 **10L**를 곱한 양 이상이 되도록 할 것〈개정 12.8.20.〉
3. 펌프의 양정은 다음의 식에 따라 산출한 수치 이상이 되도록 할 것〈개정 12.8.20.〉

$$H = h_1 + h_2$$

여기서, H : 펌프의 양정[m]
　　　　h_1 : 물분무헤드의 설계압력 환산수두[m]
　　　　h_2 : 배관의 마찰손실수두[m]

7. 물분무소화설비(NFSC 104)

4. **동결방지조치**를 하거나 동결의 우려가 없는 장소에 설치할 것
5. 펌프는 **전용**으로 할 것. 다만, 다른 소화설비와 겸용하는 경우 각각의 소화설비의 성능에 지장이 없을 때에는 그러하지 아니하다.
6. 펌프의 **토출측**에는 **압력계**를 체크밸브 이전에 펌프 토출측 플랜지에서 가까운 곳에 설치하고, **흡입측**에는 **연성계** 또는 **진공계**를 설치할 것. 다만, 수원의 수위가 펌프의 위치보다 높거나 수직회전축 펌프의 경우에는 연성계 또는 진공계를 설치하지 아니할 수 있다.
7. 가압송수장치에는 정격부하운전 시 **펌프**의 **성능**을 **시험**하기 위한 **배관**을 설치할 것. 다만, **충압펌프**의 경우에는 그러하지 아니하다.
8. 가압송수장치에는 체절운전 시 **수온**의 **상승**을 방지하기 위한 **순환배관**을 설치할 것. 다만, **충압펌프**의 경우에는 그러하지 아니하다.
9. **기동용 수압개폐장치**(압력챔버)를 사용할 경우 그 용적은 100L 이상의 것으로 할 것
10. 수원의 수위가 펌프보다 낮은 위치에 있는 가압송수장치에는 다음 각 목의 기준에 따른 물올림장치를 설치할 것〈개정 12.8.20.〉
    가. 물올림장치에는 **전용**의 **수조**를 설치할 것
    나. 수조의 유효수량은 100L 이상으로 하되, 구경 15mm 이상의 급수배관에 따라 해당 수조에 물이 계속 보급되도록 할 것〈개정 12.8.20.〉
11. 기동용 수압개폐장치를 기동장치로 사용할 경우에는 다음 각 목의 기준에 따른 충압펌프를 설치할 것〈개정 12.8.20.〉
    가. 펌프의 토출압력은 그 설비의 최고위 물분무헤드의 자연압보다 적어도 **0.2MPa**이 더 크도록 하거나 가압송수장치의 정격토출압력과 같게 할 것〈개정 08.12.15.〉
    나. 펌프의 정격토출량은 정상적인 누설량보다 적어서는 아니 되며, 물분무소화설비가 자동적으로 작동할 수 있도록 충분한 토출량을 유지할 것
12. 내연기관을 사용하는 경우에는 제어반에 따라 내연기관의 **자동기동** 및 **수동기동**이 가능하고, 상시 충전되어 있는 **축전지설비**를 갖출 것
13. 가압송수장치에는 "**물분무소화설비펌프**"라고 표시한 표지를 할 것. 이 경우 그 가압송수장치를 다른 설비와 겸용하는 때에는 그 겸용되는 설비의 이름을 표시한 표지를 함께 하여야 한다.
14. 가압송수장치가 기동이 된 경우에는 자동으로 정지되지 아니하도록 하여야 한다. 다만, **충압펌프**의 경우에는 그러하지 아니하다.〈개정 08.12.15.〉
15. 가압송수장치는 부식 등으로 인한 펌프의 고착을 방지할 수 있도록 다음 각 목의 기준에 적합한 것으로 할 것. 다만, 충압펌프는 제외한다.〈신설 21.7.22.〉
    가. 임펠러는 청동 또는 스테인리스 등 부식에 강한 재질을 사용할 것
    나. 펌프축은 스테인리스 등 부식에 강한 재질을 사용할 것

② 고가수조의 자연낙차를 이용한 가압송수장치는 다음 각 호의 기준에 따라 설치하여야 한다. 〈개정 12.8.20.〉

1. 고가수조의 자연낙차수두(수조의 하단으로부터 최고층에 설치된 물분무헤드까지의 수직거리를 말한다.)는 다음의 식에 따라 산출한 수치 이상이 되도록 할 것

$$H = h_1 + h_2$$

여기서, H : 필요한 낙차[m]
h_1 : 물분무헤드의 설계압력 환산수두[m]
h_2 : 배관의 마찰손실수두[m]

2. **고**가수조에는 **수**위계 · **배**수관 · **급**수관 · **오**버플로관 및 **맨**홀을 설치할 것

> 기억법 수고배 오급맨

③ 압력수조를 이용한 가압송수장치는 다음 각 호의 기준에 따라 설치하여야 한다. 〈개정 12.8.20.〉

1. 압력수조의 압력은 다음의 식에 따라 산출한 수치 이상이 되도록 할 것

$$P = p_1 + p_2 + p_3$$

여기서, P : 필요한 압력[MPa]
p_1 : 물분무헤드의 설계압력[MPa]
p_2 : 배관의 마찰손실수두압[MPa]
p_3 : 낙차의 환산수두압[MPa]

2. **압**력수조에는 수위계 · 급수관 · 배수관 · **급기**관 · 맨홀 · 압력계 · **안**전장치 및 압력저하방지를 위한 **자**동식 공기압축기를 설치할 것

> 기억법 기압안자(기아자동차)

④ 가압수조를 이용한 가압송수장치는 다음 각 호의 기준에 따라 설치하여야 한다. 〈신설 08.12.15., 개정 12.8.20.〉

1. **가압수조**의 압력은 제1항 제10호에 따른 방수량 및 방수압이 **20분** 이상 유지되도록 할 것 〈개정 12.8.20.〉
2. 삭 제〈15.1.23.〉
3. 가압수조 및 가압원은 「건축법 시행령」 제46조에 따른 방화구획된 장소에 설치할 것
4. 삭 제〈15.1.23.〉
5. 소방청장이 정하여 고시한 「가압수조식 가압송수장치의 성능인증 및 제품검사의 기술기준」에 적합한 것으로 설치할 것 〈개정 17.7.26.〉

제6조【배관 등】 ① 배관은 **배관용 탄소강관**(KS D 3507) 또는 배관 내 사용압력이 1.2MPa 이상일 경우에는 **압력배관용 탄소강관**(KS D 3562) 또는 **이음매 없는 동 및 동합금**(KS D 5301)의 **배관용동관**이나 이와 동등 이상의 강도·내식성 및 내열성을 가진 것으로 하여야 한다. 다만, 다음 각 호의 어느 하나에 해당하는 장소에는 법 제39조에 따라 제품검사에 합격한 소방용 합성수지배관으로 설치할 수 있다. 〈개정 12.8.20.〉
1. 배관을 **지하**에 **매설**하는 경우
2. 다른 부분과 **내화구조**로 구획된 덕트 또는 피트의 내부에 설치하는 경우
3. 천장(상층이 있는 경우에는 상층바닥의 하단을 포함한다. 이하 같다.)과 반자를 **불연재료** 또는 **준불연재료**로 설치하고 그 내부에 **습식**으로 **배관**을 설치하는 경우

② 급수배관은 **전용**으로 하여야 한다. 다만, 물분무소화설비의 기동장치의 조작과 동시에 다른 설비의 용도에 사용하는 배관의 송수를 차단할 수 있거나, 물분무소화설비의 성능에 지장이 없는 경우에는 다른 설비와 겸용할 수 있다.

③ 펌프의 흡입측 배관은 다음 각 호의 기준에 따라 설치하여야 한다. 〈개정 12.8.20.〉
1. 공기고임이 생기지 아니하는 구조로 하고 **여과장치**를 설치할 것
2. 수조가 펌프보다 낮게 설치된 경우에는 각 펌프(충압펌프를 포함한다.)마다 수조로부터 별도로 설치할 것

④ **연결송수관설비**의 배관과 겸용할 경우의 **주배관**은 구경 **100mm** 이상, 방수구로 연결되는 배관의 구경은 **65mm** 이상의 것으로 하여야 한다.

⑤ 삭 제

⑥ 펌프의 성능은 체절운전 시 정격토출압력의 **140%**를 초과하지 아니하고, 정격토출량의 **150%**로 운전 시 정격토출압력의 **65%** 이상이 되어야 하며, 펌프의 성능시험배관은 다음 각 호의 기준에 적합하여야 한다. 〈개정 12.8.20.〉
1. 성능시험배관은 펌프의 토출측에 설치된 **개폐밸브 이전**에서 분기하여 설치하고, 유량측정장치를 기준으로 **전단 직관부**에 **개폐밸브**를, 후단 직관부에는 **유량조절밸브**를 설치할 것
2. 유량측정장치는 성능시험배관의 직관부에 설치하되, 펌프의 정격토출량의 **175% 이상** 측정할 수 있는 성능이 있을 것

⑦ 가압송수장치의 체절운전 시 수온의 상승을 방지하기 위하여 체크밸브와 펌프 사이에서 분기한 구경 **20mm** 이상의 배관에 **체절압력 미만**에서 개방되는 **릴리프밸브**를 설치하여야 한다.

⑧ **동결방지조치**를 하거나 동결의 우려가 없는 장소에 설치하여야 한다. 다만, 보온재를 사용할 경우에는 **난연재료** 성능 이상의 것으로 하여야 한다. 〈개정 15.1.23.〉

⑨ 급수배관에 설치되어 급수를 차단할 수 있는 개폐밸브는 **개폐표시형**으로 하여야 한다. 이 경우 펌프의 흡입측 배관에는 **버터플라이밸브** 외의 **개폐표시형밸브**를 설치하여야 한다.
⑩ 급수배관에 설치되어 급수를 차단할 수 있는 개폐밸브에는 그 밸브의 개폐상태를 감시제어반에서 확인할 수 있도록 급수개폐밸브 작동표시 스위치를 다음 각 호의 기준에 따라 설치하여야 한다.〈개정 12.8.20.〉
  1. 급수개폐밸브가 잠길 경우 탬퍼스위치의 동작으로 인하여 **감시제어반** 또는 **수신기**에 표시되어야 하며 **경보음**을 발할 것
  2. 탬퍼스위치는 감시제어반에서 **동작**의 **유무확인**과 **동작시험**, **도통시험**을 할 수 있을 것
  3. 급수개폐밸브의 작동표시 스위치에 사용되는 전기배선은 **내화전선** 또는 **내열전선**으로 설치할 것
⑪ 배관은 다른 설비의 배관과 쉽게 구분이 될 수 있는 위치에 설치하거나 그 배관 표면 또는 배관 보온재 표면의 색상을 달리하는 방법 등으로 소방용 설비의 배관임을 표시하여야 한다.〈개정 08.12.15.〉
⑫ **확관형 분기배관**을 사용할 경우에는 소방청장이 정하여 고시한「분기배관의 성능인증 및 제품검사의 기술기준」에 적합한 것으로 설치하여야 한다.〈개정 21.12.16.〉

제7조【송수구】 물분무소화설비에는 소방펌프자동차로부터 그 설비에 송수할 수 있는 송수구를 다음 각 호의 기준에 따라 설치하여야 한다.〈개정 12.8.20.〉
  1. 송수구는 화재층으로부터 지면으로 떨어지는 유리창 등이 송수 및 그 밖의 소화작업에 지장을 주지 아니하는 장소에 설치할 것. 이 경우 가연성 가스의 저장·취급 시설에 설치하는 송수구는 그 방호대상물로부터 **20m** 이상의 거리를 두거나 방호대상물에 면하는 부분이 높이 **1.5m** 이상 폭 **2.5m** 이상의 **철근콘크리트 벽**으로 가려진 장소에 설치하여야 한다.〈개정 15.1.23.〉
  2. 송수구로부터 물분무소화설비의 주배관에 이르는 연결배관에 **개폐밸브**를 설치한 때에는 그 **개폐상태**를 쉽게 확인 및 조작할 수 있는 **옥외** 또는 **기계실** 등의 장소에 설치할 것
  3. 구경 **65mm**의 **쌍구형**으로 할 것
  4. 송수구에는 그 가까운 곳의 보기 쉬운 곳에 **송수압력범위**를 **표시**한 표지를 할 것
  〖설계 17회〗
  5. 송수구는 하나의 층의 바닥면적이 **3,000m²**를 넘을 때마다 1개(5개를 넘을 경우에는 **5개**로 한다.) 이상을 설치할 것

6. 지면으로부터 높이가 **0.5m 이상 1m 이하**의 위치에 설치할 것
7. 송수구의 가까운 부분에 **자동배수밸브**(또는 직경 **5mm**의 **배수공**) 및 **체크밸브**를 설치할 것. 이 경우 자동배수밸브는 배관 안의 물이 잘 빠질 수 있는 위치에 설치하되, 배수로 인하여 다른 물건 또는 장소에 피해를 주지 아니하여야 한다.
8. 송수구에는 이물질을 막기 위한 **마개**를 씌울 것〈신설 08.12.15.〉

제8조【기동장치】 ① 물분무소화설비의 수동식 기동장치는 다음 각 호의 기준에 따라 설치하여야 한다.〈개정 12.8.20.〉
1. 직접조작 또는 원격조작에 따라 각각의 **가압송수장치** 및 **수동식개방밸브** 또는 가**압송수장치** 및 **자동개방밸브**를 개방할 수 있도록 설치할 것
2. 기동장치의 가까운 곳의 보기 쉬운 곳에 "**기동장치**"라고 표시한 표지를 할 것
② 자동식 기동장치는 자동화재탐지설비의 감지기의 작동 또는 폐쇄형스프링클러헤드의 개방과 연동하여 경보를 발하고, 가압송수장치 및 자동개방밸브를 기동할 수 있는 것으로 하여야 한다. 다만, 자동화재탐지설비의 수신기가 설치되어 있는 장소에 상시 사람이 근무하고 있고, 화재 시 물분무소화설비를 즉시 작동시킬 수 있는 경우에는 그러하지 아니하다.

제9조【제어밸브 등】 ① 물분무소화설비의 제어밸브 기타 밸브는 다음 각 호의 기준에 따라 설치하여야 한다.〈개정 12.8.20.〉
1. 제어밸브는 바닥으로부터 **0.8m 이상 1.5m 이하**의 위치에 설치할 것
2. 제어밸브의 가까운 곳의 보기 쉬운 곳에 "**제어밸브**"라고 표시한 표지를 할 것
② 자동개방밸브 및 수동식개방밸브는 다음 각 호의 기준에 따라 설치하여야 한다.〈개정 12.8.20.〉
1. 자동개방밸브의 기동조작부 및 수동식개방밸브는 화재 시 용이하게 접근할 수 있는 곳의 바닥으로부터 **0.8m 이상 1.5m 이하**의 위치에 설치할 것
2. 자동개방밸브 및 수동식개방밸브의 **2차측 배관부분**에는 해당 **방수구역 외**에 밸브의 작동을 시험할 수 있는 장치를 설치할 것. 다만, 방수구역에서 직접 방사시험을 할 수 있는 경우에는 그러하지 아니하다.〈개정 12.8.20.〉

제10조【물분무헤드】 ① 물분무헤드는 표준방사량으로 해당 방호대상물의 화재를 유효하게 소화하는 데 필요한 수를 적정한 위치에 설치하여야 한다.〈개정 12.8.20.〉
② 고압의 전기기기가 있는 장소는 전기의 절연을 위하여 전기기기와 물분무헤드 사이에 다음 표에 따른 거리를 두어야 한다.〈개정 12.8.20.〉 설계 11회

전압(kV)	거리(cm)	전압(kV)	거리(cm)
66 이하	**70** 이상	154 초과 **181** 이하	**180** 이상
66 초과 **77** 이하	**80** 이상	181 초과 **220** 이하	**210** 이상
77 초과 **110** 이하	**110** 이상	220 초과 **275** 이하	**260** 이상
110 초과 **154** 이하	**150** 이상		

> **기억법**
> 66 → 70
> 77 → 80
> 110 → 110
> 154 → 150
> 181 → 180
> 220 → 210
> 275 → 260

제11조 【배수설비】 물분무소화설비를 설치하는 **차고** 또는 **주차장**에는 다음 각 호의 기준에 따라 배수설비를 하여야 한다. 〈개정 12.8.20.〉 설계 11회

1. 차량이 주차하는 장소의 적당한 곳에 높이 **10cm 이상**의 **경**계턱으로 배수구를 설치할 것
2. 배수구에는 새어나온 기름을 모아 소화할 수 있도록 길이 **40m 이하**마다 집수관·소화핏트 등 **기**름분리장치를 설치할 것
3. 차량이 주차하는 바닥은 배수구를 향하여 $\frac{2}{100}$ **이상**의 기울기를 유지할 것
4. 배수설비는 가압송수장치의 **최대송수능력**의 수량을 유효하게 배수할 수 있는 크기 및 **기**울기로 할 것

> **기억법** 경기배기

제12조 【전원】 ① 물분무소화설비에는 그 특정소방대상물의 수전방식에 따라 다음 각 호의 기준에 따른 상용전원회로의 배선을 설치하여야 한다. 다만, **가압수조방식**으로서 모든 기능이 **20분** 이상 유효하게 지속될 수 있는 경우에는 그러하지 아니하다. 〈개정 12.8.20.〉

1. **저압수전**인 경우에는 **인입개폐기**의 **직후**에서 분기하여 전용배선으로 하여야 하며, 전용의 전선관에 보호되도록 할 것
2. **특고압수전** 또는 **고압수전**일 경우에는 **전력용 변압기 2차측의 주차단기 1차측**에서 분기하여 **전용배선**으로 하되, 상용전원의 상시공급에 지장이 없을 경우에는 **주차단기 2차측**에서 분기하여 **전용배선**으로 할 것. 다만, 가압송수장치의 정격입력전압이 수전전압과 같은 경우에는 제1호의 기준에 따른다.

② 물분무소화설비의 비상전원은 **자가발전설비**, **축전지설비**(내연기관에 따른 펌프를 사용하는 경우에는 내연기관의 기동 및 제어용 축전지를 말한다.) 또는 **전기저장장치**(외부 전기에너지를 저장해 두었다가 필요한 때 전기를 공급하는 장치)로서 다음 각 호의 기준에 따라 설치하여야 한다. 다만, **2 이상**의 **변전소**(「전기사업법」제67조에 따른 변전소를 말한다. 이하 같다.)에서 **전력**을 **동시**에 **공급**받을 수 있거나 하나의 변전소로부터 전력의 공급이 중단되는 때에는 자동으로 다른 변전소로부터 **전원**을 **공급**받을 수 있도록 **상용전원**을 **설치**한 경우와 **가압수조방식**에는 비상전원을 설치하지 아니할 수 있다.〈개정 16.7.13.〉

1. 점검에 편리하고 화재 및 침수 등의 재해로 인한 피해를 받을 우려가 없는 곳에 설치할 것
2. 물분무소화설비를 유효하게 20분 이상 작동할 수 있도록 할 것
3. 상용전원으로부터 전력의 공급이 중단된 때에는 자동으로 비상전원으로부터 전력을 공급받을 수 있도록 할 것
4. **비상전원**(내연기관의 기동 및 제어용 축전기를 제외한다.)의 설치장소는 다른 장소와 **방화구획**할 것. 이 경우 그 장소에는 비상전원의 공급에 필요한 기구나 설비 외의 것(**열병합발전설비**에 필요한 기구나 설비는 제외한다.)을 두어서는 아니된다. 〈개정 08.12.15.〉
5. 비상전원을 실내에 설치하는 때에는 그 실내에 **비상조명등**을 설치할 것

제13조【제어반】 ① 물분무소화설비에는 제어반을 설치하되, **감시제어반**과 **동력제어반**으로 구분하여 설치하여야 한다. 다만, 다음 각 호의 어느 하나에 해당하는 경우에는 감시제어반과 동력제어반으로 구분하여 설치하지 아니할 수 있다. 〈개정 12.8.20.〉

1. 다음 각 목의 어느 하나에 해당하지 아니하는 특정소방대상물에 설치되는 물분무소화설비〈개정 12.8.20.〉
   가. 지하층을 제외한 층수가 **7층** 이상으로서 연면적이 2,000㎡ 이상인 것
   나. 제1호에 해당하지 아니하는 특정소방대상물로서 **지하층**의 바닥면적의 합계가 3,000㎡ 이상인 것. 다만, **차고·주차장** 또는 **보일러실·기계실·전기실** 등 이와 유사한 장소의 면적은 제외한다.〈개정 12.8.20.〉
2. **내연기관**에 따른 가압송수장치를 사용하는 물분무소화설비
3. **고가수조**에 따른 가압송수장치를 사용하는 물분무소화설비
4. **가압수조**에 따른 가압송수장치를 사용하는 물분무소화설비〈신설 08.12.15.〉

② **감**시제어반의 기능은 다음 각 호의 기준에 적합하여야 한다. 다만, 제1항 각 호의 어느 하나에 해당하는 경우에는 제3호 및 제6호의 규정을 적용하지 아니한다.
〈개정 12.8.20.〉
1. 각 펌프의 작동여부를 확인할 수 있는 **표**시등 및 **음**향경보기능이 있어야 할 것
2. 각 펌프를 **자**동 및 **수**동으로 작동시키거나 중단시킬 수 있어야 한다.
〈개정 08.12.15.〉
3. **비**상전원을 설치한 경우에는 상용전원 및 비상전원의 공급여부를 확인할 수 있어야 할 것〈개정 08.12.15.〉
4. **수**조 또는 물올림탱크가 저수위로 될 때 **표시등** 및 **음향**으로 경보할 것
5. 각 **확**인회로(기동용 수압개폐장치의 압력스위치회로·수조 또는 물올림탱크의 감시회로를 말한다.)마다 **도통시험** 및 **작동시험**을 할 수 있어야 할 것
6. **예**비전원이 확보되고 예비전원의 적합여부를 시험할 수 있어야 할 것

> **기억법** 감표 음자수 비수확예

③ 감시제어반은 다음 각 호의 기준에 따라 설치하여야 한다.〈개정 12.8.20.〉
1. 화재 및 침수 등의 재해로 인한 피해를 받을 우려가 없는 곳에 설치할 것
2. 감시제어반은 물분무소화설비의 **전용**으로 할 것. 다만, 물분무소화설비의 **제어**에 지장이 없는 경우에는 다른 설비와 겸용할 수 있다.
3. 감시제어반은 다음 각 목의 기준에 따른 **전용실 안**에 설치할 것. 다만, 제1항 각 호의 어느 하나에 해당하는 경우와 공장, 발전소 등에서 설비를 집중 제어·운전할 목적으로 설치하는 **중앙제어실 내에 감시제어반**을 **설치**하는 경우에는 그러하지 아니하다.〈개정 12.8.20.〉
    가. 다른 부분과 **방화구획**을 할 것. 이 경우 전용실의 벽에는 기계실 또는 전기실 등의 감시를 위하여 두께 **7mm** 이상의 **망입유리**(두께 **16.3mm** 이상의 **접합유리** 또는 두께 **28mm** 이상의 **복층유리**를 포함한다.)로 된 **4m²** 미만의 **붙박이창**을 설치할 수 있다.
    나. **피난층** 또는 **지하 1층**에 설치할 것. 다만, 다음의 어느 하나에 해당하는 경우에는 지상 2층에 설치하거나 지하 1층 외의 지하층에 설치할 수 있다.〈개정 12.8.20.〉
        (1)「건축법 시행령」제35조에 따라 특별피난계단이 설치되고 그 계단(부속실을 포함한다.) 출입구로부터 **보행거리 5m** 이내에 전용실의 출입구가 있는 경우 〈개정 12.8.20.〉
        (2) **아파트**의 **관리동**(관리동이 없는 경우에는 경비실)에 설치하는 경우
    다. **비상조명등** 및 **급·배기설비**를 설치할 것

라. 「무선통신보조설비의 화재안전기준(NFSC 505)」제5조 제3항에 따라 유효하게 통신이 가능할 것(영 [별표 5]의 제5호 마목에 따른 무선통신보조설비가 설치된 특정소방대상물에 한한다.)〈개정 21.3.25.〉

마. 바닥면적은 감시제어반의 설치에 필요한 면적 외에 화재 시 소방대원이 그 감시제어반의 조작에 필요한 최소면적 이상으로 할 것

4. 제3호에 따른 전용실에는 특정소방대상물의 기계·기구 또는 시설 등의 제어 및 감시설비 외의 것을 두지 아니할 것〈개정 12.8.20.〉

④ 동력제어반은 다음 각 호의 기준에 따라 설치하여야 한다.〈개정 12.8.20.〉

1. 앞면은 **적색**으로 하고 "**물분무소화설비용 동력제어반**"이라고 표시한 표지를 설치할 것
2. 외함은 두께 **1.5mm** 이상의 **강판** 또는 이와 동등 이상의 강도 및 **내열성능**이 있는 것으로 할 것
3. 그 밖의 동력제어반의 설치에 관하여는 제3항 제1호 및 제2호의 기준을 준용할 것

제14조【배선 등】 ① 물분무소화설비의 배선은 「전기사업법」제67조에 따른 기술기준에서 정한 것 외에 다음 각 호의 기준에 따라 설치하여야 한다.〈개정 12.8.20.〉

1. **비상전원**으로부터 동력제어반 및 가압송수장치에 이르는 전원회로배선은 **내화배선**으로 할 것. 다만, 자가발전설비와 동력제어반이 동일한 실에 설치된 경우에는 자가발전기로부터 그 제어반에 이르는 전원회로배선은 그러하지 아니하다.
2. **상용전원**으로부터 동력제어반에 이르는 배선, 그 밖의 물분무소화설비의 감시·조작 또는 표시등회로의 배선은 **내화배선** 또는 **내열배선**으로 할 것. 다만, 감시제어반 또는 동력제어반 안의 감시·조작 또는 표시등회로의 배선은 그러하지 아니하다.

② 제1항에 따른 내화배선 및 내열배선에 사용되는 전선 및 설치방법은 「옥내소화전설비의 화재안전기준(NFSC 102)」[별표 1]의 기준에 따른다.〈개정 12.8.20.〉

③ 물분무소화설비의 과전류차단기 및 개폐기에는 "**물분무소화설비용**"이라고 표시한 표지를 하여야 한다.

④ 물분무소화설비용 전기배선의 양단 및 접속단자에는 다음 각 호의 기준에 따라 표지하여야 한다.〈개정 12.8.20.〉

1. 단자에는 "**물분무소화설비단자**"라고 표시한 표지를 부착할 것
2. 물분무소화설비용 전기배선의 양단에는 다른 배선과 **식별**이 **용이**하도록 표시할 것

제15조【물분무헤드의 설치제외】 다음 각 호의 장소에는 물분무헤드를 설치하지 아니할 수 있다.〈개정 12.8.20.〉

1. **물**에 심하게 **반응**하는 **물질** 또는 물과 반응하여 위험한 물질을 생성하는 물질을 저장 또는 취급하는 장소
2. **고**온의 물질 및 **증류범위**가 **넓어** 끓어 넘치는 위험이 있는 물질을 저장 또는 취급하는 장소
3. 운전 시에 표면의 온도가 **260**℃ **이상**으로 되는 등 직접 분무를 하는 경우 그 부분에 손상을 입힐 우려가 있는 **기**계장치 등이 있는 장소

> **기억법** 물고기 26(물고기 이륙)

제16조【수원 및 가압송수장치의 펌프 등의 겸용】 ① 물분무소화설비의 수원을 옥내소화전설비·스프링클러설비·간이스프링클러설비·화재조기진압용 스프링클러설비·포소화전설비 및 옥외소화전설비의 수원과 겸용하여 설치하는 경우의 저수량은 각 소화설비에 필요한 **저수량**을 **합한 양** 이상이 되도록 하여야 한다. 다만, 이들 소화설비 중 고정식 소화설비(펌프·배관과 소화수 또는 소화약제를 최종 방출하는 방출구가 고정된 설비를 말한다. 이하 같다.)가 2 이상 설치되어 있고, 그 소화설비가 설치된 부분이 방화벽과 방화문으로 구획되어 있는 경우에는 각 고정식 소화설비에 필요한 저수량 중 최대의 것 이상으로 할 수 있다.

② 물분무소화설비의 가압송수장치로 사용하는 펌프를 옥내소화전설비·스프링클러설비·간이스프링클러설비·화재조기진압용 스프링클러설비·포소화설비 및 옥외소화전설비의 가압송수장치와 겸용하여 설치하는 경우의 펌프의 토출량은 각 소화설비에 해당하는 **토출량**을 **합한 양** 이상이 되도록 하여야 한다. 다만, 이들 소화설비 중 고정식 소화설비가 2 이상 설치되어 있고, 그 소화설비가 설치된 부분이 방화벽과 방화문으로 구획되어 있으며 각 소화설비에 지장이 없는 경우에는 펌프의 토출량 중 최대의 것 이상으로 할 수 있다.

③ 옥내소화전설비·스프링클러설비·간이스프링클러설비·화재조기진압용 스프링클러설비·물분무소화설비·포소화설비 및 옥외소화전설비의 가압송수장치에 있어서 각 토출측 배관과 일반급수용의 가압송수장치의 토출측 배관을 상호 연결하여 화재 시 사용할 수 있다. 이 경우 연결배관에는 **개·폐표시형밸브**를 설치하여야 하며, 각 소화설비의 성능에 지장이 없도록 하여야 한다.

④ 물분무소화설비의 송수구를 옥내소화전설비·스프링클러설비·간이스프링클러설비·화재조기진압용 스프링클러설비·포소화설비·연결송수관설비 또는 연결살수설비의 송수구와 겸용으로 설치하는 경우에는 스프링클러설비의 송수구의 설치기준에 따르되 각각의 소화설비의 기능에 지장이 없도록 하여야 한다.

제17조【설치ㆍ유지기준의 특례】소방본부장 또는 소방서장은 기존 건축물이 증축ㆍ개축ㆍ대수선되거나 용도변경되는 경우에 있어서 이 기준이 정하는 기준에 따라 해당 건축물에 설치하여야 할 물분무소화설비의 배관ㆍ배선 등의 공사가 현저하게 곤란하다고 인정되는 경우에는 해당 설비의 기능 및 사용에 지장이 없는 범위 안에서 물분무소화설비의 설치ㆍ유지기준의 일부를 적용하지 아니할 수 있다. 〈개정 12.8.20.〉

제18조【재검토 기한】소방청장은 「훈령ㆍ예규 등의 발령 및 관리에 관한 규정」에 따라 이 고시에 대하여 2022년 1월 1일 기준으로 매 3년이 되는 시점(매 3년째의 12월 31일까지를 말한다.)마다 그 타당성을 검토하여 개선 등의 조치를 하여야 한다. 〈전문개정 17.7.26.〉

부 칙 〈제2021-47호, 21.12.16.〉

제1조【시행일】이 고시는 발령한 날부터 시행한다.

제2조【일반적 적용례】이 고시는 이 고시 시행 후 특정소방대상물의 신축ㆍ증축ㆍ개축ㆍ재축ㆍ이전ㆍ용도변경 또는 대수선의 허가ㆍ협의를 신청하거나 신고하는 경우부터 적용한다.

8 미분무소화설비(NFSC 104A)

타법개정 2021. 3. 25. 소방청고시 제2021-16호

제1조【목적】 이 기준은「화재예방, 소방시설 설치·유지 및 안전관리에 관한 법률」제9조 제1항에 따라 소방청장에게 위임한 사항 중 미분무소화설비의 설치·유지 및 안전관리에 관한 사항을 규정함을 목적으로 한다.

제2조【적용범위】 「화재예방, 소방시설 설치·유지 및 안전관리에 관한 법률 시행령」(이하 "**영**"이라 한다.) [별표 5] 제1호 바목에 따른 물분무등소화설비 중 미분무소화설비는 이 기준에서 정하는 규정에 따라 설비를 설치하고 유지·관리하여야 한다.

제3조【정의】 이 기준에서 사용하는 용어의 정의는 다음과 같다.
1. "**미분무소화설비**"란 가압된 물이 헤드 통과 후 **미세한 입자**로 **분무**됨으로써 소화성능을 가지는 설비를 말하며, **소화력**을 **증가**시키기 위해 **강화액** 등을 첨가할 수 있다.
2. "**미분무**"란 물만을 사용하여 소화하는 방식으로 최소설계압력에서 헤드로부터 방출되는 물입자 중 99%의 누적체적분포가 400㎛ 이하로 분무되고 A, B, C급 화재에 적응성을 갖는 것을 말한다.
3. "**미분무헤드**"란 하나 이상의 오리피스를 가지고 미분무소화설비에 사용되는 헤드를 말한다.
4. "**개방형 미분무헤드**"란 감열체 없이 방수구가 항상 열려져 있는 헤드를 말한다.
5. "**폐쇄형 미분무헤드**"란 정상상태에서 방수구를 막고 있는 감열체가 일정온도에서 **자동**적으로 **파괴**·**용융** 또는 **이탈**됨으로써 방수구가 개방되는 헤드를 말한다.
6. "**저압 미분무소화설비**"란 최고사용압력이 1.2MPa 이하인 미분무소화설비를 말한다.
7. "**중압 미분무소화설비**"란 사용압력이 1.2MPa을 **초과**하고 3.5MPa 이하인 미분무소화설비를 말한다.
8. "**고압 미분무소화설비**"란 최저사용압력이 3.5MPa을 **초과**하는 미분무소화설비를 말한다.
9. "**폐쇄형 미분무소화설비**"란 배관 내에 항상 **물** 또는 **공기** 등이 가압되어 있다가 화재로 인한 열로 폐쇄형 미분무헤드가 개방되면서 소화수를 방출하는 방식의 미분무소화설비를 말한다.
10. "**개방형 미분무소화설비**"란 화재감지기의 신호를 받아 **가압송수장치**를 **동작**시켜 미분무수를 방출하는 방식의 미분무소화설비를 말한다.

11. "**유수검지장치(패들형을 포함한다.)**"란 본체 내의 **유수현상**을 자동적으로 검지하여 신호 또는 경보를 발하는 장치를 말한다.
12. "**전역방출방식**"이란 고정식 미분무소화설비에 배관 및 헤드를 **고정 설치**하여 구획된 **방호구역 전체**에 소화수를 방출하는 설비를 말한다.
13. "**국소방출방식**"이란 고정식 미분무소화설비에 배관 및 헤드를 설치하여 **직접 화점**에 **소화수**를 **방출**하는 설비로서 화재발생 부분에 집중적으로 소화수를 방출하도록 설치하는 방식을 말한다.
14. "**호스릴방식**"이란 **미분무건**을 소화수 저장용기 등에 연결하여 **사람**이 직접 화점에 소화수를 방출하는 소화설비를 말한다.
15. "**교차회로방식**"이란 하나의 방호구역 내에 **2 이상**의 **화재감지기회로**를 설치하고 인접한 2 이상의 화재감지기가 동시에 감지되는 때에는 미분무소화설비가 작동하여 소화수가 방출되는 방식을 말한다.
16. "**가압수조**"란 가압원인 **압축공기** 또는 **불연성 고압기체**에 의해 소방용수를 가압시키는 수조를 말한다.
17. "**개폐표시형밸브**"란 밸브의 **개폐여부**를 외부에서 **식별**이 **가능**한 밸브를 말한다.
18. "**연소할 우려가 있는 개구부**"란 각 방화구획을 관통하는 **컨베이어·에스컬레이터** 또는 이와 유사한 시설의 주위로서 방화구획을 할 수 없는 부분을 말한다.
19. "**설계도서**"란 특정소방대상물의 **점화원**, **연료**의 **특성**과 **형태** 등에 따라서 발생할 수 있는 화재의 유형이 고려되어 작성된 것을 말한다.

제4조【설계도서 작성】 ① 미분무소화설비의 성능을 확인하기 위하여 하나의 발화원을 가정한 설계도서는 다음 각 호 및 [별표 1]을 고려하여 작성되어야 하며, 설계도서는 일반설계도서와 특별설계도서로 구분한다.
1. 점화원의 형태
2. 초기 점화되는 연료 유형
3. 화재 위치
4. 문과 창문의 초기상태(열림, 닫힘) 및 시간에 따른 변화상태
5. 공기조화설비, 자연형(문, 창문) 및 기계형 여부
6. 시공 유형과 내장재 유형

② 일반설계도서는 유사한 특정소방대상물의 화재사례 등을 이용하여 작성하고, 특별설계도서는 일반설계도서에서 발화 장소 등을 변경하여 위험도를 높게 만들어 작성하여야 한다.

③ 제1항 및 제2항에도 불구하고 검증된 기준에서 정하고 있는 것을 사용할 경우에는 적합한 도서로 인정할 수 있다.

제5조【설계도서의 검증】 ① 소방관서에 허가동의를 받기 전에 법 제42조 제1항에 따라 성능시험기관으로 지정받은 기관에서 그 성능을 검증받아야 한다.
② 설계도서의 변경이 필요한 경우 제1항에 의해 재검증을 받아야 한다.

제6조【수원】 ① 미분무수소화설비에 사용되는 용수는 「먹는물관리법」 제5조에 적합하고, 저수조 등에 충수할 경우 **필터** 또는 **스트레이너**를 통하여야 하며, 사용되는 물에는 **입자 · 용해고체** 또는 **염분**이 없어야 한다.
② 배관의 **연결부**(용접부 제외) 또는 주배관의 **유입측**에는 **필터** 또는 **스트레이너**를 설치하여야 하고, 사용되는 스트레이너에는 **청소구**가 있어야 하며, 검사 · 유지관리 및 보수 시에 배치위치를 변경하지 아니하여야 한다. 다만, 노즐이 막힐 우려가 없는 경우에는 설치하지 아니할 수 있다.
③ 사용되는 필터 또는 스트레이너의 메쉬는 헤드 오리피스 **지름**의 **80%** 이하가 되어야 한다.
④ 수원의 양은 다음의 식을 이용하여 계산한 양 이상으로 하여야 한다.

$$Q = N \times D \times T \times S + V$$

여기서, Q : 수원의 양[m³]
N : 방호구역(방수구역) 내 헤드의 개수
D : 설계유량[m³/min]
T : 설계방수시간[min]
S : 안전율(1.2 이상)
V : 배관의 총체적[m³]

⑤ 첨가제의 양은 설계방수시간 내에 충분히 사용될 수 있는 양 이상으로 산정한다. 이 경우 첨가제가 소화약제인 경우 소방청장이 정하여 고시한 「소화약제 형식승인 및 제품검사의 기술기준」에 적합한 것으로 사용하여야 한다.

제7조【수조】 ① 수조의 재료는 **냉간 압연 스테인리스 강판** 및 **강대**(KS D 3698)의 STS 304 또는 이와 동등 이상의 강도 · 내식성 · 내열성이 있는 것으로 하여야 한다.
② 수조를 용접할 경우 용접찌꺼기 등이 남아 있지 아니하여야 하며, **부식의 우려가 없는 용접방식**으로 하여야 한다.
③ 미분무소화설비용 수조는 다음 각 호의 기준에 따라 설치하여야 한다.

1. **전용**으로 하며 점검에 편리한 곳에 설치할 것
2. **동결방지조치**를 하거나 동결의 우려가 없는 장소에 설치할 것
3. 수조의 **외측**에 **수위계**를 설치할 것. 다만, 구조상 불가피한 경우에는 수조의 맨홀 등을 통하여 수조 내 물의 양을 쉽게 확인할 수 있도록 하여야 한다.
4. 수조의 **상단**이 바닥보다 높은 때에는 수조의 **외측**에 **고정식 사다리**를 설치할 것
5. 수조가 실내에 설치된 때에는 그 실내에 **조명설비**를 설치할 것
6. 수조의 밑부분에는 **청소용 배수밸브** 또는 **배수관**을 설치할 것
7. 수조 외측의 보기 쉬운 곳에 "**미분무설비용 수조**"라고 표시한 표지를 할 것
8. 미분무펌프의 흡수배관 또는 수직배관과 수조의 접속부분에는 "**미분무설비용 배관**"이라고 표시한 표지를 할 것. 다만, 수조와 가까운 장소에 미분무펌프가 설치되고 미분무펌프에 제7호에 따른 표지를 설치한 때에는 그러하지 아니하다.

제8조【가압송수장치】 ① 전동기 또는 내연기관에 따른 펌프를 이용하는 가압송수장치는 다음 각 호의 기준에 따라 설치하여야 한다.
1. **쉽게 접근**할 수 있고 점검하기에 충분한 공간이 있는 장소로서 화재 및 침수 등의 재해로 인한 피해를 받을 우려가 없는 곳에 설치할 것
2. **동결방지조치**를 하거나 동결의 우려가 없는 장소에 설치할 것
3. 펌프는 **전용**으로 할 것
4. 펌프의 **토출측**에는 **압력계**를 체크밸브 이전에 펌프 토출측 가까운 곳에 설치할 것
5. 가압송수장치에는 정격부하 운전 시 펌프의 **성능**을 **시험**하기 위한 **배관**을 설치할 것
6. 가압송수장치의 송수량은 최저설계압력에서 설계유량(L/min) 이상의 방수성능을 가진 기준개수의 **모든 헤드**로부터의 방수량을 충족시킬 수 있는 양 이상의 것으로 할 것
7. 내연기관을 사용하는 경우에는 제어반에 따라 내연기관의 **자동기동** 및 **수동기동**이 가능하고, 상시 충전되어 있는 **축전지설비**를 갖출 것
8. 가압송수장치에는 "**미분무펌프**"라고 표시한 표지를 할 것. 다만, 호스릴방식의 경우 "**호스릴방식 미분무펌프**"라고 표시한 표지를 할 것
9. 가압송수장치가 기동되는 경우에는 **자동**으로 **정지**되지 **아니하도록** 할 것
② 압력수조를 이용하는 가압송수장치는 다음 각 호의 기준에 따라 설치하여야 한다.
1. 압력수조는 **배관용 스테인리스 강관**(KS D 3676) 또는 이와 동등이상의 강도·내식성, 내열성을 갖는 재료를 사용할 것
2. 용접한 압력수조를 사용할 경우 **용접찌꺼기** 등이 남아 있지 아니하여야 하며, **부식**의 우려가 **없는 용접방식**으로 하여야 한다.

3. 쉽게 접근할 수 있고 점검하기에 충분한 공간이 있는 장소로서 **화재** 및 **침수** 등의 재해로 인한 피해를 받을 우려가 없는 곳에 설치할 것
4. **동결방지조치**를 하거나 동결의 우려가 없는 장소에 설치할 것
5. 압력수조는 **전용**으로 할 것
6. **압**력수조에는 수위계 · 급수관 · 배수관 · **급기**관 · 맨홀 · 압력계 · **안**전장치 및 압력저하방지를 위한 **자**동식 공기압축기를 설치할 것

> 기억법   압기안자

7. 압력수조의 **토출측**에는 사용압력의 **1.5배** 범위를 **초과**하는 **압력계**를 설치하여야 한다.
8. 작동장치의 구조 및 기능은 다음 각 목의 기준에 적합하여야 한다.
   가. **화재감지기**의 신호에 의하여 **자동**적으로 밸브를 개방하고 **소화수**를 배관으로 송출할 것
   나. **수동**으로 작동할 수 있게 하는 장치를 설치할 경우에는 **부주의**로 인한 작동을 방지하기 위한 **보호장치**를 강구할 것
③ 가압수조를 이용하는 가압송수장치는 다음 각 호의 기준에 따라 설치하여야 한다.
1. 가압수조의 압력은 **설계 방수량** 및 **방수압**이 설계방수시간 이상 유지되도록 할 것
2. 삭 제〈14.8.18.〉
3. 가압수조 및 가압원은 「건축법 시행령」제46조에 따른 방화구획된 장소에 설치할 것
4. 삭 제〈14.8.18.〉
5. 가압수조를 이용한 가압송수장치는 소방청장이 정하여 고시한 「가압수조식 가압송수장치의 성능인증 및 제품검사의 기술기준」에 적합한 것으로 설치할 것
6. 가압수조는 **전용**으로 설치할 것

제9조【폐쇄형 미분무소화설비의 방호구역】 폐쇄형 미분무헤드를 사용하는 설비의 방호구역(미분무소화설비의 소화범위에 포함된 영역을 말한다. 이하 같다.)은 다음 각 호의 기준에 적합하여야 한다.
1. 하나의 방호구역의 바닥면적은 **펌프용량**, **배관**의 **구경** 등을 수리학적으로 계산한 결과 헤드의 방수압 및 방수량이 방호구역 범위 내에서 소화목적을 달성할 수 있도록 산정하여야 한다.
2. 하나의 방호구역은 **2개 층**에 미치지 아니하도록 할 것

제10조【개방형 미분무소화설비의 방수구역】 개방형 미분무소화설비의 방수구역은 다음 각 호의 기준에 적합하여야 한다.

8. 미분무소화설비(NFSC 104A)

1. 하나의 방수구역은 **2개 층**에 미치지 아니 할 것
2. 하나의 방수구역을 담당하는 헤드의 개수는 **최대설계개수 이하**로 할 것. 다만, 2개 이상의 방수구역으로 나눌 경우에는 하나의 방수구역을 담당하는 헤드의 개수는 **최대설계개수의 $\frac{1}{2}$ 이상**으로 할 것
3. **터널, 지하가** 등에 설치할 경우 동시에 방수되어야 하는 방수구역은 화재가 발생된 방수구역 및 접한 방수구역으로 할 것〈개정 21.1.15.〉

제11조 【배관 등】 ① 설비에 사용되는 구성요소는 STS 304 이상의 재료를 사용하여야 한다.
② 배관은 **배관용 스테인리스 강관**(KS D 3576)이나 이와 동등 이상의 강도·내식성 및 내열성을 가진 것으로 하여야 하고, 용접할 경우 **용접찌꺼기** 등이 남아 있지 아니하여야 하며, **부식의 우려가 없는 용접방식**으로 하여야 한다.
③ 급수배관은 다음 각 호의 기준에 따라 설치하여야 한다.
  1. **전용**으로 할 것
  2. 급수를 차단할 수 있는 개폐밸브는 **개폐표시형**으로 할 것
④ 펌프를 이용하는 가압송수장치에는 펌프의 성능이 체절운전 시 **정격토출압력의 140%**를 초과하지 아니하고, **정격토출량의 150%**로 운전 시 **정격토출압력의 65% 이상**이 되어야 하며 다음 각 호의 기준에 적합하도록 설치하여야 한다. 다만, 공인된 방법에 의한 별도의 성능을 제시할 경우에는 그러하지 아니하며 그 성능을 별도의 기준에 따라 확인하여야 한다.
  1. **성능시험배관**은 펌프의 토출측에 설치된 **개폐밸브 이전**에서 **분기**하여 직선으로 설치하고, 유량측정장치를 기준으로 **전단 직관부**에는 **개폐밸브를 후단 직관부**에는 **유량조절밸브**를 설치할 것
  2. 유입구에는 **개폐밸브**를 둘 것
  3. **개폐밸브**와 **유량측정장치** 사이의 직관부 거리 및 유량측정장치와 유량조절밸브 사이의 직관부 거리는 해당 유량측정장치 제조사의 설치사양에 따른다.
  4. 유량측정장치는 펌프의 **정격토출량**의 **175% 이상**까지 측정할 수 있는 성능이 있을 것
  5. 삭 제〈14.8.18.〉
  6. **성능시험배관**의 호칭은 **유량계** 호칭에 따를 것
⑤ 동결방지조치를 하거나 동결의 우려가 없는 장소에 설치하여야 한다. 다만, 보온재를 사용할 경우에는 **난연재료** 성능 이상의 것으로 하여야 한다.

⑥ 교차배관의 위치·청소구 및 가지배관의 헤드설치는 다음 각 호의 기준에 따른다.
  1. **교차배관**은 가지배관과 **수평**으로 설치하거나 또는 **가지배관 밑**에 설치할 것
  2. 청소구는 **교차배관 끝**에 **개폐밸브**를 설치하고, 호스접결이 가능한 **나사식 또는 고정배수 배관식**으로 할 것. 이 경우 나사식의 개폐밸브는 나사 보호용의 **캡**으로 마감할 것
⑦ 미분무설비에는 그 성능을 확인하기 위한 시험장치를 다음 각 호의 기준에 따라 설치하여야 한다. 다만, **개방형헤드**를 설치한 경우에는 그러하지 아니하다.
  1. 가압장치에서 **가장 먼 가지배관**의 **끝**으로부터 연결하여 설치할 것
  2. 시험장치 배관의 구경은 가압장치에서 **가장 먼 가지배관**의 구경과 **동일**한 **구경**으로 하고, 그 끝에 **개방형헤드**를 설치할 것. 이 경우 개방형헤드는 동일 형태의 **오리피스**만으로 설치할 수 있다.
  3. 시험배관의 끝에는 **물받이통** 및 **배수관**을 설치하여 시험 중 방사된 물이 바닥에 흘러내리지 아니하도록 할 것. 다만, **목욕실·화장실** 또는 그 밖의 곳으로서 배수처리가 쉬운 장소에 **시험배관**을 설치한 경우에는 그러하지 아니하다.
⑧ 배관에 설치되는 행가는 다음 각 호의 기준에 따라 설치하여야 한다.
  1. **가지배관**에는 헤드의 설치지점 사이마다, **교차배관**에는 가지배관과 가지배관 사이마다 1개 이상의 행가를 설치할 것
  2. 제1호의 **수평주행배관**에는 4.5m 이내마다 **1개 이상** 설치할 것
⑨ **수직배수배관**의 구경은 50mm 이상으로 하여야 한다. 다만, 수직배관의 구경이 50mm 미만인 경우에는 수직배관과 동일한 구경으로 할 수 있다.
⑩ **주차장**의 미분무소화설비는 **습식 외**의 **방식**으로 하여야 한다. 다만, 주차장이 벽 등으로 차단되어 있고 출입구가 자동으로 열리고 닫히는 구조인 것으로서 다음 각 호의 어느 하나에 해당하는 경우에는 그러하지 아니하다.
  1. 동절기에 상시 난방이 되는 곳이거나 그 밖에 동결의 염려가 없는 곳
  2. 미분무소화설비의 동결을 방지할 수 있는 구조 또는 장치가 된 것
⑪ 급수배관에 설치되어 급수를 차단할 수 있는 개폐밸브에는 그 밸브의 개폐상태를 **감시제어반**에서 확인할 수 있도록 급수개폐밸브 작동표시 스위치를 다음 각 호의 기준에 따라 설치하여야 한다.
  1. 급수개폐밸브가 잠길 경우 탬퍼스위치의 동작으로 인하여 **감시제어반** 또는 **수신기**에 표시되어야 하며 **경보음**을 발할 것
  2. 탬퍼스위치는 감시제어반 또는 수신기에서 **동작**의 **유무확인**과 **동작시험, 도통시험**을 할 수 있을 것

8. 미분무소화설비(NFSC 104A)

3. 급수개폐밸브의 작동표시 스위치에 사용되는 전기배선은 **내화전선** 및 **내열전선**으로 설치할 것
⑫ 미분무설비 배관의 배수를 위한 기울기는 다음 각 호의 기준에 따른다.
  1. **폐쇄형 미분무소화설비**의 배관을 **수평**으로 할 것. 다만, 배관의 구조상 소화수가 남아 있는 곳에는 배수밸브를 설치하여야 한다.
  2. **개방형 미분무소화설비**에는 헤드를 향하여 상향으로 **수평주행배관**의 기울기를 $\frac{1}{500}$ 이상, **가지배관**의 기울기를 $\frac{1}{250}$ 이상으로 할 것. 다만, 배관의 구조상 기울기를 줄 수 없는 경우에는 배수를 원활하게 할 수 있도록 **배수밸브**를 설치하여야 한다.
⑬ 배관은 다른 설비의 배관과 쉽게 구분이 될 수 있는 위치에 설치하거나, 그 배관 표면 또는 배관 보온재 표면의 색상은 「한국산업표준(배관계의 식별 표시, KS A 0503)」 또는 **적색**으로 식별이 가능하도록 소방용설비의 배관임을 표시하여야 한다.
⑭ 호스릴방식의 설치는 다음 각 호에 따라 설치하여야 한다.
  1. 방호대상물의 각 부분으로부터 하나의 호스접결구까지의 **수평거리**가 25m 이하가 되도록 할 것
  2. 소화약제 저장용기의 개방밸브는 호스의 설치장소에서 **수동**으로 개폐할 수 있는 것으로 할 것
  3. 소화약제 저장용기의 가장 가까운 곳의 보기 쉬운 곳에 **표시등**을 설치하고 호스릴 미분무소화설비가 있다는 뜻을 표시한 표지를 할 것
  4. 그 밖의 사항은 「옥내소화전설비의 화재안전기준」 제7조(함 및 방수구 등)에 적합할 것

제12조【음향장치 및 기동장치】 ① 미분무소화설비의 음향장치 및 기동장치는 다음 각 호의 기준에 따라 설치하여야 한다.
  1. **폐쇄형 미분무헤드**가 개방되면 화재신호를 발신하고 그에 따라 음향장치가 경보되도록 할 것
  2. **개방형 미분무설비**는 **화재감지기**의 감지에 따라 음향장치가 경보되도록 할 것. 이 경우 화재감지기 회로를 **교차회로방식**으로 하는 때에는 하나의 화재감지기 회로가 화재를 감지하는 때에도 음향장치가 경보되도록 하여야 한다.
  3. 음향장치는 방호구역 또는 방수구역마다 설치하되 그 구역의 각 부분으로부터 하나의 음향장치까지의 **수평거리**는 25m 이하가 되도록 할 것

4. 음향장치는 **경종** 또는 **사이렌**(전자식 사이렌을 포함한다.)으로 하되, 주위의 소음 및 다른 용도의 경보와 구별이 가능한 음색으로 할 것. 이 경우 경종 또는 사이렌은 **자동화재탐지설비·비상벨설비** 또는 **자동식 사이렌설비**의 음향장치와 겸용할 수 있다.
5. 주음향장치는 수신기의 **내부** 또는 그 **직근**에 설치할 것
6. **5층**(**지하층**을 **제외**한다.) 이상의 소방대상물 또는 그 부분에 있어서는 2층 이상의 층에서 발화한 때에는 **발화층** 및 그 **직상층**에 한하여, 1층에서 발화한 때에는 **발화층**과 그 **직상층** 및 **지하층**에 한하여, 지하층에서 발화한 때에는 **발화층 · 그 직상층** 및 **기타의 지하층**에 한하여 경보를 발할 수 있도록 할 것
7. 음향장치는 다음 각 목의 기준에 따른 구조 및 성능의 것으로 할 것
   가. 정격전압의 **80%** 전압에서 음향을 발할 수 있는 것으로 할 것
   나. 음량은 부착된 음향장치의 중심으로부터 1m 떨어진 위치에서 **90dB** 이상이 되는 것으로 할 것
8. 화재감지기 회로에는 다음 각 목의 기준에 따른 발신기를 설치할 것. 다만, 자동화재탐지설비의 발신기가 설치된 경우에는 그러하지 아니하다.
   가. 조작이 쉬운 장소에 설치하고, 스위치는 바닥으로부터 **0.8m 이상 1.5m 이하**의 높이에 설치할 것
   나. 소방대상물의 **층**마다 설치하되, 당해 소방대상물의 각 부분으로부터 하나의 발신기까지의 **수평거리**가 **25m** 이하가 되도록 할 것. 다만, **복도** 또는 **별도로 구획**된 **실**로서 **보행거리**가 **40m** 이상일 경우에는 추가로 설치하여야 한다.
   다. 발신기의 위치를 표시하는 **표시등**은 **함**의 **상부**에 설치하되, 그 불빛은 부착면으로부터 **15°** 이상의 범위안에서 부착지점으로부터 **10m** 이내의 어느 곳에서도 쉽게 식별할 수 있는 **적색등**으로 할 것

제13조 【헤드】 ① 미분무헤드는 소방대상물의 천장·반자·천장과 반자 사이·덕트·선반 기타 이와 유사한 부분에 설계자의 의도에 적합하도록 설치하여야 한다.
② 하나의 헤드까지의 수평거리 산정은 설계자가 제시하여야 한다.
③ 미분무설비에 사용되는 헤드는 **조기반응형 헤드**를 설치하여야 한다.
④ 폐쇄형 미분무헤드는 그 설치장소의 평상시 최고주위온도에 따라 다음 식에 따른 표시온도의 것으로 설치하여야 한다. 설계 13회

$$\boxed{T_a = 0.9 T_m - 27.3°C}$$

여기서, T_a : 최고주위온도
T_m : 헤드의 표시온도

⑤ 미분무헤드는 배관, 행거 등으로부터 살수가 방해되지 아니하도록 설치하여야 한다.
⑥ 미분무헤드는 설계도면과 동일하게 설치하여야 한다.
⑦ 미분무헤드는 '**한국소방산업기술원**' 또는 법 제42조 제1항의 규정에 따라 성능시험기관으로 지정받은 기관에서 검증받아야 한다.

제14조【전원】 미분무소화설비의 전원은「스프링클러설비의 화재안전기준」제12조를 준용한다.

제15조【제어반】 ① 미분무소화설비에는 제어반을 설치하되, **감시제어반**과 **동력제어반**으로 구분하여 설치하여야 한다. 다만, 가압수조에 따른 가압송수장치를 사용하는 미분무소화설비의 경우와 별도의 시방서를 제시할 경우에는 그러하지 아니할 수 있다.
② 감시제어반의 기능은 다음 각 호의 기준에 적합하여야 한다.
  1. 각 펌프의 작동여부를 확인할 수 있는 **표시등** 및 **음향경보기능**이 있어야 할 것
  2. 각 펌프를 자동 및 수동으로 작동시키거나 작동을 중단시킬 수 있어야 할 것
  3. 비상전원을 설치한 경우에는 **상용전원** 및 **비상전원**의 공급여부를 확인할 수 있어야 할 것
  4. 수조가 저수위로 될 때 **표시등** 및 **음향**으로 경보할 것
  5. 예비전원이 확보되고 **예비전원**의 **적합여부**를 시험할 수 있어야 할 것
③ 감시제어반은 다음 각 호의 기준에 따라 설치하여야 한다.
  1. **화재** 및 **침수** 등의 재해로 인한 피해를 받을 우려가 없는 곳에 설치할 것
  2. 감시제어반은 미분무소화설비의 **전용**으로 할 것
  3. 감시제어반은 다음 각 목의 기준에 따른 전용실 안에 설치할 것
    가. 다른 부분과 **방화구획**을 할 것. 이 경우 전용실의 벽에는 기계실 또는 전기실 등의 감시를 위하여 두께 **7mm** 이상의 **망입유리**(두께 **16.3mm** 이상의 **접합유리** 또는 두께 **28mm** 이상의 **복층유리**를 포함한다.)로 된 $4m^2$ 미만의 **붙박이창**을 설치할 수 있다.
    나. **피난층** 또는 **지하 1층**에 설치할 것
    다. 「무선통신보조설비의 화재안전기준(NFSC 505)」제5조 제3항에 따라 유효하게 통신이 가능할 것(영 [별표 5]의 제5호 마목에 따른 무선통신보조설비가 설치된 특정소방대상물에 한한다.)〈개정 21.3.25.〉
    라. 바닥면적은 감시제어반의 설치에 필요한 면적 외에 화재 시 소방대원이 그 감시제어반의 조작에 필요한 최소면적 이상으로 할 것
  4. 제3호에 따른 전용실에는 소방대상물의 기계·기구 또는 시설 등의 제어 및 감시설비 외의 것을 두지 아니할 것

5. 다음의 각 확인회로마다 **도통시험** 및 **작동시험**을 할 수 있도록 할 것
   가. 수조의 **저수위감시회로**
   나. 개방식 미분무소화설비의 **화재감지기회로**
   다. **개폐밸브의 폐쇄상태 확인회로**
   라. 그 밖의 이와 비슷한 회로
6. 감시제어반과 자동화재탐지설비의 수신기를 별도의 장소에 설치하는 경우에는 이들 상호간에 **동시 통화**가 가능하도록 할 것
④ 동력제어반은 다음 각 호의 기준에 따라 설치하여야 한다.
   1. 앞면은 **적색**으로 하고 "**미분무소화설비용 동력제어반**"이라고 표시한 표지를 설치할 것
   2. 외함은 두께 **1.5mm** 이상의 **강판** 또는 이와 동등 이상의 강도 및 **내열성능**이 있는 것으로 할 것
   3. 그 밖의 동력제어반의 설치에 관하여는 제3항 제1호 및 제2호의 기준을 준용할 것
⑤ 발전기 제어반은 「스프링클러설비의 화재안전기준」 제13조를 준용한다.

제16조 【배선 등】 ① 미분무소화설비의 배선은 「전기사업법」 제67조에 따른 기술기준에서 정한 것 외에 다음 각 호의 기준에 따라 설치하여야 한다.
   1. **비상전원**으로부터 동력제어반 및 가압송수장치에 이르는 전원회로배선은 **내화배선**으로 할 것. 다만, 자가발전설비와 동력제어반이 동일한 실에 설치된 경우에는 자가발전기로부터 그 제어반에 이르는 전원회로배선은 그러하지 아니하다.
   2. **상용전원**으로부터 동력제어반에 이르는 배선, 그 밖의 미분무소화설비의 감시·조작 또는 표시등회로의 배선은 **내화배선** 또는 **내열배선**으로 할 것. 다만, 감시제어반 또는 동력제어반 안의 감시·조작 또는 표시등회로의 배선은 그러하지 아니하다.
② 제1항에 따른 내화배선 및 내열배선에 사용되는 전선 및 설치방법은 「옥내소화전설비의 화재안전기준」의 [별표 1]의 기준에 따른다.
③ 미분무소화설비의 과전류차단기 및 개폐기에는 "**미분무소화설비용**"이라고 표시한 표지를 하여야 한다.
④ 미분무소화설비용 전기배선의 양단 및 접속단자에는 다음 각 호의 기준에 따라 표지하여야 한다.
   1. 단자에는 "**미분무소화설비단자**"라고 표시한 표지를 부착할 것
   2. 미분무소화설비용 전기배선의 양단에는 다른 배선과 식별이 용이하도록 표시할 것

제17조【청소·시험·유지 및 관리 등】 ① 미분무소화설비의 청소·유지 및 관리 등은 건축물의 모든 부분(건축설비를 포함한다.)을 완성한 시점부터 최소 **연 1회** 이상 실시하여 그 성능 등을 확인하여야 한다.
② 미분무소화설비의 배관 등의 청소는 배관의 수리계산 시 설계된 최대방출량으로 방출하여 배관 내 이물질이 제거될 수 있는 충분한 시간동안 실시하여야 한다.
③ 미분무소화설비의 성능시험은 제8조에서 정한 기준에 따라 실시한다.

제18조【재검토 기한】 소방청장은 이 고시에 대하여「훈령·예규 등의 발령 및 관리에 관한 규정」에 따라 2019년 1월 1일 기준으로 매 3년이 되는 시점(매 3년째의 12월 31일까지를 말한다.)마다 그 타당성을 검토하여 개선 등의 조치를 하여야 한다. 〈개정 19.5.24.〉

부 칙 〈제2021-16호, 21.3.25.〉

제1조【시행일】 이 고시는 발령한 날부터 시행한다.

제2조 생 략

〔**별표 1**〕설계도서 작성기준(제4조 관련)

1. 공통사항

   설계도서는 건축물에서 발생 가능한 상황을 선정하되, 건축물의 특성에 따라 제2호의 설계도서 유형 중 가목의 일반설계도서와 나목부터 사목까지의 특별설계도서 중 1개 이상을 작성한다.

2. 설계도서 유형

   가. 일반설계도서

   1) 건물용도, 사용자 중심의 일반적인 화재를 가상한다.
   2) 설계도서에는 다음 사항이 필수적으로 명확히 설명되어야 한다.
      가) 건물사용자 특성
      나) **사용자의 수와 장소**
      다) **실 크기**
      라) 가구와 실내 내용물
      마) 연소 가능한 물질들과 그 특성 및 발화원
      바) **환기조건**
      사) 최초 발화물과 발화물의 위치
   3) 설계자가 필요한 경우 기타 설계도서에 필요한 사항을 추가할 수 있다.

   나. 특별설계도서 1

   1) **내부 문들이 개방**되어 있는 상황에서 피난로에 화재가 발생하여 급격한 화재연소가 이루어지는 상황을 가상한다.
   2) 화재 시 가능한 **피난방법**의 수에 중심을 두고 작성한다.

   다. 특별설계도서 2

   1) **사람**이 **상주**하지 **않는 실**에서 화재가 발생하지만, 잠재적으로 많은 재실자에게 위험이 되는 상황을 가상한다.
   2) 건축물 내의 재실자가 없는 곳에서 화재가 발생하여 **많은 재실자**가 있는 공간으로 **연소확대**되는 상황에 중심을 두고 작성한다.

   라. 특별설계도서 3

   1) **많은 사람**들이 **있는 실**에 **인접**한 **벽**이나 덕트 공간 등에서 화재가 발생한 상황을 가상한다.
   2) **화재감지기**가 **없는 곳**이나 **자동**으로 작동하는 **소화설비**가 **없는 장소**에서 화재가 발생하여 많은 재실자가 있는 곳으로의 연소 확대가 가능한 상황에 중심을 두고 작성한다.

   마. 특별설계도서 4

   1) **많은 거주자**가 있는 **아주 인접한 장소** 중 소방시설의 작동범위에 들어가지 않는 장소에서 아주 천천히 성장하는 화재를 가상한다.
   2) **작은 화재**에서 시작하지만 큰 **대형화재**를 일으킬 수 있는 화재에 중심을 두고 작성한다.

바. 특별설계도서 5
1) 건축물의 일반적인 사용 특성과 관련, **화재하중**이 **가장 큰 장소**에서 발생한 아주 심각한 화재를 가상한다.
2) **재실자**가 있는 공간에서 **급격하게 연소 확대**되는 **화재**를 중심으로 작성한다.

사. 특별설계도서 6
1) **외부**에서 발생하여 **본 건물**로 **화재**가 **확대**되는 경우를 가상한다.
2) **본 건물**에서 **떨어진 장소**에서 화재가 발생하여 본 건물로 화재가 확대되거나 피난로를 막거나 거주가 불가능한 조건을 만드는 화재에 중심을 두고 작성한다.

9 포소화설비(NFSC 105)

일부개정 2021. 12. 16. 소방청고시 제2021-48호

제1조【목적】 이 기준은 「화재예방, 소방시설 설치·유지 및 안전관리에 관한 법률」 제9조 제1항에 따라 소방청장에게 위임한 사항 중 물분무등소화설비인 포소화설비의 설치·유지 및 안전관리에 필요한 사항을 규정함을 목적으로 한다. 〈개정 17.7.26.〉

제2조【적용범위】 「화재예방, 소방시설 설치·유지 및 안전관리에 관한 법률 시행령」 (이하 "**영**"이라 한다.) [별표 5] 제1호 바목에 따른 포소화설비는 이 기준에서 정하는 규정에 따라 설비를 설치하고 유지·관리하여야 한다. 〈개정 16.7.13.〉

제3조【정의】 이 기준에서 사용하는 용어의 정의는 다음과 같다.
1. "**고가수조**"란 **구조물** 또는 **지형지물** 등에 설치하여 자연낙차 압력으로 급수하는 수조를 말한다. 〈개정 12.8.20.〉
2. "**압력수조**"란 소화용수와 공기를 채우고 **일정압력 이상**으로 **가압**하여 그 압력으로 급수하는 수조를 말한다. 〈개정 12.8.20.〉
3. "**충압펌프**"란 배관 내 압력손실에 따른 **주펌프**의 **빈번한 기동**을 **방지**하기 위하여 충압역할을 하는 펌프를 말한다. 〈개정 12.8.20.〉
4. "**연성계**"란 **대기압 이상**의 압력과 **대기압 이하**의 압력을 측정할 수 있는 계측기를 말한다. 〈개정 12.8.20.〉
5. "**진공계**"란 대기압 이하의 압력을 측정하는 계측기를 말한다. 〈개정 12.8.20.〉
6. "**정격토출량**"이란 정격토출압력에서의 펌프의 토출량을 말한다. 〈개정 12.8.20.〉
7. "**정격토출압력**"이란 정격토출량에서의 펌프의 토출측 압력을 말한다. 〈개정 12.8.20.〉
8. "**전역방출방식**"이란 고정식 포 발생장치로 구성되어 포 수용액이 방호대상물 주위가 **막혀진 공간**이나 **밀폐공간** 속으로 방출되도록 된 설비방식을 말한다. 〈개정 12.8.20.〉
9. "**국소방출방식**"이란 고정된 포 발생장치로 구성되어 화점이나 **연소 유출물 위에 직접 포를 방출**하도록 설치된 설비방식을 말한다. 〈개정 12.8.20.〉
10. "**팽창비**"란 최종 발생한 포 체적을 원래 포 수용액 체적으로 **나눈 값**을 말한다. 〈개정 12.8.20.〉
11. "**개폐표시형밸브**"란 밸브의 **개폐여부**를 외부에서 **식별**이 가능한 밸브를 말한다. 〈개정 12.8.20.〉
12. "**기동용 수압개폐장치**"란 소화설비의 배관 내 **압력변동**을 **검지**하여 자동적으로 **펌프**를 기동 및 정지시키는 것으로서 **압력챔버** 또는 **기동용 압력스위치** 등을 말한다. 〈개정 12.8.20.〉

13. "**포워터스프링클러설비**"란 **포워터스프링클러헤드**를 사용하는 포소화설비를 말한다.
〈개정 12.8.20.〉
14. "**포헤드설비**"란 **포헤드**를 사용하는 포소화설비를 말한다.〈개정 12.8.20.〉
15. "**고정포방출설비**"란 **고정포방출구**를 사용하는 설비를 말한다.〈개정 12.8.20.〉
16. "**호스릴포소화설비**"란 **호스릴포방수구·호스릴** 및 **이동식 포노즐**을 사용하는 설비를 말한다.〈개정 12.8.20.〉
17. "**포소화전설비**"란 **포소화전방수구·호스** 및 **이동식 포노즐**을 사용하는 설비를 말한다.〈개정 12.8.20.〉
18. "**송액관**"이란 수원으로부터 **포헤드·고정포방출구** 또는 **이동식 포노즐**에 급수하는 배관을 말한다.〈개정 12.8.20.〉
19. "**급수배관**"이란 수원 및 옥외송수구로부터 포소화설비의 **헤드** 또는 **방출구**에 급수하는 배관을 말한다.〈개정 12.8.20.〉
19의2. "**분기배관**"이란 배관 측면에 구멍을 뚫어 둘 이상의 관로가 생기도록 가공한 배관으로서 확관형 분기배관과 비확관형 분기배관을 말한다.
19의3. "**확관형 분기배관**"이란 배관의 측면에 조그만 구멍을 뚫고 소성가공으로 확관시켜 배관 용접이음자리를 만들거나 배관 용접이음자리에 배관이음쇠를 용접이음한 배관을 말한다.
19의4. "**비확관형 분기배관**"이란 배관의 측면에 분기호칭내경 이상의 구멍을 뚫고 배관이음쇠를 용접이음한 배관을 말한다.
20. "**펌프 프로포셔너방식**"이란 펌프의 토출관과 흡입관 사이의 배관 도중에 설치한 흡입기에 펌프에서 토출된 물의 일부를 보내고, **농도조정밸브**에서 조정된 포소화약제의 필요량을 포소화약제 탱크에서 펌프 흡입측으로 보내어 이를 혼합하는 방식을 말한다.〈개정 12.8.20.〉
21. "**프레져 프로포셔너방식**"이란 펌프와 발포기의 중간에 설치된 벤투리관의 벤투리작용과 펌프 가압수의 **포소화약제 저장탱크**에 대한 압력에 따라 포소화약제를 흡입·혼합하는 방식을 말한다.〈개정 12.8.20.〉
22. "**라인 프로포셔너방식**"이란 펌프와 발포기의 중간에 설치된 **벤투리관의 벤투리작용**에 따라 포소화약제를 흡입·혼합하는 방식을 말한다.〈개정 12.8.20.〉
23. "**프레져사이드 프로포셔너방식**"이란 펌프의 토출관에 압입기를 설치하여 **포소화약제 압입용 펌프**로 포소화약제를 압입시켜 혼합하는 방식을 말한다.〈개정 12.8.20.〉
24. "**가압수조**"란 가압원인 **압축공기** 또는 **불연성 고압기체**에 따라 소방용수를 가압시키는 수조를 말한다.〈신설 08.12.15., 개정 12.8.20.〉
25. "**압축공기포소화설비**"란 **압축공기** 또는 **압축질소**를 일정비율로 포수용액에 **강제주입** 혼합하는 방식을 말한다.〈신설 15.10.28.〉

제4조 【종류 및 적응성】 특정소방대상물에 따라 적응하는 포소화설비는 다음 각 호와 같다.〈개정 12.8.20.〉

1. 「소방기본법 시행령」[별표 2]의 **특수가연물**을 저장·취급하는 **공장** 또는 **창고** : **포워터스프링클러설비·포헤드설비** 또는 **고정포방출설비, 압축공기포소화설비**
〈개정 12.8.20.〉〈전문개정 15.10.28.〉

2. **차고** 또는 **주차장** : 포워터스프링클러설비·포헤드설비 또는 **고정포방출설비, 압축공기포소화설비**. 다만, 다음 각 목의 어느 하나에 해당하는 **차**고·주차장의 부분에는 **호**스릴포소화설비 또는 포소화전설비를 설치할 수 있다.〈개정 12.8.20.〉
〈전문개정 15.10.28.〉 설계 15회

   가. **완**전 개방된 옥상주차장 또는 **고**가 밑의 주차장으로서 주된 벽이 없고 기둥뿐이거나 주위가 위해방지용 철주 등으로 둘러싸인 부분〈개정 19.8.13.〉

   나. 삭 제〈19.8.13.〉

   다. **지상 1층**으로서 지붕이 없는 부분〈개정 19.8.13.〉

   라. 삭 제〈19.8.13.〉

> 기억법 차호완고1

3. 항공기격납고 : **포워터스프링클러설비·포헤드설비** 또는 **고정포방출설비, 압축공기포소화설비**. 다만, 바닥면적의 합계가 1,000m^2 이상이고 항공기의 격납위치가 한정되어 있는 경우에는 그 한정된 장소 외의 부분에 대하여는 **호스릴포소화설비**를 설치할 수 있다.

4. 발전기실, 엔진펌프실, 변압기, 전기케이블실, 유압설비 : 바닥면적의 합계가 300m^2 미만의 장소에는 **고정식 압축공기포소화설비**를 설치할 수 있다.〈신설 15.10.28.〉

제5조 【수원】 ① 포소화설비의 수원은 그 저수량이 특정소방대상물에 따라 다음 각 호의 기준에 적합하도록 하여야 한다.〈개정 12.8.20.〉

1. 「소방기본법 시행령」[별표 2]의 특수가연물을 저장·취급하는 공장 또는 창고 : 포워터스프링클러설비 또는 포헤드설비의 경우에는 포워터스프링클러헤드 또는 포헤드(이하 "**포헤드**"라 한다.)가 가장 많이 설치된 층의 포헤드(바닥면적이 200m^2를 초과한 층은 바닥면적 200m^2 이내에 설치된 포헤드를 말한다.)에서 동시에 표준방사량으로 **10분**간 방사할 수 있는 양 이상으로, 고정포방출설비의 경우에는 고정포방출구가 가장 많이 설치된 방호구역 안의 고정포방출구에서 표준방사량으로 10분간 방사할 수 있는 양 이상으로 한다. 이 경우 하나의 공장 또는 창고에 포워터스프링클러설비·포헤드설비 또는 고정포방출설비가 함께 설치된 때에는 각 설비별로 산출된 저수량 중 최대의 것을 그 특정소방대상물에 설치하여야 할 수원의 양으로 한다.〈개정 12.8.20.〉

2. **차고 또는 주차장** : **호스릴포소화설비** 또는 **포소화전설비**의 경우에는 방수구가 가장 많은 층의 설치개수(호스릴포방수구 또는 포소화전방수구가 5개 이상 설치된 경우에는 **5개**)에 **6m³**를 곱한 양 이상으로 포워터스프링클러설비·포헤드설비 또는 고정포방출설비의 경우에는 제1호의 기준을 준용한다. 이 경우 하나의 차고 또는 주차장에 호스릴포소화설비·포소화전설비·포워터스프링클러설비·포헤드설비 또는 고정포방출설비가 함께 설치된 때에는 각 설비별로 산출된 저수량 중 최대의 것을 그 차고 또는 주차장에 설치하여야 할 수원의 양으로 한다.

3. **항공기격납고** : **포워터스프링클러설비·포헤드설비** 또는 **고정포방출설비**의 경우에는 포헤드 또는 고정포방출구가 가장 많이 설치된 항공기격납고의 포헤드 또는 고정포방출구에서 동시에 표준방사량으로 **10분**간 방사할 수 있는 양 이상으로 하되, 호스릴포소화설비를 함께 설치한 경우에는 호스릴포방수구가 가장 많이 설치된 격납고의 호스릴방수구수(호스릴포방수구가 5개 이상 설치된 경우에는 **5개**)에 **6m³**를 곱한 양을 합한 양 이상으로 하여야 한다.

4. 압축공기포소화설비를 설치하는 경우 방수량은 설계 사양에 따라 방호구역에 최소 **10분**간 방사할수 있어야 한다.〈신설 15.10.28.〉

5. 압축공기포소화설비의 설계방출밀도(L/min·m²)는 설계사양에 따라 정하여야 하며 **일반가연물, 탄화수소류**는 **1.63L/min·m²** 이상, **특수가연물, 알코올류**와 **케톤류**는 **2.3L/min·m²** 이상으로 하여야 한다.〈신설 15.10.28.〉

② 포소화설비의 수원을 수조로 설치하는 경우에는 소방설비의 전용수조로 하여야 한다. 다만, 다음 각 호의 어느 하나에 해당하는 경우에는 그러하지 아니하다.
〈개정 12.8.20.〉

1. 포소화설비 펌프의 후드밸브 또는 흡수배관의 흡수구(수직회전축펌프의 흡수구를 포함한다. 이하 같다.)를 다른 설비(소방용 설비 외의 것을 말한다. 이하 같다.)의 후드밸브 또는 흡수구보다 낮은 위치에 설치한 때

2. 제6조 제2항에 따라 고가수조로부터 포소화설비의 수직배관에 물을 공급하는 급수구를 다른 설비의 급수구보다 낮은 위치에 설치한 때〈개정 12.8.20.〉

③ 제1항에 따른 저수량을 산정함에 있어서 다른 설비와 겸용하여 포소화설비용 수조를 설치하는 경우에는 포소화설비의 후드밸브·흡수구 또는 수직배관의 급수구와의 다른 설비의 후드밸브·흡수구 또는 수직배관의 급수구와의 사이의 수량을 그 유효수량으로 한다.〈개정 12.8.20.〉

④ 포소화설비용 수조는 다음 각 호의 기준에 따라 설치하여야 한다.〈개정 12.8.20.〉
1. 점검에 편리한 곳에 설치할 것
2. **동결방지조치**를 하거나 동결의 우려가 없는 장소에 설치할 것

3. 수조의 **외측**에 **수위계**를 설치할 것. 다만, 구조상 불가피한 경우에는 수조의 맨홀 등을 통하여 수조 안의 물의 양을 쉽게 확인할 수 있도록 하여야 한다.
4. 수조의 상단이 바닥보다 높은 때에는 수조의 **외측**에 **고정식 사다리**를 설치할 것
5. 수조가 실내에 설치된 때에는 그 **실내**에 **조명설비**를 설치할 것
6. 수조의 밑부분에는 **청소용 배수밸브** 또는 **배수관**을 설치할 것
7. 수조의 외측의 보기 쉬운 곳에 "**포소화설비용 수조**"라고 표시한 표지를 할 것. 이 경우 그 수조를 다른 설비와 겸용하는 때에는 그 겸용되는 설비의 이름을 표시한 표지를 함께 하여야 한다.
8. 포소화설비 펌프의 **흡수배관** 또는 포소화설비의 **수직배관**과 수조의 **접속부분**에는 "**포소화설비용 배관**"이라고 표시한 표지를 할 것. 다만, 수조와 가까운 장소에 포소화설비 펌프가 설치되고 포소화설비 펌프에 제6조 제1항 제14호에 따른 표지를 설치한 때에는 그러하지 아니하다.〈개정 12.8.20.〉

제6조【가압송수장치】 ① 전동기 또는 내연기관에 따른 펌프를 이용하는 가압송수장치는 다음 각 호의 기준에 따라 설치하여야 한다. 다만, 가압송수장치의 주펌프는 전동기에 따른 펌프를 설치하여야 한다.〈개정 12.8.20.〉〈단서신설 15.10.28.〉
1. 쉽게 접근할 수 있고 점검하기에 충분한 공간이 있는 장소로서 화재 및 침수 등의 재해로 인한 피해를 받을 우려가 없는 곳에 설치할 것
2. **동결방지조치**를 하거나 동결의 우려가 없는 장소에 설치하여야 한다. 다만, 보온재를 사용할 경우에는 난연재료 성능 이상의 것으로 하여야 한다.〈단서신설 15.10.28.〉
3. 소화약제가 변질될 우려가 없는 곳에 설치할 것
4. 펌프의 토출량은 포헤드·고정포방출구 또는 이동식 포노즐의 설계압력 또는 노즐의 방사압력의 허용범위 안에서 포수용액을 방출 또는 방사할 수 있는 양 이상이 되도록 할 것
5. 펌프는 **전용**으로 할 것. 다만, 다른 소화설비와 겸용하는 경우 각각의 소화설비의 성능에 지장이 없을 때에는 그러하지 아니하다.
6. 펌프의 양정은 다음의 식에 따라 산출한 수치 이상이 되도록 할 것

$$H = h_1 + h_2 + h_3 + h_4$$

여기서, H : 펌프의 양정[m]
h_1 : 방출구의 설계압력 환산수두 또는 노즐선단의 방사압력 환산수두[m]
h_2 : 배관의 마찰손실수두[m]
h_3 : 낙차[m]
h_4 : 소방용 호스의 마찰손실수두[m]

7. 펌프의 **토출측**에는 **압력계**를 체크밸브 이전에 펌프 토출측 플랜지에서 가까운 곳에 설치하고, **흡입측**에는 **연성계** 또는 **진공계**를 설치할 것. 다만, 수원의 수위가 펌프의 위치보다 높거나 수직회전축펌프의 경우에는 연성계 또는 진공계를 설치하지 아니할 수 있다.
8. 가압송수장치에는 정격부하운전 시 **펌프**의 **성능**을 **시험**하기 위한 **배관**을 설치할 것. 다만, **충압펌프**의 경우에는 그러하지 아니하다.
9. 가압송수장치에는 체절운전 시 수온의 상승을 방지하기 위한 순환배관을 설치할 것. 다만, 충압펌프의 경우에는 그러하지 아니하다.
10. **기동용 수압개폐장치**(압력챔버)를 사용할 경우 그 용적은 **100L** 이상의 것으로 할 것
11. 수원의 수위가 펌프보다 낮은 위치에 있는 가압송수장치에는 다음 각 목의 기준에 따른 물올림장치를 설치할 것〈개정 12.8.20.〉
   가. 물올림장치에는 전용의 수조를 설치할 것
   나. 수조의 유효수량은 **100L** 이상으로 하되, 구경 **15mm** 이상의 급수배관에 따라 해당 수조에 물이 계속 보급되도록 할 것〈개정 12.8.20.〉
12. 기동용 수압개폐장치를 기동장치로 사용하는 경우에는 다음 각 목의 기준에 따른 **충압펌프**를 설치할 것. 다만, 호스릴포소화설비 또는 포소화전설비를 설치한 경우 소화용 급수펌프로 상시 충압이 가능하고 1개의 호스릴포방수구 또는 포소화전방수구를 개방할 때에 급수펌프가 정지되는 시간 없이 지속적으로 작동될 수 있고 다음 가목의 성능을 갖춘 경우에는 충압펌프를 별도로 설치하지 아니할 수 있다.〈개정 12.8.20.〉
   가. 펌프의 토출압력은 그 설비의 **최고위 일제개방밸브·포소화전** 또는 **호스릴포방수구**의 자연압보다 적어도 **0.2MPa**이 더 크도록 하거나 가압송수장치의 정격토출압력과 같게 할 것
   나. 펌프의 정격토출량은 정상적인 누설량보다 적어서는 아니 되며, 포소화설비가 자동적으로 작동할 수 있도록 충분한 토출량을 유지할 것
13. 내연기관을 사용하는 경우에는 제어반에 따라 내연기관의 **자동기동** 및 **수동기동**이 가능하고, 상시 충전되어 있는 **축전지설비**를 갖출 것
14. 가압송수장치에는 "**포소화설비펌프**"라고 표시한 표지를 할 것. 이 경우 그 가압송수장치를 다른 설비와 겸용하는 때에는 그 겸용되는 설비의 이름을 표시한 표지를 함께 하여야 한다.
15. 가압송수장치가 기동이 된 경우에는 자동으로 정지되지 아니하도록 하여야 한다. 다만, **충압펌프**의 경우에는 그러하지 아니하다.〈개정 08.12.15.〉

16. **압축공기포소화설비**에 설치되는 펌프의 양정은 **0.4MPa** 이상이 되어야 한다. 다만, 자동으로 급수장치를 설치한 때에는 전용펌프를 설치하지 아니할 수 있다. 〈신설 15.10.28.〉
17. 가압송수장치는 부식 등으로 인한 펌프의 고착을 방지할 수 있도록 다음 각 목의 기준에 적합한 것으로 할 것. 다만, 충압펌프는 제외한다.〈신설 21.8.5.〉
    가. 임펠러는 청동 또는 스테인리스 등 부식에 강한 재질을 사용할 것
    나. 펌프축은 스테인리스 등 부식에 강한 재질을 사용할 것

② 고가수조의 자연낙차를 이용한 가압송수장치는 다음 각 호의 기준에 따라 설치하여야 한다.〈개정 12.8.20.〉
1. 고가수조의 자연낙차수두(수조의 하단으로부터 최고층에 설치된 포헤드까지의 수직거리를 말한다.)는 다음의 식에 따라 산출한 수치 이상이 되도록 할 것

$$H = h_1 + h_2 + h_3$$

여기서, H : 필요한 낙차[m]
h_1 : 방출구의 설계압력 환산수두 또는 노즐선단의 방사압력 환산수두[m]
h_2 : 배관의 마찰손실수두[m]
h_3 : 소방용 호스의 마찰손실수두[m]

2. **고**가수조에는 **수**위계 · **배**수관 · **급**수관 · **오**버플로관 및 **맨**홀을 설치할 것

> 기억법 고수배급오맨

③ 압력수조를 이용한 가압송수장치는 다음 각 호의 기준에 따라 설치하여야 한다. 〈개정 12.8.20.〉
1. 압력수조의 압력은 다음의 식에 따라 산출한 수치 이상이 되도록 할 것

$$P = p_1 + p_2 + p_3 + p_4$$

여기서, P : 필요한 압력[MPa]
p_1 : 방출구의 설계압력 또는 노즐선단의 방사압력[MPa]
p_2 : 배관의 마찰손실수두압[MPa]
p_3 : 낙차의 환산수두압[MPa]
p_4 : 소방용 호스의 마찰손실수두압[MPa]

2. **압**력수조에는 수위계 · 급수관 · 배수관 · **급기**관 · 맨홀 · 압력계 · **안**전장치 및 압력저하방지를 위한 **자**동식 공기압축기를 설치할 것

> 기억법 압기안자

④ 가압송수장치에는 포헤드 · 고정방출구 또는 이동식 포노즐의 방사압력이 설계압력 또는 방사압력의 허용범위를 넘지 아니하도록 감압장치를 설치하여야 한다.

⑤ 가압송수장치는 다음 표에 따른 표준방사량을 방사할 수 있도록 하여야 한다.
〈단서신설 15.10.28.〉

구 분	표준방사량
포워터스프링클러헤드	75L /min 이상
포헤드·고정포방출구 또는 이동식 포노즐·압축공기포헤드	각 포헤드·고정포방출구 또는 이동식 포노즐의 설계압력에 따라 방출되는 소화약제의 양

⑥ **가압수조**를 이용한 가압송수장치는 다음 각 호의 기준에 따라 설치하여야 한다.
〈신설 08.12.15., 개정 12.8.20.〉
1. **가압수조**의 압력은 제5항에 따른 방수량 및 방수압이 **20분** 이상 유지되도록 할 것
〈개정 12.8.20.〉
2. 삭 제〈15.1.23.〉
3. 가압수조 및 가압원은 「건축법 시행령」 제46조에 따른 방화구획 된 장소에 설치할 것
4. 삭 제〈15.1.23.〉
5. 소방청장이 정하여 고시한 「가압수조식 가압송수장치의 성능인증 및 제품검사의 기술기준」에 적합한 것으로 설치할 것〈개정 17.7.26.〉

제7조【배관 등】 ① 배관은 **배관용 탄소강관**(KS D 3507) 또는 배관 내 사용압력이 **1.2MPa 이상**일 경우에는 **압력배관용 탄소강관**(KS D 3562) 또는 **이음매 없는 동 및 동합금**(KS D 5301)의 **배관용 동관**이거나 이와 동등 이상의 강도·내식성 및 내열성을 가진 것으로 하여야 한다. 다만, 다음 각 호의 어느 하나에 해당하는 장소에는 법 제39조에 따라 제품검사에 합격한 **소방용 합성수지배관**으로 설치할 수 있다.
〈개정 12.8.20.〉
1. 배관을 **지하**에 **매설**하는 경우
2. 다른 부분과 **내화구조**로 구획된 덕트 또는 피트의 내부에 설치하는 경우
3. 천장(상층이 있는 경우에는 상층바닥의 하단을 포함한다. 이하 같다.)과 반자를 **불연재료** 또는 **준불연재료**로 설치하고 그 내부에 **습식**으로 **배관**을 설치하는 경우
② 송액관은 포의 방출 종료 후 배관 안의 액을 배출하기 위하여 적당한 기울기를 유지하도록 하고 그 낮은 부분에 **배액밸브**를 설치하여야 한다.
③ 포워터스프링클러설비 또는 포헤드설비의 가지배관의 배열은 **토너먼트방식**이 **아니어야** 하며, 교차배관에서 분기하는 지점을 기점으로 한쪽 가지배관에 설치하는 헤드의 수는 **8개 이하**로 한다.
④ 송액관은 **전용**으로 하여야 한다. 다만, 포소화전의 기동장치의 조작과 동시에 다른 설비의 용도에 사용하는 배관의 송수를 차단할 수 있거나, 포소화설비의 성능에 지장이 없는 경우에는 다른 설비와 겸용할 수 있다.

⑤ 펌프의 흡입측 배관은 다음 각 호의 기준에 따라 설치하여야 한다.〈개정 12.8.20.〉
  1. **공기고임**이 생기지 아니하는 구조로 하고 **여과장치**를 설치할 것
  2. 수조가 펌프보다 낮게 설치된 경우에는 각 펌프(충압펌프를 포함한다.)마다 수조로부터 별도로 설치할 것〈개정 12.8.20.〉
⑥ **연결송수관설비**의 배관과 겸용할 경우의 **주배관**은 구경 100mm 이상, 방수구로 연결되는 배관의 구경은 65mm 이상의 것으로 하여야 한다.
⑦ 펌프의 성능은 체절운전 시 정격토출압력의 **140%**를 초과하지 아니하고, 정격토출량의 **150%**로 운전 시 정격토출압력의 **65%** 이상이 되어야 하며, 펌프의 성능시험배관은 다음 각 호의 기준에 적합하여야 한다.〈개정 12.8.20.〉
  1. 성능시험배관은 펌프의 토출측에 설치된 **개폐밸브 이전**에서 분기하여 설치하고, 유량측정장치를 기준으로 **전단 직관부**에 **개폐밸브**를 후단 직관부에는 **유량조절밸브**를 설치할 것
  2. 유량측정장치는 성능시험배관의 직관부에 설치하되, 펌프의 정격토출량의 **175% 이상** 측정할 수 있는 성능이 있을 것
⑧ 가압송수장치의 체절운전 시 수온의 상승을 방지하기 위하여 체크밸브와 펌프 사이에서 분기한 구경 20mm 이상의 배관에 **체절압력 미만**에서 개방되는 **릴리프밸브**를 설치하여야 한다.
⑨ **동결방지조치**를 하거나 동결의 우려가 없는 장소에 설치하여야 한다. 다만, 보온재를 사용할 경우에는 **난연재료** 성능 이상의 것으로 하여야 한다.〈개정 15.1.23.〉
⑩ 급수배관에 설치되어 급수를 차단할 수 있는 개폐밸브(포헤드·고정포방출구 또는 이동식 포노즐은 제외한다.)는 **개폐표시형**으로 하여야 한다. 이 경우 펌프의 흡입측 배관에는 **버터플라이밸브** 외의 **개폐표시형밸브**를 설치하여야 한다.
⑪ 제10항의 개폐밸브에는 그 밸브의 개폐상태를 감시제어반에서 확인할 수 있는 급수개폐밸브 작동표시 스위치를 다음 각 호의 기준에 따라 설치하여야 한다.
〈개정 12.8.20.〉
  1. 급수개폐밸브가 잠길 경우 탬퍼스위치의 동작으로 인하여 **감시제어반** 또는 **수신기**에 표시되어야 하며 **경보음**을 발할 것
  2. 탬퍼스위치는 감시제어반에서 **동작**의 **유무확인**과 **동작시험**, **도통시험**을 할 수 있을 것
  3. 급수개폐밸브의 작동표시 스위치에 사용되는 전기배선은 **내화전선** 또는 **내열전선**으로 설치할 것

⑫ 배관은 다른 설비의 배관과 쉽게 구분이 될 수 있는 위치에 설치하거나 그 배관 표면 또는 **배관 보온재 표면**의 **색상**은 **적색** 등으로 소방용 설비의 배관임을 표시하여야 한다.〈개정 12.8.20.〉
⑬ 포소화설비에는 소방차로부터 그 설비에 송수할 수 있는 송수구를 다음 각 호의 기준에 따라 설치하여야 한다.〈개정 12.8.20.〉
  1. 송수구는 화재층으로부터 지면으로 떨어지는 유리창 등이 송수 및 그 밖의 소화작업에 지장을 주지 아니하는 장소에 설치할 것
  2. 송수구로부터 포소화설비의 주배관에 이르는 연결배관에 **개폐밸브**를 설치한 때에는 그 **개폐상태**를 **쉽게 확인** 및 조작할 수 있는 **옥외** 또는 **기계실** 등의 장소에 설치할 것
  3. 구경 **65mm**의 **쌍구형**으로 할 것
  4. 송수구에는 그 가까운 곳의 보기 쉬운 곳에 **송수압력범위**를 **표시**한 표지를 할 것
  [설계 17회]
  5. 포소화설비의 송수구는 하나의 층의 바닥면적이 3,000m²를 넘을 때마다 1개 이상을 설치할 것(5개를 넘을 경우에는 **5개**로 한다.)
  6. 지면으로부터 높이가 **0.5m 이상 1m 이하**의 위치에 설치할 것
  7. 송수구의 가까운 부분에 **자동배수밸브**(또는 직경 **5mm의 배수공**) 및 **체크밸브**를 설치할 것. 이 경우 자동배수밸브는 배관 안의 물이 잘 빠질 수 있는 위치에 설치하되, 배수로 인하여 다른 물건 또는 장소에 피해를 주지 아니하여야 한다.
  8. **송수구**에는 이물질을 막기 위한 **마개**를 씌울 것〈신설 08.12.15.〉
  9. 압축공기포소화설비를 스프링클러보조설비로 설치하거나 압축공기포소화설비에 자동으로 급수되는 장치를 설치한 때에는 **송수구** 설치를 아니할 수 있다.
  〈신설 15.10.28.〉
⑭ 압축공기포소화설비의 배관은 **토너먼트방식**으로 하여야 하고 소화약제가 균일하게 방출되는 **등거리 배관구조**로 설치하여야 한다.〈신설 15.10.28.〉
⑮ 확관형 분기배관을 사용할 경우에는 소방청장이 정하여 고시한「분기배관의 성능인증 및 제품검사의 기술기준」에 적합한 것으로 설치하여야 한다.〈개정 21.12.16.〉

제8조【저장탱크 등】 ① 포소화약제의 저장탱크(용기를 포함한다. 이하 같다.)는 다음 각 호의 기준에 따라 설치하고 제9조에 따른 혼합장치와 배관 등으로 연결하여 두어야 한다.〈개정 12.8.20.〉
  1. 화재 등의 재해로 인한 피해를 받을 우려가 없는 장소에 설치할 것
  2. 기온의 변동으로 포의 발생에 장애를 주지 아니하는 장소에 설치할 것. 다만, 기온의 변동에 영향을 받지 아니하는 포소화약제의 경우에는 그러하지 아니하다.

3. 포소화약제가 **변질**될 **우려**가 **없고 점검**에 **편리**한 장소에 설치할 것
4. 가압송수장치 또는 포소화약제 혼합장치의 기동에 따라 압력이 가해지는 것 또는 상시 가압된 상태로 사용되는 것은 **압력계**를 설치할 것〈개정 12.8.20.〉
5. 포소화약제 저장량의 확인이 쉽도록 **액면계** 또는 **계량봉** 등을 설치할 것
6. 가압식이 아닌 저장탱크는 **그라스게이지**를 설치하여 액량을 측정할 수 있는 구조로 할 것

② 포소화약제의 저장량은 다음 각 호의 기준에 따른다.〈개정 12.8.20.〉
1. 고정포방출구 방식은 다음 각 목의 양을 합한 양 이상으로 할 것〈개정 12.8.20.〉
   가. 고정포방출구에서 방출하기 위하여 필요한 양

   $$Q = A \times Q_1 \times T \times S$$

   여기서, Q : 포소화약제의 양[L]
   A : 탱크의 액표면적[m^2]
   Q_1 : 단위 포소화수용액의 양[$L/m^2 \cdot min$]
   T : 방출시간[min]
   S : 포소화약제의 사용농도[%]

   나. **보조 소화전**에서 방출하기 위하여 필요한 양

   $$Q = N \times S \times 8{,}000L$$

   여기서, Q : 포소화약제의 양[L]
   N : 호스접결구수(3개 이상인 경우는 3)
   S : 포소화약제의 사용농도[%]

   다. 가장 먼 탱크까지의 송액관(내경 **75mm** 이하의 송액관을 제외한다.)에 충전하기 위하여 필요한 양

2. **옥내포소화전방식** 또는 **호스릴방식**에 있어서는 다음의 식에 따라 산출한 양 이상으로 할 것. 다만, 바닥면적이 200m^2 **미만**인 건축물에 있어서는 그 **75%**로 할 수 있다.

   $$Q = N \times S \times 6{,}000L$$

   여기서, Q : 포소화약제의 양[L]
   N : 호스접결구수(5개 이상인 경우는 5)
   S : 포소화약제의 사용농도[%]

3. **포헤드방식** 및 **압축공기포소화설비**에 있어서는 하나의 방사구역 안에 설치된 포헤드를 동시에 개방하여 **표준방사량**으로 10분간 방사할 수 있는 양 이상으로 할 것
〈개정 15.10.28.〉

9. 포소화설비(NFSC 105)

제9조 【혼합장치】 포소화약제의 혼합장치는 포소화약제의 사용농도에 적합한 수용액으로 혼합할 수 있도록 다음 각 호의 어느 하나에 해당하는 방식에 따르되, 법 제39조에 따라 제품검사에 합격한 것으로 설치하여야 한다. 〈개정 12.8.20.〉

1. **펌**프 프로포셔너방식
2. **프**레져 프로포셔너방식
3. **라**인 프로포셔너방식
4. 프레져 **사**이드 프로포셔너방식
5. **압**축공기포 믹싱챔버방식 〈신설 15.10.28.〉

> [기억법] **펌프사라압**(펌프사랑압)

제10조 【개방밸브】 포소화설비의 개방밸브는 다음 각 호의 기준에 따라 설치하여야 한다. 〈개정 12.8.20.〉
1. **자동개방밸브**는 화재감지장치의 작동에 따라 자동으로 개방되는 것으로 할 것
2. **수동식개방밸브**는 화재 시 쉽게 접근할 수 있는 곳에 설치할 것

제11조 【기동장치】 ① **포**소화설비의 수동식 기동장치는 다음 각 호의 기준에 따라 설치하여야 한다. 〈개정 12.8.20.〉
1. **직**접조작 또는 원격조작에 따라 **가압송수장치 · 수동식개방밸브** 및 **소화약제 혼합장치**를 기동할 수 있는 것으로 할 것
2. **2** 이상의 방사구역을 가진 포소화설비에는 방사구역을 선택할 수 있는 구조로 할 것
3. **기**동장치의 조작부는 화재 시 쉽게 접근할 수 있는 곳에 설치하되, 바닥으로부터 **0.8m 이상 1.5m 이하**의 위치에 설치하고, 유효한 보호장치를 설치할 것
4. **기**동장치의 조작부 및 호스접결구에는 가까운 곳의 보기 쉬운 곳에 각각 "**기동장치의 조작부**" 및 "**접결구**"라고 **표**시한 표지를 설치할 것
5. **차**고 또는 **주차장**에 설치하는 포소화설비의 수동식 기동장치는 방사구역마다 1개 이상 설치할 것
6. **항**공기격납고에 설치하는 포소화설비의 수동식 기동장치는 각 방사구역마다 2개 이상을 설치하되, 그 중 1개는 각 방사구역으로부터 **가장 가까운 곳** 또는 **조작**에 **편리한 장소**에 설치하고, 1개는 화재감지수신기를 설치한 **감시실** 등에 설치할 것

> [기억법] **포직 2 기표차항**

② **포**소화설비의 자동식 기동장치는 자동화재탐지설비의 감지기의 작동 또는 폐쇄형 스프링클러헤드의 개방과 연동하여 가압송수장치 · 일제개방밸브 및 포소화약제 혼

합장치를 기동시킬 수 있도록 다음 각 호의 기준에 따라 설치하여야 한다. 다만, 자동화재탐지설비의 수신기가 설치된 장소에 **상시 사람**이 **근무**하고 있고, 화재 시 **즉시** 해당 **조작부**를 **작동**시킬 수 있는 경우에는 그러하지 아니하다. 〈개정 12.8.20.〉

1. 폐쇄형스프링클러헤드를 사용하는 경우에는 다음 각 목의 기준에 따를 것
   〈개정 12.8.20.〉
   가. 표시**온**도가 **7**9℃ **미만**인 것을 사용하고, 1개의 스프링클러헤드의 경계면적은 **2**0m² **이하**로 할 것
   나. 부착면의 높이는 **바**닥으로부터 **5**m **이하**로 하고, 화재를 유효하게 감지할 수 있도록 할 것
   다. 하나의 감지장치 경계구역은 하나의 **층**이 되도록 할 것

   > 기억법 포온7 2바5층

2. 화재감지기를 사용하는 경우에는 다음 각 목의 기준에 따를 것 〈개정 12.8.20.〉
   가. 화재감지기는「자동화재탐지설비의 화재안전기준(NFSC 203)」제7조의 기준에 따라 설치할 것 〈개정 12.8.20.〉
   나. 화재감지기 회로에는 다음 각 세목의 기준에 따른 **발신기**를 설치할 것
   〈개정 12.8.20.〉
   (1) 조작이 쉬운 장소에 설치하고, 스위치는 바닥으로부터 **0.8m 이상 1.5m 이하**의 높이에 설치할 것
   (2) 특정소방대상물의 **층**마다 설치하되, 해당 특정소방대상물의 각 부분으로부터 **수평거리**가 **25m** 이하가 되도록 할 것. 다만, **복도** 또는 **별도**로 구획된 실로서 **보행거리**가 **40m** 이상일 경우에는 추가로 설치하여야 한다.〈개정 12.8.20.〉
   (3) 발신기의 위치를 표시하는 **표시등**은 **함의 상부**에 설치하되, 그 불빛은 부착면으로부터 **15°** 이상의 범위 안에서 부착지점으로부터 **10m** 이내의 어느 곳에서도 쉽게 식별할 수 있는 **적색등**으로 할 것

3. 동결 우려가 있는 장소의 포소화설비의 자동식 기동장치는 **자동화재탐지설비**와 연동으로 할 것

③ **포**소화설비의 기동장치에 설치하는 **자**동경보장치는 다음 각 호의 기준에 따라 설치하여야 한다. 다만, 자동화재탐지설비에 따라 경보를 발할 수 있는 경우에는 음향경보장치를 설치하지 아니할 수 있다.〈개정 12.8.20.〉 설계 15회

1. **방**사구역마다 일제개방밸브와 그 일제개방밸브의 작동여부를 발신하는 **발**신부를 설치할 것. 이 경우 각 일제개방밸브에 설치되는 발신부 대신 **1개층**에 **1개**의 유수검지장치를 설치할 수 있다.

2. 상시 사람이 근무하고 있는 장소에 **수**신기를 설치하되, 수신기에는 **폐쇄형스프링클러헤드**의 개방 또는 감지기의 작동여부를 알 수 있는 **표시장치**를 설치할 것
3. 하나의 소방대상물에 **2 이상**의 수신기를 설치하는 경우에는 수신기가 설치된 장소 상호간에 **동**시 **통화**가 가능한 설비를 할 것

> [기억법] 방발 수동포자

제12조【포헤드 및 고정포방출구】 ① 포헤드 및 고정포방출구는 포의 팽창비율에 따라 다음 표에 따른 것으로 하여야 한다.〈개정 15.10.28.〉

팽창비율에 따른 포의 종류	포방출구의 종류
팽창비가 20 이하인 것(저발포)	포헤드, 압축공기포헤드
팽창비가 80 이상 1,000 미만인 것(고발포)	고발포용 고정포방출구

② 포헤드는 다음 각 호의 기준에 따라 설치하여야 한다.〈개정 12.8.20.〉
1. **포워터스프링클러헤드**는 특정소방대상물의 천장 또는 반자에 설치하되, 바닥면적 **8㎡마다 1개** 이상으로 하여 해당 방호대상물의 화재를 유효하게 소화할 수 있도록 할 것〈개정 12.8.20.〉
2. **포헤드**는 특정소방대상물의 천장 또는 반자에 설치하되, 바닥면적 **9㎡마다 1개** 이상으로 하여 해당 방호대상물의 화재를 유효하게 소화할 수 있도록 할 것〈개정 12.8.20.〉
3. 포헤드는 특정소방대상물별로 그에 사용되는 포소화약제에 따라 1분당 방사량이 다음 표에 따른 양 이상이 되는 것으로 할 것〈개정 12.8.20.〉

소방대상물	포소화약제의 종류	바닥면적 1㎡당 방사량
차고·주차장 및 **항**공기격납고	**단**백포 소화약제	**6.5**L 이상
	합성계면활성제포 소화약제	**8.0**L 이상
	수성막포 소화약제	**3.7**L 이상
소방기본법 시행령〔별표 2〕의 특수가연물을 저장·취급하는 소방대상물	단백포 소화약제	**6.5**L 이상
	합성계면활성제포 소화약제	
	수성막포 소화약제	

> [기억법] 차항 단 65
>   합 80
>   수 37
>   65

4. 특정소방대상물의 보가 있는 부분의 포헤드는 다음 표의 기준에 따라 설치할 것〈개정 12.8.20.〉

포헤드와 보의 하단의 수직거리	포헤드와 보의 수평거리
0	0.75m 미만
0.1m 미만	0.75m 이상 1m 미만
0.1m 이상 0.15m 미만	1m 이상 1.5m 미만
0.15m 이상 0.30m 미만	1.5m 이상

5. 포헤드 상호간에는 다음 각 목의 기준에 따른 거리를 두도록 할 것〈개정 12.8.20.〉
  가. **정방형**으로 배치한 경우에는 다음의 식에 따라 산정한 수치 이하가 되도록 할 것

$$S = 2r \times \cos 45°$$

  여기서, S : 포헤드 상호간의 거리[m]
  r : 유효반경(**2.1m**)

  나. **장방형**으로 배치한 경우에는 그 대각선의 길이가 다음의 식에 따라 산정한 수치 이하가 되도록 할 것

$$p_t = 2r$$

  여기서, p_t : 대각선의 길이[m]
  r : 유효반경(**2.1m**)

6. **포헤드**와 **벽 방호구역**의 **경계선**과는 제5호에 따른 거리의 $\frac{1}{2}$ **이하**의 거리를 둘 것 〈개정 12.8.20.〉

7. 압축공기포소화설비의 분사헤드는 천장 또는 반자에 설치하되 방호대상물에 따라 측벽에 설치할 수 있으며 유류탱크 주위에는 바닥면적 **13.9m²**마다 1개 이상, **특수가연물**저장소에는 바닥면적 **9.3m²**마다 1개 이상으로 당해 방호대상물의 화재를 유효하게 소화할 수 있도록 할 것〈신설 15.10.28.〉

방호대상물	방호면적 1m²에 대한 1분당 방출량
특수가연물	2.3L
기타의 것	1.63L

③ **차고 · 주차장**에 설치하는 호스릴포소화설비 또는 포소화전설비는 다음 각 호의 기준에 따라야 한다.〈개정 12.8.20.〉

1. 특정소방대상물의 어느 층에 있어서도 그 층에 설치된 호스릴포방수구 또는 포소화전방수구(호스릴포방수구 또는 포소화전방수구가 5개 이상 설치된 경우에는 **5개**)를 동시에 사용할 경우 각 이동식 포노즐 선단의 포수용액 방사압력이 **0.35MPa 이상**이고 **300L/min 이상**(1개층의 바닥면적이 200m² 이하인 경우에는 **230L/min 이상**)의 포수용액을 **수평거리 15m 이상**으로 방사할 수 있도록 할 것〈개정 12.8.20.〉

2. **저발포**의 포소화약제를 사용할 수 있는 것으로 할 것
3. 호스릴 또는 호스를 호스릴포방수구 또는 포소화전방수구로 분리하여 비치하는 때에는 그로부터 3m 이내의 거리에 **호스릴함** 또는 **호스함**을 설치할 것
4. 호스릴함 또는 호스함은 바닥으로부터 높이 1.5m 이하의 위치에 설치하고 그 표면에는 "**포호스릴함(또는 포소화전함)**"이라고 표시한 표지와 적색의 위치표시등을 설치할 것
5. 방호대상물의 각 부분으로부터 하나의 호스릴포방수구까지의 수평거리는 15m 이하(**포소화전방수구**의 경우에는 **25m 이하**)가 되도록 하고 호스릴 또는 호스의 길이는 방호대상물의 각 부분에 포가 유효하게 뿌려질 수 있도록 할 것

④ 고발포용 포방출구는 다음 각 호의 기준에 따라 설치하여야 한다.〈개정 12.8.20.〉
1. 전역방출방식의 고발포용고정포방출구는 다음 각 목의 기준에 따를 것〈개정 12.8.20.〉
   가. 개구부에 자동폐쇄장치(**갑종방화문·을종방화문** 또는 **불연재료**로 된 문으로 포수용액이 방출되기 직전에 개구부가 자동적으로 폐쇄될 수 있는 장치를 말한다.)를 설치할 것. 다만, 해당 방호구역에서 외부로 새는 양 이상의 포수용액을 유효하게 추가하여 방출하는 설비가 있는 경우에는 그러하지 아니하다.
   〈개정 12.8.20.〉
   나. 고정포방출구(포발생기가 분리되어 있는 것은 해당 포발생기를 포함한다.)는 특정소방대상물 및 포의 팽창비에 따른 종별에 따라 해당 방호구역의 **관포체적**(해당 바닥면으로부터 방호대상물의 높이보다 0.5m 높은 위치까지의 체적을 말한다.) 1m³에 대하여 1분당 방출량이 다음 표에 따른 양 이상이 되도록 할 것
   〈개정 12.8.20.〉

소방대상물	포의 팽창비	1m³에 대한 분당 포수용액 방출량
항공기격납고	팽창비 80 이상 250 미만의 것	2.00L
	팽창비 250 이상 500 미만의 것	0.50L
	팽창비 500 이상 1,000 미만의 것	0.29L
차고 또는 주차장	팽창비 80 이상 250 미만의 것	1.11L
	팽창비 250 이상 500 미만의 것	0.28L
	팽창비 500 이상 1,000 미만의 것	0.16L
특수가연물을 저장 또는 취급하는 소방대상물	팽창비 80 이상 250 미만의 것	1.25L
	팽창비 250 이상 500 미만의 것	0.31L
	팽창비 500 이상 1,000 미만의 것	0.18L

다. 고정포방출구는 바닥면적 500m²마다 1개 이상으로 하여 방호대상물의 화재를 유효하게 소화할 수 있도록 할 것
라. 고정포방출구는 방호대상물의 **최고부분**보다 **높은 위치**에 설치할 것. 다만, 밀어 올리는 능력을 가진 것은 방호대상물과 같은 높이로 할 수 있다.〈개정 12.8.20.〉
2. 국소방출방식의 고발포용 고정포방출구는 다음 각 목의 기준에 따를 것〈개정 12.8.20.〉
가. 방호대상물이 서로 인접하여 불이 쉽게 붙을 우려가 있는 경우에는 불이 옮겨 붙을 우려가 있는 범위 내의 방호대상물을 하나의 방호대상물로 하여 설치할 것
나. 고정포방출구(포발생기가 분리되어 있는 것에 있어서는 해당 포발생기를 포함한다.)는 방호대상물의 구분에 따라 당해 방호대상물의 높이의 **3배**(1m 미만의 경우에는 1m)의 거리를 수평으로 연장한 선으로 둘러싸인 부분의 면적 1m²에 대하여 1분당 방출량이 다음 표에 따른 양 이상이 되도록 할 것〈개정 12.8.20.〉

방호대상물	방호면적 1m²에 대한 1분당 방출량
특수가연물	3L
기타의 것	2L

제13조 【전원】 ① 포소화설비에는 다음 각 호의 기준에 따라 상용전원회로의 배선을 설치하여야 한다. 다만, **가압수조방식**으로서 모든 기능이 **20분** 이상 유효하게 지속될 수 있는 경우에는 그러하지 아니하다.〈개정 12.8.20.〉
1. **저압수전**인 경우에는 **인입개폐기**의 **직후**에서 분기하여 전용배선으로 하여야 하며, 전용의 전선관에 보호되도록 할 것
2. **특고압수전** 또는 **고압수전**일 경우에는 **전력용 변압기 2차측**의 **주차단기 1차측**에서 분기하여 **전용배선**으로 하되, 상용전원의 상시공급에 지장이 없을 경우에는 **주차단기 2차측**에서 분기하여 **전용배선**으로 할 것. 다만, 가압송수장치의 정격입력전압이 수전전압과 같은 경우에는 제1호의 기준에 따른다.
② 포소화설비에는 **자가발전설비, 축전지설비** 또는 **전기저장장치**에 따른 비상전원을 설치하되, 다음 각 호의 어느 하나에 해당하는 경우에는 **비상전원수전설비**로 설치할 수 있다. 다만, **2 이상의 변전소**(「전기사업법」 제67조에 따른 변전소를 말한다. 이하 같다.)로부터 **동시**에 **전력**을 **공급**받을 수 있거나 하나의 변전소로부터 전력의 공급이 중단되는 때에는 자동으로 다른 변전소로부터 **전력**을 **공급**받을 수 있도록 **상용전원**을 **설치**한 경우와 **가압수조방식**에는 비상전원을 설치하지 아니할 수 있다.〈개정 16.7.13.〉
1. 제4조 제2호단서에 따라 **호스릴포소화설비** 또는 **포소화전**만을 설치한 **차고·주차장**
〈개정 12.8.20.〉

9. 포소화설비(NFSC 105)

2. **포헤드설비** 또는 **고정포방출설비**가 설치된 부분의 바닥면적(스프링클러설비가 설치된 차고·주차장의 바닥면적을 포함한다.)의 합계가 **1,000㎡ 미만**인 것

③ 제2항에 따른 비상전원 중 **자가발전설비, 축전지설비**(내연기관에 따른 펌프를 사용하는 경우에는 내연기관의 기동 및 제어용 축전지를 말한다.) 또는 **전기저장장치**(외부 전기에너지를 저장해 두었다가 필요한 때 전기를 공급하는 장치)는 다음 각 호의 기준에 따르고, **비상전원수전설비**는 「소방시설용 비상전원수전설비의 화재안전기준(NFSC 602)」에 따라 설치하여야 한다.〈개정 16.7.13.〉

1. 점검에 편리하고 화재 및 침수 등의 재해로 인한 피해를 받을 우려가 없는 곳에 설치할 것
2. 포소화설비를 유효하게 **20분** 이상 작동할 수 있도록 할 것
3. 상용전원으로부터 전력의 공급이 중단된 때에는 자동으로 비상전원으로부터 전력을 공급받을 수 있도록 할 것
4. **비상전원**(내연기관의 기동 및 제어용 축전기를 제외한다.)의 설치장소는 다른 장소와 **방화구획**할 것. 이 경우 그 장소에는 비상전원의 공급에 필요한 기구나 설비 외의 것(**열병합발전설비**에 필요한 기구나 설비는 제외한다.)을 두어서는 아니된다. 〈개정 08.12.15.〉 점검 3회
5. 비상전원을 실내에 설치하는 때에는 그 실내에 **비상조명등**을 설치할 것

제14조【제어반】 ① 포소화설비에는 제어반을 설치하되, **감시제어반**과 동력제어반으로 구분하여 설치하여야 한다. 다만, 다음 각 호의 어느 하나에 해당하는 경우에는 감시제어반과 동력제어반으로 구분하여 설치하지 아니할 수 있다.〈개정 12.8.20.〉

1. 다음 각 목의 어느 하나에 해당하지 아니하는 특정소방대상물에 설치되는 포소화설비〈개정 12.8.20.〉
   가. 지하층을 제외한 층수가 **7층** 이상으로서 연면적이 **2,000㎡** 이상인 것
   나. 가목에 해당하지 아니하는 특정소방대상물로서 **지하층**의 바닥면적의 합계가 **3,000㎡** 이상인 것. 다만, **차고·주차장** 또는 **보일러실·기계실·전기실** 등 이와 유사한 장소의 면적은 제외한다.〈개정 12.8.20.〉
2. **내연기관**에 따른 가압송수장치를 사용하는 포소화설비
3. **고가수조**에 따른 가압송수장치를 사용하는 포소화설비
4. **가압수조**에 따른 가압송수장치를 사용하는 포소화설비〈신설 08.12.15.〉

② **감**시제어반의 기능은 다음 각 호의 기준에 적합하여야 한다. 다만, 제1항 각 호의 어느 하나에 해당하는 경우에는 제3호 및 제6호의 규정을 적용하지 아니한다. 〈개정 12.8.20.〉

1. 각 펌프의 작동여부를 확인할 수 있는 표시등 및 음향경보기능이 있어야 할 것
2. 각 펌프를 자동 및 수동으로 작동시키거나 중단시킬 수 있어야 할 것 〈개정 08.12.15.〉
3. 비상전원을 설치한 경우에는 상용전원 및 비상전원의 공급여부를 확인할 수 있어야 할 것 〈개정 08.12.15.〉
4. 수조 또는 물올림탱크가 저수위로 될 때 표시등 및 음향으로 경보할 것
5. 각 확인회로(기동용 수압개폐장치의 압력스위치회로 · 수조 또는 물올림탱크의 감시회로를 말한다.)마다 도통시험 및 작동시험을 할 수 있어야 할 것
6. 예비전원이 확보되고 예비전원의 적합여부를 시험할 수 있어야 할 것

> 기억법 감표 음자수 비수확예

③ 감시제어반은 다음 각 호의 기준에 따라 설치하여야 한다. 〈개정 12.8.20.〉
1. 화재 및 침수 등의 재해로 인한 피해를 받을 우려가 없는 곳에 설치할 것
2. 감시제어반은 포소화설비의 전용으로 할 것. 다만, 포소화설비의 제어에 지장이 없는 경우에는 다른 설비와 겸용할 수 있다.
3. 감시제어반은 다음 각 목의 기준에 따른 전용실 안에 설치할 것. 다만 제1항 각 호의 어느 하나에 해당하는 경우와 공장, 발전소 등에서 설비를 집중 제어 · 운전할 목적으로 설치하는 중앙제어실 내에 감시제어반을 설치하는 경우에는 그러하지 아니하다. 〈개정 12.8.20.〉
   가. 다른 부분과 방화구획을 할 것. 이 경우 전용실의 벽에는 기계실 또는 전기실 등의 감시를 위하여 두께 7mm 이상의 망입유리(두께 16.3mm 이상의 접합유리 또는 두께 28mm 이상의 복층유리를 포함한다.)로 된 4m² 미만의 붙박이창을 설치할 수 있다.
   나. 피난층 또는 지하 1층에 설치할 것. 다만, 다음 각 세목의 어느 하나에 해당하는 경우에는 지상 2층에 설치하거나 지하 1층 외의 지하층에 설치할 수 있다. 〈개정 12.8.20.〉
      (1) 「건축법 시행령」 제35조에 따라 특별피난계단이 설치되고 그 계단(부속실을 포함한다.) 출입구로부터 보행거리 5m 이내에 전용실의 출입구가 있는 경우 〈개정 12.8.20.〉
      (2) 아파트의 관리동(관리동이 없는 경우에는 경비실)에 설치하는 경우
   다. 비상조명등 및 급 · 배기설비를 설치할 것
   라. 「무선통신보조설비의 화재안전기준(NFSC 505)」 제5조 제3항에 따라 유효하게 통신이 가능할 것(영 [별표 5]의 제5호 마목에 따른 무선통신보조설비가 설치된 특정소방대상물에 한한다.) 〈개정 21.3.25.〉

마. 바닥면적은 감시제어반의 설치에 필요한 면적 외에 화재 시 소방대원이 그 감시제어반의 조작에 필요한 최소면적 이상으로 할 것
4. 제3호에 따른 전용실에는 특정소방대상물의 기계·기구 또는 시설 등의 제어 및 감시설비 외의 것을 두지 아니할 것 〈개정 12.8.20.〉
④ 동력제어반은 다음 각 호의 기준에 따라 설치하여야 한다. 〈개정 12.8.20.〉
1. 앞면은 적색으로 하고 "**포소화설비용 동력제어반**"이라고 표시한 표지를 설치할 것
2. 외함은 두께 **1.5mm 이상**의 **강판** 또는 이와 동등 이상의 강도 및 내열성능이 있는 것으로 할 것
3. 그 밖의 동력제어반의 설치에 관하여는 제3항 제1호 및 제2호의 기준을 준용할 것

제15조【배선 등】 ① 포소화설비의 배선은 「전기사업법」 제67조에 따른 기술기준에서 정한 것 외에 다음 각 호의 기준에 따라 설치하여야 한다. 〈개정 12.8.20.〉
1. 비상전원으로부터 동력제어반 및 가압송수장치에 이르는 전원회로배선은 **내화배선**으로 할 것. 다만, 자가발전설비와 동력제어반이 동일한 실에 설치된 경우에는 자가발전기로부터 그 제어반에 이르는 전원회로배선은 그러하지 아니하다.
2. **상용전원**으로부터 동력제어반에 이르는 배선, 그 밖의 포소화설비의 감시·조작 또는 표시등회로의 배선은 **내화배선** 또는 **내열배선**으로 할 것. 다만, 감시제어반 또는 동력제어반 안의 감시·조작 또는 표시등회로의 배선은 그러하지 아니하다.
② 제1항에 따른 내화배선 및 내열배선에 사용되는 전선 및 설치방법은 「옥내소화전설비의 화재안전기준(NFSC 102)」 [별표 1]의 기준에 따른다. 〈개정 12.8.20.〉
③ 포소화설비의 과전류차단기 및 개폐기에는 "**포소화설비용**"이라고 표시한 표지를 하여야 한다.
④ 포소화설비용 전기배선의 양단 및 접속단자에는 다음 각 호의 기준에 따라 표지하여야 한다. 〈개정 12.8.20.〉
1. 단자에는 "**포소화설비단자**"라고 표시한 표지를 부착할 것
2. 포소화설비용 전기배선의 양단에는 다른 배선과 **식별**이 **용이**하도록 표시할 것

제16조【수원 및 가압송수장치의 펌프 등의 겸용】 ① 포소화전설비의 수원을 옥내소화전설비·스프링클러설비·간이스프링클러설비·화재조기진압용 스프링클러설비·물분무소화설비 및 옥외소화전설비의 수원과 겸용하여 설치하는 경우의 저수량은 각 소화설비에 필요한 **저수량을 합한 양** 이상이 되도록 하여야 한다. 다만, 이들 소화설비 중 고정식 소화설비(펌프·배관과 소화수 또는 소화약제를 최종 방출하는 방출구가 고정된 설비를 말한다. 이하 같다.)가 2 이상 설치되어 있고, 그 소화설비가 설치된 부분이 방화벽과 방화문으로 구획되어 있는 경우에는 각 고정식 소화설비에 필요한 저수량 중 최대의 것 이상으로 할 수 있다.

② 포소화설비의 가압송수장치로 사용하는 펌프를 옥내소화전설비·스프링클러설비·간이스프링클러설비·화재조기진압용 스프링클러설비·물분무소화설비 및 옥외소화전설비의 가압송수장치와 겸용하여 설치하는 경우의 펌프의 토출량은 각 소화설비에 해당하는 **토출량을 합한 양** 이상이 되도록 하여야 한다. 다만, 이들 소화설비 중 고정식 소화설비가 2 이상 설치되어 있고, 그 소화설비가 설치된 부분이 방화벽과 방화문으로 구획되어 있으며 각 소화설비에 지장이 없는 경우에는 펌프의 토출량 중 최대의 것 이상으로 할 수 있다.

③ 옥내소화전설비·스프링클러설비·간이스프링클러설비·화재조기진압용 스프링클러설비·물분무소화설비·포소화설비 및 옥외소화전설비의 가압송수장치에 있어서 각 토출측 배관과 일반급수용의 가압송수장치의 토출측 배관을 상호 연결하여 화재 시 사용할 수 있다. 이 경우 연결배관에는 **개·폐표시형밸브**를 설치하여야 하며, 각 소화설비의 성능에 지장이 없도록 하여야 한다.

④ 포소화설비의 송수구를 옥내소화전설비·스프링클러설비·간이스프링클러설비·화재조기진압용 스프링클러설비·물분무소화설비·연결송수관설비 또는 연결살수설비의 송수구와 겸용으로 설치하는 경우에는 스프링클러설비의 송수구의 설치기준에 따르되 각각의 소화설비의 기능에 지장이 없도록 하여야 한다.

제17조【설치·유지기준의 특례】소방본부장 또는 소방서장은 기존 건축물이 증축·개축·대수선되거나 용도변경되는 경우에 있어서 이 기준이 정하는 기준에 따라 해당 건축물에 설치하여야 할 포소화설비의 배관·배선 등의 공사가 현저하게 곤란하다고 인정되는 경우에는 해당 설비의 기능 및 사용에 지장이 없는 범위 안에서 포소화설비의 설치·유지기준의 일부를 적용하지 아니할 수 있다.〈개정 12.8.20.〉

제18조【재검토 기한】소방청장은「훈령·예규 등의 발령 및 관리에 관한 규정」에 따라 이 고시에 대하여 2022년 1월 1일을 기준으로 매 3년이 되는 시점(매 3년째의 12월 31일까지를 말한다.)마다 그 타당성을 검토하여 개선 등의 조치를 하여야 한다.
〈전문개정 17.7.26.〉

부 칙〈제2021-48호, 21.12.16.〉

제1조【시행일】이 고시는 발령한 날부터 시행한다.

제2조【일반적 적용례】이 고시는 이 고시 시행 후 특정소방대상물의 신축·증축·개축·재축·이전·용도변경 또는 대수선의 허가·협의를 신청하거나 신고하는 경우부터 적용한다.

10 이산화탄소소화설비(NFSC 106)

일부개정 2019. 8. 13. 소방청고시 제2019-46호

제1조【목적】 이 기준은 「화재예방, 소방시설 설치·유지 및 안전관리에 관한 법률」 제9조 제1항에서 소방청장에게 위임한 사항 중 물분무등소화설비인 이산화탄소소화설비의 설치유지 및 안전관리에 요구되는 기준을 규정함을 그 목적으로 한다.
〈개정 17.7.26.〉

제2조【적용범위】 「화재예방, 소방시설 설치·유지 및 안전관리에 관한 법률 시행령」(이하 "**영**"이라 한다.) [별표 5] 제1호 바목에 따른 이산화탄소소화설비는 이 기준에서 정하는 규정에 따라 설비를 설치하고 유지·관리하여야 한다. 〈개정 16.7.13.〉

제3조【정의】 이 기준에서 사용하는 용어의 정의는 다음과 같다.
1. "**전역방출방식**"이란 고정식 이산화탄소 공급장치에 배관 및 분사헤드를 고정 설치하여 **밀폐 방호구역** 내에 이산화탄소를 방출하는 설비를 말한다. 〈개정 12.8.20.〉
2. "**국소방출방식**"이란 고정식 이산화탄소 공급장치에 배관 및 분사헤드를 설치하여 **직접 화점**에 이산화탄소를 방출하는 설비로 화재발생 부분에만 **집중적**으로 소화약제를 방출하도록 설치하는 방식을 말한다. 〈개정 12.8.20.〉
3. "**호스릴방식**"이란 분사헤드가 배관에 고정되어 있지 않고 소화약제 저장용기에 호스를 연결하여 사람이 직접 화점에 소화약제를 방출하는 **이동식 소화설비**를 말한다. 〈개정 12.8.20.〉
4. "**충전비**"란 용기의 용적과 소화약제의 **중량**과의 비율을 말한다. 〈개정 12.8.20.〉
5. "**심부화재**"란 목재 또는 섬유류와 같은 고체가연물에서 발생하는 화재형태로서 **가연물 내부**에서 **연소**하는 화재를 말한다. 〈개정 12.8.20.〉
6. "**표면화재**"란 가연성 물질의 **표면**에서 **연소**하는 **화재**를 말한다. 〈개정 12.8.20.〉
7. "**교차회로방식**"이란 하나의 방호구역 내에 **2 이상**의 **화재감지기회로**를 설치하고 인접한 2 이상의 화재감지기가 동시에 감지되는 때에는 이산화탄소소화설비가 작동하여 소화약제가 방출되는 방식을 말한다. 〈개정 12.8.20.〉
8. "**방화문**"이란 「건축법 시행령」 제64조에 따른 **갑종방화문** 또는 **을종방화문**으로써 언제나 닫힌 상태를 유지하거나 화재로 인한 연기의 발생 또는 온도의 상승에 따라 자동적으로 닫히는 구조를 말한다. 〈개정 12.8.20.〉

제4조【소화약제의 저장용기 등】 ① 이산화탄소 소화약제 저장용기는 다음 각 호의 기준에 적합한 장소에 설치하여야 한다. 〈개정 12.8.20.〉 점검 10회

1. **방호구역 외**의 장소에 설치할 것. 다만, 방호구역 내에 설치할 경우에는 피난 및 조작이 용이하도록 **피난구 부근**에 설치하여야 한다.
2. 온도가 **40**℃ **이하**이고, 온도변화가 적은 곳에 설치할 것
3. **직사광선** 및 **빗물**이 침투할 우려가 없는 곳에 설치할 것
4. **방화문**으로 구획된 실에 설치할 것
5. 용기의 설치장소에는 해당 용기가 설치된 곳임을 표시하는 **표**지를 할 것 〈개정 12.8.20.〉
6. 용기 간의 **간**격은 점검에 지장이 없도록 **3cm 이상**의 간격을 유지할 것
7. 저장용기와 **집**합관을 연결하는 연결배관에는 **체크밸브**를 설치할 것. 다만, 저장용기가 하나의 방호구역만을 담당하는 경우에는 그러하지 아니하다.

> **기억법** 이저외4 직방 표집간

② **이**산화탄소소화약제의 **저**장용기는 다음 각 호의 기준에 따라 설치하여야 한다. 〈개정 12.8.20.〉 〈설계 13회〉
1. 저장용기의 **충**전비는 고압식은 **1.5 이상 1.9 이하**, 저압식은 **1.1 이상 1.4 이하**로 할 것〈개정 12.8.20.〉
2. 저압식 저장용기에는 **내**압시험압력의 **0.64배부터 0.8배**의 압력에서 작동하는 안전밸브와 내압시험압력의 **0.8배부터 내압시험압력**에서 작동하는 **봉판**을 설치할 것 〈개정 12.8.20.〉
3. 저압식 저장용기에는 **액**면계 및 압력계와 **2.3MPa 이상 1.9MPa 이하**의 압력에서 작동하는 압력경보장치를 설치할 것
4. 저압식 저장용기에는 용기 내부의 **온**도가 섭씨 **영하 18**℃ 이하에서 **2.1MPa**의 압력을 유지할 수 있는 **자동냉동장치**를 설치할 것
5. 저장용기는 **고**압식은 25MPa 이상, **저**압식은 3.5MPa 이상의 내압시험압력에 합격한 것으로 할 것

> **기억법** 이저충 내고저 액온고저

③ 이산화탄소소화약제 저장용기의 개방밸브는 **전기식·가스압력식** 또는 **기계식**에 따라 자동으로 개방되고 수동으로도 개방되는 것으로서 안전장치가 부착된 것으로 하여야 한다.
④ 이산화탄소소화약제 저장용기와 선택밸브 또는 개폐밸브 사이에는 **내압시험압력 0.8배**에서 작동하는 안전장치를 설치하여야 한다.〈개정 12.8.20.〉

제5조 【소화약제】 이산화탄소소화약제 저장량은 다음 각 호의 기준에 따른 양으로 한다. 이 경우 동일한 특정소방대상물 또는 그 부분에 2 이상의 방호구역이나 방호

대상물이 있는 경우에는 각 방호구역 또는 방호대상물에 대하여 다음 각 호의 기준에 따라 산출한 저장량 중 최대의 것으로 할 수 있다.〈개정 12.8.20.〉

1. 전역방출방식에 있어서 **가연성 액체** 또는 **가연성 가스** 등 **표면화재 방호대상물**의 경우에는 다음 각 목의 기준에 따른다.〈개정 12.8.20.〉

   가. 방호구역의 체적(불연재료나 내열성의 재료로 밀폐된 구조물이 있는 경우에는 그 체적을 감한 체적) $1m^3$에 대하여 다음 표에 따른 양. 다만, 다음 표에 따라 산출한 양이 동표에 따른 저장량의 최저한도의 양 미만이 될 경우에는 그 최저한도의 양으로 한다. 설계 5회, 13회, 18회

방호구역 체적	방호구역의 체적 $1m^3$에 대한 소화약제의 양	소화약제 저장량의 최저한도의 양
$45m^3$ 미만	1.00kg	45kg
$45m^3$ 이상 $150m^3$ 미만	0.90kg	
$150m^3$ 이상 $1,450m^3$ 미만	0.80kg	135kg
$1,450m^3$ 이상	0.75kg	1,125kg

   나. [별표 1]에 따른 설계농도가 **34%** 이상인 방호대상물의 소화약제량은 가목의 기준에 따라 산출한 기본소화약제량에 다음 표에 따른 보정계수를 곱하여 산출한다.

   다. 방호구역의 개구부에 **자동폐쇄장치**를 설치하지 아니한 경우에는 가목 및 나목의 기준에 따라 산출한 양에 개구부 면적 $1m^2$당 **5kg**을 가산하여야 한다. 이 경우 개구부의 면적은 방호구역 전체 표면적의 **3% 이하**로 하여야 한다.

2. 전역방출방식에 있어서 **종이·목재·석탄·섬유류·합성수지류** 등 **심부화재 방호대상물**의 경우에는 다음 각 목의 기준에 따른다.〈개정 12.8.20.〉

   가. 방호구역의 체적(불연재료나 내열성의 재료로 밀폐된 구조물이 있는 경우에는 그 체적을 감한 체적) $1m^3$에 대하여 다음 표에 따른 양 이상으로 하여야 한다. 설계 13회, 16회

방호대상물	방호구역의 체적 1m³에 대한 소화약제의 양	설계농도(%)
유압기기를 제외한 전기설비, 케이블실	1.3kg	50
체적 55m³ 미만의 전기설비	1.6kg	
서고, **전**자제품창고, **목**재가공품창고, **박**물관	2.0kg	65
고무류·**면**화류창고, **모**피창고, **석**탄창고, **집**진설비	2.7kg	75

> **기억법** 서박목전(**선박**이 **목전**에 보인다.)
> 석면고모집(**석면**은 **고모 집**에 있다.)

나. 방호구역의 개구부에 **자동폐쇄장치**를 설치하지 아니한 경우에는 가목의 기준에 따라 산출한 양에 개구부 면적 1m²당 **10kg**을 가산하여야 한다. 이 경우 개구부의 면적은 방호구역 전체 표면적의 **3% 이하**로 하여야 한다.

3. **국소방출방식**은 다음 각 목의 기준에 따라 산출한 양에 고압식은 **1.4**, 저압식은 **1.1**을 각각 곱하여 얻은 양 이상으로 할 것〈개정 12.8.20.〉

가. 윗면이 개방된 용기에 저장하는 경우와 화재 시 연소면이 한정되고 가연물이 비산할 우려가 없는 경우에는 방호대상물의 표면적 1m²에 대하여 13kg

나. 가목 외의 경우에는 **방호공간**(방호대상물의 각 부분으로부터 **0.6m**의 거리에 따라 둘러싸인 공간을 말한다. 이하 같다.)의 체적 1m³에 대하여 다음의 식에 따라 산출한 양

$$Q = 8 - 6\frac{a}{A}$$

여기서, Q : 방호공간 1m³에 대한 이산화탄소소화약제의 양[kg/m³]
a : 방호대상물 주위에 설치된 벽의 면적의 합계[m²]
A : 방호공간의 벽면적(벽이 없는 경우에는 벽이 있는 것으로 가정한 당해 부분의 면적)의 합계[m²]

4. **호스릴**이산화탄소소화설비는 하나의 노즐에 대하여 **90kg** 이상으로 할 것
〈개정 12.8.20.〉

제6조【기동장치】 ① **이**산화탄소소화설비의 **수**동식 기동장치는 다음 각 호의 기준에 따라 설치하여야 한다. 이 경우 수동식 기동장치의 부근에는 소화약제의 **방출**을 **지연**시킬 수 있는 **비상스위치**(자동복귀형 스위치로서 수동식 기동장치의 타이머를 순간정지시키는 기능의 스위치를 말한다.)를 설치하여야 한다.〈개정 12.8.20.〉 점검 6회

1. **전**역방출방식은 **방호구역**마다, **국**소방출방식은 **방호대상물**마다 설치할 것
〈개정 12.8.20.〉

10. 이산화탄소소화설비(NFSC 106)

2. 해당 방호구역의 출입구 부분 등 조작을 하는 자가 쉽게 피난할 수 있는 장소에 설치할 것〈개정 12.8.20.〉
3. 기동장치의 조작부는 바닥으로부터 높이 0.8m 이상 1.5m 이하의 위치에 설치하고, 보호판 등에 따른 보호장치를 설치할 것
4. 기동장치에는 그 가까운 곳의 보기 쉬운 곳에 "이산화탄소소화설비 기동장치"라고 표시한 표지를 할 것
5. 전기를 사용하는 기동장치에는 전원표시등을 설치할 것
6. 기동장치의 방출용 스위치는 음향경보장치와 연동하여 조작될 수 있는 것으로 할 것

> 기억법 이수전국 출조표 방전

② 이산화탄소소화설비의 자동식 기동장치는 **자동화재탐지설비**의 **감지기**의 작동과 연동하는 것으로서 다음 각 호의 기준에 따라 설치하여야 한다.〈개정 12.8.20.〉 점검 6회
1. **자동식 기동장치**에는 **수**동으로도 기동할 수 있는 구조로 할 것
2. **전**기식 기동장치로서 7병 이상의 저장용기를 동시에 개방하는 설비는 2병 이상의 저장용기에 **전자개방밸브**를 부착할 것〈개정 12.8.20.〉
3. **가**스압력식 기동장치는 다음 각 목의 기준에 따를 것〈개정 12.8.20.〉
   가. **기**동용 가스용기 및 해당 용기에 사용하는 밸브는 25MPa 이상의 압력에 견딜 수 있는 것으로 할 것〈개정 12.8.20.〉
   나. 기동용 가스용기에는 **내**압시험압력의 0.8배부터 내압시험압력 이하에서 작동하는 **안**전장치를 설치할 것〈개정 12.8.20.〉
   다. 기동용 가스용기의 **용**적은 5L 이상으로 하고, 해당 용기에 저장하는 **질소** 등의 비활성 기체는 6.0MPa 이상(21℃ 기준)의 압력으로 충전할 것〈개정 15.1.23.〉
   라. 기동용 가스용기에는 충전여부를 확인할 수 있는 **압**력게이지를 설치할 것〈신설 15.1.23.〉
4. **기**계식 기동장치는 저장용기를 쉽게 개방할 수 있는 구조로 할 것〈개정 12.8.20.〉

> 기억법 수전가 기내 안용압(안녕)

③ 이산화탄소소화설비가 설치된 부분의 출입구 등의 보기 쉬운 곳에 소화약제의 방사를 표시하는 **표시등**을 설치하여야 한다.

제7조【제어반 등】 이산화탄소소화설비의 제어반 및 화재표시반은 다음 각 호의 기준에 따라 설치하여야 한다. 다만, 자동화재탐지설비의 수신기의 제어반이 화재표시반의 기능을 가지고 있는 것은 화재표시반을 설치하지 아니할 수 있다.〈개정 12.8.20.〉

1. 제어반은 수동기동장치 또는 감지기에서의 신호를 수신하여 **음향경보장치**의 **작동**, **소화약제**의 **방출** 또는 **지연** 기타의 **제어기능**을 가진 것으로 하고, 제어반에는 **전원표시등**을 설치할 것
2. 화재표시반은 제어반에서의 신호를 수신하여 작동하는 기능을 가진 것으로 하되, 다음 각 목의 기준에 따라 설치할 것〈개정 12.8.20.〉
   가. 각 방호구역마다 **음향경보장치**의 조작 및 **감지기**의 작동을 명시하는 표시등과 이와 연동하여 작동하는 벨·버저 등의 **경보기**를 설치할 것. 이 경우 음향경보장치의 조작 및 감지기의 작동을 명시하는 **표시등**을 **겸용**할 수 있다.
   나. 수동식 기동장치는 그 **방출용 스위치**의 작동을 명시하는 **표시등**을 설치할 것 〈개정 12.8.20.〉
   다. 소화약제의 **방출**을 **명시**하는 **표시등**을 설치할 것
   라. 자동식 기동장치는 **자동·수동**의 **절환**을 **명시**하는 **표시등**을 설치할 것 〈개정 12.8.20.〉
3. 제어반 및 화재표시반의 설치장소는 화재에 따른 영향, 진동 및 충격에 따른 영향 및 부식의 우려가 없고 점검에 편리한 장소에 설치할 것
4. 제어반 및 화재표시반에는 해당 **회로도** 및 **취급설명서**를 비치할 것〈개정 12.8.20.〉
5. 수동잠금밸브의 개폐여부를 확인할 수 있는 표시등을 설치할 것〈신설 15.1.23.〉

〈개정 15.1.23.〉〈전문개정 15.10.28.〉

제8조【배관 등】 ① **이**산화탄소소화설비의 배관은 다음 각 호의 기준에 따라 설치하여야 한다.〈개정 12.8.20.〉
1. 배관은 **전**용으로 할 것
2. **강관**을 사용하는 경우의 배관은 **압력**배관용 탄소강관(KS D 3562) 중 스케줄 **80** (저압식은 스케줄 **40**) 이상의 것 또는 이와 동등 이상의 강도를 가진 것으로 **아연**도금 등으로 방식처리된 것을 사용할 것. 다만, 배관의 호칭구경이 20mm 이하인 경우에는 **스케줄 40** 이상인 것을 사용할 수 있다.〈개정 12.8.20.〉
3. **동**관을 사용하는 경우의 배관은 이음이 없는 동 및 동합금관(KS D 5301)으로서 **고**압식은 **16.5**MPa 이상, 저압식은 **3.75**MPa 이상의 압력에 견딜 수 있는 것을 사용할 것
4. **고**압식의 경우 **개**폐밸브 또는 **선**택밸브의 **2**차측 배관부속은 호칭압력 **2.0**MPa 이상의 것을 사용하여야 하며, 1차측 배관부속은 호칭압력 **4.0**MPa 이상의 것을 사용하여야 하고, **저**압식의 경우에는 **2.0**MPa의 압력에 견딜 수 있는 배관부속을 사용할 것

10. 이산화탄소소화설비(NFSC 106)

> **기억법** 이전 강압84 동고165 375 고개선 224 저2

② 배관의 구경은 이산화탄소의 소요량이 다음 각 호의 기준에 따른 시간 내에 방사될 수 있는 것으로 하여야 한다.〈개정 12.8.20.〉
  1. **전역방출방식**에 있어서 **가연성 액체** 또는 **가연성 가스** 등 **표면화재** 방호대상물의 경우에는 **1분**
  2. **전역방출방식**에 있어서 **종이, 목재, 석탄, 섬유류, 합성수지류** 등 **심부화재** 방호대상물의 경우에는 7분. 이 경우 설계농도가 2분 이내에 30%에 도달하여야 한다.
  3. **국소방출방식**의 경우에는 **30초**
③ 소화약제의 저장용기와 선택밸브 사이의 집합배관에는 수동잠금밸브를 설치하되 선택밸브 직전에 설치할 것. 다만, 선택밸브가 없는 설비의 경우에는 저장용기실 내에 설치하되 조작 및 점검이 쉬운 위치에 설치하여야 한다.〈신설 15.1.23.〉

제9조【선택밸브】 하나의 특정소방대상물 또는 그 부분에 2 이상의 방호구역 또는 방호대상물이 있어 이산화탄소 저장용기를 공용하는 경우에는 다음 각 호의 기준에 따라 선택밸브를 설치하여야 한다.〈개정 12.8.20.〉
  1. **방호구역** 또는 **방호대상물**마다 설치할 것
  2. 각 선택밸브에는 그 **담당 방호구역** 또는 **방호대상물**을 표시할 것

제10조【분사헤드】 ① **전역방출방식**의 이산화탄소소화설비의 분사헤드는 다음 각 호의 기준에 따라 설치하여야 한다.〈개정 12.8.20.〉
  1. 방사된 소화약제가 방호구역의 전역에 균일하게 신속히 확산할 수 있도록 할 것
  2. 분사헤드의 방사압력이 **2.1MPa(저압식은 1.05MPa)** 이상의 것으로 할 것〈개정 12.8.20.〉
  3. 특정소방대상물 또는 그 부분에 설치된 이산화탄소소화설비의 소화약제의 저장량은 제8조 제2항 제1호 및 제2호의 기준에서 정한 시간 이내에 방사할 수 있는 것으로 할 것〈개정 12.8.20.〉
② **국소방출방식**의 이산화탄소소화설비의 분사헤드는 다음 각 호의 기준에 따라 설치하여야 한다.
  1. 소화약제의 방사에 따라 가연물이 비산하지 아니하는 장소에 설치할 것
  2. 이산화탄소소화약제의 저장량은 **30초 이내**에 방사할 수 있는 것으로 할 것
  3. 성능 및 방사압력이 제1항 제1호 및 제2호의 기준에 적합한 것으로 할 것
③ 화재 시 현저하게 연기가 찰 우려가 없는 장소로서 다음 각 호의 어느 하나에 해당하는 장소(차고 또는 주차의 용도로 사용되는 부분 제외)에는 호스릴이산화탄소소화설비를 설치할 수 있다.〈개정 19.8.13.〉

1. **지상 1층** 및 **피난층**에 있는 부분으로서 지상에서 수동 또는 원격조작에 따라 개방할 수 있는 개구부의 유효면적의 합계가 바닥면적의 **15% 이상**이 되는 부분
2. 전기설비가 설치되어 있는 부분 또는 다량의 화기를 사용하는 부분(해당 설비의 주위 **5m 이내**의 부분을 포함한다.)의 바닥면적이 해당 설비가 설치되어 있는 구획의 바닥면적의 $\frac{1}{5}$ **미만**이 되는 부분〈개정 12.8.20.〉

④ **호**스**릴이**산화탄소소화설비는 다음 각 호의 기준에 따라 설치하여야 한다.〈개정 12.8.20.〉
  점검 14회
  1. 방호대상물의 각 부분으로부터 하나의 호스접결구까지의 **수평거리가 15m** 이하가 되도록 할 것
  2. 노즐은 20℃에서 하나의 노즐마다 **60kg/min** 이상의 소화약제를 방사할 수 있는 것으로 할 것
  3. 소화약제 저장용기는 **호**스**릴**을 설치하는 장소마다 설치할 것
  4. 소화약제 저장용기의 개방밸브는 호스의 설치장소에서 **수동**으로 **개폐**할 수 있는 것으로 할 것
  5. 소화약제 저장용기의 가장 가까운 곳의 보기 쉬운 곳에 **표**시등을 설치하고, 호스릴이산화탄소소화설비가 있다는 뜻을 표시한 표지를 할 것

  > 기억법   호이거 6호수표

⑤ 이산화탄소소화설비의 분사헤드의 오리피스구경 등은 다음 각 호의 기준에 적합하여야 한다.〈개정 12.8.20.〉
  1. 분사헤드에는 부식방지조치를 하여야 하며 **오리피스의 크기, 제조일자, 제조업체**가 표시되도록 할 것
  2. 분사헤드의 개수는 방호구역에 방사시간이 충족되도록 설치할 것
  3. 분사헤드의 방출률 및 방출압력은 제조업체에서 정한 값으로 할 것
  4. 분사헤드의 오리피스의 면적은 분사헤드가 연결되는 배관구경면적의 70%를 초과하지 아니할 것

제11조【분사헤드 설치제외】이산화탄소소화설비의 분사헤드는 다음 각 호의 장소에 설치하여서는 아니된다.〈개정 12.8.20.〉 점검 3회, 설계 13회
  1. **방**재실·제어실 등 사람이 상시 근무하는 장소
  2. **니**트로셀룰로스·셀룰로이드제품 등 자기연소성 물질을 저장·취급하는 장소
  3. **나**트륨·칼륨·칼슘 등 활성금속물질을 저장·취급하는 장소
  4. **전**시장 등의 관람을 위하여 다수인이 출입·**통**행하는 통로 및 **전**시실 등

10. 이산화탄소소화설비(NFSC 106)

> [기억법] 방니나전 통전이

제12조【자동식 기동장치의 화재감지기】 이산화탄소소화설비의 자동식 기동장치는 다음 각 호의 기준에 따른 화재감지기를 설치하여야 한다.〈개정 12.8.20.〉
1. 각 방호구역 내의 **화재감지기**의 감지에 따라 작동되도록 할 것
2. 화재감지기의 회로는 **교차회로방식**으로 설치할 것. 다만, 화재감지기를「자동화재탐지설비의 화재안전기준(NFSC 203)」제7조 제1항 단서의 각 호의 감지기로 설치하는 경우에는 그러하지 아니하다.〈개정 12.8.20.〉
3. 교차회로 내의 각 화재감지기회로별로 설치된 화재감지기 1개가 담당하는 바닥면적은「자동화재탐지설비의 화재안전기준(NFSC 203)」제7조 제3항 제5호·제8호부터 제10호까지의 규정에 따른 바닥면적으로 할 것〈개정 12.8.20.〉

제13조【음향경보장치】 ① 이산화탄소소화설비의 음향경보장치는 다음 각 호의 기준에 따라 설치하여야 한다.〈개정 12.8.20.〉
1. **수동식 기동장치**를 설치한 것은 그 **기동장치**의 **조작과정**에서, **자동식 기동장치**를 설치한 것은 **화재감지기**와 **연동**하여 자동으로 경보를 발하는 것으로 할 것 〈개정 12.8.20.〉
2. 소화약제의 방사개시 후 **1분 이상** 경보를 계속할 수 있는 것으로 할 것
3. 방호구역 또는 방호대상물이 있는 구획 안에 있는 자에게 유효하게 경보할 수 있는 것으로 할 것

② 방송에 따른 경보장치를 설치할 경우에는 다음 각 호의 기준에 따라야 한다. 〈개정 12.8.20.〉
1. 증폭기 재생장치는 화재 시 연소의 우려가 없고, 유지관리가 쉬운 장소에 설치할 것
2. 방호구역 또는 방호대상물이 있는 구획의 각 부분으로부터 하나의 확성기까지의 **수평거리**는 **25m** 이하가 되도록 할 것
3. 제어반의 복구스위치를 조작하여도 경보를 계속 발할 수 있는 것으로 할 것

제14조【자동폐쇄장치】 전역방출방식의 이산화탄소소화설비를 설치한 특정소방대상물 또는 그 부분에 대하여는 다음 각 호의 기준에 따라 자동폐쇄장치를 설치하여야 한다.〈개정 12.8.20.〉
1. **환**기장치를 설치한 것은 이산화탄소가 방사되기 전에 해당 환기장치가 정지할 수 있도록 할 것〈개정 12.8.20.〉
2. **개**구부가 있거나 천장으로부터 **1m 이상**의 아래부분 또는 바닥으로부터 해당 층의 높이의 $\frac{2}{3}$ 이내의 부분에 **통**기구가 있어 이산화탄소의 유출에 따라 소화효과

를 감소시킬 우려가 있는 것은 이산화탄소가 방사되기 전에 해당 **개구부** 및 **통기구**를 폐쇄할 수 있도록 할 것〈개정 12.8.20.〉
3. 자동폐쇄장치는 방호구역 또는 방호대상물이 있는 구획의 밖에서 **복**구할 수 있는 **구**조로 하고, 그 위치를 **표**시하는 표지를 할 것

> 기억법 환개통 복구표

제15조【비상전원】 이산화탄소소화설비(호스릴이산화탄소소화설비를 제외한다.)의 비상전원은 **자가발전설비, 축전지설비**(제어반에 내장하는 경우를 포함한다.) 또는 **전기저장장치**(외부 전기에너지를 저장해 두었다가 필요한 때 전기를 공급하는 장치)로서 다음 각 호의 기준에 따라 설치하여야 한다. 다만, 2 이상의 변전소(「전기사업법」 제67조에 따른 변전소를 말한다. 이하 같다.)에서 전력을 동시에 공급받을 수 있거나 하나의 변전소로부터 전력의 공급이 중단되는 때에는 자동으로 다른 변전소로부터 전력을 공급받을 수 있도록 상용전원을 설치한 경우에는 비상전원을 설치하지 아니할 수 있다.〈개정 16.7.13.〉
1. 점검에 편리하고 화재 및 침수 등의 재해로 인한 피해를 받을 우려가 없는 곳에 설치할 것
2. 이산화탄소소화설비를 유효하게 **20분 이상** 작동할 수 있어야 할 것
3. 상용전원으로부터 전력의 공급이 중단된 때에는 자동으로 비상전원으로부터 전력을 공급받을 수 있도록 할 것
4. 비상전원의 설치장소는 다른 장소와 **방화구획**할 것. 이 경우 그 장소에는 비상전원의 공급에 필요한 기구나 설비외의 것(**열병합발전설비**에 필요한 기구나 설비는 제외한다.)을 두어서는 아니 된다.
5. 비상전원을 실내에 설치하는 때에는 그 실내에 **비상조명등**을 설치할 것

제16조【배출설비】 지하층, 무창층 및 밀폐된 거실 등에 이산화탄소소화설비를 설치한 경우에는 소화약제의 농도를 희석시키기 위한 **배출설비**를 갖추어야 한다.

제17조【과압배출구】 이산화탄소소화설비의 방호구역에 소화약제가 방출 시 과압으로 인하여 구조물 등에 손상이 생길 우려가 있는 장소에는 **과압배출구**를 설치하여야 한다.〈개정 12.8.20.〉

제18조【설계프로그램】 이산화탄소소화설비를 컴퓨터프로그램을 이용하여 설계할 경우에는 「가스계소화설비의 설계프로그램 성능인증 및 제품검사의 기술기준」에 적합한 설계프로그램을 사용하여야 한다.〈개정 13.9.3.〉

제19조【안전시설 등】 이산화탄소소화설비가 설치된 장소에는 다음 각 호의 기준에 따른 안전시설을 설치하여야 한다. 설계 18회
1. 소화약제 방출 시 방호구역 내와 부근에 가스방출 시 영향을 미칠 수 있는 장소에 시각경보장치를 설치하여 소화약제가 방출되었음을 알도록 할 것
2. 방호구역의 출입구 부근 잘 보이는 장소에 약제방출에 따른 위험경고표지를 부착할 것

[본조신설 15.1.23.]

제20조【설치 · 유지기준의 특례】 소방본부장 또는 소방서장은 기존 건축물이 증축 · 개축 · 대수선되거나 용도변경되는 경우에 있어서 이 기준이 정하는 기준에 따라 해당 건축물에 설치하여야 할 이산화탄소소화설비의 배관 · 배선 등의 공사가 현저하게 곤란하다고 인정되는 경우에는 해당 설비의 기능 및 사용에 지장이 없는 범위 안에서 이산화탄소소화설비의 설치 · 유지기준의 일부를 적용하지 아니할 수 있다.
〈개정 12.8.20.〉
[종전의 제19조에서 이동, 15.1.23.]

제21조【재검토 기한】 소방청장은「훈령 · 예규 등의 발령 및 관리에 관한 규정」에 따라 이 고시에 대하여 2016년 1월 1일을 기준으로 매 3년이 되는 시점(매 3년째의 12월 31일까지를 말한다.)마다 그 타당성을 검토하여 개선 등의 조치를 하여야 한다.
〈전문개정 17.7.26.〉

부 칙 〈제2019-46호, 19.8.13.〉

이 고시는 발령한 날부터 시행한다.

〔**별표 1**〕 가연성 액체 또는 가연성 가스의 소화에 필요한 설계농도(제5조 제1호 나목 관련)

설계 18회

방호대상물	설계농도(%)
수소(Hydrogen)	75
아세틸렌(Acetylene)	66
일산화탄소(Carbon Monoxide)	64
산화에틸렌(Ethylene Oxide)	53
에틸렌(Ethylene)	49
에탄(Ethane)	40
석탄가스, 천연가스(Coal, Natural gas)	37
사이크로 프로판(Cyclo Propane)	37
이소부탄(Iso Butane)	36
프로판(Propane)	36
부탄(Butane)	34
메탄(Methane)	34

11 할론소화설비(NFSC 107)

일부개정 2018. 11. 19. 소방청고시 제2018-16호

제1조【목적】 이 기준은 「화재예방, 소방시설 설치·유지 및 안전관리에 관한 법률」 제9조 제1항에 따라 소방청장에게 위임한 사항 중 물분무등소화설비인 할론소화설비의 설치·유지 및 안전관리에 관하여 필요한 사항을 규정함을 목적으로 한다. 〈개정 18.11.19.〉

제2조【적용범위】 「화재예방, 소방시설 설치·유지 및 안전관리에 관한 법률 시행령」(이하 "**영**"이라 한다.) [별표 5] 제1호 바목에 따른 물분무등소화설비 중 할론소화설비는 이 기준에서 정하는 규정에 따라 설비를 설치하고 유지·관리하여야 한다. 〈개정 18.11.19.〉

제3조【정의】 이 기준에서 사용하는 용어의 정의는 다음과 같다.
1. "**전역방출방식**"이란 고정식 할론 공급장치에 배관 및 분사헤드를 고정 설치하여 **밀폐 방호구역** 내에 할론을 방출하는 설비를 말한다. 〈개정 18.11.19.〉
2. "**국소방출방식**"이란 고정식 할론 공급장치에 배관 및 분사헤드를 설치하여 **직접 화점**에 할론을 방출하는 설비로 화재발생 부분에만 **집중적**으로 소화약제를 방출하도록 설치하는 방식을 말한다. 〈개정 18.11.19.〉
3. "**호스릴방식**"이란 분사헤드가 배관에 고정되어 있지 않고 소화약제 저장용기에 호스를 연결하여 사람이 직접 화점에 소화약제를 방출하는 **이동식소화설비**를 말한다. 〈개정 12.8.20.〉
4. "**충전비**"란 용기의 **체적**과 소화약제의 **중량**과의 비를 말한다. 〈개정 12.8.20.〉
5. "**교차회로방식**"이란 하나의 방호구역 내에 **2 이상**의 **화재감지기회로**를 설치하고 인접한 2 이상의 화재감지기가 동시에 감지되는 때에는 할론소화설비가 작동하여 소화약제가 방출되는 방식을 말한다. 〈개정 18.11.19.〉
6. "**방화문**"이란 「건축법 시행령」 제64조의 규정에 따른 **갑종방화문** 또는 **을종방화문**으로써 언제나 닫힌 상태를 유지하거나 화재로 인한 연기의 발생 또는 온도의 상승에 따라 자동적으로 닫히는 구조를 말한다. 〈개정 12.8.20.〉

제4조【소화약제의 저장용기 등】 ① 할론소화약제의 저장용기는 다음 각 호의 기준에 적합한 장소에 설치하여야 한다. 〈개정 18.11.19.〉
1. 방호구역 외의 장소에 설치할 것. 다만, 방호구역 내에 설치할 경우에는 피난 및 조작이 용이하도록 **피난구** 부근에 설치하여야 한다.

2. 온도가 **40℃ 이하**이고, 온도변화가 적은 곳에 설치할 것
3. **직사광선** 및 **빗물**이 침투할 우려가 없는 곳에 설치할 것
4. **방화문**으로 구획된 실에 설치할 것
5. 용기의 설치장소에는 해당 용기가 설치된 곳임을 표시하는 표지를 할 것 〈개정 12.8.20.〉
6. 용기 간의 간격은 점검에 지장이 없도록 **3cm 이상**의 간격을 유지할 것
7. 저장용기와 집합관을 연결하는 연결배관에는 **체크밸브**를 설치할 것. 다만, 저장용기가 하나의 방호구역만을 담당하는 경우에는 그러하지 아니하다.

② 할론소화약제의 저장용기는 다음 각 호의 기준에 따라 설치하여야 한다. 〈개정 18.11.19.〉
1. 축압식 저장용기의 압력은 온도 20℃에서 **할론 1211**을 저장하는 것은 **1.1MPa 또는 2.5MPa**, **할론 1301**을 저장하는 것은 **2.5MPa 또는 4.2MPa**이 되도록 **질소가스로 축압할 것**〈개정 12.8.20.〉
2. 저장용기의 충전비는 **할론 2402**를 저장하는 것 중 **가압식** 저장용기는 **0.51 이상 0.67 미만**, **축압식** 저장용기는 **0.67 이상 2.75 이하**, **할론 1211**은 **0.7 이상 1.4 이하**, **할론 1301**은 **0.9 이상 1.6 이하**로 할 것〈개정 12.8.20.〉
3. 동일 집합관에 접속되는 용기의 소화약제 충전량은 동일 충전비의 것이어야 할 것

③ 가압용 가스용기는 질소가스가 충전된 것으로 하고, 그 압력은 21℃에서 2.5MPa 또는 4.2MPa이 되도록 하여야 한다.

④ 할론소화약제 저장용기의 개방밸브는 **전기식·가스압력식** 또는 **기계식**에 따라 자동으로 개방되고 수동으로도 개방되는 것으로서 안전장치가 부착된 것으로 하여야 한다. 〈개정 18.11.19.〉

⑤ 가압식 저장용기에는 2.0MPa 이하의 압력으로 조정할 수 있는 **압력조정장치**를 설치하여야 한다.

⑥ 하나의 구역을 담당하는 소화약제 저장용기의 소화약제량의 체적 합계보다 그 소화약제 방출 시 방출경로가 되는 배관(집합관 포함)의 내용적이 **1.5배 이상**일 경우에는 해당 방호구역에 대한 설비는 **별도 독립방식**으로 하여야 한다.〈개정 12.8.20.〉

제5조【소화약제】할론소화약제의 저장량은 다음 각 호의 기준에 따라야 한다. 이 경우 동일한 특정소방대상물 또는 그 부분에 2 이상의 방호구역 또는 방호대상물이 있는 경우에는 각 방호구역 또는 방호대상물에 대하여 다음 각 호의 기준에 따라 산출한 저장량 중 최대의 것으로 할 수 있다.〈개정 18.11.19.〉
1. **전역방출방식**은 다음 각 목의 기준에 따라 산출한 양 이상으로 할 것〈개정 12.8.20.〉

11. 할론소화설비(NFSC 107)

가. 방호구역의 체적(불연재료나 내열성의 재료로 밀폐된 구조물이 있는 경우에는 그 체적을 제외한다.) 1m³에 대하여 다음 표에 따른 양 〈설계 6회〉

소방대상물 또는 그 부분		소화약제의 종별	방호구역의 체적 1m³당 소화약제의 양
차고·주차장·전기실·통신기기실·전산실 기타 이와 유사한 전기설비가 설치되어 있는 부분		할론 1301	0.32kg 이상 0.64kg 이하
소방기본법 시행령 〔별표 2〕의 특수가연물을 저장·취급하는 소방대상물 또는 그 부분	가연성 고체류·가연성 액체류	할론 2402	0.40kg 이상 1.1kg 이하
		할론 1211	0.36kg 이상 0.71kg 이하
		할론 1301	0.32kg 이상 0.64kg 이하
	면화류·나무껍질 및 대팻밥·넝마 및 종이부스러기·사류·볏짚류·목재가공품 및 나무부스러기를 저장·취급하는 것	할론 1211	0.60kg 이상 0.71kg 이하
		할론 1301	0.52kg 이상 0.64kg 이하
	합성수지류를 저장·취급하는 것	할론 1211	0.36kg 이상 0.71kg 이하
		할론 1301	0.32kg 이상 0.64kg 이하

나. 방호구역의 개구부에 자동폐쇄장치를 설치하지 아니한 경우에는 "가"목에 따라 산출한 양에 다음 표에 따라 산출한 양을 가산한 양

소방대상물 또는 그 부분		소화약제의 종별	가산량(개구부의 면적 1m²당 소화약제의 양)
차고·**주**차장·**전**기실·**통**신기기실·전산실·기타 이와 유사한 전기설비가 설치되어 있는 부분		할론 1301	2.4kg
소방기본법 시행령 〔별표 2〕의 특수가연물을 저장·취급하는 소방대상물 또는 그 부분	가연성 고체류·가연성 액체류	할론 2402	3.0kg
		할론 1211	2.7kg
		할론 1301	2.4kg
	면화류·나무껍질 및 대팻밥·넝마 및 종이부스러기·**사**류·볏짚류·목재가공품 및 나무부스러기를 저장·취급하는 것	할론 1211	4.5kg
		할론 1301	3.9kg
	합성수지류를 저장·취급하는 것	할론 1211	2.7kg
		할론 1301	2.4kg

> **기억법** 차주전통할(전통활)
> 사면할(할아버지 사면)

2. **국소방출방식**은 다음 각 목의 기준에 따라 산출한 양에 **할론 2402** 또는 **할론 1211**은 1.1을, **할론 1301**은 1.25를 각각 곱하여 얻은 양 이상으로 할 것〈개정 12.8.20.〉

가. 윗면이 개방된 용기에 저장하는 경우와 화재 시 연소면이 1면에 한정되고 가연물이 비산할 우려가 없는 경우에는 다음 표에 따른 양

소화약제의 종별	방호대상물의 표면적 1m²에 대한 소화약제의 양
할론 2402	8.8kg
할론 1211	7.6kg
할론 1301	6.8kg

나. 가목 외의 경우에는 **방호공간**(방호대상물의 각 부분으로부터 **0.6m**의 거리에 따라 둘러싸인 공간을 말한다. 이하 같다.)의 체적 1m³에 대하여 다음의 식에 따라 산출한 양

$$Q = X - Y\frac{a}{A}$$

여기서, Q : 방호공간 1m³에 대한 할로겐화합물 소화약제의 양[kg/m³]
　　　　a : 방호대상물의 주위에 설치된 벽의 면적의 합계[m²]
　　　　A : 방호공간의 벽면적(벽이 없는 경우에는 벽이 있는 것으로 가정한 당해 부분의 면적)의 합계[m²]

❙X 및 Y : 다음 표의 수치❙

소화약제의 종별	X의 수치	Y의 수치
할론 2402	5.2	3.9
할론 1211	4.4	3.3
할론 1301	4.0	3.0

3. 호스릴할론소화설비는 하나의 노즐에 대하여 다음 표에 따른 양 이상으로 할 것 〈개정 18.11.19.〉

소화약제의 종별	소화약제의 양
할론 2402 또는 1211	50kg
할론 1301	45kg

제6조 【기동장치】 ① 할론소화설비의 수동식 기동장치는 다음 각 호의 기준에 따라 설치하여야 한다. 이 경우 수동식 기동장치의 부근에는 소화약제의 **방출**을 **지연**시킬 수 있는 **비상스위치**(자동복귀형 스위치로서 수동식 기동장치의 타이머를 순간정지시키는 기능의 스위치를 말한다.)를 설치하여야 한다.〈개정 18.11.19.〉

1. **전역방출방식**은 방호구역마다, **국소방출방식**은 **방호대상물**마다 설치할 것
　　〈개정 12.8.20.〉

2. 해당 방호구역의 출입구 부분 등 조작을 하는 자가 쉽게 피난할 수 있는 장소에 설치할 것〈개정 12.8.20.〉
3. 기동장치의 조작부는 바닥으로부터 높이 **0.8m 이상 1.5m 이하**의 위치에 설치하고, 보호판 등에 따른 보호장치를 설치할 것
4. 기동장치에는 그 가까운 곳의 보기 쉬운 곳에 "**할론소화설비 기동장치**"라고 표시한 표지를 할 것〈개정 18.11.19.〉
5. 전기를 사용하는 기동장치에는 **전원표시등**을 설치할 것
6. 기동장치의 방출용 스위치는 음향경보장치와 연동하여 조작될 수 있는 것으로 할 것

② 할론소화설비의 자동식 기동장치는 **자동화재탐지설비**의 **감지기**의 작동과 연동하는 것으로서 다음 각 호의 기준에 따라 설치하여야 한다.〈개정 18.11.19.〉
1. **자동식 기동장치**에는 **수동**으로도 기동할 수 있는 구조로 할 것
2. **전기식 기동장치**로서 **7병 이상**의 저장용기를 동시에 개방하는 설비는 **2병 이상**의 저장용기에 전자개방밸브를 부착할 것〈개정 12.8.20.〉
3. 가스압력식 기동장치는 다음 각 목의 기준에 따를 것〈개정 12.8.20.〉
 가. 기동용 가스용기 및 해당 용기에 사용하는 밸브는 **25MPa 이상**의 압력에 견딜 수 있는 것으로 할 것〈개정 12.8.20.〉
 나. 기동용 가스용기에는 **내압시험압력 0.8배부터 내압시험압력 이하**에서 작동하는 안전장치를 설치할 것〈개정 12.8.20.〉
 다. 기동용 가스용기의 **용적**은 **1L 이상**으로 하고, 해당 용기에 저장하는 이산화탄소의 양은 **0.6kg 이상**으로 하며, **충전비**는 **1.5 이상**으로 할 것〈개정 12.8.20.〉
4. 기계식 기동장치는 저장용기를 쉽게 개방할 수 있는 구조로 할 것〈개정 12.8.20.〉

③ 할론소화설비가 설치된 부분의 출입구 등의 보기 쉬운 곳에 소화약제의 방사를 표시하는 **표시등**을 설치하여야 한다.〈개정 18.11.19.〉

제7조【제어반 등】 할론소화설비의 제어반 및 화재표시반은 다음 각 호의 기준에 따라 설치하여야 한다. 다만, 자동화재탐지설비의 수신기의 제어반이 화재표시반의 기능을 가지고 있는 것은 화재표시반을 설치하지 아니할 수 있다.〈개정 18.11.19.〉
1. 제어반은 수동기동장치 또는 감지기에서의 신호를 수신하여 **음향경보장치**의 **작동**, **소화약제**의 **방출** 또는 **지연** 기타의 **제어기능**을 가진 것으로 하고, 제어반에는 전원표시등을 설치할 것
2. 화재표시반은 제어반에서의 신호를 수신하여 작동하는 기능을 가진 것으로 하되, 다음 각 목의 기준에 따라 설치할 것〈개정 12.8.20.〉

가. 각 방호구역마다 **음향경보장치**의 조작 및 **감지기**의 작동을 명시하는 표시등과 이와 연동하여 작동하는 벨·버저 등의 **경보기**를 설치할 것. 이 경우 음향경보장치의 조작 및 감지기의 작동을 명시하는 **표시등**을 **겸용**할 수 있다.

나. 수동식 기동장치는 그 **방출용 스위치**의 작동을 명시하는 **표시등**을 설치할 것
〈개정 12.8.20.〉

다. 소화약제의 **방출**을 **명시**하는 **표시등**을 설치할 것

라. 자동식 기동장치는 **자동·수동**의 **절환**을 **명시**하는 **표시등**을 설치할 것
〈개정 12.8.20.〉

3. 제어반 및 화재표시반의 설치장소는 화재에 따른 영향, 진동 및 충격에 따른 영향 및 부식의 우려가 없고 점검에 편리한 장소에 설치할 것
4. 제어반 및 화재표시반에는 해당 **회로도** 및 **취급설명서**를 비치할 것〈개정 12.8.20.〉

제8조【배관】 **할**론소화설비의 배관은 다음 각 호의 기준에 따라 설치하여야 한다.
〈개정 18.11.19.〉

1. 배관은 **전**용으로 할 것
2. **강관**을 사용하는 경우의 배관은 **압력배관용 탄소강관**(KS D 3562) 중 스케줄 **40** 이상의 것 또는 이와 동등 이상의 강도를 가진 것으로서 아연도금 등에 따라 방식처리된 것을 사용할 것 설계 6회
3. **동관**을 사용하는 경우에는 이음이 없는 동 및 동합금관(KS D 5301)의 것으로서 **고압**식은 **16.5**MPa 이상, 저압식은 **3.75**MPa 이상의 압력에 견딜 수 있는 것을 사용할 것
4. 배관**부**속 및 **밸**브류는 강관 또는 동관과 동등 이상의 강도 및 내식성이 있는 것으로 할 것

> 기억법 할전 강압4 동고165 375 부밸

제9조【선택밸브】 하나의 특정소방대상물 또는 그 부분에 2 이상의 방호구역 또는 방호대상물이 있어 할론 저장용기를 공용하는 경우에는 다음 각 호의 기준에 따라 선택밸브를 설치하여야 한다.〈개정 18.11.19.〉

1. **방호구역** 또는 **방호대상물**마다 설치할 것
2. 각 선택밸브에는 그 **담당 방호구역** 또는 **방호대상물**을 표시할 것

제10조【분사헤드】 ① **전역방출방식**의 할론소화설비의 분사헤드는 다음 각 호의 기준에 따라 설치하여야 한다.〈개정 18.11.19.〉

1. 방사된 소화약제가 방호구역의 전역에 균일하게 신속히 확산할 수 있도록 할 것

2. **할론 2402**를 방출하는 분사헤드는 해당 소화약제가 **무상**으로 **분무**되는 것으로 할 것〈개정 12.8.20.〉
3. 분사헤드의 방사압력은 **할론 2402**를 방사하는 것은 **0.1MPa** 이상, **할론 1211**을 방사하는 것은 **0.2MPa** 이상, **할론 1301**을 방사하는 것은 **0.9MPa** 이상으로 할 것 〈개정 12.8.20.〉
4. 제5조에 따른 기준저장량의 소화약제를 **10초 이내**에 방사할 수 있는 것으로 할 것 〈개정 12.8.20.〉

② **국소방출방식**의 할론소화설비의 분사헤드는 다음 각 호의 기준에 따라 설치하여야 한다.〈개정 18.11.19.〉
1. 소화약제의 방사에 따라 가연물이 비산하지 아니하는 장소에 설치할 것
2. **할론 2402**를 방사하는 분사헤드는 해당 소화약제가 **무상**으로 **분무**되는 것으로 할 것〈개정 12.8.20.〉
3. 분사헤드의 방사압력은 **할론 2402**를 방사하는 것은 **0.1MPa** 이상, **할론 1211**을 방사하는 것은 **0.2MPa** 이상, **할론 1301**을 방사하는 것은 **0.9MPa** 이상으로 할 것 〈개정 12.8.20.〉
4. 제5조에 따른 기준저장량의 소화약제를 **10초 이내**에 방사할 수 있는 것으로 할 것 〈개정 12.8.20.〉

③ 화재 시 현저하게 연기가 찰 우려가 없는 장소로서 다음 각 호의 어느 하나에 해당하는 장소는 호스릴할론소화설비를 설치할 수 있다.〈개정 18.11.19.〉
1. **지상 1층** 및 **피난층**에 있는 부분으로서 지상에서 수동 또는 원격조작에 따라 개방할 수 있는 개구부의 유효면적의 합계가 바닥면적의 **15% 이상**이 되는 부분
2. 전기설비가 설치되어 있는 부분 또는 다량의 화기를 사용하는 부분(해당 설비의 주위 **5m 이내**의 부분을 포함한다.)의 바닥면적이 해당 설비가 설치되어 있는 구획의 바닥면적의 $\frac{1}{5}$ 미만이 되는 부분〈개정 12.8.20.〉

④ **호스릴할론소화설비**는 다음 각 호의 기준에 따라 설치하여야 한다.〈개정 18.11.19.〉
1. 방호대상물의 각 부분으로부터 하나의 호스접결구까지의 **수평거리**가 **20m** 이하가 되도록 할 것

> [기억법] 호할20(**호**텔의 **할부이**자가 **영** 아니네)

2. 소화약제의 저장용기의 개방밸브는 호스릴의 설치장소에서 수동으로 개폐할 수 있는 것으로 할 것
3. 소화약제의 저장용기는 호스릴을 설치하는 장소마다 설치할 것
4. 노즐은 20℃에서 하나의 노즐마다 1분당 다음 표에 따른 소화약제를 방사할 수 있는 것으로 할 것

소화약제의 종별	1분당 방사하는 소화약제의 양
할론 2402	45kg
할론 1211	40kg
할론 1301	35kg

5. 소화약제 저장용기의 가까운 곳의 보기 쉬운 곳에 적색의 표시등을 설치하고, 호스릴할론소화설비가 있다는 뜻을 표시한 표지를 할 것〈개정 18.11.19.〉

⑤ 할론소화설비의 분사헤드의 오리피스구경·방출률·크기 등에 관하여는 다음 각 호의 기준에 따라야 한다.〈개정 18.11.19.〉
  1. 분사헤드에는 부식방지조치를 하여야 하며 **오리피스의 크기, 제조일자, 제조업체**가 표시되도록 할 것
  2. 분사헤드의 개수는 방호구역에 방사시간이 충족되도록 설치할 것
  3. 분사헤드의 방출률 및 방출압력은 제조업체에서 정한 값으로 할 것
  4. 분사헤드의 오리피스의 면적은 분사헤드가 연결되는 배관구경 면적의 **70%**를 초과하지 아니할 것

제11조【자동식 기동장치의 화재감지기】 할론소화설비의 자동식 기동장치는 다음 각 호의 기준에 따른 화재감지기를 설치하여야 한다.〈개정 18.11.19.〉
  1. 각 방호구역 내의 **화재감지기**의 감지에 따라 작동되도록 할 것
  2. 화재감지기의 회로는 **교차회로방식**으로 설치할 것. 다만, 화재감지기를 「자동화재탐지설비의 화재안전기준(NFSC 203)」제7조 제1항 단서의 각 호의 감지기로 설치하는 경우에는 그러하지 아니하다.〈개정 12.8.20.〉
  3. 교차회로 내의 각 화재감지기회로별로 설치된 화재감지기 1개가 담당하는 바닥면적은 「자동화재탐지설비의 화재안전기준(NFSC 203)」제7조 제3항 제5호·제8호부터 제10호까지의 기준에 따른 바닥면적으로 할 것〈개정 12.8.20.〉

제12조【음향경보장치】 ① 할론소화설비의 음향경보장치는 다음 각 호의 기준에 따라 설치하여야 한다.〈개정 18.11.19.〉
  1. **수동식 기동장치**를 설치한 것은 그 **기동장치**의 **조작과정**에서, **자동식 기동장치**를 설치한 것은 **화재감지기**와 **연동**하여 자동으로 경보를 발하는 것으로 할 것
    〈개정 12.8.20.〉
  2. 소화약제의 방사개시 후 **1분 이상** 경보를 계속할 수 있는 것으로 할 것
  3. 방호구역 또는 방호대상물이 있는 구획 안에 있는 자에게 유효하게 경보할 수 있는 것으로 할 것

② 방송에 따른 경보장치를 설치할 경우에는 다음 각 호의 기준에 따라야 한다.
〈개정 12.8.20.〉
1. 증폭기 재생장치는 화재 시 연소의 우려가 없고, 유지관리가 쉬운 장소에 설치할 것
2. 방호구역 또는 방호대상물이 있는 구획의 각 부분으로부터 하나의 확성기까지의 **수평거리**는 **25m** 이하가 되도록 할 것
3. 제어반의 복구스위치를 조작하여도 경보를 계속 발할 수 있는 것으로 할 것

제13조【자동폐쇄장치】 전역방출방식의 할론소화설비를 설치한 특정소방대상물 또는 그 부분에 대하여는 다음 각 호의 기준에 따라 자동폐쇄장치를 설치하여야 한다.
〈개정 18.11.19.〉
1. **환기장치**를 설치한 것은 할론이 방사되기 전에 해당 환기장치가 정지할 수 있도록 할 것〈개정 18.11.19.〉
2. 개구부가 있거나 천장으로부터 **1m 이상**의 아래부분 또는 바닥으로부터 해당 층의 높이의 $\frac{2}{3}$ **이내**의 부분에 통기구가 있어 할론의 유출에 따라 소화효과를 감소시킬 우려가 있는 것은 할론이 방사되기 전에 당해 **개구부** 및 **통기구**를 폐쇄할 수 있도록 할 것〈개정 18.11.19.〉
3. 자동폐쇄장치는 방호구역 또는 방호대상물이 있는 구획의 밖에서 복구할 수 있는 구조로 하고, 그 위치를 표시하는 표지를 할 것

제14조【비상전원】 할론소화설비(호스릴할론소화설비를 제외한다.)의 비상전원은 **자가발전설비, 축전지설비**(제어반에 내장하는 경우를 포함한다.) 또는 **전기저장장치**(외부 전기에너지를 저장해 두었다가 필요한 때 전기를 공급하는 장치)로서 다음 각 호의 기준에 따라 설치하여야 한다. 다만, 2 이상의 변전소(「전기사업법」 제67조에 따른 변전소를 말한다. 이하 같다.)에서 전력을 동시에 공급받을 수 있거나 하나의 변전소로부터 전력의 공급이 중단되는 때에는 자동으로 다른 변전소로부터 전력을 공급받을 수 있도록 상용전원을 설치한 경우에는 비상전원을 설치하지 아니할 수 있다.
〈개정 18.11.19.〉
1. 점검에 편리하고 화재 및 침수 등의 재해로 인한 피해를 받을 우려가 없는 곳에 설치할 것
2. 할론소화설비를 유효하게 **20분 이상** 작동할 수 있어야 할 것〈개정 18.11.19.〉
3. 상용전원으로부터 전력의 공급이 중단된 때에는 자동으로 비상전원으로부터 전력을 공급받을 수 있도록 할 것

4. 비상전원의 설치장소는 다른 장소와 **방화구획**할 것. 이 경우 그 장소에는 비상전원의 공급에 필요한 기구나 설비 외의 것(**열병합발전설비**에 필요한 기구나 설비는 제외한다.)을 두어서는 아니된다.
5. 비상전원을 실내에 설치하는 때에는 그 실내에 **비상조명등**을 설치할 것

제15조 【설계프로그램】 할론소화설비를 컴퓨터프로그램을 이용하여 설계할 경우에는 「가스계소화설비의 설계프로그램 성능인증 및 제품검사의 기술기준」에 적합한 설계프로그램을 사용하여야 한다. 〈개정 18.11.19.〉

제16조 【설치ㆍ유지기준의 특례】 소방본부장 또는 **소방서장**은 기존 건축물이 증축ㆍ개축ㆍ대수선되거나 용도변경되는 경우에 있어서 이 기준이 정하는 기준에 따라 해당 건축물에 설치하여야 할 할론소화설비의 배관ㆍ배선 등의 공사가 현저하게 곤란하다고 인정되는 경우에는 해당 설비의 기능 및 사용에 지장이 없는 범위 안에서 할론소화설비의 설치ㆍ유지기준의 일부를 적용하지 아니할 수 있다. 〈개정 18.11.19.〉

제17조 【재검토 기한】 소방청장은 「훈령ㆍ예규 등의 발령 및 관리에 관한 규정」에 따라 이 고시에 대하여 2016년 1월 1일을 기준으로 매 3년이 되는 시점(매 3년째의 12월 31일까지를 말한다.)마다 그 타당성을 검토하여 개선 등의 조치를 하여야 한다.
〈전문개정 17.7.26.〉

부 칙 〈제2018-16호, 18.11.19.〉

제1조 【시행일】 이 고시는 발령한 날부터 시행한다.

12 할로겐화합물 및 불활성기체소화설비(NFSC 107A)

일부개정 2018. 11. 19. 소방청고시 제2018-17호

제1조【목적】 이 기준은 「화재예방, 소방시설 설치·유지 및 안전관리에 관한 법률」 제9조 제1항에 따라 소방청장에게 위임한 사항 중 물분무등소화설비인 할로겐화합물 및 불활성기체소화설비의 설치유지 및 안전관리에 관하여 필요한 사항을 규정함을 목적으로 한다. 〈전문개정 18.11.19.〉

제2조【적용범위】 「화재예방, 소방시설 설치·유지 및 안전관리에 관한 법률 시행령」 (이하 "**영**"이라 한다.) [별표 5] 제1호 바목에 따른 물분무등소화설비 중 할로겐화합물 및 불활성기체소화설비는 이 기준에서 정하는 규정에 따라 설비를 설치하고 유지·관리하여야 한다. 〈전문개정 18.11.19.〉

제3조【정의】 이 기준에서 사용하는 용어의 정의는 다음과 같다. 설계 10회
1. "**할로겐화합물 및 불활성기체소화약제**"란 할로겐화합물(**할론 1301, 할론 2402, 할론 1211 제외**) 및 **불활성기체**로서 전기적으로 **비전도성**이며 휘발성이 있거나 증발 후 잔여물을 남기지 않는 소화약제를 말한다. 〈개정 18.11.19.〉
2. "**할로겐화합물소화약제**"란 **불**소, **염**소, **브**롬 또는 **요**오드 중 하나 이상의 원소를 포함하고 있는 유기화합물을 기본성분으로 하는 소화약제를 말한다. 〈개정 18.11.19.〉

   기억법 불염브요

3. "**불활성기체소화약제**"란 **헬**륨, **네**온, **아**르곤 또는 **질**소가스 중 하나 이상의 원소를 기본성분으로 하는 소화약제를 말한다. 〈개정 18.11.19.〉

   기억법 헬네아질

4. "**충전밀도**"란 용기의 단위용적당 소화약제의 **중량**의 비율을 말한다. 〈개정 12.8.20.〉
5. "**방화문**"이란 「건축법 시행령」 제64조에 따른 **갑종방화문** 또는 **을종방화문**으로써 언제나 닫힌 상태를 유지하거나 화재로 인한 연기의 발생 또는 온도의 상승에 따라 자동적으로 닫히는 구조를 말한다. 〈개정 12.8.20.〉

제4조【종류】 소화설비에 적용되는 할로겐화합물 및 불활성기체소화약제는 다음 표에서 정하는 것에 한한다. 〈개정 18.11.19.〉

소화약제	화학식
퍼플루오로부탄(이하 "FC-3-1-10"이라 한다.) **기억법** FC31(FC 서울의 3.1절)	C_4F_{10}
하이드로클로로플루오로카본혼화제 (이하 "HCFC BLEND A"라 한다.)	HCFC-123($CHCl_2CF_3$) : 4.75% HCFC-22($CHCIF_2$) : 82% HCFC-124($CHCIFCF_3$) : 9.5% $C_{10}H_{16}$: 3.75% **기억법** 475 82 95 375 (사시오 빨리 그래서 구어 삼키시오!)
클로로테트라플루오로에탄 (이하 "HCFC-124"라 한다.) [설계 14회]	$CHCIFCF_3$
펜타플루오로에탄 (이하 "HFC-125"라 한다.) **기억법** 125(이리온)	CHF_2CF_3
헵타플루오로프로판 (이하 "HFC-227ea"라 한다.) **기억법** 227e(둘둘치킨이 맛있다.)	CF_3CHFCF_3
트리플루오로메탄 (이하 "HFC-23"라 한다.)	CHF_3
헥사플루오로프로판 (이하 "HFC-236fa"라 한다.)	$CF_3CH_2CF_3$
트리플루오로이오다이드 (이하 "FIC-13I1"라 한다.)	CF_3I
불연성·불활성기체혼합가스 (이하 "IG-01"이라 한다.)	Ar
불연성·불활성기체혼합가스 (이하 "IG-100"이라 한다.)	N_2
불연성·불활성기체혼합가스 (이하 "IG-541"이라 한다.)	N_2 : 52%, Ar : 40%, CO_2 : 8% **기억법** NACO(내코) 5240
불연성·불활성기체혼합가스 (이하 "IG-55"이라 한다.)	N_2 : 50%, Ar : 50%
도데카플루오로-2-메틸펜탄-3-원 (이하 "FK-5-1-12"이라 한다.)	$CF_3CF_2C(O)CF(CF_3)_2$

12. 할로겐화합물 및 불활성기체소화설비(NFSC 107A)

제5조 【설치제외】 할로겐화합물 및 불활성기체소화설비는 다음 각 호에서 정한 장소에는 설치할 수 없다. 〈개정 18.11.19.〉 설계 10회
1. 사람이 **상**주하는 곳으로써 제7조 제2항의 **최대허용설**계농도를 **초과**하는 장소
2. 「위험물안전관리법 시행령」 [별표 1]의 **제3류 위험물** 및 **제5류 위험물**을 사용하는 장소. 다만, 소화성능이 인정되는 위험물은 제외한다. 〈개정 12.8.20.〉

> 기억법 설제상설35

제6조 【저장용기】 ① 할로겐화합물 및 불활성기체소화약제의 저장용기는 다음 각 호의 기준에 적합한 장소에 설치하여야 한다. 〈개정 18.11.19.〉
1. **방호구역 외**의 장소에 설치할 것. 다만, 방호구역 내에 설치할 경우에는 피난 및 조작이 용이하도록 **피난구** 부근에 설치하여야 한다.
2. **온**도가 55℃ 이하이고, 온도의 변화가 작은 곳에 설치할 것
3. **직사광선** 및 **빗물**이 침투할 우려가 없는 곳에 설치할 것
4. 저장용기를 **방호구역 외**에 설치한 경우에는 **방화문**으로 구획된 실에 설치할 것
〈개정 09.10.22.〉
5. 용기의 설치장소에는 해당 용기가 설치된 곳임을 표시하는 표지를 할 것
〈개정 12.8.20.〉
6. 용기 간의 간격은 점검에 지장이 없도록 **3cm 이상**의 간격을 유지할 것
7. 저장용기와 집합관을 연결하는 연결배관에는 **체크밸브**를 설치할 것. 다만, 저장용기가 하나의 방호구역만을 담당하는 경우에는 그러하지 아니하다.

> 기억법 외온방3

② 할로겐화합물 및 불활성기체소화약제의 저장용기는 다음 각 호의 기준에 적합하여야 한다. 〈개정 18.11.19.〉
1. 저장용기의 충전밀도 및 충전압력은 [별표 1]에 따를 것〈개정 12.8.20.〉
2. 저장용기는 **약**제명 · 저장용기의 **자**체중량과 **총**중량 · **충**전일시 · 충전압력 및 약제의 체적을 표시할 것
3. **집**합관에 접속되는 저장용기는 **동일한 내**용적을 가진 것으로 **충전량** 및 **충전압력**이 같도록 할 것
4. 저장용기에 **충**전량 및 충전압력을 **확**인할 수 있는 장치를 하는 경우에는 해당 소화약제에 적합한 구조로 할 것
5. 저장용기의 **약제량** 손실이 **5%**를 초과하거나 **압력손실**이 **10%**를 초과할 경우에는 재충전하거나 저장용기를 교체할 것. 다만, **불활성기체소화약제** 저장용기의 경우

에는 **압력손실**이 **5%**를 초과할 경우 재충전하거나 저장용기를 교체하여야 한다.
〈개정 18.11.19.〉 설계 18회

> [기억법] 약자총충 집동내 확충량5(양호)

③ 하나의 방호구역을 담당하는 저장용기의 소화약제의 체적합계보다 소화약제의 방출시 방출경로가 되는 배관(집합관을 포함한다.)의 내용적의 비율이 할로겐화합물 및 불활성기체소화약제 제조업체(이하 **"제조업체"**라 한다.)의 설계기준에서 정한 값 이상일 경우에는 해당 방호구역에 대한 설비는 별도 독립방식으로 하여야 한다.
〈개정 18.11.19.〉

제7조【소화약제량의 산정】 ① 소화약제의 저장량은 다음 각 호의 기준에 따른다.
〈개정 12.8.20.〉

1. **할로겐화합물소화약제**는 다음 공식에 따라 산출한 양 이상으로 할 것〈개정 18.11.19.〉

   설계 9회, 18회

   $$W = \frac{V}{S} \left[\frac{C}{(100-C)} \right]$$

   여기서, W : 소화약제의 무게[kg]
   V : 방호구역의 체적[m³]
   S : 소화약제별 선형상수($K_1 + K_2 \times t$)[m³/kg]

소화약제	K_1	K_2
〈삭제〉	〈삭제〉	〈삭제〉
FC-3-1-10	0.094104	0.00034455
HCFC BLEND A	0.2413	0.00088
HCFC-124	0.1575	0.0006
HFC-125	0.1825	0.0007
HFC-227ea	0.1269	0.0005
HFC-23	0.3164	0.0012
HFC-236fa	0.1413	0.0006
FIC-13I1	0.1138	0.0005
FK-5-1-12	0.0664	0.0002741

   C : 체적에 따른 소화약제의 설계농도[%]
   t : 방호구역의 최소예상온도[℃]

2. **불활성기체소화약제**는 다음 공식에 따라 산출한 양 이상으로 할 것〈개정 18.11.19.〉

   설계 14회

$$X = 2.303 \left(\frac{V_s}{S}\right) \times \log_{10}\left[\frac{100}{(100-C)}\right]$$

여기서, X : 공간체적당 더해진 소화약제의 부피[m³]

S : 소화약제별 선형상수$(K_1 + K_2 \times t)$[m³/kg]

소화약제	K_1	K_2
IG-01	0.5685	0.00208
IG-100	0.7997	0.00293
IG-541	0.65799	0.00239
IG-55	0.6598	0.00242

C : 체적에 따른 소화약제의 설계농도[%]

V_s : 20℃에서 소화약제의 비체적[m³/kg]

t : 방호구역의 최소예상온도[℃]

3. 체적에 따른 소화약제의 설계농도(%)는 상온에서 제조업체의 설계기준에서 정한 실험수치를 적용한다. 이 경우 설계농도는 소화농도(%)에 안전계수(A·C급 화재 1.2, B급 화재 1.3)를 곱한 값으로 할 것

② 제1항의 기준에 의해 산출한 소화약제량은 사람이 상주하는 곳에서는 [별표 2]에 따른 최대허용설계농도를 초과할 수 없다.〈개정 08.12.15.〉

③ 방호구역이 둘 이상인 장소의 소화설비가 제6조 제3항의 기준에 해당하지 않는 경우에 한하여 가장 큰 방호구역에 대하여 제1항의 기준에 의해 산출한 양 이상이 되도록 하여야 한다.

제8조【기동장치】 할로겐화합물 및 불활성기체소화설비는 다음 각 호의 기준에 따라 설치하여야 한다.〈개정 18.11.19.〉 점검 17회

1. **수동식 기동장치**는 다음 각 목의 기준에 따라 설치할 것. 이 경우 수동식 기동장치의 부근에는 소화약제의 **방출**을 **지연**시킬 수 있는 **비상스위치**(자동복귀형 스위치로서 수동식 기동장치의 타이머를 순간 정치시키는 기능의 스위치를 말한다.)를 설치하여야 한다.

   가. **방호구역**마다 설치

   나. 해당 방호구역의 **출입구 부근** 등 조작을 하는 자가 쉽게 피난할 수 있는 장소에 설치할 것〈개정 12.8.20.〉

   다. 기동장치의 조작부는 바닥으로부터 **0.8m 이상 1.5m 이하**의 위치에 설치하고, 보호판 등에 따른 **보호장치**를 설치할 것

라. 기동장치에는 가깝고 보기 쉬운 곳에 **"할로겐화합물 및 불활성기체소화설비 기동장치"**라는 표지를 할 것〈개정 18.11.19.〉
마. 전기를 사용하는 기동장치에는 **전원표시등**을 설치할 것
바. 기동장치의 방출용 스위치는 **음향경보장치**와 **연동**하여 조작될 수 있는 것으로 할 것
사. **5kg 이하**의 힘을 가하여 기동할 수 있는 구조로 설치
2. **자동식 기동장치**는 자동화재탐지설비의 감지기의 작동과 연동하는 것으로서 다음 각 목의 기준에 따라 설치할 것
  가. 자동식 기동장치에는 제1호의 기준에 따른 수동식 기동장치를 함께 설치할 것
  나. **기계식, 전기식** 또는 **가스압력식**에 따른 방법으로 기동하는 구조로 설치할 것
3. 할로겐화합물 및 불활성기체소화설비가 설치된 구역의 출입구에는 소화약제가 방출되고 있음을 나타내는 표시등을 설치할 것〈개정 18.11.19.〉

제9조【제어반 등】 할로겐화합물 및 불활성기체소화설비의 제어반 및 화재표시반은 다음 각 호의 기준에 따라 설치하여야 한다. 다만, 자동화재탐지설비의 수신기의 제어반이 화재표시반의 기능을 가지고 있는 것은 화재표시반을 설치하지 아니할 수 있다. 〈개정 18.11.19.〉

1. 제어반은 수동기동장치 또는 감지기에서의 신호를 수신하여 **음향경보장치**의 **작동**, **소화약제**의 **방출** 또는 **지연** 기타의 **제어기능**을 가진 것으로 하고, 제어반에는 **전원표시등**을 설치할 것
2. 화재표시반은 제어반에서의 신호를 수신하여 작동하는 기능을 가진 것으로 하되, 다음 각 목의 기준에 따라 설치할 것〈개정 12.8.20.〉
  가. 각 방호구역마다 **음향경보장치**의 조작 및 **감지기**의 작동을 명시하는 표시등과 이와 연동하여 작동하는 벨·버저 등의 **경보기**를 설치할 것. 이 경우 음향경보장치의 조작 및 감지기의 작동을 명시하는 표시등을 겸용할 수 있다.
  나. 수동식 기동장치는 그 **방출용 스위치**의 작동을 명시하는 **표시등**을 설치할 것 〈개정 12.8.20.〉
  다. 소화약제의 **방출**을 **명시**하는 **표시등**을 설치할 것
  라. 자동식 기동장치는 **자동·수동**의 **절환**을 **명시**하는 **표시등**을 설치할 것 〈개정 12.8.20.〉
3. 제어반 및 화재표시반의 설치장소는 화재에 따른 영향, 진동 및 충격에 따른 영향 및 부식의 우려가 없고 점검에 편리한 장소에 설치할 것
4. 제어반 및 화재표시반에는 해당 **회로도** 및 **취급설명서**를 비치할 것〈개정 12.8.20.〉

제10조【배관】 ① 할로겐화합물 및 불활성기체소화설비의 배관은 다음 각 호의 기준에 따라 설치하여야 한다.〈개정 18.11.19.〉

1. 배관은 **전**용으로 할 것
2. 배관·배관부속 및 밸브류는 저장용기의 방출내압을 견딜 수 있어야 하며 다음 각 목의 기준에 적합할 것. 이 경우 설계내압은 [별표 1]에서 정한 최소사용설계압력 이상으로 하여야 한다.〈개정 12.8.20.〉
   가. **강**관을 사용하는 경우의 배관은 **압**력배관용 탄소강관(KS D 3562) 또는 이와 동등 이상의 강도를 가진 것으로서 **아**연도금 등에 따라 방식처리된 것을 사용할 것
   나. **동**관을 사용하는 경우의 배관은 **이**음이 없는 동 및 **동**합금관(KS D 5301)의 것을 사용할 것
   다. 배관의 두께는 다음의 계산식에서 구한 값(t) 이상일 것. 다만, 방출헤드 설치부는 제외한다. 설계 17회

$$관의\ 두께(t) = \frac{PD}{2SE} + A$$

여기서, P : 최대허용압력〔kPa〕
   D : 배관의 바깥지름〔mm〕
   SE : 최대허용응력〔kPa〕(배관재질 인장강도의 $\frac{1}{4}$ 값과 항복점의 $\frac{2}{3}$ 값 중 적은 값×배관이음효율×1.2)
   A : 나사이음, 홈이음 등의 허용값〔mm〕(헤드설치 부분은 제외한다.)
   • 나사이음 : 나사의 높이
   • 절단홈이음 : 홈의 깊이
   • 용접이음 : 0

   ※ **배관이음효율**
   • 이음매 없는 배관 : 1.0
   • 전기저항 용접배관 : 0.85
   • 가열맞대기 용접배관 : 0.60

3. 배관**부**속 및 **밸**브류는 강관 또는 동관과 동등 이상의 강도 및 내식성이 있는 것으로 할 것

   기억법 전강압아동이동부밸

② 배관과 배관, 배관과 배관부속 및 밸브류의 **접**속은 **나사접합, 용접접합, 압축접합** 또는 **플랜지접합** 등의 방법을 사용하여야 한다.

③ 배관의 구경은 해당 방호구역에 할로겐화합물소화약제는 **10초** 이내에, **불활성기체 소화약제**는 A·C급 화재 **2분**, B급 화재 **1분** 이내에 방호구역 각 부분에 최소설계 농도의 **95% 이상** 해당하는 약제량이 방출되도록 하여야 한다.〈개정 18.11.19.〉

> **기억법** 접구

제11조【분사헤드】 ① 분사헤드는 다음 각 호의 기준에 따라야 한다.
1. 분사헤드의 설치높이는 방호구역의 바닥으로부터 최소 **0.2m 이상** 최대 **3.7m 이하**로 하여야 하며 천장높이가 3.7m를 초과할 경우에는 추가로 다른 열의 분사헤드를 설치할 것. 다만, 분사헤드의 성능인정 범위 내에서 설치하는 경우에는 그러하지 아니하다.
2. 분사헤드의 개수는 방호구역에 제10조 제3항을 충족되도록 설치할 것〈개정 12.8.20.〉
3. 분사헤드에는 부식방지조치를 하여야 하며 **오리피스의 크기, 제조일자, 제조업체**가 표시되도록 할 것

② 분사헤드의 방출률 및 방출압력은 제조업체에서 정한 값으로 한다.
③ 분사헤드의 오리피스의 면적은 분사헤드가 연결되는 배관구경면적의 70%를 초과하여서는 아니된다.

제12조【선택밸브】 하나의 특정소방대상물 또는 그 부분에 2 이상의 방호구역이 있어 소화약제의 저장용기를 공용하는 경우에 있어서 **방호구역**마다 선택밸브를 설치하고 선택밸브에는 각각의 **방호구역**을 **표시**하여야 한다.〈개정 12.8.20.〉

제13조【자동식 기동장치의 화재감지기】 할로겐화합물 및 불활성기체소화설비의 자동식 기동장치는 다음 각 호의 기준에 따른 화재감지기를 설치하여야 한다. 〈개정 18.11.19.〉
1. 각 방호구역 내의 **화재감지기**의 감지에 따라 작동되도록 할 것
2. 화재감지기의 회로는 **교차회로방식**으로 설치할 것. 다만, 화재감지기를 「자동화재탐지설비의 화재안전기준(NFSC 203)」 제7조 제1항 단서의 각 호의 감지기로 설치하는 경우에는 그러하지 아니하다.〈개정 12.8.20.〉
3. 교차회로 내의 각 화재감지기회로별로 설치된 화재감지기 1개가 담당하는 바닥면적은 「자동화재탐지설비의 화재안전기준(NFSC 203)」 제7조 제3항 제5호·제8호부터 제10호까지의 규정에 따른 바닥면적으로 할 것〈개정 12.8.20.〉

제14조【음향경보장치】 ① 할로겐화합물 및 불활성기체소화설비의 음향경보장치는 다음 각 호의 기준에 따라 설치하여야 한다.〈개정 18.11.19.〉
1. **수동식 기동장치**를 설치한 것은 그 **기동장치**의 **조작과정**에서, **자동식 기동장치**를 설치한 것은 **화재감지기**와 **연동**하여 자동으로 경보를 발하는 것으로 할 것
〈개정 12.8.20.〉

2. 소화약제의 방사개시 후 **1분 이상** 경보를 계속할 수 있는 것으로 할 것
3. 방호구역 또는 방호대상물이 있는 구획 안에 있는 자에게 유효하게 **경보**할 수 있는 것으로 할 것

② 방송에 따른 경보장치를 설치할 경우에는 다음 각 호의 기준에 따라야 한다. 〈개정 12.8.20.〉
1. 증폭기 재생장치는 화재 시 연소의 우려가 없고, 유지관리가 쉬운 장소에 설치할 것
2. 방호구역 또는 방호대상물이 있는 구획의 각 부분으로부터 하나의 확성기까지의 **수평거리**는 **25m** 이하가 되도록 할 것
3. 제어반의 복구스위치를 조작하여도 경보를 계속 발할 수 있는 것으로 할 것

제15조 【자동폐쇄장치】 할로겐화합물 및 불활성기체소화설비를 설치한 특정소방대상물 또는 그 부분에 대하여는 다음 각 호의 기준에 따라 자동**폐**쇄장치를 설치하여야 한다. 〈개정 18.11.19.〉 [설계 10회]
1. **환**기장치를 설치한 것은 할로겐화합물 및 불활성기체소화약제가 방사되기 전에 해당 환기장치가 정지할 수 있도록 할 것 〈개정 18.11.19.〉
2. 개구부가 있거나 천장으로부터 **1m 이상**의 아래부분 또는 바닥으로부터 해당 층의 높이의 $\frac{2}{3}$ **이내**의 부분에 통기구가 있어 할로겐화합물 및 불활성기체소화약제의 유출에 따라 소화효과를 감소시킬 우려가 있는 것은 할로겐화합물 및 불활성기체소화약제가 방사되기 전에 당해 **개구부** 및 **통**기구를 폐쇄할 수 있도록 할 것 〈개정 18.11.19.〉
3. 자동폐쇄장치는 방호구역 또는 방호대상물이 있는 구획의 밖에서 **복**구할 수 있는 구조로 하고, 그 위치를 표시하는 **표**지를 할 것

> **기억법** 폐환개통복표

제16조 【비상전원】 할로겐화합물 및 불활성기체소화설비의 비상전원은 **자가발전설비, 축전지설비**(제어반에 내장하는 경우를 포함한다.) 또는 **전기저장장치**(외부 전기에너지를 저장해 두었다가 필요한 때 전기를 공급하는 장치)로서 다음 각 호의 기준에 따라 설치하여야 한다. 다만, 2 이상의 변전소(「전기사업법」 제67조에 따른 변전소를 말한다. 이하 같다.)에서 전력을 동시에 공급받을 수 있거나 하나의 변전소로부터 전력의 공급이 중단되는 때에는 자동으로 다른 변전소로부터 전력을 공급받을 수 있도록 상용전원을 설치한 경우에는 비상전원을 설치하지 아니할 수 있다. 〈개정 18.11.19.〉
1. 점검에 편리하고 화재 및 침수 등의 재해로 인한 피해를 받을 우려가 없는 곳에 설치할 것

2. 할로겐화합물 및 불활성기체소화설비를 유효하게 **20분 이상** 작동할 수 있어야 할 것〈개정 18.11.19.〉
3. 상용전원으로부터 전력의 공급이 중단된 때에는 자동으로 비상전원으로부터 전력을 공급받을 수 있도록 할 것
4. 비상전원의 설치장소는 다른 장소와 **방화구획**할 것. 이 경우 그 장소에는 비상전원의 공급에 필요한 기구나 설비 외의 것(**열병합발전설비**에 필요한 기구나 설비는 제외한다.)을 두어서는 아니된다.
5. 비상전원을 실내에 설치하는 때에는 그 실내에 **비상조명등**을 설치할 것

제17조 【과압배출구】 할로겐화합물 및 불활성기체소화설비의 방호구역에 소화약제가 방출 시 **과압**으로 인하여 **구조물** 등에 **손상**이 생길 우려가 있는 장소에는 과압배출구를 설치하여야 한다.〈개정 18.11.19.〉 설계 10회

> 기억법 과구

제18조 【설계프로그램】 할로겐화합물 및 불활성기체소화설비를 컴퓨터프로그램을 이용하여 설계할 경우에는 「가스계소화설비의 설계프로그램 성능인증 및 제품검사의 기술기준」에 적합한 설계프로그램을 사용하여야 한다.〈개정 18.11.19.〉

제19조 【설치·유지기준의 특례】 소방본부장 또는 **소방서장**은 기존 건축물이 증축·개축·대수선되거나 용도변경되는 경우에 있어서 이 기준이 정하는 기준에 따라 해당 건축물에 설치하여야 할 할로겐화합물 및 불활성기체소화설비의 배관·배선 등의 공사가 현저하게 곤란하다고 인정되는 경우에는 해당 설비의 기능 및 사용에 지장이 없는 범위 안에서 할로겐화합물 및 불활성기체소화설비의 설치·유지기준의 일부를 적용하지 아니할 수 있다.〈개정 18.11.19.〉

제20조 【재검토 기한】 소방청장은 「훈령·예규 등의 발령 및 관리에 관한 규정」에 따라 이 고시에 대하여 2017년 7월 1일을 기준으로 매 3년이 되는 시점(매 3년째의 6월 30일까지를 말한다.)마다 그 타당성을 검토하여 개선 등의 조치를 하여야 한다.〈개정 17.7.26.〉

부 칙〈제2018-17호, 18.11.19.〉

제1조 【시행일】 이 고시는 발령한 날부터 시행한다.

12. 할로겐화합물 및 불활성기체소화설비(NFSC 107A)

[별표 1] 할로겐화합물 및 불활성기체소화약제 저장용기의 충전밀도 · 충전압력 및 배관의 최소사용설계압력(제6조 제2항 제1호 및 제10호 제1항 제2호 관련)

1. 할로겐화합물소화약제〈개정 18.11.19.〉

소화약제 항목	HFC-227ea			FC-3-1-10	HCFC BLEND A		HFC-23				
최대 충전밀도 (kg/m³)	1,201.4	1,153.3	1,153.3	1,281.4	900.2	900.2	768.9	720.8	640.7	560.6	480.6
21℃ 충전압력 (kPa)	1,034*	2,482*	4,137*	2,482*	4,137*	2,482*	4,198**	4,198*	4,198**	4,198**	4,198**
최소사용 설계압력 (kPa)	1,379	2,868	5,654	2,482	4,689	2,979	9,453	8,605	7,626	6,943	6,392

소화약제 항목	HCFC-124		HFC-125		HFC-236fa			FK-5-1-12
최대 충전밀도 (kg/m³)	1,185.4	1,185.4	865	897	1,185.4	1,201.4	1,185.4	1,441.7
21℃ 충전압력 (kPa)	1,655*	2,482*	2,482*	4,137*	1,655*	2,482*	4,137*	2,482* 4,206*
최소사용 설계압력 (kPa)	1,951	3,199	3,392	5,764	1,931	3,310	6,068	2,482 4,206

[비고]
1. "*" 표시는 **질소**로 **축압**한 경우를 표시한다.
2. "* *" 표시는 **질소**로 **축압**하지 **아니한** 경우를 표시한다.

2. 불활성기체소화약제〈개정 18.11.19.〉

항 목 \ 소화약제		IG-01		IG-541			IG-55			IG-100	
21℃ 충전압력 (kPa)		16,341	20,436	14,997	19,996	31,125	15,320	20,423	30,634	16,575	22,312	28,000
최소사용 설계압력 (kPa)	1차측	16,341	20,436	14,997	19,996	31,125	15,320	20,423	30,634	16,575	22,312	227.4
	2차측	[비고] 2 참조										

[비고]
1. 1차측과 2차측은 감압장치를 기준으로 한다.
2. 2차측 최소사용설계압력은 제조사의 설계프로그램에 의한 압력값에 따른다.

〔별표 2〕 할로겐화합물 및 불활성기체소화약제 최대허용설계농도(제7조 제2항 관련)

〈개정 18.11.19.〉 설계 10회

소화약제	최대허용설계농도(%)
〈삭제〉	〈삭제〉
FC-3-1-10	40
HCFC BLEND A	10
HCFC-124	1.0
HFC-125	11.5
HFC-227ea	10.5
HFC-23	30
HFC-236fa	12.5
FIC-13I1	0.3
FK-5-1-12	10
IG-01	43
IG-100	
IG-541	
IG-55	

13 분말소화설비(NFSC 108)

일부개정 2021. 12. 16. 소방청고시 제2021-49호

제1조【목적】 이 기준은 「화재예방, 소방시설 설치·유지 및 안전관리에 관한 법률」 제9조 제1항에 따라 소방청장에게 위임한 사항 중 분말소화설비의 설치·유지 및 안전관리에 필요한 사항을 규정함을 목적으로 한다. 〈개정 17.7.26.〉

제2조【적용범위】 「화재예방, 소방시설 설치·유지 및 안전관리에 관한 법률 시행령」(이하 "**영**"이라 한다.) [별표 5] 제1호 바목에 따른 물분무등소화설비 중 분말소화설비는 이 기준에서 정하는 규정에 따른 설비를 설치하고 유지관리하여야 한다.
〈개정 16.7.13.〉

제3조【정의】 이 기준에서 사용하는 용어의 정의는 다음과 같다.
1. "**전역방출방식**"이란 고정식 분말소화약제 공급장치에 배관 및 분사헤드를 고정 설치하여 **밀폐 방호구역** 내에 분말소화약제를 방출하는 설비를 말한다. 〈개정 12.8.20.〉
2. "**국소방출방식**"이란 고정식 분말소화약제 공급장치에 배관 및 분사헤드를 설치하여 **직접 화점**에 분말소화약제를 방출하는 설비로 화재발생 부분에만 **집중적**으로 소화약제를 방출하도록 설치하는 방식을 말한다. 〈개정 12.8.20.〉
3. "**호스릴방식**"이란 분사헤드가 배관에 고정되어 있지 않고 소화약제 저장용기에 호스를 연결하여 사람이 직접 화점에 소화약제를 방출하는 **이동식 소화설비**를 말한다.
〈개정 12.8.20.〉
4. "**충전비**"란 용기의 **용적**과 소화약제의 **중량**과의 비율을 말한다. 〈개정 12.8.20.〉
5. "**집합관**"이란 분말소화설비의 **가압용 가스**(질소 또는 이산화탄소)와 **분말소화약제**가 **혼합**되는 관을 말한다. 〈개정 12.8.20.〉
5의2. "**분기배관**"이란 배관 측면에 구멍을 뚫어 둘 이상의 관로가 생기도록 가공한 배관으로서 확관형 분기배관과 비확관형 분기배관을 말한다.
5의3. "**확관형 분기배관**"이란 배관의 측면에 조그만 구멍을 뚫고 소성가공으로 확관시켜 배관 용접이음자리를 만들거나 배관 용접이음자리에 배관이음쇠를 용접이음한 배관을 말한다.
5의4. "**비확관형 분기배관**"이란 배관의 측면에 분기호칭내경 이상의 구멍을 뚫고 배관이음쇠를 용접이음한 배관을 말한다.
6. "**교차회로방식**"이란 하나의 방호구역 내에 2 이상의 **화재감지기회로**를 설치하고 인접한 2 이상의 화재감지기가 동시에 감지되는 때에는 분말소화설비가 작동하여 소화약제가 방출되는 방식을 말한다. 〈개정 12.8.20.〉
7. "**방화문**"이란 「건축법 시행령」 제64조에 따른 **갑종방화문** 또는 **을종방화문**으로써 언제나 닫힌 상태를 유지하거나 화재로 인한 연기의 발생 또는 온도의 상승에 따라 자동적으로 닫히는 구조를 말한다. 〈개정 12.8.20.〉

제4조【저장용기】 ① 분말소화약제의 저장용기는 다음 각 호의 기준에 적합한 장소에 설치하여야 한다.〈개정 12.8.20.〉
1. **방호구역 외**의 장소에 설치할 것. 다만, 방호구역 내에 설치할 경우에는 피난 및 조작이 용이하도록 피난구 부근에 설치하여야 한다.
2. 온도가 **40℃ 이하**이고, 온도변화가 적은 곳에 설치할 것
3. **직사광선** 및 **빗물**이 침투할 우려가 없는 곳에 설치할 것
4. **방화문**으로 구획된 실에 설치할 것
5. 용기의 설치장소에는 해당 용기가 설치된 곳임을 표시하는 표지를 할 것
   〈개정 12.8.20.〉
6. 용기 간의 간격은 점검에 지장이 없도록 **3cm 이상**의 간격을 유지할 것
7. 저장용기와 집합관을 연결하는 연결배관에는 **체크밸브**를 설치할 것. 다만, 저장용기가 하나의 방호구역만을 담당하는 경우에는 그러하지 아니하다.

② 분말소화약제의 저장용기는 다음 각 호의 기준에 따라 설치하여야 한다.
〈개정 12.8.20.〉
1. 저장용기의 내용적은 다음 표에 따를 것

소화약제의 종별	소화약제 1kg당 저장용기의 내용적
제1종 분말(탄산수소나트륨을 주성분으로 한 분말)	0.8L
제2종 분말(탄산수소칼륨을 주성분으로 한 분말)	1L
제3종 분말(인산염을 주성분으로 한 분말)	
제4종 분말(탄산수소칼륨과 요소가 화합된 분말)	1.25L

2. 저장용기에는 **가압식**은 최고사용압력의 **1.8배** 이하, **축압식**은 용기의 **내압시험압력의 0.8배** 이하의 압력에서 작동하는 **안전밸브**를 설치할 것〈개정 12.8.20.〉
3. 저장용기에는 저장용기의 내부압력이 설정압력으로 되었을 때 주밸브를 개방하는 **정압작동장치**를 설치할 것
4. 저장용기의 **충전비**는 **0.8 이상**으로 할 것
5. 저장용기 및 배관에는 잔류 소화약제를 처리할 수 있는 **청소장치**를 설치할 것
6. 축압식의 분말소화설비는 사용압력의 범위를 표시한 **지시압력계**를 설치할 것

제5조【가압용 가스용기】 ① 분말소화약제의 가스용기는 분말소화약제의 저장용기에 접속하여 설치하여야 한다.
② 분말소화약제의 가압용 가스용기를 **3병 이상** 설치한 경우에는 **2개 이상**의 용기에 **전자개방밸브**를 부착하여야 한다.〈개정 12.8.20.〉
③ 분말소화약제의 가압용 가스용기에는 **2.5MPa** 이하의 압력에서 조정이 가능한 **압력조정기**를 설치하여야 한다.

④ 가압용 가스 또는 축압용 가스는 다음 각 호의 기준에 따라 설치하여야 한다.
〈개정 12.8.20.〉
1. **가압용 가스** 또는 **축압용 가스**는 **질소가스** 또는 **이산화탄소**로 할 것
2. **가압용 가스**에 질소가스를 사용하는 것의 **질소가스**는 소화약제 1kg마다 **40L**(35℃에서 1기압의 압력상태로 환산한 것) 이상, 이산화탄소를 사용하는 것의 이산화탄소는 소화약제 1kg에 대하여 **20g**에 배관의 청소에 필요한 양을 가산한 양 이상으로 할 것〈개정 12.8.20.〉
3. **축압용 가스**에 질소가스를 사용하는 것의 **질소가스**는 소화약제 1kg에 대하여 **10L**(35℃에서 1기압의 압력상태로 환산한 것) 이상, **이산화탄소**를 사용하는 것의 이산화탄소는 소화약제 1kg에 대하여 20g에 배관의 청소에 필요한 양을 가산한 양 이상으로 할 것〈개정 12.8.20.〉
4. 배관의 청소에 필요한 양의 가스는 별도의 용기에 저장할 것

제6조【소화약제】 ① 분말소화설비에 사용하는 소화약제는 제1종 분말·제2종 분말·제3종 분말 또는 제4종 분말로 하여야 한다. 다만, **차고** 또는 **주차장**에 설치하는 분말소화설비의 소화약제는 **제3종 분말**로 하여야 한다.
② 분말소화약제의 저장량은 다음 각 호의 기준에 따라야 한다. 이 경우 동일한 특정소방대상물 또는 그 부분에 2 이상의 방호구역 또는 방호대상물이 있는 경우에는 각 방호구역 또는 방호대상물에 대하여 다음 각 호의 기준에 따라 산출한 저장량 중 최대의 것으로 할 수 있다.〈개정 12.8.20.〉
1. **전역방출방식**은 다음 각 목의 기준에 따라 산출한 양 이상으로 할 것〈개정 12.8.20.〉
가. 방호구역의 체적 1m³에 대하여 다음 표에 따른 양

소화약제의 종별	방호구역의 체적 1m³에 대한 소화약제의 양
제1종 분말	0.60kg
제2종 분말 또는 제3종 분말	0.36kg
제4종 분말	0.24kg

나. 방호구역의 개구부에 자동폐쇄장치를 설치하지 아니한 경우에는 가목에 따라 산출한 양에 다음 표에 따라 산출한 양을 가산한 양〈개정 12.8.20.〉

소화약제의 종별	가산량(개구부의 면적 1m²에 대한 소화약제의 양
제1종 분말	4.5kg
제2종 분말 또는 제3종 분말	2.7kg
제4종 분말	1.8kg

2. **국소방출방식**은 다음의 기준에 따라 산출한 양에 1.1을 곱하여 얻은 양 이상으로 할 것〈개정 12.8.20.〉

$$Q = X - Y \frac{a}{A}$$

여기서, Q : 방호공간(방호대상물의 각 부분으로부터 0.6m의 거리에 따라 둘러싸인 공간을 말한다. 이하 같다.) $1m^3$에 대한 분말소화약제의 양[kg/m^3]
a : 방호대상물의 주변에 설치된 벽면적의 합계[m^2]
A : 방호공간의 벽면적(벽이 없는 경우에는 벽이 있는 것으로 가정한 당해 부분의 면적)의 합계[m^2]

❙X 및 Y : 다음 표의 수치❙

소화약제의 종별	X의 수치	Y의 수치
제1종 분말	5.2	3.9
제2종 분말 또는 제3종 분말	3.2	2.4
제4종 분말	2.0	1.5

3. 호스릴분말소화설비는 하나의 노즐에 대하여 다음 표에 따른 양 이상으로 할 것
〈개정 12.8.20.〉

소화약제의 종별	소화약제의 양
제1종 분말	50kg
제2종 분말 또는 제3종 분말	30kg
제4종 분말	20kg

제7조【기동장치】 ① 분말소화설비의 수동식 기동장치는 다음 각 호의 기준에 따라 설치하여야 한다. 이 경우 수동식 기동장치의 부근에는 소화약제의 **방출**을 **지연**시킬 수 있는 **비상스위치**(자동복귀형 스위치로서 수동식 기동장치의 타이머를 순간정지시키는 기능의 스위치를 말한다.)를 설치하여야 한다.〈개정 12.8.20.〉
1. **전역방출방식**은 **방호구역**마다, **국소방출방식**은 **방호대상물**마다 설치할 것
  〈개정 12.8.20.〉
2. 해당 방호구역의 출입구 부분 등 조작을 하는 자가 쉽게 피난할 수 있는 장소에 설치할 것〈개정 12.8.20.〉
3. 기동장치의 조작부는 바닥으로부터 높이 **0.8m 이상 1.5m 이하**의 위치에 설치하고, 보호판 등에 따른 보호장치를 설치할 것
4. 기동장치에는 그 가까운 곳의 보기 쉬운 곳에 "**분말소화설비 기동장치**"라고 표시한 표지를 할 것
5. 전기를 사용하는 기동장치에는 **전원표시등**을 설치할 것

6. 기동장치의 방출용 스위치는 음향경보장치와 연동하여 조작될 수 있는 것으로 할 것
② 분말소화설비의 자동식 기동장치는 **자동화재탐지설비**의 감지기의 작동과 연동하는 것으로서 다음 각 호의 기준에 따라 설치하여야 한다.〈개정 12.8.20.〉
 1. **자동식 기동장치**에는 **수동**으로도 기동할 수 있는 구조로 할 것
 2. **전기식 기동장치**로서 **7병 이상**의 저장용기를 동시에 개방하는 설비는 **2병 이상**의 저장용기에 **전자개방밸브**를 부착할 것〈개정 12.8.20.〉
 3. 가스압력식 기동장치는 다음 각 목의 기준에 따를 것〈개정 12.8.20.〉 점검 17회
  가. 기동용 가스용기 및 해당 용기에 사용하는 밸브는 **25MPa** 이상의 압력에 견딜 수 있는 것으로 할 것〈개정 12.8.20.〉
  나. 기동용가스용기에는 **내압시험압력**의 **0.8배 내지 내압시험압력 이하**에서 작동하는 안전장치를 설치할 것
  다. 기동용 가스용기의 **용적**은 **1L 이상**으로 하고, 해당 용기에 저장하는 이산화탄소의 양은 **0.6kg 이상**으로 하며, **충전비**는 **1.5 이상**으로 할 것〈개정 12.8.20.〉
 4. 기계식 기동장치는 저장용기를 쉽게 개방할 수 있는 구조로 할 것〈개정 12.8.20.〉
③ 분말소화설비가 설치된 부분의 출입구 등의 보기 쉬운 곳에 소화약제의 방사를 표시하는 **표시등**을 설치하여야 한다.

제8조【제어반 등】 분말소화설비의 제어반 및 화재표시반은 다음 각 호의 기준에 따라 설치하여야 한다. 다만, 자동화재탐지설비의 수신기의 제어반이 화재표시반의 기능을 가지고 있는 것은 화재표시반을 설치하지 아니할 수 있다.〈개정 12.8.20.〉
 1. 제어반은 수동기동장치 또는 감지기에서의 신호를 수신하여 **음향경보장치**의 **작동**, **소화약제**의 **방출** 또는 **지연** 기타의 **제어기능**을 가진 것으로 하고, 제어반에는 전원표시등을 설치할 것
 2. 화재표시반은 제어반에서의 신호를 수신하여 작동하는 기능을 가진 것으로 하되, 다음 각 목의 기준에 따라 설치할 것〈개정 12.8.20.〉
  가. 각 방호구역마다 **음향경보장치**의 조작 및 **감지기**의 작동을 명시하는 표시등과 이와 연동하여 작동하는 벨·버저 등의 **경보기**를 설치할 것. 이 경우 음향경보장치의 조작 및 감지기의 작동을 명시하는 **표시등**을 **겸용**할 수 있다.
  나. 수동식 기동장치는 그 **방출용 스위치**의 작동을 명시하는 **표시등**을 설치할 것〈개정 12.8.20.〉
  다. 소화약제의 **방출**을 **명시**하는 **표시등**을 설치할 것
  라. 자동식 기동장치는 **자동·수동**의 **절환**을 **명시**하는 **표시등**을 설치할 것〈개정 12.8.20.〉

3. 제어반 및 화재표시반의 설치장소는 화재에 따른 영향, 진동 및 충격에 따른 영향 및 부식의 우려가 없고 점검에 편리한 장소에 설치할 것
4. 제어반 및 화재표시반에는 해당 **회로도** 및 **취급설명서**를 비치할 것〈개정 12.8.20.〉

제9조【배관】분말소화설비의 배관은 다음 각 호의 기준에 따라 설치하여야 한다.
1. 배관은 **전용**으로 할 것
2. **강관**을 사용하는 경우의 배관은 **아**연도금에 따른 **배관용 탄소강관**(KS D 3507)이나 이와 동등 이상의 강도·내식성 및 내열성을 가진 것으로 할 것. 다만, **축압식** 분말소화설비에 사용하는 것 중 20℃에서 압력이 **2.5MPa 이상 4.2MPa 이하**인 것은 **압력배관용 탄소강관**(KS D 3562) 중 이음이 없는 스케줄 **40** 이상의 것 또는 이와 동등 이상의 강도를 가진 것으로서 **아연도금**으로 방식처리된 것을 사용하여야 한다.〈개정 12.8.20.〉
3. **동**관을 사용하는 경우의 배관은 **고정압력** 또는 **최고사용압력**의 **1.5배** 이상의 압력에 견딜 수 있는 것을 사용할 것
4. **밸**브류는 **개폐위치** 또는 **개폐방향**을 표시한 것으로 할 것
5. 배관의 관**부**속 및 **밸**브류는 배관과 동등 이상의 강도 및 내식성이 있는 것으로 할 것
6. 확관형 분기배관을 사용할 경우에는 소방청장이 정하여 고시한 「분기배관의 성능 인증 및 제품검사의 기술기준」에 적합한 것으로 설치하여야 한다.〈개정 12.8.20.〉

> **기억법** 분전강아4 동15 밸부밸

제10조【선택밸브】 하나의 특정소방대상물 또는 그 부분에 2 이상의 방호구역 또는 방호대상물이 있어 분말소화설비 저장용기를 공용하는 경우에는 다음 각 호의 기준에 따라 선택밸브를 설치하여야 한다.〈개정 12.8.20.〉
1. **방호구역** 또는 **방호대상물**마다 설치할 것
2. 각 선택밸브에는 그 **담당 방호구역** 또는 **방호대상물**을 표시할 것

제11조【분사헤드】 ① 전역방출방식의 분말소화설비의 분사헤드는 다음 각 호의 기준에 따라 설치하여야 한다.〈개정 12.8.20.〉
1. 방사된 소화약제가 방호구역의 전역에 균일하고 신속하게 확산할 수 있도록 할 것
2. 제6조에 따른 소화약제 저장량을 **30초 이내**에 방사할 수 있는 것으로 할 것
〈개정 12.8.20.〉

② 국소방출방식의 분말소화설비의 분사헤드는 다음 각 호의 기준에 따라 설치하여야 한다.〈개정 12.8.20.〉

1. 소화약제의 방사에 따라 가연물이 비산하지 아니하는 장소에 설치할 것
2. 제6조 제2항에 따른 기준저장량의 소화약제를 **30초 이내**에 방사할 수 있는 것으로 할 것〈개정 12.8.20.〉

③ 화재 시 현저하게 연기가 찰 우려가 없는 장소로서 다음 각 호의 어느 하나에 해당하는 장소에는 호스릴분말소화설비를 설치할 수 있다.〈개정 12.8.20.〉
  1. **지상 1층** 및 **피난층**에 있는 부분으로서 지상에서 수동 또는 원격조작에 따라 개방할 수 있는 개구부의 유효면적의 합계가 바닥면적의 **15% 이상**이 되는 부분
  2. 전기설비가 설치되어 있는 부분 또는 다량의 화기를 사용하는 부분(해당 설비의 주위 **5m 이내**의 부분을 포함한다.)의 바닥면적이 해당 설비가 설치되어 있는 구획의 바닥면적의 $\frac{1}{5}$ **미만**이 되는 부분〈개정 12.8.20.〉

④ 호스릴분말소화설비는 다음 각 호의 기준에 따라 설치하여야 한다.〈개정 12.8.20.〉
  1. 방호대상물의 각 부분으로부터 하나의 호스접결구까지의 **수평거리**가 **15m** 이하가 되도록 할 것
  2. 소화약제의 저장용기의 개방밸브는 호스릴의 설치장소에서 수동으로 개폐할 수 있는 것으로 할 것
  3. 소화약제의 저장용기는 **호스릴**을 설치하는 장소마다 설치할 것
  4. 노즐은 하나의 노즐마다 1분당 다음 표에 따른 소화약제를 방사할 수 있는 것으로 할 것

소화약제의 종별	1분당 방사하는 소화약제의 양
제1종 분말	45kg
제2종 분말 또는 제3종 분말	27kg
제4종 분말	18kg

  5. 저장용기에는 그 가까운 곳의 보기 쉬운 곳에 적색의 표시등을 설치하고, 이동식 분말소화설비가 있다는 뜻을 표시한 표지를 할 것

제12조【자동식 기동장치의 화재감지기】 분말소화설비의 자동식 기동장치는 다음 각 호의 기준에 따른 화재감지기를 설치하여야 한다.〈개정 12.8.20.〉
  1. 각 방호구역 내의 **화재감지기**의 감지에 따라 작동되도록 할 것
  2. 화재감지기의 회로는 **교차회로방식**으로 설치할 것. 다만, 화재감지기를 「자동화재탐지설비의 화재안전기준(NFSC 203)」 제7조 제1항 단서의 각 호의 감지기로 설치하는 경우에는 그러하지 아니하다.〈개정 12.8.20.〉

3. 교차회로 내의 각 화재감지기회로별로 설치된 화재감지기 1개가 담당하는 바닥면적은 「자동화재탐지설비의 화재안전기준(NFSC 203)」 제7조 제3항 제5호·제8호부터 제10호까지의 규정에 따른 바닥면적으로 할 것〈개정 12.8.20.〉

제13조【음향경보장치】 ① 분말소화설비의 음향경보장치는 다음 각 호의 기준에 따라 설치하여야 한다.〈개정 12.8.20.〉
1. **수동식 기동장치**를 설치한 것은 그 **기동장치**의 **조작과정**에서, **자동식 기동장치**를 설치한 것은 **화재감지기**와 **연동**하여 자동으로 경보를 발하는 것으로 할 것〈개정 12.8.20.〉
2. 소화약제의 방사개시 후 **1분 이상** 경보를 계속할 수 있는 것으로 할 것
3. 방호구역 또는 방호대상물이 있는 구획 안에 있는 자에게 유효하게 경보할 수 있는 것으로 할 것

② 방송에 따른 경보장치를 설치할 경우에는 다음 각 호의 기준에 따라야 한다.〈개정 12.8.20.〉
1. 증폭기 재생장치는 화재 시 연소의 우려가 없고, 유지관리가 쉬운 장소에 설치할 것
2. 방호구역 또는 방호대상물이 있는 구획의 각 부분으로부터 하나의 확성기까지의 **수평거리**는 **25m** 이하가 되도록 할 것
3. 제어반의 복구스위치를 조작하여도 경보를 계속 발할 수 있는 것으로 할 것

제14조【자동폐쇄장치】 전역방출방식의 분말소화설비를 설치한 특정소방대상물 또는 그 부분에 대하여는 다음 각 호의 기준에 따라 자동폐쇄장치를 설치하여야 한다.〈개정 12.8.20.〉
1. **환기장치**를 설치한 것은 분말이 방사되기 전에 해당 환기장치가 정지할 수 있도록 할 것〈개정 12.8.20.〉
2. 개구부가 있거나 천장으로부터 **1m 이상**의 아래부분 또는 바닥으로부터 해당 층의 높이의 $\frac{2}{3}$ **이내**의 부분에 통기구가 있어 분말의 유출에 따라 소화효과를 감소시킬 우려가 있는 것은 분말이 방사되기 전에 해당 **개구부** 및 **통기구**를 폐쇄할 수 있도록 할 것〈개정 12.8.20.〉
3. 자동폐쇄장치는 방호구역 또는 방호대상물이 있는 구획의 밖에서 복구할 수 있는 구조로 하고, 그 위치를 표시하는 표지를 할 것

제15조【비상전원】 분말소화설비의 비상전원은 **자가발전설비**, **축전지설비**(제어반에 내장하는 경우를 포함한다.) 또는 **전기저장장치**(외부 전기에너지를 저장해 두었다가 필요한 때 전기를 공급하는 장치)로서 다음 각 호의 기준에 따라 설치하여야 한다. 다만, 2 이상의 변전소(「전기사업법」 제67조에 따른 변전소를 말한다. 이하 같다.)

에서 전력을 동시에 공급받을 수 있거나 하나의 변전소로부터 전력의 공급이 중단되는 때에는 자동으로 다른 변전소로부터 전력을 공급받을 수 있도록 상용전원을 설치한 경우에는 비상전원을 설치하지 아니할 수 있다.〈개정 16.7.13.〉
1. 점검에 편리하고 화재 및 침수 등의 재해로 인한 피해를 받을 우려가 없는 곳에 설치할 것
2. 분말소화설비를 유효하게 **20분 이상** 작동할 수 있어야 할 것
3. 상용전원으로부터 전력의 공급이 중단된 때에는 자동으로 비상전원으로부터 전력을 공급받을 수 있도록 할 것
4. 비상전원의 설치장소는 다른 장소와 **방화구획**할 것. 이 경우 그 장소에는 비상전원의 공급에 필요한 기구나 설비 외의 것(**열병합발전설비**에 필요한 기구나 설비는 제외한다.)을 두어서는 아니 된다.
5. 비상전원을 실내에 설치하는 때에는 그 실내에 **비상조명등**을 설치할 것

제16조【설치·유지기준의 특례】 소방본부장 또는 소방서장은 기존 건축물이 증축·개축·대수선되거나 용도변경되는 경우에 있어서 이 기준이 정하는 기준에 따라 해당 건축물에 설치하여야 할 분말소화설비의 배관·배선 등의 공사가 현저하게 곤란하다고 인정되는 경우에는 해당 설비의 기능 및 사용에 지장이 없는 범위 안에서 분말소화설비의 설치·유지기준의 일부를 적용하지 아니할 수 있다.〈개정 12.8.20.〉

제17조【재검토 기한】 소방청장은「훈령·예규 등의 발령 및 관리에 관한 규정」에 따라 이 고시에 대하여 2022년 1월 1일 기준으로 매 3년이 되는 시점(매 3년째의 12월 31일까지를 말한다.)마다 그 타당성을 검토하여 개선 등의 조치를 하여야 한다.
〈전문개정 17.7.26.〉

제18조【규제의 재검토】「행정규제 기본법」제8조에 따라 2015년 1월 1일을 기준으로 매 3년이 되는 시점(매 3년째 12월 31일까지를 말한다.)마다 그 타당성을 검토하여 개선 등의 조치를 하여야 한다.〈신설 15.1.23.〉

부 칙〈제2021-49호, 21.12.16.〉

제1조【시행일】 이 고시는 발령한 날부터 시행한다.

제2조【일반적 적용례】 이 고시는 이 고시 시행 후 특정소방대상물의 신축·증축·개축·재축·이전·용도변경 또는 대수선의 허가·협의를 신청하거나 신고하는 경우부터 적용한다.

14 고체에어로졸소화설비의 화재안전기준(NFSC 110)

제정 2021. 9. 30. 소방청고시 제2021-33호

제1조【목적】 이 기준은 「화재예방, 소방시설 설치·유지 및 안전관리에 관한 법률」 제9조 제1항에 따라 소방청장에게 위임한 사항 중 고체에어로졸소화설비의 설치유지 및 안전관리에 관하여 필요한 사항을 규정함을 목적으로 한다.

제2조【적용범위】 「화재예방, 소방시설 설치·유지 및 안전관리에 관한 법률 시행령」(이하 "**영**"이라 한다.) [별표 1] 제1호 마목에 따른 물분무등소화설비 중 고체에어로졸소화설비는 이 기준에서 정하는 규정에 따라 설비를 설치하고 유지·관리하여야 한다.

제3조【정의】 이 기준에서 사용하는 용어는 다음과 같이 정의한다.
1. "**고체에어로졸소화설비**"란 설계밀도 이상의 고체에어로졸을 방호구역 전체에 **균일**하게 **방출**하는 설비로서 분산(Dispersed)방식이 아닌 **압축(Condensed)방식**을 말한다.
2. "**고체에어로졸화합물**"이란 과산화물질, 가연성 물질 등의 혼합물로서 화재를 소화하는 **비전도성**의 **미세입자**인 에어로졸을 만드는 고체화합물을 말한다.
3. "**고체에어로졸**"이란 고체에어로졸화합물의 연소과정에 의해 생성된 **직경 $10\mu m$ 이하**의 고체 입자와 기체 상태의 물질로 구성된 혼합물을 말한다.
4. "**고체에어로졸발생기**"란 **고체에어로졸화합물, 냉각장치, 작동장치, 방출구, 저장용기**로 구성되어 에어로졸을 발생시키는 장치를 말한다.
5. "**소화밀도**"란 방호공간 내 규정된 시험조건의 화재를 소화하는 데 필요한 **단위체적(m^3)당** 고체에어로졸화합물의 **질량(g)**을 말한다.
6. "**안전계수**"란 **설계밀도**를 결정하기 위한 안전율을 말하며 **1.3**으로 한다.
7. "**설계밀도**"란 소화설계를 위하여 필요한 것으로 **소화밀도**에 **안전계수**를 곱하여 얻어지는 값을 말한다.
8. "**상주장소**"란 일반적으로 사람들이 거주하는 장소 또는 공간을 말한다.
9. "**비상주장소**"란 짧은 기간 동안 간헐적으로 사람들이 출입할 수는 있으나 일반적으로 사람들이 거주하지 않는 장소 또는 공간을 말한다.
10. "**방호체적**"이란 벽 등의 건물 구조 요소들로 구획된 방호구역의 체적에서 기둥 등 고정적인 구조물의 체적을 제외한 것을 말한다.
11. "**열 안전이격거리**"란 고체에어로졸 방출 시 발생하는 온도에 영향을 받을 수 있는 모든 구조·구성요소와 고체에어로졸발생기 사이에 안전확보를 위해 필요한 이격거리를 말한다.

제4조 【일반조건】 고체에어로졸소화설비는 다음 각 호의 기준을 충족하여야 한다.
1. 고체에어로졸은 **전기 전도성**이 없어야 한다.
2. 약제 방출 후 해당 화재의 재발화 방지를 위하여 최소 **10분**간 소화밀도를 유지하여야 한다.
3. 고체에어로졸소화설비에 사용되는 주요 구성품은 「화재예방, 소방시설 설치·유지 및 안전관리에 관한 법률」에 따른 형식승인 및 제품검사를 받은 것이어야 한다.
4. 고체에어로졸소화설비는 비상주장소에 한하여 설치한다. 다만, 고체에어로졸소화설비 약제의 성분이 인체에 무해함을 국내·외 국가공인 시험기관에서 인증받고, 과학적으로 입증된 최대허용설계밀도를 초과하지 않는 양으로 설계하는 경우 상주장소에 설치할 수 있다.
5. 고체에어로졸소화설비의 소화성능이 발휘될 수 있도록 방호구역 내부의 밀폐성을 확보하여야 한다.
6. 방호구역 출입구 인근에 고체에어로졸 방출 시 주의사항에 관한 내용의 표지를 설치하여야 한다.
7. 이 기준에서 규정하지 않은 사항은 형식승인 받은 제조업체의 설계 매뉴얼에 따른다.

제5조 【설치 제외】 고체에어로졸소화설비는 다음 각 목의 물질을 포함한 화재 또는 장소에는 사용할 수 없다. 단, 그 사용에 대한 국가공인 시험기관의 인증이 있는 경우에는 그러하지 아니하다.
1. 니트로셀룰로오스, 화약 등의 산화성 물질
2. 리튬, 나트륨, 칼륨, 마그네슘, 티타늄, 지르코늄, 우라늄 및 플루토늄과 같은 자기반응성 금속
3. 금속 수소화물
4. 유기 과산화수소, 히드라진 등 자동 열분해를 하는 화학물질
5. 가연성 증기 또는 분진 등 폭발성 물질이 대기에 존재할 가능성이 있는 장소

제6조 【고체에어로졸발생기】 고체에어로졸발생기는 다음 각 호의 기준에 따라 설치한다.
1. **밀폐성**이 보장된 방호구역 내에 설치하거나, 밀폐성능을 인정할 수 있는 별도의 조치를 취할 것
2. **천장**이나 **벽면 상부**에 설치하되 고체에어로졸화합물이 균일하게 방출되도록 설치할 것
3. 직사광선 및 빗물이 침투할 우려가 없는 곳에 설치할 것

4. 고체에어로졸발생기는 다음 각 목의 **열 안전이격거리**를 준수하여 설치할 것
   가. 인체와의 최소 이격거리는 고체에어로졸 방출 시 75℃를 초과하는 온도가 인체에 영향을 미치지 아니하는 거리
   나. 가연물과의 최소 이격거리는 고체에어로졸 방출 시 200℃를 초과하는 온도가 가연물에 영향을 미치지 아니하는 거리
5. 하나의 방호구역에는 동일 제품군 및 동일한 크기의 고체에어로졸발생기를 설치할 것
6. 방호구역의 높이는 형식승인 받은 고체에어로졸발생기의 최대 설치높이 이하로 할 것

제7조 【고체에어로졸화합물의 양】 방호구역 내 소화를 위한 고체에어로졸화합물의 최소 질량은 다음 공식에 따라 산출한 양 이상으로 산정하여야 한다.

$$m = d \times V$$

여기서, m : 필수 소화약제량[g]
   d : 설계밀도[g/m³] = 소화밀도[g/m³] × 1.3(안전계수)
   소화밀도 : 형식승인 받은 제조사의 설계 매뉴얼에 제시된 소화밀도
   V : 방호체적[m³]

제8조 【기동】 ① 고체에어로졸소화설비는 화재감지기 및 수동식 기동장치의 작동과 연동하여 기계적 또는 전기적 방식으로 작동하여야 한다.
② 고체에어로졸소화설비 기동 시에는 **1분** 이내에 고체에어로졸 **설계밀도의 95%** 이상을 방호구역에 균일하게 방출하여야 한다.
③ 고체에어로졸소화설비의 수동식 기동장치는 다음 각 호의 기준에 따라 설치하여야 한다.
  1. 제어반마다 설치할 것
  2. 방호구역의 출입구마다 설치하되 출입구 인근에 사람이 쉽게 조작할 수 있는 위치에 설치할 것
  3. 기동장치의 조작부는 바닥으로부터 **0.8m 이상 1.5m 이하**의 위치에 설치할 것
  4. 기동장치의 조작부에 보호판 등의 보호장치를 부착할 것
  5. 기동장치 인근의 보기 쉬운 곳에 "**고체에어로졸소화설비 수동식 기동장치**"라고 표시한 표지를 부착할 것
  6. 전기를 사용하는 기동장치에는 전원표시등을 설치할 것

7. 방출용 스위치의 작동을 명시하는 표시등을 설치할 것
8. **50N 이하**의 힘으로 방출용 스위치를 기동할 수 있도록 할 것

④ 고체에어로졸의 방출을 지연시키기 위해 방출지연스위치를 다음 각 호의 기준에 따라 설치하여야 한다.
  1. 수동으로 작동하는 방식으로 설치하되 방출지연스위치를 누르고 있는 동안만 지연되도록 할 것
  2. 방호구역의 출입구마다 설치하되 피난이 용이한 출입구 인근에 사람이 쉽게 조작할 수 있는 위치에 설치할 것
  3. 방출지연스위치 작동 시에는 **음향경보**를 발할 것
  4. 방출지연스위치 작동 중 수동식 기동장치가 작동되면 수동식 기동장치의 기능이 우선될 것

제9조【제어반 등】 ① 고체에어로졸소화설비의 제어반은 다음 각 호의 기준에 따라 설치하여야 한다.
  1. 전원표시등을 설치할 것
  2. 화재, 진동 및 충격에 따른 영향과 부식의 우려가 없고 점검에 편리한 장소에 설치할 것
  3. 제어반에는 해당 회로도 및 취급설명서를 비치할 것
  4. 고체에어로졸소화설비의 작동방식(자동 또는 수동)을 선택할 수 있는 장치를 설치할 것
  5. 수동식 기동장치 또는 화재감지기에서 신호를 수신할 경우 다음 각 목의 기능을 수행할 것
     가. 음향경보장치의 작동
     나. 고체에어로졸의 방출
     다. 기타 제어기능 작동

② 고체에어로졸소화설비의 화재표시반은 다음 각 호의 기준에 따라 설치하여야 한다. 다만, 자동화재탐지설비 수신기의 제어반이 화재표시반의 기능을 가지고 있는 경우 화재표시반을 설치하지 아니할 수 있다.
  1. 전원표시등을 설치할 것
  2. 화재, 진동 및 충격에 따른 영향 및 부식의 우려가 없고 점검에 편리한 장소에 설치할 것
  3. 화재표시반에는 해당 회로도 및 취급설명서를 비치할 것

4. 고체에어로졸소화설비의 작동방식(자동 또는 수동)을 표시등으로 명시할 것
5. 고체에어로졸소화설비가 기동할 경우 음향장치를 통해 경보를 발할 것
6. 제어반에서 신호를 수신할 경우 방호구역별 경보장치의 작동, 수동식 기동장치의 작동 및 화재감지기의 작동 등을 표시등으로 명시할 것

③ 고체에어로졸소화설비가 설치된 구역의 출입구에는 고체에어로졸의 방출을 명시하는 표시등을 설치하여야 한다.
④ 고체에어로졸소화설비의 오작동을 제어하기 위해 제어반 인근에 설비정지스위치를 설치하여야 한다.

제10조 【음향장치】 고체에어로졸소화설비의 음향장치는 다음 각 호의 기준에 따라 설치하여야 한다.
1. 화재감지기가 작동하거나 수동식 기동장치가 작동할 경우 음향장치가 작동할 것
2. 음향장치는 방호구역마다 설치하되 해당 구역의 각 부분으로부터 하나의 음향장치까지의 수평거리는 **25m** 이하가 되도록 할 것
3. 음향장치는 경종 또는 사이렌(전자식 사이렌을 포함한다.)으로 하되, 주위의 소음 및 다른 용도의 경보와 구별이 가능한 음색으로 할 것. 이 경우 경종 또는 사이렌은 자동화재탐지설비·비상벨설비 또는 자동식사이렌설비의 음향장치와 겸용할 수 있다.
4. 주 음향장치는 화재표시반의 내부 또는 그 직근에 설치할 것
5. 음향장치는 다음 각 목의 기준에 따른 구조 및 성능의 것으로 할 것
   가. 정격전압의 **80%** 전압에서 음향을 발할 수 있는 것으로 할 것
   나. 음량은 부착된 음향장치의 중심으로부터 **1m** 떨어진 위치에서 **90dB** 이상이 되는 것으로 할 것
6. 고체에어로졸의 방출 개시 후 **1분** 이상 경보를 계속 발할 것

제11조 【화재감지기】 고체에어로졸소화설비의 화재감지기는 다음 각 호의 기준에 따라 설치하여야 한다.
1. 고체에어로졸소화설비에는 다음 각 목의 감지기 중 하나를 설치할 것
   가. 광전식 공기흡입형 감지기
   나. 아날로그방식의 광전식 스포트형 감지기
   다. 중앙소방기술심의위원회의 심의를 통해 고체에어로졸소화설비에 적응성이 있다고 인정된 감지기

2. 화재감지기 1개가 담당하는 바닥면적은 「자동화재탐지설비의 화재안전기준(NFSC 203)」제7조 제3항의 규정에 따른 바닥면적으로 할 것

제12조【방호구역의 자동폐쇄】 고체에어로졸소화설비의 방호구역은 고체에어로졸소화설비가 기동할 경우 다음 각 호의 기준에 따라 자동적으로 폐쇄되어야 한다.
1. 방호구역 내의 개구부와 통기구는 고체에어로졸이 방출되기 전에 폐쇄되도록 할 것
2. 방호구역 내의 환기장치는 고체에어로졸이 방출되기 전에 정지되도록 할 것
3. 자동폐쇄장치의 복구장치는 제어반 또는 그 직근에 설치하고, 해당 장치를 표시하는 표지를 부착할 것

제13조【비상전원】 고체에어로졸소화설비의 비상전원은 자가발전설비, 축전지설비(제어반에 내장하는 경우를 포함한다.) 또는 전기저장장치(외부 전기에너지를 저장해 두었다가 필요한 때 전기를 공급하는 장치)를 다음 각 호의 기준에 따라 설치하여야 한다. 다만, 2 이상의 변전소(「전기사업법」 제67조에 따른 변전소를 말한다. 이하 같다.)에서 전력을 동시에 공급받을 수 있거나 하나의 변전소로부터 전력의 공급이 중단되는 때에는 자동으로 다른 변전소로부터 전력을 공급받을 수 있도록 상용전원을 설치한 경우에는 비상전원을 설치하지 아니할 수 있다.
1. 점검에 편리하고 화재 및 침수 등의 재해로 인한 피해를 받을 우려가 없는 곳에 설치할 것
2. 고체에어로졸소화설비에 최소 **20분** 이상 유효하게 전원을 공급할 것
3. 상용전원으로부터 전력의 공급이 중단된 때에는 자동으로 비상전원으로부터 전력을 공급받을 수 있도록 할 것
4. 비상전원의 설치장소는 다른 장소와 방화구획할 것(제어반에 내장하는 경우는 제외한다.) 이 경우 그 장소에는 비상전원의 공급에 필요한 기구나 설비 외의 것(열병합발전설비에 필요한 기구나 설비는 제외한다.)을 두어서는 안 된다.
5. 비상전원을 실내에 설치하는 때에는 그 실내에 비상조명등을 설치할 것

제14조【배선 등】 ① 고체에어로졸소화설비의 배선은 「전기사업법」 제67조에 따른 기술기준에서 정한 것 외에 다음 각 호의 기준에 따라 설치하여야 한다.
1. 비상전원으로부터 제어반에 이르는 전원회로배선은 내화배선으로 할 것. 다만, 자가발전설비와 제어반이 동일한 실에 설치된 경우에는 자가발전기로부터 그 제어반에 이르는 전원회로배선은 그러하지 아니하다.

2. 상용전원으로부터 제어반에 이르는 배선, 그 밖의 고체에어로졸소화설비의 감시회로·조작회로 또는 표시등회로의 배선은 내화배선 또는 내열배선으로 할 것. 다만, 제어반 안의 감시회로·조작회로 또는 표시등회로의 배선은 그러하지 아니하다.
  3. 화재감지기의 배선은 「자동화재탐지설비 및 시각경보장치의 화재안전기준(NFSC 203)」 제11조의 기준에 따른다.
② 제1항에 따른 내화배선 또는 내열배선에 사용되는 전선의 종류 및 설치방법은 「옥내소화전설비의 화재안전기준(NFSC 102)」의 [별표 1]의 기준에 따른다.
③ 고체에어로졸소화설비의 과전류차단기 및 개폐기에는 "고체에어로졸소화설비용"이라고 표시한 표지를 부착하여야 한다.
④ 고체에어로졸소화설비용 전기배선의 양단 및 접속단자에는 다음 각 호의 기준에 따른 표시를 하여야 한다.
  1. 단자에는 "고체에어로졸소화설비단자"라고 표시한 표지를 부착할 것
  2. 고체에어로졸소화설비용 전기배선의 양단에는 다른 배선과 식별이 용이하도록 표시할 것

제15조【과압배출구】 고체에어로졸소화설비의 방호구역에는 고체에어로졸 방출 시 과압으로 인한 구조물 등의 손상을 방지하기 위하여 과압배출구를 설치하여야 한다.

제16조【설치·유지기준의 특례】 소방본부장 또는 소방서장은 기존 건축물이 증축·개축·대수선되거나 용도변경 되는 경우, 이 기준이 정하는 기준에 따라 해당 건축물에 설치하여야 할 고체에어로졸소화설비의 배선 등의 공사가 현저하게 곤란하다고 인정되는 경우에는 해당 설비의 기능 및 사용에 지장이 없는 범위 안에서 고체에어로졸소화설비의 설치·유지기준의 일부를 적용하지 아니할 수 있다.

제17조【재검토기한】 소방청장은 「훈령·예규 등의 발령 및 관리에 관한 규정」에 따라 이 고시에 대하여 2022년 1월 1일을 기준으로 매 3년이 되는 시점(매 3년째의 12월 31일까지를 말한다.)마다 그 타당성을 검토하여 개선 등의 조치를 하여야 한다.

제18조【규제의 재검토】 「행정규제기본법」 제8조에 따라 2021년 7월 1일을 기준으로 매 3년이 되는 시점(매 3년째의 6월 30일까지를 말한다.)마다 그 타당성을 검토하여 개선 등의 조치를 하여야 한다.

부 칙 〈제2021-33호, 21.9.30.〉

제1조【시행일】 이 고시는 발령한 날부터 시행한다.

제2조【적용례】 이 고시 시행 후 특정소방대상물의 신축·증축·개축·재축·이전·용도변경 또는 대수선의 허가·협의를 신청하거나 신고하는 경우부터 적용한다.

제2장 피난구조설비

1 피난기구(NFSC 301)

타법개정 2017. 7. 26. 소방청고시 제2017-1호

제1조【목적】 이 기준은 「화재예방, 소방시설 설치·유지 및 안전관리에 관한 법률」 제9조에서 소방청장에게 위임한 사항을 정함을 목적으로 한다.〈개정 17.7.26.〉

제2조【적용범위】 「화재예방, 소방시설 설치·유지 및 안전관리에 관한 법률 시행령」(이하 "**영**"이라 한다.) [별표 5] 제3호 가목 및 「다중이용업소의 안전관리에 관한 특별법 시행령」[별표 1] 제1호 다목 1)에 따른 피난기구는 이 기준에서 정하는 규정에 따라 설비를 설치하고 유지·관리하여야 한다.〈개정 17.6.7.〉

제2조의2【피난기구의 종류】 영 제3조에 따른 [별표 1] 제3호 가목 4)에서 "**소방청장이 정하여 고시하는 화재안전기준으로 정하는 것**"이란 미끄럼대·피난교·피난용 트랩·간이완강기·공기안전매트·다수인피난장비·승강식 피난기 등을 말한다.
〈본조신설 17.7.26.〉

제3조【정의】 이 기준에서 사용하는 용어의 정의는 다음과 같다.
1. "**피난사다리**"란 화재 시 **긴급대피**를 위해 사용하는 사다리를 말한다.
2. "**완강기**"란 사용자의 몸무게에 따라 자동적으로 내려올 수 있는 기구 중 사용자가 교대하여 **연속적**으로 **사용할 수 있는 것**을 말한다.
3. "**간이완강기**"란 사용자의 몸무게에 따라 자동적으로 내려올 수 있는 기구 중 사용자가 **연속적**으로 **사용할 수 없는** 것을 말한다.
4. "**구조대**"란 포지 등을 사용하여 **자루형태**로 만든 것으로서 화재 시 사용자가 그 내부에 들어가서 내려옴으로써 대피할 수 있는 것을 말한다.
5. "**공기안전매트**"란 화재발생 시 사람이 건축물 내에서 외부로 긴급히 뛰어내릴 때 **충격**을 **흡수**하여 안전하게 지상에 도달할 수 있도록 포지에 **공기** 등을 **주입**하는 구조로 되어 있는 것을 말한다.
6. 삭 제〈15.1.23.〉
7. "**다수인피난장비**"란 화재 시 **2인 이상**의 피난자가 동시에 해당층에서 **지상** 또는 **피난층**으로 하강하는 피난기구를 말한다.〈신설 11.11.24.〉
8. "**승강식 피난기**"란 사용자의 **몸무게**에 의하여 **자동**으로 하강하고 내려서면 스스로 상승하여 연속적으로 사용할 수 있는 **무동력 승강식 피난기**를 말한다.〈신설 11.11.24.〉

1. 피난기구(NFSC 301)

9. **"하향식 피난구용 내림식사다리"**란 **하향식 피난구 해치**에 격납하여 보관하고 사용 시에는 **사다리** 등이 소방대상물과 접촉되지 아니하는 내림식사다리를 말한다.
〈신설 11.11.24.〉

제4조【적응 및 설치개수 등】 ① 피난기구는 [별표 1]에 따라 소방대상물의 설치장소별로 그에 적응하는 종류의 것으로 설치하여야 한다.

② 피난기구는 다음 각 호의 기준에 따른 개수 이상을 설치하여야 한다.

1. **층**마다 설치하되, **숙박시설·노유자시설** 및 **의료시설**로 사용되는 층에 있어서는 그 층의 바닥면적 **500㎡**마다, **위락시설·문화집회** 및 **운동시설·판매시설**로 사용되는 층 또는 복합용도의 층(하나의 층이 영 [별표 2] 제1호 내지 제4호 또는 제8호 내지 제18호 중 2 이상의 용도로 사용되는 층을 말한다.)에 있어서는 그 층의 바닥면적 **800㎡**마다, **계단실형 아파트**에 있어서는 **각 세대**마다, 그 밖의 용도의 층에 있어서는 그 층의 바닥면적 **1,000㎡**마다 1개 이상 설치할 것 〔설계 18회〕

2. 제1호에 따라 설치한 피난기구 외에 **숙박시설**(휴양콘도미니엄을 제외한다.)의 경우에는 추가로 객실마다 **완강기** 또는 **둘 이상의 간이완강기**를 설치할 것〈개정 15.1.23.〉

3. 제1호에 따라 설치한 피난기구 외에 **공동주택**(「공동주택관리법 시행령」 제2조의 규정에 따른 공동주택에 한한다.)의 경우에는 하나의 관리주체가 관리하는 공동주택 구역마다 **공기안전매트 1개** 이상을 추가로 설치할 것. 다만, **옥상**으로 피난이 가능하거나 인접세대로 피난할 수 있는 구조인 경우에는 추가로 설치하지 아니할 수 있다.

③ 피난기구는 다음 각 호의 기준에 따라 설치하여야 한다. 〔설계 18회〕

1. 피난기구는 **계단·피난구** 기타 피난시설로부터 적당한 거리에 있는 안전한 구조로 된 피난 또는 소화활동상 유효한 **개구부**(가로 **0.5m** 이상 세로 **1m** 이상인 것을 말한다. 이 경우 개구부 하단이 바닥에서 **1.2m** 이상이면 발판 등을 설치하여야 하고, 밀폐된 창문은 쉽게 파괴할 수 있는 **파괴장치**를 비치하여야 한다.)에 고정하여 설치하거나 필요한 때에 신속하고 유효하게 설치할 수 있는 상태에 둘 것〈개정 10.12.27.〉

2. 피난기구를 설치하는 개구부는 서로 동일 직선상이 아닌 위치에 있을 것. 다만, 피난교·피난용 트랩·간이완강기·아파트에 설치되는 피난기구(다수인피난장비는 제외한다.) 기타 피난상 지장이 없는 것에 있어서는 그러하지 아니하다. 〈개정 15.1.23.〉

3. 피난기구는 소방대상물의 기둥·바닥·보 기타 구조상 견고한 부분에 **볼트조임·매입·용접** 기타의 방법으로 견고하게 부착할 것

4. **4층 이상**의 층에 피난사다리(**하향식 피난구용 내림식사다리**는 제외한다.)를 설치하는 경우에는 **금속성 고정사다리**를 설치하고, 당해 고정사다리에는 쉽게 피난할 수 있는 구조의 **노대**를 설치할 것〈개정 11.11.24.〉 설계 18회
5. **완강기**는 강하 시 로프가 소방대상물과 접촉하여 손상되지 아니하도록 할 것
6. **완강기로프**의 **길이**는 부착위치에서 지면 기타 피난상 유효한 착지면까지의 길이로 할 것〈개정 15.1.23.〉
7. **미끄럼대**는 안전한 강하속도를 유지하도록 하고, 전락방지를 위한 안전조치를 할 것
8. 구조대의 길이는 피난상 지장이 없고 안정한 강하속도를 유지할 수 있는 길이로 할 것
9. **다**수인피난장비는 다음 각 목에 적합하게 설치할 것〈신설 11.11.24.〉 점검 13회
   가. **피난**에 **용이**하고 안전하게 하강할 수 있는 장소에 적재하중을 충분히 견딜 수 있도록「건축물의 구조기준 등에 관한 규칙」제3조에서 정하는 구조안전의 확인을 받아 견고하게 설치할 것〈신설 11.11.24.〉
   나. 다수인피난장비 **보**관실(이하 "**보관실**"이라 한다.)은 건물 외측보다 돌출되지 아니하고, 빗물·먼지 등으로부터 장비를 보호할 수 있는 구조일 것〈신설 11.11.24.〉
   다. 사용 시에 보관실 **외**측 문이 먼저 열리고 **탑**승기가 외측으로 **자동**으로 **전개**될 것〈신설 11.11.24.〉
   라. 하강 시에 **탑**승기가 건물 외벽이나 돌출물에 충돌하지 않도록 설치할 것〈신설 11.11.24.〉
   마. 상·하층에 설치할 경우에는 탑승기의 **하강경로**가 **중첩되지 않도록** 할 것〈신설 11.11.24.〉
   바. 하강 시에는 안전하고 일정한 **속도**를 유지하도록 하고 전복, 흔들림, 경로이탈 방지를 위한 안전조치를 할 것〈신설 11.11.24.〉
   사. 보관실의 문에는 **오**작동 **방지조치**를 하고, 문 개방 시에는 당해 소방대상물에 설치된 **경보설비**와 연동하여 유효한 경보음을 발하도록 할 것〈신설 11.11.24.〉
   아. 피난층에는 해당 층에 설치된 피난기구가 **착**지에 지장이 없도록 충분한 공간을 확보할 것〈신설 11.11.24.〉
   자. 한국소방산업기술원 또는 법 제42조 제1항에 따라 **성**능시험기관으로 지정받은 기관에서 그 성능을 검증받은 것으로 설치할 것〈신설 11.11.24.〉

   기억법 다피보 외탑중오 속성착

10. 승강식 피난기 및 하향식 피난구용 내림식사다리는 다음 각 목에 적합하게 설치할 것〈신설 11.11.24.〉 설계 16회

1. 피난기구(NFSC 301)

가. 승강식 피난기 및 하향식 피난구용 내림식사다리는 설치경로가 설치층에서 피난층까지 연계될 수 있는 구조로 설치할 것. 다만, 건축물의 구조 및 설치 여건 상 불가피한 경우에는 그러하지 아니 한다.〈신설 11.11.24., 개정 17.6.7.〉

나. 대피실의 면적은 $2m^2$(2세대 이상일 경우에는 $3m^2$) 이상으로 하고, 「건축법 시행령」 제46조 제4항의 규정에 적합하여야 하며 하강구(개구부) 규격은 직경 60cm 이상일 것. 단, 외기와 개방된 장소에는 그러하지 아니 한다.〈신설 11.11.24.〉

다. 하강구 내측에는 기구의 **연결 금속구** 등이 없어야 하며 전개된 피난기구는 하강구 수평투영면적 공간 내의 범위를 침범하지 않는 구조이어야 할 것. 단, 직경 60cm 크기의 범위를 벗어난 경우이거나, 직하층의 바닥면으로부터 높이 50cm 이하의 범위는 제외한다.〈신설 11.11.24.〉

라. 대피실의 출입문은 **갑종방화문**으로 설치하고, 피난방향에서 식별할 수 있는 위치에 "**대피실**"표지판을 부착할 것. 단, 외기와 개방된 장소에는 그러하지 아니 한다.〈신설 11.11.24.〉

마. 착지점과 하강구는 상호 **수평거리 15cm** 이상의 간격을 둘 것〈신설 11.11.24.〉

바. 대피실 내에는 **비상조명등**을 설치할 것〈신설 11.11.24.〉

사. 대피실에는 층의 **위치표시**와 **피난기구 사용설명서** 및 **주의사항 표지판**을 부착할 것〈신설 11.11.24.〉

아. 대피실 출입문이 개방되거나, 피난기구 작동 시 해당층 및 직하층 거실에 설치된 **표시등** 및 **경보장치**가 작동되고, **감시제어반**에서는 피난기구의 작동을 확인할 수 있어야 할 것〈신설 11.11.24.〉

자. 사용 시 기울거나 흔들리지 않도록 설치할 것〈신설 11.11.24.〉

차. 승강식 피난기는 한국소방산업기술원 또는 법 제42조 제1항에 따라 성능시험기관으로 지정받은 기관에서 그 성능을 검증받은 것으로 설치할 것〈신설 11.11.24.〉

④ 피난기구를 설치한 장소에는 가까운 곳의 보기 쉬운 곳에 피난기구의 위치를 표시하는 **발광식** 또는 **축광식 표지**와 그 사용방법을 표시한 표지를 부착하되, 축광식 표지는 소방청장이 정하여 고시한 「축광표지의 성능인증 및 제품검사의 기술기준」에 적합하여야 한다. 다만, 방사성 물질을 사용하는 위치표지는 쉽게 파괴되지 아니하는 재질로 처리할 것〈전문개정 17.7.26.〉

제5조【설치제외】 영 [별표 6] 제7호 피난설비의 설치면제 요건의 규정에 따라 다음 각 호의 어느 하나에 해당하는 소방대상물 또는 그 부분에는 피난기구를 설치하지 아니할 수 있다. 다만, 제4조 제2항 제2호에 따라 숙박시설(휴양콘도미니엄을 제외한다.)에 설치되는 **완강기 및 간이완강기**의 경우에는 그러하지 아니하다.〈개정 15.1.23.〉

1. 다음 각 목의 기준에 적합한 층
   가. 주요 구조부가 **내화구조**로 되어 있어야 할 것
   나. 실내의 면하는 부분의 마감이 **불연재료** · **준불연재료** 또는 **난**연재료로 되어 있고 **방**화구획이 「건축법 시행령」 제46조의 규정에 적합하게 구획되어 있어야 할 것
   다. 거실의 각 부분으로부터 **직접 복도**로 쉽게 **통**할 수 있어야 할 것
   라. 복도에 2 이상의 **특별피난계단** 또는 **피난계단**이 「건축법 시행령」 제35조에 적합하게 설치되어 있어야 할 것
   마. 복도의 어느 부분에서도 2 이상의 방**향**으로 각각 **다른 계단**에 도달할 수 있어야 할 것

   > [기억법] 향내 난방 통계피

2. 다음 각 목의 기준에 적합한 소방대상물 중 그 옥상의 직하층 또는 최상층(관람집회 및 운동시설 또는 판매시설을 제외한다.)
   가. 주요 구조부가 **내화구조**로 되어 있어야 할 것
   나. 옥상의 면적이 $1,500m^2$ **이상**이어야 할 것
   다. 옥상으로 쉽게 통할 수 있는 창 또는 출입구가 설치되어 있어야 할 것
   라. 옥상이 소방사다리차가 쉽게 통행할 수 있는 도로(폭 **6m 이상**의 것을 말한다. 이하 같다.) 또는 공지(공원 또는 광장 등을 말한다. 이하 같다.)에 면하여 설치되어 있거나 옥상으로부터 피난층 또는 지상으로 통하는 **2 이상**의 **피난계단** 또는 **특별피난계단**이 「건축법 시행령」 제35조의 규정에 적합하게 설치되어 있어야 할 것

3. 주요 구조부가 **내화구조**이고 지하층을 제외한 층수가 **4층 이하**이며 소방사다리차가 쉽게 통행할 수 있는 도로 또는 공지에 면하는 부분에 영 제2조 제1호 각 목의 기준에 적합한 개구부가 2 이상 설치되어 있는 층(**문화집회** 및 **운동시설** · **판매시설** 및 **영업시설** 또는 **노유자시설**의 용도로 사용되는 층으로서 그 층의 바닥면적이 $1,000m^2$ 이상인 것을 제외한다.)

4. **편복도형 아파트** 또는 **발코니** 등을 통하여 인접세대로 피난할 수 있는 구조로 되어 있는 **계단실형 아파트**

5. 주요 구조부가 **내화구조**로서 거실의 각 부분으로 직접 복도로 피난할 수 있는 **학교**(강의실 용도로 사용되는 층에 한한다.)

6. **무인공장** 또는 **자동창고**로서 사람의 출입이 금지된 장소(관리를 위하여 일시적으로 출입하는 장소를 포함한다.)

7. 건축물의 옥상부분으로서 거실에 해당하지 아니하고 「건축법 시행령」 제119조 제1항 제9호에 해당하여 층수로 산정된 층으로 사람이 근무하거나 거주하지 아니하는 장소〈신설 15.1.23.〉

제6조【피난기구설치의 감소】 ① 피난기구를 설치하여야 할 소방대상물 중 다음 각 호의 기준에 적합한 층에는 제4조 제2항에 따른 피난기구의 $\frac{1}{2}$을 **감소**할 수 있다. 이 경우 설치하여야 할 피난기구의 수에 있어서 소수점 이하의 수는 1로 한다. 점검 15회
 1. 주요 구조부가 **내**화구조로 되어 있을 것
 2. **직**통계단인 **피난계단** 또는 **특별피난계단**이 2 이상 설치되어 있을 것
② 피난기구를 설치하여야 할 소방대상물 중 주요 구조부가 내화구조이고 다음 각 호의 기준에 적합한 **건**널복도가 설치되어 있는 층에는 제4조 제2항에 따른 피난기구의 수에서 해당 건널복도의 수의 **2배**의 수를 **뺀 수**로 한다. 점검 15회
 1. **내**화구조 또는 **철**골조로 되어 있을 것
 2. 건널복도 양단의 출입구에 자동폐쇄장치를 한 **갑**종방화문(방화셔터를 제외한다.)이 설치되어 있을 것
 3. 피난·**통**행 또는 운반의 전용 용도일 것
③ 피난기구를 설치하여야 할 소방대상물 중 다음 각 호에 기준에 적합한 **노**대가 설치된 거실의 바닥면적은 제4조 제2항에 따른 피난기구의 설치개수 산정을 위한 바닥면적에서 이를 제외한다. 점검 15회
 1. 노대를 포함한 소방대상물의 주요 구조부가 **내**화구조일 것
 2. 노대가 거실의 **외**기에 면하는 부분에 피난상 유효하게 설치되어 있어야 할 것
 3. 노대가 소방**사**다리차가 쉽게 통행할 수 있는 도로 또는 공지에 면하여 설치되어 있거나, 또는 거실부분과 방화 구획되어 있거나 또는 노대에 지상으로 통하는 계단 그 밖의 피난기구가 설치되어 있어야 할 것

> 기억법 $\frac{1}{2}$내직 건내철갑통 노내외사

제7조【설치 · 유지기준의 특례】 소방본부장 또는 소방서장은 기존 건축물이 증축 · 개축 · 대수선되거나 용도변경되는 경우에 있어서 이 기준이 정하는 기준에 따라 해당 건축물에 설치하여야 할 피난기구의 공사가 현저하게 곤란하다고 인정되는 경우에는 해당 설비의 기능 및 사용에 지장이 없는 범위 안에서 피난기구의 설치 · 유지기준의 일부를 적용하지 아니할 수 있다.

제8조【재검토 기한】 소방청장은「훈령·예규 등의 발령 및 관리에 관한 규정」에 따라 이 고시에 대하여 2017년 1월 1일 기준으로 매 3년이 되는 시점(매 3년째의 6월 30일까지를 말한다.)마다 그 타당성을 검토하여 개선 등의 조치를 하여야 한다. 〈개정 17.7.26.〉

부 칙 〈제2017-1호, 17.7.26.〉

제1조【시행일】 이 고시는 발령한 날부터 시행한다.

제2조 생 략

1. 피난기구(NFSC 301)

[별표 1] 소방대상물의 설치장소별 피난기구의 적응성(제4조 제1항 관련)〈개정 17.6.7.〉

설치 장소별 구분 \ 층별	지하층	1층	2층	3층	4층 이상 10층 이하
1. 노유자시설	피난용 트랩	미끄럼대 · 구조대 · 피난교 · 다수인 피난장비 · 승강식 피난기	미끄럼대 · 구조대 · 피난교 · 다수인 피난장비 · 승강식 피난기	미끄럼대 · 구조대 · 피난교 · 다수인 피난장비 · 승강식 피난기	피난교 · 다수인 피난장비 · 승강식 피난기
2. 의료시설·근린생활시설중 입원실이 있는 의원·접골원·조산원	피난용 트랩			미끄럼대 · 구조대 · 피난교 · 피난용 트랩 · 다수인 피난장비 · 승강식 피난기	구조대 · 피난교 · 피난용 트랩 · 다수인 피난장비 · 승강식 피난기
3. 「다중이용업소의 안전관리에 관한 특별법 시행령」 제2조에 따른 다중이용업소로서 영업장의 위치가 4층 이하인 다중이용업소			미끄럼대 · 피난사다리 · 구조대 · 완강기 · 다수인 피난장비 · 승강식 피난기	미끄럼대 · 피난사다리 · 구조대 · 완강기 · 다수인 피난장비 · 승강식 피난기	미끄럼대 · 피난사다리 · 구조대 · 완강기 · 다수인 피난장비 · 승강식 피난기
4. 그 밖의 것 〔설계 18회〕	피난사다리 · 피난용 트랩			미끄럼대 · 피난사다리 · 구조대 · 완강기 · 피난교 · 피난용 트랩 · 간이완강기 · 공기안전매트 · 다수인 피난장비 · 승강식 피난기	피난사다리 · 구조대 · 완강기 · 피난교 · 간이완강기 · 공기안전매트 · 다수인 피난장비 · 승강식 피난기

[비고]
간이완강기의 적응성은 **숙박시설**의 **3층 이상**에 있는 객실에, **공기안전매트**의 적응성은 **공동주택**(공동주택관리법 시행령 제2조의 규정에 해당하는 공동주택)에 한한다.

2 인명구조기구(NFSC 302)

타법개정 2017. 7. 26. 소방청고시 제2017-1호

제1조【목적】 이 기준은 「화재예방, 소방시설 설치·유지 및 안전관리에 관한 법률」 제9조에서 소방청장에게 위임한 사항을 정함을 목적으로 한다.〈개정 17.7.26.〉

제2조【적용범위】 「화재예방, 소방시설 설치·유지 및 안전관리에 관한 법률」(이하 "**법**"이라 한다.) 제9조 제1항 및 같은 법 시행령(이하 "**영**"이라 한다.) [별표 5]의 제3호 나목에 따른 인명구조기구는 이 기준에서 정하는 규정에 따라 설비를 설치하고 유지·관리하여야 한다.〈개정 17.6.7.〉

제3조【정의】 이 기준에서 사용하는 용어의 정의는 다음과 같다.
1. "**방열복**"이란 고온의 **복사열**에 가까이 접근하여 소방활동을 수행할 수 있는 **내열피복**을 말한다.〈개정 12.8.20.〉
2. "**공기호흡기**"란 소화활동 시에 화재로 인하여 발생하는 각종 유독가스 중에서 일정시간 사용할 수 있도록 제조된 **압축공기식 개인호흡장비**(보조마스크를 포함한다.)를 말한다.〈개정 14.8.18.〉
3. "**인공소생기**"란 호흡 부전 상태인 사람에게 인공호흡을 시켜 환자를 보호하거나 구급하는 기구를 말한다.〈개정 12.8.20.〉
4. "**방화복**"이란 화재진압 등의 소방활동을 수행할 수 있는 피복을 말한다.
〈신설 17.6.7.〉

제4조【설치기준】 인명구조기구는 다음 각 호의 기준에 따라 설치하여야 한다.
〈개정 12.8.20.〉 점검 18회
1. 특정소방대상물의 용도 및 장소별로 설치하여야 할 인명구조기구는 [별표 1]에 따라 설치하여야 한다.〈개정 14.8.18.〉
2. 화재 시 **쉽게 반출** 사용할 수 있는 장소에 비치할 것
3. 인명구조기구가 설치된 가까운 장소의 보기 쉬운 곳에 "**인명구조기구**"라는 축광식 표지와 그 사용방법을 표시한 표지를 부착하되, 축광식 표지는 **소방청장**이 고시한 「축광표지의 성능인증 및 제품검사의 기술기준」에 적합한 것으로 할 것〈개정 17.7.26.〉
4. 방열복은 **소방청장**이 고시한 「소방용 방열복의 성능인증 및 제품검사의 기술기준」에 적합한 것으로 설치할 것〈신설 17.7.26.〉
5. 방화복(헬멧, 보호장갑 및 안전화를 포함한다.)은 「소방장비 표준규격 및 내용연수에 관한 규정」 제3조에 적합한 것으로 설치할 것〈신설 17.7.26.〉

제5조【재검토 기한】 소방청장은 「훈령·예규 등의 발령 및 관리에 관한 규정」에 따라 이 고시에 대하여 2017년 1월 1일 기준으로 매 3년이 되는 시점(매 3년째의 6월 30일까지를 말한다.)마다 그 타당성을 검토하여 개선 등의 조치를 하여야 한다. 〈개정 17.7.26.〉

부 칙 〈제2017-1호, 17.7.26.〉

제1조【시행일】 이 고시는 발령한 날부터 시행한다.

제2조 생 략

[별표 1] 특정소방대상물의 용도 및 장소별로 설치하여야 할 인명구조기구(제4조 제1호 관련)〈개정 17.6.7.〉 점검 18회

특정소방대상물	인명구조기구의 종류	설치 수량
• 지하층을 포함하는 층수가 7층 이상인 관광호텔 및 5층 이상인 병원	• 방열복 또는 방화복(헬멧, 보호장갑 및 안전화를 포함한다.) • 공기호흡기 • 인공소생기	• 각 2개 이상 비치할 것. 다만, 병원의 경우에는 인공소생기를 설치하지 않을 수 있다.
• 문화 및 집회시설 중 수용인원 100명 이상의 영화상영관 • 판매시설 중 대규모 점포 • 운수시설 중 지하역사 • 지하가 중 지하상가	• 공기호흡기	• 층마다 2개 이상 비치할 것. 다만, 각 층마다 갖추어 두어야 할 공기호흡기 중 일부를 직원이 상주하는 인근 사무실에 갖추어 둘 수 있다.
• 물분무등소화설비 중 이산화탄소소화설비를 설치하여야 하는 특정소방대상물	• 공기호흡기	• 이산화탄소소화설비가 설치된 장소의 출입구 외부 인근에 1대 이상 비치할 것

소방시설법 시행령 [별표 5]

인명구조기구를 설치하여야 하는 특정소방대상물은 다음의 어느 하나와 같다.

점검 18회

1) 방열복 또는 방화복(안전헬멧, 보호장갑 및 안전화를 포함한다.), 인공소생기 및 공기호흡기를 설치하여야 하는 특정소방대상물 : 지하층을 포함하는 층수가 7층 이상인 관광호텔
2) 방열복 또는 방화복(안전헬멧, 보호장갑 및 안전화를 포함한다.) 및 공기호흡기를 설치하여야 하는 특정소방대상물 : 지하층을 포함하는 층수가 5층 이상인 병원
3) 공기호흡기를 설치하여야 하는 특정소방대상물은 다음의 어느 하나와 같다.
    가) 수용인원 100명 이상인 문화 및 집회시설 중 영화상영관
    나) 판매시설 중 대규모점포
    다) 운수시설 중 지하역사
    라) 지하가 중 지하상가
    마) 제1호 바목 및 화재안전기준에 따라 이산화탄소소화설비(호스릴이산화탄소소화설비는 제외한다.)를 설치하여야 하는 특정소방대상물

제3장 소화활동설비

1 제연설비(NFSC 501)

타법개정 2017. 7. 26. 소방청고시 제2017-1호

제1조【목적】 이 기준은「화재예방, 소방시설 설치·유지 및 안전관리에 관한 법률」제9조 제1항에 따라 소방청장에게 위임한 사항 중 소화활동설비인 제연설비의 설치·유지 및 안전관리에 관하여 필요한 사항을 규정함을 목적으로 한다.〈개정 17.7.26.〉

제2조【적용범위】「화재예방, 소방시설 설치·유지 및 안전관리에 관한 법률 시행령」(이하 "**영**"이라 한다.) [별표 5] 소화활동설비의 소방시설 적용기준란 제5호 가목에 따른 제연설비는 이 기준에서 정하는 규정에 따라 설비를 설치하고 유지·관리하여야 한다.〈개정 16.7.13.〉

제3조【정의】 이 기준에서 사용하는 용어의 정의는 다음과 같다.
1. "**제연구역**"이란 **제연경계**(제연설비의 일부인 천장을 포함한다.)에 의해 구획된 건물 내의 공간을 말한다.〈개정 12.8.20.〉
2. "**예상제연구역**"이란 화재발생 시 **연기**의 **제어**가 요구되는 제연구역을 말한다.〈개정 12.8.20.〉
3. "**제연경계의 폭**"이란 제연경계의 **천장** 또는 **반자**로부터 그 **수직하단**까지의 거리를 말한다.〈개정 12.8.20.〉
4. "**수직거리**"란 제연경계의 **바닥**으로부터 그 **수직하단**까지의 거리를 말한다.〈개정 12.8.20.〉
5. "**공동예상제연구역**"이란 **2개 이상**의 **예상제연구역**을 말한다.〈개정 12.8.20.〉
6. "**방화문**"이란「건축법 시행령」제64조에 따른 **갑종방화문** 또는 **을종방화문**으로써 언제나 닫힌 상태를 유지하거나 화재로 인한 연기의 발생 또는 온도의 상승에 따라 자동적으로 닫히는 구조를 말한다.〈개정 12.8.20.〉
7. "**유입풍도**"란 예상제연구역으로 **공기**를 **유입**하도록 하는 풍도를 말한다.〈개정 12.8.20.〉
8. "**배출풍도**"란 예상제연구역의 **공기**를 외부로 **배출**하도록 하는 풍도를 말한다.〈개정 12.8.20.〉

제4조【제연설비】 ① **제**연설비의 설치장소는 다음 각 호에 따른 제연구역으로 구획하여야 한다.〈개정 12.8.20.〉 설계 7회, 15회
1. 하나의 제연구역의 **면**적은 **1,000m²** 이내로 할 것

2. 거실과 통로(복도를 포함한다. 이하 같다.)는 **상호** 제연구획할 것
3. **통**로상의 제연구역은 보행중심선의 **길이**가 60m를 초과하지 아니할 것
4. 하나의 제연구역은 직경 60m **원**내에 들어갈 수 있을 것
5. 하나의 제연구역은 2개 이상 **층**에 미치지 아니하도록 할 것. 다만, 층의 구분이 불분명한 부분은 그 부분을 다른 부분과 별도로 제연구획하여야 한다.

> **기억법** 층면 상호제 원통길이

② 제연구역의 구획은 보·제연경계벽(이하 "**제연경계**"라 한다.) 및 벽(화재 시 자동으로 구획되는 **가동벽·셔터·방화문**을 포함한다. 이하 같다.)으로 하되, 다음 각 호의 기준에 적합하여야 한다.〈개정 12.8.20.〉
1. 재질은 **내화재료, 불연재료** 또는 제연경계벽으로 성능을 인정받은 것으로서 화재 시 쉽게 변형·파괴되지 아니하고 연기가 누설되지 않는 기밀성 있는 재료로 할 것
2. 제연경계는 제연경계의 폭이 **0.6m 이상**이고, 수직거리는 **2m 이내**이어야 한다. 다만, 구조상 불가피한 경우는 2m를 초과할 수 있다.
3. 제연경계벽은 배연 시 기류에 따라 그 하단이 쉽게 흔들리지 아니 하여야 하며, 또한 가동식의 경우에는 급속히 하강하여 인명에 위해를 주지 아니하는 구조일 것

제5조 【제연방식】 ① 예상제연구역에 대하여는 화재 시 연기배출(이하 "**배출**"이라 한다.)과 동시에 공기유입이 될 수 있게 하고, 배출구역이 거실일 경우에는 통로에 동시에 공기가 유입될 수 있도록 하여야 한다.
② 제1항에도 불구하고 통로와 인접하고 있는 거실의 바닥면적이 $50m^2$ 미만으로 구획(제연경계에 따른 구획은 제외한다. 다만, 거실과 통로와의 구획은 그러하지 아니하다.)되고 그 거실에 통로가 인접하여 있는 경우에는 화재 시 그 거실에서 직접 배출하지 아니하고 인접한 통로의 배출로 갈음할 수 있다. 다만, 그 거실이 다른 거실의 피난을 위한 경유거실인 경우에는 그 거실에서 직접 배출하여야 한다.〈개정 12.8.20.〉
③ 통로의 주요 구조부가 **내화구조**이며 마감이 **불연재료** 또는 **난연재료**로 처리되고 가연성 내용물이 없는 경우에 그 통로는 예상제연구역으로 간주하지 아니할 수 있다. 다만, 화재발생 시 연기의 유입이 우려되는 통로는 그러하지 아니하다.

제6조 【배출량 및 배출방식】 ① 거실의 바닥면적이 $400m^2$ 미만으로 구획(제연경계에 따른 구획을 제외한다. 다만, 거실과 통로와의 구획은 그러하지 아니하다.)된 예상제연구역에 대한 배출량은 다음 각 호의 기준에 따른다.〈개정 12.8.20.〉
1. 바닥면적 $1m^2$당 $1m^3$/min 이상으로 하되, 예상제연구역 전체에 대한 최저배출량은 $5,000m^3$/hr 이상으로 할 것. 다만, 예상제연구역이 다른 거실의 피난을 위한

경유거실인 경우에는 그 예상제연구역의 배출량은 이 기준량의 **1.5배 이상**으로 하여야 한다. 설계 6회, 16회
2. 제5조 제2항에 따라 바닥면적이 **50m² 미만**인 예상제연구역을 통로배출방식으로 하는 경우에는 통로보행중심선의 길이 및 수직거리에 따라 다음 표에서 정하는 기준량 이상으로 할 것〈개정 12.8.20.〉

통로길이	수직거리	배출량	비 고
40m 이하	2m 이하	25,000m³/hr	벽으로 구획된 경우를 포함한다.
	2m 초과 2.5m 이하	30,000m³/hr	-
	2.5m 초과 3m 이하	35,000m³/hr	
	3m 초과	45,000m³/hr	
40m 초과 60m 이하	2m 이하	30,000m³/hr	벽으로 구획된 경우를 포함한다.
	2m 초과 2.5m 이하	35,000m³/hr	-
	2.5m 초과 3m 이하	40,000m³/hr	
	3m 초과	50,000m³/hr	

② 바닥면적 **400m² 이상**인 거실의 예상제연구역의 배출량은 다음 각 호의 기준에 적합하여야 한다.〈개정 12.8.20.〉
1. 예상제연구역이 직경 **40m**인 원의 **범위 안**에 있을 경우에는 배출량이 **40,000m³/hr 이상**으로 할 것. 다만, 예상제연구역이 제연경계로 구획된 경우에는 그 수직거리에 따라 배출량은 다음 표에 따른다.

수직거리	배출량
2m 이하	**40**,000m³/hr 이상
2m 초과 2.5m 이하	45,000m³/hr 이상
2.5m 초과 3m 이하	50,000m³/hr 이상
3m 초과	60,000m³/hr 이상

2. 예상제연구역이 직경 **40m**인 원의 범위를 **초과**할 경우에는 배출량이 **45,000m³/hr 이상**으로 할 것. 다만, 예상제연구역이 제연경계로 구획된 경우에는 그 수직거리에 따라 배출량은 다음 표에 따른다. 설계 13회

수직거리	배출량
2m 이하	**45**,000m³/hr 이상
2m 초과 2.5m 이하	50,000m³/hr 이상
2.5m 초과 3m 이하	55,000m³/hr 이상
3m 초과	65,000m³/hr 이상

> [기억법] 거예4045

③ **예**상제연구역이 **통로**인 경우의 배출량은 **45**,000m³/hr 이상으로 할 것. 다만, 예상제연구역이 제연경계로 구획된 경우에는 그 수직거리에 따라 배출량은 제2항 제2호의 표에 따른다.

> [기억법] 예통45

④ 배출은 각 예상제연구역별로 제1항부터 제3항에 따른 배출량 이상을 배출하되, 2개 이상의 예상제연구역이 설치된 특정소방대상물에서 배출을 각 예상지역별로 구분하지 아니하고 공동예상제연구역을 동시에 배출하고자 할 때의 배출량은 다음 각 호에 따라야 한다. 다만, 거실과 통로는 공동예상제연구역으로 할 수 없다.〈개정 12.8.20.〉
  1. 공동예상제연구역 안에 설치된 예상제연구역이 각각 벽으로 구획된 경우(제연구역의 구획 중 출입구만을 제연경계로 구획한 경우를 포함한다.)에는 각 예상제연구역의 배출량을 합한 것 이상으로 할 것
  2. 공동예상제연구역 안에 설치된 예상제연구역이 각각 제연경계로 구획된 경우(예상제연구역의 구획 중 일부가 제연경계로 구획된 경우를 포함하나 출입구 부분만을 제연경계로 구획한 경우를 제외한다.)에 배출량은 각 예상제연구역의 배출량 중 최대의 것으로 할 것. 이 경우 공동제연예상구역이 거실일 때에는 그 바닥면적이 **1,000m²** 이하이며, 직경 **40m** 원 안에 들어가야 하고, 공동제연예상구역이 통로일 때에는 보행중심선의 길이를 40m 이하로 하여야 한다.
⑤ 수직거리가 구획부분에 따라 다른 경우는 수직거리가 긴 것을 기준으로 한다.

제7조【배출구】 ① 예상제연구역에 대한 배출구의 설치는 다음 각 호의 기준에 따라야 한다.〈개정 12.8.20.〉
  1. 바닥면적이 **400m²** **미**만인 **예**상제연구역(통로인 예상제연구역을 제외한다.)에 대한 배출구의 설치는 다음 각 목의 기준에 적합할 것〈개정 12.8.20.〉
    가. 예상제연구역이 **벽**으로 구획되어 있는 경우의 배출구는 **천장** 또는 **반자**와 **바닥 사이의 중간 윗부분**에 설치할 것
    나. 예상제연구역 중 어느 한 부분이 **제**연경계로 구획되어 있는 경우에는 **천장·반자** 또는 이에 가까운 **벽**의 부분에 설치할 것. 다만, 배출구를 벽에 설치하는 경우에는 배출구의 하단이 해당 예상제연구역에서 제연경계의 폭이 가장 짧은 제연경계의 하단보다 높이 되도록 하여야 한다.〈개정 12.8.20.〉

> [기억법] 4미예 벽제

2. 통로인 예상제연구역과 바닥면적이 400m² 이상인 통로 외의 예상제연구역에 대한 배출구의 위치는 다음 각 목의 기준에 적합하여야 한다.〈개정 12.8.20.〉
   가. 예상제연구역이 벽으로 구획되어 있는 경우의 배출구는 천장·반자 또는 이에 가까운 벽의 부분에 설치할 것. 다만, 배출구를 벽에 설치한 경우에는 배출구의 하단과 바닥 간의 최단거리가 **2m 이상**이어야 한다.
   나. 예상제연구역 중 어느 한 부분이 제연경계로 구획되어 있을 경우에는 천장·반자 또는 이에 가까운 벽의 부분(제연경계를 포함한다.)에 설치할 것. 다만, 배출구를 벽 또는 제연경계에 설치하는 경우에는 배출구의 하단이 해당 예상제연구역에서 제연경계의 폭이 가장 짧은 제연경계의 하단보다 높이 되도록 설치하여야 한다.〈개정 12.8.20.〉
② 예상제연구역의 각 부분으로부터 하나의 배출구까지의 **수평거리**는 **10m 이내**가 되도록 하여야 한다.

제8조【공기유입방식 및 유입구】 ① 예상제연구역에 대한 공기유입은 유입풍도를 경유한 **강제유입** 또는 **자연유입방식**으로 하거나, 인접한 제연구역 또는 통로에 유입되는 공기(가압의 결과를 일으키는 경우를 포함한다. 이하 같다.)가 해당 구역으로 유입되는 방식으로 할 수 있다.〈개정 12.8.20.〉
② 예상제연구역에 설치되는 공기유입구는 다음 각 호의 기준에 적합하여야 한다.
〈개정 12.8.20.〉
1. 바닥면적 **400m² 미만의 거실**인 예상제연구역(제연경계에 따른 구획을 제외한다. 다만, 거실과 통로와의 구획은 그러하지 아니하다.)에 대하여서는 **바닥 외의 장소**에 설치하고 공기유입구와 배출구 간의 **직선거리**는 **5m 이상**으로 할 것. 다만, **공연장·집회장·위락시설**의 용도로 사용되는 부분의 바닥면적이 200m²를 초과하는 경우의 공기유입구는 제2호의 기준에 따른다.
2. 바닥면적이 **400m² 이상의 거실**인 예상제연구역(제연경계에 따른 구획을 제외한다. 다만, 거실과 통로와의 구획은 그러하지 아니하다.)에 대하여는 바닥으로부터 **1.5m 이하**의 높이에 설치하고 그 주변 **2m 이내**에는 가연성 내용물이 없도록 할 것
3. 제1호와 제2호에 해당하는 것 외의 예상제연구역(통로인 예상제연구역을 포함한다.)에 대한 유입구는 다음 각 목에 따를 것. 다만, 제연경계로 인접하는 구역의 유입공기가 당해 예상제연구역으로 유입되게 한 때에는 그러하지 아니하다.
〈개정 12.8.20.〉
   가. 유입구를 벽에 설치할 경우에는 제2호의 기준에 따를 것

나. 유입구를 벽 외의 장소에 설치할 경우에는 유입구 상단이 천장 또는 반자와 바닥 사이의 중간 아랫부분보다 낮게 되도록 하고, 수직거리가 가장 짧은 제연경계 하단보다 낮게 되도록 설치할 것
③ 공동예상제연구역에 설치되는 공기유입구는 다음 각 호의 기준에 적합하게 설치하여야 한다.〈개정 12.8.20.〉
 1. 공동예상제연구역 안에 설치된 각 예상제연구역이 벽으로 구획되어 있을 때에는 제2항 제2호에 따라 설치할 것
 2. 공동예상제연구역 안에 설치된 각 예상제연구역의 일부 또는 전부가 제연경계로 구획되어 있을 때에는 공동예상제연구역 안의 1개 이상의 장소에 제2항 제3호에 따라 설치할 것
④ 인접한 제연구역 또는 통로에 유입되는 공기를 해당 예상제연구역에 대한 공기유입으로 하는 경우에는 그 인접한 제연구역 또는 통로의 유입구가 제연경계 하단보다 높은 경우에는 그 인접한 제연구역 또는 통로의 화재 시 그 유입구는 다음 각 호의 어느 하나의 기준에 적합할 것〈개정 12.8.20.〉
 1. 각 유입구는 **자동폐쇄** 될 것
 2. 해당 구역 내에 설치된 유입풍도가 해당 **제연구획부분**을 지나는 곳에 설치된 댐퍼는 **자동폐쇄** 될 것〈개정 12.8.20.〉
⑤ 예상제연구역에 공기가 유입되는 순간의 풍속은 **5m/s 이하**가 되도록 하고, 제2항부터 제4항까지의 유입구의 구조는 유입공기를 **하향 60° 이내**로 분출할 수 있도록 하여야 한다.〈개정 12.8.20.〉
⑥ 예상제연구역에 대한 공기유입구의 크기는 해당 예상제연구역 배출량 **1m³/min**에 대하여 **35cm² 이상**으로 하여야 한다.〈개정 12.8.20.〉
⑦ 예상제연구역에 대한 공기유입량은 제6조 제1항부터 제4항까지에 따른 배출량 이상이 되도록 하여야 한다.〈개정 12.8.20.〉

제9조 【배출기 및 배출풍도】 ① 배출기는 다음 각 호의 기준에 따라 설치하여야 한다. 〈개정 12.8.20.〉
 1. 배출기의 배출능력은 제6조 제1항부터 제4항까지의 **배출량** 이상이 되도록 할 것 〈개정 12.8.20.〉
 2. 배출기와 배출풍도의 접속부분에 사용하는 **캔버스**는 **내열성**(**석면재료는 제외**한다.)이 있는 것으로 할 것
 3. 배출기의 **전동기** 부분과 **배풍기** 부분은 **분리**하여 설치하여야 하며, **배풍기** 부분은 유효한 **내열**처리를 할 것
② 배출풍도는 다음 각 호의 기준에 따라야 한다.〈개정 12.8.20.〉

1. 제연설비(NFSC 501)

> **기억법** 전배분 배열

1. 배출풍도는 **아연도금강판** 또는 이와 동등 이상의 내식성·내열성이 있는 것으로 하며, 내열성(석면재료를 제외한다.)의 단열재로 유효한 단열처리를 하고, 강판의 두께는 배출풍도의 크기에 따라 다음 표에 따른 기준 이상으로 할 것 〔설계 13회〕

풍도 단면의 긴 변 또는 직경의 크기	450mm 이하	450mm 초과 750mm 이하	750mm 초과 1,500mm 이하	1,500mm 초과 2,250mm 이하	2,250mm 초과
강판 두께	0.5mm	0.6mm	0.8mm	1.0mm	1.2mm

2. 배출기의 **흡입측** 풍도 안의 풍속은 **15m/s 이하**로 하고 **배출측** 풍속은 **20m/s 이하**로 할 것

제10조【유입풍도 등】 ① 유입풍도 안의 풍속은 **20m/s 이하**로 하고 풍도의 강판 두께는 제9조 제2항 제1호의 기준으로 설치하여야 한다.〈개정 08.12.15.〉
② 옥외에 면하는 배출구 및 공기유입구는 비 또는 눈 등이 들어가지 아니하도록 하고, 배출된 연기가 공기유입구로 순환유입되지 아니하도록 하여야 한다.

제11조【제연설비의 전원 및 기동】 ① 비상전원은 **자가발전설비, 축전지설비** 또는 **전기저장장치**(외부 전기에너지를 저장해 두었다가 필요한 때 전기를 공급하는 장치)는 다음 각 호의 기준에 따라 설치하여야 한다. 다만, **2 이상의 변전소**(「전기사업법」제67조에 따른 변전소를 말한다.)에서 전력을 동시에 공급받을 수 있거나 하나의 변전소로부터 전력의 공급이 중단되는 때에는 자동으로 다른 변전소로부터 전원을 공급받을 수 있도록 **상용전원**을 설치한 경우에는 그러하지 아니하다.〈개정 16.7.13.〉
1. 점검에 편리하고 화재 및 침수 등의 재해로 인한 피해를 받을 우려가 없는 곳에 설치할 것
2. 제연설비를 유효하게 **20분** 이상 작동할 수 있도록 할 것
3. 상용전원으로부터 전력의 공급이 중단된 때에는 자동으로 비상전원으로부터 전력을 공급받을 수 있도록 할 것
4. 비상전원의 설치장소는 다른 장소와 **방화구획**할 것. 이 경우 그 장소에는 비상전원의 공급에 필요한 기구나 설비 외의 것(**열병합발전설비**에 필요한 기구나 설비는 제외한다.)을 두어서는 아니 된다.
5. 비상전원을 실내에 설치하는 때에는 그 실내에 **비상조명등**을 설치할 것
② 가동식의 **벽·제연경계벽·댐퍼** 및 **배출기**의 작동은 **자동화재감지기**와 연동되어야 하며, 예상제연구역(또는 인접장소) 및 제어반에서 수동으로 기동이 가능하도록 하여야 한다.

제12조【터널의 제연설비 설치기준】삭 제〈개정 08.12.15.〉

제13조【설치제외】제연설비를 설치하여야 할 특정소방대상물 중 **화장실·목욕실·주차장·발코니**를 설치한 **숙박시설**(가족호텔 및 휴양콘도미니엄에 한한다.)의 객실과 사람이 상주하지 아니하는 기계실·전기실·공조실·**50m² 미만**의 **창고** 등으로 사용되는 부분에 대하여는 배출구·공기유입구의 설치 및 배출량 산정에서 이를 제외한다.〈개정 12.8.20.〉 점검 16회

제14조【설치·유지기준의 특례】소방본부장 또는 소방서장은 기존 건축물이 증축·개축·대수선되거나 용도변경되는 경우에 있어서 이 기준이 정하는 기준에 따라 해당 건축물에 설치하여야 할 제연설비의 배관·배선 등의 공사가 현저하게 곤란하다고 인정되는 경우에는 해당 설비의 기능 및 사용에 지장이 없는 범위 안에서 제연설비의 설치·유지기준의 일부를 적용하지 아니할 수 있다.〈개정 12.8.20.〉

제15조【재검토 기한】소방청장은「훈령·예규 등의 발령 및 관리에 관한 규정」에 따라 이 고시에 대하여 2016년 1월 1일을 기준으로 매 3년이 되는 시점(매 3년째의 12월 31일까지를 말한다.)마다 그 타당성을 검토하여 개선 등의 조치를 하여야 한다.〈전문개정 17.7.26.〉

부 칙〈제2017-1호, 17.7.26.〉

제1조【시행일】이 고시는 발령한 날부터 시행한다.

제2조 생 략

소방시설법 시행령 [별표 5]
제연설비를 설치하여야 하는 특정소방대상물은 다음의 어느 하나와 같다.
점검 16회
1) 문화 및 집회시설, 종교시설, 운동시설로서 무대부의 바닥면적이 200m² 이상 또는 문화 및 집회시설 중 영화상영관으로서 수용인원 100명 이상인 것
2) 지하층이나 무창층에 설치된 근린생활시설, 판매시설, 운수시설, 숙박시설, 위락시설, 의료시설, 노유자시설 또는 창고시설(물류터미널만 해당한다.)로서 해당 용도로 사용되는 바닥면적의 합계가 1천m² 이상인 층
3) 운수시설 중 시외버스정류장, 철도 및 도시철도 시설, 공항시설 및 항만시설의 대합실 또는 휴게시설로서 지하층 또는 무창층의 바닥면적이 1천m² 이상인 것
4) 지하가(터널은 제외한다.)로서 연면적 1천m² 이상인 것
5) 지하가 중 예상 교통량, 경사도 등 터널의 특성을 고려하여 행정안전부령으로 정하는 터널
6) 특정소방대상물(갓복도형 아파트 등은 제외한다.)에 부설된 특별피난계단, 비상용 승강기의 승강장 또는 피난용 승강기의 승강장

2 특별피난계단의 계단실 및 부속실 제연설비(NFSC 501A)

타법개정 2017. 7. 26. 소방청고시 제2017-1호

제1조 【목적】 이 기준은 「화재예방, 소방시설 설치·유지 및 안전관리에 관한 법률」 제9조 제1항에 따라 소방청장에게 위임한 사항 중 소화활동설비인 특별피난계단의 계단실 및 부속실 제연설비의 설치유지 및 안전관리에 관하여 필요한 사항을 규정함을 목적으로 한다.〈개정 17.7.26.〉

제2조 【적용범위】 「화재예방, 소방시설 설치·유지 및 안전관리에 관한 법률 시행령」 (이하 "**영**"이라 한다.) [별표 5]의 제5호 가목 6)에 따른 특별피난계단의 계단실(이하 "**계단실**"이라 한다.) 및 부속실(비상용 승강기의 승강장과 겸용하는 것 또는 비상용 승강기의 승강장을 포함한다. 이하 "**부속실**"이라 한다.)의 제연설비는 이 기준에서 정하는 규정에 따라 설비를 설치하고 유지·관리하여야 한다.〈개정 16.7.13.〉

제3조 【정의】 이 기준에서 사용하는 용어의 정의는 다음과 같다.
 1. "**제연구역**"이란 제연하고자 하는 계단실, 부속실 또는 비상용 승강기의 승강장을 말한다.〈개정 13.9.3.〉
 2. "**방연풍속**"이란 옥내로부터 제연구역 내로 연기의 유입을 유효하게 방지할 수 있는 풍속을 말한다.〈개정 13.9.3.〉
 3. "**급기량**"이란 제연구역에 공급하여야 할 공기의 양을 말한다.〈개정 13.9.3.〉
 4. "**누설량**"이란 **틈새**를 통하여 제연구역으로부터 흘러나가는 공기량을 말한다. 〈개정 13.9.3.〉
 5. "**보충량**"이란 **방연풍속**을 유지하기 위하여 제연구역에 보충하여야 할 공기량을 말한다.〈개정 13.9.3.〉
 6. "**플랩댐퍼**"란 부속실의 설정압력범위를 초과하는 경우 압력을 배출하여 설정압 범위를 유지하게 하는 과압방지장치를 말한다.〈개정 13.9.3.〉
 7. "**유입공기**"란 제연구역으로부터 옥내로 유입하는 공기로서 **차압**에 따라 누설하는 것과 **출입문**의 **개방**에 따라 유입하는 것을 말한다.〈개정 13.9.3.〉
 8. "**거실제연설비**"란 「제연설비의 화재안전기준(NFSC 501)」의 기준에 따른 **옥내**의 제연설비를 말한다.〈개정 13.9.3.〉
 9. "**자동차압·과압조절형 급기댐퍼**"란 제연구역과 옥내 사이의 **차압**을 **압력센서** 등으로 감지하여 제연구역에 공급되는 풍량의 조절로 제연구역의 **차압유지** 및 **과압방지**를 **자동**으로 **제어**할 수 있는 댐퍼를 말한다.〈개정 13.9.3.〉

10. "**자동폐쇄장치**"란 제연구역의 **출입문** 등에 설치하는 것으로서 화재발생 시 옥내에 설치된 **감지기** 작동과 연동하여 출입문을 **자동**적으로 닫게 하는 장치를 말한다.〈개정 13.9.3.〉

제4조【제연방식】 이 기준에 따른 제연설비는 다음 각 호의 기준에 적합하여야 한다.

  설계 10회

1. 제연구역에 옥외의 신선한 공기를 공급하여 제연구역의 기압을 제연구역 이외의 **옥**내(이하 "**옥내**"라 한다.)보다 높게 하되 일정한 기압의 차이(이하 "**차압**"이라 한다.)를 유지하게 함으로써 옥내로부터 제연구역 내로 연기가 침투하지 못하도록 할 것
2. 피난을 위하여 제연구역의 출입문이 **일**시적으로 개방되는 경우 방연풍속을 유지하도록 옥외의 공기를 제연구역 내로 보충 공급하도록 할 것
3. 출입문이 **닫**히는 경우 제연구역의 **과압**을 **방지**할 수 있는 유효한 조치를 하여 **차압**을 유지할 것〈개정 13.9.3.〉

  기억법 옥방일닫

제5조【제연구역의 선정】 제연구역은 다음 각 호의 어느 하나에 따라야 한다. 설계 10회
1. **계**단실 및 그 **부**속실을 동시에 제연하는 것
2. **부**속실만을 단독으로 제연하는 것〈개정 08.12.15.〉
3. **계**단실 단독제연하는 것
4. 비상용 **승**강기 승강장 단독제연하는 것

  기억법 부계 부계승

제6조【차압 등】 ① 제4조 제1호의 기준에 따라 제연구역과 옥내와의 사이에 유지하여야 하는 최소차압은 **40Pa**(옥내에 **스프링클러설비**가 설치된 경우에는 **12.5Pa**) 이상으로 하여야 한다.
② 제연설비가 가동되었을 경우 출입문의 개방에 필요한 힘은 **110N 이하**로 하여야 한다.
③ 제4조 제2호의 기준에 따라 출입문이 일시적으로 개방되는 경우 개방되지 아니하는 제연구역과 옥내와의 차압은 제1항의 기준에 불구하고 제1항의 기준에 따른 차압의 **70% 미만**이 되어서는 아니 된다.
④ 계단실과 부속실을 동시에 제연하는 경우 부속실의 기압은 계단실과 같게 하거나 계단실의 기압보다 낮게 할 경우에는 부속실과 계단실의 압력차이는 **5Pa 이하**가 되도록 하여야 한다.

제7조【급기량】 급기량은 다음 각 호의 양을 합한 양 이상이 되어야 한다.

1. 제4조 제1호의 기준에 따른 차압을 유지하기 위하여 제연구역에 **공급**하여야 할 **공기량**. 이 경우 제연구역에 설치된 출입문(창문을 포함한다. 이하 "**출입문 등**"이라 한다.)의 누설량과 같아야 한다.
2. 제4조 제2호의 기준에 따른 보충량

제8조【누설량】 제7조 제1호의 기준에 따른 누설량은 제연구역의 누설량을 합한 양으로 한다. 이 경우 **출입문**이 **2개소 이상**인 경우에는 각 **출입문**의 **누설틈새면적**을 합한 것으로 한다.

제9조【보충량】 제7조 제2호의 기준에 따른 **보충량**은 **부속실**(또는 승강장)의 수가 **20 이하**는 **1개층 이상**, **20을 초과**하는 경우에는 **2개층** 이상의 보충량으로 한다.
〈개정 13.9.3.〉

제10조【방연풍속】 방연풍속은 제연구역의 선정방식에 따라 다음 표의 기준에 따라야 한다.

제연구역		방연풍속
계단실 및 그 부속실을 동시에 제연하는 것 또는 계단실만 단독으로 제연하는 것		0.5m/s 이상
부속실만 단독으로 제연하는 것 또는 비상용 승강기의 승강장만 단독으로 제연하는 것	부속실 또는 승강장이 면하는 옥내가 거실인 경우	0.7m/s 이상
	부속실 또는 승강장이 면하는 옥내가 복도로서 그 구조가 방화구조(내화시간이 30분 이상인 구조를 포함한다.)인 것	0.5m/s 이상

제11조【과압방지조치】 제4조 제3호의 기준에 따른 제연구역에 과압의 우려가 있는 경우에는 과압방지를 위하여 해당 제연구역에 자동차압·과압조절형댐퍼 또는 과압방지장치를 다음 각 호의 기준에 따라 설치하여야 한다.〈개정 13.9.3.〉
1. 과압방지장치는 제연구역의 압력을 자동으로 조절하는 성능이 있는 것으로 할 것
〈개정 13.9.3.〉
2. 과압방지를 위한 과압방지장치는 제6조와 제10조의 해당 조건을 만족하여야 한다.
〈개정 13.9.3.〉
3. 플랩댐퍼는 **소방청장**이 고시하는 성능인증 및 제품검사의 기술기준에 적합한 것으로 설치하여야 한다.〈개정 17.7.26.〉
4. 삭 제〈개정 13.9.3.〉
5. **플랩댐퍼**에 사용하는 철판은 두께 **1.5mm** 이상의 **열간압연 연강판**(KS D 3501) 또는 이와 동등 이상의 내식성 및 내열성이 있는 것으로 할 것〈개정 13.9.3.〉
6. 자동차압·과압조절형댐퍼를 설치하는 경우에는 제17조 제3호 나목부터 마목의 기준에 적합할 것〈개정 13.9.3.〉

제3장 소화활동설비

제12조 【누설틈새의 면적 등】 제연구역으로부터 공기가 누설하는 틈새면적은 다음 각 호의 기준에 따라야 한다.

1. 출입문의 틈새면적은 다음의 식에 따라 산출하는 수치를 기준으로 할 것. 다만, 방화문의 경우에는 「한국산업표준」에서 정하는 「문세트(KS F 3109)」에 따른 기준을 고려하여 산출할 수 있다.〈개정 13.9.3.〉

$$A = \left(\frac{L}{l}\right) \times A_d \quad \boxed{\text{설계 18회}}$$

여기서, A : 출입문의 틈새 (m^2)
  L : 출입문 틈새의 길이 (m). 다만, L의 수치가 l의 수치 이하인 경우에는 l의 수치로 할 것
  l : **외여닫이문**이 설치되어 있는 경우에는 **5.6**, **쌍여닫이문**이 설치되어 있는 경우에는 **9.2**, **승강기**의 **출입문**이 설치되어 있는 경우에는 **8.0**으로 할 것
  A_d : **외여닫이문**으로 제연구역의 실내 쪽으로 열리도록 설치하는 경우에는 **0.01**, 제연구역의 **실외** 쪽으로 열리도록 설치하는 경우에는 **0.02**, **쌍여닫이문**의 경우에는 **0.03**, 승강기의 **출입문**에 대하여는 **0.06**으로 할 것

2. 창문의 틈새면적은 다음의 식에 따라 산출하는 수치를 기준으로 할 것. 다만, 「한국산업표준」에서 정하는 「창세트(KS F 3117)」에 따른 기준을 고려하여 산출할 수 있다.〈개정 13.9.3.〉

 가. **여**닫이식 창문으로서 창틀에 **방수팩킹**이 **없는 경우**

 $$\text{틈새면적}(m^2) = \boxed{2.55} \times 10^{-4} \times \text{틈새의 길이}(m)$$

 나. **여**닫이식 창문으로서 창틀에 **방수팩킹**이 **있는 경우**

 $$\text{틈새면적}(m^2) = \boxed{3.61} \times 10^{-5} \times \text{틈새의 길이}(m)$$

 다. **미**닫이식 창문이 설치되어 있는 경우

 $$\text{틈새면적}(m^2) = \boxed{1.00} \times 10^{-4} \times \text{틈새의 길이}(m)$$

> **기억법** 여×○미 255 361 100

3. 제연구역으로부터 누설하는 공기가 승강기의 승강로를 경유하여 승강로의 외부로 유출하는 유출면적은 승강로 상부의 승강로와 기계실 사이의 개구부 면적을 합한 것을 기준으로 할 것〈개정 13.9.3.〉

2. 특별피난계단의 계단실 및 부속실 제연설비(NFSC 501A)

4. 제연구역을 구성하는 벽체(반자 속의 벽체를 포함한다.)가 벽돌 또는 시멘트블록 등의 조적구조이거나 석고판 등의 조립구조인 경우에는 **불연재료**를 사용하여 틈새를 조정할 것. 다만, 제연구역의 내부 또는 외부면을 **시멘트모르터**로 마감하거나 **철근콘크리트 구조의 벽체**로 하는 경우에는 그 벽체의 **공기누설**은 **무시**할 수 있다.
5. 제연설비의 완공 시 제연구역의 출입문 등은 크기 및 개방방식이 해당 설비의 설계 시와 같아야 한다. 〈개정 13.9.3.〉

제13조【유입공기의 배출】 ① 유입공기는 화재층의 제연구역과 면하는 옥내로부터 옥외로 배출되도록 하여야 한다. 다만, **직통계단식 공동주택**의 경우에는 그러하지 아니하다.
② **유**입공기의 배출은 다음 각 호의 어느 하나의 기준에 따른 배출방식으로 하여야 한다. 〈개정 13.9.3.〉
  1. **수직**풍도에 따른 **배출** : 옥상으로 직통하는 전용의 배출용 수직풍도를 설치하여 배출하는 것으로서 다음 각 목의 어느 하나에 해당하는 것〈개정 13.9.3.〉
   가. **자**연배출식 : 굴뚝효과에 따라 배출하는 것
   나. **기**계배출식 : 수직풍도의 상부에 전용의 **배출용 송풍기**를 설치하여 강제로 배출하는 것. 다만, 지하층만을 제연하는 경우 배출용 송풍기의 설치위치는 배출된 공기로 인하여 피난 및 소화활동에 지장을 주지 아니하는 곳에 설치할 수 있다. 〈개정 13.9.3.〉
  2. **배**출구에 따른 **배출** : 건물의 옥내와 면하는 외벽마다 옥외와 통하는 배출구를 설치하여 배출하는 것
  3. **제**연설비에 따른 **배출** : 거실제연설비가 설치되어 있고 당해 옥내로부터 옥외로 배출하여야 하는 유입공기의 양을 거실제연설비의 배출량에 합하여 배출하는 경우 유입공기의 배출은 당해 거실제연설비에 따른 배출로 갈음할 수 있다.

> [기억법] 수직자기 유배제

제14조【수직풍도에 따른 배출】 수직풍도에 따른 배출은 다음 각 호의 기준에 적합하여야 한다.
1. 수직풍도는 **내화구조**로 하되 「건축물의 피난·방화구조 등의 기준에 관한 규칙」 제3조 제1호 또는 제2호의 기준 이상의 성능으로 할 것〈개정 13.9.3.〉
2. 수직풍도의 내부면은 두께 **0.5mm 이상의 아연도금강판** 또는 동등 이상의 **내식성·내열성**이 있는 것으로 마감되는 접합부에 대하여는 통기성이 없도록 조치할 것 〈개정 08.12.15.〉

3. 각 층의 옥내와 면하는 수직풍도의 관통부에는 다음 각 목의 기준에 적합한 댐퍼 (이하 "**배출댐퍼**"라 한다.)를 설치하여야 한다.
   가. 배출댐퍼는 두께 **1.5mm 이상의 강판** 또는 이와 동등 이상의 성능이 있는 것으로 설치하여야 하며 **비내식성 재료**의 경우에는 **부식방지조치**를 할 것
   나. 평상시 닫힌 구조로 **기밀상태**를 유지할 것
   다. **개폐여부**를 당해 장치 및 제어반에서 확인할 수 있는 **감지기능**을 내장하고 있을 것
   라. 구동부의 **작동상태**와 닫혀 있을 때의 **기밀상태**를 **수시로 점검**할 수 있는 구조일 것
   마. 풍도의 내부마감상태에 대한 점검 및 댐퍼의 정비가 가능한 **이·탈착구조**로 할 것
   바. 화재층의 옥내에 설치된 화재감지기의 동작에 따라 당해 층의 댐퍼가 개방될 것 〈개정 08.12.15.〉
   사. 개방 시의 실제 개구부(개구율을 감안한 것을 말한다.)의 크기는 수직풍도의 내부 단면적과 같도록 할 것
   아. 댐퍼는 풍도 내의 공기흐름에 지장을 주지 않도록 수직풍도의 내부로 돌출하지 않게 설치할 것
4. 수직풍도의 내부 단면적은 다음 각 목의 기준에 적합할 것
   가. 자연배출식의 경우 다음 식에 따라 산출하는 수치 이상으로 할 것. 다만, 수직풍도의 길이가 **100m**를 **초과**하는 경우에는 산출수치의 **1.2배** 이상의 수치를 기준으로 하여야 한다.〈개정 13.9.3.〉

$$A_P = \frac{Q_N}{2}$$

   여기서, A_P : 수직풍도의 내부 단면적[m²]
          Q_N : 수직풍도가 담당하는 1개 층의 제연구역의 출입문(옥내와 면하는 출입문을 말한다.) 1개의 면적[m²]과 방연풍속[m/s]을 곱한 값[m³/s]
   나. 송풍기를 이용한 기계배출식의 경우 풍속 **15m/s 이하**로 할 것〈개정 13.9.3.〉
5. 기계배출식에 따라 배출하는 경우 배출용 송풍기는 다음 각 목의 기준에 적합할 것
   가. 열기류에 노출되는 송풍기 및 그 부품들은 **250℃**의 온도에서 **1시간** 이상 가동상태를 유지할 것
   나. 송풍기의 풍량은 제4호 가목의 기준에 따른 Q_N에 여유량을 더한 양을 기준으로 할 것〈개정 13.9.3.〉

다. 송풍기는 옥내의 **화재감지기**의 동작에 따라 **연동**하도록 할 것
6. 수직풍도의 상부의 말단(기계배출식의 송풍기도 포함한다.)은 빗물이 흘러들지 아니하는 구조로 하고, 옥외의 풍압에 따라 배출성능이 감소하지 아니하도록 유효한 조치를 할 것

제15조 【배출구에 따른 배출】 배출구에 따른 배출은 다음 각 호의 기준에 적합하여야 한다.

1. 배출구에는 다음 각 목의 기준에 적합한 장치(이하 "**개폐기**"라 한다.)를 설치할 것
   가. 빗물과 이물질이 유입하지 아니하는 구조로 할 것
   나. **옥외** 쪽으로만 열리도록 하고 옥외의 풍압에 따라 자동으로 닫히도록 할 것
   다. 그 밖의 설치기준은 제14조 제3호 가목 내지 사목의 기준을 준용할 것
2. 개폐기의 개구면적은 다음 식에 따라 산출한 수치 이상으로 할 것

$$A_O = \frac{Q_N}{2.5}$$

여기서, A_O : 개폐기의 개구면적[m²]
Q_N : 수직풍도가 담당하는 1개 층의 제연구역의 출입문(옥내와 면하는 출입문을 말한다.) 1개의 면적[m²]과 방연풍속[m/s]을 곱한 값[m³/s]

제16조 【급기】 제연구역에 대한 급기는 다음 각 호의 기준에 따라야 한다. [설계 13회]

1. **부**속실을 제연하는 경우 동일 수직선상의 모든 부속실은 하나의 전용 수직풍도를 통해 동시에 급기할 것. 다만, 동일 수직선상에 2대 이상의 급기송풍기가 설치되는 경우에는 수직풍도를 분리하여 설치할 수 있다.〈개정 13.9.3.〉
2. **계**단실 및 **부**속실을 동시에 제연하는 경우 계단실에 대하여는 그 부속실의 수직풍도를 통해 급기할 수 있다.〈개정 13.9.3.〉
3. **계**단실만 제연하는 경우에는 전용 수직풍도를 설치하거나 계단실에 급기풍도 또는 급기송풍기를 직접 연결하여 급기하는 방식으로 할 것
4. **하**나의 수직풍도마다 **전용**의 **송풍기**로 급기할 것
5. 비상용 승강기의 **승**강장을 제연하는 경우에는 비상용 승강기의 승강로를 급기풍도로 사용할 수 있다.〈신설 13.9.3.〉〈단서 삭제 15.10.28.〉

> [기억법] 제급 부계부 계하승

제17조 【급기구】 제연구역에 설치하는 급기구는 다음 각 호의 기준에 적합하여야 한다.

1. 급기용 수직풍도와 직접 면하는 **벽체** 또는 **천장**(당해 수직풍도와 천장 급기구 사이의 풍도를 포함한다.)에 고정하되, 급기되는 기류 흐름이 출입문으로 인하여 차

단되거나 방해받지 아니하도록 옥내와 면하는 출입문으로부터 가능한 먼 위치에 설치할 것⟨개정 13.9.3.⟩
2. 계단실과 그 부속실을 동시에 제연하거나 또는 계단실만을 제연하는 경우 급기구는 계단실 매 **3개층 이하**의 높이마다 설치할 것. 다만, 계단실의 높이가 **31m 이하**로서 계단실만을 제연하는 경우에는 하나의 계단실에 하나의 급기구만을 설치할 수 있다.
3. 급기구의 댐퍼설치는 다음 각 목의 기준에 적합할 것
   가. 급기댐퍼는 두께 **1.5mm** 이상의 **강판** 또는 이와 동등 이상의 강도가 있는 것으로 설치하여야 하며, **비내식성 재료**의 경우에는 **부식방지조치**를 할 것
   나. 자동차압·과압조절형 댐퍼를 설치하는 경우 **차압범위**의 **수동설정기능**과 설정범위의 차압이 유지되도록 **개구율**을 **자동조절**하는 기능이 있을 것
   다. 자동차압·과압조절형 댐퍼는 옥내와 면하는 개방된 출입문이 완전히 닫히기 전에 개구율을 자동감소시켜 과압을 방지하는 기능이 있을 것
   라. 자동차압·과압조절형 댐퍼는 **주위온도** 및 **습도**의 변화에 의해 기능이 영향을 받지 아니하는 구조일 것
   마. 자동차압·과압조절형 댐퍼는 「자동차압·과압조절형 댐퍼의 성능인증 및 제품검사의 기술기준」에 적합한 것으로 설치할 것⟨개정 13.9.3.⟩
   바. 자동차압·과압조절형이 아닌 댐퍼는 **개구율**을 **수동**으로 **조절**할 수 있는 구조로 할 것
   사. 옥내에 설치된 **화재감지기**에 따라 모든 제연구역의 댐퍼가 개방되도록 할 것. 다만, 둘 이상의 특정소방대상물이 지하에 설치된 주차장으로 연결되어 있는 경우에는 주차장에서 하나의 특정소방대상물의 제연구역으로 들어가는 입구에 설치된 제연용 연기감지기의 작동에 따라 특정소방대상물의 해당 수직풍도에 연결된 모든 제연구역의 댐퍼가 개방되도록 할 것⟨개정 13.9.3.⟩
   아. 댐퍼의 작동이 전기적 방식에 의하는 경우 제14조 제3호의 나목 내지 마목의 기준을, 기계적 방식에 따른 경우 제14조 제3호의 다목, 라목 및 마목의 기준을 준용할 것
   자. 그 밖의 설치기준은 제14조 제3호 가목 및 아목의 기준을 준용할 것

제18조【급기풍도】 급기풍도(이하 "**풍도**"라 한다.)의 설치는 다음 각 호의 기준에 적합하여야 한다.
1. 수직풍도는 제14조 제1호 및 제2호의 기준을 준용할 것

2. 특별피난계단의 계단실 및 부속실 제연설비(NFSC 501A)

2. 수직풍도 이외의 풍도로서 금속판으로 설치하는 풍도는 다음 각 목의 기준에 적합할 것
   가. 풍도는 아연도금강판 또는 이와 동등 이상의 내식성·내열성이 있는 것으로 하며, 불연재료(**석면재료**를 **제외**한다.)인 단열재로 유효한 단열처리를 하고, 강판의 두께는 풍도의 크기에 따라 다음 표에 따른 기준 이상으로 할 것. 다만, 방화구획이 되는 전용실에 **급기송풍기**와 연결되는 **덕트**는 단열이 필요 없다. 〈개정 13.9.3.〉

풍도 단면의 긴 변 또는 직경의 크기	450mm 이하	450mm 초과 750mm 이하	750mm 초과 1,500mm 이하	1,500mm 초과 2,250mm 이하	2,250mm 초과
강판 두께	0.5mm	0.6mm	0.8mm	1.0mm	1.2mm

   나. 풍도에서의 누설량은 급기량의 **10%**를 **초과**하지 아니할 것
3. 풍도는 정기적으로 풍도 내부를 청소할 수 있는 구조로 설치할 것

제19조【급기송풍기】 급기송풍기의 설치는 다음 각 호의 기준에 적합하여야 한다.

설계 13회

1. 송풍기의 송풍능력은 송풍기가 담당하는 제연구역에 대한 급기량의 **1.15배 이상**으로 할 것. 다만, 풍도에서의 누설을 실측하여 조정하는 경우에는 그러하지 아니한다.
2. 송풍기에는 **풍**량조절장치를 설치하여 풍량조절을 할 수 있도록 할 것〈개정 13.9.3.〉
3. 송풍기에는 풍량을 **실**측할 수 있는 유효한 조치를 할 것〈개정 13.9.3.〉
4. 송풍기는 **인**접장소의 화재로부터 영향을 받지 아니하고 접근 및 점검이 용이한 곳에 설치할 것〈개정 13.9.3.〉
5. 송풍기는 옥내의 **화재감**지기의 동작에 따라 작동하도록 할 것
6. 송풍기와 연결되는 **캔**버스는 **내열성**(**석면재료**를 **제외**한다.)이 있는 것으로 할 것

> 기억법 급송 115 풍실인 캔감

제20조【외기취입구】 외기취입구(이하 "**취입구**"라 한다.)는 다음 각 호의 기준에 적합하여야 한다.

1. 외기를 옥외로부터 취입하는 경우 취입구는 연기 또는 공해물질 등으로 오염된 공기를 취입하지 아니하는 위치에 설치하여야 하며, 배기구 등(유입공기, 주방의 조리대의 배출공기 또는 화장실의 배출공기 등을 배출하는 배기구를 말한다.)으로부터 수평거리 **5m** 이상, 수직거리 **1m** 이상 낮은 위치에 설치할 것〈개정 13.9.3.〉
2. 취입구를 옥상에 설치하는 경우에는 옥상의 외곽면으로부터 수평거리 5m 이상, 외곽면의 상단으로부터 하부로 수직거리 1m 이하의 위치에 설치할 것〈개정 13.9.3.〉

3. 취입구는 빗물과 이물질이 유입하지 아니하는 구조로 할 것
4. 취입구는 취입공기가 옥외의 바람의 속도와 방향에 따라 영향을 받지 아니하는 구조로 할 것

제21조【제연구역 및 옥내의 출입문】 ① 제연구역의 출입문은 다음 각 호의 기준에 적합하여야 한다.
1. 제연구역의 출입문(창문을 포함한다.)은 **언제나 닫힌 상태**를 유지하거나 자동폐쇄장치에 의해 **자동**으로 **닫히는 구조**로 할 것. 다만, **아파트**인 경우 제연구역과 계단실 사이의 출입문은 자동폐쇄장치에 의하여 자동으로 닫히는 구조로 하여야 한다.
2. 제연구역의 출입문에 설치하는 자동폐쇄장치는 제연구역의 기압에도 불구하고 출입문을 용이하게 닫을 수 있는 충분한 폐쇄력이 있을 것
3. 제연구역의 출입문 등에 자동폐쇄장치를 사용하는 경우에는 「자동폐쇄장치의 성능인증 및 제품검사의 기술기준」에 적합한 것으로 설치하여야 한다.〈개정 13.9.3.〉

② 옥내의 출입문(제10조의 기준에 따른 방화구조의 복도가 있는 경우로서 복도와 거실 사이의 출입문에 한한다.)은 다음 각 호의 기준에 적합하도록 할 것 〈설계 17회〉
1. 출입문은 **언제나 닫힌 상태**를 유지하거나 자동폐쇄장치에 의해 **자동**으로 **닫히는 구조**로 할 것
2. 거실 쪽으로 열리는 구조의 출입문에 자동폐쇄장치를 설치하는 경우에는 출입문의 개방 시 유입공기의 압력에도 불구하고 출입문을 용이하게 닫을 수 있는 충분한 폐쇄력이 있는 것으로 할 것

제22조【수동기동장치】 ① 배출댐퍼 및 개폐기의 직근과 제연구역에는 다음 각 호의 기준에 따른 장치의 작동을 위하여 **전용**의 **수동기동장치**를 설치하여야 한다. 다만, 계단실 및 그 부속실을 동시에 제연하는 제연구역에는 그 부속실에만 설치할 수 있다.
1. 전층의 제연구역에 설치된 **급기댐퍼**의 개방
2. 당해 층의 **배출댐퍼** 또는 **개폐기**의 개방
3. 급기**송**풍기 및 유입공기의 **배출용 송풍기**(설치한 경우에 한한다.)의 **작동**
4. 개방·고정된 모든 **출입문**(제연구역과 옥내 사이의 출입문에 한한다.)의 개폐장치의 작동〈개정 08.12.15.〉

> 기억법 수급댐배 개송출(수급담배)

② 제1항 각 호의 기준에 따른 장치는 옥내에 설치된 **수동발신기**의 조작에 따라서도 작동할 수 있도록 하여야 한다.

2. 특별피난계단의 계단실 및 부속실 제연설비(NFSC 501A)

제23조 【제어반】 제연설비의 제어반은 다음 각 호의 기준에 적합하도록 설치하여야 한다.
1. 제어반에는 제어반의 기능을 **1시간** 이상 유지할 수 있는 용량의 **비상용 축전지**를 내장할 것. 다만, 당해 제어반이 **종합방재제어반**에 함께 설치되어 종합방재제어반으로부터 이 기준에 따른 용량의 전원을 공급받을 수 있는 경우에는 그러하지 아니한다.
2. **제**어반은 다음 각 목의 기능을 보유할 것 〈설계 9회〉
    가. **급**기용 댐퍼의 개폐에 대한 **감시** 및 **원격조작기능**
    나. **배출댐퍼** 또는 개폐기의 작동여부에 대한 **감시** 및 **원격조작기능**
    다. 급기**송**풍기와 유입공기의 **배출용 송풍기**(설치한 경우에 한한다.)의 작동여부에 대한 **감시** 및 **원격조작기능**
    라. 제연구역의 **출**입문의 일시적인 **고정개방** 및 **해정**에 대한 **감시** 및 **원격조작기능**
    마. **수**동기동장치의 **작동여부**에 대한 **감시기능**
    바. 급기구 개구율의 자동조**절**장치(설치하는 경우에 한한다.)의 작동여부에 대한 감시기능. 다만, 급기구에 차압표시계를 고정부착한 자동차압·과압조절형 댐퍼를 설치하고 당해 제어반에도 차압표시계를 설치한 경우에는 그러하지 아니하다.
    사. **감**시선로의 단선에 대한 **감시기능**
    아. **예**비전원이 확보되고 예비전원의 적합여부를 시험할 수 있어야 할 것 〈신설 13.9.3.〉

    | 기억법 | 제배급 수출송 절감예 |

제24조 【비상전원】 비상전원은 **자가발전설비, 축전지설비** 또는 **전기저장장치**(외부 전기에너지를 저장해 두었다가 필요한 때 전기를 공급하는 장치)로서 다음 각 호의 기준에 따라 설치하여야 한다. 다만, **둘 이상의 변전소**(「전기사업법」 제67조의 규정에 따른 변전소를 말한다.)에서 전력을 동시에 공급받을 수 있거나 하나의 변전소로부터 전력의 공급이 중단되는 때에는 자동으로 다른 변전소로부터 전원을 공급받을 수 있도록 **상용전원**을 설치한 경우에는 그러하지 아니하다. 〈개정 16.7.13.〉
1. 점검에 편리하고 화재 및 침수 등의 재해로 인한 피해를 받을 우려가 없는 곳에 설치할 것
2. 제연설비를 유효하게 **20분**(층수가 30층 이상 49층 이하는 40분, 50층 이상은 60분) 이상 작동할 수 있도록 할 것 〈개정 13.9.3.〉
3. 상용전원으로부터 전력의 공급이 중단된 때에는 자동으로 비상전원으로부터 전력을 공급받을 수 있도록 할 것

4. 비상전원의 설치장소는 다른 장소와 **방화구획**할 것. 이 경우 그 장소에는 비상전원의 공급에 필요한 기구나 설비 외의 것(**열병합발전설비**에 필요한 기구나 설비는 제외한다.)을 두어서는 아니 된다.
5. 비상전원을 실내에 설치하는 때에는 그 실내에 **비상조명등**을 설치할 것

제25조 【시험, 측정 및 조정 등】 ① 제연설비는 설계목적에 적합한지 사전에 검토하고 건물의 모든 부분(건축설비를 포함한다.)을 완성하는 시점부터 시험 등(확인, 측정 및 조정을 포함한다.)을 하여야 한다.
② 제연설비의 시험 등은 다음 각 호의 기준에 따라 실시하여야 한다. 점검 18회
 1. 제연구역의 모든 출입문 등의 크기와 열리는 방향이 설계 시와 동일한지 여부를 확인하고, 동일하지 아니한 경우 급기량과 보충량 등을 다시 산출하여 조정가능여부 또는 재설계 · 개수의 여부를 결정할 것
 2. 제1호의 기준에 따른 확인결과 출입문 등이 설계 시와 동일한 경우에는 출입문마다 그 바닥 사이의 틈새가 평균적으로 균일한지 여부를 확인하고, 큰 편차가 있는 출입문 등에 대하여는 그 바닥의 마감을 재시공하거나, 출입문 등에 **불연재료**를 사용하여 틈새를 조정할 것
 3. 제연구역의 출입문 및 복도와 거실(옥내가 복도와 거실로 되어 있는 경우에 한한다.) 사이의 출입문마다 제연설비가 작동하고 있지 아니한 상태에서 그 폐쇄력을 측정할 것 〈개정 13.9.3.〉
 4. 옥내의 층별로 **화재감지기**(수동기동장치를 포함한다.)를 동작시켜 제연설비가 작동하는지 여부를 확인할 것. 다만, 둘 이상의 특정소방대상물이 지하에 설치된 주차장으로 연결되어 있는 경우에는 주차장에서 하나의 특정소방대상물의 제연구역으로 들어가는 입구에 설치된 제연용 연기감지기의 작동에 따라 특정소방대상물의 해당 수직풍도에 연결된 모든 제연구역의 댐퍼가 개방되도록 하고 비상전원을 작동시켜 급기 및 배기용 송풍기의 성능이 정상인지 확인할 것 〈개정 13.9.3.〉
 5. 제4호의 기준에 따라 제연설비가 작동하는 경우 다음 각 목의 기준에 따른 시험 등을 실시할 것
  가. 부속실과 면하는 옥내 및 계단실의 출입문을 동시에 개방할 경우, 유입공기의 풍속이 제10조의 규정에 따른 방연풍속에 적합한지 여부를 확인하고, 적합하지 아니한 경우에는 급기구의 개구율과 송풍기의 **풍량조절댐퍼** 등을 조정하여 적합하게 할 것. 이 경우 유입공기의 풍속은 출입문의 개방에 따른 개구부를 대칭적으로 균등 분할하는 10 이상의 지점에서 측정하는 풍속의 평균치로 할 것 〈개정 08.12.15.〉

나. 가목의 기준에 따른 시험 등의 과정에서 출입문을 개방하지 아니하는 제연구역의 실제 차압이 제6조 제3항의 기준에 적합한지 여부를 출입문 등에 차압측정공을 설치하고 이를 통하여 차압측정기구로 실측하여 확인·조정할 것

다. 제연구역의 출입문이 모두 닫혀 있는 상태에서 제연설비를 가동시킨 후 출입문의 개방에 필요한 힘을 측정하여 제6조 제2항의 규정에 따른 개방력에 적합한지 여부를 확인하고, 적합하지 아니한 경우에는 급기구의 개구율 조정 및 플랩댐퍼(설치하는 경우에 한한다.)와 풍량조절용 댐퍼 등의 조정에 따라 적합하도록 조치할 것〈개정 08.12.15.〉

라. 가목의 기준에 따른 시험 등의 과정에서 부속실의 개방된 출입문이 자동으로 완전히 닫히는지 여부를 확인하고, 닫힌 상태를 유지할 수 있도록 조정할 것

제26조【설치·유지기준의 특례】 소방본부장 또는 소방서장은 기존 건축물이 증축·개축·대수선되거나 용도변경되는 경우에 있어서 이 기준이 정하는 기준에 따라 당해 건축물에 설치하여야 할 특별피난계단의 계단실 및 부속실 제연설비의 배관·배선 등의 공사가 현저하게 곤란하다고 인정되는 경우에는 당해 설비의 기능 및 사용에 지장이 없는 범위 안에서 특별피난계단의 계단실 및 부속실의 제연설비의 설치·유지기준의 일부를 적용하지 아니할 수 있다.

제27조【재검토 기한】 소방청장은 「훈령·예규 등의 발령 및 관리에 관한 규정」에 따라 이 고시에 대하여 2016년 1월 1일을 기준으로 매 3년이 되는 시점(매 3년째의 12월 31일까지를 말한다.)마다 그 타당성을 검토하여 개선 등의 조치를 하여야 한다.
〈전문개정 17.7.26.〉

부 칙〈제2017-1호, 17.7.26.〉

제1조【시행일】 이 고시는 발령한 날부터 시행한다.

제2조 생 략

3 지하구(NFSC 605)

일부개정 2021. 12. 16. 소방청고시 제2021-53호

제1조【목적】 이 기준은 「화재예방, 소방시설 설치·유지 및 안전관리에 관한 법률」제9조 제1항에 따라 소방청장에게 위임한 사항 중 지하구에 설치하여야 하는 소방시설 등의 설치·유지 및 안전관리에 관하여 필요한 사항을 규정함을 목적으로 한다.

제2조【적용범위】 「화재예방, 소방시설 설치·유지 및 안전관리에 관한 법률 시행령」(이하 "**영**"이라 한다.) 제15조에 의한 지하구에 설치하는 소방시설 등은 이 기준에서 정하는 규정에 따라 설비를 설치하고 유지·관리하여야 한다.

제3조【정의】 이 기준에서 사용하는 용어의 정의는 다음과 같다.
1. "**지하구**"란 영 [별표 2] 제28호에서 규정한 지하구를 말한다.
2. "**제어반**"이란 설비, 장치 등의 조작과 확인을 위해 **제어용 계기류, 스위치** 등을 금속제 외함에 수납한 것을 말한다.
3. "**분전반**"이란 분기개폐기·분기과전류차단기 그밖에 **배선용 기기** 및 **배선**을 금속제 외함에 수납한 것을 말한다.
4. "**방화벽**"이란 화재 시 발생한 **열, 연기** 등의 **확산**을 **방지**하기 위하여 설치하는 **벽**을 말한다. 점검 18회
5. "**분기구**"란 전기, 통신, 상하수도, 난방 등의 공급시설의 일부를 분기하기 위하여 **지하구의 단면** 또는 **형태**를 **변화**시키는 부분을 말한다.
6. "**환기구**"란 **지하구의 온도, 습도의 조절** 및 **유해가스**를 **배출**하기 위해 설치되는 것으로 **자연환기구**와 **강제환기구**로 구분된다.
7. "**작업구**"란 지하구의 유지관리를 위하여 **자재, 기계기구의 반·출입** 및 **작업자의 출입**을 위하여 만들어진 **출입구**를 말한다.
8. "**케이블접속부**"란 케이블이 지하구 내에 포설되면서 발생하는 직선 접속 부분을 전용의 접속재로 접속한 부분을 말한다.
9. "**특고압 케이블**"이란 사용전압이 **7,000V를 초과**하는 전로에 사용하는 케이블을 말한다.
10. "**분기배관**"이란 배관 측면에 구멍을 뚫어 둘 이상의 관로가 생기도록 가공한 배관으로서 확관형 분기배관과 비확관형 분기배관을 말한다.
11. "**확관형 분기배관**"이란 배관의 측면에 조그만 구멍을 뚫고 소성가공으로 확관시켜 배관 용접이음자리를 만들거나 배관 용접이음자리에 배관이음쇠를 용접이음한 배관을 말한다.
12. "**비확관형 분기배관**"이란 배관의 측면에 분기호칭내경 이상의 구멍을 뚫고 배관이음쇠를 용접이음한 배관을 말한다.

제4조 【소화기구 및 자동소화장치】 ① 소화기구는 다음 각 호의 기준에 따라 설치하여야 한다.
1. 소화기의 능력단위(「소화기구 및 자동소화장치의 화재안전기준(NFSC 101)」 제3조 제6호에 따른 수치를 말한다. 이하 같다.)는 A급 화재는 개당 3단위 이상, B급 화재는 개당 5단위 이상 및 C급 화재에 적응성이 있는 것으로 할 것
2. 소화기 한 대의 총중량은 사용 및 운반의 편리성을 고려하여 **7kg 이하**로 할 것
3. 소화기는 사람이 출입할 수 있는 출입구(환기구, 작업구를 포함한다.) 부근에 **5개 이상** 설치할 것
4. 소화기는 바닥면으로부터 **1.5m 이하**의 높이에 설치할 것
5. 소화기의 상부에 "**소화기**"라고 표시한 조명식 또는 반사식의 표지판을 부착하여 사용자가 쉽게 인지할 수 있도록 할 것

② 지하구 내 발전실·변전실·송전실·변압기실·배전반실·통신기기실·전산기기실·기타 이와 유사한 시설이 있는 장소 중 바닥면적이 **300m² 미만**인 곳에는 유효설치 방호체적 이내의 가스·분말·고체에어로졸·캐비닛형 자동소화장치를 설치하여야 한다. 다만 해당 장소에 물분무등소화설비를 설치한 경우에는 설치하지 않을 수 있다.

③ 제어반 또는 분전반마다 가스·분말·고체에어로졸 자동소화장치 또는 유효설치 방호체적 이내의 소공간용 소화용구를 설치하여야 한다.

④ 케이블접속부(절연유를 포함한 접속부에 한한다.)마다 다음 각 호의 자동소화장치를 설치하되 소화성능이 확보될 수 있도록 방호공간을 구획하는 등 유효한 조치를 하여야 한다.
1. 가스·분말·고체에어로졸 자동소화장치
2. 중앙소방기술심의위원회의 심의를 거쳐 소방청장이 인정하는 자동소화장치

제5조 【자동화재탐지설비】 ① 감지기는 다음 각 호에 따라 설치하여야 한다.
1. 「자동화재탐지설비 및 시각경보장치의 화재안전기준(NFSC 203)」 제7조 제1항 각 호의 감지기 중 먼지·습기 등의 영향을 받지 아니하고 **발화지점**(1m 단위)과 **온도**를 확인할 수 있는 것을 설치할 것
2. 지하구 천장의 중심부에 설치하되 감지기와 천장 중심부 하단과의 수직거리는 **30cm 이내**로 할 것. 다만, 형식승인 내용에 설치방법이 규정되어 있거나, **중앙기술심의위원회**의 심의를 거쳐 제조사 시방서에 따른 설치방법이 지하구 화재에 적합하다고 인정되는 경우에는 형식승인 내용 또는 심의결과에 의한 제조사 시방서에 따라 설치할 수 있다.

3. 발화지점이 지하구의 실제거리와 일치하도록 **수신기** 등에 표시할 것
4. 공동구 내부에 상수도용 또는 냉·난방용 설비만 존재하는 부분은 **감지기**를 설치하지 않을 수 있다.

② 발신기, 지구음향장치 및 시각경보기는 설치하지 않을 수 있다.

제6조【유도등】 사람이 출입할 수 있는 출입구(환기구, 작업구를 포함한다.)에는 해당 지하구 환경에 적합한 크기의 피난구유도등을 설치하여야 한다.

제7조【연소방지설비】 ① 연소방지설비의 배관은 다음 각 호의 기준에 따라 설치하여야 한다.
1. **배관용 탄소강관**(KS D 3507) 또는 **압력배관용 탄소강관**(KS D 3562)이나 이와 동등 이상의 강도·내식성 및 내열성을 가진 것으로 하여야 한다.
2. **급수배관**(송수구로부터 연소방지설비헤드에 급수하는 배관을 말한다. 이하 같다.) 은 **전용**으로 하여야 한다.
3. 배관의 구경은 다음 각 목의 기준에 적합한 것이어야 한다.
   가. 연소방지설비전용헤드를 사용하는 경우에는 다음 표에 따른 구경 이상으로 할 것

하나의 배관에 부착하는 살수헤드의 개수	1개	2개	3개	4개 또는 5개	6개 이상
배관의 구경[mm]	32	40	50	65	80

   나. 개방형스프링클러헤드를 사용하는 경우에는 「스프링클러설비의 화재안전기준 (NFSC 103)」 [별표 1]의 기준에 따를 것
4. 교차배관은 가지배관과 수평으로 설치하거나 또는 가지배관 밑에 설치하고, 그 구경은 제3호에 따르되, 최소구경이 **40mm 이상**이 되도록 할 것
5. 배관에 설치되는 행가는 다음 각 목의 기준에 따라 설치하여야 한다.
   가. 가지배관에는 헤드의 설치지점 사이마다 1개 이상의 행가를 설치하되, 헤드 간의 거리가 **3.5m**를 초과하는 경우에는 **3.5m 이내**마다 1개 이상 설치할 것. 이 경우 상향식 헤드와 행가 사이에는 **8cm 이상**의 간격을 두어야 한다.
   나. 교차배관에는 가지배관과 가지배관 사이마다 1개 이상의 행가를 설치하되, 가지배관 사이의 거리가 **4.5m**를 초과하는 경우에는 **4.5m 이내**마다 1개 이상 설치할 것
   다. 제1호와 제2호의 수평주행배관에는 **4.5m 이내**마다 **1개 이상** 설치할 것
6. 확관형 분기배관을 사용할 경우에는 소방청장이 정하여 고시한 「분기배관의 성능인증 및 제품검사의 기술기준」에 적합한 것으로 설치하여야 한다.

② 연소방지설비의 헤드는 다음 각 호의 기준에 따라 설치하여야 한다.
1. **천장** 또는 **벽면**에 설치할 것
2. 헤드 간의 수평거리는 **연소방지설비전용헤드**의 경우에는 **2m 이하**, 스프링클러헤드의 경우에는 **1.5m 이하**로 할 것
3. 소방대원의 출입이 가능한 **환기구·작업구**마다 지하구의 양쪽방향으로 살수헤드를 설정하되, 한쪽 방향의 살수구역의 길이는 **3m 이상**으로 할 것. 다만, 환기구 사이의 간격이 **700m**를 초과할 경우에는 700m 이내마다 살수구역을 설정하되, 지하구의 구조를 고려하여 방화벽을 설치한 경우에는 그러하지 아니하다.
4. 연소방지설비 전용헤드를 설치할 경우에는 「소화설비용 헤드의 성능인증 및 제품검사 기술기준」에 적합한 '**살수헤드**'를 설치할 것

③ 송수구는 다음 각 호의 기준에 따라 설치하여야 한다.
1. 소방차가 쉽게 접근할 수 있는 노출된 장소에 설치하되, 눈에 띄기 쉬운 보도 또는 차도에 설치할 것
2. 송수구는 구경 **65mm**의 **쌍구형**으로 할 것
3. 송수구로부터 **1m 이내**에 **살수구역 안내표지**를 설치할 것
4. 지면으로부터 높이가 **0.5m 이상 1m 이하**의 위치에 설치할 것
5. 송수구의 가까운 부분에 **자동배수밸브**(또는 **직경 5mm**의 **배수공**)를 설치할 것. 이 경우 자동배수밸브는 배관 안의 물이 잘 빠질 수 있는 위치에 설치하되, 배수로 인하여 다른 물건 또는 장소에 피해를 주지 아니하여야 한다.
6. 송수구로부터 주배관에 이르는 연결배관에는 **개폐밸브**를 설치하지 아니할 것
7. 송수구에는 이물질을 막기 위한 **마개**를 씌어야 한다.

제8조【연소방지재】 지하구 내에 설치하는 케이블·전선 등에는 다음 각 호의 기준에 따라 연소방지재를 설치하여야 한다. 다만, 케이블·전선 등을 다음 제1호의 난연성능 이상을 충족하는 것으로 설치한 경우에는 연소방지재를 설치하지 않을 수 있다.
1. 연소방지재는 한국산업표준(KS C IEC 60332-3-24)에서 정한 난연성능 이상의 제품을 사용하되 다음 각 목의 기준을 충족하여야 한다.
   가. 시험에 사용되는 연소방지재는 시료(케이블 등)의 아래쪽(점화원으로부터 가까운 쪽)으로부터 **30cm** 지점부터 부착 또는 설치되어야 한다.
   나. 시험에 사용되는 시료(케이블 등)의 단면적은 **325mm^2**로 한다.
   다. 시험성적서의 유효기간은 발급 후 **3년**으로 한다.

2. 연소방지재는 다음 각 목에 해당하는 부분에 제1호와 관련된 시험성적서에 명시된 방식으로 시험성적서에 명시된 길이 이상으로 설치하되, 연소방지재 간의 설치간격은 **350m**를 넘지 않도록 하여야 한다. 점검 13회
   가. 분기구
   나. **지하구**의 **인입부** 또는 **인출부**
   다. **절연유 순환펌프** 등이 설치된 부분
   라. 기타 화재발생 위험이 우려되는 부분

제9조 【방화벽】 방화벽은 다음 각 호에 따라 설치하고 항상 닫힌 상태를 유지하거나 자동폐쇄장치에 의하여 화재 신호를 받으면 자동으로 닫히는 구조로 하여야 한다.
1. **내화구조**로서 홀로 설 수 있는 구조일 것
2. 방화벽의 출입문은 **갑종방화문**으로 설치할 것
3. 방화벽을 관통하는 케이블·전선 등에는 국토교통부 고시(내화구조의 인정 및 관리기준)에 따라 **내화충전 구조**로 마감할 것
4. 방화벽은 분기구 및 국사·변전소 등의 건축물과 지하구가 연결되는 부위(건축물로부터 **20m 이내**)에 설치할 것
5. 자동폐쇄장치를 사용하는 경우에는 「자동폐쇄장치의 성능인증 및 제품검사의 기술기준」에 적합한 것으로 설치할 것

제10조 【무선통신보조설비】 무선통신보조설비의 무전기접속단자는 방재실과 공동구의 입구 및 연소방지설비 송수구가 설치된 장소(지상)에 설치하여야 한다.

제11조 【통합감시시설】 통합감시시설은 다음 각 호의 기준에 따라 설치한다.
1. 소방관서와 지하구의 통제실 간에 화재 등 소방활동과 관련된 정보를 상시 교환할 수 있는 정보통신망을 구축할 것
2. 제1호의 정보통신망(무선통신망을 포함한다.)은 광케이블 또는 이와 유사한 성능을 가진 선로일 것
3. 수신기는 지하구의 통제실에 설치하되 화재신호, 경보, 발화지점 등 수신기에 표시되는 정보가 [별표 1]에 적합한 방식으로 119상황실이 있는 관할 소방관서의 정보통신장치에 표시되도록 할 것

제12조 【다른 화재안전기준과의 관계】 지하구에 설치하는 소방시설 등의 설치기준 중 이 기준에서 규정하지 아니한 소방시설 등의 설치기준은 개별 화재안전기준에 따라 설치하여야 한다.

제13조【기존 지하구에 대한 특례】「화재예방, 소방시설 설치·유지 및 안전관리에 관한 법률」 제11조에 따라 기존 지하구에 설치하는 소방시설 등에 대해 강화된 기준을 적용하는 경우에는 다음 각 호의 설치·유지 관련 특례를 적용한다.
1. 특고압 케이블이 포설된 송·배전 전용의 지하구(공동구를 제외한다.)에는 온도 확인 기능 없이 최대 700m의 경계구역을 설정하여 발화지점(1m 단위)을 확인할 수 있는 감지기를 설치할 수 있다.
2. 소방본부장 또는 소방서장은 이 기준이 정하는 기준에 따라 해당 건축물에 설치하여야 할 소방시설 등의 공사가 현저하게 곤란하다고 인정되는 경우에는 해당 설비의 기능 및 사용에 지장이 없는 범위 안에서 소방시설 등의 설치·유지기준의 일부를 적용하지 아니할 수 있다.

제14조【재검토기한】소방청장은 「훈령·예규 등의 발령 및 관리에 관한 규정」에 따라 이 고시에 대하여 2022년 1월 1일을 기준으로 매 3년이 되는 시점(매 3년째의 12월 31일까지를 말한다.)마다 그 타당성을 검토하여 개선 등의 조치를 하여야 한다.

부 칙 〈제2021-53호, 21.12.16.〉

제1조【시행일】이 고시는 발령한 날부터 시행한다.

제2조【일반적 적용례】이 고시는 이 고시 시행 후 특정소방대상물의 신축·증축·개축·재축·이전·용도변경 또는 대수선의 허가·협의를 신청하거나 신고하는 경우부터 적용한다.

〔별표 1〕통합감시시설 구성 표준 프로토콜 정의서(제12조 제3호 관련)

1. 적용

지하구의 화재안전기준 제12조(통합감시시설) 3호 지하구의 수신기 정보를 관할 소방관서의 정보통신장치에 표시하기 위하여 적용하는 Modbus-RTU 프로토콜방식에 대한 규정이다.

1.1 Ethernet은 현장에서 할당된 IP와 고정PORT로 TCP 접속한다.
1.2 IP : 할당된 수신기 IP와 관제시스템 IP
1.3 PORT : 4000(고정)
1.4 Modbus 프로토콜 형식을 따르되 수신기에 대한 request 없이, 수신기는 주기적으로(3~5초) 상위로 데이터를 전송한다.

2. Modbus RTU 구성

2.1 Modbus RTUprotocol의 packet 구조는 아래와 같다.

Device Address	Function Code	Data	CRC-16
1byte	1byte	N bytes	2bytes

2.2 각 필드의 의미는 다음과 같다.

항목	길이	설명
Device Address	1byte	수신기의 ID
Function Code	1byte	0x00 고정사용
Data	N bytes	2.3절 참고
CRC	2bytes	Modbus CRC-16 사용

2.3 Data 구성

SOP	Length	PID	MID	Zone 수량	Zone 번호	상태 정보	거리(H)	거리(L)	Reserved	EOP
1byte	1byte	1byte	1byte	1byte	1byte	1byte	1byte	1byte	1byte	1byte

- SOP : Start of Packet → 0x23 고정
- Length : Length 이후부터 EOP까지의 length
- PID : 제품 ID로 Device Address와 동일
- MID : 제조사 ID로 reserved
- Zone 수량 : 감시하는 zone 수량, 0x00~0xff
- Zone 번호 : 감시하는 zone의 번호
- 상태정보 : 정상(0x00), 단선(0x1f), 화재(0x2f)
- 거리 : 정상상태에서는 해당 zone의 감시거리. 화재 시 화재발생거리
- Reserved : reserved
- EOP : End of Packet → 0x36 고정

2.4 CRC-16

CRC는 기본적으로 Modbus CRC-16을 사용한다.

```
WORD CRC16 (const BYTE *nData, WORD wLength)
{
staticconst WORD wCRCTable[] = {
  0X0000, 0XC0C1, 0XC181, 0X0140, 0XC301, 0X03C0, 0X0280, 0XC241,
  0XC601, 0X06C0, 0X0780, 0XC741, 0X0500, 0XC5C1, 0XC481, 0X0440,
  0XCC01, 0X0CC0, 0X0D80, 0XCD41, 0X0F00, 0XCFC1, 0XCE81, 0X0E40,
  0X0A00, 0XCAC1, 0XCB81, 0X0B40, 0XC901, 0X09C0, 0X0880, 0XC841,
  0XD801, 0X18C0, 0X1980, 0XD941, 0X1B00, 0XDBC1, 0XDA81, 0X1A40,
  0X1E00, 0XDEC1, 0XDF81, 0X1F40, 0XDD01, 0X1DC0, 0X1C80, 0XDC41,
  0X1400, 0XD4C1, 0XD581, 0X1540, 0XD701, 0X17C0, 0X1680, 0XD641,
  0XD201, 0X12C0, 0X1380, 0XD341, 0X1100, 0XD1C1, 0XD081, 0X1040,
  0XF001, 0X30C0, 0X3180, 0XF141, 0X3300, 0XF3C1, 0XF281, 0X3240,
  0X3600, 0XF6C1, 0XF781, 0X3740, 0XF501, 0X35C0, 0X3480, 0XF441,
  0X3C00, 0XFCC1, 0XFD81, 0X3D40, 0XFF01, 0X3FC0, 0X3E80, 0XFE41,
  0XFA01, 0X3AC0, 0X3B80, 0XFB41, 0X3900, 0XF9C1, 0XF881, 0X3840,
  0X2800, 0XE8C1, 0XE981, 0X2940, 0XEB01, 0X2BC0, 0X2A80, 0XEA41,
  0XEE01, 0X2EC0, 0X2F80, 0XEF41, 0X2D00, 0XEDC1, 0XEC81, 0X2C40,
  0XE401, 0X24C0, 0X2580, 0XE541, 0X2700, 0XE7C1, 0XE681, 0X2640,
  0X2200, 0XE2C1, 0XE381, 0X2340, 0XE101, 0X21C0, 0X2080, 0XE041,
  0XA001, 0X60C0, 0X6180, 0XA141, 0X6300, 0XA3C1, 0XA281, 0X6240,
  0X6600, 0XA6C1, 0XA781, 0X6740, 0XA501, 0X65C0, 0X6480, 0XA441,
  0X6C00, 0XACC1, 0XAD81, 0X6D40, 0XAF01, 0X6FC0, 0X6E80, 0XAE41,
  0XAA01, 0X6AC0, 0X6B80, 0XAB41, 0X6900, 0XA9C1, 0XA881, 0X6840,
  0X7800, 0XB8C1, 0XB981, 0X7940, 0XBB01, 0X7BC0, 0X7A80, 0XBA41,
  0XBE01, 0X7EC0, 0X7F80, 0XBF41, 0X7D00, 0XBDC1, 0XBC81, 0X7C40,
  0XB401, 0X74C0, 0X7580, 0XB541, 0X7700, 0XB7C1, 0XB681, 0X7640,
  0X7200, 0XB2C1, 0XB381, 0X7340, 0XB101, 0X71C0, 0X7080, 0XB041,
  0X5000, 0X90C1, 0X9181, 0X5140, 0X9301, 0X53C0, 0X5280, 0X9241,
  0X9601, 0X56C0, 0X5780, 0X9741, 0X5500, 0X95C1, 0X9481, 0X5440,
  0X9C01, 0X5CC0, 0X5D80, 0X9D41, 0X5F00, 0X9FC1, 0X9E81, 0X5E40,
  0X5A00, 0X9AC1, 0X9B81, 0X5B40, 0X9901, 0X59C0, 0X5880, 0X9841,
  0X8801, 0X48C0, 0X4980, 0X8941, 0X4B00, 0X8BC1, 0X8A81, 0X4A40,
  0X4E00, 0X8EC1, 0X8F81, 0X4F40, 0X8D01, 0X4DC0, 0X4C80, 0X8C41,
  0X4400, 0X84C1, 0X8581, 0X4540, 0X8701, 0X47C0, 0X4680, 0X8641,
  0X8201, 0X42C0, 0X4380, 0X8341, 0X4100, 0X81C1, 0X8081, 0X4040 };

BYTE nTemp;
WORD wCRCWord = 0xFFFF;

  while (wLength--)
  {
nTemp = *nData++ ^ wCRCWord;
wCRCWord>>= 8;
wCRCWord ^= wCRCTable[nTemp];
  }
  return wCRCWord;
}
```

2.5 예제

예 Device Address 0x76번의 수신기가 100m와 200m인 2개 zone을 감시 중 정상상태

Device Address	Function Code	SOP	Len	PID	MID	Zone 수량	Zone 번호	상태 정보	거리 (H)	거리 (L)	Zone 번호	상태 정보	거리 (H)	거리 (L)	Reserved	EOP	CRC-16
1byte	1byte	1byte	1byte	1byte	1byte	1byte	1byte	1byte	1byte	1byte	1byte	1byte	1byte	1byte	1byte	1byte	2bytes
0x4C	0x00	0x23	0x0d	0x4C	reserved	0x02	0x01	0x00	0x00	0x64	0x02	0x00	0x00	0xC8	reserved	0x36	0x8426

4 연결살수설비(NFSC 503)

일부개정 2021. 12. 16. 소방청고시 제2021-52호

제1조【목적】 이 기준은「화재예방, 소방시설 설치·유지 및 안전관리에 관한 법률」제9조 제1항에 따라 소방청장에게 위임한 사항 중 소화활동설비인 연결살수설비의 설치·유지 및 안전관리에 필요한 사항을 규정함을 목적으로 한다.〈개정 17.7.26.〉

제2조【적용범위】「화재예방, 소방시설 설치·유지 및 안전관리에 관한 법률 시행령」(이하 "영"이라 한다.) [별표 5] 제5호 다목에 따른 연결살수설비는 이 기준에서 정하는 규정에 따라 설비를 설치하고 유지·관리하여야 한다.〈개정 16.7.13.〉

제3조【정의】 이 기준에서 사용하는 용어의 정의는 다음과 같다.
1. "**호스접결구**"란 호스를 연결하는데 사용되는 장비일체를 말한다.〈개정 12.8.20.〉
2. "**체크밸브**"란 흐름이 한 방향으로만 흐르도록 되어 있는 밸브를 말한다.〈개정 12.8.20.〉
3. "**주배관**"이란 수직배관을 통해 교차배관에 급수하는 배관을 말한다.〈개정 12.8.20.〉
4. "**교차배관**"이란 주배관을 통해 가지배관에 급수하는 배관을 말한다.〈개정 12.8.20.〉
5. "**가지배관**"이란 헤드가 설치되어 있는 배관을 말한다.〈개정 12.8.20.〉
5의2. "**분기배관**"이란 배관 측면에 구멍을 뚫어 둘 이상의 관로가 생기도록 가공한 배관으로서 확관형 분기배관과 비확관형 분기배관을 말한다.
5의3. "**확관형 분기배관**"이란 배관의 측면에 조그만 구멍을 뚫고 소성가공으로 확관시켜 배관 용접이음자리를 만들거나 배관 용접이음자리에 배관이음쇠를 용접이음한 배관을 말한다.
5의4. "**비확관형 분기배관**"이란 배관의 측면에 분기호칭내경 이상의 구멍을 뚫고 배관이음쇠를 용접이음한 배관을 말한다.
6. "**송수구**"란 소화설비에 소화용수를 보급하기 위하여 건물 외벽 또는 구조물에 설치하는 관을 말한다.〈개정 12.8.20.〉
7. "**연소할 우려가 있는 개구부**"란 각 방화구획을 관통하는 컨베이어·에스컬레이터 또는 이와 유사한 시설의 주위로서 방화구획을 할 수 없는 부분을 말한다.〈개정 12.8.20.〉

제4조【송수구 등】 ① 연결살수설비의 송수구는 다음 각 호의 기준에 따라 설치하여야 한다.〈개정 12.8.20.〉
1. 소방차가 쉽게 접근할 수 있고 노출된 장소에 설치할 것. 이 경우 가연성 가스의 저장·취급시설에 설치하는 연결살수설비의 송수구는 그 방호대상물로부터 **20m** 이상의 거리를 두거나 방호대상물에 면하는 부분이 높이 **1.5m** 이상 폭 **2.5m** 이상의 철근콘크리트 벽으로 가려진 장소에 설치하여야 한다.
2. 송수구는 구경 **65mm**의 쌍구형으로 설치할 것. 다만, 하나의 송수구역에 부착하는 살수헤드의 수가 **10개 이하**인 것은 단구형의 것으로 할 수 있다.〈개정 12.8.20.〉

3. 개방형헤드를 사용하는 송수구의 호스접결구는 각 **송수구역**마다 설치할 것. 다만, 송수구역을 선택할 수 있는 선택밸브가 설치되어 있고 각 송수구역의 주요 구조부가 **내화구조**로 되어 있는 경우에는 그러하지 아니하다.
4. 지면으로부터 높이가 **0.5m 이상 1m 이하**의 위치에 설치할 것
5. 송수구로부터 주배관에 이르는 연결배관에는 **개폐밸브**를 설치하지 아니 할 것. 다만, **스프링클러설비·물분무소화설비·포소화설비** 또는 **연결송수관설비**의 배관과 겸용하는 경우에는 그러하지 아니하다.
6. 송수구의 부근에는 "**연결살수설비 송수구**"라고 표시한 표지와 **송수구역 일람표**를 설치할 것. 다만, 제2항에 따른 선택밸브를 설치한 경우에는 그러하지 아니하다. 〈개정 12.8.20.〉
7. **송수구**에는 이물질을 막기 위한 **마개**를 씌워야 한다. 〈신설 08.12.15.〉

② 연결**살**수설비의 **선**택밸브는 다음 각 호의 기준에 따라 설치하여야 한다. 다만, 송수구를 송수구역마다 설치한 때에는 그러하지 아니하다. 〈개정 12.8.20.〉
1. 화재 시 **연**소의 우려가 없는 장소로서 조작 및 점검이 쉬운 위치에 설치할 것
2. **자**동개방밸브에 따른 선택밸브를 사용하는 경우에는 송수구역에 방수하지 아니하고 **자동밸브**의 **작동시험**이 가능하도록 할 것 〈개정 12.8.20.〉
3. 선택밸브의 부근에는 **송수구역 일람표**를 설치할 것

> **기억법** 살선 연자일

③ 연결살수설비에는 송수구의 가까운 부분에 자동배수밸브와 체크밸브를 다음 각 목의 기준에 따라 설치하여야 한다. 〈개정 12.8.20.〉
1. **폐쇄형헤드**를 사용하는 설비의 경우에는 **송수구·자동배수밸브·체크밸브**의 순으로 설치할 것

> **기억법** 송자체폐

2. **개방형헤드**를 사용하는 설비의 경우에는 **송수구·자동배수밸브**의 순으로 설치할 것
3. 자동배수밸브는 배관 안의 물이 잘 빠질 수 있는 위치에 설치하되, 배수로 인하여 다른 물건 또는 장소에 피해를 주지 아니할 것

④ **개방형헤드**를 사용하는 연결살수설비에 있어서 하나의 송수구역에 설치하는 살수헤드의 수는 **10개 이하**가 되도록 하여야 한다.

제5조【배관 등】 ① 배관과 배관이음쇠는 다음 각 호의 어느 하나에 해당하는 것 또는 동등 이상의 강도·내식성 및 내열성을 국내·외 공인기관으로부터 인정받은 것을 사용하여야 하고, **배관용 스테인리스강관**(KS D 3576)의 이음을 용접으로 할 경우에는 **알곤용접방식**에 따른다. 다만, 본 조에서 정하지 않은 사항은 「건설기술진흥법」 제44조 제1항의 규정에 따른 건축기계설비공사 표준설명서에 따른다. 〈개정 16.7.13.〉

1. 배관 내 사용압력이 **1.2MPa** 미만일 경우에는 다음 각 목의 어느 하나에 해당하는 것〈개정 16.7.13.〉
   가. **배관용 탄소강관**(KS D 3507)
   나. **이음매 없는 구리 및 구리합금관**(KS D 5301). 다만, 습식의 배관에 한한다.
   다. **배관용 스테인리스강관**(KS D 3576) 또는 **일반배관용 스테인리스강관**(KS D 3595)
   라. **덕타일 주철관**(KS D 4311)〈신설 16.7.13.〉
2. 배관 내 사용압력이 **1.2MPa** 이상일 경우에는 다음 각 목의 어느 하나에 해당하는 것〈개정 16.7.13.〉
   가. **압력배관용 탄소강관**(KS D 3553)〈신설 16.7.13.〉
   나. **배관용 아크용접 탄소강강관**(KS D 3583)〈신설 16.7.13.〉
3. 제1호와 제2호에도 불구하고 다음 각 목의 어느 하나에 해당하는 장소에는 소방청장이 정하여 고시한 「소방용 합성수지배관의 성능인증 및 제품검사의 기술기준」에 적합한 **소방용 합성수지배관**으로 설치할 수 있다.
   가. 배관을 **지하**에 **매설**하는 경우
   나. 다른 부분과 **내화구조**로 구획된 덕트 또는 피트의 내부에 설치하는 경우
   다. 천장(상층이 있는 경우에는 상층바닥의 하단을 포함한다. 이하 같다.)과 반자를 **불연재료** 또는 **준불연재료**로 설치하고 소화배관 내부에 항상 소화수가 채워진 상태로 설치하는 경우
   [본항 전문개정 15.1.23., 17.7.26.]
② 연결살수설비의 배관의 구경은 다음 각 호의 기준에 따라 설치하여야 한다.
〈개정 12.8.20.〉
1. **연결살수설비 전용헤드**를 사용하는 경우에는 다음 표에 따른 구경 이상으로 할 것

하나의 배관에 부착하는 살수헤드의 개수	1개	2개	3개	4개 또는 5개	6개 이상 10개 이하
배관의 구경[mm]	32	40	50	65	80

2. **스프링클러헤드**를 사용하는 경우에는 「스프링클러설비의 화재안전기준(NFSC 103)」 [별표 1]의 기준에 따를 것〈개정 12.8.20.〉
③ 폐쇄형헤드를 사용하는 **연결살수설비**의 **주배관**은 다음 각 호의 어느 하나에 해당하는 배관 또는 수조에 접속하여야 한다. 이 경우 접속부분에는 체크밸브를 설치하되 점검하기 쉽게 하여야 한다.
1. **옥내소화전설비**의 **주배관**(옥내소화전설비가 설치된 경우에 한한다.)
2. **수도배관**(연결살수설비가 설치된 건축물 안에 설치된 수도배관 중 구경이 가장 큰 배관을 말한다.)

3. **옥상**에 설치된 **수조**(다른 설비의 수조를 포함한다.)
   [본항 전문개정 15.1.23.]
④ 폐쇄형헤드를 사용하는 연결살수설비에는 다음 각 호의 기준에 따른 시험배관을 설치하여야 한다.〈개정 12.8.20.〉
   1. 송수구에서 가장 먼 거리에 위치한 가지배관의 끝으로부터 연결하여 설치할 것
   2. 시험장치 배관의 구경은 25mm 이상으로 하고, 그 끝에는 물받이통 및 배수관을 설치하여 시험 중 방사된 물이 바닥으로 흘러내리지 아니하도록 할 것. 다만, **목욕실·화장실** 또는 그 밖의 배수처리가 쉬운 장소의 경우에는 **물받이통** 또는 **배수관**을 설치하지 아니할 수 있다.
⑤ **개방형헤드**를 사용하는 **연결살수설비**의 **수평주행배관**은 헤드를 향하여 상향으로 $\dfrac{1}{100}$ 이상의 기울기로 설치하고 주배관 중 낮은 부분에는 자동배수밸브를 제4조 제3항 제3호의 기준에 따라 설치하여야 한다.〈개정 12.8.20.〉
⑥ 가지배관 또는 교차배관을 설치하는 경우에는 가지배관의 배열은 **토너먼트방식**이 **아니어야** 하며, 가지배관은 교차배관 또는 주배관에서 분기되는 지점을 기점으로 한 쪽 가지배관에 설치되는 헤드의 개수는 **8개 이하**로 하여야 한다.
⑦ **습식** 연결살수설비의 배관은 동결방지조치를 하거나 동결의 우려가 없는 장소에 설치하여야 한다. 다만, **보온재**를 사용할 경우에는 **난연재료** 성능 이상의 것으로 하여야 한다.〈개정 15.1.23.〉
⑧ 급수배관에 설치되어 급수를 차단할 수 있는 개폐밸브는 **개폐표시형**으로 하여야 한다. 이 경우 펌프의 흡입측 배관에는 **버터플라이밸브**(볼형식의 것을 **제외**한다.) 외의 **개폐표시형밸브**를 설치하여야 한다.
⑨ 연결살수설비 교차배관의 위치·청소구 및 가지배관의 헤드 설치는 다음 각 호의 기준에 따른다.〈개정 12.8.20.〉
   1. **교차배관**은 **가지배관**과 **수평**으로 설치하거나 또는 **가지배관 밑**에 설치하고, 그 구경은 제2항에 따르되, 최소구경이 **40mm** 이상이 되도록 할 것〈개정 12.8.20.〉
   2. 폐쇄형헤드를 사용하는 연결살수설비의 **청소구**는 **주배관** 또는 **교차배관**(교차배관을 설치하는 경우에 한한다.) 끝에 **40mm 이상** 크기의 **개폐밸브**를 설치하고, 호스접결이 가능한 **나사식** 또는 **고정배수 배관식**으로 할 것. 이 경우 나사식의 개폐밸브는 옥내소화전 **호스접결용**의 것으로 하고, 나사 보호용의 **캡**으로 마감하여야 한다.
   3. **폐쇄형헤드**를 사용하는 연결살수설비에 **하향식 헤드**를 설치하는 경우에는 가지배관으로부터 헤드에 이르는 헤드접속배관은 **가지관 상부**에서 **분기**할 것. 다만, 소화설비용 수원의 수질이 「먹는물관리법」 제5조에 따라 먹는물의 수질기준에 적합

하고 덮개가 있는 저수조로부터 물을 공급받는 경우에는 가지배관의 측면 또는 하부에서 분기할 수 있다.〈개정 12.8.20.〉
⑩ 배관에 설치되는 행가는 다음 각 호의 기준에 따라 설치하여야 한다.〈개정 12.8.20.〉
1. 가지배관에는 헤드의 설치지점 사이마다 1개 이상의 행가를 설치하되, 헤드 간의 거리가 3.5m를 초과하는 경우에는 **3.5m 이내**마다 **1개 이상** 설치할 것. 이 경우 상향식 헤드와 행가 사이에는 8cm 이상의 간격을 두어야 한다.
2. 교차배관에는 가지배관과 가지배관 사이마다 1개 이상의 행가를 설치하되, 가지배관 사이의 거리가 4.5m를 초과하는 경우에는 **4.5m 이내**마다 **1개 이상** 설치할 것
3. 제1호와 제2호의 수평주행배관에는 **4.5m 이내**마다 **1개 이상** 설치할 것
〈개정 12.8.20.〉

> **기억법** 행가3 교4 수4

⑪ 배관은 다른 설비의 배관과 쉽게 구분이 될 수 있는 위치에 설치하거나, 그 배관 표면 또는 배관 보온재 표면의 색상은 식별이 가능하도록「한국산업표준(배관계의 식별 표시, KS A 0503)」또는 **적색**으로 **소방용 설비**의 배관임을 표시하여야 한다.〈개정 15.1.23.〉
⑫ **확관형 분기배관**을 사용할 경우에는 소방청장이 정하여 고시한「분기배관의 성능인증 및 제품검사의 기술기준」에 적합한 것으로 설치하여야 한다.

제6조【연결살수설비의 헤드】
① 연결살수설비의 헤드는 연결살수설비전용헤드 또는 스프링클러헤드로 설치하여야 한다.
② 건축물에 설치하는 연결살수설비의 헤드는 다음 각 호의 기준에 따라 설치하여야 한다.〈개정 12.8.20.〉
1. 천장 또는 반자의 실내에 면하는 부분에 설치할 것
2. 천장 또는 반자의 각 부분으로부터 하나의 살수헤드까지의 수평거리가 연결살수설비전용헤드의 경우는 **3.7m 이하**, 스프링클러헤드의 경우는 **2.3m 이하**로 할 것. 다만, 살수헤드의 부착면과 바닥과의 높이가 **2.1m 이하**인 부분은 살수헤드의 살수분포에 따른 거리로 할 수 있다.〈개정 12.8.20.〉
③ 폐쇄형스프링클러헤드를 설치하는 경우에는 제2항의 규정 외에 다음 각 호의 기준에 따라 설치하여야 한다.〈개정 12.8.20.〉
1. 그 설치장소의 평상시 최고주위온도에 따라 다음 표에 따른 표시온도의 것으로 설치할 것. 다만, 높이가 **4m 이상**인 공장 및 창고(랙크식 창고를 포함한다.)에 설치하는 스프링클러헤드는 그 설치장소의 평상시 최고주위온도에 관계없이 표시온도 **121℃ 이상**의 것으로 할 수 있다.

설치장소의 최고주위온도	표시온도
39℃ 미만	**79**℃ 미만
39℃ 이상 **64**℃ 미만	79℃ 이상 **121**℃ 미만
64℃ 이상 **106**℃ 미만	121℃ 이상 **162**℃ 미만
106℃ 이상	162℃ 이상

기억법		
	39	79
	64	121
	106	162

2. 살수가 방해되지 아니하도록 스프링클러헤드로부터 반경 **60cm** 이상의 공간을 보유할 것. 다만, **벽과 스프링클러헤드** 간의 공간은 **10cm 이상**으로 한다.
3. 스프링클러헤드와 그 부착면(상향식 헤드의 경우에는 그 헤드의 직상부의 천장·반자 또는 이와 비슷한 것을 말한다. 이하 같다.)과의 거리는 **30cm 이하**로 할 것
4. 배관·행가 및 조명기구 등 살수를 방해하는 것이 있는 경우에는 제2호에도 불구하고 그로부터 아래에 설치하여 살수에 장애가 없도록 할 것. 다만, 연결살수헤드와 장애물과의 이격거리를 장애물 폭의 **3배** 이상 확보한 경우에는 그러하지 아니하다.〈개정 12.8.20.〉
5. 스프링클러헤드의 **반사판**은 그 부착면과 **평행**하게 설치할 것. 다만, 측벽형헤드 또는 제7호에 따라 연소할 우려가 있는 개구부에 설치하는 스프링클러헤드의 경우에는 그러하지 아니하다.〈개정 12.8.20.〉
6. 천장의 기울기가 $\frac{1}{10}$ 을 초과하는 경우에는 가지관을 천장의 마루와 **평행**하게 **설치**하고, 스프링클러헤드는 다음 각 목의 어느 하나의 기준에 적합하게 설치할 것 〈개정 12.8.20.〉

   가. 천장의 최상부에 스프링클러헤드를 설치하는 경우에는 최상부에 설치하는 스프링클러헤드의 반사판을 **수평**으로 설치할 것

   나. 천장의 최상부를 중심으로 가지관을 서로 마주보게 설치하는 경우에는 최상부의 가지관 상호간의 거리가 가지관상의 스프링클러헤드 상호간의 거리의 $\frac{1}{2}$ 이하(최소 1m 이상이 되어야 한다.)가 되게 스프링클러헤드를 설치하고, 가지관의 최상부에 설치하는 스프링클러헤드는 천장의 최상부로부터의 수직거리가 **90cm 이하**가 되도록 할 것. 톱날지붕, 둥근지붕 기타 이와 유사한 지붕의 경우에도 이에 준한다.
7. **연소할 우려**가 있는 **개구부**에는 그 상하좌우에 **2.5m** 간격으로(개구부의 폭이 2.5m 이하인 경우에는 그 중앙에) 스프링클러헤드를 설치하되, 스프링클러헤드

4. 연결살수설비(NFSC 503)

　　와 개구부의 내측면으로부터의 직선거리는 **15cm** 이하가 되도록 할 것. 이 경우 사람이 상시 출입하는 개구부로서 통행에 지장이 있는 때에는 개구부의 상부 또는 측면(개구부의 폭이 **9m** 이하인 경우에 한한다.)에 설치하되, 헤드 상호간의 간격은 **1.2m** 이하로 설치하여야 한다.
8. **습식 연결살수설비 외의 설비**에는 **상향식 스프링클러헤드**를 설치할 것. 다만, 다음 각 목의 어느 하나에 해당하는 경우에는 그러하지 아니하다.〈개정 12.8.20.〉
　가. **드라이펜던트스프링클러헤드**를 사용하는 경우
　나. 스프링클러헤드의 설치장소가 **동파**의 **우려**가 **없는 곳**인 경우
　다. **개방형스프링클러헤드**를 사용하는 경우
9. 측벽형스프링클러헤드를 설치하는 경우 긴 변의 한쪽 벽에 일렬로 설치(폭이 **4.5m 이상 9m 이하**인 실은 긴 변의 양쪽에 각각 일렬로 설치하되 마주보는 스프링클러헤드가 나란히 꼴이 되도록 설치)하고 **3.6m** 이내마다 설치할 것〈개정 12.8.20.〉

④ **가**연성 가스의 저장·취급시설에 설치하는 연결**살**수설비의 헤드는 다음 각 호의 기준에 따라 설치하여야 한다. 다만, 지하에 설치된 가연성 가스의 저장·취급시설로서 지상에 노출된 부분이 없는 경우에는 그러하지 아니하다.〈개정 12.8.20.〉
1. 연결살수설비 **전용**의 **개**방형헤드를 설치할 것
2. 가스저장**탱**크·가스**홀**더 및 가스**발**생기의 주위에 설치하되, 헤드 상호간의 거리는 **3.7m 이하**로 할 것
3. 헤드의 살수**범**위는 가스저장탱크·가스홀더 및 가스발생기의 **몸체**의 **중간 윗부분**의 모든 부분이 포함되도록 하여야 하고 살수된 물이 흘러 내리면서 살수범위에 포함되지 아니한 부분에도 모두 적셔질 수 있도록 할 것

> **기억법** 가살개 탱홀발범

제7조【헤드의 설치제외】 연결살수설비를 설치하여야 할 특정소방대상물 또는 그 부분으로서 다음 각 호의 어느 하나에 해당하는 장소에는 연결살수설비의 헤드를 설치하지 아니할 수 있다.〈개정 12.8.20.〉
1. **상점**(영 [별표 2] 제5호와 제6호의 판매시설과 운수시설을 말하며, 바닥면적이 $150m^2$ 이상인 지하층에 설치된 것을 제외한다.)으로서 주요 구조부가 **내화구조** 또는 **방화구조**로 되어 있고 바닥면적이 $500m^2$ **미만**으로 방화구획되어 있는 특정소방대상물 또는 그 부분〈개정 12.8.20.〉
2. **계단실**(특별피난계단의 부속실을 포함한다.) · **경사로** · **승강기의 승강로** · **파이프덕트** · **목욕실** · **수영장**(관람석 부분을 제외한다.) · **화장실** · 직접 외기에 **개방**되어 있는 **복도** 기타 이와 유사한 장소

3. 통신기기실·전자기기실·기타 이와 유사한 장소
4. 발전실·변전실·변압기·기타 이와 유사한 전기설비가 설치되어 있는 장소
5. 병원의 **수술실·응급처치실**·기타 이와 유사한 장소
6. 천장과 반자 양쪽이 **불연재료**로 되어 있는 경우로서 그 사이의 거리 및 구조가 다음 각 목의 어느 하나에 해당하는 부분〈개정 12.8.20.〉
    가. 천장과 반자 사이의 거리가 **2m 미만**인 부분
    나. 천장과 반자 사이의 벽이 불연재료이고 천장과 반자 사이의 거리가 **2m 이상**으로서 그 사이에 가연물이 존재하지 아니하는 부분
7. 천장·반자 중 **한쪽**이 **불연재료**로 되어 있고 천장과 반자 사이의 거리가 **1m 미만**인 부분
8. 천장 및 반자가 불연재료 외의 것으로 되어 있고 천장과 반자 사이의 거리가 **0.5m 미만**인 부분
9. **펌프실·물탱크실** 그 밖의 이와 비슷한 장소
10. **현관** 또는 **로비** 등으로서 바닥으로부터 높이가 **20m 이상**인 장소
11. **냉장창고의 영하의 냉장실** 또는 **냉동창고의 냉동실**〈개정 15.1.23.〉
12. **고온의 노**가 설치된 장소 또는 **물**과 **격렬**하게 **반응**하는 **물품**의 저장 또는 취급장소
13. 불연재료로 된 특정소방대상물 또는 그 부분으로서 다음 각 목의 어느 하나에 해당하는 장소〈개정 12.8.20.〉
    가. **정수장·오물처리장** 그 밖의 이와 비슷한 장소
    나. **펄프공장의 작업장·음료수공장의 세정** 또는 **충전**하는 **작업장** 그 밖의 이와 비슷한 장소
    다. 불연성의 **금속·석재** 등의 **가공공장**으로서 가연성 물질을 저장 또는 취급하지 아니하는 장소
14. 실내에 설치된 **테니스장·게이트볼장·정구장** 또는 이와 비슷한 장소로서 실내 바닥·벽·천장이 **불연재료** 또는 **준불연재료**로 구성되어 있고 가연물이 존재하지 않는 장소로서 관람석이 없는 운동시설 부분(지하층은 제외한다.)

제8조【소화설비의 겸용】 연결살수설비의 송수구를 스프링클러설비·간이스프링클러설비·화재조기진압용 스프링클러설비·물분무소화설비·포소화설비 또는 연결송수관설비와 겸용으로 설치하는 경우에는 스프링클러설비의 송수구 설치기준에 따르고, 옥내소화전설비의 송수구와 겸용으로 설치하는 경우에는 옥내소화전설비의 송수구의 설치기준에 따르되 각각의 소화설비의 기능에 지장이 없도록 하여야 한다. 〈개정 12.8.20.〉

제9조【설치·유지기준의 특례】소방본부장 또는 소방서장은 기존 건축물이 증축·개축·대수선되거나 용도변경되는 경우에 있어서 이 기준이 정하는 기준에 따라 해당 건축물에 설치하여야 할 연결살수설비의 배관·배선 등의 공사가 현저하게 곤란하다고 인정되는 경우에는 해당 설비의 기능 및 사용에 지장이 없는 범위 안에서 연결살수설비의 설치·유지기준의 일부를 적용하지 아니할 수 있다.〈개정 12.8.20.〉

제10조【재검토 기한】소방청장은 「훈령·예규 등의 발령 및 관리에 관한 규정」에 따라 이 고시에 대하여 2022년 1월 1일 기준으로 매 3년이 되는 시점(매 3년째의 12월 31일까지를 말한다.)마다 그 타당성을 검토하여 개선 등의 조치를 하여야 한다.〈전문개정 17.7.26.〉

제11조【규제의 재검토】「행정규제 기본법」제8조에 따라 2015년 1월 1일을 기준으로 매 3년이 되는 시점(매 3번째의 12월 31일까지를 말한다.)마다 그 타당성을 검토하여 개선 등의 조치를 하여야 한다.〈신설 15.1.23.〉

부 칙〈제2021-52호, 21.12.16.〉

제1조【시행일】이 고시는 발령한 날부터 시행한다.

제2조【일반적 적용례】이 고시는 이 고시 시행 후 특정소방대상물의 신축·증축·개축·재축·이전·용도변경 또는 대수선의 허가·협의를 신청하거나 신고하는 경우부터 적용한다.

5 연결송수관설비(NFSC 502)

일부개정 2021. 12. 16. 소방청고시 제2021-51호

제1조【목적】 이 기준은 「화재예방, 소방시설 설치·유지 및 안전관리에 관한 법률」 제9조 제1항에서 소방청장에게 위임한 사항 중 소화활동설비인 연결송수관설비의 설치·유지 및 안전관리에 필요한 사항을 규정함을 목적으로 한다.〈개정 17.7.26.〉

제2조【적용범위】 「화재예방, 소방시설 설치·유지 및 안전관리에 관한 시행령」(이하 "영"이라 한다.) [별표 5]의 제5호 나목에 따른 연결송수관설비는 이 기준에서 정하는 규정에 따라 설비를 설치하고 유지·관리하여야 한다.〈개정 16.7.13.〉

제3조【정의】 이 기준에서 사용하는 용어의 정의는 다음과 같다.
1. **"주배관"**이란 각 층을 **수직**으로 **관통**하는 **수직배관**을 말한다.
1의2. **"분기배관"**이란 배관 측면에 구멍을 뚫어 둘 이상의 관로가 생기도록 가공한 배관으로서 확관형 분기배관과 비확관형 분기배관을 말한다.
1의3. **"확관형 분기배관"**이란 배관의 측면에 조그만 구멍을 뚫고 소성가공으로 확관시켜 배관 용접이음자리를 만들거나 배관 용접이음자리에 배관이음쇠를 용접이음한 배관을 말한다.
1의4. **"비확관형 분기배관"**이란 배관의 측면에 분기호칭내경 이상의 구멍을 뚫고 배관이음쇠를 용접이음한 배관을 말한다.
2. **"송수구"**란 소화설비에 **소화용수**를 보급하기 위하여 **건물 외벽** 또는 **구조물의 외벽**에 설치하는 관을 말한다.
3. **"방수구"**란 소화설비로부터 **소화용수**를 **방수**하기 위하여 **건물 내벽** 또는 **구조물의 외벽**에 설치하는 관을 말한다.
4. **"충압펌프"**란 배관 내 압력손실에 따라 **주펌프**의 **빈번한 기동**을 **방지**하기 위하여 충압역할을 하는 펌프를 말한다.
5. **"정격토출량"**이란 정격토출압력에서의 펌프의 토출량을 말한다.
6. **"정격토출압력"**이란 정격토출량에서의 펌프의 토출측 압력을 말한다.
7. **"진공계"**란 대기압 이하의 압력을 측정하는 계측기를 말한다.
8. **"연성계"**란 대기압 이상의 압력과 대기압 이하의 압력을 측정할 수 있는 계측기를 말한다.
9. **"체절운전"**이란 펌프의 **성능시험**을 목적으로 펌프 토출측의 개폐밸브를 닫은 상태에서 펌프를 운전하는 것을 말한다.
10. **"기동용 수압개폐장치"**란 소화설비의 배관 내 **압력변동**을 **검지**하여 자동적으로 **펌프**를 기동 및 정지시키는 것으로서 **압력챔버** 또는 기동용 압력스위치 등을 말한다.

5. 연결송수관설비(NFSC 502)

제4조 【송수구】 연결송수관설비의 송수구는 다음 각 호의 기준에 따라 설치하여야 한다.
1. 소방차가 쉽게 접근할 수 있고 잘 보이는 장소에 설치할 것〈개정 14.8.18.〉
2. 지면으로부터 높이가 **0.5m 이상 1m 이하**의 위치에 설치할 것
3. 송수구는 화재층으로부터 지면으로 떨어지는 유리창 등이 송수 및 그 밖의 소화작업에 지장을 주지 아니하는 장소에 설치할 것
4. 송수구로부터 연결송수관설비의 주배관에 이르는 연결배관에 **개폐밸브**를 설치한 때에는 그 개폐상태를 쉽게 확인 및 조작할 수 있는 **옥외** 또는 **기계실** 등의 장소에 설치할 것. 이 경우 개폐밸브에는 그 밸브의 개폐상태를 감시제어반에서 확인할 수 있도록 급수개폐밸브 작동표시 스위치를 다음 각 목의 기준에 따라 설치하여야 한다.〈개정 14.8.18.〉 설계 17회
   가. 급수개폐밸브가 잠길 경우 탬퍼스위치의 동작으로 인하여 감시제어반 또는 수신기에 표시되어야 하며 경보음을 발할 것〈신설 14.8.18.〉
   나. 탬퍼스위치는 감시제어반 또는 수신기에서 동작의 유무확인과 동작시험, 도통시험을 할 수 있을 것〈신설 14.8.18.〉
   다. 급수개폐밸브의 작동표시 스위치에 사용되는 전기배선은 내화전선 또는 내열전선으로 설치할 것〈신설 14.8.18.〉
5. 구경 **65mm**의 **쌍구형**으로 할 것
6. 송수구에는 그 가까운 곳의 보기 쉬운 곳에 **송수압력범위**를 표시한 표지를 할 것
7. 송수구는 연결송수관의 **수직배관마다 1개 이상**을 설치할 것. 다만, 하나의 건축물에 설치된 각 수직배관이 중간에 개폐밸브가 설치되지 아니한 배관으로 상호 연결되어 있는 경우에는 건축물마다 1개씩 설치할 수 있다.
8. 송수구의 부근에는 자동배수밸브 및 체크밸브를 다음 각 목의 기준에 따라 설치할 것. 이 경우 자동배수밸브는 배관 안의 물이 잘 빠질 수 있는 위치에 설치하되, 배수로 인하여 다른 물건이나 장소에 피해를 주지 아니하여야 한다.
   가. **습**식의 경우에는 **송수구 · 자동배수밸브 · 체크밸브**의 순으로 설치할 것

   > **기억법** 송자체습(송자는 채식주의자)

   나. **건식**의 경우에는 **송수구 · 자동배수밸브 · 체크밸브 · 자동배수밸브**의 순으로 설치할 것
9. 송수구에는 가까운 곳의 보기 쉬운 곳에 "**연결송수관설비송수구**"라고 표시한 표지를 설치할 것
10. **송수구**에는 이물질을 막기 위한 **마개**를 씌울 것〈신설 08.12.15.〉

제5조 【배관 등】 ① 연결송수관설비의 배관은 다음 각 호의 기준에 따라 설치하여야 한다.

1. 주배관의 구경은 **100mm 이상**의 것으로 할 것
2. 지면으로부터의 높이가 **31m 이상**인 특정소방대상물 또는 **지상 11층 이상**인 특정소방대상물에 있어서는 **습식 설비**로 할 것

② 배관과 배관이음쇠는 다음 각 호의 어느 하나에 해당하는 것 또는 동등 이상의 강도·내식성 및 내열성을 국내·외 공인기관으로부터 인정받은 것을 사용하여야 하고, 배관용 스테인리스강관(KS D 3576)의 이음을 용접으로 할 경우에는 알곤용접방식에 따른다. 다만, 본 조에서 정하지 않은 사항은 「건설기술진흥법」 제44조 제1항의 규정에 따른 건축기계설비공사 표준설명서에 따른다.〈신설 14.8.18., 개정 16.7.13.〉

1. 배관 내 사용압력이 **1.2MPa 미만**일 경우에는 다음 각 목의 어느 하나에 해당하는 것〈개정 16.7.13.〉
   가. **배관용 탄소강관**(KS D 3507)
   나. **이음매 없는 구리** 및 **구리합금관**(KS D 5301). 다만, **습식**의 배관에 한한다.
   다. **배관용 스테인리스강관**(KS D 3576) 또는 **일반배관용 스테인리스강관**(KS D 3595)
   라. **덕타일 주철관**(KS D 4311)〈신설 16.7.13.〉
2. 배관 내 사용압력이 **1.2MPa 이상**일 경우에는 다음 각 목의 어느 하나에 해당하는 것〈개정 16.7.13.〉
   가. **압력배관용 탄소강관**(KS D 3562)〈신설 16.7.13.〉
   나. **배관용 아크용접 탄소강강관**(KS D 3583)〈신설 16.7.13.〉

③ 제2항에도 불구하고 다음 각 호의 어느 하나에 해당하는 장소에는 **소방청장**이 정하여 고시한 「소방용 합성수지배관의 성능인증 및 제품검사의 기술기준」에 적합한 **소방용 합성수지배관**으로 설치할 수 있다.〈신설 14.8.18., 개정 17.7.26.〉

1. 배관을 지하에 매설하는 경우
2. 다른 부분과 내화구조로 구획된 덕트 또는 피트의 내부에 설치하는 경우
3. 천장(상층이 있는 경우에는 상층바닥의 하단을 포함한다. 이하 같다.)과 반자를 **불연재료** 또는 **준불연재료**로 설치하고 소화배관 내부에 항상 소화수가 채워진 상태로 설치하는 경우

④ 연결송수관설비의 배관은 주배관의 구경이 **100mm 이상**인 옥내소화전설비·스프링클러설비 또는 물분무등소화설비의 배관과 겸용할 수 있다.
[종전의 제2항에서 이동 14.8.18.]

⑤ 연결송수관설비의 수직배관은 내화구조로 구획된 계단실(부속실을 포함한다.) 또는 파이프덕트 등 화재의 우려가 없는 장소에 설치하여야 한다. 다만, 학교 또는 공장이거나 배관 주위를 1시간 이상의 내화성능이 있는 재료로 보호하는 경우에는 그러하지 아니하다.
[종전의 제3항에서 이동 14.8.18.]

⑥ **확관형 분기배관**을 사용할 경우에는 소방청장이 정하여 고시한「분기배관의 성능인증 및 제품검사의 기술기준」에 적합한 것으로 설치하여야 한다.
〈종전의 제4항에서 이동·개정 14.8.18., 개정 21.12.16.〉

⑦ 배관은 다른 설비의 배관과 쉽게 구분이 될 수 있는 위치에 설치하거나, 그 배관 표면 또는 배관 보온재 표면의 색상은「한국산업표준(배관계의 식별 표시, KS A 0503)」또는 **적색**으로 식별이 가능하도록 **소방용** 설비의 배관임을 표시하여야 한다.
〈신설 14.8.18.〉

제6조【방수구】 연결송수관설비의 방수구는 다음 각 호의 기준에 따라 설치하여야 한다.

1. 연결송수관설비의 방수구는 그 특정소방대상물의 **층**마다 설치할 것. 다만, 다음 각 목의 어느 하나에 해당하는 층에는 설치하지 아니할 수 있다.
   가. **아파트**의 **1층 및 2층**
   나. 소방차의 접근이 가능하고 소방대원이 소방차로부터 각 부분에 쉽게 도달할 수 있는 **피난층**
   다. 송수구가 부설된 옥내소화전을 설치한 특정소방대상물(**집회장·관람장·백화점·도매시장·소매시장·판매시설·공장·창고시설** 또는 **지하가를 제외**한다.) 로서 다음의 어느 하나에 해당하는 층
   (1) 지하층을 제외한 층수가 **4층 이하**이고 연면적이 6,000㎡ 미만인 특정소방대상물의 **지상층**
   (2) **지하층**의 층수가 2 이하인 특정소방대상물의 **지하층**

2. 방수구는 **아파트** 또는 바닥면적이 1,000㎡ 미만인 층에 있어서는 **계단**(계단의 부속실을 포함하며 계단이 2 이상 있는 경우에는 그 중 1개의 계단을 말한다.)으로부터 **5m 이내**에, 바닥면적 1,000㎡ 이상인 층(아파트를 제외한다.)에 있어서는 각 계단(계단의 부속실을 포함하며 계단이 3 이상 있는 층의 경우에는 그 중 2개의 계단을 말한다.)으로부터 5m 이내에 설치하되, 그 방수구로부터 그 층의 각 부분까지의 거리가 다음 각 목의 기준을 초과하는 경우에는 그 기준 이하가 되도록 방수구를 추가하여 설치할 것
   가. **지하가**(터널은 제외한다.) 또는 지하층의 바닥면적의 합계가 3,000㎡ 이상인 것은 **수평거리 25m**
   나. 가목에 해당하지 아니하는 것은 **수평거리 50m**
   다. 삭 제〈08.12.15.〉

3. **11층 이상**의 부분에 설치하는 방수구는 **쌍구형**으로 할 것. 다만, 다음 각 목의 어느 하나에 해당하는 층에는 **단구형**으로 설치할 수 있다.

가. **아파트**의 용도로 사용되는 층
나. **스프링클러설비**가 유효하게 설치되어 있고 방수구가 **2개소 이상** 설치된 층
4. 방수구의 **호스접결구**는 바닥으로부터 높이 **0.5m 이상 1m 이하**의 위치에 설치할 것
5. 방수구는 연결송수관설비의 전용방수구 또는 옥내소화전방수구로서 구경 **65mm**의 것으로 설치할 것
6. 방수구의 위치표시는 **표시등** 또는 **축광식 표지**로 하되 다음 각 목의 기준에 따라 설치할 것〈개정 14.8.18.〉
   가. **표시등**을 설치하는 경우에는 함의 상부에 설치하되, **소방청장**이 고시한 「표시등의 성능인증 및 제품검사의 기술기준」에 적합한 것으로 설치하여야 한다.
   〈개정 17.7.26.〉
   나. 삭 제〈14.8.18.〉
   다. 축광식 표지를 설치하는 경우에는 **소방청장**이 고시한 「축광표지의 성능인증 및 제품검사의 기술기준」에 적합한 것으로 설치하여야 한다.〈개정 17.7.26.〉
7. 방수구는 개폐기능을 가진 것으로 설치하여야 하며, **평상시 닫힌 상태**를 유지할 것〈개정 08.12.15.〉

제7조【방수기구함】 연결송수관설비의 방수용 기구함을 다음 각 호의 기준에 따라 설치하여야 한다.
1. 방수기구함은 피난층과 가장 가까운 층을 기준으로 **3개층**마다 설치하되, 그 층의 방수구마다 **보행거리 5m** 이내에 설치할 것〈개정 14.8.18.〉
2. 방수기구함에는 길이 **15m**의 호스와 **방사형 관창**을 다음 각 목의 기준에 따라 비치할 것
   가. **호**스는 방수구에 연결하였을 때 그 방수구가 담당하는 구역의 각 부분에 유효하게 물이 뿌려질 수 있는 개수 이상을 비치할 것. 이 경우 **쌍구형 방수구**는 단구형 방수구의 **2배 이상**의 개수를 설치하여야 한다.
   나. **방**사형 관창은 **단구형 방수구**의 경우에는 1개, **쌍구형 방수구**의 경우에는 2개 이상 비치할 것
3. 방수기구함에는 "**방수기구함**"이라고 표시한 축광식 **표**지를 할 것. 이 경우 축광식 표지는 **소방청장**이 고시한 「축광표지의 성능인증 및 제품검사의 기술기준」에 적합한 것으로 설치하여야 한다.〈개정 17.7.26.〉

> 기억법 3515 호방표

제8조【가압송수장치】 지표면에서 **최상층 방수구**의 높이가 **70m 이상**의 특정소방대상물에는 다음 각 호의 기준에 따라 연결송수관설비의 **가압송수장치**를 설치하여야 한다.
1. 쉽게 접근할 수 있고 점검하기에 충분한 공간이 있는 장소로서 화재 및 침수 등의 재해로 인한 피해를 받을 우려가 없는 곳에 설치할 것
2. **동결방지조치**를 하거나 동결의 우려가 없는 장소에 설치할 것
3. 펌프는 전용으로 할 것. 다만, 다른 소화설비와 겸용하는 경우 각각의 소화설비의 성능에 지장이 없을 때에는 예외로 한다.
4. 펌프의 **토출측**에는 **압력계**를 체크밸브 이전에 펌프 토출측 플랜지에서 가까운 곳에 설치하고, **흡입측**에는 **연성계** 또는 **진공계**를 설치할 것. 다만, 수원의 수위가 펌프의 위치보다 높거나 수직회전축 펌프의 경우에는 연성계 또는 진공계를 설치하지 아니할 수 있다.
5. 가압송수장치에는 정격부하운전 시 **펌프**의 **성능**을 **시험**하기 위한 **배관**을 설치할 것. 다만, **충압펌프**의 경우에는 그러하지 아니하다.
6. 가압송수장치에는 체절운전 시 **수온**의 **상승**을 **방지**하기 위한 **순환배관**을 설치할 것. 다만, **충압펌프**의 경우에는 그러하지 아니하다.
7. 펌프의 토출량은 **2,400L/min**(계단식 아파트의 경우에는 **1,200L/min**) 이상이 되는 것으로 할 것. 다만, 해당 층에 설치된 방수구가 **3개를 초과**(방수구가 **5개** 이상인 경우에는 **5개**)하는 것에 있어서는 1개마다 **800L/min**(계단식 아파트의 경우에는 **400L/min**)를 가산한 양이 되는 것으로 할 것〈개정 08.12.15.〉
8. 펌프의 양정은 최상층에 설치된 노즐선단의 압력이 **0.35MPa** 이상의 압력이 되도록 할 것
9. 가압송수장치는 방수구가 개방될 때 자동으로 기동되거나 또는 수동스위치의 조작에 따라 기동되도록 할 것. 이 경우 **수동스위치**는 **2개 이상**을 설치하되, 그 중 1개는 다음 각 목의 기준에 따라 송수구의 부근에 설치하여야 한다.
   가. 송수구로부터 **5m 이내**의 보기 쉬운 장소에 바닥으로부터 높이 **0.8m 이상 1.5m 이하**로 설치할 것
   나. **1.5mm** 이상의 **강판함**에 수납하여 설치하고 "**연결송수관설비 수동스위치**"라고 표시한 표지를 부착할 것. 이 경우 **문짝**은 **불연재료**로 설치할 수 있다.
   〈개정 14.8.18.〉
   다. 「전기사업법」제67조에 따른 기술기준에 따라 접지하고 빗물 등이 들어가지 아니하는 구조로 할 것

10. 기동장치로는 **기동용 수압개폐장치** 또는 이와 동등 이상의 성능이 있는 것으로 설치할 것. 다만, 기동용 수압개폐장치 중 압력챔버를 사용할 경우 그 용적은 **100L** 이상의 것으로 할 것〈개정 14.8.18.〉
11. 수원의 수위가 펌프보다 낮은 위치에 있는 가압송수장치에는 다음의 기준에 따른 물올림장치를 설치할 것
  가. 물올림장치에는 **전용**의 **탱크**를 설치할 것
  나. 탱크의 유효수량은 **100L** 이상으로 하되, 구경 **15mm** 이상의 급수배관에 따라 해당 탱크에 물이 계속 보급되도록 할 것
12. 기동용 수압개폐장치를 기동장치로 사용할 경우에는 다음의 기준에 따른 충압펌프를 설치할 것. 다만, 소화용 급수펌프로도 상시 충압이 가능하고 다음 가목의 성능을 갖춘 경우에는 충압펌프를 별도로 설치하지 아니할 수 있다.
  가. 펌프의 토출압력은 그 설비의 최고위 호스접결구의 **자연압**보다 적어도 0.2MPa이 더 크도록 하거나 가압송수장치의 정격토출압력과 같게 할 것
  나. 펌프의 정격토출량은 정상적인 누설량보다 적어서는 아니 되며, 연결송수관설비가 자동적으로 작동할 수 있도록 충분한 토출량을 유지할 것
13. 내연기관을 사용하는 경우에는 다음의 기준에 적합한 것으로 할 것
  가. 내연기관의 기동은 제9호의 기동장치의 기동을 명시하는 적색등을 설치할 것
  나. 제어반에 따라 내연기관의 **자동기동** 및 **수동기동**이 가능하고, 상시 충전되어 있는 **축전지설비**를 갖출 것
  다. 내연기관의 연료량은 펌프를 **20분**(층수가 30층 이상 49층 이하는 **40분**, 50층 이상은 **60분**) 이상 운전할 수 있는 용량일 것〈신설 14.8.18.〉
14. 가압송수장치에는 "**연결송수관펌프**"라고 표시한 표지를 할 것. 이 경우 그 가압송수장치를 다른 설비와 겸용하는 때에는 그 겸용되는 설비의 이름을 표시한 표지를 함께 하여야 한다.
15. 가압송수장치가 기동이 된 경우에는 자동으로 정지되지 아니하도록 하여야 한다. 다만, **충압펌프**의 경우에는 그러하지 아니하다.〈개정 08.12.15.〉
16. 가압송수장치는 부식 등으로 인한 펌프의 고착을 방지할 수 있도록 다음 각 목의 기준에 적합한 것으로 할 것. 다만, 충압펌프는 제외한다.〈신설 21.7.22.〉
  가. 임펠러는 청동 또는 스테인리스 등 부식에 강한 재질을 사용할 것
  나. 펌프축은 스테인리스 등 부식에 강한 재질을 사용할 것

제9조【전원 등】 ① 가압송수장치의 상용전원회로의 배선 및 비상전원은 다음 각 호의 기준에 따라 설치하여야 한다.

5. 연결송수관설비(NFSC 502)

1. **저압수전**인 경우에는 **인입개폐기**의 **직후**에서 분기하여 전용배선으로 할 것
2. **특고압수전** 또는 **고압수전**일 경우에는 **전력용 변압기 2차측**의 **주차단기 1차측**에서 분기하여 **전용배선**으로 하되, 상용전원회로의 배선기능에 지장이 없을 경우에는 주차단기 2차측에서 분기하여 전용배선으로 할 것. 다만, 가압송수장치의 정격 입력전압이 수전전압과 같은 경우에는 제1호의 기준에 따른다.

② 비상전원은 **자가발전설비, 축전지설비**(내연기관에 따른 펌프를 사용하는 경우에는 내연기관의 기동 및 제어용 축전지를 말한다.) 또는 **전기저장장치**(외부 전기에너지를 저장해 두었다가 필요한 때 전기를 공급하는 장치)로서 다음 각 호의 기준에 따라 설치하여야 한다.〈개정 16.7.13.〉

1. 점검에 편리하고 화재 및 침수 등의 재해로 인한 피해를 받을 우려가 없는 곳에 설치할 것
2. 연결송수관설비를 유효하게 **20분** 이상 작동할 수 있어야 할 것〈개정 13.6.11.〉
3. 상용전원으로부터 전력의 공급이 중단된 때에는 자동으로 비상전원으로부터 전력을 공급받을 수 있도록 할 것
4. 비상전원의 설치장소는 다른 장소와 **방화구획**할 것. 이 경우 그 장소에는 비상전원의 공급에 필요한 기구나 설비 외의 것(**열병합발전설비**에 필요한 기구나 설비는 제외한다.)을 두어서는 아니 된다.
5. 비상전원을 실내에 설치하는 때에는 그 실내에 비상조명등을 설치할 것

제10조【배선 등】 ① 연결송수관설비의 배선은 「전기사업법」 제67조에 따른 기술기준에서 정한 것 외에 다음 각 호의 기준에 따라 설치하여야 한다.

1. **비상전원**으로부터 동력제어반 및 가압송수장치에 이르는 전원회로배선은 **내화배선**으로 할 것. 다만, 자가발전설비와 동력제어반이 동일한 실에 설치된 경우에는 자가발전기로부터 그 제어반에 이르는 전원회로배선은 그러하지 아니하다.
2. **상용전원**으로부터 동력제어반에 이르는 배선, 그 밖의 연결송수관설비의 감시·조작 또는 표시등회로의 배선은 「옥내소화전설비의 화재안전기준(NFSC 102)」 [별표 1]의 **내화배선** 또는 **내열배선**으로 할 것. 다만, 감시제어반 또는 동력제어반 안의 감시·조작 또는 표시등회로의 배선은 그러하지 아니하다.〈개정 14.8.18.〉

② 연결송수관설비의 과전류차단기 및 개폐기에는 **"연결송수관설비용"**이라고 표시한 표지를 하여야 한다.
③ 연결송수관설비용 전기배선의 양단 및 접속단자에는 다음 각 호의 기준에 따라 표지하여야 한다.

1. 단자에는 **"연결송수관설비단자"**라고 표시한 표지를 부착할 것
2. 연결송수관설비용 전기배선의 양단에는 다른 배선과 식별이 용이하도록 표시할 것

제11조【송수구의 겸용】 연결송수관설비의 송수구를 옥내소화전설비·스프링클러설비·간이스프링클러설비·화재조기진압용 스프링클러설비·물분무소화설비·포소화설비 또는 연결살수설비와 겸용으로 설치하는 경우에는 스프링클러설비의 송수구 설치기준에 따르되 각각의 소화설비의 기능에 지장이 없도록 하여야 한다.

제12조【설치·유지기준의 특례】 소방본부장 또는 소방서장은 기존 건축물이 증축·개축·대수선되거나 용도변경되는 경우에 있어서 이 기준이 정하는 기준에 따라 해당 건축물에 설치하여야 할 연결송수관설비의 배관·배선 등의 공사가 현저하게 곤란하다고 인정되는 경우에는 해당 설비의 기능 및 사용에 지장이 없는 범위 안에서 연결송수관설비의 설치·유지기준의 일부를 적용하지 아니할 수 있다.

제13조【재검토 기한】 소방청장은 「훈령·예규 등의 발령 및 관리에 관한 규정」에 따라 이 고시에 대하여 2022년 1월 1일 기준으로 매 3년이 되는 시점(매 3년째의 12월 31일까지를 말한다.)마다 그 타당성을 검토하여 개선 등의 조치를 하여야 한다.
〈전문개정 17.7.26.〉

부 칙〈제2021-51호, 21.12.16.〉

제1조【시행일】 이 고시는 발령한 날부터 시행한다.

제2조【일반적 적용례】 이 고시는 이 고시 시행 후 특정소방대상물의 신축·증축·개축·재축·이전·용도변경 또는 대수선의 허가·협의를 신청하거나 신고하는 경우부터 적용한다.

제4장 소화용수설비 및 기타 시설

1 상수도소화용수설비(NFSC 401)

일부개정 2019. 5. 24. 소방청고시 제2019-38호

제1조 【목적】 이 기준은 「화재예방, 소방시설 설치·유지 및 안전관리에 관한 법률」 제9조 제1항에 따라 소방청장에게 위임한 사항 중 소화용수설비인 상수도소화용수설비의 설치·유지 및 안전관리에 필요한 사항을 규정함을 목적으로 한다.

제2조 【적용범위】 「화재예방, 소방시설 설치·유지 및 안전관리에 관한 법률 시행령」 (이하 "**영**"이라 한다.) [별표 5] 제4호에 따른 소화용수설비 중 상수도소화용수설비는 이 기준에서 정하는 규정에 따라 설비를 설치하고 유지·관리하여야 한다.

제3조 【정의】 이 기준에서 사용하는 용어의 정의는 다음과 같다.
1. "**호칭지름**"이란 일반적으로 표기하는 배관의 직경을 말한다.
2. "**수평투영면**"이란 건축물을 수평으로 투영하였을 경우의 면을 말한다.

제4조 【설치기준】 **상**수도소화용수설비는 「수도법」에 따른 기준 외에 다음 각 호의 기준에 따라 설치하여야 한다.
1. 호칭지름 **75**mm 이상의 **수**도배관에 호칭지름 100mm 이상의 **소화전**을 접속할 것
2. 제1호에 따른 소화전은 소방자동차 등의 진입이 쉬운 **도**로변 또는 **공**지에 설치할 것
3. 제1호에 따른 소화전은 특정소방대상물의 수평**투**영면의 각 부분으로부터 140m 이하가 되도록 설치할 것

> **기억법** 75수상 도공투

제5조 【설치·유지기준의 특례】 소방본부장 또는 소방서장은 기존 건축물이 증축·개축·대수선되거나 용도변경되는 경우에 있어서 이 기준이 정하는 기준에 따라 해당 건축물에 설치하여야 할 상수도소화용수설비의 배관 등의 공사가 현저하게 곤란하다고 인정되는 경우에는 해당 설비의 기능 및 사용에 지장이 없는 범위 안에서 상수도소화용수설비의 설치·유지 기준의 일부를 적용하지 아니할 수 있다.

제6조 【재검토 기한】 소방청장은 이 고시에 대하여 「훈령·예규 등의 발령 및 관리에 관한 규정」에 따라 2019년 1월 1일 기준으로 매 3년이 되는 시점(매 3년째의 12월 31일까지를 말한다.)마다 그 타당성을 검토하여 개선 등의 조치를 하여야 한다.
〈개정 19.5.24.〉

제7조【규제의 재검토】「행정규제 기본법」제8조에 따라 2015년 1월 1일을 기준으로 매 3년이 되는 시점(매 3번째의 12월 31일까지를 말한다.)마다 그 타당성을 검토하여 개선 등의 조치를 하여야 한다.

부 칙〈제2019-38호, 19.5.24.〉

이 고시는 발령한 날부터 시행한다.

2 소화수조 및 저수조(NFSC 402)

일부개정 2021. 8. 5. 소방청고시 제2021-30호

제1조【목적】 이 기준은 「화재예방, 소방시설 설치·유지 및 안전관리에 관한 법률」 제9조 제1항에 따라 소방청장에게 위임한 사항 중 소화용수설비인 소화수조 및 저수조의 설치·유지 및 안전관리에 필요한 사항을 규정함을 목적으로 한다.

제2조【적용범위】 「화재예방, 소방시설 설치·유지 및 안전관리에 관한 법률 시행령」 (이하 "**영**"이라 한다.) [별표 5] 제4호에 따른 소화용수설비 중 소화수조 및 저수조는 이 기준에서 정하는 규정에 따라 설비를 설치하고 유지·관리하여야 한다.

제3조【정의】 이 기준에서 사용하는 용어의 정의는 다음과 같다.
1. "**소화수조 또는 저수조**"란 수조를 설치하고 여기에 **소화**에 **필요한 물**을 항시 채워 두는 것을 말한다.
2. "**채수구**"란 **소방차**의 소방호스와 **접결**되는 **흡입구**를 말한다.

제4조【소화수조 등】 ① 소화수조, 저수조의 채수구 또는 흡수관 투입구는 **소방차**가 **2m 이내**의 지점까지 접근할 수 있는 위치에 설치하여야 한다.
② 소화수조 또는 저수조의 저수량은 특정소방대상물의 연면적을 다음 표에 따른 기준면적으로 나누어 얻은 수(소수점 이하의 수는 1로 본다.)에 $20m^3$를 곱한 양 이상이 되도록 하여야 한다. 설계 12회

소방대상물의 구분	면 적
1. 1층 및 2층의 바닥면적 합계가 15,000m^2 이상인 소방대상물	7,500m^2
2. 제1호에 해당되지 아니하는 그 밖의 소방대상물	12,500m^2

③ 소화수조 또는 저수조는 다음 각 호의 기준에 따라 흡수관 투입구 또는 채수구를 설치하여야 한다.
1. 지하에 설치하는 소화용수설비의 **흡수관 투입구**는 그 한변이 **0.6m 이상**이거나 직경이 **0.6m 이상**인 것으로 하고, 소요수량이 $80m^3$ 미만인 것은 1개 이상, $80m^3$ 이상인 것은 **2개 이상**을 설치하여야 하며, "**흡관투입구**"라고 표시한 표지를 할 것
2. 소화용수설비에 설치하는 채수구는 다음 각 목의 기준에 따라 설치할 것
   가. 채수구는 다음 표에 따라 소방용 호스 또는 소방용 흡수관에 사용하는 구경 **65mm** 이상의 **나사식 결합금속구**를 설치할 것 설계 12회

소요수량	20m³ 이상 40m³ 미만	40m³ 이상 100m³ 미만	100m³ 이상
채수구의 수	1개	2개	3개

나. 채수구는 지면으로부터의 높이가 **0.5m 이상 1m 이하**의 위치에 설치하고 "**채수구**"라고 표시한 표지를 할 것

④ 소화용수설비를 설치하여야 할 특정소방대상물에 있어서 유수의 양이 **0.8m³/min** 이상인 유수를 사용할 수 있는 경우에는 소화수조를 설치하지 아니할 수 있다.

제5조 【가압송수장치】

① 소화수조 또는 저수조가 지표면으로부터의 깊이(수조 내부 바닥까지의 길이를 말한다.)가 **4.5m 이상**인 지하에 있는 경우에는 다음 표에 따라 가압송수장치를 설치하여야 한다. 다만, 제4조 제2항에 따른 저수량을 지표면으로부터 4.5m 이하인 지하에서 확보할 수 있는 경우에는 소화수조 또는 저수조의 지표면으로부터의 깊이에 관계없이 가압송수장치를 설치하지 아니할 수 있다.

소요수량	20m³ 이상 40m³ 미만	40m³ 이상 100m³ 미만	100m³ 이상
가압송수장치의 1분당 양수량	1,100L 이상	2,200L 이상	3,300L 이상

② 소화수조가 옥상 또는 옥탑의 부분에 설치된 경우에는 지상에 설치된 채수구에서의 압력이 **0.15MPa** 이상이 되도록 하여야 한다.

③ 전동기 또는 내연기관에 따른 펌프를 이용하는 가압송수장치는 다음 각 호의 기준에 따라 설치하여야 한다.

1. 쉽게 접근할 수 있고 점검하기에 충분한 공간이 있는 장소로서 화재 및 침수 등의 재해로 인한 피해를 받을 우려가 없는 곳에 설치할 것
2. **동결방지조치**를 하거나 동결의 우려가 없는 장소에 설치할 것
3. 펌프는 **전용**으로 할 것. 다만, 다른 소화설비와 겸용하는 경우 각각의 소화설비의 성능에 지장이 없을 때에는 예외로 한다.
4. 펌프의 **토출측**에는 **압력계**를 체크밸브 이전에 펌프 토출측 플랜지에서 가까운 곳에 설치하고, **흡입측**에는 **연성계** 또는 **진공계**를 설치할 것. 다만, 수원의 수위가 펌프의 위치보다 높거나 수직회전축 펌프의 경우에는 연성계 또는 진공계를 설치하지 아니할 수 있다.
5. 가압송수장치에는 정격부하운전 시 **펌프**의 **성능**을 **시험**하기 위한 배관을 설치할 것
6. 가압송수장치에는 체절운전 시 **수온**의 **상승**을 **방지**하기 위한 **순환배관**을 설치할 것
7. 기동장치로는 보호판을 부착한 **기동스위치**를 **채수구 직근**에 설치할 것
8. 수원의 수위가 펌프보다 낮은 위치에 있는 가압송수장치에는 다음 각 목의 기준에 따른 물올림장치를 설치할 것

가. 물올림장치에는 **전용**의 **탱크**를 설치할 것
　　나. 탱크의 유효수량은 **100L** 이상으로 하되, 구경 **15mm** 이상의 급수배관에 따라 해당 탱크에 물이 계속 보급되도록 할 것
9. 내연기관을 사용하는 경우에는 다음 각 목의 기준에 적합한 것으로 할 것
　　가. 내연기관의 기동은 채수구의 위치에서 원격조작으로 가능하고 기동을 명시하는 **적색등**을 설치할 것
　　나. 제어반에 따라 내연기관의 기동이 가능하고 상시 충전되어 있는 **축전지설비**를 갖출 것
10. 가압송수장치에는 "**소화용수설비펌프**"라고 표시한 표지를 할 것. 이 경우 그 가압송수장치를 다른 설비와 겸용하는 때에는 그 겸용되는 설비의 이름을 표시한 표지를 함께 하여야 한다.
11. 가압송수장치는 부식 등으로 인한 펌프의 고착을 방지할 수 있도록 다음 각 목의 기준에 적합한 것으로 할 것. 다만, 충압펌프는 제외한다.〈신설 21.8.5.〉
　　가. 임펠러는 청동 또는 스테인리스 등 부식에 강한 재질을 사용할 것
　　나. 펌프축은 스테인리스 등 부식에 강한 재질을 사용할 것

제6조【설치·유지기준의 특례】소방본부장 또는 **소방서장**은 기존 건축물이 증축·개축·대수선되거나 용도변경되는 경우에 있어서 이 기준이 정하는 기준에 따라 해당 건축물에 설치하여야 할 소화수조 및 저수조의 배관·배선 등의 공사가 현저하게 곤란하다고 인정되는 경우에는 해당 설비의 기능 및 사용에 지장이 없는 범위 안에서 소화수조 및 저수조의 설치·유지 기준의 일부를 적용하지 아니할 수 있다.

제7조【재검토 기한】소방청장은 「훈령·예규 등의 발령 및 관리에 관한 규정」에 따라 이 고시에 대하여 2021년 7월 1일 기준으로 매 3년이 되는 시점(매 3년째의 6월 30일까지를 말한다.)마다 그 타당성을 검토하여 개선 등의 조치를 하여야 한다.
〈개정 19.5.24.〉

제8조【규제의 재검토】소방청장은 「행정규제 기본법」 제8조에 따라 2015년 1월 1일을 기준으로 매 3년이 되는 시점(매 3번째의 12월 31일까지를 말한다.)마다 그 타당성을 검토하여 개선 등의 조치를 하여야 한다.

부 칙〈제2021-30호, 21.8.5.〉

제1조【시행일】 이 고시는 발령한 날부터 시행한다.

제2조【일반적 적용례】 이 고시는 이 고시 시행 후 특정소방대상물의 신축·증축·개축·재축·이전·용도변경 또는 대수선의 허가·협의를 신청하거나 신고하는 경우부터 적용한다.

3 도로터널(NFSC 603)

타법개정 2017. 7. 26. 소방청고시 제2017-1호

제1조【목적】 이 기준은 「화재예방, 소방시설 설치·유지 및 안전관리에 관한 법률」 제9조 제1항에 따라 소방청장에게 위임한 사항 중 도로터널에 설치하여야 하는 소방시설 등의 설치기준과 유지 및 안전관리에 관하여 필요한 사항을 규정함을 목적으로 한다.〈개정 17.7.26.〉

제2조【적용범위】 「화재예방, 소방시설 설치·유지 및 안전관리에 관한 법률 시행령」(이하 "**영**"이라 한다.) 제15조에 의한 도로터널에 설치하는 소방시설 등은 이 기준에서 정하는 규정에 따라 설비를 설치하고 유지·관리하여야 한다.〈개정 17.7.26.〉

제3조【정의】 이 기준에서 사용하는 용어의 정의는 다음과 같다.
1. "**도로터널**"이란 「도로법」 제8조에서 규정한 도로의 일부로서 자동차의 통행을 위해 지붕이 있는 지하 구조물을 말한다.〈개정 12.8.20.〉
2. "**설계화재강도**"란 터널 화재 시 소화설비 및 제연설비 등의 용량 산정을 위해 적용하는 **차종별 최대열방출률**(MW)을 말한다.〈개정 12.8.20.〉
3. "**종류환기방식**"이란 터널 안의 배기가스와 연기 등을 배출하는 환기설비로서 기류를 **종방향**(출입구 방향)으로 흐르게 하여 환기하는 방식을 말한다.〈개정 12.8.20.〉
4. "**횡류환기방식**"이란 터널 안의 배기가스와 연기 등을 배출하는 환기설비로서 기류를 **횡방향**(바닥에서 천장)으로 흐르게 하여 환기하는 방식을 말한다.〈개정 12.8.20.〉
5. "**반횡류환기방식**"이란 터널 안의 배기가스와 연기 등을 배출하는 환기설비로서 터널에 수직배기구를 설치해서 **횡방향**과 **종방향**으로 기류를 흐르게 하여 환기하는 방식을 말한다.〈개정 12.8.20.〉
6. "**양방향 터널**"이란 하나의 터널 안에서 차량의 흐름이 서로 마주보게 되는 터널을 말한다.〈개정 12.8.20.〉
7. "**일방향 터널**"이란 하나의 터널 안에서 차량의 흐름이 하나의 방향으로만 진행되는 터널을 말한다.〈개정 12.8.20.〉
8. "**연기발생률**"이란 일정한 설계화재강도의 차량에서 **단위시간당** 발생하는 **연기량**을 말한다.〈개정 12.8.20.〉
9. "**피난연결통로**"란 본선터널과 병설된 상대터널이나 본선터널과 평행한 피난통로를 연결하기 위한 **연결통로**를 말한다.〈개정 12.8.20.〉
10. "**배기구**"란 터널 안의 오염공기를 배출하거나 화재발생 시 **연기**를 **배출**하기 위한 **개구부**를 말한다.〈개정 12.8.20.〉

3. 도로터널(NFSC 603)

제4조 【소화기】 소화기는 다음 각 호의 기준에 따라 설치하여야 한다.〈개정 12.8.20.〉

1. 소화기의 능력단위(「소화기구의 화재안전기준(NFSC 101)」제3조 제6호에 따른 수치를 말한다. 이하 같다.)는 **A급 화재는 3단위 이상, B급 화재는 5단위** 이상 및 **C급 화재**에 적응성이 있는 것으로 할 것〈개정 12.8.20.〉
2. 소화기의 총중량은 사용 및 운반이 편리성을 고려하여 **7kg** 이하로 할 것 〈개정 12.8.20.〉
3. 소화기는 주행차로의 우측 측벽에 **50m** 이내의 간격으로 **2개** 이상을 설치하며, 편도 2차선 이상의 양방향 터널과 4차로 이상의 일방향 터널의 경우에는 **양쪽 측벽**에 각각 **50m** 이내의 간격으로 엇갈리게 **2개** 이상을 설치할 것〈개정 12.8.20.〉
4. 바닥면(차로 또는 보행로를 말한다. 이하 같다.)으로부터 **1.5m** 이하의 높이에 설치할 것〈개정 12.8.20.〉
5. 소화기구함의 상부에 "**소화기**"라고 조명식 또는 반사식의 표지판을 부착하여 사용자가 쉽게 인지할 수 있도록 할 것

제5조 【옥내소화전설비】 옥내소화전설비는 다음 각 호의 기준에 따라 설치하여야 한다.〈개정 12.8.20.〉 [설계 12회]

1. 소화전함과 방수구는 주행차로 우측 측벽을 따라 **50m** 이내의 간격으로 설치하며, **편도 2차선 이상의 양방향 터널**이나 **4차로 이상의 일방향 터널**의 경우에는 양쪽 측벽에 각각 50m 이내의 간격으로 엇갈리게 설치할 것
2. 수원은 그 저수량이 옥내소화전의 설치개수 **2개(4차로 이상의 터널의 경우 3개)**를 동시에 **40분** 이상 사용할 수 있는 충분한 양 이상을 확보할 것
3. 가압송수장치는 옥내소화전 **2개(4차로 이상의 터널인 경우 3개)**를 동시에 사용할 경우 각 옥내소화전의 노즐선단에서의 방수압력은 **0.35MPa** 이상이고 방수량은 **190L/min** 이상이 되는 성능의 것으로 할 것. 다만, 하나의 옥내소화전을 사용하는 노즐선단에서의 방수압력이 **0.7MPa**을 초과할 경우에는 호스접결구의 **인입측**에 감압장치를 설치하여야 한다.
4. 압력수조나 고가수조가 아닌 전동기 및 내연기관에 의한 펌프를 이용하는 가압송수장치는 주펌프와 동등 이상인 별도의 예비펌프를 설치할 것
5. 방수구는 **40mm** 구경의 단구형을 옥내소화전이 설치된 벽면의 바닥면으로부터 **1.5m** 이하의 높이에 설치할 것
6. 소화전함에는 옥내소화전 **방수구 1개, 15m** 이상의 **소방호스 3본** 이상 및 **방수노즐**을 비치할 것
7. 옥내소화전설비의 비상전원은 **40분** 이상 작동할 수 있을 것

제4장 소화용수설비 및 기타 시설

제5조의2 【물분무소화설비】 물분무소화설비는 다음 각 호의 기준에 따라 설치하여야 한다. 〈신설 09.10.22., 개정 12.8.20.〉

1. 물분무 헤드는 도로면에 1m²당 **6L/min** 이상의 수량을 균일하게 방수할 수 있도록 할 것
2. 물분무설비의 하나의 **방**수구역은 25m 이상으로 하며, 3개 방수구역을 동시에 40분 이상 방수할 수 있는 수량을 확보할 것
3. 물분무설비의 **비**상전원은 40분 이상 기능을 유지할 수 있도록 할 것

> 기억법 물6비방

제6조 【비상경보설비】 비상**경**보설비는 다음 각 호의 기준에 따라 설치하여야 한다. 〈개정 12.8.20.〉 설계 15회

1. 발신기는 주행차로 한쪽 측벽에 **50**m 이내의 간격으로 설치하며, 편도 2차선 이상의 양방향 터널이나 4차로 이상의 일방향 터널의 경우에는 양쪽의 측벽에 각각 50m 이내의 간격으로 엇갈리게 설치할 것〈개정 12.8.20.〉
2. 발신기는 바닥면으로부터 **0.8**m 이상 1.5m 이**하**의 높이에 설치할 것
3. **음**향장치는 발신기 설치위치와 동일하게 설치할 것. 다만, 「비상방송설비의 화재안전기준(NFSC 202)」에 적합하게 설치된 방송설비를 비상경보설비와 연동하여 작동하도록 설치한 경우에는 비상경보설비의 지구음향장치를 설치하지 아니할 수 있다.〈개정 12.8.20.〉
4. 음량장치의 음량은 부착된 음향장치의 중심으로부터 1m 떨어진 위치에서 **90dB** 이상이 되도록 할 것
5. 음향장치는 터널 내부 전체에 **동**시에 경보를 발하도록 설치할 것
6. **시**각경보기는 주행차로 한쪽 측벽에 50m 이내의 간격으로 비상경보설비 상부 직근에 설치하고, 전체 시각경보기는 **동기방식**에 의해 작동될 수 있도록 할 것

> 기억법 500890 음동경시(경시대회)

제7조 【자동화재탐지설비】 ① **터**널에 설치할 수 있는 감지기의 종류는 다음 각 호의 어느 하나와 같다.〈개정 12.8.20.〉 설계 12회

1. 차동식 **분**포형감지기
2. 정온식 **감**지선형감지기(**아**날로그식에 한한다. 이하 같다.)
3. **중**앙기술심의위원회의 심의를 거쳐 터널화재에 적응성이 있다고 인정된 감지기

> 기억법 터분감아중

② 하나의 경계구역의 길이는 100m 이하로 하여야 한다.
③ 제1항에 의한 감지기의 설치기준은 다음 각 호와 같다. 다만, 중앙기술심의위원회의 심의를 거쳐 제조사 시방서에 따른 설치방법이 터널화재에 적합하다고 인정되는 경우에는 다음 각 호의 기준에 의하지 아니하고 심의결과에 의한 제조사 시방서에 따라 설치할 수 있다.〈개정 12.8.20.〉
1. 감지기의 감열부(열을 감지하는 기능을 갖는 부분을 말한다. 이하 같다.)와 감열부 사이의 이격거리는 10m 이하로, 감지기와 터널 좌·우측 벽면과의 이격거리는 6.5m 이하로 설치할 것
2. 제1호에도 불구하고 터널 천장의 구조가 아치형의 터널에 감지기를 터널 진행방향으로 설치하고자 하는 경우에는 감열부와 감열부 사이의 이격거리를 10m 이하로 하여 아치형 천장의 중앙 최상부에 1열로 감지기를 설치하여야 하며, 감지기를 2열 이상으로 설치하고자 하는 경우에는 감열부와 감열부 사이의 이격거리는 10m 이하로 감지기 간의 이격거리는 6.5m 이하로 설치할 것〈개정 12.8.20.〉
3. 감지기를 천장면(터널 안 도로 등에 면한 부분 또는 상층의 바닥 하부면을 말한다. 이하 같다.)에 설치하는 경우에는 감지기가 천장면에 밀착되지 않도록 **고정금구** 등을 사용하여 설치할 것
4. 형식승인 내용에 설치방법이 규정된 경우에는 형식승인 내용에 따라 설치할 것. 다만, 감지기와 천장면과의 이격거리에 대해 제조사의 시방서에 규정되어 있는 경우에는 시방서의 규정에 따라 설치할 수 있다.
④ 제2항에도 불구하고 감지기의 작동에 의하여 다른 소방시설 등이 연동되는 경우로서 해당 소방시설 등의 작동을 위한 정확한 발화위치를 확인할 필요가 있는 경우에는 경계구역의 길이가 해당 설비의 방호구역 등에 포함되도록 설치하여야 한다.〈개정 12.8.20.〉
⑤ 발신기 및 지구음향장치는 제6조를 준용하여 설치하여야 한다.〈개정 12.8.20.〉

제8조【비상조명등】 비상조명등은 다음 각 호의 기준에 따라 설치하여야 한다.〈개정 12.8.20.〉
1. 상시 조명이 소등된 상태에서 비상조명등이 점등되는 경우 터널 안의 차도 및 보도의 **바닥면**의 조도는 **10**lx 이상, 그 외 **모든 지점**의 조도는 1lx 이상이 될 수 있도록 설치할 것
2. **비상조명등**은 **상**용전원이 차단되는 경우 자동으로 비상전원으로 **60분** 이상 점등되도록 설치할 것

3. 비상조명등에 내장된 예비전원이나 축전지설비는 상용전원의 공급에 의하여 상시 충전상태를 유지할 수 있도록 설치할 것

> 기억법 조10 상예축

제9조【제연설비】 ① 제연설비는 다음 각 호의 사양을 만족하도록 설계하여야 한다. 〈개정 12.8.20.〉
1. 설계화재강도 20MW를 기준으로 하고, 이때 연기발생률은 80m³/s로 하며, 배출량은 발생된 연기와 혼합된 공기를 충분히 배출할 수 있는 용량 이상을 확보할 것
2. 제1호에도 불구하고 화재강도가 설계화재강도보다 높을 것으로 예상될 경우 위험도 분석을 통하여 설계화재강도를 설정하도록 할 것〈개정 12.8.20.〉

② 제연설비는 다음 각 호의 기준에 따라 설치하여야 한다.〈개정 12.8.20.〉
1. 종류환기방식의 경우 제트팬의 소손을 고려하여 예비용 제트팬을 설치하도록 할 것
2. 횡류환기방식(또는 반횡류환기방식) 및 대배기구 방식의 배연용 팬은 덕트의 길이에 따라서 노출온도가 달라질 수 있으므로 수치해석 등을 통해서 내열온도 등을 검토한 후에 적용하도록 할 것
3. 대배기구의 개폐용 전동모터는 정전 등 전원이 차단되는 경우에도 조작상태를 유지할 수 있도록 할 것
4. 화재에 노출이 우려되는 제연설비와 전원공급선 및 제트팬 사이의 전원공급장치 등은 250℃의 온도에서 60분 이상 운전상태를 유지할 수 있도록 할 것 〔설계 15회〕

> 기억법 제종예횡내 정256

③ 제연설비의 기동은 다음 각 호의 어느 하나에 의하여 자동 또는 수동으로 기동될 수 있도록 하여야 한다.〈개정 12.8.20.〉 〔설계 15회〕
1. 화재감지기가 동작되는 경우
2. 발신기의 스위치 조작 또는 자동소화설비의 기동장치를 동작시키는 경우
3. 화재수신기 또는 감시제어반의 수동조작스위치를 동작시키는 경우

> 기억법 자수 감발수

④ 비상전원은 60분 이상 작동할 수 있도록 하여야 한다.

제10조【연결송수관설비】 연결송수관설비는 다음 각 호의 기준에 따라 설치하여야 한다.〈개정 12.8.20.〉 〔설계 12회〕
1. 방수압력은 0.35MPa 이상, 방수량은 400L/min 이상을 유지할 수 있도록 할 것

2. 방수구는 **50m** 이내의 간격으로 옥내소화전함에 병설하거나 독립적으로 터널출입구 부근과 피난연결통로에 설치할 것
3. 방수기구함은 **50m** 이내의 간격으로 옥내소화전함 안에 설치하거나 독립적으로 설치하고, 하나의 방수기구함에는 **65mm 방수노즐** 1개와 **15m** 이상의 **호스 3본**을 설치하도록 할 것

제11조 【무선통신보조설비】 ① 무선통신보조설비의 무전기접속단자는 **방재실**과 터널의 **입구** 및 **출구, 피난연결통로**에 설치하여야 한다.
② **라디오 재방송설비**가 설치되는 터널의 경우에는 무선통신보조설비와 겸용으로 설치할 수 있다.

제12조 【비상콘센트설비】 비상콘센트설비는 다음 각 호의 기준에 따라 설치하여야 한다.〈개정 12.8.20.〉 [설계 12회]
1. 비상콘센트설비의 전원회로는 단상교류 **220V**인 것으로서 그 공급용량은 **1.5kVA** 이상인 것으로 할 것〈개정 13.9.3.〉
2. 전원회로는 주배전반에서 **전용회로**로 할 것. 다만, 다른 설비의 회로의 사고에 따른 영향을 받지 아니하도록 되어 있는 것은 그러하지 아니하다.〈개정 12.8.20.〉
3. 콘센트마다 배선용 차단기(KS C 8321)를 설치하여야 하며, 충전부가 노출되지 아니하도록 할 것
4. 주행차로의 우측 측벽에 **50m** 이내의 간격으로 바닥으로부터 **0.8m 이상 1.5m 이하**의 높이에 설치할 것

제13조 【다른 화재안전기준과의 관계】 터널에 설치하는 소방시설 등의 설치기준 중이 기준에서 규정하지 아니한 소방시설 등의 설치기준은 개별 화재안전기준에 따라 설치하여야 한다.〈개정 12.8.20.〉

제14조 【재검토 기한】 소방청장은 「훈령 · 예규 등의 발령 및 관리에 관한 규정」에 따라 이 고시에 대하여 2016년 1월 1일을 기준으로 매 3년이 되는 시점(매 3년째의 12월 31일까지를 말한다.)마다 그 타당성을 검토하여 개선 등의 조치를 하여야 한다.
〈전문개정 17.7.26.〉

부 칙 〈제2017-1호, 17.7.26.〉

제1조 【시행일】 이 고시는 발령한 날부터 시행한다.

제2조 생 략

4 고층건축물(NFSC 604)

타법개정 2017. 7. 26. 소방청고시 제2017-1호

제1조【목적】 이 기준은 「화재예방, 소방시설 설치·유지 및 안전관리에 관한 법률」 제9조 제1항에 따라 소방청장에게 위임한 사항 중 고층건축물에 설치하여야 하는 소방시설 등의 설치·유지 및 안전관리에 관하여 필요한 사항을 규정함을 목적으로 한다. 〈개정 17.7.26.〉

제2조【적용범위】 고층건축물에 설치하는 소방시설과 「초고층 및 지하연계 복합건축물 재난관리에 관한 특별법 시행령」 제14조 제2항에 따라 피난안전구역에 설치하는 소방시설은 이 기준에서 정하는 규정에 적합하게 설비를 설치하고 유지·관리하여야 한다.

제3조【정의】 ① 이 기준에서 사용하는 용어의 정의는 다음과 같다.
1. "**고층건축물**"이란 「건축법」 제2조 제1항 제19호 규정에 따른 건축물을 말한다.
2. "**급수배관**"이란 수원 및 옥외송수구로부터 옥내소화전 방수구 또는 스프링클러헤드, 연결송수관 방수구에 급수하는 배관을 말한다.

② 이 기준에서 사용하는 용어는 제1항에서 규정한 것을 제외하고는 관계법령 및 개별 화재안전기준에서 정하는 바에 따른다.

제4조【다른 화재안전기준과의 관계】 고층건축물에 설치하는 소방시설 등의 설치기준 중 이 기준에서 규정하지 아니한 설치기준은 개별 화재안전기준에 따라 설치하여야 한다.

제5조【옥내소화전설비】 ① 수원은 그 저수량이 옥내소화전의 설치개수가 가장 많은 층의 설치개수(5개 이상 설치된 경우에는 **5개**)에 **5.2m³**(**호스릴옥내소화전설비**를 포함한다.)를 곱한 양 이상이 되도록 하여야 한다. 다만, 층수가 50층 이상인 건축물의 경우에는 **7.8m³**를 곱한 양 이상이 되도록 하여야 한다.

② 수원은 제1호에 따라 산출된 유효수량 외에 유효수량의 $\frac{1}{3}$ 이상을 옥상(옥내소화전설비가 설치된 건축물의 주된 옥상을 말한다. 이하 같다.)에 설치하여야 한다. 다만, 옥내소화전설비의 화재안전기준(NFSC 102) 제4조 제2항 제3호 또는 제4호에 해당하는 경우에는 그러하지 아니하다.

③ 전동기 또는 내연기관을 이용한 펌프방식의 가압송수장치는 옥내소화전설비 전용으로 설치하여야 하며, 옥내소화전설비 주펌프 이외에 동등 이상인 별도의 예비펌프를 설치하여야 한다.

④ 급수배관은 **전용**으로 하여야 한다. 다만, 옥내소화전설비의 성능에 지장이 없는 경우에는 연결송수관설비의 배관과 겸용할 수 있다.
⑤ **50층** 이상인 건축물의 옥내소화전 주배관 중 수직배관은 **2개** 이상(주배관 성능을 갖는 동일 호칭배관)으로 설치하여야 하며, 하나의 수직배관의 파손 등 작동 불능 시에도 다른 수직배관으로부터 소화용수가 공급되도록 구성하여야 한다.
⑥ 비상전원은 **자가발전설비, 축전지설비**(내연기관에 따른 펌프를 사용하는 경우에는 내연기관의 기동 및 제어용 축전지를 말한다.) 또는 **전기저장장치**(외부 전기에너지를 저장해 두었다가 필요한 때 전기를 공급하는 장치)로서 **옥내소화전설비**를 **40분** 이상 작동할 수 있을 것. 다만, **50층** 이상인 건축물의 경우에는 **60분** 이상 작동할 수 있어야 한다.〈개정 16.7.13.〉

제6조【스프링클러설비】 스프링클러설비는 다음 각 항의 기준에 따라 설치하여야 한다.
① 수원은 스프링클러설비 설치장소별 스프링클러헤드의 기준 개수에 $3.2m^3$를 곱한 양 이상이 되도록 하여야 한다. 다만, **50층 이상**인 건축물의 경우에는 **$4.8m^3$**를 곱한 양 이상이 되도록 하여야 한다.
② 스프링클러설비의 수원은 제1호에 따라 산출된 유효수량 외에 유효수량의 $\frac{1}{3}$ 이상을 옥상(스프링클러설비가 설치된 건축물의 주된 옥상을 말한다. 이하 같다.)에 설치하여야 한다. 다만, 스프링클러설비의 화재안전기준(NFSC 103) 제4조 제2항 제3호 또는 제4호에 해당하는 경우에는 그러하지 아니하다.
③ 전동기 또는 내연기관을 이용한 펌프방식의 가압송수장치는 스프링클러설비 전용으로 설치하여야 하며, 스프링클러설비 주펌프 이외에 동등 이상인 별도의 예비펌프를 설치하여야 한다.
④ 급수배관은 전용으로 설치하여야 한다.
⑤ **50층** 이상인 건축물의 스프링클러설비 주배관 중 **수직배관**은 **2개** 이상(주배관 성능을 갖는 동일 호칭배관)으로 설치하고, 하나의 수직배관이 파손 등 작동 불능 시에도 다른 수직배관으로부터 소화용수가 공급되도록 구성하여야 하며, 각각의 수직배관에 유수검지장치를 설치하여야 한다.
⑥ **50층** 이상인 건축물의 스프링클러헤드에는 **2개** 이상의 **가지배관 양방향**에서 소화용수가 공급되도록 하고, 수리계산에 의한 설계를 하여야 한다.
⑦ 스프링클러설비의 음향장치는 스프링클러설비의 화재안전기준(NFSC 103) 제9조에 따라 설치하되, 다음 각 호의 기준에 따라 경보를 발할 수 있도록 하여야 한다.
1. **2층** 이상의 층에서 발화한 때에는 **발화층** 및 그 **직상 4개층**에 경보를 발할 것
2. **1층**에서 발화한 때에는 **발화층**·그 **직상 4개층** 및 **지하층**에 경보를 발할 것

3. **지하층**에서 발화한 때에는 **발화층 · 그 직상층** 및 **기타**의 **지하층**에 경보를 발할 것
⑧ 비상전원을 설치할 경우 **자가발전설비, 축전지설비**(내연기관에 따른 펌프를 사용하는 경우에는 내연기관의 기동 및 제어용 축전지를 말한다.) 또는 **전기저장장치**(외부 전기에너지를 저장해 두었다가 필요한 때 전기를 공급하는 장치)로서 스프링클러설비를 **40분** 이상 작동할 수 있을 것. 다만, **50층** 이상인 건축물의 경우에는 **60분** 이상 작동할 수 있어야 한다.〈개정 16.7.13.〉

제7조【비상방송설비】 ① 비상방송설비의 음향장치는 다음 각 호의 기준에 따라 경보를 발할 수 있도록 하여야 한다.
  1. **2층** 이상의 층에서 발화한 때에는 **발화층** 및 그 **직상 4개층**에 경보를 발할 것
  2. **1층**에서 발화한 때에는 **발화층 · 그 직상 4개층** 및 **지하층**에 경보를 발할 것
  3. **지하층**에서 발화한 때에는 **발화층 · 그 직상층** 및 **기타**의 **지하층**에 경보를 발할 것
② 비상방송설비에는 그 설비에 대한 감시상태를 **60분**간 지속한 후 유효하게 **30분** 이상 경보할 수 있는 축전지설비(수신기에 내장하는 경우를 포함한다.) 또는 전기저장장치(외부 전기에너지를 저장해 두었다가 필요한 때 전기를 공급하는 장치)를 설치할 것〈개정 16.7.13.〉

제8조【자동화재탐지설비】 ① 감지기는 아날로그방식의 감지기로서 감지기의 작동 및 설치지점을 수신기에서 확인할 수 있는 것으로 설치하여야 한다. 다만, 공동주택의 경우에는 감지기별로 작동 및 설치지점을 수신기에서 확인할 수 있는 아날로그방식 외의 감지기로 설치할 수 있다.
② 자동화재탐지설비의 음향장치는 다음 각 호의 기준에 따라 경보를 발할 수 있도록 하여야 한다.
  1. **2층** 이상의 층에서 발화한 때에는 **발화층** 및 그 **직상 4개층**에 경보를 발할 것
  2. **1층**에서 발화한 때에는 **발화층 · 그 직상 4개층** 및 **지하층**에 경보를 발할 것
  3. **지하층**에서 발화한 때에는 **발화층 · 그 직상층** 및 **기타**의 **지하층**에 경보를 발할 것
③ 50층 이상인 건축물에 설치하는 통신·신호배선은 이중배선을 설치하도록 하고 단선(斷線) 시에도 고장표시가 되며 정상 작동할 수 있는 성능을 갖도록 설비를 하여야 한다. 〖점검 17회〗
  1. 수신기와 **수신기** 사이의 **통신배선**
  2. 수신기와 **중계기** 사이의 **신호배선**
  3. 수신기와 **감지기** 사이의 **신호배선**

④ 자동화재탐지설비에는 그 설비에 대한 감시상태를 **60분**간 지속한 후 유효하게 **30분** 이상 경보할 수 있는 축전지설비(수신기에 내장하는 경우를 포함한다.) 또는 전기저장장치(외부 전기에너지를 저장해 두었다가 필요한 때 전기를 공급하는 장치)를 설치하여야 한다. 다만, 상용전원이 축전지설비인 경우에는 그러하지 아니하다.
〈개정 16.7.13.〉

제9조 【특별피난계단의 계단실 및 부속실 제연설비】 특별피난계단의 계단실 및 그 부속실 제연설비의 화재안전기준(NFSC 501A)에 따라 설치하되, 비상전원은 자가발전설비 등으로 하고 제연설비를 유효하게 **40분** 이상 작동할 수 있도록 할 것. 다만, **50층** 이상인 건축물의 경우에는 **60분** 이상 작동할 수 있어야 한다.

제10조 【피난안전구역의 소방시설】 「초고층 및 지하연계 복합건축물 재난관리에 관한 특별법 시행령」제14조 제2항에 따라 피난안전구역에 설치하는 소방시설은 [별표 1]과 같이 설치하여야 하며, 이 기준에서 정하지 아니한 것은 개별 화재안전기준에 따라 설치하여야 한다.

제11조 【연결송수관설비】 ① 연결송수관설비의 배관은 **전용**으로 한다. 다만, 주배관의 구경이 **100mm** 이상인 옥내소화전설비와 겸용할 수 있다.
② 연결송수관설비의 비상전원은 자가발전설비, 축전지설비(내연기관에 따른 펌프를 사용하는 경우에는 내연기관의 기동 및 제어용 축전지를 말한다.) 또는 전기저장장치(외부 전기에너지를 저장해 두었다가 필요한 때 전기를 공급하는 장치)로서 연결송수관설비를 유효하게 **40분** 이상 작동할 수 있어야 할 것. 다만, **50층 이상**인 건축물의 경우에는 **60분** 이상 작동할 수 있어야 한다.〈개정 16.7.13.〉

제12조 【재검토 기한】 소방청장은 「훈령·예규 등의 발령 및 관리에 관한 규정」에 따라 이 고시에 대하여 2016년 1월 1일을 기준으로 매 3년이 되는 시점(매 3년째의 12월 31일까지를 말한다.)마다 그 타당성을 검토하여 개선 등의 조치를 하여야 한다.
〈전문개정 17.7.26.〉

부 칙 〈제2017-1호, 17.7.26.〉

제1조 【시행일】 이 고시는 발령한 날부터 시행한다.

제2조 생 략

[별표 1] 피난안전구역에 설치하는 소방시설 설치기준(제10조 관련)

구 분	설치기준
1. 제연설비 점검 18회	피난안전구역과 비제연구역 간의 차압은 **50Pa**(옥내에 스프링클러설비가 설치된 경우에는 **12.5Pa**) 이상으로 하여야 한다. 다만, 피난안전구역의 한쪽 면 이상이 외기에 개방된 구조의 경우에는 설치하지 아니할 수 있다.
2. 피난유도선	피난유도선은 다음 각 호의 기준에 따라 설치하여야 한다. 가. 피난안전구역이 설치된 층의 계단실 출입구에서 피난안전구역 주출입구 또는 비상구까지 설치할 것 나. 계단실에 설치하는 경우 계단 및 계단참에 설치할 것 다. 피난유도 표시부의 너비는 최소 **25mm** 이상으로 설치할 것 라. 광원점등방식(전류에 의하여 빛을 내는 방식)으로 설치하되, **60분** 이상 유효하게 작동할 것
3. 비상조명등	피난안전구역의 비상조명등은 상시 조명이 소등된 상태에서 그 비상조명등이 점등되는 경우 각 부분의 바닥에서 조도는 **10lx** 이상이 될 수 있도록 설치할 것

4. 휴대용
비상조명등
점검 18회
	가. 피난안전구역에는 휴대용 비상조명등을 다음 각 호의 기준에 따라 설치하여야 한다.
	  1) 초고층 건축물에 설치된 피난안전구역 : 피난안전구역 위층의 재실자수(「건축물의 피난·방화구조 등의 기준에 관한 규칙」 [별표 1의2]에 따라 산정된 재실자 수를 말한다.)의 $\frac{1}{10}$ 이상
	  2) 지하연계 복합건축물에 설치된 피난안전구역 : 피난안전구역이 설치된 층의 수용인원(영 [별표 2]에 따라 산정된 수용인원을 말한다.)의 $\frac{1}{10}$ 이상
	나. 건전지 및 충전식 건전지의 용량은 **40분** 이상 유효하게 사용할 수 있는 것으로 한다. 다만, 피난안전구역이 **50층** 이상에 설치되어 있을 경우의 용량은 **60분** 이상으로 할 것

5. 인명구조기구	가. 방열복, 인공소생기를 각 **2개** 이상 비치할 것 나. **45분** 이상 사용할 수 있는 성능의 공기호흡기(보조마스크를 포함한다.)를 2개 이상 비치하여야 한다. 다만, 피난안전구역이 50층 이상에 설치되어 있을 경우에는 동일한 성능의 예비용기를 **10개** 이상 비치할 것 다. 화재 시 쉽게 반출할 수 있는 곳에 비치할 것 라. 인명구조기구가 설치된 장소의 보기 쉬운 곳에 "**인명구조기구**"라는 표지판 등을 설치할 것

5 임시소방시설(NFSC 606)

타법개정 2017. 7. 26. 소방청고시 제2017-1호

제1조【목적】 이 기준은 「화재예방, 소방시설 설치·유지 및 안전관리에 관한 법률」 제10조의2 제4항에서 소방청장에게 위임한 임시소방시설의 설치 및 유지·관리 기준과 「화재예방, 소방시설 설치·유지 및 안전관리에 관한 법률 시행령」 제15조의5 제2항 [별표 5의2] 제1호에서 소방청장에게 위임한 임시소방시설의 성능을 정함을 목적으로 한다.〈개정 17.7.26.〉

제2조【정의】 이 기준에서 사용하는 용어의 정의는 다음과 같다.
1. "**소화기**"란 「소화기구의 화재안전기준(NFSC 101)」 제3조 제2호에서 정의하는 소화기를 말한다.
2. "**간이소화장치**"란 공사현장에서 화재위험작업 시 신속한 화재 진압이 가능하도록 물을 방수하는 **이동식** 또는 **고정식** 형태의 소화장치를 말한다.
3. "**비상경보장치**"란 화재위험작업 공간 등에서 수동조작에 의해서 화재경보상황을 알려줄 수 있는 설비(**비상벨, 사이렌, 휴대용 확성기** 등)를 말한다.
4. "**간이피난유도선**"이란 화재위험작업 시 작업자의 피난을 유도할 수 있는 **케이블** 형태의 장치를 말한다.

제3조【다른 화재안전기준과의 관계】 임시소방시설 설치와 관련하여 이 기준에서 정하지 아니한 사항은 개별 화재안전기준에 따른다.

제4조【소화기의 성능 및 설치기준】 소화기의 성능 및 설치기준은 다음 각 호와 같다.
1. 소화기의 소화약제는 「소화기구의 화재안전기준(NFSC 101)」의 [별표 1]에 따른 적응성이 있는 것을 설치하여야 한다.
2. 소화기는 **각 층**마다 능력단위 **3단위** 이상인 소화기 **2개** 이상을 설치하고, 「화재예방, 소방시설 설치·유지 및 안전관리에 관한 법률 시행령」(이하 "**영**"이라 한다.) 제15조의5 제1항에 해당하는 경우 작업종료 시까지 작업지점으로부터 **5m** 이내 쉽게 보이는 장소에 능력단위 **3단위** 이상인 소화기 **2개** 이상과 **대형소화기 1개**를 추가 배치하여야 한다.〈개정 16.7.18.〉

제5조【간이소화장치 성능 및 설치기준】 간이소화장치의 성능 및 설치기준은 다음 각 호와 같다.
1. 수원은 **20분** 이상의 소화수를 공급할 수 있는 양을 확보하여야 하며, 소화수의 방수압력은 최소 **0.1MPa** 이상, 방수량은 **65L/min** 이상이어야 한다.

2. 영 제15조의5 제1항에 해당하는 작업을 하는 경우 작업종료 시까지 작업지점으로부터 **25m** 이내에 설치 또는 배치하여 상시 사용이 가능하여야 하며 **동결방지조치**를 하여야 한다.〈개정 16.7.18.〉
3. 넘어질 우려가 없어야 하고 손쉽게 사용할 수 있어야 하며, 식별이 용이하도록 **"간이소화장치"** 표시를 하여야 한다.

제6조【비상경보장치의 성능 및 설치기준】 비상경보장치의 성능 및 설치기준은 다음 각 호와 같다.

1. 비상경보장치는 영 제15조의5 제1항에 해당하는 작업을 하는 경우 작업종료 시까지 작업지점으로부터 **5m** 이내에 설치 또는 배치하여 상시 사용이 가능하여야 한다.〈개정 16.7.18.〉
2. 비상경보장치는 화재사실 통보 및 대피를 해당 작업장의 모든 사람이 알 수 있을 정도의 음량을 확보하여야 한다.

제7조【간이피난유도선의 성능 및 설치기준】 간이피난유도선의 성능 및 설치기준은 다음 각 호와 같다.

1. 간이피난유도선은 **광원점등방식**으로 공사장의 출입구까지 설치하고 공사의 작업 중에는 상시 점등되어야 한다.
2. 설치위치는 바닥으로부터 **높**이 **1m** 이하로 하며, 작업장의 어느 위치에서도 출입구로의 피난방향을 알 수 있는 표시를 하여야 한다.

> **기억법** 간선광높

제8조【간이소화장치 설치제외】 영 제15조의5 제3항 [별표 5의2] 제3호 가목의 "**소방청장이 정하여 고시하는 기준에 맞는 소화기**"란 "**대형소화기를 작업지점으로부터 25m 이내 쉽게 보이는 장소에 6개 이상을 배치한 경우**"를 말한다.〈개정 17.7.26.〉

제9조【설치ㆍ유지기준의 특례】 소방본부장 또는 소방서장은 기존 건축물의 증축ㆍ개축ㆍ대수선이나 용도변경으로 인해 이 기준에 따른 임시소방시설의 설치가 현저하게 곤란하다고 인정되는 경우에는 해당 임시소방시설의 기능 및 사용에 지장이 없는 범위 안에서 이 기준의 일부를 적용하지 아니할 수 있다.

제10조【재검토 기한】 소방청장은 「훈령ㆍ예규 등의 발령 및 관리에 관한 규정」에 따라 이 고시에 대하여 2017년 1월 1일 기준으로 매 3년이 되는 시점(매 3년째의 12월 31일까지를 말한다.)마다 그 타당성을 검토하여 개선 등의 조치를 하여야 한다.
〈전문개정 17.7.26.〉

부 칙 〈제2017-1호, 17.7.26.〉

제1조【시행일】 이 고시는 발령한 날부터 시행한다.

제2조 생 략

6 소방시설의 내진설계기준

일부개정 2021.2.19. 소방청고시 제2021-15호

제1조 【목적】 이 기준은 「화재예방, 소방시설 설치·유지 및 안전관리에 관한 법률」 제9조의2에 따라 소방청장에게 위임한 소방시설의 내진설계기준에 관하여 필요한 사항을 규정함을 목적으로 한다. 〈개정 17.7.26.〉

제2조 【적용범위】 ①「화재예방, 소방시설 설치·유지 및 안전관리에 관한 법률 시행령」(이하 "**영**"이라 한다.) 제15조의2에 따른 옥내소화전설비, 스프링클러설비, 물분무등소화설비(이하 이 조에서 "**각 설비**"라 한다.)는 이 기준에서 정하는 규정에 적합하게 설치하여야 한다. 다만, 각 설비의 성능시험배관, 지중매설배관, 배수배관 등은 제외한다.
② 제1항의 각 설비에 대하여 특수한 구조 등으로 특별한 조사·연구에 의해 설계하는 경우에는 그 근거를 명시하고, 이 기준을 따르지 아니할 수 있다.

제3조 【정의】 이 기준에서 사용하는 용어의 정의는 다음과 같다.
1. "**내진**"이란 면진, **제진**을 **포함**한 지진으로부터 소방시설의 피해를 줄일 수 있는 구조를 의미하는 포괄적인 개념을 말한다.
2. "**면진**"이란 **건축물**과 **소방시설**을 지진동으로부터 **격리시켜** 지반진동으로 인한 **지진력**이 직접 구조물로 전달되는 양을 감소시킴으로써 내진성을 확보하는 **수동적**인 지진 제어 기술을 말한다.
3. "**제진**"이란 별도의 장치를 이용하여 **지진력**에 상응하는 **힘**을 구조물 내에서 발생시키거나 **지진력**을 **흡수**하여 구조물이 부담해야 하는 지진력을 감소시키는 지진 제어 기술을 말한다.
4. "**수평지진하중**(F_{pw})"이란 지진 시 흔들림 방지 버팀대에 전달되는 배관의 **동적지진하중** 또는 같은 크기의 **정적지진하중**으로 환산한 값으로 허용응력설계법으로 산정한 지진하중을 말한다.
5. "**세장비**(L/r)"란 흔들림 방지 버팀대 지지대의 길이(L)와, 최소단면2차반경(r)의 비율을 말하며, 세장비가 커질수록 좌굴(buckling)현상이 발생하여 지진 발생 시 파괴되거나 손상을 입기 쉽다.
6. "**지진거동특성**"이란 지진발생으로 인한 **외부적인 힘**에 반응하여 **움직이는 특성**을 말한다.
7. "**지진분리이음**"이란 지진발생 시 지진으로 인한 진동이 배관에 손상을 주지 않고

배관의 축방향 변위, 회전, 1° 이상의 **각도 변위**를 **허용**하는 이음을 말한다. 단, 구경 200mm 이상의 배관은 허용하는 각도변위를 0.5° 이상으로 한다.
8. "**지진분리장치**"란 지진발생 시 건축물 지진분리이음 설치 위치 및 지상에 노출된 건축물과 건축물 사이 등에서 발생하는 상대변위 발생에 대응하기 위해 모든 방향에서의 변위를 허용하는 커플링, 플렉시블 조인트, 관부속품 등의 집합체를 말한다.
9. "**가요성 이음장치**"란 지진 시 수조 또는 가압송수장치와 배관 사이 등에서 발생하는 상대변위 발생에 대응하기 위해 수평 및 수직 방향의 변위를 허용하는 플렉시블 조인트 등을 말한다.
10. "**가동중량**(W_p)"이란 수조, 가압송수장치, 함류, 제어반 등, 가스계 및 분말소화설비의 저장용기, 비상전원, 배관의 작동상태를 고려한 무게를 말하며 다음 각 목의 기준에 따른다.
    가. 배관의 작동상태를 고려한 무게란 배관 및 기타 부속품의 무게를 포함하기 위한 중량으로 용수가 충전된 배관 무게의 **1.15배**를 적용한다.
    나. 수조, 가압송수장치, 함류, 제어반 등, 가스계 및 분말소화설비의 저장용기, 비상전원의 작동상태를 고려한 무게란 유효중량에 안전율을 고려하여 적용한다.
11. "**근입깊이**"란 앵커볼트가 벽면 또는 바닥면 속으로 들어가 **인발력**에 저항할 수 있는 구간의 길이를 말한다.
12. "**내진스토퍼**"란 지진하중에 의해 과도한 변위가 발생하지 않도록 **제한**하는 **장치**를 말한다.
13. "**구조부재**"란 건축설계에 있어 구조계산에 포함되는 **하중**을 **지지**하는 **부재**를 말한다.
14. "**지진하중**"이란 지진에 의한 지반운동으로 **구조물**에 **작용**하는 **하중**을 말한다.
15. "**편심하중**"이란 하중의 합력 방향이 그 물체의 중심을 지나지 않을 때의 하중을 말한다.
16. "**지진동**"이란 **지진** 시 발생하는 **진동**을 말한다.
17. "**단부**"란 직선배관에서 **방향 전환하는 지점**과 **배관이 끝나는 지점**을 말한다.
18. "S"란 재현주기 2400년을 기준으로 정의되는 최대고려 지진의 유효수평지반가속도로서 "**건축물 내진설계기준(KDS 41 17 00)**"의 지진구역에 따른 지진구역계수(Z)에 2400년 재현주기에 해당하는 **위험도계수**(I) **2.0**을 곱한 값을 말한다.
19. "S_s"란 단주기 응답지수(short period response parameter)로서 유효수평지반가속도 S를 **2.5배한 값**을 말한다.

20. **"영향구역"**이란 흔들림 방지 버팀대가 **수평지진하중**을 **지지할 수 있는 예상구역**을 말한다.
21. **"상쇄배관(offset)"**이란 영향구역 내의 직선배관이 방향전환 한 후 다시 같은 방향으로 연속될 경우, 중간에 방향전환 된 짧은 배관은 단부로 보지 않고 상쇄하여 직선으로 볼 수 있는 것을 말하며, 짧은 배관의 합산길이는 **3.7m 이하여야** 한다.
22. **"수직직선배관"**이란 중력방향으로 설치된 주배관, 교차배관, 가지배관 등으로서 어떠한 방향전환도 없는 직선배관을 말한다. 단, 방향전환부분의 배관길이가 상쇄배관(offset) 길이 이하인 경우 하나의 수직직선배관으로 간주한다.
23. **"수평직선배관"**이란 수평방향으로 설치된 주배관, 교차배관, 가지배관 등으로서 어떠한 방향전환도 없는 직선배관을 말한다. 단, 방향전환부분의 배관길이가 상쇄배관(offset) 길이 이하인 경우 하나의 수평직선배관으로 간주한다.
24. **"가지배관 고정장치"**란 지진거동특성으로부터 가지배관의 움직임을 제한하여 파손, 변형 등으로부터 가지배관을 보호하기 위한 와이어타입, 환봉타입의 고정장치를 말한다.
25. **"제어반 등"**이란 **수신기(중계반을 포함**한다), **동력제어반, 감시제어반** 등을 말한다.
26. **"횡방향 흔들림 방지 버팀대"**란 수평직선배관의 진행방향과 **직각방향(횡방향)**의 수평지진하중을 지지하는 버팀대를 말한다.
27. **"종방향 흔들림 방지 버팀대"**란 수평직선배관의 **진행방향(종방향)**의 수평지진하중을 지지하는 버팀대를 말한다.
28. **"4방향 흔들림 방지 버팀대"**란 건축물 평면상에서 종방향 및 횡방향 수평지진하중을 지지하거나, 종·횡 단면상에서 전·후·좌·우 방향의 수평지진하중을 지지하는 버팀대를 말한다.

제3조의2【공통 적용사항】 ① 소방시설의 내진설계에서 내진등급, 성능수준, 지진위험도, 지진구역 및 지진구역계수는 **"건축물 내진설계기준(KDS 41 17 00)"**을 따르고 중요도계수(I_p)는 **1.5**로 한다.
② 지진하중은 다음 각 호의 기준에 따라 계산한다.
1. 소방시설의 지진하중은 **"건축물 내진설계기준"** 중 비구조요소의 설계지진력 산정방법을 따른다.
2. 허용응력설계법을 적용하는 경우에는 제1호의 산정방법 중 허용응력설계법 외의 방법으로 산정된 설계지진력에 **0.7**을 곱한 값을 지진하중으로 적용한다.

3. 지진에 의한 소화배관의 수평지진하중(F_{pw}) 산정은 허용응력설계법으로 하며 다음 각호 중 어느 하나를 적용한다.

    가. $\boxed{F_{pw} = C_p \times W_p}$

    여기서, F_{pw} : 수평지진하중
    W_p : 가동중량
    C_p : 소화배관의 지진계수([별표 1]에 따라 선정한다.)

    나. 제1호에 따른 산정방법 중 허용응력설계법 외의 방법으로 산정된 설계지진력에 **0.7**을 곱한 값을 수평지진하중(F_{pw})으로 적용한다.

4. 지진에 의한 배관의 수평설계지진력이 $0.5W_p$를 초과하고, 흔들림 방지 버팀대의 각도가 수직으로부터 45도 미만인 경우 또는 수평설계지진력이 $1.0W_p$를 초과하고 흔들림 방지 버팀대의 각도가 수직으로부터 60도 미만인 경우 흔들림 방지 버팀대는 수평설계지진력에 의한 유효수직반력을 견디도록 설치해야 한다.

③ 앵커볼트는 다음 각 호의 기준에 따라 설치한다.

1. 수조, 가압송수장치, 함, 제어반 등, 비상전원, 가스계 및 분말소화설비의 저장용기 등은 "**건축물 내진설계기준**" 비구조요소의 정착부의 기준에 따라 앵커볼트를 설치하여야 한다.
2. 앵커볼트는 건축물 정착부의 두께, 볼트설치 간격, 모서리까지 거리, 콘크리트의 강도, 균열 콘크리트 여부, 앵커볼트의 단일 또는 그룹설치 등을 확인하여 최대허용하중을 결정하여야 한다.
3. 흔들림 방지 버팀대에 설치하는 앵커볼트 최대허용하중은 제조사가 제시한 설계하중값에 0.43을 곱하여야 한다.
4. 건축물 부착 형태에 따른 프라잉효과나 편심을 고려하여 수평지진하중의 작용하중을 구하고 앵커볼트 최대허용하중과 작용하중과의 내진설계 적정성을 평가하여 설치하여야 한다.
5. 소방시설을 팽창성·화학성 또는 부분적으로 현장타설된 건축부재에 정착할 경우에는 수평지진하중을 1.5배 증가시켜 사용한다.

④ 수조·가압송수장치·제어반 등 및 비상전원 등을 바닥에 고정하는 경우 기초(패드 포함)부분의 구조안전성을 확인하여야 한다.

제4조【수원】 수조는 다음 각 호의 기준에 따라 설치하여야 한다.

1. 수조는 지진에 의하여 손상되거나 과도한 변위가 발생하지 않도록 기초(패드 포함), 본체 및 연결부분의 구조안전성을 확인하여야 한다.

2. 수조는 건축물의 구조부재나 구조부재와 연결된 수조 기초부(패드)에 고정하여 지진 시 파손(손상), 변형, 이동, 전도 등이 발생하지 않아야 한다.
3. 수조와 연결되는 소화배관에는 지진 시 상대변위를 고려하여 가요성 이음장치를 설치하여야 한다.

제5조【가압송수장치】 ① 가압송수장치에 방진장치가 있어 앵커볼트로 지지 및 고정할 수 없는 경우에는 다음 각 호의 기준에 따라 내진스토퍼 등을 설치하여야 한다. 다만, 방진장치에 이 기준에 따른 내진성능이 있는 경우는 제외한다.
1. 정상운전에 지장이 없도록 내진스토퍼와 본체 사이에 **최소 3mm 이상** 이격하여 설치한다.
2. 내진스토퍼는 제조사에서 제시한 허용하중이 제3조의2 제2항에 따른 지진하중 이상을 견딜 수 있는 것으로 설치하여야 한다. 단, 내진스토퍼와 본체 사이의 이격거리가 **6mm를 초과**한 경우에는 수평지진하중의 **2배 이상**을 견딜 수 있는 것으로 설치하여야 한다.

② 가압송수장치의 흡입측 및 토출측에는 지진 시 상대변위를 고려하여 가요성 이음장치를 설치하여야 한다.
③ 삭 제

제6조【배관】 ① 배관은 다음 각 호의 기준에 따라 설치하여야 한다.
1. 건물 구조부재 간의 상대변위에 의한 배관의 응력을 최소화하기 위하여 지진분리이음 또는 지진분리장치를 사용하거나 이격거리를 유지하여야 한다.
2. 건축물 지진분리이음 설치위치 및 건축물 간의 연결배관 중 지상노출 배관이 건축물로 인입되는 위치의 배관에는 관경에 관계없이 지진분리장치를 설치하여야 한다.
3. 천장과 일체 거동을 하는 부분에 배관이 지지되어 있을 경우 배관을 단단히 고정시키기 위해 흔들림 방지 버팀대를 사용하여야 한다.
4. 배관의 흔들림을 방지하기 위하여 **흔들림 방지 버팀대**를 사용하여야 한다.
5. 흔들림 방지 버팀대와 그 고정장치는 소화설비의 동작 및 살수를 방해하지 않아야 한다.
6. 삭 제

② 배관의 수평지진하중은 다음 각 호의 기준에 따라 계산하여야 한다.
1. 흔들림 방지 버팀대의 수평지진하중 산정 시 **배관의 중량**은 **가동중량**(W_p)으로 산정한다.

2. 흔들림 방지 버팀대에 작용하는 수평지진하중은 제3조의2 제2항 제3호에 따라 산정한다.
3. 수평지진하중(F_{pw})은 배관의 **횡방향**과 **종방향**에 각각 적용되어야 한다.

③ 벽, 바닥 또는 기초를 관통하는 배관 주위에는 다음 각 호의 기준에 따라 이격거리를 확보하여야 한다. 다만, 벽, 바닥 또는 기초의 각 면에서 **300mm 이내**에 지진분리이음을 설치하거나 내화성능이 요구되지 않는 석고보드나 이와 유사한 부서지기 쉬운 부재를 관통하는 배관은 그러하지 아니하다.

1. 관통구 및 배관 슬리브의 호칭구경은 배관의 호칭구경이 **25mm 내지 100mm 미만**인 경우 배관의 호칭구경보다 **50mm 이상**, 배관의 호칭구경이 **100mm 이상**인 경우에는 배관의 호칭구경보다 **100mm 이상** 커야 한다. 다만, 배관의 호칭구경이 **50mm 이하**인 경우에는 배관의 호칭구경 보다 **50mm 미만**의 더 큰 관통구 및 배관 슬리브를 설치할 수 있다.
2. 방화구획을 관통하는 배관의 틈새는 「건축물의 피난·방화구조 등의 기준에 관한 규칙」제14조 제2항에 따라 인정된 내화충전구조 중 신축성이 있는 것으로 메워야 한다.

④ 소방시설의 배관과 연결된 타 설비배관을 포함한 수평지진하중은 제2항의 기준에 따라 결정하여야 한다.

제7조【지진분리이음】 ① 배관의 변형을 최소화하고 소화설비 주요 부품 사이의 유연성을 증가시킬 필요가 있는 위치에 설치하여야 한다.

② 구경 **65mm 이상**의 배관에는 지진분리이음을 다음 각 호의 위치에 설치하여야 한다.

1. 모든 수직직선배관은 상부 및 하부의 단부로부터 **0.6m 이내**에 설치하여야 한다. 다만, 길이가 **0.9m 미만**인 수직직선배관은 **지진분리이음을 설치하지 아니할 수 있으며**, **0.9m~2.1m** 사이의 수직직선배관은 **하나**의 **지진분리이음**을 설치할 수 있다.
2. 제6조 제3항 본문의 단서에도 불구하고 2층 이상의 건물인 경우 각 층의 **바닥**으로부터 **0.3m**, **천장**으로부터 **0.6m 이내**에 설치하여야 한다.
3. 수직직선배관에서 티분기된 수평배관 분기지점이 천장 아래 설치된 지진분리이음 보다 아래에 위치한 경우 분기된 수평배관에 지진분리이음을 다음 각 목의 기준에 적합하게 설치하여야 한다.
   가. 티분기 수평직선배관으로부터 **0.6m 이내**에 지진분리이음을 설치한다.

나. 티분기 수평직선배관 이후 2차측에 수직직선배관이 설치된 경우 1차측 수직직선배관의 지진분리이음 위치와 동일선상에 지진분리이음을 설치하고, 티분기 수평직선배관의 길이가 **0.6m 이하**인 경우에는 그 티분기된 수평직선배관에 가목에 따른 지진분리이음을 설치하지 아니한다.
4. 수직직선배관에 중간 지지부가 있는 경우에는 지지부로부터 **0.6m 이내**의 윗부분 및 아랫부분에 설치해야 한다.

③ 제6조 제3항 제1호에 따른 이격거리 규정을 만족하는 경우에는 지진분리이음을 설치하지 아니할 수 있다.

제8조【지진분리장치】 지진분리장치는 다음 각 호의 기준에 따라 설치하여야 한다.
1. 지진분리장치는 배관의 구경에 관계없이 지상층에 설치된 배관으로 건축물 지진분리이음과 소화배관이 교차하는 부분 및 건축물 간의 연결배관 중 지상 노출 배관이 건축물로 인입되는 위치에 설치하여야 한다.
2. 지진분리장치는 건축물 지진분리이음의 변위량을 흡수할 수 있도록 **전후좌우** 방향의 **변위**를 수용할 수 있도록 설치하여야 한다.
3. 지진분리장치의 전단과 후단의 **1.8m 이내**에는 **4방향 흔들림 방지 버팀대**를 설치하여야 한다.
4. 지진분리장치 자체에는 **흔들림 방지 버팀대**를 설치할 수 없다.

제9조【흔들림 방지 버팀대】 ① 흔들림 방지 버팀대는 다음 각 호의 기준에 따라 설치하여야 한다.
1. 흔들림 방지 버팀대는 내력을 충분히 발휘할 수 있도록 견고하게 설치하여야 한다.
2. 배관에는 제6조 제2항에서 산정된 횡방향 및 종방향의 수평지진하중에 모두 견디도록 흔들림 방지 버팀대를 설치하여야 한다.
3. 흔들림 방지 버팀대가 부착된 건축 구조부재는 소화배관에 의해 추가된 지진하중을 견딜 수 있어야 한다.
4. 흔들림 방지 버팀대의 **세장비**(L/r)는 300을 초과하지 않아야 한다.
5. 4방향 흔들림 방지 버팀대는 **횡방향** 및 **종방향 흔들림 방지 버팀대**의 역할을 동시에 할 수 있어야 한다.
6. 하나의 수평직선배관은 최소 2개의 횡방향 흔들림 방지 버팀대와 1개의 종방향 흔들림 방지 버팀대를 설치하여야 한다. 다만, 영향구역 내 배관의 길이가 6m 미만인 경우에는 횡방향과 종방향 흔들림 방지 버팀대를 각 1개씩 설치할 수 있다.

② 소화펌프(충압펌프를 포함한다. 이하 같다.) 주위의 수직직선배관 및 수평직선배관은 다음 각 호의 기준에 따라 흔들림 방지 버팀대를 설치한다.
1. 소화펌프 흡입측 수평직선배관 및 수직직선배관의 수평지진하중을 계산하여 흔들림 방지 버팀대를 설치하여야 한다.
2. 소화펌프 토출측 수평직선배관 및 수직직선배관의 수평지진하중을 계산하여 흔들림 방지 버팀대를 설치하여야 한다.
③ 흔들림 방지 버팀대는 소방청장이 고시한「흔들림 방지 버팀대의 성능인증 및 제품검사의 기술기준」에 따라 성능인증 및 제품검사를 받은 것으로 설치하여야 한다.

제10조【수평직선배관 흔들림 방지 버팀대】 ① 횡방향 흔들림 방지 버팀대는 다음 각 호의 기준에 따라 설치하여야 한다.
1. 배관 구경에 관계없이 모든 수평주행배관·교차배관 및 옥내소화전설비의 수평배관에 설치하여야 하고, 가지배관 및 기타배관에는 구경 **65mm 이상**인 배관에 설치하여야 한다. 다만, 옥내소화전설비의 수직배관에서 분기된 구경 **50mm 이하**의 수평배관에 설치되는 소화전함이 1개인 경우에는 횡방향 흔들림 방지 버팀대를 설치하지 않을 수 있다.
2. 횡방향 흔들림 방지 버팀대의 설계하중은 설치된 위치의 좌우 6m를 포함한 **12m 이내**의 배관에 작용하는 **횡방향 수평지진하중**으로 영향구역 내의 수평주행배관, 교차배관, 가지배관의 하중을 포함하여 산정한다.
3. 흔들림 방지 버팀대의 간격은 중심선을 기준으로 최대간격이 **12m**를 초과하지 않아야 한다.
4. 마지막 흔들림 방지 버팀대와 배관 단부 사이의 거리는 **1.8m**를 초과하지 않아야 한다.
5. 영향구역 내에 상쇄배관이 설치되어 있는 경우 배관의 길이는 그 상쇄배관 길이를 합산하여 산정한다.
6. 횡방향 흔들림 방지 버팀대가 설치된 지점으로부터 **600mm 이내**에 그 배관이 방향전환되어 설치된 경우 그 횡방향 흔들림 방지 버팀대는 인접배관의 종방향 흔들림 방지 버팀대로 사용할 수 있으며, 배관의 구경이 다른 경우에는 구경이 큰 배관에 설치하여야 한다.
7. 가지배관의 구경이 **65mm 이상**일 경우 다음 각 목의 기준에 따라 설치한다.
   가. 가지배관의 구경이 **65mm 이상**인 배관의 길이가 **3.7m 이상**인 경우에 횡방향 흔들림 방지 버팀대를 제9조 제1항에 따라 설치한다.

나. 가지배관의 구경이 **65mm 이상**인 배관의 길이가 **3.7m 미만**인 경우에는 횡방향 흔들림 방지 버팀대를 설치하지 않을 수 있다.
8. 횡방향 흔들림 방지 버팀대의 수평지진하중은 [별표 2]에 따른 영향구역의 최대허용하중 이하로 적용하여야 한다.
9. 교차배관 및 수평주행배관에 설치되는 행가가 다음 각 목의 기준을 모두 만족하는 경우 횡방향 흔들림 방지 버팀대를 설치하지 않을 수 있다.
  가. 건축물 구조부재 고정점으로부터 배관 상단까지의 거리가 **150mm 이내**일 것
  나. 배관에 설치된 모든 행가의 **75% 이상**이 가목의 기준을 만족할 것
  다. 교차배관 및 수평주행배관에 연속하여 설치된 행가는 가목의 기준을 연속하여 초과하지 않을 것
  라. 지진계수(C_p)값이 **0.5 이하**일 것
  마. 수평주행배관의 구경은 **150mm 이하**이고, 교차배관의 구경은 **100mm 이하**일 것
  바. 행가는 「스프링클러설비의 화재안전기준」 제8조 제13항에 따라 설치할 것
② 종방향 흔들림 방지 버팀대는 다음 각 호의 기준에 따라 설치하여야 한다. 설계 17회
 1. 배관 구경에 관계없이 모든 수평주행배관·교차배관 및 옥내소화전설비의 수평배관에 설치하여야 한다. 다만, 옥내소화전설비의 수직배관에서 분기된 구경 **50mm 이하**의 수평배관에 설치되는 소화전함이 1개인 경우에는 종방향 흔들림 방지 버팀대를 설치하지 않을 수 있다.
 2. 종방향 흔들림 방지 버팀대의 설계하중은 설치된 위치의 **좌우 12m**를 포함한 **24m 이내**의 배관에 작용하는 수평지진하중으로 영향구역 내의 수평주행배관, 교차배관 하중을 포함하여 산정하며, 가지배관의 하중은 제외한다.
 3. 수평주행배관 및 교차배관에 설치된 종방향 흔들림 방지 버팀대의 간격은 중심선을 기준으로 **24m**를 넘지 않아야 한다.
 4. 마지막 흔들림 방지 버팀대와 배관 단부 사이의 거리는 **12m**를 초과하지 않아야 한다.
 5. 영향구역 내에 상쇄배관이 설치되어 있는 경우 배관 길이는 그 상쇄배관 길이를 합산하여 산정한다.
 6. 종방향 흔들림 방지 버팀대가 설치된 지점으로부터 600mm 이내에 그 배관이 방향전환되어 설치된 경우 그 종방향 흔들림 방지 버팀대는 인접배관의 횡방향 흔들림 방지 버팀대로 사용할 수 있으며, 배관의 구경이 다른 경우에는 구경이 큰 배관에 설치하여야 한다.

제11조 【수직직선배관 흔들림 방지 버팀대】 수직직선배관 흔들림 방지 버팀대는 다음 각 호의 기준에 따라 설치하여야 한다.
1. 길이 1m를 초과하는 수직직선배관의 **최상부**에는 **4방향 흔들림 방지 버팀대**를 설치하여야 한다. 다만, 가지배관은 설치하지 아니할 수 있다.
2. 수직직선배관 최상부에 설치된 4방향 흔들림 방지 버팀대가 수평직선배관에 부착된 경우 그 흔들림 방지 버팀대는 수직직선배관의 중심선으로부터 **0.6m 이내**에 설치되어야 하고, 그 흔들림 방지 버팀대의 하중은 수직 및 수평방향의 배관을 모두 포함하여야 한다.
3. 수직직선배관 4방향 흔들림 방지 버팀대 사이의 거리는 **8m**를 초과하지 않아야 한다.
4. 소화전함에 아래 또는 위쪽으로 설치되는 **65mm 이상**의 수직직선배관은 다음 각 목의 기준에 따라 설치한다.
   가. 수직직선배관의 길이가 **3.7m 이상**인 경우, 4방향 흔들림 방지 버팀대를 1개 이상 설치하고, 말단에 U볼트 등의 고정장치를 설치한다.
   나. 수직직선배관의 길이가 **3.7m 미만**인 경우, 4방향 흔들림 방지 버팀대를 설치하지 아니할 수 있고, U볼트 등의 고정장치를 설치한다.
5. 수직직선배관에 4방향 흔들림 방지 버팀대를 설치하고 수평방향으로 분기된 수평직선배관의 길이가 **1.2m 이하**인 경우 수직직선배관에 수평직선배관의 지진하중을 포함하는 경우 수평직선배관의 흔들림 방지 버팀대를 설치하지 않을 수 있다.
6. 수직직선배관이 다층건물의 중간층을 관통하며, 관통구 및 슬리브의 구경이 제6조 제3항 제1호에 따른 배관 구경별 관통구 및 슬리브 구경 미만인 경우에는 4방향 흔들림 방지 버팀대를 설치하지 아니할 수 있다.

제12조 【흔들림 방지 버팀대 고정장치】 흔들림 방지 버팀대 고정장치에 작용하는 수평지진하중은 허용하중을 초과하여서는 아니 된다.
1. 삭 제
2. 삭 제

제13조 【가지배관 고정장치 및 헤드】 ① 가지배관의 고정장치는 각 호에 따라 설치하여야 한다.
1. 가지배관에는 [별표 3]의 간격에 따라 고정장치를 설치한다.
2. 와이어타입 고정장치는 행가로부터 **600mm 이내**에 설치하여야 한다. 와이어 고정점에 가장 가까운 행거는 가지배관의 상방향 움직임을 지지할 수 있는 유형이어야 한다.

3. 환봉타입 고정장치는 행가로부터 **150mm 이내**에 설치한다.
4. 환봉타입 고정장치의 세장비는 **400**을 초과하여서는 아니된다. 단, 양쪽 방향으로 두 개의 고정장치를 설치하는 경우 세장비를 적용하지 아니한다.
5. 고정장치는 수직으로부터 **45° 이상**의 각도로 설치하여야 하고, 설치각도에서 최소 **1,340N 이상**의 인장 및 압축하중을 견딜 수 있어야 하며 와이어를 사용하는 경우 와이어는 **1,960N 이상**의 인장하중을 견디는 것으로 설치하여야 한다.
6. 가지배관 상의 말단 헤드는 수직 및 수평으로 과도한 움직임이 없도록 고정하여야 한다.
7. 가지배관에 설치되는 행가는 「스프링클러설비의 화재안전기준」 제8조 제13항에 따라 설치한다.
8. 가지배관에 설치되는 행가가 다음 각 목의 기준을 모두 만족하는 경우 고정장치를 설치하지 않을 수 있다.
    가. 건축물 구조부재 고정점으로부터 배관 상단까지의 거리가 **150mm 이내**일 것
    나. 가지배관에 설치된 모든 행가의 **75% 이상**이 가목의 기준을 만족할 것
    다. 가지배관에 연속하여 설치된 행가는 가목의 기준을 연속하여 초과하지 않을 것
② 가지배관 고정에 사용되지 않는 건축부재와 헤드 사이의 이격거리는 **75mm 이상**을 확보하여야 한다.

제14조【제어반 등】 제어반 등은 다음 각 호의 기준에 따라 설치하여야 한다.
1. 제어반 등의 지진하중은 제3조의2 제2항에 따라 계산하고, 앵커볼트는 제3조의2 제3항에 따라 설치하여야 한다. 단, 제어반 등의 하중이 **450N 이하**이고 내력벽 또는 기둥에 설치하는 경우 **직경 8mm 이상**의 고정용 볼트 4개 이상으로 고정할 수 있다.
2. 건축물의 구조부재인 내력벽·바닥 또는 기둥 등에 고정하여야 하며, 바닥에 설치하는 경우 지진하중에 의해 전도가 발생하지 않도록 설치하여야 한다.
3. 제어반 등은 지진 발생 시 기능이 유지되어야 한다.

제15조【유수검지장치】 유수검지장치는 지진 발생 시 기능을 상실하지 않아야 하며, 연결부위는 파손되지 않아야 한다.

제16조【소화전함】 소화전함은 다음 각 호의 기준에 따라 설치하여야 한다.
1. 지진 시 파손 및 변형이 발생하지 않아야 하며, **개폐**에 장애가 발생하지 않아야 한다.

2. 건축물의 구조부재인 내력벽·바닥 또는 기둥 등에 고정하여야 하며, 바닥에 설치하는 경우 지진하중에 의해 전도가 발생하지 않도록 설치하여야 한다.
3. 소화전함의 지진하중은 제3조의2 제2항에 따라 계산하고, 앵커볼트는 제3조의2 제3항에 따라 설치하여야 한다. 단, 소화전함의 하중이 **450N 이하**이고 내력벽 또는 기둥에 설치하는 경우 직경 **8mm 이상**의 고정용 볼트 4개 이상으로 고정할 수 있다.

제17조 【비상전원】 비상전원은 다음 각 호의 기준에 따라 설치하여야 한다.
1. 자가발전설비의 지진하중은 제3조의2 제2항에 따라 계산하고, 앵커볼트는 제3조의2 제3항에 따라 설치하여야 한다.
2. **비상전원**은 지진 발생 시 **전도**되지 않도록 설치하여야 한다.

제18조 【가스계 및 분말소화설비】 ① 이산화탄소소화설비, 할론소화설비, 할로겐화합물 및 불활성기체소화설비, 분말소화설비의 저장용기는 지진하중에 의해 전도가 발생하지 않도록 설치하고, 지진하중은 제3조의2 제2항에 따라 계산하고 앵커볼트는 제3조의2 제3항에 따라 설치하여야 한다.
② 이산화탄소소화설비, 할론소화설비, 할로겐화합물 및 불활성기체소화설비, 분말소화설비의 제어반 등은 제14조의 기준에 따라 설치하여야 한다.
③ 이산화탄소소화설비, 할론소화설비, 할로겐화합물 및 불활성기체소화설비, 분말소화설비의 기동장치 및 비상전원은 지진으로 인한 오동작이 발생하지 않도록 설치하여야 한다.

제19조 【설치·유지기준의 특례】 소방본부장 또는 **소방서장**은 기존건축물이 증축·개축·대수선되거나 용도변경되는 경우에 있어서 이 기준이 정하는 기준에 따라 해당 건축물에 설치하여야 할 소방시설 내진설계의 공사가 현저하게 곤란하다고 인정되는 경우에는 해당 설비의 기능 및 사용에 지장이 없는 범위 안에서 소방시설의 내진설계기준 일부를 적용하지 아니할 수 있다.

제20조 【재검토 기한】 소방청장은 「훈령·예규 등의 발령 및 관리에 관한 규정」에 따라 이 고시에 대하여 2021년 7월 1일을 기준으로 매 3년이 되는 시점(매 3년째의 6월 30일까지를 말한다.)마다 그 타당성을 검토하여 개선 등의 조치를 하여야 한다.

부 칙 〈제2021-15호, 21.2.19.〉

제1조【시행일】 이 고시는 발령한 날부터 시행한다. 다만, 제9조 제3항의 개정규정은 「흔들림 방지 버팀대의 성능인증 및 제품검사의 기술기준」 제정 후 시행일 이후 6개월이 경과한 날부터 시행한다.

제2조【경과조치】 이 고시 시행 당시 건축허가 등의 동의 또는 착공신고가 완료된 특정소방대상물에 대하여는 종전의 기준에 따른다.

7 건축물의 화재안전성능보강 방법 등에 관한 기준

제정 2020.4.28. 국토교통부고시 제2020-358호

제1장 총 칙

제1조【목적】 이 기준은 「건축물관리법」 제28조 제7항에 따른 화재안전성능 보강대상 건축물에 대한 보강방법 및 기준을 정함을 목적으로 한다.

제2조【용어의 정의】 이 기준에서 사용하는 용어의 정의는 다음과 같다.
1. "**필로티 건축물**"이란 1층의 전부 또는 **일부**를 **필로티 구조**로 설치하여 **주차장**으로 쓰는 건축물을 말한다.
2. "**난연재료**(難燃材料)"란 「건축법 시행령」 제2조 제9호에 해당하는 **불에 잘 타지 아니하는 성능**을 가진 재료로서 국토교통부령으로 정하는 기준에 적합한 재료를 말한다.
3. "**불연재료**(不燃材料)"란 「건축법 시행령」 제2조 제10호에 해당하는 **불에 타지 아니하는 성질**을 가진 재료로서 국토교통부령으로 정하는 기준에 적합한 재료를 말한다.
4. "**준불연재료**"란 「건축법 시행령」 제2조 제11호에 해당하는 **불연재료에 준하는 성질**을 가진 재료로서 국토교통부령으로 정하는 기준에 적합한 재료를 말한다.
5. "**가연성 외부 마감재**"란 **외단열 공법**을 적용한 건축물의 단열재 및 외벽마감재가 제2호에서 규정한 난연재료의 기준에 적합하지 않은 재료를 말한다.
6. "**차양식 캔틸레버**"란 필로티 주차장에서 발생한 화재가 외벽을 통해 수직으로 확산되는 것을 방지하고자 필로티 기둥 최상단에 설치되는 돌출식 캔틸레버 구조체를 말한다.
7. "**불연재료띠**"란 제3호에서 규정한 불연재료를 사용하여 건축물의 **횡방향**으로 **연속시공**하여 띠를 형성하도록 한 것을 말한다.
8. "**드렌처**"란 「스프링클러설비의 화재안전기준(NFSC 103)」에 따라 **창**이나 **벽, 처마, 지붕**에 물을 뿌려 **수막**을 형성함으로써 화재확산방지를 위한 소화설비를 말한다.
9. "**소화펌프**"란 소화설비 운용을 위한 **송수용의 펌프**로 화재나 기타 사고의 영향이 미치지 않는 장소에 설치되는 펌프를 말한다.

제3조【적용대상】 「건축물관리법」 제27조 제2항 및 같은 법 시행령 제19조에 해당하는 건축물에 대하여 적용한다.

제4조【품질기준】 화재안전성능보강에 적용되는 재료는 **불연재료, 준불연재료, 난연재료**를 적용하여야 하고, 설비에 적용되는 재료는 KS 표시 제품, 형식승인제품 또는 성능인증제품을 사용하여야 하며, KS 표시 제품이 없을 때에는 KS 규격에 준한 제품을 사용하여야 한다.

제5조【화재안전성능보강 공법의 적용범위】 ① 화재안전성능보강 대상 건축물은 해당 건축물의 구조형식 등을 고려하여 [별표]에 따른 보강공법을 적용하여야 한다.
② 제1항에서 규정하고 있는 보강공법 이외의 공법을 적용하기 위해서는「건축법」제4조에 따른 건축위원회의 심의를 거쳐야 한다.

제6조【재검토기한】「훈령·예규 등의 발령 및 관리에 관한 규정」에 따라 이 고시에 대하여 2020년 5월 1일 기준으로 매 3년이 되는 시점(매 3년째의 4월 30일까지를 말한다.)마다 그 타당성을 검토하여 개선 등의 조치를 하여야 한다.

부 칙 〈제2020-358호, 2020. 4. 28.〉

이 고시는 이 고시는 2020년 5월 1일부터 시행한다.

NATIONAL FIRE SAFETY CODES
소방설비기사 · 소방시설관리사 · 소방기술사 시험, 현장실무자를 위한

화재안전기준 포켓북

Part 2
화재안전기준(전기분야)

제1장 경보설비
제2장 피난구조설비
제3장 소화활동설비 및 기타 설비

아침형 인간 & 저녁형 인간

아침형 인간

▌이런 사람에게 좋다.
일출·일몰 등 자연수면 리듬에 익숙한 사람(육체 근로자, 일찍 퇴근하는 사람, 오전에 중요한 일이 많은 사람, 뚱뚱한 사람, 아침을 많이 먹는 사람)

▌잠을 잘 오게 하는 식품

> 숙면을 유도하는 아미노산(트리토판)을 함유한 식품으로 주로 저녁식사 때 먹는다.
> - 바나나와 파인애플 등 당분이 풍부한 과일
> - 닭이나 오리·칠면조 등 가금류
> - 과자나 케이크 등 당류
> - 호두와 땅콩 등 견과류
> - 백미
> - 감자

저녁형 인간

▌이런 사람에게 좋다.
자연수면 리듬과 상관없는 생활습관이나 작업환경을 가진 사람(정신 근로자, 늦게 퇴근하는 사람, 오후에 중요한 일이 많은 사람, 마른 사람, 저녁을 많이 먹는 사람)

▌잠을 잘 오게 하는 식품

> 숙면을 방해하는 아미노산(타이로신)을 함유한 식품으로 주로 아침·점심 때 먹는다.
> - 도정이 덜 된 호밀빵
> - 현미
> - 저지방 우유
> - 치즈
> - 두부
> - 요구르트
> - 기름기 없는 살코기나 생선
> - 달걀
> - 콩

NATIONAL FIRE SAFETY CODES 포켓북
화재안전기준

제1장 경보설비

1 자동화재탐지설비 및 시각경보장치(NFSC 203)

타법개정 2021. 1. 15. 소방청고시 제2021-11호

제1조【목적】 이 기준은 「화재예방, 소방시설 설치·유지 및 안전관리에 관한 법률」 제9조 제1항에서 소방청장에게 위임한 사항 중 경보설비인 자동화재탐지설비 및 시각경보장치의 설치·유지 및 안전관리에 필요한 사항을 규정함을 목적으로 한다.

제2조【적용범위】 「화재예방, 소방시설 설치·유지 및 안전관리에 관한 법률 시행령」(이하 "**영**"이라 한다.) [별표 5] 제2호 라목 및 사목에 따른 자동화재탐지설비 및 시각경보장치는 이 기준에서 정하는 규정에 따라 설비를 설치하고 유지·관리하여야 한다.

제3조【정의】 이 기준에서 사용하는 용어의 정의는 다음과 같다.
1. "**경계구역**"이란 특정소방대상물 중 **화재신호**를 **발신**하고 그 **신호**를 **수신** 및 유효하게 **제어**할 수 있는 구역을 말한다.
2. "**수신기**"란 감지기나 발신기에서 발하는 **화재신호**를 **직접 수신**하거나 중계기를 통하여 수신하여 **화재의 발생**을 **표시** 및 **경보**하여 주는 장치를 말한다.
3. "**중계기**"란 감지기·발신기 또는 전기적접점 등의 작동에 따른 **신호**를 받아 이를 수신기의 제어반에 **전송**하는 장치를 말한다.
4. "**감지기**"란 화재 시 발생하는 열, 연기, 불꽃 또는 연소생성물을 자동적으로 **감지**하여 **수신기**에 **발신**하는 장치를 말한다.
5. "**발신기**"란 화재발생 신호를 수신기에 **수동**으로 **발신**하는 장치를 말한다.
6. "**시각경보장치**"란 **자동화재탐지설비**에서 발하는 화재신호를 시각경보기에 전달하여 **청각장애인**에게 **점멸형태**의 **시각경보**를 하는 것을 말한다.
7. "**거실**"이란 거주·집무·작업·집회·오락 그 밖에 이와 유사한 목적을 위하여 사용하는 방을 말한다.

제3조의2【신호처리방식】 화재신호 및 상태신호 등(이하 "**화재신호 등**"이라 한다.)을 송수신하는 방식은 다음 각 호와 같다.〈개정 19.5.24.〉
1. "**유선식**"은 화재신호 등을 **배선**으로 송·수신하는 방식
2. "**무선식**"은 화재신호 등을 **전파**에 의해 송·수신하는 방식
3. "**유·무선식**"은 유선식과 무선식을 **겸용**으로 사용하는 방식

제4조【경계구역】 ① 자동화재탐지설비의 경계구역은 다음 각 호의 기준에 따라 설정하여야 한다. 다만, 감지기의 형식승인 시 감지거리, 감지면적 등에 대한 성능을 별도로 인정받은 경우에는 그 성능인정범위를 경계구역으로 할 수 있다. 설계 9회, 14회
1. 하나의 경계구역이 **2개** 이상의 **건축물**에 미치지 아니하도록 할 것
2. 하나의 경계구역이 **2개** 이상의 **층**에 미치지 아니하도록 할 것. 다만, **500㎡** 이하의 범위 안에서는 2개의 층을 하나의 경계구역으로 할 수 있다.
3. 하나의 경계구역의 면적은 **600㎡** 이하로 하고 한변의 길이는 **50m** 이하로 할 것. 다만, 해당 특정소방대상물의 주된 출입구에서 그 내부 전체가 보이는 것에 있어서는 한변의 길이가 **50m**의 **범위** 내에서 **1,000㎡** 이하로 할 수 있다.
4. 삭 제〈21.1.15.〉

② **계단**(직통계단 외의 것에 있어서는 떨어져 있는 상하계단의 상호간 **수평거리**가 **5m** 이하로서 서로간에 구획되지 아니한 것에 한한다. 이하 같다.)·경사로(에스컬레이터경사로 포함)·**엘리베이터 승강로**(권상기실이 있는 경우에는 권상기실)·**린넨슈트**·**파이프 피트** 및 **덕트** 기타 이와 유사한 부분에 대하여는 별도로 경계구역을 설정하되, 하나의 경계구역은 **높이 45m** 이하(계단 및 경사로에 한한다.)로 하고, 지하층의 계단 및 경사로(**지하층**의 층수가 1일 경우는 **제외**한다.)는 별도로 하나의 경계구역으로 하여야 한다. 설계 9회

③ 외기에 면하여 상시 개방된 부분이 있는 **차고**·**주차장**·**창고** 등에 있어서는 외기에 면하는 각 부분으로부터 **5m 미만**의 범위 안에 있는 부분은 경계구역의 면적에 산입하지 아니한다.

④ **스프링클러설비**·**물분무등소화설비** 또는 **제연설비**의 화재감지장치로서 화재감지기를 설치한 경우의 경계구역은 해당 소화설비의 방사구역 또는 제연구역과 동일하게 설정할 수 있다.

제5조【수신기】 ① 자동화재탐지설비의 수신기는 다음 각 호의 기준에 적합한 것으로 설치하여야 한다.
1. 해당 특정소방대상물의 경계구역을 각각 표시할 수 있는 회선수 이상의 수신기를 설치할 것
2. **4층** 이상의 특정소방대상물에는 **발신기**와 전화통화가 가능한 **수신기**를 설치할 것
3. 해당 특정소방대상물에 가스누설탐지설비가 설치된 경우에는 가스누설탐지설비로부터 가스누설신호를 수신하여 가스누설경보를 할 수 있는 수신기를 설치할 것(가스누설탐지설비의 수신부를 별도로 설치한 경우에는 제외한다.)

② 자동화재탐지설비의 수신기는 특정소방대상물 또는 그 부분이 지하층·무창층 등으로서 환기가 잘 되지 아니하거나 실내면적이 **40m²** 미만인 장소, 감지기의 부착면과 실내바닥과의 거리가 **2.3m** 이하인 장소로서 일시적으로 발생한 열·연기 또는 먼지 등으로 인하여 감지기가 화재신호를 발신할 우려가 있는 때에는 축적기능 등이 있는 것(축적형감지기가 설치된 장소에는 감지기회로의 감시전류를 단속적으로 차단시켜 화재를 판단하는 방식 외의 것을 말한다.)으로 설치하여야 한다. 다만, 제7조 제1항 단서에 따라 감지기를 설치한 경우에는 그러하지 아니하다.

③ 수신기는 다음 각 호의 기준에 따라 설치하여야 한다.
  1. **수위실** 등 상시 사람이 근무하는 **장**소에 설치할 것. 다만, 사람이 상시 근무하는 장소가 없는 경우에는 **관계인**이 쉽게 접근할 수 있고 관리가 용이한 장소에 설치할 수 있다.
  2. 수신기가 설치된 장소에는 **경**계구역 일람도를 비치할 것. 다만, 모든 수신기와 연결되어 각 수신기의 상황을 감시하고 제어할 수 있는 수신기(이하 "**주수신기**"라 한다.)를 설치하는 경우에는 주수신기를 제외한 기타 수신기는 그러하지 아니하다.
  3. 수신기의 **음**향기구는 그 음량 및 음색이 다른 기기의 소음 등과 명확히 구별될 수 있는 것으로 할 것
  4. 수신기는 **감**지기·**중계기** 또는 **발신기**가 작동하는 경계구역을 표시할 수 있는 것으로 할 것
  5. 화재·가스·전기 등에 대한 **종**합방재반을 설치한 경우에는 해당 조작반에 수신기의 작동과 연동하여 감지기·중계기 또는 발신기가 작동하는 경계구역을 표시할 수 있는 것으로 할 것
  6. 하나의 경계구역은 **하**나의 표시등 또는 하나의 **문자**로 표시되도록 할 것
  7. 수신기의 조작**스**위치는 바닥으로부터의 높이가 **0.8m 이상 1.5m 이하**인 장소에 설치할 것
  8. 하나의 특정소방대상물에 **2** 이상의 **수신기**를 설치하는 경우에는 수신기를 **상호**간 **연동**하여 화재발생 상황을 각 수신기마다 확인할 수 있도록 할 것

> [기억법] 장경음 종감하2스

제6조 【중계기】 자동화재탐지설비의 **중**계기는 다음 각 호의 기준에 따라 설치하여야 한다.
  1. 수신기에서 직접 감지기회로의 **도**통시험을 행하지 아니하는 것에 있어서는 **수신기**와 **감지기** 사이에 설치할 것

2. **조**작 및 점검에 편리하고 화재 및 침수 등의 재해로 인한 피해를 받을 우려가 없는 장소에 설치할 것
3. 수신기에 따라 감시되지 아니하는 배선을 통하여 전력을 공급받는 것에 있어서는 **전원입력측**의 배선에 **과전류차단기**를 설치하고 해당 전원의 정전이 즉시 수신기에 표시되는 것으로 하며, **상용전원** 및 **예비전원**의 시험을 할 수 있도록 할 것

> 기억법 자중도 조입과

제7조【감지기】 ① 자동화재탐지설비의 감지기는 부착높이에 따라 다음 표에 따른 감지기를 설치하여야 한다. 다만, **지하층·무창층** 등으로서 **환**기가 잘 되지 아니하거나 실내**면**적이 40m² 미만인 장소, 감지기의 **부**착면과 실내바닥과의 거리가 **2.3**m 이하인 곳으로서 일시적으로 발생한 열·연기 또는 먼지 등으로 인하여 화재신호를 발신할 우려가 있는 장소(제5조 제2항 본문에 따른 수신기를 설치한 장소를 제외한다.)에는 다음 각 호에서 정한 감지기 중 적응성 있는 감지기를 설치하여야 한다. 〔설계 11회〕

1. **불꽃**감지기
2. **정**온식**감**지선형감지기
3. **분**포형감지기
4. **복**합형감지기
5. **광**전식분리형감지기
6. **아**날로그방식의 감지기
7. **다**신호방식의 감지기
8. **축**적방식의 감지기

> 기억법 환면부23 불정감분복광아다축

부착높이	감지기의 종류
4m **미**만	• 차동식(스포트형, 분포형) ─┐ • 보상식 스포트형 ├─ **열**감지기 • 정온식(스포트형, 감지선형) ─┘ • 이온화식 또는 광전식(스포트형, 분리형, 공기흡입형) : **연**기감지기 • 열복합형 ─┐ • 연기복합형 ├─ **복**합형감지기 • 열연기복합형 ─┘ • **불**꽃감지기 > 기억법 열연불복 4미

1. 자동화재탐지설비 및 시각경보장치(NFSC 203)

부착높이	감지기의 종류
4m 이상 8m 미만	• 차동식(스포트형, 분포형) • 보상식 스포트형 ┐ 열감지기 • 정온식(스포트형, 감지선형) 특종 또는 1종 ┘ • 이온화식 1종 또는 2종 ┐ 연기감지기 • 광전식(스포트형, 분리형, 공기흡입형) 1종 또는 2종 ┘ • 열복합형 ┐ • 연기복합형 ─ 복합형감지기 • 열연기복합형 ┘ • 불꽃감지기 [기억법] 8미열 정특1 이광12 복불
8m 이상 15m 미만	• 차동식 분포형 • 이온화식 1종 또는 2종 • 광전식(스포트형, 분리형, 공기흡입형) 1종 또는 2종 • 연기복합형 • 불꽃감지기 [기억법] 15분 이광12 연복불
15m 이상 20m 미만	• 이온화식 1종 • 광전식(스포트형, 분리형, 공기흡입형) 1종 • 연기복합형 • 불꽃감지기 [기억법] 이광불연복 2
20m 이상	• 불꽃감지기 • 광전식(분리형, 공기흡입형) 중 아날로그방식 [기억법] 불광아

[비고]
1. 감지기별 부착높이 등에 대하여 별도로 형식승인 받은 경우에는 그 성능 인정범위 내에서 사용할 수 있다.
2. 부착높이 20m 이상에 설치되는 광전식 중 아날로그방식의 감지기는 공칭감지농도 하한값이 감광률 5%/m 미만인 것으로 한다.

② 다음 각 호의 장소에는 연기감지기를 설치하여야 한다. 다만, **교차회로방식**에 따른 감지기가 설치된 장소 또는 제1항 단서에 따른 감지기가 설치된 장소에는 그러하지 아니하다.
1. 계단·경사로 및 에스컬레이터 경사로
2. 복도(**30m 미만**의 것을 제외한다.)

3. 엘리베이터 승강로(권상기실이 있는 경우에는 권상기실) · 린넨슈트 · 파이프 피트 및 덕트 기타 이와 유사한 장소
4. 천장 또는 반자의 높이가 **15m 이상 20m 미만**의 장소
5. 다음 각 목의 어느 하나에 해당하는 특정소방대상물의 취침 · 숙박 · 입원 등 이와 유사한 용도로 사용되는 거실
  가. 공동주택 · 오피스텔 · 숙박시설 · 노유자시설 · 수련시설
  나. 교육연구시설 중 합숙소
  다. 의료시설, 근린생활시설 중 입원실이 있는 의원 · 조산원
  라. 교정 및 군사시설
  마. 근린생활시설 중 고시원

③ 감지기는 다음 각 호의 기준에 따라 설치하여야 한다. 다만, **교차회로방식**에 사용되는 감지기, 급속한 연소 확대가 우려되는 장소에 사용되는 감지기 및 축적기능이 있는 수신기에 연결하여 사용하는 감지기는 축적기능이 없는 것으로 설치하여야 한다.
1. 감지기(**차동식분포형**의 것을 **제외**한다.)는 실내로의 공기유입구로부터 **1.5m** 이상 떨어진 위치에 설치할 것
2. 감지기는 천장 또는 반자의 옥내에 면하는 부분에 설치할 것
3. **보상식스포트형감지기**는 정온점이 감지기 주위의 평상시 최고온도보다 20℃ 이상 높은 것으로 설치할 것
4. **정온식감지기**는 **주방 · 보일러실** 등으로서 다량의 화기를 취급하는 장소에 설치하되, 공칭작동온도가 최고주위온도보다 20℃ 이상 높은 것으로 설치할 것
5. **차동식스포트형 · 보상식스포트형** 및 **정온식스포트형감지기**는 그 부착높이 및 특정소방대상물에 따라 다음 표에 따른 바닥면적마다 1개 이상을 설치할 것 〔설계 4회, 7회〕

(단위 : m²)

부착높이 및 특정소방대상물의 구분		감지기의 종류				
		차동식 · 보상식 스포트형		정온식 스포트형		
		1종	2종	특종	1종	2종
4m 미만	주요 구조부를 **내화구조**로 한 특정소방 상물 또는 그 부분	90	70	70	60	20
	기타 구조의 특정소방대상물 또는 그 부분	50	40	40	30	15
4~8m 미만	주요 구조부를 **내화구조**로 한 특정소방 상물 또는 그 부분	45	35	35	30	설치 불가능
	기타 구조의 특정소방대상물 또는 그 부분	30	25	25	15	

1. 자동화재탐지설비 및 시각경보장치(NFSC 203)

기억법	차	보	정	9	7	7	6	2
				5	4	4	3	15
				4	3	3	3	×
				3	2	2	15	×

6. 스포트형감지기는 **45°** 이상 경사되지 아니하도록 부착할 것
7. 공기관식 차동식분포형감지기는 다음의 기준에 따를 것
   가. 공기관의 노출부분은 감지구역마다 **20m** 이상이 되도록 할 것(**길**이)
   나. 공기관과 감지구역의 각 변과의 수평**거리**는 **1.5m** 이하가 되도록 하고, 공기관 **상**호간의 거리는 **6m**(주요 구조부를 내화구조로 한 특정소방대상물 또는 그 부분에 있어서는 **9m**) 이하가 되도록 할 것
   다. 공기관은 도중에서 **분**기하지 아니하도록 할 것
   라. 하나의 검출부분에 접속하는 공기관의 길이는 **100m** 이하로 할 것
   마. **검**출부는 5° 이상 경사되지 아니하도록 부착할 것
   바. 검출부는 바닥으로부터 **0.8m 이상 1.5m 이하**의 위치에 설치할 것

   > 기억법 길거리 상검분

8. **열전대식** 차동식분포형감지기는 다음의 기준에 따를 것
   가. 열전대부는 감지구역의 바닥면적 **18m²**(주요 구조부가 내화구조로 된 특정소방대상물에 있어서는 **22m²**)마다 1개 이상으로 할 것. 다만, 바닥면적이 **72m²**(주요 구조부가 내화구조로 된 특정소방대상물에 있어서는 **88m²**) 이하인 특정소방대상물에 있어서는 **4개** 이상으로 하여야 한다.
   나. 하나의 검출부에 접속하는 열전대부는 **20개** 이하로 할 것. 다만, 각각의 열전대부에 대한 작동여부를 검출부에서 표시할 수 있는 것(주소형)은 형식승인 받은 성능인정범위 내의 수량으로 설치할 수 있다.

9. **열반도체식** 차동식분포형감지기는 다음의 기준에 따를 것
   가. 감지부는 그 부착높이 및 특정소방대상물에 따라 다음 표에 따른 바닥면적마다 1개 이상으로 할 것. 다만, 바닥면적이 다음 표에 따른 면적의 **2배** 이하인 경우에는 2개(부착높이가 **8m** 미만이고, 바닥면적이 다음 표에 따른 면적 이하인 경우에는 1개) 이상으로 하여야 한다.

(단위 : m²)

부착높이 및 소방대상물의 구분		감지기의 종류	
		1종	2종
8m 미만	주요 구조부가 내화구조로 된 소방대상물 또는 그 부분	65	36
	기타 구조의 소방대상물 또는 그 부분	40	23
8m 이상 15m 미만	주요 구조부가 내화구조로 된 소방대상물 또는 그 부분	50	36
	기타 구조의 소방대상물 또는 그 부분	30	23

나. 하나의 검출기에 접속하는 감지부는 **2개 이상 15개 이하**가 되도록 할 것. 다만, 각각의 감지부에 대한 작동여부를 검출기에서 표시할 수 있는 것(주소형)은 형식승인 받은 성능인정범위 내의 수량으로 설치할 수 있다.

10. **연기감지기**는 다음의 기준에 따라 설치할 것
   가. 감지기의 부착높이에 따라 다음 표에 따른 바닥면적마다 1개 이상으로 할 것

(단위 : m²)

부착높이	감지기의 종류	
	1종 및 2종	3종
4m 미만	150	50
4m 이상 20m 미만	75	–

   나. 감지기는 복도 및 통로에 있어서는 **보행거리** 30m(3종에 있어서는 20m)마다, 계단 및 경사로에 있어서는 **수직거리** 15m(3종에 있어서는 10m)마다 1개 이상으로 할 것
   다. 천장 또는 반자가 **낮은 실내** 또는 **좁은 실내**에 있어서는 출입구의 가까운 부분에 설치할 것
   라. 천장 또는 반자 부근에 **배기구**가 있는 경우에는 그 **부근**에 설치할 것
   마. 감지기는 벽 또는 보로부터 0.6m 이상 떨어진 곳에 설치할 것
11. 열복합형감지기의 설치에 관하여는 제3호 및 제9호를, 연기복합형감지기의 설치에 관하여는 제10호를, 열연기복합형감지기의 설치에 관하여는 제5호 및 제10호 나목 또는 마목을 준용하여 설치할 것
12. **정온식감지선형감지기**는 다음의 기준에 따라 설치할 것 [점검 14회]
   가. **보**조선이나 고정금구를 사용하여 감지선이 늘어지지 않도록 설치할 것
   나. **단**자부와 마감 고정금구와의 설치간격은 10cm 이내로 설치할 것
   다. 감지선형감지기의 **굴**곡반경은 5cm 이상으로 할 것

라. 감지기와 감지구역의 각 부분과의 수평**거**리가 **내화구조**의 경우 **1종 4.5m 이하, 2종 3m 이하**로 할 것. **기타 구조**의 경우 **1종 3m 이하, 2종 1m 이하**로 할 것 〔설계 18회〕

마. **케**이블트레이에 감지기를 설치하는 경우에는 **케이블트레이 받침대**에 마감금구를 사용하여 설치할 것

바. **창고**의 **천장** 등에 **지**지물이 적당하지 않는 장소에서는 **보조선**을 설치하고 그 보조선에 설치할 것〈개정 21.1.15.〉

사. **분**전반 내부에 설치하는 경우 접착제를 이용하여 돌기를 바닥에 고정시키고 그 곳에 감지기를 설치할 것

아. 그 밖의 설치방법은 형식승인 내용에 따르며 형식승인 사항이 아닌 것은 제조사의 **시**방(示方)에 따라 설치할 것

> **기억법** 정감 보단굴거 케지분시

13. **불꽃감지기**는 다음의 기준에 따라 설치할 것 〔점검 12회〕
    가. **공**칭감시거리 및 공칭시야각은 형식승인 내용에 따를 것
    나. 감지기는 공칭감시거리와 공칭시야각을 기준으로 감시**구**역이 모두 포용될 수 있도록 설치할 것
    다. 감지기는 화재감지를 유효하게 감지할 수 있는 **모**서리 또는 **벽** 등에 설치할 것
    라. 감지기를 **천**장에 설치하는 경우에는 감지기는 바닥을 향하여 설치할 것
    마. **수**분이 많이 발생할 우려가 있는 장소에는 **방수형**으로 설치할 것
    바. 그 밖의 설치기준은 형식승인 내용에 따르며 형식승인 사항이 아닌 것은 제조사의 **시**방에 따라 설치할 것

> **기억법** 불공구 모천수시

14. 아날로그방식의 감지기는 **공칭감지온도범위** 및 **공칭감지농도범위**에 적합한 장소에, 다신호방식의 감지기는 **화재신호**를 **발신**하는 **감도**에 적합한 장소에 설치할 것. 다만, 이 기준에서 정하지 않는 설치방법에 대하여는 형식승인 사항이나 제조사의 시방에 따라 설치할 수 있다.

15. **광전식분리형감지기**는 다음의 기준에 따라 설치할 것
    가. 감지기의 **수**광면은 햇빛을 직접 받지 않도록 설치할 것
    나. 광축(송광면과 수광면의 중심을 연결한 선)은 나란한 **벽**으로부터 **0.6m 이상** 이격하여 설치할 것
    다. 감지기의 송광부와 수광부는 설치된 뒷벽으로부터 1m 이내 위치에 설치할 것

라. 광축의 **높**이는 천장 등(천장의 실내에 면한 부분 또는 상층의 바닥 하부면을 말한다.) 높이의 **80%** 이상일 것
마. 감지기의 광축의 **길**이는 **공**칭감시거리 범위 이내일 것
바. 그 밖의 설치기준은 형식승인 내용에 따르며 형식승인 사항이 아닌 것은 제조사의 시방에 따라 설치할 것

> [기억법] 광분수 벽높(노) 길공

④ 제3항에도 불구하고 다음 각 호의 장소에는 각각 **광전식분리형감지기** 또는 **불꽃감지기**를 설치하거나 **광전식공기흡입형감지기**를 설치할 수 있다.
  1. 화학공장 · 격납고 · 제련소 등 : **광전식분리형감지기** 또는 **불꽃감지기**. 이 경우 각 감지기의 공칭감시거리 및 공칭시야각 등 감지기의 성능을 고려하여야 한다.
  2. 전산실 또는 반도체 공장 등 : **광전식공기흡입형감지기**. 이 경우 설치장소 · 감지면적 및 공기흡입관의 이격거리 등은 형식승인 내용에 따르며 형식승인 사항이 아닌 것은 제조사의 시방에 따라 설치하여야 한다.

⑤ 다음 각 호의 장소에는 감지기를 설치하지 아니한다.
  1. **천**장 또는 반자의 높이가 **20m** 이상인 장소. 다만, 제1항 단서 각 호의 감지기로서 부착높이에 따라 적응성이 있는 장소는 제외한다.
  2. **헛간** 등 외부와 기류가 통하는 장소로서 감지기에 따라 화재발생을 유효하게 감지할 수 없는 장소
  3. **부**식성 가스가 체류하고 있는 장소
  4. **고**온도 및 **저**온도로서 감지기의 기능이 정지되기 쉽거나 감지기의 유지관리가 어려운 장소
  5. **목**욕실 · 욕조나 **샤**워시설이 있는 **화장실** · 기타 이와 유사한 장소
  6. **파**이프 덕트 등 그 밖의 이와 비슷한 것으로서 **2개층**마다 방화구획된 것이나 수평단면적이 **5m²** 이하인 것
  7. **먼**지 · 가루 또는 수증기가 다량으로 체류하는 장소 또는 주방 등 평시에 연기가 발생하는 장소(연기감지기에 한한다.)
  8. 삭 제
  9. **프**레스공장 · **주**조공장 등 화재발생의 위험이 적은 장소로서 감지기의 유지관리가 어려운 장소

> [기억법] 천간부고 목파먼 프주(퍼주다)

⑥ 삭 제〈21.1.15.〉

⑦ 제1항 단서에도 불구하고 일시적으로 발생한 열·연기 또는 먼지 등으로 인하여 화재신호를 발신할 우려가 있는 장소에는 [별표 1] 및 [별표 2]에 따라 그 장소에 적응성 있는 감지기를 설치할 수 있으며, 연기감지기를 설치할 수 없는 장소에는 [별표 1]을 적용하여 설치할 수 있다.

⑧ 삭 제

제8조【음향장치 및 시각경보장치】 ① 자동화재탐지설비의 음향장치는 다음 각 호의 기준에 따라 설치하여야 한다. 〔설계 8회〕

1. **주음향장치**는 수신기의 **내부** 또는 **그 직근**에 설치할 것
2. 층수가 **5층** 이상으로서 연면적이 **3,000m²**를 초과하는 특정소방대상물은 다음 각 목에 따라 경보를 발할 수 있도록 하여야 한다.
   가. **2층** 이상의 층에서 발화한 때에는 **발화층** 및 그 **직상층**에 경보를 발할 것
   나. **1층**에서 발화한 때에는 **발화층**·그 **직상층** 및 **지하층**에 경보를 발할 것
   다. **지하층**에서 발화한 때에는 **발화층**·그 **직상층** 및 **기타**의 **지하층**에 경보를 발할 것

   2의2. 삭 제

3. 지구음향장치는 특정소방대상물의 **층**마다 설치하되, 해당 특정소방대상물의 각 부분으로부터 하나의 음향장치까지의 **수평거리**가 **25m** 이하가 되도록 하고, 해당 층의 각 부분에 유효하게 경보를 발할 수 있도록 설치할 것. 다만, 비상방송설비의화재안전기준(NFSC 202)에 적합한 방송설비를 **자동화재탐지설비**의 감지기와 연동하여 작동하도록 설치한 경우에는 지구음향장치를 설치하지 아니할 수 있다.
4. 음향장치는 다음 각 목의 기준에 따른 구조 및 성능의 것으로 하여야 한다.
   가. 정격전압의 **80%** 전압에서 음향을 발할 수 있는 것으로 할 것. 다만, 건전지를 주전원으로 사용하는 음향장치는 그러하지 아니하다.〈개정 19.5.24.〉
   나. 음량은 부착된 음향장치의 중심으로부터 **1m** 떨어진 위치에서 **90dB** 이상이 되는 것으로 할 것
   다. **감지기** 및 **발신기**의 작동과 연동하여 작동할 수 있는 것으로 할 것
5. 제3호에도 불구하고 제3호의 기준을 초과하는 경우로서 기둥 또는 벽이 설치되지 아니한 **대형공간**의 경우 **지구음향장치**는 설치 대상 장소의 가장 가까운 장소의 **벽** 또는 **기둥** 등에 설치할 것

② **청각장애인용 시각경보장치**는 소방청장이 정하여 고시한「시각경보장치의 성능인증 및 제품검사의 기술기준」에 적합한 것으로서 다음 각 목의 기준에 따라 설치하여야 한다.

1. **복도·통로·청각장애인용 객실** 및 **공용**으로 사용하는 **거실**(로비, 회의실, 강의실, 식당, 휴게실, 오락실, 대기실, 체력단련실, 접객실, 안내실, 전시실, 기타 이와 유사한 장소를 말한다.)에 설치하며, 각 부분으로부터 유효하게 경보를 발할 수 있는 위치에 설치할 것
2. **공연장·집회장·관람장** 또는 이와 유사한 장소에 설치하는 경우에는 시선이 집중되는 무대부 부분 등에 설치할 것
3. 설치높이는 바닥으로부터 **2m 이상 2.5m 이하**의 장소에 설치할 것. 다만, 천장의 높이가 **2m 이하**인 경우에는 천장으로부터 **0.15m 이내**의 장소에 설치하여야 한다.
4. 시각경보장치의 광원은 전용의 축전지설비 또는 전기저장장치(외부 전기에너지를 저장해 두었다가 필요한 때 전기를 공급하는 장치)에 의하여 점등되도록 할 것. 다만, 시각경보기에 작동전원을 공급할 수 있도록 형식승인을 얻은 수신기를 설치한 경우에는 그러하지 아니하다.

③ 하나의 특정소방대상물에 2 이상의 수신기가 설치된 경우 어느 수신기에서도 **지구음향장치** 및 **시각경보장치**를 작동할 수 있도록 할 것

제9조【발신기】 ① 자동화재탐지설비의 발신기는 다음 각 호의 기준에 따라 설치하여야 한다.〈개정 21.1.15.〉
1. **조작**이 쉬운 장소에 설치하고, **스위치**는 바닥으로부터 **0.8m 이상 1.5m 이하**의 높이에 설치할 것
2. 특정소방대상물의 **층**마다 설치하되, 해당 특정소방대상물의 각 부분으로부터 하나의 발신기까지의 **수평거리**가 **25m 이하**가 되도록 할 것. 다만, 복도 또는 별도로 구획된 실로서 **보행거리**가 **40m 이상**일 경우에는 추가로 설치하여야 한다.
3. 제2호에도 불구하고 제2호의 기준을 초과하는 경우로서 기둥 또는 벽이 설치되지 아니한 대형공간의 경우 발신기는 설치 **대상 장소**의 가장 가까운 장소의 **벽** 또는 **기둥** 등에 설치할 것

② 발신기의 위치를 표시하는 **표시등**은 **함**의 **상부**에 설치하되, 그 불빛은 부착면으로부터 **15° 이상**의 범위 안에서 부착지점으로부터 **10m 이내**의 어느 곳에서도 쉽게 식별할 수 있는 **적색등**으로 하여야 한다.

제10조【전원】 ① 자동화재탐지설비의 **상용전원**은 다음 각 호의 기준에 따라 설치하여야 한다. 설계 9회
1. 전원은 전기가 정상적으로 공급되는 **축전지**, **전기저장장치**(외부 전기에너지를 저장해 두었다가 필요한 때 전기를 공급하는 장치) 또는 **교류전압**의 **옥내 간선**으로 하고, 전원까지의 배선은 **전용**으로 할 것

1. 자동화재탐지설비 및 시각경보장치(NFSC 203)

2. 개폐기에는 "**자동화재탐지설비용**"이라고 표시한 표지를 할 것
② 자동화재탐지설비에는 그 설비에 대한 감시상태를 **60분**간 지속한 후 유효하게 **10분 이상** 경보할 수 있는 **축전지설비**(수신기에 내장하는 경우를 포함한다.) 또는 **전기저장장치**(외부 전기에너지를 저장해 두었다가 필요한 때 전기를 공급하는 장치)를 설치하여야 한다. 다만, **상용전원**이 **축전지설비**인 경우 또는 건전지를 주전원으로 사용하는 **무선식 설비**인 경우에는 그러하지 아니하다.⟨개정 19.5.24.⟩

제11조【배선】 배선은 「전기사업법」 제67조에 따른 기술기준에서 정한 것 외에 다음 각 호의 기준에 따라 설치하여야 한다.
1. **전원회로**의 **배선**은 「옥내소화전설비의 화재안전기준(NFSC 102)」 [별표 1]에 따른 **내화배선**에 따르고, 그 밖의 **배선**(감지기 상호간 또는 감지기로부터 수신기에 이르는 감지기회로의 배선을 제외한다.)은 「옥내소화전설비의 화재안전기준(NFSC 102)」 [별표 1]에 따른 **내화배선** 또는 **내열배선**에 따라 설치할 것
2. 감지기 상호간 또는 감지기로부터 수신기에 이르는 감지기회로의 배선은 다음 각 목의 기준에 따라 설치할 것 〔설계 14회〕
   가. 아날로그식, 다신호식 감지기나 R형 수신기용으로 **사용**되는 것은 **전자파 방해**를 받지 아니하는 **쉴드선** 등을 사용하여야 하며, **광케이블**의 경우에는 전자파 방해를 받지 아니하고 **내열성능**이 있는 경우 사용할 수 있다. 다만, 전자파 방해를 받지 아니하는 방식의 경우에는 그러하지 아니하다.
   나. 가목 외의 일반배선을 사용할 때는 「옥내소화전설비의 화재안전기준(NFSC 102)」 [별표 1]에 따른 **내화배선** 또는 **내열배선**으로 사용할 것
3. 감지기회로의 **도통시험**을 위한 **종단저항**은 다음의 기준에 따를 것 〔설계 17회〕
   가. 점검 및 관리가 쉬운 장소에 설치할 것
   나. 전용함을 설치하는 경우 그 설치높이는 바닥으로부터 **1.5m 이내**로 할 것
   다. 감지기회로의 끝부분에 설치하며, 종단감지기에 설치할 경우에는 구별이 쉽도록 해당 감지기의 기판 및 감지기 외부 등에 별도의 표시를 할 것
4. 감지기 사이의 회로의 배선은 **송배전식**으로 할 것
5. 전원회로의 전로와 대지 사이 및 배선 상호간의 절연저항은 「전기사업법」 제67조에 따른 기술기준이 정하는 바에 의하고, 감지기회로 및 부속회로의 전로와 대지 사이 및 배선 상호간의 절연저항은 1경계구역마다 **직류 250V**의 **절연저항측정기**를 사용하여 측정한 절연저항이 **0.1MΩ 이상**이 되도록 할 것
6. 자동화재탐지설비의 배선은 다른 전선과 별도의 **관·덕트**(절연효력이 있는 것으로 구획한 때에는 그 구획된 부분은 별개의 덕트로 본다.)·**몰드** 또는 **풀박스** 등에

설치할 것. 다만, **60V 미만**의 **약전류회로**에 사용하는 전선으로서 각각의 전압이 같을 때에는 그러하지 아니하다.
7. **피(P)형 수신기** 및 **지피(G.P.)형 수신기**의 감지기회로의 배선에 있어서 하나의 공통선에 접속할 수 있는 경계구역은 **7개 이하**로 할 것
8. 자동화재탐지설비의 감지기회로의 전로저항은 **50Ω 이하**가 되도록 하여야 하며, 수신기의 각 회로별 종단에 설치되는 감지기에 접속되는 배선의 전압은 감지기 정격전압의 **80% 이상**이어야 할 것

제12조【설치·유지기준의 특례】 소방본부장 또는 소방서장은 기존 건축물이 증축·개축·대수선되거나 용도변경되는 경우에 있어서 이 기준이 정하는 기준에 따라 해당 건축물에 설치하여야 할 자동화재탐지설비의 배관·배선 등의 공사가 현저하게 곤란하다고 인정되는 경우에는 해당 설비의 기능 및 사용에 지장이 없는 범위 안에서 자동화재탐지설비의 설치·유지기준의 일부를 적용하지 아니할 수 있다.

제13조【재검토 기한】 소방청장은 「훈령·예규 등의 발령 및 관리에 관한 규정」에 따라 이 고시에 대하여 2017년 1월 1일 기준으로 매 3년이 되는 시점(매 3년째의 12월 31일까지를 말한다.)마다 그 타당성을 검토하여 개선 등의 조치를 하여야 한다.

부 칙 〈제2021-11호, 21.1.15.〉

제1조【시행일】 이 고시는 발령한 날부터 시행한다.

제2조 생 략

제3조【다른 고시의 개정】 ①부터 ③까지 생략
④ 「자동화재탐지설비 및 시각경보장치의 화재안전기준(NFSC 203)」 일부를 다음과 같이 개정한다.
　제4조 제1항 제4호 "지하구의 경우 하나의 경계구역의 길이는 700m 이하로 할 것"을 삭제한다.
　제7조 제3항 제12호 바목 중 "지하구나"를 삭제한다.
　제7조 제6항을 삭제한다.
　제9조 제1항 중 단서 조항 "다만, 지하구의 경우에는 발신기를 설치하지 아니할 수 있다."를 삭제한다.

[별표 1] 설치장소별 감지기 적응성(연기감지기를 설치할 수 없는 경우 적용)

(제7조 제7항 관련) 설계 12회

설치장소		적응 열감지기								불꽃감지기	비 고
환경상태	적응장소	차동식 스포트형		차동식 분포형		보상식 스포트형		정온식		열아날로그식	
		1종	2종	1종	2종	1종	2종	특종	1종		
먼지 또는 미분 등이 다량으로 체류하는 장소 점검 12회	쓰레기장, 하역장, 도장실, 섬유·목재·석재 등 가공공장	○	○	○	○	○	○	○	○	○	1. 불꽃감지기에 따라 감시가 곤란한 장소는 적응성이 있는 열감지기를 설치할 것 2. 차동식분포형감지기를 설치하는 경우에는 검출부에 먼지, 미분 등이 침입하지 않도록 조치할 것 3. 차동식스포트형감지기 또는 보상식스포트형감지기를 설치하는 경우에는 검출부에 먼지, 미분 등이 침입하지 않도록 조치할 것 4. 정온식감지기를 설치하는 경우에는 특종으로 설치할 것 5. 섬유, 목재가공공장 등 화재확대가 급속하게 진행될 우려가 있는 장소에 설치하는 경우 정온식감지기는 특종으로 설치할 것. 공칭작동온도 75℃ 이하, 열아날로그식스포트형감지기는 화재표시 설정은 80℃ 이하가 되도록 할 것 기억법 먼불열 분차스보먼 정특 섬정특
수증기가 다량으로 머무는 장소	증기 세정실, 탕비실, 소독실 등	×	×	×	○	×	○	○	○	○	1. 차동식분포형감지기 또는 보상식스포트형감지기는 급격한 온도변화가 없는 장소에 한하여 사용할 것 2. 차동식분포형감지기를 설치하는 경우에는 검출부에 수증기가 침입하지 않도록 조치할 것 3. 보상식스포트형감지기, 정온식감지기 또는 열아날로그식감지기를 설치하는 경우에는 방수형으로 설치할 것 4. 불꽃감지기를 설치할 경우 방수형으로 할 것

설치장소		적응 열감지기									비 고
환경 상태	적응 장소	차동식 스포트형		차동식 분포형		보상식 스포트형		정온식		열아날로그식	불꽃감지기
		1종	2종	1종	2종	1종	2종	특종	1종		
부식성 가스가 발생할 우려가 있는 장소 점검 15회, 17회	도금공장, 축전지실, 오수처리장 등	×	×	○	○	○	○	○	○	○	○	1. **차**동식분포형감지기를 설치하는 경우에는 감지부가 피복되어 있고 검출부가 부식성 가스에 영향을 받지 않는 것 또는 검출부에 부식성 가스가 침입하지 않도록 조치할 것 2. **보**상식스포트형감지기, **정**온식감지기 또는 열아날로그식스포트형감지기를 설치하는 경우에는 부식성 가스의 성상에 반응하지 않는 **내산형** 또는 **내알칼리형**으로 설치할 것 3. **정**온식감지기를 설치하는 경우에는 **특종**으로 설치할 것 [기억법] 정차보
주방, 기타 평상시에 연기가 체류하는 장소	주방, 조리실, 용접작업장 등	×	×	×	×	×	×	○	○	○	○	1. **주방, 조리실** 등 **습도**가 많은 장소에는 **방수형감지기**를 설치할 것 2. 불꽃감지기는 UV/IR형을 설치할 것
현저하게 고온으로 되는 장소	건조실, 살균실, 보일러실, 주조실, 영사실, 스튜디오	×	×	×	×	×	×	○	○	○	×	
배기 가스가 다량으로 체류하는 장소	주차장, 차고, 화물취급소 차로, 자가발전실, 트럭터미널, 엔진시험실	○	○	○	○	○	○	×	×	○	○	1. **불꽃감지기**에 따라 감시가 곤란한 장소는 적응성이 있는 열감지기를 설치할 것 2. **열아날로그식스포트형감지기**는 화재표시 설정이 **60℃ 이하**가 바람직하다.

1. 자동화재탐지설비 및 시각경보장치(NFSC 203)

설치장소		적응 열감지기								비고
환경 상태	적응 장소	차동식 스포트 형		차동식 분포형		보상식 스포트 형		정온식		열아날로그식	불꽃감지기	
		1종	2종	1종	2종	1종	2종	특종	1종			
연기가 다량으로 유입할 우려가 있는 장소	음식물 배급실, 주방전실, 주방 내 식품저장실, 음식물 운반용 엘리베이터, 주방 주변의 복도 및 통로, 식당 등	○	○	○	○	○	○	○	○	○	×	1. 고체연료 등 가연물이 수납되어 있는 음식물배급실, 주방전실에 설치하는 **정온식감지기**는 **특종**으로 설치할 것 2. 주방 주변의 복도 및 통로, 식당 등에는 **정온식감지기**를 **설치하지 말 것** 3. 제1호 및 제2호의 장소에 **열아날로그식스포트형감지기**를 설치하는 경우에는 화재표시 설정을 **60℃ 이하**로 할 것
물방울이 발생하는 장소 점검 17회	스레트 또는 철판으로 설치한 지붕 창고·공장, 패키지형 냉각기전용수납실, 밀폐된 지하창고, 냉동실 주변 등	×	×	○	○	○	○	○	○	○	○	1. **보상식스포트형감지기**, 정온식감지기 또는 **열아날로그식 스포트형감지기**를 설치하는 경우에는 **방수형**으로 설치할 것 2. **보상식스포트형감지기**는 급격한 온도변화가 없는 장소에 한하여 설치할 것 3. **불꽃감지기**를 설치하는 경우에는 **방수형**으로 설치할 것
불을 사용하는 설비로서 불꽃이 노출되는 장소	유리공장, 용선로가 있는 장소, 용접실, 주방, 작업장, 주방, 주조실 등	×	×	×	×	×	×	○	○	○	×	

(주) 1. "○"는 당해 설치장소에 적응하는 것을 표시, "×"는 당해 설치장소에 적응하지 않는 것을 표시
2. 차동식스포트형, 차동식분포형 및 보상식스포트형 1종은 감도가 예민하기 때문에 비화재보 발생은 2종에 비해 불리한 조건이라는 것을 유의할 것
3. 차동식분포형 3종 및 정온식 2종은 소화설비와 연동하는 경우에 한해서 사용할 것
4. 다신호식감지기는 그 감지기가 가지고 있는 종별, 공칭작동온도별로 따르지 말고 상기 표에 따른 적응성이 있는 감지기로 할 것

[별표 2] 설치장소별 감지기 적응성(제7조 제7항 관련) 점검 14회

설치장소		적응 열감지기					적응 연기감지기					불꽃감지기	비고
환경상태	적응장소	차동식스포트형	차동식분포형	보상식스포트형	정온식	열아날로그식	이온화식스포트형	광전식스포트형	이온아날로그식스포트형	광전아날로그식스포트형	광전식분리형	광전아날로그식분리형		
1. 흡연에 의해 연기가 체류하며 환기가 되지 않는 장소	회의실, 응접실, 휴게실, 노래연습실, 오락실, 다방, 음식점, 대합실, 카바레 등의 객실, 집회장, 연회장 등	○	○	○				◎		◎	○	○		
2. 취침시설로 사용하는 장소	호텔 객실, 여관, 수면실 등						◎	◎	◎	◎	○	○		
3. 연기 이외의 미분이 떠다니는 장소	복도, 통로 등						◎	◎	◎	◎	○	○		
4. 바람에 영향을 받기 쉬운 장소	로비, 교회, 관람장, 옥탑에 있는 기계실		○					◎		◎	○	○		
5. 연기가 멀리 이동해서 감지기에 도달하는 장소	계단, 경사로							○		○	○	○		광전식스포트형감지기 또는 광전아날로그식스포트형감지기를 설치하는 경우에는 당해 감지기회로에 **축적기능을 갖지 않는** 것으로 할 것

1. 자동화재탐지설비 및 시각경보장치(NFSC 203)

설치장소		적응 열감지기					적응 연기감지기						불꽃감지기	비고
환경상태	적응장소	차동식스포트형	차동식분포형	보상식스포트형	정온식	열아날로그식	이온화식스포트형	광전식스포트형	이온아날로그식스포트형	광전아날로그식스포트형	광전식분리형	광전아날로그식분리형		
6. 훈소화재의 우려가 있는 장소	전화기기실, 통신기기실, 전산실, 기계제어실							○		○	○	○		
7. 넓은 공간으로 천장이 높아 열 및 연기가 확산하는 장소	체육관, 항공기 격납고, 높은 천장의 창고·공장, 관람석 상부 등 감지기 부착 높이가 8m 이상의 장소		○								○	○	○	

> **기억법** 흡취미바 멀훈넓(너)

(주) 1. "○"는 당해 설치장소에 적응하는 것을 표시
  2. "◎" 당해 설치장소에 연감지기를 설치하는 경우에는 당해 감지회로에 축적기능을 갖는 것을 표시
  3. 차동식스포트형, 차동식분포형, 보상식스포트형 및 연기식(당해 감지기회로에 축적기능을 갖지 않는 것) 1종은 감도가 예민하기 때문에 비화재보 발생은 2종에 비해 불리한 조건이라는 것을 유의하여 따를 것
  4. 차동식분포형 3종 및 정온식 2종은 소화설비와 연동하는 경우에 한해서 사용할 것
  5. 광전식분리형감지기는 평상시 연기가 발생하는 장소 또는 공간이 협소한 경우에는 적응성이 없음.
  6. 넓은 공간으로 천장이 높아 열 및 연기가 확산하는 장소로서 차동식분포형 또는 광전식분리형 2종을 설치하는 경우에는 제조사의 사양에 따를 것
  7. 다신호식감지기는 그 감지기가 가지고 있는 종별, 공칭작동온도별로 따르고 표에 따른 적응성이 있는 감지기로 할 것
  8. 축적형감지기 또는 축적형중계기 혹은 축적형수신기를 설치하는 경우에는 제7조에 따를 것

2 자동화재속보설비(NFSC 204)

일부개정 2019. 5. 24. 소방청고시 제2019-42호

제1조【목적】 이 기준은 「화재예방, 소방시설 설치·유지 및 안전관리에 관한 법률」 제9조 제1항에 따라 소방청장에게 위임한 사항 중 경보설비인 자동화재속보설비의 설치·유지 및 안전관리에 필요한 사항을 규정함을 목적으로 한다.

제2조【적용범위】 「화재예방, 소방시설 설치·유지 및 안전관리에 관한 법률 시행령」 (이하 "**영**"이라 한다.) [별표 5] 제2호 마목에 따른 자동화재속보설비는 이 기준에서 정하는 규정에 따라 설비를 설치하고 유지·관리하여야 한다.

제3조【정의】 이 기준에서 사용하는 용어의 정의는 다음과 같다.
1. "**속보기**"란 화재신호를 통신망을 통하여 음성 등의 방법으로 소방관서에 통보하는 장치를 말한다.
2. "**통신망**"이란 유선이나 무선 또는 유무선 겸용 방식을 구성하여 음성 또는 데이터 등을 전송할 수 있는 집합체를 말한다.

제4조【설치기준】 ① 자동화재속보설비는 다음 각 호의 기준에 따라 설치하여야 한다.
1. **자동화재탐지설비**와 연동으로 작동하여 자동적으로 화재발생 상황을 소방관서에 전달되는 것으로 할 것. 이 경우 부가적으로 특정소방대상물의 관계인에게 화재발생 상황을 전달되도록 할 수 있다.
2. 조작스위치는 바닥으로부터 **0.8m 이상 1.5m 이하**의 높이에 설치할 것
3. 속보기는 **소방관서**에 **통신망**으로 통보하도록 하며, **데이터** 또는 **코드전송방식**을 부가적으로 설치할 수 있다. 단, 데이터 및 코드전송방식의 기준은 소방청장이 정하여 고시한 「자동화재속보설비의 속보기의 성능인증 및 제품검사의 기술기준」 제5조 제12호에 따른다.
4. **문화재**에 설치하는 자동화재속보설비는 제1호의 기준에도 불구하고 속보기에 감지기를 직접 연결하는 방식(자동화재탐지설비 1개의 경계구역에 한한다.)으로 할 수 있다.
5. 속보기는 소방청장이 정하여 고시한 「자동화재속보설비의 속보기의 성능인증 및 제품검사의 기술기준」에 적합한 것으로 설치하여야 한다.

② 삭 제〈15.1.23.〉

제5조【설치·유지기준의 특례】 소방본부장 또는 소방서장은 기존 건축물이 증축·개축·대수선되거나 용도변경되는 경우에 있어서 이 기준이 정하는 기준에 따라 해

당 건축물에 설치하여야 할 자동화재속보설비의 배관·배선 등의 공사가 현저하게 곤란하다고 인정되는 경우에는 해당 설비의 기능 및 사용에 지장이 없는 범위 안에서 자동화재속보설비의 설치·유지기준의 일부를 적용하지 아니할 수 있다.

제6조【재검토 기한】 소방청장은 이 고시에 대하여「훈령·예규 등의 발령 및 관리에 관한 규정」에 따라 2019년 1월 1일 기준으로 매 3년이 되는 시점(매 3년째의 12월 31일까지를 말한다.)마다 그 타당성을 검토하여 개선 등의 조치를 하여야 한다.
〈개정 19.5.24.〉

부 칙〈제2019-42호, 19.5.24.〉

이 고시는 발령한 날부터 시행한다.

3 비상경보설비 및 단독경보형감지기(NFSC 201)

타법개정 2021. 1. 15. 소방청고시 제2021-11호

제1조【목적】 이 기준은 「화재예방, 소방시설 설치·유지 및 안전관리에 관한 법률」 제9조 제1항에 따라 소방청장에게 위임한 사항 중 경보설비인 비상경보설비 및 단독경보형감지기의 설치·유지 및 안전관리에 필요한 사항을 규정함을 목적으로 한다.

제2조【적용범위】 「화재예방, 소방시설 설치·유지 및 안전관리에 관한 법률 시행령」 (이하 "**영**"이라 한다.) [별표 5] 제2호 가목과 바목에 따른 비상경보설비와 단독경보형감지기는 이 기준에서 정하는 규정에 따라 설비를 설치하고 유지·관리하여야 한다.

제3조【정의】 이 기준에서 사용되는 용어의 정의는 다음과 같다.
1. "**비상벨설비**"란 화재발생 상황을 **경종**으로 경보하는 설비를 말한다.
2. "**자동식 사이렌설비**"란 화재발생 상황을 **사이렌**으로 경보하는 설비를 말한다.
3. "**단독경보형감지기**"란 화재발생 상황을 **단독**으로 감지하여 자체에 **내장**된 **음향장치**로 경보하는 감지기를 말한다.
4. "**발신기**"란 화재발생 신호를 수신기에 **수동**으로 **발신**하는 장치를 말한다.
5. "**수신기**"란 발신기에서 발하는 **화재신호**를 **직접 수신**하여 화재의 발생을 **표시** 및 **경보**하여 주는 장치를 말한다.

제3조의2【신호처리방식】 화재신호 및 상태신호 등(이하 "**화재신호등**"이라 한다.)을 송·수신하는 방식은 다음 각 호와 같다.〈개정 19.5.24.〉
1. "**유선식**"은 화재신호 등을 **배선**으로 송·수신하는 방식의 것
2. "**무선식**"은 화재신호 등을 **전파**에 의해 송·수신하는 방식의 것
3. "**유·무선식**"은 유선식과 무선식을 **겸용**으로 사용하는 방식의 것

제4조【비상벨설비 또는 자동식 사이렌설비】 ① 비상벨설비 또는 자동식 사이렌설비는 부식성 가스 또는 습기 등으로 인하여 부식의 우려가 없는 장소에 설치하여야 한다.
② 지구음향장치는 특정소방대상물의 층마다 설치하되, 해당 특정소방대상물의 각 부분으로부터 하나의 음향장치까지의 **수평거리**가 **25m 이하**가 되도록 하고, 해당 층의 각 부분에 유효하게 경보를 발할 수 있도록 설치하여야 한다. 다만, 「비상방송설비의 화재안전기준(NFSC 202)」에 적합한 방송설비를 **비상벨설비** 또는 **자동식 사이렌설비**와 연동하여 작동하도록 설치한 경우에는 지구음향장치를 설치하지 아니할 수 있다.

③ 음향장치는 정격전압의 **80%** 전압에서 음향을 발할 수 있도록 하여야 한다. 다만, 건전지를 주전원으로 사용하는 음향장치는 그러하지 아니하다.〈개정 19.5.24.〉
④ 음향장치의 음량은 부착된 음향장치의 중심으로부터 **1m** 떨어진 위치에서 **90dB 이상**이 되는 것으로 하여야 한다.
⑤ 발신기는 다음 각 호의 기준에 따라 설치하여야 한다.〈개정 21.1.15.〉
  1. **조작**이 쉬운 장소에 설치하고, 조작스위치는 바닥으로부터 **0.8m 이상 1.5m 이하**의 높이에 설치할 것
  2. 특정소방대상물의 **층**마다 설치하되, 해당 특정소방대상물의 각 부분으로부터 하나의 발신기까지의 **수평거리**가 **25m 이하**가 되도록 할 것. 다만, **복도** 또는 **별도**로 **구획된 실**로서 **보행거리**가 **40m 이상**일 경우에는 추가로 설치하여야 한다.
  3. 발신기의 **위치표시등**은 **함**의 **상부**에 설치하되, 그 불빛은 부착면으로부터 **15° 이상**의 범위 안에서 부착지점으로부터 **10m 이내**의 어느 곳에서도 쉽게 식별할 수 있는 **적색등**으로 할 것
⑥ 비상벨설비 또는 자동식 사이렌설비의 상용전원은 다음 각 호의 기준에 따라 설치하여야 한다.
  1. 전원은 전기가 정상적으로 공급되는 **축전지, 전기저장장치**(외부 전기에너지를 저장해 두었다가 필요한 때 전기를 공급하는 장치) 또는 **교류전압**의 **옥내 간선**으로 하고, 전원까지의 배선은 **전용**으로 할 것
  2. 개폐기에는 "**비상벨설비 또는 자동식 사이렌설비용**"이라고 표시한 표지를 할 것
⑦ 비상벨설비 또는 자동식 사이렌설비에는 그 설비에 대한 **감시상태**를 **60분간** 지속한 후 유효하게 **10분 이상 경보**할 수 있는 **축전지설비**(수신기에 내장하는 경우를 포함한다.) 또는 **전기저장장치**(외부 전기에너지를 저장해 두었다가 필요한 때 전기를 공급하는 장치)를 설치하여야 한다. 다만, **상용전원**이 **축전지설비**인 경우 또는 건전지를 주전원으로 사용하는 무선식 설비인 경우에는 그러하지 아니하다.〈개정 19.5.24.〉
⑧ 비상벨설비 또는 자동식 사이렌설비의 배선은 「전기사업법」제67조에 따른 기술기준에서 정한 것 외에 다음 각 호의 기준에 따라 설치하여야 한다.
  1. **전원회로**의 배선은 「옥내소화전설비의 화재안전기준(NFSC 102)」[별표 1]에 따른 **내화배선**에 의하고 **그 밖의 배선**은 「옥내소화전설비의 화재안전기준(NFSC 102)」[별표 1]에 따른 **내화배선** 또는 **내열배선**에 따를 것

2. 전원회로의 전로와 대지 사이 및 배선 상호간의 절연저항은 「전기사업법」 제67조에 따른 기술기준이 정하는 바에 의하고, 부속회로의 전로와 대지 사이 및 배선 상호간의 절연저항은 1경계구역마다 **직류 250V**의 **절연저항측정기**를 사용하여 측정한 절연저항이 **0.1MΩ 이상**이 되도록 할 것
3. 배선은 다른 전선과 별도의 **관·덕트**(절연효력이 있는 것으로 구획한 때에는 그 구획된 부분은 별개의 덕트로 본다.)·**몰드** 또는 **풀박스** 등에 설치할 것. 다만, **60V 미만**의 **약전류회로**에 사용하는 전선으로서 각각의 전압이 같을 때에는 그러하지 아니하다.

제5조【단독경보형감지기】 단독경보형감지기는 다음 각 호의 기준에 따라 설치하여야 한다.

1. 각 **실**(이웃하는 실내의 바닥면적이 각각 **30m² 미만**이고 벽체의 상부의 전부 또는 일부가 개방되어 이웃하는 실내와 공기가 상호 유통되는 경우에는 이를 1개의 실로 본다.)마다 설치하되, 바닥면적이 150m²를 초과하는 경우에는 **150m²마다 1개** 이상 설치할 것
2. 최상층의 계단실의 **천**장(외기가 상통하는 계단실의 경우를 제외한다.)에 설치할 것
3. 건전지를 주전원으로 사용하는 단독경보형감지기는 정상적인 작동상태를 유지할 수 있도록 건전지를 **교**환할 것
4. 상용전원을 주전원으로 사용하는 단독경보형감지기의 2차 전지는 법 제39조에 따라 제품검사에 합격한 것을 사용할 것

> 기억법 실천교단

제6조【설치·유지기준의 특례】 소방본부장 또는 소방서장은 기존 건축물이 증축·개축·대수선되거나 용도변경되는 경우에 있어서 이 기준이 정하는 기준에 따라 해당 건축물에 설치하여야 할 비상경보설비의 배관·배선 등의 공사가 현저하게 곤란하다고 인정되는 경우에는 해당 설비의 기능 및 사용에 지장이 없는 범위 안에서 비상경보설비의 설치·유지기준의 일부를 적용하지 아니할 수 있다.

제7조【재검토 기한】 소방청장은 「훈령·예규 등의 발령 및 관리에 관한 규정」에 따라 이 고시에 대하여 2017년 1월 1일 기준으로 매 3년이 되는 시점(매 3년째의 12월 31일까지를 말한다.)마다 그 타당성을 검토하여 개선 등의 조치를 하여야 한다.

제8조 【규제의 재검토】「행정규제 기본법」제8조에 따라 2015년 1월 1일을 기준으로 매 3년이 되는 시점(매 3번째의 12월 31일까지를 말한다.)마다 그 타당성을 검토하여 개선 등의 조치를 하여야 한다.

부 칙 〈제2021-11호, 21.1.15.〉

제1조 【시행일】 이 고시는 발령한 날부터 시행한다.

제2조 생 략

제3조 【다른 고시의 개정】 ① 및 ② 생략

③ 「비상경보설비 및 단독경보형감지기의 화재안전기준(NFSC 201)」 일부를 다음과 같이 개정한다.
제4조 제5항 중 단서 조항 "다만, 지하구의 경우에는 발신기를 설치하지 아니할 수 있다."를 삭제한다.

④ 생략

4 비상방송설비(NFSC 202)

타법개정 2017. 7. 26. 소방청고시 제2017-1호

제1조【목적】 이 기준은 「화재예방, 소방시설 설치·유지 및 안전관리에 관한 법률」 제9조 제1항에 따라 소방청장에게 위임한 사항 중 경보설비인 비상방송설비의 설치·유지 및 안전관리에 필요한 사항을 규정함을 목적으로 한다.〈개정 17.7.26.〉

제2조【적용범위】 「화재예방, 소방시설 설치·유지 및 안전관리에 관한 법률 시행령」(이하 "**영**"이라 한다.) [별표 5] 제2호 나목에 따른 비상방송설비는 이 기준에서 정하는 규정에 따라 설비를 설치하고 유지·관리하여야 한다.〈개정 16.7.13.〉

제3조【정의】 이 기준에서 사용되는 용어의 정의는 다음과 같다.
1. "**확성기**"란 소리를 크게 하여 멀리까지 전달될 수 있도록 하는 장치로써 일명 스피커를 말한다.
2. "**음량조절기**"란 **가변저항**을 이용하여 **전류**를 **변화**시켜 음량을 크게 하거나 작게 조절할 수 있는 장치를 말한다.
3. "**증폭기**"란 전압전류의 **진폭**을 늘려 감도를 좋게 하고 미약한 **음성전류**를 커다란 음성전류로 변화시켜 **소리를 크게** 하는 장치를 말한다.

제4조【음향장치】 비상방송설비는 다음 각 호의 기준에 따라 설치하여야 한다. 이 경우 **엘리베이터 내부**에는 **별도**의 **음향장치**를 **설치**할 수 있다.
1. **확**성기의 음성**입**력은 3W(실내에 설치하는 것에 있어서는 1W) 이상일 것
2. 확성기는 각 층마다 설치하되, 그 층의 각 부분으로부터 하나의 확성기까지의 **수평거리**가 25m 이하가 되도록 하고, 해당 층의 각 부분에 유효하게 경보를 발할 수 있도록 설치할 것
3. 음량**조**정기를 설치하는 경우 음량조정기의 배선은 3선식으로 할 것
4. 조작부의 조작스위치는 바닥으로부터 0.8m 이상 1.5m 이하의 **높이**에 설치할 것
5. 조작부는 기동장치의 작동과 연동하여 해당 기동장치가 작동한 층 또는 구역을 표시할 수 있는 것으로 할 것
6. 증폭기 및 조작부는 **수위실** 등 상시 사람이 근무하는 장소로서 점검이 편리하고 방화상 유효한 곳에 설치할 것
7. 층수가 **5**층 **이**상으로서 연면적이 **3**,000m²를 **초**과하는 특정소방대상물은 다음 각 목에 따라 경보를 발할 수 있도록 하여야 한다.〈개정 12.2.15.〉
   가. **2**층 이상의 층에서 발화한 때에는 **발화층** 및 그 **직상층**에 경보를 발할 것

4. 비상방송설비(NFSC 202)

나. **1층**에서 발화한 때에는 **발화층**·그 **직상층** 및 **지하층**에 경보를 발할 것
다. **지하층**에서 발화한 때에는 **발화층**·그 **직상층** 및 **기타**의 **지하층**에 경보를 발할 것

> **기억법** 5이 3초 21

7의2. 삭 제⟨13.6.11.⟩
8. 다른 방송설비와 공용하는 것에 있어서는 화재 시 비상경보 외의 방송을 차단할 수 있는 구조로 할 것
9. 다른 전기회로에 따라 **유도장애**가 생기지 아니하도록 할 것
10. 하나의 특정소방대상물에 **2 이상**의 조작부가 설치되어 있는 때에는 각각의 조작부가 있는 장소 상호간에 동시통화가 가능한 설비를 설치하고, 어느 조작부에서도 해당 특정소방대상물의 전 구역에 방송을 할 수 있도록 할 것
11. 기동장치에 따른 화재신고를 수신한 후 필요한 음량으로 화재발생 상황 및 피난에 유효한 방송이 자동으로 **개**시될 때까지의 소요시간은 **10초** 이하로 할 것
12. 음향장치는 다음 각 목의 기준에 따른 구조 및 성능의 것으로 하여야 한다.
   가. 정격전압의 **80%** 전압에서 음향을 발할 수 있는 것을 할 것
   나. **자동화재탐지설비**의 작동과 연동하여 작동할 수 있는 것으로 할 것

> **기억법** 확입거 높조개장

제5조 【배선】 비상방송설비의 배선은 「전기사업법」 제67조에 따른 기술기준에서 정한 것 외에 다음 각 호의 기준에 따라 설치하여야 한다.
1. 화재로 인하여 하나의 층의 **확성기** 또는 배선이 **단락** 또는 **단선**되어도 다른 층의 화재통보에 지장이 없도록 할 것
2. **전원회로**의 **배선**은 옥내소화전설비의 화재안전기준(NFSC 102) [별표 1]에 따른 **내화배선**에 따르고, **그 밖의 배선**은 옥내소화전설비의 화재안전기준(NFSC 102) [별표 1]에 따른 **내화배선** 또는 **내열배선**에 따라 설치할 것
3. 전원회로의 전로와 대지 사이 및 배선 상호간의 절연저항은 「전기사업법」 제67조에 따른 기술기준이 정하는 바에 따르고, 부속회로의 전로와 대지 사이 및 배선 상호간의 절연저항은 1경계구역마다 **직류 250V**의 **절연저항측정기**를 사용하여 측정한 절연저항이 **0.1MΩ 이상**이 되도록 할 것
4. 비상방송설비의 배선은 다른 전선과 별도의 관·덕트(절연효력이 있는 것으로 구획한 때에는 그 구획된 부분은 별개의 덕트로 본다.)·**몰드** 또는 **풀박스** 등에 설치할 것. 다만, **60V** 미만의 약전류회로에 사용하는 전선으로서 각각의 전압이 같을 때에는 그러하지 아니하다.

제6조【전원】 ① 비상방송설비의 상용전원은 다음 각 호의 기준에 따라 설치하여야 한다.
 1. 전원은 전기가 정상적으로 공급되는 **축전지, 전기저장장치**(외부 전기에너지를 저장해 두었다가 필요한 때 전기를 공급하는 장치) 또는 **교류전압**의 **옥내 간선**으로 하고, 전원까지의 배선은 **전용**으로 할 것〈개정 16.7.13.〉
 2. 개폐기에는 "**비상방송설비용**"이라고 표시한 표지를 할 것
② 비상방송설비에는 그 설비에 대한 감시상태를 **60분**간 지속한 후 유효하게 **10분** 이상 경보할 수 있는 **축전지설비**(수신기에 내장하는 경우를 포함한다.) 또는 **전기저장장치**(외부 전기에너지를 저장해 두었다가 필요한 때 전기를 공급하는 장치)를 설치하여야 한다.〈개정 16.7.13.〉

제7조【설치ㆍ유지기준의 특례】소방본부장 또는 소방서장은 기존 건축물이 증축ㆍ개축ㆍ대수선되거나 용도변경되는 경우에 있어서 이 기준이 정하는 기준에 따라 해당 건축물에 설치하여야 할 비상방송설비의 배관ㆍ배선 등의 공사가 현저하게 곤란하다고 인정되는 경우에는 해당 설비의 기능 및 사용에 지장이 없는 범위 안에서 비상방송설비의 설치ㆍ유지기준의 일부를 적용하지 아니할 수 있다.

제8조【재검토 기한】 소방청장은 「훈령ㆍ예규 등의 발령 및 관리에 관한 규정」에 따라 이 고시에 대하여 2017년 1월 1일 기준으로 매 3년이 되는 시점(매 3년째의 12월 31일까지를 말한다.)마다 그 타당성을 검토하여 개선 등의 조치를 하여야 한다.
〈전문개정 17.7.26.〉

부 칙 〈제2017-1호, 17.7.26.〉

제1조【시행일】 이 고시는 발령한 날부터 시행한다.

제2조 생 략

5 누전경보기(NFSC 205)

일부개정 2019. 5. 24. 소방청고시 제2019-36호

제1조【목적】 이 기준은 「화재예방, 소방시설 설치·유지 및 안전관리에 관한 법률」 제9조 제1항에 따라 소방청장에게 위임한 사항 중 누전경보기의 설치·유지 및 안전관리에 필요한 사항을 규정함을 목적으로 한다.

제2조【적용범위】 「화재예방, 소방시설 설치·유지 및 안전관리에 관한 법률 시행령」 (이하 "**영**"이라 한다.) [별표 5] 제2호 다목에 따른 누전경보기는 이 기준에서 정하는 규정에 따라 설비를 설치하고 유지·관리하여야 한다.

제3조【정의】 이 기준에서 사용하는 용어의 정의는 다음과 같다.
1. "**누전경보기**"란 **내화구조**가 아닌 **건축물**로서 벽, 바닥 또는 천장의 전부나 일부를 **불연재료** 또는 **준불연재료**가 아닌 재료에 철망을 넣어 만든 건물의 전기설비로부터 누설전류를 탐지하여 경보를 발하며 **변류기**와 **수신부**로 구성된 것을 말한다.
2. "**수신부**"란 변류기로부터 검출된 **신호**를 **수신**하여 누전의 발생을 해당 특정소방대상물의 **관계인**에게 **경보**하여 주는 것(**차단기구**를 갖는 것을 포함한다.)을 말한다.
3. "**변류기**"란 경계전로의 **누설전류**를 자동적으로 **검출**하여 이를 누전경보기의 수신부에 송신하는 것을 말한다.

제4조【설치방법 등】 누전경보기는 다음 각 호의 방법에 따라 설치하여야 한다.
1. 경계전로의 정격전류가 **60A**를 **초과**하는 전로에 있어서는 **1급 누전경보기**를, 60A 이하의 전로에 있어서는 **1급** 또는 **2급 누전경보기**를 설치할 것. 다만, 정격전류가 60A를 초과하는 경계전로가 분기되어 각 분기회로의 정격전류가 60A 이하로 되는 경우 당해 분기회로마다 2급 누전경보기를 설치한 때에는 당해 경계전로에 **1급 누전경보기**를 설치한 것으로 본다.
2. 변류기는 특정소방대상물의 형태, 인입선의 시설방법 등에 따라 옥외 인입선의 **제1지점**의 **부하측** 또는 **제2종 접지선측**의 점검이 쉬운 위치에 설치할 것. 다만, 인입선의 형태 또는 특정소방대상물의 구조상 부득이한 경우에는 **인입구**에 **근접한 옥내**에 설치할 수 있다.
3. 변류기를 옥외의 전로에 설치하는 경우에는 **옥외형**으로 설치할 것

제5조【수신부】 ① 누전경보기의 수신부는 **옥내**의 **점검**에 **편리한 장소**에 설치하되, 가연성의 증기·먼지 등이 체류할 우려가 있는 장소의 전기회로에는 해당 부분의 전

기회로를 차단할 수 있는 차단기구를 가진 수신부를 설치하여야 한다. 이 경우 차단기구의 부분은 해당 장소 외의 안전한 장소에 설치하여야 한다.
② **누**전경보기의 수신부는 다음 각 호의 장소 외의 장소에 설치하여야 한다. 다만, 해당 누전경보기에 대하여 **방폭·방식·방습·방온·방진** 및 **정전기 차폐** 등의 방호조치를 한 것은 그러하지 아니하다. 〔점검 1회〕
  1. **가**연성의 증기·먼지·가스 등이나 부식성의 증기·가스 등이 다량으로 체류하는 장소
  2. **화**약류를 제조하거나 저장 또는 취급하는 장소
  3. **습**도가 높은 장소
  4. **온**도의 변화가 급격한 장소
  5. **대**전류회로·고주파 발생회로 등에 따른 영향을 받을 우려가 있는 장소

> 〔기억법〕 온습누가대화(**온**도·**습**도가 높으면 **누가 대화**하냐?)

③ 음향장치는 수위실 등 상시 사람이 근무하는 장소에 설치하여야 하며, 그 음량 및 음색은 다른 기기의 소음 등과 명확히 **구별**할 수 있는 것으로 하여야 한다.

제6조【전원】 누전경보기의 전원은「전기사업법」제67조에 따른 기술기준에서 정한 것 외에 다음 각 호의 기준에 따라야 한다.
  1. 전원은 분전반으로부터 **전용회로**로 하고, 각 극에 **개폐기** 및 **15A 이하**의 **과전류 차단기**(배선용 **차단기**에 있어서는 **20A 이하**의 것으로 **각 극**을 개폐할 수 있는 것)를 설치할 것
  2. 전원을 분기할 때에는 다른 차단기에 따라 전원이 차단되지 아니하도록 할 것
  3. 전원의 개폐기에는 "**누전경보기용**"임을 표시한 표지를 할 것

제7조【설치·유지기준의 특례】 **소방본부장** 또는 **소방서장**은 기존 건축물이 증축·개축·대수선되거나 용도변경되는 경우에 있어서 이 기준이 정하는 기준에 따라 해당 건축물에 설치하여야 할 누전경보기의 배관·배선 등의 공사가 현저하게 곤란하다고 인정되는 경우에는 해당 설비의 기능 및 사용에 지장이 없는 범위 안에서 누전경보기의 설치·유지기준의 일부를 적용하지 아니할 수 있다.

제8조【재검토 기한】 소방청장은 이 고시에 대하여「훈령·예규 등의 발령 및 관리에 관한 규정」에 따라 2019년 1월 1일 기준으로 매 3년이 되는 시점(매 3년째의 12월 31일까지를 말한다.)마다 그 타당성을 검토하여 개선 등의 조치를 하여야 한다.
〈개정 19.5.24.〉

제9조【규제의 재검토】「행정규제 기본법」제8조에 따라 2015년 1월 1일을 기준으로 매 3년이 되는 시점(매 3번째의 12월 31일까지를 말한다.)마다 그 타당성을 검토하여 개선 등의 조치를 하여야 한다.

부 칙 〈제2019-36호, 19.5.24.〉

이 고시는 발령한 날부터 시행한다.

6 가스누설경보기(NFSC 206)

제정 2021. 2. 4. 소방청고시 제2021-13호

제1조【목적】 이 기준은 「화재예방, 소방시설 설치·유지 및 안전관리에 관한 법률」 제9조 제1항에 따라 소방청장에게 위임한 사항 중 가스누설경보기의 설치·유지 및 안전관리에 관하여 필요한 사항을 규정함을 목적으로 한다.

제2조【적용범위】 「화재예방, 소방시설 설치·유지 및 안전관리에 관한 법률 시행령」(이하 "**영**"이라 한다.) [별표 5] 제2호 아목에 따른 가스누설경보기는 이 기준에서 정하는 규정에 따라 설치하고 유지·관리하여야 한다. 다만, 「액화석유가스의 안전관리 및 사업법」 및 「도시가스 사업법」에 따른 가스누출자동차단장치 또는 가스누출경보기 설치대상으로서 「액화석유가스의 안전관리 및 사업법」 및 「도시가스 사업법」에 적합하게 설치한 경우에는 이 기준에 적합한 것으로 본다.

제3조【정의】 이 기준에서 사용하는 용어의 정의는 다음과 같다.
1. "**가연성 가스 경보기**"란 보일러 등 **가스연소기**에서 액화석유가스(LPG), 액화천연가스(LNG) 등의 **가연성 가스**가 새는 것을 탐지하여 **관계자**나 **이용자**에게 경보하여 주는 것을 말한다. 다만, **탐지소자 외**의 방법에 의하여 가스가 새는 것을 탐지하는 것, **점검용**으로 만들어진 **휴대용 탐지기** 또는 연동기기에 의하여 경보를 발하는 것은 제외한다.
2. "**일산화탄소 경보기**"란 일산화탄소가 새는 것을 탐지하여 **관계자**나 **이용자**에게 경보하여 주는 것을 말한다. 다만, **탐지소자 외**의 방법에 의하여 가스가 새는 것을 탐지하는 것, 점검용으로 만들어진 휴대용 탐지기 또는 연동기기에 의하여 경보를 발하는 것은 제외한다.
3. "**탐지부**"란 가스누설경보기(이하 "경보기"라 한다.) 중 가스누설을 탐지하여 **중계기** 또는 **수신부**에 가스누설의 신호를 발신하는 부분 또는 가스누설을 탐지하여 **수신부** 등에 가스누설의 신호를 발신하는 부분을 말한다.
4. "**수신부**"란 경보기 중 탐지부에서 발하여진 가스누설신호를 **직접** 또는 **중계기**를 통하여 수신하고 이를 **관계자**에게 **음향**으로서 **경보**하여 주는 것을 말한다.
5. "**분리형**"이란 탐지부와 수신부가 **분리**되어 있는 형태의 경보기를 말한다.
6. "**단독형**"이란 탐지부와 수신부가 **일체**로 되어 있는 형태의 경보기를 말한다.
7. "**가스연소기**"란 **가스레인지** 또는 **가스보일러** 등 가연성 가스를 이용하여 **불꽃**을 **발생**하는 장치를 말한다.

제4조【가연성 가스 경보기】 ① 가연성 가스를 사용하는 **가스연소기**가 있는 경우에는

가연성 가스(액화석유가스(LPG), 액화천연가스(LNG) 등)의 종류에 적합한 경보기를 **가스연소기 주변**에 설치하여야 한다.
② **분리형 경보기**의 **수신부**는 다음 각 호의 기준에 따라 설치하여야 한다.
  1. 가스연소기 주위의 경보기의 **상태 확인** 및 **유지 관리**에 용이한 위치에 설치할 것
  2. 가스누설 음향의 **음량**과 **음색**이 다른 기기의 소음 등과 명확히 구별될 것
  3. 가스누설 음향은 수신부로부터 1m 떨어진 위치에서 음압이 70dB 이상일 것
  4. 수신부의 조작 스위치는 바닥으로부터의 높이가 0.8m 이상 1.5m 이하인 장소에 설치할 것
  5. 수신부가 설치된 장소에는 관계자 등에게 신속히 연락할 수 있도록 **비상연락 번호**를 기재한 표를 비치할 것
③ **분리형 경보기**의 **탐지부**는 다음 각 호의 기준에 따라 설치하여야 한다.
  1. 탐지부는 가스연소기의 중심으로부터 직선거리 8m(공기보다 무거운 가스를 사용하는 경우에는 4m) 이내에 1개 이상 설치하여야 한다.
  2. 탐지부는 **천장**으로부터 탐지부 하단까지의 거리가 0.3m 이하가 되도록 설치한다. 다만, 공기보다 무거운 가스를 사용하는 경우에는 **바닥면**으로부터 탐지부 상단까지의 거리는 0.3m 이하로 한다.
④ **단독형 경보기**는 다음 각 호의 기준에 따라 설치하여야 한다.
  1. 가스연소기 주위의 경보기의 **상태 확인** 및 유지 관리에 용이한 위치에 설치할 것
  2. 가스누설 음향의 **음량**과 **음색**이 다른 기기의 소음 등과 명확히 구별될 것
  3. 가스누설 음향장치는 수신부로부터 1m 떨어진 위치에서 음압이 70dB 이상일 것
  4. 단독형 경보기는 가스연소기의 중심으로부터 직선거리 8m(공기보다 무거운 가스를 사용하는 경우에는 4m) 이내에 1개 이상 설치하여야 한다.
  5. 단독형 경보기는 **천장**으로부터 경보기 하단까지의 거리가 0.3m 이하가 되도록 설치한다. 다만, 공기보다 무거운 가스를 사용하는 경우에는 **바닥면**으로부터 단독형 경보기 상단까지의 거리는 0.3m 이하로 한다.
  6. 경보기가 설치된 장소에는 관계자 등에게 신속히 연락할 수 있도록 **비상연락 번호**를 기재한 표를 비치할 것

제5조【일산화탄소 경보기】 ① 일산화탄소 경보기를 설치하는 경우(타 법령에 따라 일산화탄소 경보기를 설치하는 경우를 포함한다.)에는 가스연소기 주변(타 법령에 따라 설치하는 경우에는 해당 법령에서 지정한 장소)에 설치할 수 있다.
② **분리형 경보기**의 **수신부**는 다음 각 호의 기준에 따라 설치하여야 한다.
  1. 가스누설 음향의 **음량**과 **음색**이 다른 기기의 소음 등과 명확히 구별될 것
  2. 가스누설 음향은 수신부로부터 1m 떨어진 위치에서 음압이 70dB 이상일 것

3. 수신부의 조작 스위치는 바닥으로부터의 높이가 **0.8m 이상 1.5m 이하**인 장소에 설치할 것
4. 수신부가 설치된 장소에는 관계자 등에게 신속히 연락할 수 있도록 **비상연락 번호**를 기재한 표를 비치할 것

③ 분리형 경보기의 **탐지부**는 **천장**으로부터 탐지부 하단까지의 거리가 **0.3m** 이하가 되도록 설치한다.

④ **단독형 경보기**는 다음 각 호의 기준에 따라 설치하여야 한다.
1. 가스누설 음향의 **음량**과 **음색**이 다른 기기의 소음 등과 명확히 구별될 것
2. 가스누설 음향장치는 수신부로부터 **1m** 떨어진 위치에서 음압이 **70dB 이상**일 것
3. 단독형 경보기는 천장으로부터 경보기 하단까지의 거리가 **0.3m 이하**가 되도록 설치한다.
4. 경보기가 설치된 장소에는 관계자 등에게 신속히 연락할 수 있도록 **비상연락 번호**를 기재한 표를 비치할 것

⑤ 제2항 내지 제4항에도 불구하고 **중앙소방기술심의위원회**의 심의를 거쳐 일산화탄소경보기의 성능을 확보할 수 있는 별도의 설치방법을 인정받은 경우에는 해당 설치방법을 반영한 제조사의 **시방**에 따라 설치할 수 있다.

제6조【설치장소】 분리형 경보기의 탐지부 및 단독형 경보기는 다음 각 호의 장소 이외의 장소에 설치한다.
1. **출입구 부근** 등으로서 **외부**의 **기류**가 통하는 곳
2. **환기구** 등 공기가 들어오는 곳으로부터 **1.5m 이내**인 곳
3. **연소기**의 **폐가스**에 접촉하기 쉬운 곳
4. **가구·보·설비** 등에 가려져 누설가스의 유통이 원활하지 못한 곳
5. **수증기, 기름 섞인 연기** 등이 **직접** 접촉될 우려가 있는 곳

제7조【전원】 경보기는 건전지 또는 교류전압의 옥내간선을 사용하여 상시 전원이 공급되도록 하여야 한다.

제8조【재검토기한】 소방청장은 「훈령·예규 등의 발령 및 관리에 관한 규정」에 따라 이 고시에 대하여 2021년 7월 1일을 기준으로 매 3년이 되는 시점(매 3년째의 6월 30일까지를 말한다.)마다 그 타당성을 검토하여 개선 등의 조치를 하여야 한다.

부 칙 〈제2021-13호, 21.2.4.〉

제1조【시행일】 이 고시는 발령한 날부터 시행한다.

제2장 피난구조설비

1 유도등 및 유도표지(NFSC 303)

일부개정 2021. 7. 8. 소방청고시 제2021-23호

제1조【목적】 이 기준은 「화재예방, 소방시설 설치·유지 및 안전관리에 관한 법률」 제9조에서 소방청장에게 위임한 사항을 정함을 목적으로 한다.〈17.7.26.〉

제2조【적용범위】 「화재예방, 소방시설 설치·유지 및 안전관리에 관한 법률」(이하 "**법**"이라 한다.) 제9조 제1항 및 같은 법 시행령(이하 "**영**"이라 한다.) [별표 5]의 제3호 다목에 따른 유도등과 유도표지 및 「다중이용업소의 안전관리에 관한 특별법 시행령」 [별표 1]의 제1호 다목 2)에 따른 피난유도선은 이 기준에서 정하는 규정에 따라 설비를 설치하고 유지·관리하여야 한다.〈개정 16.7.13.〉

제3조【정의】 이 기준에서 사용하는 용어의 정의는 다음과 같다.
1. "**유도등**"이란 화재 시에 **피난**을 **유도**하기 위한 등으로서 정상상태에서는 **상용전원**에 따라 켜지고 상용전원이 정전되는 경우에는 **비상전원**으로 자동전환되어 켜지는 등을 말한다.〈개정 12.8.20.〉
2. "**피난구유도등**"이란 **피난구** 또는 **피난경로**로 사용되는 **출입구**를 표시하여 피난을 유도하는 등을 말한다.〈개정 12.8.20.〉
3. "**통로유도등**"이란 **피난통로**를 **안내**하기 위한 유도등으로 **복도통로유도등, 거실통로유도등, 계단통로유도등**을 말한다.〈개정 12.8.20.〉
4. "**복도통로유도등**"이란 피난통로가 되는 복도에 설치하는 통로유도등으로서 피난구의 방향을 명시하는 것을 말한다.〈개정 12.8.20.〉
5. "**거실통로유도등**"이란 거주, 집무, 작업, 집회, 오락 그 밖에 이와 유사한 목적을 위하여 계속적으로 사용하는 **거실, 주차장** 등 **개방된 통로**에 설치하는 유도등으로 피난의 방향을 명시하는 것을 말한다.〈개정 12.8.20.〉
6. "**계단통로유도등**"이란 피난통로가 되는 **계단**이나 **경사로**에 설치하는 통로유도등으로 **바닥면** 및 **디딤 바닥면**을 비추는 것을 말한다.〈개정 12.8.20.〉
7. "**객석유도등**"이란 객석의 **통로**, **바닥** 또는 **벽**에 설치하는 유도등을 말한다.〈개정 12.8.20.〉
8. "**피난구유도표지**"란 피난구 또는 피난경로로 사용되는 출입구를 표시하여 피난을 유도하는 표지를 말한다.〈개정 12.8.20.〉

9. "**통로유도표지**"란 피난통로가 되는 **복도, 계단** 등에 설치하는 것으로서 피난구의 방향을 표시하는 유도표지를 말한다.〈개정 12.8.20.〉
10. "**피난유도선**"이란 햇빛이나 전등불에 따라 **축광**(이하 "**축광방식**"이라 한다.)하거나 전류에 따라 빛을 발하는(이하 "**광원점등방식**"이라 한다.) 유도체로서 어두운 상태에서 **피난**을 **유도**할 수 있도록 띠 형태로 설치되는 피난유도시설을 말한다.〈신설 09.10.22., 개정 12.8.20.〉
11. "**입체형**"이란 유도등 표시면을 2면 이상으로 하고 각 면마다 피난유도표시가 있는 것을 말한다.〈신설 21.7.8.〉

제4조【유도등 및 유도표지의 종류】 특정소방대상물의 용도별로 설치하여야 할 유도등 및 유도표지는 다음 표에 따라 그에 적응하는 종류의 것으로 설치하여야 한다.〈개정 14.8.18.〉

설치장소	유도등 및 유도표지의 종류
1. 공연장·집회장(종교집회장 포함)·관람장·운동시설	• 대형피난구유도등 • 통로유도등 • **객석유도등**
2. 유흥주점영업시설(「식품위생법 시행령」제21조 제8호 라목의 유흥주점영업 중 손님이 춤을 출 수 있는 무대가 설치된 카바레, 나이트 클럽 또는 그 밖에 이와 비슷한 영업시설만 해당한다.	
3. 위락시설·판매시설·운수시설·「관광진흥법」제3조 제1항 제2호에 따른 관광숙박업·의료시설·장례식장·방송통신시설·전시장·지하상가·지하철역사	• 대형피난구유도등 • 통로유도등
4. 숙박시설(제3호의 관광숙박업 외의 것을 말한다.)·오피스텔	• **중형피난구유도등** • 통로유도등
5. 제1호부터 제3호까지 외의 건축물로서 지하층·무창층 또는 층수가 11층 이상인 특정소방대상물	
6. 제1호부터 제5호까지 외의 건축물로서 근린생활시설·노유자시설·업무시설·발전시설·종교시설(집회장 용도로 사용하는 부분 제외)·교육연구시설·수련시설·공장·창고시설·교정 및 군사시설(국방·군사시설 제외)·기숙사·자동차정비공장·운전학원 및 정비학원·다중이용업소·복합건축물·아파트	• **소형피난구유도등** • 통로유도등
7. 그 밖의 것	• 피난구유도표지 • 통로유도표지

[비고]
1. 소방서장은 특정소방대상물의 위치·구조 및 설비의 상황을 판단하여 대형피난구유도등을 설치하여야 할 장소에 중형피난구유도등 또는 소형피난구유도등을, 중형피난구유도등을 설치하여야 할 장소에 소형피난구유도등을 설치하게 할 수 있다.
2. 복합건축물과 아파트의 경우, 주택의 세대 내에는 유도등을 설치하지 아니할 수 있다.

제5조【피난구유도등】 ① **피**난구유도등은 다음 각 호의 장소에 설치하여야 한다.〈개정 12.8.20.〉
1. **옥**내로부터 **직접 지상**으로 통하는 출입구 및 그 부속실의 출입구
2. **직**통계단·직통계단의 계단실 및 그 부속실의 출입구

3. 제1호와 제2호에 따른 출입구에 이르는 복도 또는 통로로 통하는 출입구〈개정 12.8.20.〉
4. 안전구획된 거실로 통하는 출입구

> [기억법] 직옥피 복통안

② 피난구유도등은 피난구의 바닥으로부터 높이 1.5m 이상으로서 출입구에 인접하도록 설치하여야 한다.〈개정 14.8.18.〉
③ 피난층으로 향하는 피난구의 위치를 안내할 수 있도록 제1항 제1호 또는 제2호의 출입구 인근 천장에 제1항 제1호 또는 제2호에 따라 설치된 피난구유도등의 면과 수직이 되도록 피난구유도등을 추가로 설치하여야 한다. 다만, 제1항 제1호 또는 제2호에 따라 설치된 피난구유도등이 입체형인 경우에는 그러하지 아니하다.〈신설 21.7.8.〉

제6조【통로유도등 설치기준】 ① 통로유도등은 특정소방대상물의 각 거실과 그로부터 지상에 이르는 복도 또는 계단의 통로에 다음 각 호의 기준에 따라 설치하여야 한다.〈개정 12.8.20.〉
1. 복도통로유도등은 다음 각 목의 기준에 따라 설치할 것〈개정 21.7.8.〉 설계 15회
   가. 복도에 설치하되 제5조 제1항 제1호 또는 제2호에 따라 피난구유도등이 설치된 출입구의 맞은편 복도에는 입체형으로 설치하거나, 바닥에 설치할 것〈개정 21.7.8.〉
   나. 구부러진 모퉁이 및 가목에 따라 설치된 통로유도등을 기점으로 보행거리 20m 마다 설치할 것〈개정 21.7.8.〉
   다. 바닥으로부터 높이 1m 이하의 위치에 설치할 것. 다만, **지하층** 또는 **무창층**의 용도가 **도매시장·소매시장·여객자동차터미널·지하역사** 또는 **지하상가**인 경우에는 복도·통로 중앙부분의 바닥에 설치하여야 한다.
   라. 바닥에 설치하는 통로유도등은 하중에 따라 파괴되지 아니하는 강도의 것으로 할 것

> [기억법] 복복 모거높바

2. 거실통로유도등은 다음 각 목의 기준에 따라 설치할 것〈개정 12.8.20.〉
   가. 거실의 통로에 설치할 것. 다만, 거실의 통로가 **벽체** 등으로 **구획**된 경우에는 **복도통로유도등**을 설치하여야 한다.
   나. 구부러진 모퉁이 및 보행거리 20m마다 설치할 것
   다. 바닥으로부터 높이 1.5m 이상의 위치에 설치할 것. 다만, **거실통로에 기둥**이 설치된 경우에는 기둥부분의 바닥으로부터 높이 1.5m 이하의 위치에 설치할 수 있다.〈개정 08.12.15.〉

> [기억법] 거통 모거높

3. 계단통로유도등은 다음 각 목의 기준에 따라 설치할 것〈개정 12.8.20.〉

가. **각 층**의 **경사로참** 또는 **계단참**마다(1개층에 경사로참 또는 계단참이 2 이상 있는 경우에는 2개의 계단참마다) 설치할 것
나. 바닥으로부터 높이 **1m 이하**의 위치에 설치할 것
4. 통행에 지장이 없도록 설치할 것
5. 주위에 이와 유사한 **등화·광고물·게시물** 등을 설치하지 아니할 것
② 삭 제⟨14.8.18.⟩
③ 삭 제⟨14.8.18.⟩

제7조【객석유도등 설치기준】 ① 객석유도등은 객석의 **통로**, **바닥** 또는 **벽**에 설치하여야 한다.
② 객석 내의 통로가 경사로 또는 수평로로 되어 있는 부분은 다음의 식에 따라 산출한 수(소수점 이하의 수는 1로 본다.)의 유도등을 설치하여야 한다.⟨개정 14.8.18.⟩

$$설치개수 = \frac{객석의\ 통로의\ 직선부분의\ 길이[m]}{4} - 1$$ ⟨개정 08.12.⟩

③ 객석 내의 통로가 옥외 또는 이와 유사한 부분에 있는 경우에는 해당 통로 전체에 미칠 수 있는 수의 유도등을 설치하여야 한다.⟨개정 14.8.18.⟩

제8조【유도표지 설치기준】 ① 유도**표**지는 다음 각 호의 기준에 따라 설치하여야 한다.⟨개정 12.8.20.⟩
1. **계**단에 설치하는 것을 제외하고는 각 층마다 복도 및 통로의 각 부분으로부터 하나의 유도표지까지의 **보행거리**가 **15m 이하**가 되는 곳과 구부러진 모퉁이의 벽에 설치할 것
2. **피**난구유도표지는 **출**입구 상단에 설치하고, **통**로유도표지는 바닥으로부터 **높**이 **1m 이하**의 위치에 설치할 것⟨개정 08.12.15.⟩
3. **주**위에는 이와 유사한 **등화·광고물·게시물** 등을 설치하지 아니할 것
4. 유도표지는 **부**착판 등을 사용하여 쉽게 떨어지지 아니하도록 설치할 것
5. **축**광방식의 유도표지는 **외광** 또는 **조명장치**에 의하여 상시 조명이 제공되거나 **비상조명등**에 의한 조명이 제공되도록 설치할 것⟨신설 09.10.22.⟩

| 기억법 | 표계거 피출통높(노) 주부축 |

② 삭 제⟨14.8.18.⟩
③ 유도표지는 소방청장이 고시한 「축광표지의 성능인증 및 제품검사의 기술기준」에 적합한 것이어야 한다. 다만, 방사성 물질을 사용하는 위치표지는 쉽게 파괴되지 아니하는 재질로 처리하여야 한다.⟨전문개정 17.7.26.⟩

1. 유도등 및 유도표지(NFSC 303)

제8조의2【피난유도선 설치기준】 ① 축광방식의 피난유도선은 다음 각 호의 기준에 따라 설치하여야 한다.〈개정 12.8.20.〉
1. 구획된 각 실로부터 주출입구 또는 비상구까지 설치할 것
2. 바닥으로부터 높이 50cm 이하의 위치 또는 바닥면에 설치할 것
3. 피난유도 표시부는 50cm 이내의 간격으로 연속되도록 설치
4. 부착대에 의하여 견고하게 설치할 것
5. 외광 또는 조명장치에 의하여 상시 조명이 제공되거나 비상조명등에 의한 조명이 제공되도록 설치할 것

> **기억법** 축선 주비높 부표외(**부표**는 **왜**?)

② 광원점등방식의 피난유도선은 다음 각 호의 기준에 따라 설치하여야 한다.
[점검 12회]
1. 구획된 각 실로부터 주출입구 또는 비상구까지 설치할 것
2. 피난유도 표시부는 바닥으로부터 높이 1m 이하의 위치 또는 바닥면에 설치할 것
3. 피난유도 표시부는 50cm 이내의 간격으로 연속되도록 설치하되 실내장식물 등으로 설치가 곤란할 경우 1m 이내로 설치할 것
4. 수신기로부터의 화재신호 및 수동조작에 의하여 광원이 점등되도록 설치할 것
5. 비상전원이 상시 충전상태를 유지하도록 설치할 것
6. 바닥에 설치되는 피난유도 표시부는 매립하는 방식을 사용할 것
7. 피난유도 제어부는 조작 및 관리가 용이하도록 바닥으로부터 0.8m 이상 1.5m 이하의 높이에 설치할 것

> **기억법** 광선 주비높 표수충 매제

③ 피난유도선은 소방청장이 고시한 「피난유도선의 성능인증 및 제품검사의 기술기준」에 적합한 것으로 설치하여야 한다.〈개정 17.7.26.〉

제9조【유도등의 전원】 ① 유도등의 전원은 **축전지, 전기저장장치**(외부 전기에너지를 저장해 두었다가 필요한 때 전기를 공급하는 장치) 또는 **교류전압**의 **옥내간선**으로 하고, 전원까지의 배선은 **전용**으로 하여야 한다.〈개정 16.7.13.〉
② 비상전원은 다음 각 호의 기준에 적합하게 설치하여야 한다.〈개정 12.8.20.〉 [설계 15회]
 1. **축전지**로 할 것
 2. 유도등을 **20분 이상** 유효하게 작동시킬 수 있는 용량으로 할 것. 다만, 다음 각 목의 특정소방대상물의 경우에는 그 부분에서 피난층에 이르는 부분의 유도등을 **60분 이상** 유효하게 작동시킬 수 있는 용량으로 하여야 한다.〈개정 12.8.20.〉
  가. **지하층**을 **제외**한 층수가 **11층 이상**의 층

나. **지하층** 또는 **무창층**으로서 용도가 **도**매시장·**소**매시장·**여**객자동차터미널·**지**하역사 또는 지하상가

> 기억법 도소여지 11 60

③ 배선은 「전기사업법」 제67조에서 정한 것 외에 다음 각 호의 기준에 따라야 한다. 〈개정 12.8.20.〉
1. 유도등의 인입선과 옥내배선은 **직접 연결**할 것
2. 유도등은 전기회로에 점멸기를 설치하지 아니하고 **항상 점등상태**를 유지할 것. 다만, 특정소방대상물 또는 그 부분에 사람이 없거나 다음 각 목의 어느 하나에 해당하는 장소로서 **3선식 배선**에 따라 **상시 충전**되는 구조인 경우에는 그러하지 아니하다. 〈개정 12.8.20.〉 설계 8회
   가. **외**부광(光)에 따라 **피난구** 또는 **피난방향**을 쉽게 식별할 수 있는 장소
   나. **공**연장, 암실(暗室) 등으로서 어두워야 할 필요가 있는 장소
   다. 특정소방대상물의 **관**계인 또는 종사원이 주로 사용하는 장소〈개정 12.8.20.〉

> 기억법 외충관공(**외**부**충**격을 받아도 **관공**서는 끄떡 없음)

3. 3선식 배선은 「옥내소화전설비의 화재안전기준(NFSC 102)」 [별표 1]에 따른 내화배선 또는 내열배선으로 사용할 것〈신설 21.7.8.〉

④ 제3항 제2호에 따라 **3선식 배선**으로 상시 충전되는 **유**도등의 전기회로에 점멸기를 설치하는 경우에는 다음 각 호의 어느 하나에 해당되는 경우에 점등되도록 하여야 한다. 〈개정 12.8.20.〉 점검 1회, 8회
1. 자동화재**탐**지설비의 감지기 또는 발신기가 작동되는 때
2. 비상**경**보설비의 발신기가 작동되는 때
3. **상**용전원이 정전되거나 전원선이 단선되는 때
4. **방**재업무를 통제하는 곳 또는 전기실의 배전반에서 수동으로 점등하는 때
5. **자**동소화설비가 작동되는 때

> 기억법 탐경 상방자유

제10조【유도등 및 유도표지의 제외】 ① 다음 각 호의 어느 하나에 해당하는 경우에는 피난구유도등을 설치하지 아니한다. 〈개정 21.7.8.〉 점검 12회
1. 바닥면적이 **1,000㎡** 미만인 층으로서 옥내로부터 **직**접 지상으로 통하는 **출입구** (외부의 식별이 용이한 경우에 한한다.)
2. 대각선 길이가 15m 이내인 구획된 실의 **출입구**〈개정 21.7.8.〉
3. 거실 각 부분으로부터 하나의 출입구에 이르는 보행거리가 **2**0m 이하이고 비상조명등과 유도**표**지가 설치된 거실의 출입구〈개정 12.8.20.〉

4. 출입구가 3 이상 있는 거실로서 그 거실 각 부분으로부터 하나의 출입구에 이르는 보행거리가 30m 이하인 경우에는 주된 출입구 2개소 외의 출입구(유도표지가 부착된 출입구를 말한다.) 다만, 공연장·집회장·관람장·전시장·판매시설·운수시설·숙박시설·노유자시설·의료시설·장례식장의 경우에는 그러하지 아니하다. 〈개정 12.8.20.〉

> 기억법 1000직 2조표 출3보3 2개소 집공장의 노숙판 관전

② 다음 각 호의 어느 하나에 해당하는 경우에는 통로유도등을 설치하지 아니한다. 〈개정 12.8.20.〉
   1. 구부러지지 아니한 복도 또는 통로로서 길이가 30m 미만인 복도 또는 통로
   2. 제1호에 해당하지 않는 복도 또는 통로로서 보행거리가 20m 미만이고 그 복도 또는 통로와 연결된 출입구 또는 그 부속실의 출입구에 피난구유도등이 설치된 복도 또는 통로〈개정 12.8.20.〉

③ 다음 각 호의 어느 하나에 해당하는 경우에는 객석유도등을 설치하지 아니한다. 〈개정 12.8.20.〉
   1. 주간에만 사용하는 장소로서 채광이 충분한 객석
   2. 거실 등의 각 부분으로부터 하나의 거실 출입구에 이르는 보행거리가 20m 이하인 객석의 통로로서 그 통로에 통로유도등이 설치된 객석

④ 다음 각 호의 어느 하나에 해당하는 경우에는 유도표지를 설치하지 아니한다. 〈개정 12.8.20.〉
   1. 유도등이 제5조와 제6조에 적합하게 설치된 출입구·복도·계단 및 통로 〈개정 12.8.20.〉
   2. 제1항 제1호·제2호와 제2항에 해당하는 출입구·복도·계단 및 통로〈개정 12.8.20.〉

제11조【설치·유지기준의 특례】 소방본부장 또는 소방서장은 기존 건축물이 증축·개축·대수선되거나 용도변경되는 경우에 있어서 이 기준이 정하는 기준에 따라 해당 건축물에 설치하여야 할 유도등 및 유도표지의 배관·배선 등의 공사가 현저하게 곤란하다고 인정되는 경우에는 해당 설비의 기능 및 사용에 지장이 없는 범위 안에서 유도등 및 유도표지의 설치·유지기준의 일부를 적용하지 아니할 수 있다. 〈개정 12.8.20.〉

제12조【재검토 기한】 소방청장은 「훈령·예규 등의 발령 및 관리에 관한 규정」에 따라 이 고시에 대하여 2021년 7월 1일 기준으로 매 3년이 되는 시점(매 3년째의 6월 30일까지를 말한다.)마다 그 타당성을 검토하여 개선 등의 조치를 하여야 한다.

부 칙 ⟨제2021-23호, 21.7.8.⟩

제1조【시행일】 이 고시는 발령한 날부터 시행한다. 다만, 제5조 제3항 및 제6조 제1항 제1호 가목·나목의 개정규정은 발령 후 6개월이 경과한 날부터 시행한다.

제2조【적용례】 이 고시 시행 후 특정소방대상물의 신축·증축·개축·재축·이전· 용도변경 또는 대수선의 허가·협의를 신청하거나 신고하는 경우부터 적용한다.

2 비상조명등(NFSC 304)

타법개정 2017. 7. 26. 소방청고시 제2017-1호

제1조【목적】 이 기준은「화재예방, 소방시설 설치·유지 및 안전관리에 관한 법률」제9조 제1항에 따라 소방청장에게 위임한 사항 중 피난설비인 비상조명등 및 휴대용 비상조명등의 설치·유지 및 안전관리에 필요한 사항을 규정함을 목적으로 한다.
〈개정 17.7.26.〉

제2조【적용범위】「화재예방, 소방시설 설치·유지 및 안전관리에 관한 법률 시행령」(이하 "**영**"이라 한다.) [별표 5] 제3호 라목과 마목에 따른 비상조명등 및 휴대용 비상조명등은 이 기준에서 정하는 규정에 따라 설비를 설치하고 유지·관리하여야 한다.
〈개정 16.7.13.〉

제3조【정의】 이 기준에서 사용하는 용어의 정의는 다음과 같다.
1. "**비상조명등**"이란 화재발생 등에 따른 정전 시에 안전하고 원활한 피난활동을 할 수 있도록 **거실** 및 **피난통로** 등에 설치되어 자동 점등되는 조명등을 말한다.
〈개정 12.8.20.〉
2. "**휴대용 비상조명등**"이란 화재발생 등으로 정전 시 안전하고 원활한 피난을 위하여 피난자가 **휴대**할 수 있는 **조명등**을 말한다.〈개정 12.8.20.〉

제4조【설치기준】 ① 비상조명등은 다음 각 호의 기준에 따라 설치하여야 한다.
〈개정 12.8.20.〉
1. 특정소방대상물의 각 **거실**과 그로부터 지상에 이르는 **복도·계단** 및 그 밖의 **통로**에 설치할 것〈개정 12.8.20.〉
2. 조도는 비상조명등이 설치된 장소의 각 부분의 바닥에서 **1lx 이상**이 되도록 할 것
3. 예비전원을 내장하는 비상조명등에는 평상시 점등여부를 확인할 수 있는 **점검스위치**를 설치하고 해당 조명등을 유효하게 작동시킬 수 있는 용량의 **축전지**와 **예비전원 충전장치**를 내장할 것〈개정 12.8.20.〉
4. 예비전원을 내장하지 아니하는 비상조명등의 비상전원은 **자가발전설비, 축전지설비** 또는 **전기저장장치**(외부 전기에너지를 저장해 두었다가 필요한 때 전기를 공급하는 장치)를 다음 각 목의 기준에 따라 설치하여야 한다.〈개정 16.7.13.〉
  가. 점검에 편리하고 화재 및 침수 등의 재해로 인한 피해를 받을 우려가 없는 곳에 설치할 것
  나. 상용전원으로부터 전력의 공급이 중단된 때에는 **자동**으로 **비상전원**으로부터 전력을 공급받을 수 있도록 할 것

다. 비상전원의 설치장소는 다른 장소와 **방화구획**할 것. 이 경우 그 장소에는 비상전원의 공급에 필요한 기구나 설비 외의 것(**열병합발전설비**에 필요한 기구나 설비는 제외한다.)을 두어서는 아니 된다.

라. 비상전원을 실내에 설치하는 때에는 그 실내에 비상조명등을 설치할 것

5. 제3호와 제4호에 따른 비상전원은 **비상조명등**을 **20분 이상** 유효하게 작동시킬 수 있는 용량으로 할 것. 다만, 다음 각 목의 특정소방대상물의 경우에는 그 부분에서 피난층에 이르는 부분의 비상조명등을 **60분 이상** 유효하게 작동시킬 수 있는 용량으로 하여야 한다. 〈개정 12.8.20.〉

가. 지하층을 제외한 층수가 **11층 이상**의 층

나. **지하층** 또는 **무창층**으로서 용도가 **도매시장 · 소매시장 · 여객자동차터미널 · 지하역사** 또는 **지하상가**

6. 영 [별표 6] 제10호 비상조명등의 설치면제 요건에서 "**그 유도등의 유효범위 안의 부분**"이란 유도등의 조도가 바닥에서 1lx **이상**이 되는 부분을 말한다. 〈개정 12.8.20.〉

② 휴대용 비상조명등은 다음 각 호의 기준에 적합하여야 한다. 〈개정 12.8.20.〉

1. 다음 각 목의 장소에 설치할 것 〈개정 12.8.20.〉

가. **숙박시설** 또는 **다중이용업소**에는 **객실** 또는 영업장 안의 **구획된 실**마다 잘 보이는 곳(외부에 설치 시 출입문 손잡이로부터 1m 이내 부분)에 **1개 이상** 설치

나. 「유통산업발전법」 제2조 제3호에 따른 **대규모 점포**(지하상가 및 지하역사는 제외한다.)와 **영화상영관**에는 **보행거리 50m 이내**마다 **3개 이상** 설치〈개정 12.8.20.〉

다. **지하상가** 및 **지하역사**에는 **보행거리 25m 이내**마다 **3개 이상** 설치〈개정 12.8.20.〉

2. 설치높이는 바닥으로부터 **0.8m 이상 1.5m 이하**의 높이에 설치할 것

3. 어둠 속에서 위치를 확인할 수 있도록 할 것

4. 사용 시 **자동**으로 **점등**되는 구조일 것

5. 외함은 **난연성능**이 있을 것

6. 건전지를 사용하는 경우에는 **방전방지조치**를 하여야 하고, **충전식 배터리**의 경우에는 상시 충전되도록 할 것

7. 건전지 및 충전식 배터리의 용량은 20분 이상 유효하게 사용할 수 있는 것으로 할 것

제5조【비상조명등의 제외】 ① 다음 각 호의 어느 하나에 해당하는 경우에는 비상조명등을 설치하지 아니한다. 〈개정 12.8.20.〉

1. 거실의 각 부분으로부터 하나의 출입구에 이르는 **보행거리**가 **15m 이내**인 부분

2. **의원 · 경기장 · 공동주택 · 의료시설 · 학교**의 거실

2. 비상조명등(NFSC 304)

> 기억법 공주학교의 의경

② **지상 1층** 또는 **피난층**으로서 복도·통로 또는 창문 등의 개구부를 통하여 피난이 용이한 경우 또는 숙박시설로서 복도에 비상조명등을 설치한 경우에는 **휴대용 비상조명등**을 설치하지 아니할 수 있다.

제6조【설치·유지기준의 특례】 소방본부장 또는 소방서장은 기존 건축물이 증축·개축·대수선되거나 용도변경되는 경우에 있어서 이 기준이 정하는 기준에 따라 해당 건축물에 설치하여야 할 비상조명등의 배관·배선 등의 공사가 현저하게 곤란하다고 인정되는 경우에는 해당 설비의 기능 및 사용에 지장이 없는 범위 안에서 비상조명등의 설치·유지기준의 일부를 적용하지 아니할 수 있다.〈개정 12.8.20.〉

제7조【재검토 기한】 소방청장은 「훈령·예규 등의 발령 및 관리에 관한 규정」에 따라 이 고시에 대하여 2017년 1월 1일 기준으로 매 3년이 되는 시점(매 3년째의 12월 31일까지를 말한다.)마다 그 타당성을 검토하여 개선 등의 조치를 하여야 한다.
〈전문개정 17.7.26.〉

제8조【규제의 재검토】「행정규제 기본법」제8조에 따라 2015년 1월 1일을 기준으로 매 3년이 되는 시점(매 3번째의 12월 31일까지를 말한다.)마다 그 타당성을 검토하여 개선 등의 조치를 하여야 한다.〈신설 15.1.23.〉

부 칙 〈제2017-1호, 17.7.26.〉

제1조【시행일】 이 고시는 발령한 날부터 시행한다.

제2조 생 략

제3장 소화활동설비 및 기타 설비

1 비상콘센트설비(NFSC 504)

타법개정 2017. 7. 26. 소방청고시 제2017-1호

제1조【목적】 이 기준은 「화재예방, 소방시설 설치·유지 및 안전관리에 관한 법률」 제9조 제1항에 따라 소방청장에게 위임한 사항 중 소화활동설비인 비상콘센트설비의 설치·유지 및 안전관리에 필요한 사항을 규정함을 목적으로 한다.〈개정 17.7.26.〉

제2조【적용범위】 「화재예방, 소방시설 설치·유지 및 안전관리에 관한 법률 시행령」 (이하 "**영**"이라 한다.)(이하 "**법**"이라 한다.) 제9조 제1항 및 같은 법 시행령(이하 "**영**"이라 한다.) [별표 5] 제5호 라목에 따른 비상콘센트설비는 이 기준에서 정하는 규정에 따라 설비를 설치하고 유지·관리하여야 한다.〈개정 16.7.13.〉

제3조【정의】 이 기준에서 사용하는 용어의 정의는 다음과 같다.
1. "**인입개폐기**"란 「전기설비기술기준의 판단기준」 제169조에 따른 것을 말한다.
   〈개정 12.8.20.〉
2. "**저압**"이란 **직류**는 **750V 이하**, **교류**는 **600V 이하**인 것을 말한다.〈개정 12.8.20.〉
3. "**고압**"이란 **직류**는 **750V**를, **교류**는 **600V**를 초과하고, **7kV 이하**인 것을 말한다.
   〈개정 13.9.3.〉
4. "**특고압**"이란 **7kV**를 **초과**하는 것을 말한다.〈개정 13.9.3.〉
5. "**변전소**"란 「전기설비기술기준」 제3조 제1항 제2호에 따른 것을 말한다.〈개정 12.8.20.〉

제4조【전원 및 콘센트 등】 ① 비상콘센트설비에는 다음 각 호의 기준에 따른 전원을 설치하여야 한다.〈개정 12.8.20.〉
1. 상용전원회로의 배선은 저압수전인 경우에는 **인입개폐기**의 **직후**에서, 고압수전 또는 특고압수전인 경우에는 **전력용 변압기 2차측**의 **주차단기 1차측** 또는 **2차측**에서 분기하여 **전용배선**으로 할 것〈개정 13.9.3.〉
2. 지하층을 제외한 층수가 **7층 이상**으로서 연면적이 **2,000m² 이상**이거나 지하층의 바닥면적의 합계가 **3,000m² 이상**인 특정소방대상물의 비상콘센트설비에는 **자가발전설비, 비상전원수전설비** 또는 **전기저장장치**(외부 전기에너지를 저장해 두었다가 필요한 때 전기를 공급하는 장치)를 비상전원으로 설치할 것. 다만, **둘 이상**의 **변전소**에서 **전력**을 동시에 **공급**받을 수 있거나 하나의 변전소로부터 전력의 공급이 중단되는 때에는 자동으로 **다른 변전소**로부터 **전력**을 **공급**받을 수 있도록 상

1. 비상콘센트설비(NFSC 504)

용전원을 설치한 경우에는 비상전원을 설치하지 아니할 수 있다.〈개정 16.7.13.〉
[설계 7회]

3. 제2호에 따른 비상전원 중 자가발전설비는 다음 각 목의 기준에 따라 설치하고, 비상전원수전설비는「소방시설용 비상전원수전설비의 화재안전기준(NFSC 602)」에 따라 설치할 것〈개정 12.8.20.〉

  가. 점검에 편리하고 화재 및 침수 등의 재해로 인한 피해를 받을 우려가 없는 곳에 설치할 것
  나. 비상콘센트설비를 유효하게 **20분 이상** 작동시킬 수 있는 용량으로 할 것
  다. 상용전원으로부터 전력의 공급이 중단된 때에는 자동으로 **비상전원**으로부터 전력을 공급받을 수 있도록 할 것
  라. 비상전원의 설치장소는 다른 장소와 방화구획할 것. 이 경우 그 장소에는 비상전원의 공급에 필요한 기구나 설비 외의 것(**열병합발전설비**에 필요한 기구나 설비는 제외한다.)을 두어서는 아니 된다.
  마. 비상전원을 실내에 설치하는 때에는 그 실내에 **비상조명등**을 설치할 것

② 비상콘센트설비의 전원회로(비상콘센트에 전력을 공급하는 회로를 말한다.)는 다음 각 호의 기준에 따라 설치하여야 한다.〈개정 12.8.20.〉 [점검 7회]

1. 비상콘센트설비의 전원회로는 **단상교류 220V**인 것으로서, 그 공급용량은 **1.5kVA 이상**인 것으로 할 것〈개정 13.9.3.〉 [점검 7회]
2. 전원회로는 각 층에 **2 이상**이 되도록 설치할 것. 다만, 설치하여야 할 층의 비상콘센트가 1개인 때에는 하나의 회로로 할 수 있다.〈개정 12.8.20.〉 [점검 7회]
3. 전원회로는 주배전반에서 **전용회로**로 할 것. 다만, 다른 설비의 회로의 사고에 따른 영향을 받지 아니하도록 되어 있는 것은 그러하지 아니하다.〈개정 12.8.20.〉
4. 전원으로부터 각 층의 비상콘센트에 분기되는 경우에는 **분기배선용 차단기**를 보호함 안에 설치할 것〈개정 13.9.3.〉
5. 콘센트마다 배선용 차단기(KS C 8321)를 설치하여야 하며, 충전부가 노출되지 아니하도록 할 것
6. 개폐기에는 "**비상콘센트**"라고 표시한 표지를 할 것
7. 비상콘센트용의 **풀박스** 등은 **방청도장**을 한 것으로서, 두께 **1.6mm 이상**의 **철판**으로 할 것
8. 하나의 전용회로에 설치하는 비상콘센트는 **10개 이하**로 할 것. 이 경우 전선의 용량은 각 비상콘센트(비상콘센트가 3개 이상인 경우에는 **3개**)의 공급용량을 합한 용량 이상의 것으로 하여야 한다.

③ 비상콘센트의 플러그접속기는 **접지형 2극 플러그접속기**(KS C 8305)를 사용하여야 한다.〈개정 13.9.3.〉
④ 비상콘센트의 플러그접속기의 **칼받이**의 접지극에는 **접지공사**를 하여야 한다.
⑤ 비상콘센트는 다음 각 호의 기준에 따라 설치하여야 한다.〈개정 12.8.20.〉
   1. 삭 제
   2. 바닥으로부터 높이 **0.8m 이상 1.5m 이하**의 위치에 설치할 것〈개정 08.12.15.〉
      점검 7회
   3. 비상콘센트의 배치는 아파트 또는 바닥면적이 **1,000㎡ 미만**인 층은 계단의 출입구(계단의 부속실을 포함하며 계단이 2 이상 있는 경우에는 그 중 1개의 계단을 말한다.)로부터 **5m 이내**에, 바닥면적 1,000㎡ 이상인 층(아파트를 제외한다.)은 각 계단의 출입구 또는 계단부속실의 출입구(계단의 부속실을 포함하며 계단이 3 이상 있는 층의 경우에는 그 중 2개의 계단을 말한다.)로부터 **5m 이내**에 설치하되, 그 비상콘센트로부터 그 층의 각 부분까지의 거리가 다음 각 목의 기준을 초과하는 경우에는 그 기준 이하가 되도록 비상콘센트를 추가하여 설치할 것〈개정 12.8.20.〉
      가. **지하상가** 또는 **지하층**의 **바닥면적**의 **합계**가 **3,000㎡ 이상**인 것은 **수평거리 25m**
      나. 가목에 해당하지 아니하는 것은 **수평거리 50m**
      다. 삭 제〈08.12.15.〉
⑥ 비상콘센트설비의 전원부와 외함 사이의 절연저항 및 절연내력은 다음 각 호의 기준에 적합하여야 한다.〈개정 12.8.20.〉
   1. 절연저항은 전원부와 외함 사이를 **500V 절연저항계**로 측정할 때 **20MΩ 이상**일 것 〈개정 12.8.20.〉
   2. 절연내력은 전원부와 외함 사이에 정격전압이 **150V 이하**인 경우에는 **1,000V**의 **실효전압**을, 정격전압이 **150V 이상**인 경우에는 그 정격전압에 2를 곱하여 1,000을 더한 **실효전압**을 가하는 시험에서 **1분 이상** 견디는 것으로 할 것

제5조【보호함】 비상콘센트를 보호하기 위하여 비상콘센트보호함은 다음 각 호의 기준에 따라 설치하여야 한다.〈개정 12.8.20.〉 점검 7회
   1. 보호함에는 쉽게 **개**폐할 수 있는 **문**을 설치할 것
   2. 보호함 표면에 "**비상콘센트**"라고 **표**시한 표지를 할 것
   3. 보호함 상부에 **적**색의 **표시등**을 설치할 것. 다만, 비상콘센트의 보호함을 **옥내소화전함** 등과 접속하여 설치하는 경우에는 옥내소화전함 등의 표시등과 겸용할 수 있다.

> 기억법 개표적

제6조 【배선】 비상콘센트설비의 배선은 「전기사업법」 제67조에 따른 기술기준에서 정하는 것 외에 다음 각 호의 기준에 따라 설치하여야 한다.〈개정 12.8.20.〉

1. **전원회로**의 배선은 **내화배선**으로, **그 밖의 배선**은 **내화배선** 또는 **내열배선**으로 할 것
2. 제1호에 따른 내화배선 및 내열배선에 사용하는 전선 및 설치방법은 「옥내소화전 설비의 화재안전기준(NFSC 102)」 [별표 1]의 기준에 따를 것〈개정 12.8.20.〉

제7조 【설치·유지기준의 특례】 소방본부장 또는 소방서장은 기존 건축물이 증축· 개축·대수선되거나 용도변경되는 경우에 있어서 이 기준이 정하는 기준에 따라 해당 건축물에 설치하여야 할 비상콘센트설비의 배관·배선 등의 공사가 현저하게 곤란하다고 인정되는 경우에는 해당 설비의 기능 및 사용에 지장이 없는 범위 안에서 비상콘센트설비의 설치·유지기준의 일부를 적용하지 아니할 수 있다.〈개정 12.8.20.〉

제8조 【재검토 기한】 소방청장은 「훈령·예규 등의 발령 및 관리에 관한 규정」에 따라 이 고시에 대하여 2017년 1월 1일 기준으로 매 3년이 되는 시점(매 3년째의 12월 31일까지를 말한다.)마다 그 타당성을 검토하여 개선 등의 조치를 하여야 한다.〈전문개정 17.7.26.〉

제9조 【규제의 재검토】 「행정규제 기본법」 제8조에 따라 2015년 1월 1일을 기준으로 매 3년이 되는 시점(매 3번째의 12월 31일까지를 말한다.)마다 그 타당성을 검토하여 개선 등의 조치를 하여야 한다.〈신설 15.1.23.〉

부 칙 〈제2017-1호, 17.7.26.〉

제1조 【시행일】 이 고시는 발령한 날부터 시행한다.

제2조 생 략

2 무선통신보조설비(NFSC 505)

일부개정 2021. 3. 25. 소방청고시 제2021-16호

제1조【목적】 이 기준은 「화재예방, 소방시설 설치·유지 및 안전관리에 관한 법률」 제9조 제1항에 따라 소방청장에게 위임한 사항 중 소화활동설비인 무선통신보조설비의 설치·유지 및 안전관리에 필요한 사항을 규정함을 그 목적으로 한다.〈개정 17.7.26.〉

제2조【적용범위】 「화재예방, 소방시설 설치·유지 및 안전관리에 관한 법률 시행령」 (이하 "**영**"이라 한다.) [별표 5] 제5호 마목에 따른 무선통신보조설비는 이 기준에서 정하는 규정에 따라 설비를 설치하고 유지·관리하여야 한다.〈개정 16.7.13.〉

제3조【정의】 이 기준에서 사용하는 용어의 정의는 다음과 같다.
1. "**누설동축케이블**"이란 동축케이블의 외부도체에 가느다란 홈을 만들어서 **전파가 외부로 새어나갈 수 있도록** 한 케이블을 말한다.
2. "**분배기**"란 신호의 전송로가 분기되는 장소에 설치하는 것으로 **임피던스 매칭** (Matching)과 **신호 균등분배**를 위해 사용하는 장치를 말한다.
3. "**분파기**"란 서로 다른 주파수의 합성된 **신호**를 **분리**하기 위해서 사용하는 장치를 말한다.
4. "**혼합기**"란 두 개 이상의 **입력신호**를 원하는 비율로 조합한 출력이 발생하도록 하는 장치를 말한다.
5. "**증폭기**"란 신호 전송 시 신호가 약해져 수신이 불가능해지는 것을 방지하기 위해서 증폭하는 장치를 말한다.
6. "**무선중계기**"란 안테나를 통하여 수신된 무전기 신호를 증폭한 후 음영지역에 재방사하여 무전기 상호 간 송수신이 가능하도록 하는 장치를 말한다.〈신설 21.3.25.〉
7. "**옥외안테나**"란 감시제어반 등에 설치된 무선중계기의 입력과 출력포트에 연결되어 송수신 신호를 원활하게 방사·수신하기 위해 옥외에 설치하는 장치를 말한다.〈신설 21.3.25.〉

제4조【설치제외】 지하층으로서 특정소방대상물의 바닥부분 **2면 이상**이 지표면과 동일하거나 지표면으로부터의 깊이가 **1m 이하**인 경우에는 해당 층에 한하여 무선통신보조설비를 설치하지 아니할 수 있다. 점검 17회

제5조【누설동축케이블 등】 ① 무선통신보조설비의 누설동축케이블 등은 다음 각 호의 기준에 따라 설치하여야 한다.

2. 무선통신보조설비(NFSC 505)

1. 소방전용 주파수대에서 **전파**의 **전송** 또는 **복사**에 적합한 것으로서 **소방전용**의 것으로 할 것. 다만, **소방대 상호간**의 **무선연락**에 지장이 없는 경우에는 다른 용도와 겸용할 수 있다.
2. **누설동축케이블**과 이에 접속하는 **안**테나 또는 **동축케이블**과 이에 접속하는 안테나로 구성할 것〈개정 17.6.7.〉
3. **누설동축케이블** 및 **동축케이블**은 **불**연 또는 **난연성**의 것으로서 습기에 따라 전기의 특성이 변질되지 아니하는 것으로 하고, 노출하여 설치한 경우에는 피난 및 통행에 장애가 없도록 할 것〈개정 21.3.25.〉
4. **누설동축케이블** 및 **동축케이블**은 화재에 따라 해당 케이블의 피복이 소실된 경우에 케이블 본체가 떨어지지 아니하도록 **4m 이내**마다 **금속제** 또는 **자기제** 등의 지지금구로 벽·천장·기둥 등에 견고하게 고정시킬 것. 다만, **불연재료**로 구획된 반자 안에 설치하는 경우에는 그러하지 아니하다.〈개정 21.3.25.〉
5. **누설동축케이블** 및 안테나는 **금속판** 등에 따라 **전파**의 **복사** 또는 **특성**이 현저하게 저하되지 아니하는 위치에 설치할 것〈개정 17.6.7.〉
6. **누설동축케이블** 및 안테나는 **고**압의 전로로부터 **1.5m 이상** 떨어진 위치에 설치할 것. 다만, 해당 전로에 **정전기 차폐장치**를 유효하게 설치한 경우에는 그러하지 아니하다.〈개정 17.6.7.〉
7. **누설동축케이블**의 끝부분에는 **무**반사 **종단저항**을 견고하게 설치할 것

> [기억법] 전안불무 4고금판

② 누설동축케이블 또는 동축케이블의 임피던스는 **50Ω**으로 하고, 이에 접속하는 안테나·분배기 기타의 장치는 해당 임피던스에 적합한 것으로 하여야 한다.〈개정 17.6.7.〉
③ 무선통신보조설비는 다음 각 호의 기준에 따라 설치하여야 한다.〈신설 21.3.25.〉
  1. 누설동축케이블 또는 동축케이블과 이에 접속하는 안테나가 설치된 층은 모든 부분(계단실, 승강기, 별도 구획된 실 포함)에서 유효하게 통신이 가능할 것
  2. 옥외안테나와 연결된 무전기와 건축물 내부에 존재하는 무전기 간의 상호통신, 건축물 내부에 존재하는 무전기 간의 상호통신, 옥외안테나와 연결된 무전기와 방재실 또는 건축물 내부에 존재하는 무전기와 방재실 간의 상호통신이 가능할 것

제6조 【옥외안테나】 옥외안테나는 다음 각 호의 기준에 따라 설치하여야 한다.〈개정 21.3.25.〉
1. **건축물, 지하가, 터널** 또는 **공동구**의 출입구(「건축법 시행령」 제39조에 따른 출구 또는 이와 유사한 출입구를 말한다.) 및 출입구 인근에서 통신이 가능한 장소에 설치할 것
2. 다른 용도로 사용되는 안테나로 인한 **통신장애**가 발생하지 않도록 설치할 것

3. 옥외안테나는 견고하게 설치하며 파손의 우려가 없는 곳에 설치하고 그 가까운 곳의 보기 쉬운 곳에 "**무선통신보조설비 안테나**"라는 표시와 함께 **통신 가능거리**를 표시한 표지를 설치할 것
4. 수신기가 설치된 장소 등 사람이 상시 근무하는 장소에는 옥외안테나의 위치가 모두 표시된 옥외안테나 **위치표시도**를 비치할 것

제7조【분배기 등】 분배기·분파기 및 혼합기 등은 다음 각 호의 기준에 따라 설치하여야 한다.
1. 먼지·습기 및 부식 등에 따라 기능에 이상을 가져오지 아니하도록 할 것
2. 임피던스는 50Ω의 것으로 할 것
3. 점검에 편리하고 화재 등의 재해로 인한 피해의 우려가 없는 장소에 설치할 것

> 기억법 분먼임 5점

제8조【증폭기 등】 증폭기 및 무선중계기를 설치하는 경우에는 다음 각 호의 기준에 따라 설치하여야 한다.〈개정 21.3.25.〉
1. 전원은 전기가 정상적으로 공급되는 **축전지, 전기저장장치**(외부 전기에너지를 저장해 두었다가 필요한 때 전기를 공급하는 장치) 또는 **교류전압 옥내간선**으로 하고, 전원까지의 배선은 **전용**으로 할 것〈개정 16.7.13.〉
2. 증폭기의 전면에는 주회로의 전원이 정상인지의 여부를 표시할 수 있는 **표시등** 및 **전압계**를 설치할 것
3. 증폭기에는 비상전원이 부착된 것으로 하고 해당 비상전원 용량은 무선통신보조설비를 유효하게 **30분 이상** 작동시킬 수 있는 것으로 할 것
4. 증폭기 및 무선중계기를 설치하는 경우에는 「전파법」 제58조의2에 따른 적합성 평가를 받은 제품으로 설치하고 임의로 변경하지 않도록 할 것〈개정 21.3.25.〉

> 기억법 증무전 무비축교

5. 디지털 방식의 무전기를 사용하는 데 지장이 없도록 설치할 것〈신설 21.3.25.〉

제9조【설치·유지기준의 특례】 소방본부장 또는 소방서장은 기존 건축물이 증축·개축·대수선되거나 용도변경되는 경우에 있어서 이 기준이 정하는 기준에 따라 해당 건축물에 설치하여야 할 무선통신보조설비의 배관·배선 등의 공사가 현저하게 곤란하다고 인정되는 경우에는 해당 설비의 기능 및 사용에 지장이 없는 범위 안에서 무선통신보조설비의 설치·유지기준의 일부를 적용하지 아니할 수 있다.

제10조【재검토 기한】 소방청장은「훈령·예규 등의 발령 및 관리에 관한 규정」에 따라 이 고시에 대하여 2021년 7월 1일 기준으로 매 3년이 되는 시점(매 3년째의 6월 30일까지를 말한다.)마다 그 타당성을 검토하여 개선 등의 조치를 하여야 한다. 〈개정 21.3.25.〉

제11조【규제의 재검토】「행정규제 기본법」제8조에 따라 2015년 1월 1일을 기준으로 매 3년이 되는 시점(매 3번째의 12월 31일까지를 말한다.)마다 그 타당성을 검토하여 개선 등의 조치를 하여야 한다.〈신설 15.1.23.〉

부 칙 〈제2021-16호, 21.3.25.〉

제1조【시행일】 이 고시는 발령한 날부터 시행한다.

제2조 생 략

3 소방시설용 비상전원수전설비(NFSC 602)

일부개정 2019. 5. 24. 소방청고시 제2019-39호

제1조【목적】 이 기준은 「화재예방, 소방시설 설치·유지 및 안전관리에 관한 법률」 제9조 제1항에 따라 소방청장에게 위임한 사항 중 소방시설의 비상전원인 비상전원수전설비의 설치·유지 및 안전관리에 필요한 사항을 규정함을 목적으로 한다.

제2조【적용범위】 「화재예방, 소방시설 설치·유지 및 안전관리에 관한 법률 시행령」(이하 "**영**"이라 한다.) [별표 5]의 소방시설에 설치하여야 하는 비상전원수전설비는 이 기준에 따라 설비를 설치하고 유지·관리하여야 한다.

제3조【정의】 이 기준에서 사용되는 용어의 정의는 다음과 같다.
1. "**전기사업자**"란 「전기사업법」 제2조 제2호에 따른 자를 말한다.
2. "**인입선**"이란 「전기설비기술기준」 제3조 제1항 제9호에 따른 것을 말한다.
3. "**인입구 배선**"이란 **인입선 연결점**으로부터 특정소방대상물 내에 시설하는 **인입개폐기**에 이르는 배선을 말한다.
4. "**인입개폐기**"란 「전기설비기술기준의 판단기준」 제169조에 따른 것을 말한다.
5. "**과전류차단기**"란 「전기설비기술기준의 판단기준」 제38조와 제39조에 따른 것을 말한다.
6. "**소방회로**"란 소방부하에 전원을 공급하는 전기회로를 말한다.
7. "**일반회로**"란 소방회로 이외의 전기회로를 말한다.
8. "**수전설비**"란 전력수급용 **계기용 변성기·주차단장치** 및 그 **부속기기**를 말한다.
9. "**변전설비**"란 전력용 변압기 및 그 **부속장치**를 말한다.
10. "**전용큐비클식**"이란 **소방회로용**의 것으로 수전설비, 변전설비 그 밖의 기기 및 배선을 금속제 외함에 수납한 것을 말한다.
11. "**공용큐비클식**"이란 **소방회로** 및 **일반회로 겸용**의 것으로서 수전설비, 변전설비 그 밖의 기기 및 배선을 금속제 외함에 수납한 것을 말한다.
12. "**전용배전반**"이란 **소방회로 전용**의 것으로서 개폐기, 과전류차단기, 계기 그 밖의 배선용 기기 및 배선을 금속제 외함에 수납한 것을 말한다.
13. "**공용배전반**"이란 **소방회로** 및 **일반회로 겸용**의 것으로서 개폐기, 과전류차단기, 계기 그 밖의 배선용 기기 및 배선을 금속제 외함에 수납한 것을 말한다.
14. "**전용분전반**"이란 **소방회로 전용**의 것으로서 분기개폐기, 분기과전류차단기 그 밖의 배선용 기기 및 배선을 금속제 외함에 수납한 것을 말한다.

3. 소방시설용 비상전원수전설비(NFSC 602)

15. "**공용분전반**"이란 **소방회로** 및 **일반회로 겸용**의 것으로서 분기개폐기, 분기과전류차단기 그 밖의 배선용 기기 및 배선을 금속제 외함에 수납한 것을 말한다.

제4조【인입선 및 인입구 배선의 시설】 ① **인**입선은 특정소방대상물에 **화**재가 발생할 경우에도 화재로 인한 손상을 받지 않도록 설치하여야 한다. 점검 14회

② 인입구 배선은 「**옥내**소화전설비의 화재안전기준(NFSC 102)」[별표 1]에 따른 내화배선으로 하여야 한다. 점검 14회

> 기억법 수전인화 옥내

제5조【특고압 또는 고압으로 수전하는 경우】 ① 일반전기사업자로부터 특고압 또는 고압으로 수전하는 비상전원수전설비는 **방**화구획형, **옥외개방형** 또는 **큐비클** (Cubicle)형으로 하여야 한다.
1. 전용의 **방화구획 내**에 설치할 것
2. 소방회로 배선은 일반회로 배선과 **불**연성 벽으로 구획할 것. 다만, 소방회로 배선과 일반회로 배선을 **15cm 이상** 떨어져 설치한 경우는 그러하지 아니한다.
3. 일반회로에서 **과**부하, **지**락사고 또는 **단**락사고가 발생한 경우에도 이에 영향을 받지 아니하고 계속하여 소방회로에 전원을 공급시켜 줄 수 있어야 할 것
4. 소방회로용 **개폐기** 및 **과전류차단기**에는 "**소방시설용**"이라 **표**시할 것
5. 전기회로는 [별표 1]과 같이 결선할 것

> 기억법 방내불15 단지과표

② 옥외개방형은 다음 각 호에 적합하게 설치하여야 한다.
1. 건축물의 **옥상**에 설치하는 경우에는 그 건축물에 화재가 발생할 경우에도 화재로 인한 손상을 받지 않도록 설치할 것
2. **공지**에 설치하는 경우에는 **인접 건축물**에 화재가 발생한 경우에도 화재로 인한 손상을 받지 않도록 설치할 것
3. 그 밖의 옥외개방형의 설치에 관하여는 제1항 제2호부터 제5호까지의 규정에 적합하게 설치할 것

③ **큐**비클형은 다음 각 호에 적합하게 설치하여야 한다.
1. **전용 큐비클** 또는 **공용 큐비클식**으로 설치할 것
2. 외함은 두께 **2.3mm 이상**의 강판과 이와 동등 이상의 강도와 **내화성능**이 있는 것으로 제작하여야 하며, 개구부(제3호에 게기하는 것은 제외한다.)에는 **갑종방화문** 또는 **을종방화문**을 설치할 것

3. 다음 각 목(옥외에 설치하는 것에 있어서는 가목부터 다목까지)에 해당하는 것은 외함에 노출하여 설치할 수 있다.
   가. **표시등**(**불연성** 또는 **난연성 재료**로 덮개를 설치한 것에 한한다.)
   나. **전선**의 **인입구** 및 **인출구**
   다. **환기장치**
   라. **전압계**(퓨즈 등으로 보호한 것에 한한다.)
   마. **전류계**(변류기의 **2차측**에 접속된 것에 한한다.)
   바. **계기용 전환스위치**(**불연성** 또는 **난연성 재료**로 제작된 것에 한한다.)
4. 외함은 건축물의 **바닥** 등에 견고하게 고정할 것
5. 외함에 수납하는 수전설비, 변전설비 그 밖의 기기 및 배선은 다음 각 목에 적합하게 설치할 것
   가. **외함** 또는 **프레임**(Frame) 등에 견고하게 고정할 것
   나. 외함의 바닥에서 **10cm**(시험단자, 단자대 등의 충전부는 **15cm**) **이상**의 높이에 설치할 것
6. 전선 인입구 및 인출구에는 **금속관** 또는 **금속제 가요전선관**을 쉽게 접속할 수 있도록 할 것
7. **환**기장치는 다음 각 목에 적합하게 설치할 것 〔점검 14회〕
   가. 내부의 **온**도가 상승하지 않도록 **환기장치**를 할 것
   나. 자연환기구의 **개**구부 면적의 합계는 외함의 한 면에 대하여 해당 면적의 $\frac{1}{3}$ 이하로 할 것. 이 경우 하나의 통기구의 크기는 직경 **10mm 이상**의 **둥근 막대**가 들어가서는 아니 된다.
   다. 자연환기구에 따라 충분히 환기할 수 없는 경우에는 **환기설비**를 설치할 것
   라. 환기구에는 **금속망**, **방화댐퍼** 등으로 방화조치를 하고, 옥외에 설치하는 것은 **빗물** 등이 들어가지 않도록 할 것

   > **기억법** 큐환 온개설 망댐빗

8. 공용 큐비클식의 소방회로와 일반회로에 사용되는 배선 및 배선용 기기는 **불연재료**로 구획할 것
9. 그 밖의 큐비클형의 설치에 관하여는 제1항 제2호부터 제5호까지의 규정 및 한국산업표준에 적합할 것

제6조 【저압으로 수전하는 경우】 전기사업자로부터 저압으로 수전하는 비상전원설비는 전용배전반(1·2종)·전용분전반(1·2종) 또는 공용분전반(1·2종)으로 하여야 한다.

3. 소방시설용 비상전원수전설비(NFSC 602)

① 제1종 배전반 및 제1종 분전반은 다음 각 호에 적합하게 설치하여야 한다.
  1. 외함은 두께 **1.6mm**(전면판 및 문은 **2.3mm**) **이상**의 강판과 이와 동등 이상의 강도와 내화성능이 있는 것으로 제작할 것
  2. 외함의 내부는 외부의 열에 의해 영향을 받지 않도록 **내열성** 및 **단열성**이 있는 재료를 사용하여 단열할 것. 이 경우 단열부분은 열 또는 진동에 따라 쉽게 변형되지 아니하여야 한다.
  3. 다음 각 목에 해당하는 것은 외함에 노출하여 설치할 수 있다.
    가. **표시등**(불연성 또는 난연성 재료로 덮개를 설치한 것에 한한다.)
    나. 전선의 **인입구** 및 **입출구**
  4. 외함은 **금속관** 또는 **금속제 가요전선관**을 쉽게 접속할 수 있도록 하고, 당해 접속부분에는 **단열조치**를 할 것
  5. 공용 배전판 및 공용 분전판의 경우 소방회로와 일반회로에 사용하는 배선 및 배선용 기기는 **불연재료**로 구획되어야 할 것
② 제2종 배전반 및 제2종 분전반은 다음 각 호에 적합하게 설치하여야 한다.
  1. 외함은 두께 **1mm**(함 전면의 면적이 1,000cm^2를 초과하고 2,000cm^2 이하인 경우에는 **1.2mm**, 2,000cm^2를 초과하는 경우에는 **1.6mm**) 이상의 강판과 이와 동등 이상의 강도와 내화성능이 있는 것으로 제작할 것
  2. 제1항 제3호 각 목에 정한 것과 120℃의 온도를 가했을 때 이상이 없는 **전압계** 및 **전류계**는 외함에 노출하여 설치할 것
  3. 단열을 위해 배선용 **불연전용실** 내에 설치할 것
  4. 그 밖의 제2종 배전반 및 제2종 분전반의 설치에 관하여는 제1항 제4호 및 제5호의 규정에 적합할 것
③ 그 밖의 배전반 및 분전반의 설치에 관하여는 다음 각 호에 적합하여야 한다.
  1. 일반회로에서 **과부하·지락사고** 또는 **단락사고**가 발생한 경우에도 이에 영향을 받지 아니하고 계속하여 소방회로에 전원을 공급시켜 줄 수 있어야 할 것
  2. 소방회로용 개폐기 및 과전류차단기에는 **"소방시설용"**이라는 표시를 할 것
  3. 전기회로는 [별표 2]와 같이 결선할 것

제7조【설치·유지기준의 특례】 소방본부장 또는 소방서장은 기존 건축물이 증축·개축·대수선되거나 용도변경되는 경우에 있어서 이 기준이 정하는 기준에 따라 해당 건축물에 설치하여야 할 비상전원수전설비의 배관·배선 등의 공사가 현저하게 곤란하다고 인정되는 경우에는 해당 설비의 기능 및 사용에 지장이 없는 범위 안에서 비상전원수전설비의 설치·유지기준의 일부를 적용하지 아니할 수 있다.

제8조【재검토 기한】 소방청장은 이 고시에 대하여 「훈령·예규 등의 발령 및 관리에 관한 규정」에 따라 2019년 1월 1일 기준으로 매 3년이 되는 시점(매 3년째의 12월 31일까지를 말한다.)마다 그 타당성을 검토하여 개선 등의 조치를 하여야 한다.
〈개정 19.5.24.〉

제9조【규제의 재검토】 「행정규제 기본법」 제8조에 따라 2015년 1월 1일을 기준으로 매 3년이 되는 시점(매 3번째의 12월 31일까지를 말한다.)마다 그 타당성을 검토하여 개선 등의 조치를 하여야 한다.

부 칙 〈제2019-39호, 19.5.24.〉

이 고시는 발령한 날부터 시행한다.

[별표 1] 고압 또는 특고압 수전의 경우(제5조 제1항 제5호 관련)

(가) **전용**의 **전력용 변압기**에서 소방부하에 전원을 공급하는 경우

[주] 1. 일반회로의 과부하 또는 단락사고 시에 CB_{10}(또는 PF_{10})이 CB_{12}(또는 PF_{12}) 및 CB_{22}(또는 F_{22})보다 먼저 차단되어서는 아니된다.
2. CB_{11}(또는 PF_{11})은 CB_{12}(또는 PF_{12})와 동등 이상의 차단용량일 것

(나) **공용**의 **전력용 변압기**에서 소방부하에 전원을 공급하는 경우

[주] 1. 일반회로의 과부하 또는 단락사고 시에 CB_{10}(또는 PF_{10})이 CB_{22}(또는 F_{22}) 및 CB(또는 F)보다 먼저 차단되어서는 아니된다.
2. CB_{21}(또는 F_{21})은 CB_{22}(또는 F_{22})와 동등 이상의 차단용량일 것

약 호	명 칭
CB	전력차단기
PF	전력퓨즈 (고압 또는 특고압용)
F	퓨즈(저압용)
Tr	전력용 변압기

약 호	명 칭
CB	전력차단기
PF	전력퓨즈 (고압 또는 특고압용)
F	퓨즈(저압용)
Tr	전력용 변압기

〔**별표 2**〕 저압수전의 경우(제6조 제3항 제3호 관련) 설계 2회

[주] 1. 일반회로의 과부하 또는 단락사고 시 S_M이 S_N, S_{N1} 및 S_{N2}보다 먼저 차단되어서는 아니된다.
2. S_F는 S_N과 동등 이상의 차단용량일 것

약 호	명 칭
〈삭제〉	〈삭제〉
〈삭제〉	〈삭제〉
〈삭제〉	〈삭제〉
〈삭제〉	〈삭제〉
S	저압용 개폐기 및 과전류차단기

NATIONAL FIRE SAFETY CODES

소방설비기사 · 소방시설관리사 · 소방기술사 시험, 현장실무자를 위한

화재안전기준 포켓북

Part 3

다중이용업소의 안전관리에 관한 특별법령

1. 다중이용업소의 안전관리에 관한 특별법
2. 다중이용업소의 안전관리에 관한 특별법 시행령
3. 다중이용업소의 안전관리에 관한 특별법 시행규칙

공부원리 7단계

1. 꿈을 가져라
　왜 공부를 해야 되느냐에 대한 자신만의 이유를 가져라.

2. 목표를 세워라
　목표는 꿈을 이루는 도구다. 목표가 없다면 능력이 있어도 발휘하기 힘들다.

3. 자신감을 가져라
　공부는 타고난 재능이 통하지 않는다. 자기능력을 과소평가해 포기하는 일이 없어야 한다.

4. 행동하라
　기존의 습관을 버리고 새로운 습관을 만들자. 공부하는 습관을 30일간 반복하고 나면 나중에 그것을 따르지 않는 게 더 힘들다.

5. 건강을 관리하라
　적절한 휴식은 공부를 더 잘할 수 있도록 하는 충전소 역할을 한다. 하지만 컴퓨터 게임이나 TV 드라마 등 중독성이 있는 휴식은 학습을 방해한다. 운동도 공부에 도움이 된다.

6. 공부하기 좋은 환경을 만들라
　온도는 적당한지, 조명이 눈부시지 않은지, 공기는 쾌적한지, 의자는 편안한지 등이 고려되어야 한다.

7. 지속적인 점검과 실천을 하라
　좋은 습관을 들이기는 쉽지 않지만, 망가지는 건 순식간이다.

1 다중이용업소의 안전관리에 관한 특별법(약칭 : 다중이용업소법)

타법개정 2021. 1. 12. 법률 제17894호

제1장 총 칙

제1조【목적】 이 법은 화재 등 재난이나 그 밖의 위급한 상황으로부터 국민의 생명·신체 및 재산을 보호하기 위하여 다중이용업소의 안전시설 등의 설치·유지 및 안전관리와 화재위험평가, 다중이용업주의 화재배상책임보험에 필요한 사항을 정함으로써 공공의 안전과 복리 증진에 이바지함을 목적으로 한다.〈개정 14.1.7.〉
[전문개정 11.5.30.]

제2조【정의】 ① 이 법에서 사용하는 용어의 뜻은 다음과 같다.〈개정 14.1.7.〉
  1. **"다중이용업"**이란 **불특정 다수인**이 이용하는 영업 중 화재 등 재난발생 시 생명·신체·재산상의 피해가 발생할 우려가 높은 것으로서 **대통령령**으로 정하는 영업을 말한다.
  2. **"안전시설 등"**이란 **소방시설, 비상구, 영업장 내부 피난통로**, 그 밖의 안전시설로서 대통령령으로 정하는 것을 말한다.
  3. **"실내장식물"**이란 건축물 내부의 **천장** 또는 **벽**에 설치하는 것으로서 **대통령령**으로 정하는 것을 말한다.
  4. **"화재위험평가"**란 다중이용업의 영업소(이하 **"다중이용업소"**라 한다.)가 밀집한 지역 또는 건축물에 대하여 화재발생 가능성과 화재로 인한 불특정 다수인의 **생명·신체·재산상의 피해** 및 주변에 미치는 영향을 **예측·분석**하고 이에 대한 **대책**을 마련하는 것을 말한다.
  5. **"밀폐구조의 영업장"**이란 지상층에 있는 다중이용업소의 영업장 중 채광·환기·통풍 및 피난 등이 용이하지 못한 구조로 되어 있으면서 대통령령으로 정하는 기준에 해당하는 영업장을 말한다. 점검 15회
  6. **"영업장의 내부구획"**이란 다중이용업소의 영업장 내부를 이용객들이 사용할 수 있도록 벽 또는 칸막이 등을 사용하여 구획된 실(室)을 만드는 것을 말한다.
② 이 법에서 사용하는 용어의 뜻은 제1항에서 규정하는 것을 제외하고는 「소방기본법」, 「소방시설공사업법」, 「화재예방, 소방시설 설치·유지 및 안전관리에 관한 법률」 및 「건축법」에서 정하는 바에 따른다.〈개정 18.10.16.〉
[전문개정 11.5.30.]

제3조【국가 등의 책무】① 국가와 지방자치단체는 국민의 생명·신체 및 재산을 보호하기 위하여 불특정 다수인이 이용하는 다중이용업소의 안전시설 등의 설치·유지 및 안전관리에 필요한 시책을 마련하여야 한다.〈개정 14.1.7.〉
② 다중이용업을 운영하는 자(이하 "**다중이용업주**"라 한다.)는 국가와 지방자치단체가 실시하는 다중이용업소의 안전관리 등에 관한 시책에 협조하여야 하며, 다중이용업소를 이용하는 사람들을 화재 등 재난이나 그 밖의 위급한 상황으로부터 보호하기 위하여 노력하여야 한다.
[전문개정 11.5.30.]

제4조【다른 법률과의 관계】① 다중이용업소의 화재 등 재난에 대한 안전관리에 관하여는 다른 법률에 우선하여 이 법을 적용한다.〈개정 12.2.22.〉
②「화재로 인한 재해보상과 보험가입에 관한 법률」에 따른 특수건물의 다중이용업주에 대하여는 제13조의2부터 제13조의6까지를 적용하지 아니한다.〈신설 12.2.22.〉
③ 다중이용업주의 화재배상책임에 관하여 이 법에서 규정한 것 외에는「민법」에 따른다.〈신설 12.2.22.〉
[전문개정 11.5.30.]

제2장 다중이용업소의 안전관리기본계획 등

제5조【안전관리기본계획의 수립·시행 등】① 소방청장은 다중이용업소의 화재 등 재난이나 그 밖의 위급한 상황으로 인한 인적·물적 피해의 감소, 안전기준의 개발, 자율적인 안전관리능력의 향상, 화재배상책임보험제도의 정착 등을 위하여 5년마다 다중이용업소의 안전관리기본계획(이하 "**기본계획**"이라 한다.)을 수립·시행하여야 한다.〈개정 17.7.26.〉
② 기본계획에는 다음 각 호의 사항이 포함되어야 한다.〈개정 12.2.22.〉
 1. 다중이용업소의 **안전관리**에 관한 기본 방향
 2. 다중이용업소의 **자율**적인 **안전관리 촉진**에 관한 사항
 3. 다중이용업소의 **화재안전**에 관한 **정보체계**의 **구축 및 관리**
 4. 다중이용업소의 **안전 관련 법령 정비** 등 **제도 개선**에 관한 사항
 5. 다중이용업소의 적정한 유지·관리에 필요한 **교육과 기술 연구·개발**
 5의2. 다중이용업소의 **화재배상책임보험**에 관한 **기본 방향**
 5의3. 다중이용업소의 **화재배상책임보험 가입관리전산망**(이하 "**책임보험전산망**"이라 한다.)의 **구축·운영**
 5의4. 다중이용업소의 **화재배상책임보험제도의 정비** 및 **개선**에 관한 사항

6. 다중이용업소의 **화재위험평가**의 **연구·개발**에 관한 사항
7. 그 밖에 다중이용업소의 안전관리에 관하여 **대통령령**으로 정하는 사항
③ **소방청장**은 기본계획에 따라 매년 연도별 안전관리계획(이하 "**연도별 계획**"이라 한다.)을 수립·시행하여야 한다. 〈개정 17.7.26.〉
④ **소방청장**은 제1항 및 제3항에 따라 수립된 기본계획 및 연도별 계획을 관계 **중앙행정기관**의 장과 **특별시장·광역시장·도지사** 또는 **특별자치도지사**(이하 "**시·도지사**"라 한다.)에게 통보하여야 한다. 〈개정 17.7.26.〉
⑤ **소방청장**은 기본계획 및 연도별 계획을 수립하기 위하여 필요하면 **관계 중앙행정기관**의 **장** 및 **시·도지사**에게 관련된 자료의 제출을 요구할 수 있다. 이 경우 자료 제출을 요구받은 관계 중앙행정기관의 장 또는 시·도지사는 특별한 사유가 없으면 요구에 따라야 한다. 〈개정 17.7.26.〉
[전문개정 11.5.30.]

제6조 【집행계획의 수립·시행 등】 ① **소방본부장**은 기본계획 및 연도별 계획에 따라 관할지역 다중이용업소의 안전관리를 위하여 매년 안전관리집행계획(이하 "**집행계획**"이라 한다.)을 수립하여 **소방청장**에게 제출하여야 한다. 〈개정 17.7.26.〉
② **소방본부장**은 집행계획을 수립하기 위하여 필요하면 해당 **시장·군수·구청장**(자치구의 구청장을 말한다. 이하 같다.)에게 관련된 자료의 제출을 요구할 수 있다. 이 경우 자료 제출을 요구받은 해당 시장·군수·구청장은 특별한 사유가 없으면 요구에 따라야 한다.
③ 집행계획의 수립시기, 대상, 내용 등에 관하여 필요한 사항은 **대통령령**으로 정한다.
[전문개정 11.5.30.]

제3장 허가관청의 통보 등

제7조 【관련 행정기관의 통보사항】 ① 다른 법률에 따라 다중이용업의 허가·인가·등록·신고수리(이하 "**허가 등**"이라 한다.)를 하는 행정기관(이하 "**허가관청**"이라 한다.)은 허가 등을 한 날부터 **14일 이내**에 행정안전부령으로 정하는 바에 따라 다중이용업소의 소재지를 관할하는 **소방본부장** 또는 **소방서장**에게 다음 각 호의 사항을 통보하여야 한다. 〈개정 17.7.26.〉
1. 다중이용업주의 **성명** 및 **주소**
2. 다중이용업소의 **상호** 및 **주소**
3. 다중이용업의 **업종** 및 **영업장 면적**

② 허가관청은 다중이용업주가 다음 각 호의 어느 하나에 해당하는 행위를 하였을 때에는 그 신고를 수리(受理)한 날부터 **30일 이내**에 소방본부장 또는 소방서장에게 통보하여야 한다.〈개정 15.1.20.〉
1. **휴업·폐업** 또는 휴업 후 **영업**의 **재개**(再開)
2. **영업 내용**의 **변경**
3. **다중이용업주**의 **변경** 또는 다중이용업주 **주소**의 **변경**
4. 다중이용업소 **상호** 또는 **주소**의 **변경**

③ 소방청장, 소방본부장 또는 소방서장은 다중이용업주의 휴업·폐업 또는 사업자등록말소 사실을 확인하기 위하여 필요한 경우에는 사업자등록번호를 기재하여 관할 세무관서의 장에게 다음 각 호의 사항에 대한 과세정보 제공을 요청할 수 있다. 이 경우 요청을 받은 세무관서의 장은 정당한 사유가 없으면 그 요청에 따라야 한다. 〈신설 21.1.5.〉
1. 대표자 성명 및 주민등록번호, 사업장 소재지
2. 휴업·폐업한 사업자의 성명 및 주민등록번호, 휴업일·폐업일

[전문개정 11.5.30.]

제7조의2 【허가관청의 확인사항】 허가관청은 다른 법률에 따라 다중이용업주의 변경신고 또는 다중이용업주의 지위승계 신고를 수리하기 전에 다중이용업을 하려는 자가 다음 각 호의 사항을 이행하였는지를 확인하여야 한다.〈개정 18.10.16.〉
1. 제8조에 따른 소방안전교육 이수
2. 제13조의2에 따른 화재배상책임보험 가입

[본조신설 15.1.20.]

제8조 【소방안전교육】 ① 다중이용업주와 그 종업원 및 다중이용업을 하려는 자는 **소방청장, 소방본부장** 또는 **소방서장**이 실시하는 소방안전교육을 받아야 한다. 다만, 다중이용업주나 종업원이 그 해당 연도에 다음 각 호의 어느 하나에 해당하는 교육을 받은 경우에는 그러하지 아니하다.〈개정 18.10.16.〉
1. 「화재예방, 소방시설 설치·유지 및 안전관리에 관한 법률」 제41조에 따른 소방안전관리자 강습 또는 실무교육
2. 「위험물안전관리법」 제28조에 따른 위험물안전관리자 교육

② 다중이용업주는 소방안전교육 대상자인 종업원이 소방안전교육을 받도록 하여야 한다.
③ **소방청장, 소방본부장** 또는 **소방서장**은 제1항에 따라 소방안전교육을 받은 사람에게는 교육 이수를 증명하는 서류를 발급하여야 한다.〈개정 17.7.26.〉

④ 제1항에 따른 소방안전교육의 대상자, 횟수, 시기, 교육시간, 그 밖에 교육에 필요한 사항은 **행정안전부령**으로 정한다. 〈개정 18.10.16.〉
[전문개정 11.5.30.]

제9조【다중이용업소의 안전관리기준 등】 ① 다중이용업주 및 다중이용업을 하려는 자는 영업장에 대통령령으로 정하는 안전시설 등을 **행정안전부령**으로 정하는 기준에 따라 설치·유지하여야 한다. 이 경우 다음 각 호의 어느 하나에 해당하는 영업장 중 대통령령으로 정하는 영업장에는 소방시설 중 **간이스프링클러설비**를 **행정안전부령**으로 정하는 기준에 따라 설치하여야 한다. 〈개정 17.7.26.〉
1. **숙박**을 **제공**하는 형태의 다중이용업소의 영업장
2. **밀폐구조의 영업장**

② 소방본부장이나 소방서장은 안전시설 등이 행정안전부령으로 정하는 기준에 맞게 설치 또는 유지되어 있지 아니한 경우에는 그 다중이용업주에게 안전시설 등의 보완 등 필요한 조치를 명하거나 허가관청에 관계 법령에 따른 영업정지 처분 또는 허가 등의 취소를 요청할 수 있다. 〈개정 17.7.26.〉

③ 다중이용업을 하려는 자(다중이용업을 하고 있는 자를 포함한다.)는 다음 각 호의 어느 하나에 해당하는 경우에는 안전시설 등을 설치하기 전에 미리 **소방본부장**이나 **소방서장**에게 **행정안전부령**으로 정하는 안전시설 등의 설계도서를 첨부하여 행정안전부령으로 정하는 바에 따라 신고하여야 한다. 〈개정 17.7.26.〉
1. **안전시설 등**을 **설치**하려는 경우
2. 영업장 **내부구조를 변경**하려는 경우로서 다음 각 목의 어느 하나에 해당하는 경우
  가. 영업장 면적의 증가
  나. 영업장의 구획된 실의 증가
  다. 내부통로 구조의 변경
3. **안전시설 등의 공사를 마친 경우**

④ **소방본부장**이나 **소방서장**은 제3항 제1호 및 제2호에 따라 신고를 받았을 때에는 설계도서가 행정안전부령으로 정하는 기준에 맞는지를 확인하고, 그에 맞도록 지도하여야 한다. 〈개정 17.7.26.〉

⑤ **소방본부장**이나 **소방서장**은 제3항 제3호에 따라 공사완료의 신고를 받았을 때에는 안전시설 등이 행정안전부령으로 정하는 기준에 맞게 설치되었다고 인정하는 경우에는 행정안전부령으로 정하는 바에 따라 안전시설 등 완비증명서를 발급하여야 하며, 그 기준에 맞지 아니한 경우에는 시정될 때까지 안전시설 등 완비증명서를 발급하여서는 아니 된다. 〈개정 17.7.26.〉

⑥ 법률 제9330호 다중이용업소의 안전관리에 관한 특별법 일부개정법률 부칙 제3항에 따라 대통령령으로 정하는 숙박을 제공하는 형태의 다중이용업소의 영업장으로서 2009년 7월 8일 전에 영업을 개시한 후 영업장의 내부구조·실내장식물·안전시설 등 또는 영업주를 변경한 사실이 없는 영업장을 운영하는 다중이용업주가 제1항 후단에 따라 해당 영업장에 간이스프링클러설비를 설치하는 경우 국가와 지방자치단체는 필요한 비용의 일부를 대통령령으로 정하는 바에 따라 지원할 수 있다.
〈신설 20.6.9.〉
[전문개정 11.5.30.]

제9조의2 【다중이용업소의 비상구 추락방지】 다중이용업주 및 다중이용업을 하려는 자는 제9조 제1항에 따라 설치·유지하는 안전시설 등 중 행정안전부령으로 정하는 비상구에 추락위험을 알리는 표지 등 추락 등의 방지를 위한 장치를 **행정안전부령**으로 정하는 기준에 따라 갖추어야 한다.

[본조신설 17.12.26.]

제10조 【다중이용업의 실내장식물】 ① 다중이용업소에 설치하거나 교체하는 실내장식물(반자돌림대 등의 너비가 10cm 이하인 것은 제외한다.)은 **불연재료(不燃材料)** 또는 **준불연재료**로 설치하여야 한다.

② 제1항에도 불구하고 합판 또는 목재로 실내장식물을 설치하는 경우로서 그 면적이 영업장 천장과 벽을 합한 면적의 $\frac{3}{10}$ (스프링클러설비 또는 간이스프링클러설비가 설치된 경우에는 $\frac{5}{10}$) 이하인 부분은 「화재예방, 소방시설 설치·유지 및 안전관리에 관한 법률」 제12조 제3항에 따른 방염성능기준 이상의 것으로 설치할 수 있다.
〈개정 18.10.16.〉

③ **소방본부장**이나 **소방서장**은 다중이용업소의 실내장식물이 제1항 및 제2항에 따른 실내장식물의 기준에 맞지 아니하는 경우에는 그 다중이용업주에게 해당 부분의 실내장식물을 교체하거나 제거하게 하는 등 필요한 조치를 명하거나 허가관청에 관계 법령에 따른 영업정지 처분 또는 허가 등의 취소를 요청할 수 있다.〈신설 16.1.27.〉
[전문개정 11.5.30.]

제10조의2 【영업장의 내부구획】 ① 다중이용업소의 영업장 내부를 구획하고자 할 때에는 불연재료로 구획하여야 한다. 이 경우 다음 각 호의 어느 하나에 해당하는 다중이용업소의 영업장은 천장(반자 속)까지 구획하여야 한다.
 1. **단란주점** 및 **유흥주점** 영업
 2. **노래연습장업**

② 제1항에 따른 영업장의 내부구획 기준은 행정안전부령으로 정한다.〈개정 17.7.26.〉

③ 소방본부장이나 소방서장은 영업장의 내부구획이 제1항 및 제2항에 따른 기준에 맞지 아니하는 경우에는 그 다중이용업주에게 보완 등 필요한 조치를 명하거나 허가관청에 관계 법령에 따른 영업정지 처분 또는 허가 등의 취소를 요청할 수 있다. 〈개정 16.1.27.〉
[본조신설 14.1.7.]

제11조【피난시설, 방화구획 및 방화시설의 유지·관리】 다중이용업주는 해당 영업장에 설치된「건축법」제49조에 따른 피난시설, 방화구획과 같은 법 제50조부터 제53조까지의 규정에 따른 방화벽, 내부 마감재료 등(이하 **"방화시설"**이라 한다.)을 「화재예방, 소방시설 설치·유지 및 안전관리에 관한 법률」제10조 제1항에 따라 유지하고 관리하여야 한다.〈개정 18.10.16.〉
[전문개정 11.5.30.]

제12조【피난안내도의 비치 또는 피난안내 영상물의 상영】 ① 다중이용업주는 화재 등 재난이나 그 밖의 위급한 상황의 발생 시 이용객들이 안전하게 피난할 수 있도록 **피난계단·피난통로, 피난설비** 등이 표시되어 있는 **피난안내도**를 갖추어 두거나 피난안내에 관한 **영상물**을 상영하여야 한다.
② 제1항에 따라 피난안내도를 갖추어 두거나 피난안내에 관한 영상물을 상영하여야 하는 대상, 피난안내도를 갖추어 두어야 하는 위치, 피난안내에 관한 영상물의 상영시간, 피난안내도 및 피난안내에 관한 영상물에 포함되어야 할 내용과 그 밖에 필요한 사항은 **행정안전부령**으로 정한다.〈개정 17.7.26.〉
[전문개정 11.5.30.]

제13조【다중이용업주의 안전시설 등에 대한 정기점검 등】 ① 다중이용업주는 다중이용업소의 안전관리를 위하여 정기적으로 안전시설 등을 점검하고 그 점검결과서를 **1년간 보관**하여야 한다. 이 경우 다중이용업소에 설치된 안전시설 등이 건축물의 다른 시설·장비와 연계되어 작동되는 경우에는 해당 건축물의 관계인(「소방기본법」제2조 제3호에 따른 관계인을 말한다. 이하 같다.) 및 소방안전관리자는 다중이용업주의 안전점검에 협조하여야 한다.〈개정 21.1.5.〉
② 다중이용업주는 제1항에 따른 정기점검을 **행정안전부령**으로 정하는 바에 따라「화재예방, 소방시설 설치·유지 및 안전관리에 관한 법률」제29조에 따른 소방시설관리업자에게 위탁할 수 있다.〈개정 18.10.16.〉
③ 제1항에 따른 안전점검의 대상, 점검자의 자격, 점검주기, 점검방법, 그 밖에 필요한 사항은 **행정안전부령**으로 정한다.〈개정 17.7.26.〉
[전문개정 11.5.30.]

제3장의2 다중이용업주의 화재배상책임보험의 의무가입 등〈신설 12.2.22.〉

제13조의2 【화재배상책임보험 가입 의무】 ① 다중이용업주 및 다중이용업을 하려는 자는 다중이용업소의 화재(폭발을 포함한다. 이하 같다.)로 인하여 다른 사람이 사망·부상하거나 재산상의 손해를 입은 때에는 과실이 없는 경우에도 피해자(피해자가 사망한 경우에는 손해배상을 받을 권리를 가진 자를 말한다.)에게 **대통령령**으로 정하는 금액을 지급할 책임을 지는 책임보험(이하 "**화재배상책임보험**"이라 한다.)에 가입하여야 한다. 〈개정 21.1.5.〉
② 「보험업법」 제2조 제1호에 따른 다른 종류의 보험상품에 제1항에서 정한 화재배상책임보험의 내용이 포함되는 경우에는 이 법에 따른 화재배상책임보험으로 본다.
③ 보험회사는 제1항에 따른 화재배상책임보험 계약을 체결하는 경우 해당 다중이용업소의 안전시설 등의 설치·유지 및 안전관리에 관한 사항을 고려하여 보험료율을 차등 적용할 수 있다. 〈신설 16.1.27.〉
④ 제3항에 따라 보험회사가 보험료율을 차등 적용하는 경우에는 다중이용업소의 업종 및 면적 등 **대통령령**으로 정하는 사항을 고려하여야 한다. 〈신설 16.1.27.〉
[본조신설 12.2.22.]

제13조의3 【화재배상책임보험 가입 촉진 및 관리】 ① 다중이용업주는 다음 각 호의 어느 하나에 해당하는 경우에는 화재배상책임보험에 가입한 후 그 증명서(보험증권을 포함한다.)를 소방본부장 또는 소방서장에게 제출하여야 한다. 〈개정 15.1.20.〉
 1. 제7조 제2항 제3호 중 **다중이용업주**를 **변경**한 경우
 2. 제9조 제3항 각 호에 따른 **신고**를 할 경우
② 화재배상책임보험에 가입한 다중이용업주는 **행정안전부령**으로 정하는 바에 따라 화재배상책임보험에 가입한 영업소임을 표시하는 표지를 부착할 수 있다. 〈개정 17.7.26.〉
③ 보험회사는 화재배상책임보험의 계약을 체결하고 있는 다중이용업주에게 그 계약 종료일의 **75일 전부터 30일 전까지의 기간** 및 **30일 전부터 10일 전**까지의 기간에 각각 그 계약이 끝난다는 사실을 알려야 한다. 다만, 다음 각 호의 어느 하나에 해당하는 경우에는 그러하지 아니하다.
 1. **보험기간**이 **1개월** 이내인 계약의 경우
 2. 다중이용업주가 자기와 **다시 계약**을 **체결**한 경우
 3. 다중이용업주가 다른 보험회사와 새로운 계약을 체결한 사실을 안 경우
④ 보험회사는 화재배상책임보험에 가입하여야 할 자가 다음 각 호의 어느 하나에 해

당하면 그 사실을 행정안전부령으로 정하는 기간 내에 **소방청장, 소방본부장** 또는 **소방서장**에게 알려야 한다.〈개정 17.7.26.〉
1. 화재배상책임보험 계약을 체결한 경우
2. 화재배상책임보험 계약을 체결한 후 계약기간이 끝나기 전에 그 계약을 해지한 경우
3. 화재배상책임보험 계약을 체결한 자가 그 계약기간이 끝난 후 자기와 다시 계약을 체결하지 아니한 경우
⑤ **소방본부장** 또는 **소방서장**은 다중이용업주가 화재배상책임보험에 가입하지 아니하였을 때에는 허가관청에 다중이용업주에 대한 인가·허가의 취소, 영업의 정지 등 필요한 조치를 취할 것을 요청할 수 있다.
⑥ **소방청장, 소방본부장** 또는 **소방서장**은 다중이용업주의 화재배상책임보험 가입을 관리하기 위하여 필요한 경우에는 사업자등록번호를 기재하여 관할 세무관서의 장에게 과세정보 제공을 요청할 수 있고, 해당 과세정보에 관하여는 제7조 제3항을 준용한다.〈개정 21.1.5.〉
[본조신설 12.2.22.]

제13조의4【보험금의 지급】 보험회사는 화재배상책임보험의 보험금 청구를 받은 때에는 지체없이 지급할 보험금을 결정하고 보험금 결정 후 **14일 이내**에 피해자에게 보험금을 지급하여야 한다.
[본조신설 12.2.22.]

제13조의5【화재배상책임보험 계약의 체결의무 및 가입강요 금지】 ① 보험회사는 다중이용업주가 화재배상책임보험에 가입할 때에는 계약의 체결을 거부할 수 없다. 다만, **대통령령**으로 정하는 경우에는 그러하지 아니하다.
② 다중이용업소에서 화재가 발생할 개연성이 높은 경우 등 행정안전부령으로 정하는 사유가 있으면 다수의 보험회사가 공동으로 화재배상책임보험 계약을 체결할 수 있다. 이 경우 보험회사는 다중이용업주에게 공동계약체결의 절차 및 보험료에 대한 안내를 하여야 한다.〈개정 17.7.26.〉
③ 보험회사는 화재배상책임보험 외에 다른 보험의 가입을 다중이용업주에게 강요할 수 없다.
[본조신설 12.2.22.]

제13조의6【화재배상책임보험 계약의 해제·해지】 보험회사는 다음 각 호의 어느 하나에 해당하는 경우 외에는 다중이용업주와의 화재배상책임보험 계약을 해제하거나 해지하여서는 아니 된다.〈개정 17.7.26.〉

1. 제7조 제2항 제3호에 따라 다중이용업주가 변경된 경우. 다만, 변경된 다중이용업주가 화재배상책임보험 계약을 승계한 경우는 제외한다.
2. 다중이용업주가 화재배상책임보험에 이중으로 가입되어 그 중 하나의 계약을 해제 또는 해지하려는 경우
3. 그 밖에 행정안전부령으로 정하는 경우
[본조신설 12.2.22.]

제4장 다중이용업소 안전관리를 위한 기반 조성

제14조【다중이용업소의 소방안전관리】 다중이용업주는 「화재예방, 소방시설 설치·유지 및 안전관리에 관한 법률」 제20조 제6항 제3호 및 제5호부터 제7호까지의 규정에 따른 소방안전관리업무를 수행하여야 한다.〈개정 18.10.16.〉
[전문개정 11.5.30.]
[제목개정 11.8.4.]

제14조의2【다중이용업주의 안전사고 보고의무】 ① 다중이용업주는 다중이용업소의 화재, 영업장 시설의 하자 또는 결함 등으로 인하여 다음 각 호의 어느 하나에 해당하는 사고가 발생했거나 발생한 사실을 알게 된 경우 소방본부장 또는 소방서장에게 그 사실을 즉시 보고하여야 한다.
1. 사람이 사망한 사고
2. 사람이 부상당하거나 중독된 사고
3. 화재 또는 폭발 사고
4. 그 밖에 대통령으로 정하는 사고
② 제1항에 따른 보고의 방법 및 절차 등 필요한 사항은 대통령령으로 정한다.
[본조신설 21.1.5.]

제15조【다중이용업소에 대한 화재위험평가 등】 ① 소방청장, 소방본부장 또는 소방서장은 다음 각 호의 어느 하나에 해당하는 지역 또는 건축물에 대하여 화재를 예방하고 화재로 인한 생명·신체·재산상의 피해를 방지하기 위하여 필요하다고 인정하는 경우에는 화재위험평가를 할 수 있다.〈개정 17.7.26.〉 점검 17회
1. 2,000m² 지역 안에 다중이용업소가 50개 이상 밀집하여 있는 경우
2. 5층 이상인 건축물로서 다중이용업소가 10개 이상 있는 경우
3. 하나의 건축물에 다중이용업소로 사용하는 영업장 바닥면적의 합계가 1,000m² 이상인 경우

② **소방청장, 소방본부장** 또는 **소방서장**은 화재위험평가 결과 그 위험유발지수가 대통령령으로 정하는 기준 이상인 경우에는 해당 다중이용업주 또는 관계인에게「화재예방, 소방시설 설치·유지 및 안전관리에 관한 법률」제5조에 따른 조치를 명할 수 있다.〈개정 21.1.5.〉

③ **소방청장, 소방본부장** 또는 **소방서장**은 제2항에 따른 명령으로 인하여 **손실**을 입은 자가 있으면 **대통령령**으로 정하는 바에 따라 이를 **보상**하여야 한다. 다만, **법령**을 **위반**하여 건축되거나 설비된 다중이용업소에 대하여는 그러하지 아니하다. 〈개정 17.7.26.〉

④ **소방청장, 소방본부장** 또는 **소방서장**은 화재위험평가의 결과 그 위험유발지수가 **대통령령**으로 정하는 기준 미만인 다중이용업소에 대하여는 안전시설 등의 일부를 설치하지 아니하게 할 수 있다.〈개정 17.7.26.〉

⑤ **소방청장, 소방본부장** 또는 **소방서장**은 화재위험평가를 제16조 제1항에 따른 화재위험평가 대행자로 하여금 대행하게 할 수 있다.〈개정 17.7.26.〉
[전문개정 11.5.30.]

제16조【화재위험평가 대행자의 등록 등】 ① 제15조 제5항에 따라 화재위험평가를 대행하려는 자는 **대통령령**으로 정하는 **기술인력, 시설** 및 **장비**를 갖추고 행정안전부령으로 정하는 바에 따라 **소방청장**에게 화재위험평가 대행자(이하 "**평가대행자**"라 한다.)로 **등록**하여야 한다. 등록사항 중 대통령령으로 정하는 중요 사항을 변경할 때에도 또한 같다.〈개정 17.7.26.〉

② 다음 각 호의 어느 하나에 해당하는 자는 평가대행자로 등록할 수 없다.〈개정 21.1.12.〉
 1. 피성년후견인
 2. 삭 제〈15.1.20.〉
 3. 심신상실자, 알코올 중독자 등 대통령령으로 정하는 정신적 제약이 있는 자
 4. 제17조 제1항에 따라 등록이 취소(이 항 제1호에 해당하여 등록이 취소된 경우는 제외한다.)된 후 2년이 지나지 아니한 자
 5. 이 법,「소방기본법」,「소방시설공사업법」,「화재예방, 소방시설 설치·유지 및 안전관리에 관한 법률」,「위험물안전관리법」을 위반하여 징역 이상의 실형을 선고받고 그 형의 집행이 끝나거나 집행을 받지 아니하기로 확정된 후 2년이 지나지 아니한 사람
 6. 임원 중 제1호부터 제5호까지의 어느 하나에 해당하는 사람이 있는 법인

③ 평가대행자는 다음 각 호의 사항을 준수하여야 한다.〈개정 17.7.26.〉
 1. 평가서를 **거짓**으로 **작성**하지 아니할 것

2. 다른 **평가서**의 내용을 **복제**(複製)하지 아니할 것
3. 평가서를 **행정안전부령**으로 정하는 기간 동안 **보존할** 것
4. 등록증이나 명의를 다른 사람에게 대여하거나 도급받은 화재위험평가 업무를 **하도급**하지 아니할 것

④ 평가대행자는 업무를 휴업하거나 폐업하려면 **소방청장**에게 신고하여야 한다. 〈개정 17.7.26.〉

⑤ 제4항에 따른 휴업 또는 폐업 신고에 필요한 사항은 **행정안전부령**으로 정한다. 〈개정 17.7.26.〉
[전문개정 11.5.30.]

제17조【평가대행자의 등록취소 등】 ① 소방청장은 평가대행자가 다음 각 호의 어느 하나에 해당하는 경우에는 그 등록을 취소하거나 6개월 이내의 기간을 정하여 업무의 정지를 명할 수 있다. 다만, 제1호부터 제4호까지의 어느 하나에 해당하는 경우에는 그 등록을 취소하여야 한다.〈개정 17.7.26.〉

1. 제16조 제2항 각 호의 어느 하나에 해당하는 경우. 다만, 제16조 제2항 제5호에 해당하는 경우 6개월 이내에 그 임원을 바꾸어 임명한 경우는 제외한다.
2. **거짓**이나 그 밖의 **부정한 방법**으로 등록한 경우
3. 최근 **1년 이내**에 **2회**의 **업무정지처분**을 받고 다시 업무정지처분 사유에 해당하는 행위를 한 경우
4. 다른 사람에게 **등록증**이나 **명의**를 **대여**한 경우
5. 제16조 제1항 전단에 따른 **등록기준**에 미치지 못하게 된 경우
6. 제16조 제3항 제2호를 위반하여 다른 **평가서**의 내용을 **복제**한 경우
7. 제16조 제3항 제3호를 위반하여 **평가서**를 행정안전부령으로 정하는 기간동안 **보존하지 아니한 경우**
8. 제16조 제3항 제4호를 위반하여 도급받은 화재위험평가 업무를 **하도급**한 경우
9. 평가서를 거짓으로 작성하거나 고의 또는 중대한 과실로 **평가서를 부실**하게 **작성한 경우**
10. 등록 후 **2년 이내**에 화재위험평가 대행 업무를 시작하지 아니하거나 계속하여 **2년 이상** 화재위험평가 대행 실적이 없는 경우

② 제1항에 따라 등록취소 또는 업무정지 처분을 받은 자는 그 처분을 받은 날부터 화재위험평가 대행 업무를 수행할 수 없다.

③ 제1항에 따른 행정처분의 기준과 그 밖에 필요한 사항은 **행정안전부령**으로 정한다.〈개정 17.7.26.〉
[전문개정 11.5.30.]

제17조의2 【청문】 소방청장은 제17조 제1항에 따라 평가대행자의 등록을 취소하거나 업무를 정지하려면 청문을 하여야 한다.〈개정 17.7.26.〉
[전문개정 11.5.30.]

제18조 【평가서의 작성방법 및 평가대행 비용의 산정기준】 소방청장은 평가서의 작성방법 및 화재위험평가의 대행에 필요한 비용의 산정기준을 정하여 고시하여야 한다.〈개정 17.7.26.〉
[전문개정 11.5.30.]

제19조 【안전관리에 관한 전산시스템의 구축·운영】 ① 소방청장은 허가 등 또는 그 변경사항과 관련 통계 등 업무 수행에 필요한 행정정보를 다중이용업소의 안전관리에 관한 정책수립, 연구·조사 등에 활용하기 위하여 전산시스템을 구축·운영하여야 한다.〈개정 17.7.26.〉
② **소방청장**은 화재배상책임보험에 가입하지 아니한 다중이용업주를 효율적으로 관리하기 위하여 제1항에 따라 구축·운영하는 전산시스템과 보험회사 및 보험 관련 단체가 관리·운영하는 전산시스템을 연계하여 책임보험전산망을 구축·운영할 수 있다.〈신설 17.7.26.〉
③ **소방청장**은 제1항에 따른 전산시스템 및 제2항에 따른 책임보험전산망의 구축·운영을 위하여 허가관청, 보험회사 및 보험 관련 단체에 필요한 자료 또는 정보의 제공을 요청할 수 있다. 이 경우 관련 자료나 정보의 제공을 요청받은 자는 특별한 사유가 없으면 요청에 따라야 한다.〈개정 17.7.26.〉
④ **소방청장**은 허가관청이 제1항에 따른 전산시스템을 다중이용업소의 안전관리에 관한 업무에 활용할 수 있도록 하여야 한다. 다만, 제2항에 따른 책임보험전산망에 대하여는 그러하지 아니하다.〈개정 17.7.26.〉
[전문개정 11.5.30.]

제20조 【법령위반업소의 공개】 ① 소방청장, 소방본부장 또는 소방서장은 다중이용업주가 제9조 제2항 및 제15조 제2항에 따른 **조치 명령을 2회 이상** 받고도 이행하지 아니하였을 때에는 그 조치내용(그 위반사항에 대하여 수사기관에 고발된 경우에는 그 고발된 사실을 포함한다.)을 인터넷 등에 공개할 수 있다.〈개정 17.7.26.〉
② 제1항에 따라 위반업소를 공개하는 경우 그 내용·기간 및 방법 등에 필요한 사항은 **대통령령**으로 정한다.
[전문개정 11.5.30.]

제20조의2 【소방특별조사 결과 공개】 ① 소방청장, 소방본부장 또는 소방서장은 다중이용업소를 「화재예방, 소방시설 설치·유지 및 안전관리에 관한 법률」 제4조에

따라 소방특별조사를 실시한 경우 다음 각 호의 사항을 인터넷 등에 공개할 수 있다.
1. 다중이용업소의 상호 및 주소
2. 안전시설 등 설치 및 유지·관리 현황
3. 피난시설, 방화구획 및 방화시설 설치 및 유지·관리 현황
4. 그 밖에 대통령령으로 정하는 사항

② 제1항에 따라 소방특별조사 결과를 공개하는 경우 그 내용·기간 및 방법 등에 필요한 사항은 대통령령으로 정한다.
[본조신설 21.1.5.]

제21조【안전관리우수업소표지 등】① 소방본부장이나 소방서장은 다중이용업소의 안전관리업무 이행 실태가 우수하여 대통령령으로 정하는 요건을 갖추었다고 인정할 때에는 그 사실을 해당 다중이용업주에게 통보하고 이를 공표할 수 있다.

② 제1항에 따라 통보받은 다중이용업주는 그 사실을 나타내는 표지(이하 "**안전관리우수업소표지**"라 한다.)를 영업소의 명칭과 함께 영업소의 출입구에 부착할 수 있다.

③ **소방본부장**이나 **소방서장**은 제1항에 해당하는 다중이용업소에 대하여는 행정안전부령으로 정하는 기간동안 제8조에 따른 소방안전교육 및 「화재예방, 소방시설 설치·유지 및 안전관리에 관한 법률」 제4조에 따른 소방특별조사를 면제할 수 있다. 〈개정 18.10.16.〉

④ 안전관리우수업소표지에 필요한 사항은 행정안전부령으로 정한다. 〈개정 17.7.26.〉
[전문개정 11.5.30.]

제5장 보 칙 〈개정 11.5.30.〉

제21조의2【압류의 금지】이 법에 따른 화재배상책임보험의 보험금 청구권 중 다른 사람의 사망 또는 부상으로 인하여 발생한 청구권은 이를 압류할 수 없다.
[본조신설 12.2.22.]

제22조【권한의 위탁 등】① 소방청장, 소방본부장 또는 소방서장은 제8조 제1항에 따른 다중이용업주 및 그 종업원에 대한 소방안전교육 업무, 제19조 제2항의 책임보험전산망의 구축·운영에 관한 업무를 대통령령으로 정하는 바에 따라 관련 **법인** 또는 **단체**에 **위탁**할 수 있다. 〈개정 17.7.26.〉

② 제1항에 따라 위탁받은 업무에 종사하는 법인 또는 단체의 임원 및 직원은 「형법」 제129조부터 제132조까지의 규정을 적용할 때에는 공무원으로 본다.

③ 제1항에 따라 위탁받은 법인 또는 단체의 장은 행정안전부령으로 정하는 바에 따라 위탁받은 업무의 수행에 드는 경비를 교육 대상자로부터 징수할 수 있다. 〈개정 17.7.26.〉

④ 제1항에 따라 소방안전교육을 위탁받은 자가 갖추어야 할 시설기준, 교수요원의 자격 등에 필요한 사항은 **행정안전부령**으로 정한다.〈개정 17.7.26.〉

⑤ 제1항에 따라 업무를 위탁받은 자는 그 직무상 알게 된 정보를 누설하거나 다른 사람에게 제공하는 등 부당한 목적을 위하여 사용하여서는 아니 된다.〈신설 12.2.22.〉
[전문개정 11.5.30.]

제22조의2 【벌칙 적용 시의 공무원 의제】 제15조 제5항에 따라 화재위험평가업무를 대행하는 사람은 「형법」 제129조부터 제132조까지의 규정을 적용할 때에는 공무원으로 본다.
[본조신설 15.1.20.]

제6장 벌 칙〈개정 11.5.30.〉

제23조 【벌칙】 다음 각 호의 어느 하나에 해당하는 자는 **1년 이하의 징역** 또는 **1천만원 이하의 벌금**에 처한다.〈개정 12.2.22.〉
1. 제16조 제1항을 위반하여 **평가대행자**로 **등록**하지 **아니하고** 화재위험평가 업무를 대행한 자
2. 제22조 제5항을 위반하여 **다른 사람**에게 **정보**를 **제공**하거나 부당한 목적으로 **이용**한 자
[전문개정 11.5.30.]

제24조 【양벌 규정】 법인의 대표자나 법인 또는 개인의 대리인, 사용인, 그 밖의 종업원이 그 법인 또는 개인의 업무에 관하여 제23조의 위반행위를 하면 그 **행위자를 벌**하는 외에 그 **법인** 또는 **개인**에게도 해당 조문의 **벌금형**을 과(科)한다. 다만, 법인 또는 개인이 그 위반행위를 방지하기 위하여 해당 업무에 관하여 상당한 주의와 감독을 게을리하지 아니한 경우에는 그러하지 아니하다.
[전문개정 08.12.26.]

제25조 【과태료】 ① 다음 각 호의 어느 하나에 해당하는 자에게는 **300만원 이하의 과태료**를 부과한다.〈개정 21.1.5.〉
1. 제8조 제1항 및 제2항을 위반하여 소방안전교육을 받지 아니하거나 종업원이 **소방안전교육**을 받도록 하지 **아니한 다중이용업주**
2. 제9조 제1항을 위반하여 **안전시설** 등을 **기준**에 따라 설치·유지하지 아니한 자
2의2. 제9조 제3항을 위반하여 설치신고를 하지 아니하고 안전시설 등을 설치하거나 **영업장 내부구조**를 변경한 자 또는 **안전시설** 등의 **공사**를 마친 후 **신고**를 하지 아니한 자

2의3. 제9조의2를 위반하여 **비상구**에 **추락** 등의 **방지**를 위한 **장치**를 기준에 따라 갖추지 **아니한 자**
3. 제10조 제1항 및 제2항을 위반하여 **실내장식물**을 기준에 따라 설치·유지하지 **아니한 자**
3의2. 제10조의2 제1항 및 제2항을 위반하여 **영업장의 내부구획**을 기준에 따라 설치·유지하지 **아니한 자**
4. 제11조를 위반하여 **피난시설, 방화구획** 또는 **방화시설**에 대하여 **폐쇄·훼손·변경** 등의 행위를 한 자
5. 제12조 제1항을 위반하여 **피난안내도**를 갖추어 두지 아니하거나 **피난안내**에 관한 **영상물**을 상영하지 아니한 자
6. 제13조 제1항 전단을 위반하여 **정기점검결과서**를 **보관**하지 아니한 자
6의2. 제13조의2 제1항을 위반하여 **화재배상책임보험**에 가입하지 아니한 **다중이용업주**
6의3. 제13조의3 제3항 또는 제4항을 위반하여 통지를 하지 아니한 **보험회사**
6의4. 제13조의5 제1항을 위반하여 다중이용업주와의 화재배상책임보험 계약 체결을 거부하거나 제13조의6을 위반하여 임의로 계약을 해제 또는 해지한 보험회사
7. 제14조를 위반하여 **소방안전관리업무**를 하지 아니한 자
8. 제14조의2 제1항을 위반하여 보고 또는 즉시보고를 하지 아니하거나 거짓으로 한 자
② 제1항에 따른 과태료는 **대통령령**으로 정하는 바에 따라 **소방청장, 소방본부장** 또는 **소방서장**이 부과·징수한다.〈개정 17.7.26.〉
[전문개정 11.5.30.]

제26조【이행강제금】 ① **소방청장, 소방본부장** 또는 **소방서장**은 제9조 제2항, 제10조 제3항, 제10조의2 제3항 또는 제15조 제2항에 따라 조치 명령을 받은 후 그 정한 기간 이내에 그 명령을 이행하지 아니하는 자에게는 **1천만원 이하**의 **이행강제금**을 부과한다.〈개정 17.7.26.〉
② **소방청장, 소방본부장** 또는 **소방서장**은 제1항에 따른 이행강제금을 부과하기 전에 제1항에 따른 이행강제금을 부과·징수한다는 것을 미리 문서로 알려 주어야 한다. 〈개정 17.7.26.〉
③ **소방청장, 소방본부장** 또는 **소방서장**은 제1항에 따라 이행강제금을 부과할 때에는 이행강제금의 금액, 이행강제금의 부과 사유, 납부기한, 수납기관, 이의제기 방법 및 이의제기 기관 등을 적은 문서로 하여야 한다.〈개정 17.7.26.〉
④ **소방청장, 소방본부장** 또는 **소방서장**은 최초의 조치 명령을 한 날을 기준으로 매년 2회의 범위에서 그 조치 명령이 이행될 때까지 반복하여 제1항에 따른 이행강제금을 부과·징수할 수 있다.〈개정 17.7.26.〉

⑤ **소방청장, 소방본부장** 또는 **소방서장**은 조치 명령을 받은 자가 명령을 이행하면 새로운 이행강제금의 부과를 즉시 중지하되, 이미 부과된 이행강제금은 징수하여야 한다. 〈개정 17.7.26.〉

⑥ **소방청장, 소방본부장** 또는 **소방서장**은 제1항에 따라 이행강제금 부과처분을 받은 자가 이행강제금을 기한까지 납부하지 아니하면 국세 체납처분의 예 또는 「지방행정제재·부과금의 징수 등에 관한 법률」에 따라 징수한다. 〈개정 20.3.24.〉

⑦ 제1항에 따라 이행강제금을 부과하는 위반행위의 종류와 위반 정도에 따른 금액과 이의제기 절차, 그 밖에 필요한 사항은 **대통령령**으로 정한다.

[전문개정 11.5.30.]

부 칙 〈법률 제17894호, 21.1.12.〉

이 법은 공포한 날부터 시행한다. 다만, …〈단서 생략〉… 및 제4조 중 「다중이용업소의 안전관리에 관한 특별법」 제16조 제2항 제3호의 개정규정은 공포 후 6개월이 경과한 날부터 시행한다.

2 다중이용업소의 안전관리에 관한 특별법 시행령

(약칭 : 다중이용업소법 시행령)

타법개정 2021. 12. 30. 대통령령 제32276호

제1조 【목적】 이 영은 「다중이용업소의 안전관리에 관한 특별법」에서 위임된 사항과 그 시행에 필요한 사항을 규정함을 목적으로 한다.

제2조 【다중이용업】 「다중이용업소의 안전관리에 관한 특별법」(이하 "**법**"이라 한다.) 제2조 제1항 제1호에서 "**대통령령으로 정하는 영업**"이란 다음 각 호의 어느 하나에 해당하는 영업을 말한다. 〈개정 21.3.2.〉
1. 「식품위생법 시행령」 제21조 제8호에 따른 식품접객업 중 다음 각 목의 어느 하나에 해당하는 것
  가. **휴게음식점영업 · 제과점영업** 또는 **일반음식점영업**으로서 영업장으로 사용하는 바닥면적(「건축법 시행령」 제119조 제1항 제3호에 따라 산정한 면적을 말한다. 이하 같다.)의 합계가 100m²(영업장이 **지하층**에 설치된 경우에는 그 영업장의 바닥면적 합계가 66m²) 이상인 것. 다만, 영업장(내부계단으로 연결된 복층구조의 영업장을 제외한다.)이 다음의 어느 하나에 해당하는 층에 설치되고 그 영업장의 주된 출입구가 건축물 외부의 지면과 직접 연결되는 곳에서 하는 영업을 제외한다.
    1) 지상 1층
    2) 지상과 직접 접하는 층
  나. **단란주점영업과 유흥주점영업**
1의2. 「식품위생법 시행령」 제21조 제9호에 따른 공유주방 운영업 중 **휴게음식점영업 · 제과점영업** 또는 **일반음식점영업**에 사용되는 **공유주방**을 운영하는 영업으로서 영업장 바닥면적의 합계가 100m²(영업장이 **지하층**에 설치된 경우에는 그 바닥면적 합계가 66m²) 이상인 것. 다만, 영업장(내부계단으로 연결된 복층구조의 영업장은 제외한다.)이 다음 각 목의 어느 하나에 해당하는 층에 설치되고 그 영업장의 주된 출입구가 건축물 외부의 지면과 직접 연결되는 곳에서 하는 영업은 제외한다.
  가. 지상 1층
  나. 지상과 직접 접하는 층
2. 「영화 및 비디오물의 진흥에 관한 법률」 제2조 제10호, 같은 조 제16호 가목 · 나목 및 라목에 따른 **영화상영관 · 비디오물감상실업 · 비디오물소극장업** 및 **복합영상물제공업**
3. 「학원의 설립 · 운영 및 과외교습에 관한 법률」 제2조 제1호에 따른 학원(이하 "**학원**"이라 한다.)으로서 다음 각 목의 어느 하나에 해당하는 것

가. 「화재예방, 소방시설 설치·유지 및 안전관리에 관한 법률 시행령」[별표 4]에 따라 산정된 수용인원(이하 **"수용인원"**이라 한다.)이 **300명 이상**인 것
나. 수용인원 **100명 이상 300명 미만**으로서 다음의 어느 하나에 해당하는 것. 다만, 학원으로 사용하는 부분과 다른 용도로 사용하는 부분(학원의 운영권자를 달리하는 학원과 학원을 포함한다.)이 「건축법 시행령」 제46조에 따른 방화구획으로 나누어진 경우는 제외한다.
  (1) 하나의 건축물에 학원과 **기숙사**가 함께 있는 **학원**
  (2) 하나의 건축물에 학원이 둘 이상 있는 경우로서 학원의 수용인원이 **300명 이상**인 **학원**
  (3) 하나의 건축물에 제1호, 제2호, 제4호부터 제7호까지, 제7호의2부터 제7호의5까지 및 제8호의 다중이용업 중 어느 하나 이상의 **다중이용업**과 **학원**이 함께 있는 경우
4. **목욕장업**으로서 다음 각 목에 해당하는 것
 가. 하나의 영업장에서 「공중위생관리법」 제2조 제1항 제3호 가목에 따른 목욕장업 중 **맥반석·황토·옥** 등을 직접 또는 간접 가열하여 발생하는 열기나 원적외선 등을 이용하여 땀을 배출하게 할 수 있는 시설 및 설비를 갖춘 것으로서 수용인원(물로 목욕을 할 수 있는 시설부분의 수용인원은 제외한다.)이 **100명 이상**인 것
 나. 「공중위생관리법」 제2조 제1항 제3호 나목의 시설 및 설비를 갖춘 **목욕장업**
5. 「게임산업진흥에 관한 법률」 제2조 제6호·제6호의2·제7호 및 제8호의 **게임제공업·인터넷컴퓨터게임시설제공업** 및 **복합유통게임제공업**. 다만, 게임제공업 및 인터넷컴퓨터게임시설제공업의 경우에는 영업장(내부계단으로 연결된 복층구조의 영업장은 제외한다.)이 다음 각 목의 어느 하나에 해당하는 층에 설치되고 그 영업장의 주된 출입구가 건축물 외부의 지면과 직접 연결된 구조에 해당하는 경우는 제외한다.
 가. **지상 1층**
 나. **지상과 직접 접하는 층**
6. 「음악산업진흥에 관한 법률」 제2조 제13호에 따른 **노래연습장업**
7. 「모자보건법」 제2조 제10호에 따른 **산후조리업**
7의2. **고시원업**[구획된 실(室) 안에 학습자가 공부할 수 있는 시설을 갖추고 숙박 또는 숙식을 제공하는 형태의 영업]
7의3. 「사격 및 사격장 안전관리에 관한 법률 시행령」 제2조 제1항 및 [별표 1]에 따른 **권총사격장**(실내사격장에 한정하며, 같은 조 제1항에 따른 종합사격장에 설치된 경우를 포함한다.)

7의4. 「체육시설의 설치·이용에 관한 법률」 제10조 제1항 제2호에 따른 **가상체험 체육시설업**(실내에 1개 이상의 별도의 구획된 실을 만들어 골프 종목의 운동이 가능한 시설을 경영하는 영업으로 한정한다.)

7의5. 「의료법」 제82조 제4항에 따른 **안마시술소**

8. 법 제15조 제2항에 따른 화재위험평가결과 위험유발지수가 제11조 제1항에 해당하거나 화재발생 시 인명피해가 발생할 우려가 높은 불특정다수인이 출입하는 영업으로서 행정안전부령으로 정하는 영업. 이 경우 소방청장은 관계 중앙행정기관의 장과 미리 협의하여야 한다.

제2조의2 【안전시설 등】 법 제2조 제1항 제2호에서 "**대통령령으로 정하는 것**"이란 [별표 1]의 시설을 말한다.
[본조신설 14.12.23.]

제3조 【실내장식물】 법 제2조 제1항 제3호에서 "**대통령령으로 정하는 것**"이란 건축물 내부의 천장이나 벽에 붙이는(설치하는) 것으로서 다음 각 호의 어느 하나에 해당하는 것을 말한다. 다만, 가구류(옷장, 찬장, 식탁, 식탁용 의자, 사무용 책상, 사무용 의자 및 계산대, 그 밖에 이와 비슷한 것을 말한다.)와 너비 **10cm 이하**인 **반자돌림대** 등과 「건축법」 제52조에 따른 **내부마감재료**는 제외한다.〈개정 18.7.10.〉

1. **종이류**(두께 **2mm** 이상인 것을 말한다.)·**합성수지류** 또는 **섬유류**를 주원료로 한 물품
2. **합판**이나 **목재**
3. 공간을 구획하기 위하여 설치하는 **간이 칸막이**(접이식 등 이동 가능한 벽체나 천장 또는 반자가 실내에 접하는 부분까지 구획하지 아니하는 벽체를 말한다.)
4. **흡음**(吸音)이나 **방음**(防音)을 위하여 설치하는 **흡음재**(흡음용 커튼을 포함한다.) 또는 **방음재**(방음용 커튼을 포함한다.)

제3조의2 【밀폐구조의 영업장】 법 제2조 제1항 제5호에서 "**대통령령으로 정하는 기준**"이란 「화재예방, 소방시설 설치·유지 및 안전관리에 관한 법률 시행령」 제2조에 따른 요건을 모두 갖춘 개구부의 면적의 합계가 영업장으로 사용하는 바닥면적의 $\frac{1}{30}$ 이하가 되는 것을 말한다.〈개정 18.7.10.〉 점검 15회
[본조신설 14.12.23.]

제4조 【안전관리기본계획의 수립절차 등】 ① 소방청장은 법 제5조 제1항에 따라 다중이용업소의 안전관리기본계획(이하 "**기본계획**"이라 한다.)을 관계 중앙행정기관의 장과 협의를 거쳐 **5년**마다 수립해야 한다.〈개정 17.7.26.〉

② **소방청장**은 관계 중앙행정기관의 장과 협의를 거쳐 기본계획 수립지침을 작성하고 이를 관계 **중앙행정기관의** 장에게 **통보**해야 한다.〈개정 17.7.26.〉

③ **소방청장**은 기본계획을 수립하면 **국무총리**에게 **보고**하고 관계 중앙행정기관의 장과 특별시장·광역시장·도지사 또는 특별자치도지사(이하 "**시 · 도지사**"라 한다.)에게 통보한 후 이를 공고해야 한다.〈개정 17.7.26.〉

제5조【안전관리기본계획 수립지침】 제4조 제2항에 따른 기본계획 수립지침에는 다음 각 호의 내용을 포함시켜야 한다.
1. 화재 등 재난발생 **경감대책**
  가. 화재피해 원인조사 및 **분석**
  나. 안전관리정보의 **전달·관리체계 구축**
  다. 화재 등 재난발생에 대비한 **교육·훈련**과 **예방**에 관한 **홍보**
2. 화재 등 **재난발생**을 줄이기 위한 **중·장기대책**
  가. 다중이용업소 안전시설 등의 **관리 및 유지계획**
  나. **소관법령** 및 관련 기준의 **정비**

제6조【안전관리기본계획 등에 관한 사항】 법 제5조 제2항 제7호에 따른 "**대통령령이 정하는 사항**"이란 다음 각 호의 사항을 말한다.
1. 안전관리 중·장기 기본계획에 관한 사항
  가. 다중이용업소의 안전관리체제
  나. 안전관리실태평가 및 개선계획
2. 시·도 안전관리기본계획에 관한 사항

제7조【연도별 안전관리계획의 통보 등】 ① 소방청장은 법 제5조 제3항에 따라 매년 연도별 안전관리계획(이하 "**연도별 계획**"이라 한다.)을 **전년도 12월 31일**까지 수립해야 한다.〈개정 17.7.26.〉
② **소방청장**은 제1항에 따라 연도별 계획을 수립하면 지체없이 **관계 중앙행정기관의 장**과 **시·도지사** 및 **소방본부장**에게 통보해야 한다.〈개정 17.7.26.〉

제8조【집행계획의 내용 등】 ① 소방본부장은 제4조 제3항에 따라 공고된 기본계획과 제7조 제2항에 따라 통보된 연도별 계획에 따라 안전관리집행계획(이하 "**집행계획**"이라 한다.)을 수립해야 하며, 수립된 집행계획과 전년도 추진실적을 **매년 1월 31일**까지 **소방청장**에게 제출해야 한다.〈개정 17.7.26.〉
② **소방본부장**은 법 제6조 제1항에 따라 관할지역의 다중이용업소에 대한 집행계획을 수립할 때에는 다음 각 호의 사항을 포함시켜야 한다.
1. 다중이용업소 밀집지역의 **소방시설 설치, 유지·관리와 개선계획**
2. 다중이용업주와 종업원에 대한 **소방안전교육·훈련계획**
3. 다중이용업주와 종업원에 대한 **자체지도 계획**

4. 법 제15조 제1항 각 호의 어느 하나에 해당하는 다중이용업소의 **화재위험평가**의 **실시** 및 **평가**
5. 제4호에 따른 평가결과에 따른 **조치계획**(화재위험지역이나 건축물에 대한 안전관리와 시설정비 등에 관한 사항을 포함한다.)

③ 법 제6조 제3항에 따른 집행계획의 수립시기는 해당 연도 **전년 12월 31일**까지로 하며, 그 수립대상은 제2조의 다중이용업으로 한다.

제9조【안전시설 등】 법 제9조 제1항에 따라 다중이용업소의 영업장에 설치·유지해야 하는 안전시설 등 및 간이스프링클러설비를 설치해야 하는 영업장은 [별표 1의2]와 같다.〈개정 20.12.1.〉
[전문개정 12.12.27.]

제9조의2【간이스프링클러설비 설치의 지원】 ① 법 제9조 제6항에 따른 간이스프링클러설비 설치 비용을 지원받으려는 다중이용업주는 해당 다중이용업소의 소재지를 관할하는 소방서장에게 비용 지원을 신청해야 한다.
② 제1항에 따라 신청을 받은 소방서장은 소방본부장에게 신청 내용의 검토를 요청하고, 검토 요청을 받은 소방본부장은 해당 다중이용업소의 영업장이 지원 대상에 해당하는지 등을 검토하여 그 결과를 소방서장에게 통보해야 한다.
③ 제1항 및 제2항에서 규정한 사항 외에 간이스프링클러설비 설치 비용의 지원 기준·방법 및 절차 등에 관하여 필요한 사항은 소방청장이 정하여 고시한다.
[본조신설 20.12.1.]

제9조의3【화재배상책임보험의 보험금액】 ① 법 제13조의2 제1항에 따라 다중이용업주 및 다중이용업을 하려는 자가 가입하여야 하는 화재배상책임보험은 다음 각 호의 기준을 충족하는 것이어야 한다.〈개정 19.4.2.〉
1. **사망**의 경우 : 피해자 1명당 **1억5천만원**의 범위에서 피해자에게 발생한 손해액을 지급할 것. 다만, 그 손해액이 2천만원 미만인 경우에는 2천만원으로 한다.
2. **부상**의 경우 : 피해자 1명당 [별표 2]에서 정하는 금액의 범위에서 피해자에게 발생한 손해액을 지급할 것
3. 부상에 대한 치료를 마친 후 더 이상의 치료효과를 기대할 수 없고 그 증상이 고정된 상태에서 그 부상이 원인이 되어 신체의 장애(이하 "**후유장애**"라 한다.)가 생긴 경우 : 피해자 1명당 [별표 3]에서 정하는 금액의 범위에서 피해자에게 발생한 손해액을 지급할 것
4. **재산상** 손해의 경우 : 사고 1건당 **10억원**의 범위에서 피해자에게 발생한 손해액을 지급할 것

② 제1항에 따른 화재배상책임보험은 하나의 사고로 제1항 제1호부터 제3호까지 중 둘 이상에 해당하게 된 경우 다음 각 호의 기준을 충족하는 것이어야 한다.

1. 부상당한 사람이 치료 중 그 부상이 원인이 되어 사망한 경우 : 피해자 1명당 제1항 제1호에 따른 금액과 제1항 제2호에 따른 금액을 **더한 금액**을 지급할 것
2. 부상당한 사람에게 후유장애가 생긴 경우 : 피해자 1명당 제1항 제2호에 따른 금액과 제1항 제3호에 따른 금액을 **더한 금액**을 지급할 것
3. 제1항 제3호에 따른 금액을 지급한 후 그 부상이 원인이 되어 사망한 경우 : 피해자 1명당 제1항 제1호에 따른 금액에서 제1항 제3호에 따른 금액 중 사망한 날 이후에 해당하는 **손해액**을 **뺀 금액**을 지급할 것
[본조신설 12.12.27.]

제9조의4【화재배상책임보험의 보험요율 차등 적용 등】 ① 법 제13조의2 제4항에서 "**다중이용업소의 업종 및 면적 등 대통령령으로 정하는 사항**"이란 다음 각 호의 사항을 말한다.
1. 해당 다중이용업소가 속한 업종의 **화재발생빈도**
2. 해당 다중이용업소의 **영업장 면적**
3. 법 제20조 제1항에 따라 공개된 **법령위반업소**에 해당하는지 여부
4. 법 제21조 제1항에 따라 공표된 **안전관리우수업소**에 해당하는지 여부
② **소방청장**은 법 제13조의2 제3항에 따라 보험회사가 보험요율을 차등 적용하는 데 활용할 수 있도록 다음 각 호의 자료를 매년 1월 31일까지「보험업법」제176조에 따른 보험요율 산출기관에 제공하여야 한다.〈개정 17.7.26.〉
1. 법 제20조 제1항에 따른 법령위반업소 현황
2. 법 제21조 제1항에 따른 안전관리우수업소 현황
[본조신설 16.7.26.]
[종전 제9조의3은 제9조의4로 이동 〈16.7.26.〉]

제9조의5【화재배상책임보험 계약의 체결 거부】 법 제13조의5 제1항 단서에서 "**대통령령으로 정하는 경우**"란 다중이용업주가 화재배상책임보험 청약 당시 보험회사가 요청한 안전시설 등의 유지·관리에 관한 사항 등 화재발생 위험에 관한 중요한 사항을 알리지 아니하거나 거짓으로 알린 경우를 말한다.
[본조신설 12.12.27.]
[제9조의3에서 이동 〈16.7.26.〉]

제9조의6【다중이용업주의 안전사고 보고대상 등】 ① 법 제14조의2 제1항 제4호에서 "**대통령령으로 정하는 사고**"란 법 제9조 제1항에 따라 설치·유지하는 안전시설 등 중 행정안전부령으로 정하는 비상구에서 사람이 추락한 사고를 말한다.
② 다중이용업주가 법 제14조의2 제1항에 따라 안전사고 발생사실을 보고하는 경우에는 사고개요 및 피해상황을 전화·팩스 또는 정보통신망 등으로 보고하는 방법으로 한다.
[본조신설 21.7.6.]

제10조 【화재위험평가의 대상기준】 법 제15조 제1항 제1호에 따른 화재위험평가대상은 도로로 둘러싸인 일단(一團)의 지역의 중심지점을 기준으로 한다.

제11조 【화재위험유발지수】 ① 법 제15조 제2항에서 "**대통령령으로 정하는 기준 이상인 경우**"란 [별표 4]의 **D등급** 또는 **E등급**인 경우를 말한다.〈개정 12.12.27.〉
② 제1항에 따른 위험유발지수의 산정기준·방법 등은 **소방청장**이 정하여 고시한다. 〈개정 17.7.26.〉

제12조 【손실보상】 ① 법 제15조 제3항에 따라 **소방청장·소방본부장** 또는 **소방서장**이 손실을 보상하는 경우에는 법 제15조 제2항에 따른 명령으로 인하여 생긴 손실을 **시가로 보상**해야 한다.〈개정 17.7.26.〉
② 제1항에 따른 손실보상에 관하여는 **소방청장·소방본부장** 또는 **소방서장**과 손실을 입은 자가 협의해야 한다.〈개정 17.7.26.〉
③ 제2항에 따른 보상금액에 관한 협의가 성립되지 아니한 경우에는 **소방청장·소방본부장** 또는 **소방서장**은 그 보상금액을 지급하여야 한다. 다만, 보상금액의 수령을 거부하거나 수령할 자가 불분명한 경우에는 그 보상금액을 공탁하고 이 사실을 통지하여야 한다.〈개정 17.7.26.〉
④ 제3항에 따른 보상금의 지급 또는 공탁의 통지에 **불복**하는 자는 지급 또는 **공탁**의 **통지**를 받은 날부터 **30일 이내**에 행정안전부령으로 정하는 바에 따라 「공익사업을 위한 토지 등의 취득 및 보상에 관한 법률」 제49조에 따른 중앙토지수용위원회에 재결(裁決)을 신청할 수 있다.〈개정 17.7.26.〉
⑤ 제1항에 따른 손실보상의 범위, 협의절차, 방법 등에 관하여 필요한 사항은 「공익사업을 위한 토지 등의 취득 및 보상에 관한 법률」이 정하는 바에 따른다.

제13조 【안전시설 등의 설치 일부 면제】 법 제15조 제4항에서 "**대통령령으로 정하는 기준 미만인 다중이용업소**"란 [별표 4]의 **A등급**인 다중이용업소를 말한다.
[전문개정 12.12.27.]

제14조 【화재위험평가 대행자의 등록요건】 법 제15조 제5항에 따라 화재위험평가를 대행하려는 자는 법 제16조 제1항에 따라 [별표 5]에서 정하는 기술인력·시설 및 장비를 갖추고 화재위험평가 대행자(이하 "평가대행자"라 한다)로 등록해야 한다.
[전문개정 21.7.6.]

제15조 【평가대행자의 등록사항 변경신청】 ① 법 제16조 제1항에서 "**대통령령이 정하는 중요사항**"이라 함은 다음 각 호의 사항을 말한다.
1. 대표자
2. **사무소의 소재지**
3. 평가대행자의 **명칭**이나 상호
4. **기술인력**의 **보유현황**

② 평가대행자는 제1항 각 호의 어느 하나에 해당하는 **변경사유**가 발생하면 변경사유가 발생한 날부터 **30일 이내**에 **행정안전부령**으로 정하는 서류를 첨부하여 행정안전부령으로 정하는 바에 따라 **소방청장**에게 **변경등록**을 해야 한다.〈개정 17.7.26.〉
[제목개정 21.7.6.]

제15조의2【평가대행자의 결격사유】 법 제16조 제2항 제3호에서 "심신상실자, 알코올 중독자 등 대통령령으로 정하는 정신적 제약이 있는 자"란 다음 각 호의 사람을 말한다.
1. 심신상실자
2. 알코올·마약·대마 또는 향정신성의약품 관련 장애로 평가대행자의 업무를 정상적으로 수행할 수 없다고 해당 분야의 전문의가 인정하는 사람
3. 「치매관리법」 제2조 제1호에 따른 치매, 조현병·조현정동장애·양극성 정동장애(조울병)·재발성 우울장애 등의 정신질환이나 정신 발육지연, 뇌전증으로 평가대행자의 업무를 정상적으로 수행할 수 없다고 해당 분야의 전문의가 인정하는 사람
[본조신설 21.7.6.]

제16조【평가대행자의 등록 등의 공고】 소방청장은 다음 각 호의 어느 하나에 해당하는 경우에는 이를 소방청 인터넷 홈페이지 등에 공고해야 한다.〈개정 17.7.26.〉
1. 평가대행자로 **등록**한 경우
2. 법 제16조 제4항에 따른 **업무**의 **폐지신고**를 받은 경우
3. 법 제17조 제1항에 따라 **등록**을 **취소**한 경우
[제목개정 21.7.6.]

제17조【조치명령 미이행업소 공개사항의 제한】 법 제20조 제1항에 따른 조치명령 미이행업소의 공개가 제3자의 법익을 침해하는 경우에는 제3자와 관련된 사실을 공개하여서는 아니 된다.

제18조【조치명령 미이행업소의 공개사항 등】 ① 법 제20조 제1항에 따라 **소방청장·소방본부장** 또는 **소방서장**이 조치명령 미이행업소를 공개하려면 공개내용과 공개방법 등을 그 업소의 관계인(영업주와 소속 종업원을 말한다.)에게 미리 알려야 한다.〈개정 17.7.26.〉
② 법 제20조 제1항에 따라 조치명령 미이행업소를 공개할 때에는 다음 각 호의 사항을 포함해야 하며, 공개기간은 그 업소가 조치명령을 이행하지 아니한 때부터 조치명령을 이행할 때까지로 한다.〈개정 17.7.26.〉
1. **미이행업소명**
2. **미이행업소**의 **주소**
3. **소방청장·소방본부장** 또는 **소방서장**이 조치한 내용
4. **미이행**의 **횟수**
③ **소방청장·소방본부장** 또는 **소방서장**은 제2항에 따른 사항을 다음 각 호의 **2개 이상**의 매체에 공개한다.〈개정 17.7.26.〉

1. 관보 또는 시·도의 공보
2. 소방청, 시·도 소방본부 또는 소방서의 **인터넷 홈페이지**
3. **중앙일간지 신문** 또는 해당 **지역 일간지 신문**
4. **유선방송**
5. **반상회보**(班常會報)
6. **시·군·구청 소식지**(시·군·구청에서 지역 주민들에게 무료로 배포하는 소식지를 말한다.)

④ **소방청장, 소방본부장** 또는 **소방서장**은 제3항 제2호에 따라 소방청, 소방본부 또는 소방서의 인터넷 홈페이지에 공개한 경우로서 다중이용업주가 사후에 법 제9조 제2항 또는 법 제15조 제2항에 따른 조치명령을 이행한 경우에는 이를 확인한 날부터 2일 이내에 공개내용을 해당 인터넷 홈페이지에서 삭제해야 한다.〈개정 17.7.26.〉

제18조의2 【소방특별조사 결과 공개사항 등】 ① 법 제20조의2 제1항 제4호에서 "대통령령으로 정하는 사항"이란 다음 각 호의 사항을 말한다.
1. 법 제8조에 따른 소방안전교육 이수 현황
2. 법 제13조 제1항에 따른 안전시설 등에 대한 정기점검 결과
3. 법 제13조의2에 따른 화재배상책임보험 가입 현황

② 법 제20조의2 제1항에 따른 소방특별조사 결과의 공개는 해당 조사를 실시한 날부터 30일 이내에 소방청, 시·도 소방본부 또는 소방서의 인터넷 홈페이지에 60일 이내의 기간 동안 게시하는 방법으로 한다.

③ 제2항에 따른 소방특별조사 결과의 공개가 제3자의 법익을 침해할 우려가 있는 경우에는 제3자와 관련된 사실을 공개해서는 안 된다.

[본조신설 21.7.6.]

제19조 【안전관리우수업소】 법 제21조 제1항에 따른 안전관리우수업소(이하 "**안전관리우수업소**"라 한다.)의 요건은 다음 각 호와 같다.〈개정 16.1.19.〉
1. 공표일 기준으로 **최근 3년** 동안 「화재예방, 소방시설 설치·유지 및 안전관리에 관한 법률」 제10조 제1항 각 호의 **위반행위**가 없을 것
2. 공표일 기준으로 **최근 3년** 동안 **소방·건축·전기** 및 **가스 관련 법령 위반 사실**이 없을 것
3. 공표일 기준으로 **최근 3년** 동안 **화재발생 사실**이 없을 것
4. 자체계획을 수립하여 종업원의 소방교육 또는 소방훈련을 정기적으로 실시하고 공표일 기준으로 **최근 3년** 동안 그 기록을 보관하고 있을 것

제20조 【안전관리우수업소의 공표절차 등】 ① 소방본부장이나 소방서장은 법 제21조 제1항에 따라 안전관리우수업소를 인정하여 공표하려면 제19조 각 호의 내용을 제18조 제3항 제1호부터 제3호까지의 규정에서 정한 매체에 안전관리우수업소 인정 예정공고를 해야 한다.

2. 다중이용업소의 안전관리에 관한 특별법 시행령

② 제1항의 공고에 따른 안전관리우수업소 인정 예정공고의 내용에 이의가 있는 사람은 안전관리우수업소 인정 예정공고일부터 **20일 이내**에 소방본부장이나 소방서장에게 전자우편이나 서면으로 이의신청을 할 수 있다.

③ **소방본부장**이나 **소방서장**은 제2항에 따른 이의신청이 있으면 이에 대하여 조사·검토한 후, 그 결과를 이의신청을 한 당사자와 해당 다중이용업주에게 알려야 한다.

④ **소방본부장**이나 **소방서장**은 법 제21조 제1항에 따라 안전관리우수업소를 인정하여 공표하려는 경우에는 공표일부터 **2년**의 범위에서 안전관리우수업소표지 사용기간을 정하여 공표해야 한다.

제21조【안전관리우수업소의 표지 등】 ① **소방본부장**이나 **소방서장**은 안전관리우수업소에 대하여 안전관리우수업소표지를 내준 날부터 **2년**마다 정기적으로 심사를 하여 위반사항이 없는 경우에는 안전관리우수업소표지를 갱신하여 내줘야 한다.

② 제1항에 따른 정기심사와 안전관리우수업소표지 갱신절차에 관하여 필요한 사항은 **행정안전부령**으로 정한다.〈개정 17.7.26.〉

제22조【다중이용업주의 신청에 의한 안전관리우수업소 공표 등】 ① 다중이용업주는 그 영업장이 제19조의 안전관리우수업소 요건에 해당되면 **소방본부장**이나 **소방서장**에게 안전관리우수업소로 인정해 줄 것을 신청할 수 있다.

② **소방본부장**이나 **소방서장**은 제1항에 따라 신청을 받은 다중이용업소를 안전관리우수업소로 인정하려면 제20조 및 제21조에 따라 해당 업소에 그 사실을 통보하고 공표해야 한다.

③ 제1항에 따른 안전관리우수업소의 공표 신청절차 등에 관하여 필요한 사항은 **행정안전부령**으로 정한다.〈개정 17.7.26.〉

제22조의2【민감정보 및 고유식별정보의 처리】 ① 소방청장, 소방본부장 또는 소방서장은 다음 각 호의 사무를 수행하기 위하여 불가피한 경우「개인정보 보호법」제23조에 따른 건강에 관한 정보, 같은 법 시행령 제19조 제1호 또는 제4호에 따른 주민등록번호 또는 외국인등록번호가 포함된 자료를 처리할 수 있다.〈개정 21.7.6.〉
1. 법 제7조에 따른 관련 행정기관의 통보사항 처리에 관한 사무
2. 법 제8조에 따른 **소방안전교육**에 관한 사무
3. 법 제9조에 따른 다중이용업소의 **안전관리기준** 등에 관한 사무
4. 법 제13조의3에 따른 **화재배상책임보험 가입 촉진** 및 **관리**에 관한 사무
5. 법 제15조에 따른 다중이용업소에 대한 **화재위험평가** 등에 관한 사무
6. 법 제16조에 따른 평가대행자의 **등록** 등에 관한 사무
7. 법 제17조에 따른 평가대행자의 **등록취소** 등에 관한 사무

8. 법 제17조의2에 따른 **청문**에 관한 사무
9. 법 제19조에 따른 안전관리에 관한 **전산시스템**의 **구축·운영**에 관한 사무
10. 법 제20조에 따른 **법령위반업소**의 **공개**에 관한 사무
11. 법 제21조에 따른 **안전관리우수업소표지** 등에 관한 사무
12. 법 제26조에 따른 **이행강제금 부과·징수**에 관한 사무

② 법 제7조 제1항에 따른 허가관청은 같은 조에 따라 다중이용업주의 성명 및 주소 등을 **소방본부장** 또는 **소방서장**에게 통보하기 위하여 불가피한 경우「개인정보보호법 시행령」제19조 제1호 또는 제4호에 따른 주민등록번호 또는 외국인등록번호가 포함된 자료를 처리할 수 있다.

③ 보험회사는 법 제13조의3 제4항에 따라 화재배상책임보험 계약 체결사항 등을 **소방청장, 소방본부장** 또는 **소방서장**에게 알리기 위하여 불가피한 경우「개인정보보호법 시행령」제19조 제1호 또는 제4호에 따른 주민등록번호 또는 외국인등록번호가 포함된 자료를 처리할 수 있다.〈개정 17.7.26.〉

④ 법 제7조 제1항에 따른 허가관청, 보험회사 또는 보험 관련 단체는 법 제19조 제3항에 따라 **소방청장**으로부터 요청받은 자료 또는 정보를 제공하기 위하여 불가피한 경우「개인정보보호법 시행령」제19조 제1호 또는 제4호에 따른 주민등록번호 또는 외국인등록번호가 포함된 자료를 처리할 수 있다.〈개정 17.7.26.〉
[본조신설 12.12.27.]

제22조의3 【규제의 재검토】 소방청장은 다음 각 호의 사항에 대하여 다음 각 호의 기준일을 기준으로 **3년**마다(매 3년이 되는 해의 기준일과 같은 날 전까지를 말한다.) 그 타당성을 검토하여 개선 등의 조치를 해야 한다.〈개정 21.7.6.〉
1. 제9조 및 [별표 1의2]에 따른 다중이용업소의 영업장에 설치·유지하여야 하는 안전시설 등 : **2017년 1월 1일**
2. 제14조 및 [별표 5]에 따라 평가대행자가 갖추어야 할 기술인력·시설·장비 요건 : **2017년 1월 1일**
[전문개정 16.12.30.]

제23조 【과태료 부과기준】 법 제25조 제1항에 따른 과태료의 부과기준은 [별표 6]과 같다.〈개정 12.12.27.〉
[전문개정 08.12.24.]

제24조 【이행강제금의 부과·징수】 ① 법 제26조 제7항에 따른 이행강제금의 부과기준은 [별표 7]과 같다.〈개정 12.12.27.〉
② 이행강제금의 부과·징수절차는 행정안전부령으로 정한다.〈개정 17.7.26.〉

부 칙 〈대통령령 제32276호, 21.12.30.(식품위생법 시행령)〉

제1조【시행일】 이 영은 2021년 12월 30일부터 시행한다.

제2조【다른 법령의 개정】 ① 생략

② 다중이용업소의 안전관리에 관한 특별법 시행령 제2조에 제1호의2를 다음과 같이 신설한다.

1의2.「식품위생법 시행령」제21조 제9호에 따른 공유주방 운영업 중 휴게음식점영업·제과점영업 또는 일반음식점영업에 사용되는 공유주방을 운영하는 영업으로서 영업장 바닥면적의 합계가 100m^2(영업장이 지하층에 설치된 경우에는 그 바닥면적 합계가 66m^2) 이상인 것. 다만, 영업장(내부계단으로 연결된 복층구조의 영업장은 제외한다.)이 다음 각 목의 어느 하나에 해당하는 층에 설치되고 그 영업장의 주된 출입구가 건축물 외부의 지면과 직접 연결되는 곳에서 하는 영업은 제외한다.

가. 지상 1층
나. 지상과 직접 접하는 층

〔별표 1〕**안전시설 등**(제2조의2 관련)〈개정 18.7.10.〉 점검 9회

1. 소방시설
 가. **소화설비**
  1) 소화기 또는 자동확산소화기
  2) 간이스프링클러설비(캐비닛형 간이스프링클러설비를 포함한다.)
 나. **경보설비**
  1) 비상벨설비 또는 자동화재탐지설비
  2) 가스누설경보기
 다. **피난설비**
  1) 피난기구
   가) 미끄럼대
   나) 피난사다리
   다) 구조대
   라) 완강기
   마) 다수인 피난장비
   바) 승강식 피난기
  2) 피난유도선
  3) 유도등, 유도표지 또는 비상조명등
  4) 휴대용비상조명등

2. 비상구
3. 영업장 내부 피난통로
4. 그 밖의 안전시설
   가. 영상음향차단장치
   나. 누전차단기
   다. 창문

[**별표 1의2**] 다중이용업소에 설치·유지하여야 하는 안전시설 등(제9조 관련)〈개정 20.12.1.〉

1. 소방시설
   가. 소화설비
   1) 소화기 또는 자동확산소화기
   2) 간이스프링클러설비(캐비닛형 간이스프링클러설비를 포함한다.). 다만, 다음의 영업장에만 설치한다.
   가) 지하층에 설치된 영업장
   나) 법 제9조 제1항 제1호에 따른 숙박을 제공하는 형태의 다중이용업소의 영업장 중 다음에 해당하는 영업장. 다만, 지상 1층에 있거나 지상과 직접 맞닿아 있는 층(영업장의 주된 출입구가 건축물 외부의 지면과 직접 연결된 경우를 포함한다.)에 설치된 영업장은 제외한다.
     (1) 제2조 제7호에 따른 산후조리업의 영업장
     (2) 제2조 제7호의2에 따른 고시원업(이하 이 표에서 "**고시원업**"이라 한다.)의 영업장
   다) 법 제9조 제1항 제2호에 따른 밀폐구조의 영업장
   라) 제2조 제7호의3에 따른 권총사격장의 영업장
   나. **경보설비**
   1) 비상벨설비 또는 자동화재탐지설비. 다만, 노래반주기 등 영상음향장치를 사용하는 영업장에는 자동화재탐지설비를 설치하여야 한다.
   2) 가스누설경보기. 다만, 가스시설을 사용하는 주방이나 난방시설이 있는 영업장에만 설치한다.
   다. **피난설비**
   1) **피난기구**
     가) 미끄럼대
     나) 피난사다리
     다) 구조대
     라) 완강기
     마) 다수인 피난장비
     바) 승강식 피난기

2) **피난유도선**. 다만, 영업장 내부 피난통로 또는 복도가 있는 영업장에만 설치한다.
  3) **유도등, 유도표지** 또는 **비상조명등**
  4) **휴대용비상조명등**
2. **비상구.** 다만, 다음 각 목의 어느 하나에 해당하는 영업장에는 비상구를 설치하지 않을 수 있다.
  가. 주된 출입구 외에 해당 영업장 내부에서 피난층 또는 지상으로 통하는 직통계단이 주된 출입구 중심선으로부터 수평거리로 영업장의 긴 변 길이의 $\frac{1}{2}$ 이상 떨어진 위치에 별도로 설치된 경우
  나. 피난층에 설치된 영업장[영업장으로 사용하는 바닥면적이 $33m^2$ 이하인 경우로서 영업장 내부에 구획된 실(室)이 없고, 영업장 전체가 개방된 구조의 영업장을 말한다.]으로서 그 영업장의 각 부분으로부터 출입구까지의 수평거리가 10m 이하인 경우
3. **영업장 내부 피난통로**. 다만, 구획된 실(室)이 있는 영업장에만 설치한다. 설계 17회
4. 삭 제〈14.12.23.〉
5. **그 밖의 안전시설**
  가. 영상음향차단장치. 다만, 노래반주기 등 영상음향장치를 사용하는 영업장에만 설치한다.
  나. 누전차단기
  다. 창문. 다만, 고시원업의 영업장에만 설치한다.

[비고]
1. "**피난유도선**(避難誘導線)"이란 햇빛이나 전등불로 축광(蓄光)하여 빛을 내거나 전류에 의하여 빛을 내는 유도체로서 화재발생 시 등 어두운 상태에서 피난을 유도할 수 있는 시설을 말한다.
2. "**비상구**"란 주된 출입구와 주된 출입구 외에 화재발생 시 등 비상시 영업장의 내부로부터 지상·옥상 또는 그 밖의 안전한 곳으로 피난할 수 있도록 「건축법 시행령」에 따른 직통계단·피난계단·옥외피난계단 또는 발코니에 연결된 출입구를 말한다.
3. "**구획된 실(室)**"이란 영업장 내부에 이용객 등이 사용할 수 있는 공간을 벽이나 칸막이 등으로 구획한 공간을 말한다. 다만, 영업장 내부를 벽이나 칸막이 등으로 구획한 공간이 없는 경우에는 영업장 내부 전체 공간을 하나의 구획된 실(室)로 본다.
4. "**영상음향차단장치**"란 영상 모니터에 화상(畵像) 및 음반재생장치가 설치되어 있어 영화, 음악 등을 감상할 수 있는 시설이나 화상재생장치 또는 음반재생장치 중 한 가지 기능만 있는 시설을 차단하는 장치를 말한다.

〔별표 2〕 부상 등급별 화재배상책임보험 보험금액의 한도(제9조의3 제1항 제2호 관련)〈개정 21.1.5.〉

부상 등급	한도 금액	부상 내용
1급	3,000만원	1. 엉덩관절의 골절 또는 골절성 탈구 2. 척추체 분쇄성 골절 3. 척추체 골절 또는 탈구로 인한 각종 신경증상으로 수술을 시행한 부상 4. 외상성 머리뼈안(두개강)의 출혈로 머리뼈 절개술을 시행한 부상 5. 머리뼈의 함몰골절로 신경학적 증상이 심한 부상 또는 경막밑 수종, 수활액 낭종, 거미막밑 출혈 등으로 머리뼈 절개술을 시행한 부상 6. 고도의 뇌타박상(소량의 출혈이 뇌 전체에 퍼져 있는 손상을 포함한다.)으로 생명이 위독한 부상(48시간 이상 혼수상태가 지속되는 경우만 해당한다.) 7. 넓적다리뼈 몸통의 분쇄성 골절 8. 정강뼈 아래 3분의 1 이상의 분쇄성 골절 9. 화상 · 좌창(겉으로는 상처가 없으나 속의 피하 조직이나 장기가 손상된 부상을 말한다. 이하 같다.) · 괴사상처 등으로 연부조직의 손상이 심한 부상(몸 표면의 9% 이상의 부상을 말한다.) 10. 사지와 몸통의 연부조직에 손상이 심하여 유경식피술을 시행한 부상 11. 위팔뼈 목 부위 골절과 몸통 분쇄골절이 중복된 경우 또는 위팔뼈 삼각골절 12. 그 밖에 1급에 해당한다고 인정되는 부상
2급	1,500만원	1. 위팔뼈 분쇄성 골절 2. 척추체의 압박골절이 있으나 각종 신경증상이 없는 부상 또는 목뼈 탈구[불완전탈구(아탈구)를 포함한다.], 골절 등으로 목뼈고정기(할로베스트) 등 고정술을 시행한 부상 3. 머리뼈 골절로 신경학적 증상이 현저한 부상(48시간 미만의 혼수상태 또는 반혼수상태가 지속되는 경우를 말한다.) 4. 내부장기 파열과 골반뼈 골절이 동반된 부상 또는 골반뼈 골절과 요도 파열이 동반된 부상 5. 무릎관절 탈구 6. 발목관절 부위 골절과 골절성 탈구가 동반된 부상 7. 자뼈 몸통 골절과 노뼈머리 탈구가 동반된 부상 8. 엉치엉덩관절 탈구 9. 무릎관절 앞 · 뒤 십자인대 및 내측부 인대 파열과 내외측 반달모양 물렁뼈가 전부 파열된 부상 10. 그 밖에 2급에 해당한다고 인정되는 부상

부상 등급	한도 금액	부상 내용
3급	1,200만원	1. **위팔뼈목 골절** 2. 위팔뼈 관절융기(위팔뼈의 둥근부분으로 팔꿈치관절에 닿는 부분을 말한다.) 골절과 팔꿈치관절 탈구가 동반된 부상 3. 노뼈와 자뼈의 몸통 골절이 동반된 부상 4. 손목 손배뼈(손목 관절에서 엄지쪽에 위치하는 손목뼈의 하나를 말한다.) 골절 5. 노뼈 신경손상을 동반한 위팔뼈 몸통 골절 6. 넓적다리뼈 몸통 골절(소아의 경우에는 수술을 시행한 경우만 해당하며, 그 외의 사람의 경우에는 수술의 시행 여부를 불문한다.) 7. 무릎뼈(슬개골을 말한다. 이하 같다.) 분쇄 골절과 탈구로 인하여 무릎뼈 완전 제거 수술을 시행한 부상 8. 정강뼈 관절융기 골절로 인하여 관절면이 손상되는 부상[정강뼈 융기사이결절 골절로 개방정복(피부와 근육 절개 후 골절된 뼈를 바로잡는 시술을 말한다. 이하 같다.)을 시행한 경우를 포함한다.] 9. 발목뼈·자뼈 간 관절 탈구와 골절이 동반된 부상 또는 발목발허리관절(Lisfranc joint : 발등뼈와 발목을 이어주는 관절을 말한다. 이하 같다.)의 골절 및 탈구 10. 앞·뒤 십자인대 또는 내외측 반달모양 물렁뼈 파열과 정강뼈 융기사이 결절 골절 등이 복합된 속무릎장애(슬내장) 11. 복부 내장 파열로 수술이 불가피한 부상 또는 복강 내 출혈로 수술한 부상 12. 뇌손상으로 뇌신경 마비를 동반한 부상 13. 중증도의 뇌타박상(소량의 출혈이 뇌 전체에 퍼져 있는 손상을 포함한다.)으로 신경학적 증상이 심한 부상(48시간 미만의 혼수상태 또는 반혼수상태가 지속되는 경우를 말한다.) 14. 개방성 공막(각막을 제외한 안구의 대부분을 싸고 있는 흰색의 막을 말한다. 이하 같다.) 찢김상처로 양쪽 안구가 파열되어 두 눈 적출술을 시행한 부상 15. 목뼈고리(목뼈의 추골 뒷부분인 추궁을 말한다.)의 선모양 골절 16. 항문 파열로 인공항문 조성술 또는 요도 파열로 요도성형술을 시행한 부상 17. 넓적다리뼈 관절융기 분쇄 골절로 인하여 관절면이 손상되는 부상 18. 그 밖에 3급에 해당한다고 인정되는 부상
4급	1,000만원	1. 넓적다리뼈 관절융기(먼쪽부위, 위관절융기 및 융기사이오목을 포함한다.) 골절 2. 정강뼈 몸통 골절, 관절면 침범이 없는 정강뼈 관절융기 골절 3. 목말뼈목 골절 4. 슬개 인대 파열 5. 어깨 관절부위의 돌림근띠(회전근개라고도 하며, 어깨관절을 감싸면서 어깨 관절을 돌리는 네 근육을 말한다.) 골절

부상 등급	한도 금액	부상 내용
4급	1,000만원	6. 위팔뼈 가쪽위관절융기 전위 골절 7. 팔꿈치관절부위 골절과 탈구가 동반된 부상 8. 화상, 좌창, 괴사상처 등으로 연부조직의 손상이 몸 표면의 약 4.5% 이상인 부상 9. 안구 파열로 적출술이 불가피한 부상 또는 개방성 공막 찢김상처로 안구 적출술, 각막 이식술을 시행한 부상 10. 넓적다리 네 갈래근, 넓적다리 두 갈래근 파열로 개방정복을 시행한 부상 11. 무릎관절의 안쪽·바깥쪽 인대, 앞·뒤 십자인대, 안쪽·바깥쪽 반달모양 물렁뼈 완전 파열(부분 파열로 수술을 시행한 경우를 포함한다.) 12. 개방정복을 시행한 소아의 정강뼈·종아리뼈 아래 3분의 1 이상의 분쇄성 골절 13. 그 밖에 4급에 해당한다고 인정되는 부상
5급	900만원	1. **골반뼈의 중복 골절**(말게뉴 골절 등을 포함한다.) 2. 발목관절부위의 안쪽·바깥쪽 복사 골절이 동반된 부상 3. 발뒤꿈치뼈 골절 4. 위팔뼈 몸통 골절 5. 노뼈 먼쪽부위[콜리스골절(팔목 바로 위 노뼈가 부러져 손바닥이 등쪽이나 바깥쪽으로 돌아간 상태를 말한다.), 스미스골절(콜리스 골절의 반대로서 팔목 바로 위 노뼈가 부러져 뼛조각이 손바닥 쪽으로 어긋난 상태를 말한다.), 수근 관절면, 노뼈 먼쪽뼈끝골절을 포함한다.] 골절 6. 자뼈 몸쪽부위 골절 7. 다발성 갈비뼈 골절로 혈액가슴증(혈흉), 공기가슴증(기흉)이 동반된 부상 또는 단순 갈비뼈 골절과 혈액가슴증, 공기가슴증이 동반되어 흉관삽관술을 시행한 부상 8. 발등 근육힘줄 파열상처 9. 손바닥 근육힘줄 파열상처[위팔의 깊게 찢긴 상처(심부 열창)로 삼각근, 이두근 근육힘줄 파열을 포함한다.] 10. 아킬레스힘줄 파열 11. 소아의 위팔뼈 몸통 골절(분쇄 골절을 포함한다.)로 수술한 부상 12. 결막, 공막, 망막 등의 자체 파열로 봉합술을 시행한 부상 13. 목말뼈 골절(목은 제외한다.) 14. 개방정복을 시행하지 않은 소아의 정강뼈·종아리뼈 아래의 3분의 1 이상의 분쇄 골절 15. 개방정복을 시행한 소아의 정강뼈 분쇄 골절 16. 23개 이상의 치아에 보철이 필요한 부상 17. 그 밖에 5급에 해당된다고 인정되는 부상

부상등급	한도 금액	부상 내용
6급	700만원	1. 소아의 다리 장관골(긴 뼈) 골절(분쇄 골절 또는 성장판 손상을 포함한다.) 2. 넓적다리뼈 큰돌기 (뼈)조각 골절 3. 넓적다리뼈 작은돌기 (뼈)조각 골절 4. 다발성 발바닥뼈(발허리뼈를 말한다. 이하 같다.) 골절 5. 두덩뼈·궁둥뼈·엉덩뼈·엉치뼈의 단일 골절 또는 꼬리뼈 골절로 수술한 부상 6. 두덩뼈 위·아래가지 골절 또는 양쪽 두덩뼈 골절 7. 단순 손목뼈 골절 8. 노뼈 몸통 골절(먼쪽부위 골절은 제외한다.) 9. 자뼈 몸통 골절(몸쪽부위 골절은 제외한다.) 10. 자뼈 팔꿈치머리부위 골절 11. 다발성 손바닥뼈(손허리뼈를 말한다. 이하 같다.) 골절 12. 머리뼈 골절로 신경학적 증상이 경미한 부상 13. 외상성 경막밑 수종, 수활액 낭종, 거미막밑 출혈 등으로 수술하지 않은 부상[천공술(원형절제술)을 시행한 경우를 포함한다.] 14. 갈비뼈 골절이 없이 혈액가슴증 또는 공기가슴증이 동반되어 흉관 삽관술을 시행한 부상 15. 위팔뼈 큰결절 찢김골절로 수술을 시행한 부상 16. 넓적다리뼈 또는 넓적다리뼈 관절융기 찢김골절 17. 19개 이상 22개 이하의 치아에 보철이 필요한 부상 18. 그 밖에 6급에 해당한다고 인정되는 부상
7급	500만원	1. 소아의 상지 장관골(팔의 긴 뼈) 골절 2. 발목관절 안쪽 복사뼈 또는 바깥쪽 복사뼈 골절 3. 위팔뼈 위관절융기 굽힘골절 4. 엉덩관절 탈구 5. 어깨관절 탈구 6. 봉우리빗장 관절 탈구, 관절주머니 또는 봉우리빗장 인대 파열 7. **발목관절 탈구** 8. 엉치엉덩관절 분리 또는 두덩뼈 결합부 분리 9. 다발성 얼굴머리뼈(안면두개골) 골절 또는 신경손상과 동반된 얼굴머리뼈 골절 10. 16개 이상 18개 이하의 치아에 보철이 필요한 부상 11. 그 밖에 7급에 해당한다고 인정되는 부상
8급	300만원	1. 위팔뼈 결절부위 폄골절 또는 위팔뼈 큰결절 찢김골절로 수술하지 않은 부상 2. 빗장뼈 골절 3. **팔꿈치관절 탈구** 4. 어깨뼈(어깨뼈가시 또는 어깨뼈몸통, 가슴우리 탈구, 어깨뼈목, 봉우리돌기 및 부리돌기를 포함한다.) 골절 5. 봉우리빗장인대 또는 오구쇄골인대 완전 파열

부상등급	한도 금액	부상 내용
8급	300만원	6. 팔꿈치관절 속 위팔뼈 작은머리 골절 7. 종아리뼈 골절, 종아리뼈 몸쪽부위 골절(신경손상 또는 관절면 손상을 포함한다.) 8. 발가락뼈의 골절과 탈구가 동반된 부상 9. 다발성 갈비뼈 골절 10. 뇌타박상(소량의 출혈이 뇌 전체에 퍼져 있는 손상을 포함한다.)으로 신경학적 증상이 경미한 부상 11. 얼굴 찢김상처(열창), 두개부 타박 등에 의한 뇌손상이 없는 뇌신경손상 12. 위턱뼈, 아래턱뼈, 치조골(이틀), 얼굴머리뼈 골절 13. 안구 적출술 없이 시신경의 손상으로 실명된 부상 14. 족부 인대 파열(부분 파열은 제외한다.) 15. 13개 이상 15개 이하의 치아에 보철이 필요한 부상 16. 그 밖에 8급에 해당한다고 인정되는 부상
9급	240만원	1. 척추골의 가시돌기(극돌기), 가로돌기(횡돌기) 골절 또는 하관절 돌기 골절(다발성 골절을 포함한다.) 2. **노뼈머리 골절** 3. 손목관절 내 반달뼈(월상골) 앞쪽 탈구 등 손목뼈 탈구 4. 손가락뼈의 골절과 탈구가 동반된 부상 5. 손바닥뼈 골절 6. 손목 골절(손배뼈는 제외한다.) 7. 발목뼈 골절(목말뼈·발꿈치뼈는 제외한다.) 8. 발바닥뼈 골절 9. 발목관절부위 뼘, 정강뼈·종아리뼈 분리, 족부 인대 또는 아킬레스힘줄의 부분 파열 10. 갈비뼈, 복장뼈(가슴 한복판에 세로로 있는 짝이 없는 세 부분으로 된 뼈를 말한다. 이하 같다.), 갈비연골(늑연골) 골절 또는 단순 갈비뼈 골절과 혈액가슴증, 공기가슴증이 동반되어 수술을 시행하지 않은 경우 11. 척추체간 관절부 뼘으로서 그 부근의 연부조직(인대, 근육 등을 포함한다.) 손상이 동반된 부상 12. 척수 손상으로 마비증상이 없고 수술을 시행하지 않은 경우 13. 손목관절 탈구(노뼈, 손목뼈 관절 탈구, 수근간 관절 탈구 및 먼쪽 노자 관절 탈구를 포함한다.) 14. 꼬리뼈 골절로 수술하지 않은 부상 15. 무릎관절 인대의 부분 파열로 수술을 시행하지 않은 경우 16. 11개 이상 12개 이하의 치아에 보철이 필요한 부상 17. 그 밖에 9급에 해당한다고 인정되는 부상

부상 등급	한도 금액	부상 내용
10급	200만원	1. 외상성 무릎관절 안 혈종(활액막염을 포함한다.) 2. 손바닥뼈 지골 간 관절 탈구 3. 손목뼈, 손바닥뼈 간 관절 탈구 4. 팔의 각 관절부위(어깨관절, 팔꿈치관절, 손목관절) 삠 5. 자뼈·노뼈 붓돌기 골절, 제불완전골절(코뼈 골절, 손가락뼈 골절 및 발가락뼈 골절은 제외한다.) 6. 손가락 폄근힘줄 파열 7. 9개 이상 10개 이하의 치아에 보철이 필요한 부상 8. 그 밖에 10급에 해당한다고 인정되는 부상
11급	160만원	1. **발가락뼈 관절 탈구 및 삠** 2. 손가락 골절·탈구 및 삠 3. 코뼈 골절 4. 손가락뼈 골절 5. 발가락뼈 골절 6. 뇌진탕 7. 고막 파열 8. 6개 이상 8개 이하의 치아에 보철이 필요한 부상 9. 그 밖에 11급에 해당한다고 인정되는 부상
12급	120만원	1. 8일 이상 14일 이하의 **입원**이 필요한 부상 2. 15일 이상 26일 이하의 **통원 치료**가 필요한 부상 3. 4개 이상 5개 이하의 **치아**에 **보철**이 필요한 부상
13급	80만원	1. 4일 이상 7일 이하의 **입원**이 필요한 부상 2. 8일 이상 14일 이하의 **통원 치료**가 필요한 부상 3. 2개 이상 3개 이하의 **치아**에 **보철**이 필요한 부상
14급	80만원	1. 3일 이하의 **입원**이 필요한 부상 2. 7일 이하의 **통원 치료**가 필요한 부상 3. 1개 이하의 **치아**에 **보철**이 필요한 부상

[비고]
1. 2급부터 11급까지의 부상 내용 중 개방성 골절은 해당 등급보다 한 등급 높은 금액으로 배상한다.
2. 2급부터 11급까지의 부상 내용 중 단순성 선모양 골절로 인한 골편의 전위가 없는 골절은 해당 등급보다 한 등급 낮은 금액으로 배상한다.
3. 2급부터 11급까지의 부상 내용 중 두 가지 이상의 부상이 중복된 경우에는 가장 높은 등급에 해당하는 부상으로부터 하위 3등급(예 부상 내용이 주로 2급에 해당하는 경우에는 5급까지) 사이의 부상이 중복된 경우에만 가장 높은 부상 내용의 등급보다 한 등급 높은 금액으로 배상한다.
4. 일반 외상과 치아 보철이 필요한 부상이 중복된 경우에는 1급의 금액을 초과하지 않는 범위에서 부상 등급별 해당 금액의 합산액을 배상한다.

[별표 3] 후유장애 등급별 화재배상책임보험 보험금액의 한도(제9조의3 제1항 제3호 관련)
〈개정 21.1.5.〉

후유 장애 등급	한도 금액	후유장애 내용
1급	1억 5,000만원	1. 두 눈이 **실명**된 사람 2. 말하는 기능과 음식물을 씹는 기능을 완전히 잃은 사람 3. 신경계통의 기능 또는 정신기능에 뚜렷한 장애가 남아 항상 보호를 받아야 하는 사람 4. 흉복부 장기의 기능에 뚜렷한 장애가 남아 항상 보호를 받아야 하는 사람 5. 반신마비가 된 사람 6. 두 팔을 팔꿈치관절 이상의 부위에서 잃은 사람 7. 두 팔을 완전히 사용하지 못하게 된 사람 8. 두 다리를 무릎관절 이상의 부위에서 잃은 사람 9. 두 다리를 완전히 사용하지 못하게 된 사람
2급	1억 3,500만원	1. **한쪽 눈**이 **실명**되고 **다른 쪽 눈**의 시력이 **0.02 이하**로 된 사람 2. 두 눈의 시력이 모두 0.02 이하로 된 사람 3. 두 팔을 손목관절 이상의 부위에서 잃은 사람 4. 두 다리를 발목관절 이상의 부위에서 잃은 사람 5. 신경계통의 기능 또는 정신기능에 뚜렷한 장애가 남아 수시로 보호를 받아야 하는 사람 6. 흉복부 장기의 기능에 뚜렷한 장애가 남아 수시로 보호를 받아야 하는 사람
3급	1억 2,000만원	1. **한쪽 눈**이 **실명**되고 **다른 쪽 눈**의 시력이 **0.06 이하**로 된 사람 2. 말하는 기능이나 음식물을 씹는 기능을 완전히 잃은 사람 3. 신경계통의 기능 또는 정신기능에 뚜렷한 장애가 남아 일생동안 노무에 종사할 수 없는 사람 4. 흉복부 장기의 기능에 뚜렷한 장애가 남아 일생동안 노무에 종사할 수 없는 사람 5. 두 손의 손가락을 모두 잃은 사람
4급	1억 500만원	1. **두 눈**의 시력이 모두 **0.06 이하**로 된 사람 2. 말하는 기능과 음식물을 씹는 기능에 뚜렷한 장애가 남은 사람 3. 고막이 전부 결손되거나 그 외의 원인으로 인하여 두 귀의 청력을 완전히 잃은 사람 4. 한쪽 팔을 팔꿈치관절 이상의 부위에서 잃은 사람 5. 한쪽 다리를 무릎관절 이상의 부위에서 잃은 사람 6. 두 손의 손가락을 모두 제대로 못쓰게 된 사람 7. 두 발을 발목발허리 관절 이상의 부위에서 잃은 사람

후유장애 등급	한도 금액	후유장애 내용
5급	9,000만원	1. 한쪽 눈이 실명되고 다른 쪽 눈의 시력이 0.1 이하로 된 사람 2. 한쪽 팔을 손목관절 이상의 부위에서 잃은 사람 3. 한쪽 다리를 발목관절 이상의 부위에서 잃은 사람 4. 한쪽 팔을 완전히 사용하지 못하게 된 사람 5. 한쪽 다리를 완전히 사용하지 못하게 된 사람 6. 두 발의 발가락을 모두 잃은 사람 7. 신경계통의 기능 또는 정신기능에 뚜렷한 장애가 남아 특별히 손쉬운 노무 외에는 종사할 수 없는 사람 8. 흉복부 장기의 기능에 뚜렷한 장애가 남아 특별히 손쉬운 노무 외에는 종사할 수 없는 사람
6급	7,500만원	1. 두 눈의 시력이 모두 0.1 이하로 된 사람 2. 말하는 기능이나 음식물을 씹는 기능에 뚜렷한 장애가 남은 사람 3. 고막이 대부분 결손되거나 그 외의 원인으로 인하여 두 귀의 청력이 귀에 입을 대고 말하지 않으면 큰 말소리를 알아듣지 못하게 된 사람 4. 한쪽 귀가 전혀 들리지 않게 되고 다른 쪽 귀의 청력이 40cm 이상의 거리에서는 보통의 말소리를 알아듣지 못하게 된 사람 5. 척추에 뚜렷한 기형이나 뚜렷한 운동장애가 남은 사람 6. 한쪽 팔의 3대 관절 중 2개 관절을 못쓰게 된 사람 7. 한쪽 다리의 3대 관절 중 2개 관절을 못쓰게 된 사람 8. 한쪽 손의 5개 손가락을 잃거나 한쪽 손의 엄지손가락과 둘째손가락을 포함하여 4개의 손가락을 잃은 사람
7급	6,000만원	1. 한쪽 눈이 실명되고 다른 쪽 눈의 시력이 0.6 이하로 된 사람 2. 두 귀의 청력이 모두 40cm 이상의 거리에서는 보통의 말소리를 알아듣지 못하게 된 사람 3. 한쪽 귀가 전혀 들리지 않게 되고 다른 쪽 귀의 청력이 1m 이상의 거리에서는 보통의 말소리를 알아듣지 못하게 된 사람 4. 신경계통의 기능 또는 정신기능에 장애가 남아 손쉬운 노무 외에는 종사하지 못하는 사람 5. 흉복부 장기의 기능에 장애가 남아 손쉬운 노무 외에는 종사하지 못하는 사람 6. 한쪽 손의 엄지손가락과 둘째손가락을 잃은 사람 또는 한쪽 손의 엄지손가락이나 둘째손가락을 포함하여 3개 이상의 손가락을 잃은 사람 7. 한쪽 손의 5개의 손가락 또는 한쪽 손의 엄지손가락과 둘째손가락을 포함하여 4개의 손가락을 제대로 못쓰게 된 사람 8. 한쪽 발을 발목발허리 관절 이상의 부위에서 잃은 사람 9. 한쪽 팔에 가관절(부러진 뼈가 완전히 아물지 못해 그 부분이 마치 관절처럼 움직이는 상태를 말한다. 이하 같다.)이 남아 뚜렷한 운동장애가 남은 사람 10. 한쪽 다리에 가관절이 남아 뚜렷한 운동장애가 남은 사람 11. 두 발의 발가락을 모두 제대로 못쓰게 된 사람 12. 외모에 뚜렷한 흉터가 남은 사람 13. 양쪽의 고환을 잃은 사람

후유장애 등급	한도 금액	후유장애 내용
8급	4,500만원	1. **한쪽 눈**의 시력이 **0.02 이하**로 된 사람 2. 척추에 운동장애가 남은 사람 3. 한쪽 손의 엄지손가락을 포함하여 2개의 손가락을 잃은 사람 4. 한쪽 손의 엄지손가락과 둘째손가락을 제대로 못쓰게 된 사람 또는 한쪽 손의 엄지손가락이나 둘째손가락을 포함하여 3개 이상의 손가락을 제대로 못쓰게 된 사람 5. 한쪽 다리가 5cm 이상 짧아진 사람 6. 한쪽 팔의 3대 관절 중 1개 관절을 제대로 못쓰게 된 사람 7. 한쪽 다리의 3대 관절 중 1개 관절을 제대로 못쓰게 된 사람 8. 한쪽 팔에 가관절이 남은 사람 9. 한쪽 다리에 가관절이 남은 사람 10. 한쪽 발의 발가락을 모두 잃은 사람 11. 비장 또는 한쪽의 신장을 잃은 사람
9급	3,800만원	1. **두 눈**의 시력이 모두 **0.6 이하**로 된 사람 2. **한쪽 눈**의 시력이 **0.06 이하**로 된 사람 3. 두 눈에 반맹증(주시했을 때 시야가 수직으로 나누어져 오른쪽 또는 왼쪽이 보이지 않는 증상을 말한다. 이하 같다.) · 시야협착(시야가 좁아짐) 또는 시야결손이 남은 사람 4. 두 눈의 눈꺼풀에 뚜렷한 결손이 남은 사람 5. 코가 결손되어 그 기능에 뚜렷한 장애가 남은 사람 6. 말하는 기능과 음식물을 씹는 기능에 장애가 남은 사람 7. 두 귀의 청력이 모두 1m 이상의 거리에서는 보통의 말소리를 알아듣지 못하게 된 사람 8. 한쪽 귀의 청력이 귀에 입을 대고 말하지 않으면 큰 말소리를 알아듣지 못하고 다른 쪽 귀의 청력이 1m 이상의 거리에서는 보통의 말소리를 알아듣지 못하게 된 사람 9. 한쪽 귀의 청력을 완전히 잃은 사람 10. 한쪽 손의 엄지손가락을 잃은 사람 또는 둘째손가락을 포함하여 2개의 손가락을 잃은 사람 또는 엄지손가락과 둘째손가락 외의 3개의 손가락을 잃은 사람 11. 한쪽 손의 엄지손가락을 포함하여 2개의 손가락을 제대로 못쓰게 된 사람 12. 한쪽 발의 엄지발가락을 포함하여 2개 이상의 발가락을 잃은 사람 13. 한쪽 발의 발가락을 모두 제대로 못쓰게 된 사람 14. 생식기에 뚜렷한 장애가 남은 사람 15. 신경계통의 기능 또는 정신기능에 장애가 남아 노무가 상당한 정도로 제한된 사람 16. 흉복부 장기의 기능에 장애가 남아 노무가 상당한 정도로 제한된 사람
10급	2,700만원	1. **한쪽 눈**의 시력이 **0.1 이하**로 된 사람 2. 말하는 기능이나 음식물을 씹는 기능에 장애가 남은 사람

후유장애등급	한도 금액	후유장애 내용
10급	2,700만원	3. 14개 이상의 치아에 보철을 한 사람 4. 한쪽 귀의 청력이 귀에 입을 대고 말하지 않으면 큰 말소리를 알아듣지 못하게 된 사람 5. 두 귀의 청력이 모두 1m 이상의 거리에서 보통의 말소리를 듣는 데 지장이 있는 사람 6. 한쪽 손의 둘째손가락을 잃은 사람 또는 엄지손가락과 둘째손가락 외의 2개의 손가락을 잃은 사람 7. 한쪽 손의 엄지손가락을 제대로 못쓰게 된 사람 또는 한쪽 손의 둘째손가락을 포함하여 2개의 손가락을 제대로 못쓰게 된 사람 또는 한쪽 손의 엄지손가락과 둘째손가락 외의 3개의 손가락을 제대로 못쓰게 된 사람 8. 한쪽 다리가 3cm 이상 짧아진 사람 9. 한쪽 발의 엄지발가락 또는 그 외의 4개의 발가락을 잃은 사람 10. 한쪽 팔의 3대 관절 중 1개 관절의 기능에 뚜렷한 장애가 남은 사람 11. 한쪽 다리의 3대 관절 중 1개 관절의 기능에 뚜렷한 장애가 남은 사람
11급	2,300만원	1. **두 눈**이 모두 **근접반사 기능**에 뚜렷한 장애가 남거나 뚜렷한 운동장애가 남은 사람 2. 두 눈의 눈꺼풀에 뚜렷한 장애가 남은 사람 3. 한쪽 눈의 눈꺼풀에 결손이 남은 사람 4. 한쪽 귀의 청력이 40cm 이상의 거리에서는 보통의 말소리를 알아듣지 못하게 된 사람 5. 두 귀의 청력이 모두 1m 이상의 거리에서는 작은 말소리를 알아듣지 못하게 된 사람 6. 척추에 기형이 남은 사람 7. 한쪽 손의 가운뎃손가락 또는 넷째손가락을 잃은 사람 8. 한쪽 손의 둘째손가락을 제대로 못쓰게 된 사람 또는 한쪽 손의 엄지손가락과 둘째손가락 외의 2개의 손가락을 제대로 못쓰게 된 사람 9. 한쪽 발의 엄지발가락을 포함하여 2개 이상의 발가락을 제대로 못쓰게 된 사람 10. 흉복부 장기의 기능에 장애가 남은 사람 11. 10개 이상의 치아에 보철을 한 사람
12급	1,900만원	1. **한쪽 눈**의 **근접반사 기능**에 뚜렷한 장애가 있거나 뚜렷한 운동장애가 남은 사람 2. 한쪽 눈의 눈꺼풀에 뚜렷한 운동장애가 남은 사람 3. 7개 이상의 치아에 보철을 한 사람 4. 한쪽 귀의 귓바퀴가 대부분 결손된 사람 5. 빗장뼈, 복장뼈, 갈비뼈, 어깨뼈 또는 골반뼈에 뚜렷한 기형이 남은 사람 6. 한쪽 팔의 3대 관절 중 1개 관절의 기능에 장애가 남은 사람 7. 한쪽 다리의 3대 관절 중 1개 관절의 기능에 장애가 남은 사람 8. 장관골(팔·다리의 긴뼈를 말한다.)에 기형이 남은 사람

후유장애 등급	한도 금액	후유장애 내용
12급	1,900만원	9. 한쪽 손의 가운뎃손가락이나 넷째손가락을 제대로 못쓰게 된 사람 10. 한쪽 발의 둘째발가락을 잃은 사람 또는 한쪽 발의 둘째발가락을 포함하여 2개의 발가락을 잃은 사람 또는 한쪽 발의 가운뎃발가락 이하의 3개의 발가락을 잃은 사람 11. 한쪽 발의 엄지발가락 또는 그 외의 4개의 발가락을 제대로 못쓰게 된 사람 12. 신체 일부에 뚜렷한 신경증상이 남은 사람 13. 외모에 흉터가 남은 사람
13급	1,500만원	1. **한쪽 눈**의 시력이 **0.6 이하**로 된 사람 2. 한쪽 눈에 반맹증, 시야협착 또는 시야결손이 남은 사람 3. 두 눈의 눈꺼풀 일부에 결손이 남거나 속눈썹에 결손이 남은 사람 4. 5개 이상의 치아에 보철을 한 사람 5. 한쪽 손의 새끼손가락을 잃은 사람 6. 한쪽 손의 엄지손가락 마디뼈의 일부를 잃은 사람 7. 한쪽 손의 둘째손가락 마디뼈의 일부를 잃은 사람 8. 한쪽 손의 둘째손가락의 끝관절을 굽히고 펼 수 없게 된 사람 9. 한쪽 다리가 1cm 이상 짧아진 사람 10. 한쪽 발의 가운뎃발가락 이하의 발가락 1개 또는 2개를 잃은 사람 11. 한쪽 발의 둘째발가락을 제대로 못쓰게 된 사람 또는 한쪽 발이 둘째발가락을 포함하여 2개의 발가락을 제대로 못쓰게 된 사람 또는 한쪽 발의 가운뎃발가락 이하의 발가락 3개를 제대로 못쓰게 된 사람
14급	1,000만원	1. 한쪽 눈의 눈꺼풀 일부에 결손이 있거나 속눈썹에 결손이 남은 사람 2. **3개 이상**의 치아에 보철을 한 사람 3. 한쪽 귀의 청력이 1m 이상의 거리에서는 보통의 말소리를 알아듣지 못하게 된 사람 4. 팔의 보이는 부분에 손바닥 크기의 흉터가 남은 사람 5. 다리의 보이는 부분에 손바닥 크기의 흉터가 남은 사람 6. 한쪽 손의 새끼손가락을 제대로 못쓰게 된 사람 7. 한쪽 손의 엄지손가락과 둘째손가락 외의 손가락 마디뼈의 일부를 잃은 사람 8. 한쪽 손의 엄지손가락과 둘째손가락 외의 손가락 끝관절을 제대로 못쓰게 된 사람 9. 한쪽 발의 가운뎃발가락 이하의 발가락 1개 또는 2개를 제대로 못쓰게 된 사람 10. 신체 일부에 신경증상이 남은 사람

[비고]
1. 후유장애가 둘 이상 있는 경우에는 그 중 심한 후유장애에 해당하는 등급보다 한 등급 높은 금액으로 배상한다.
2. 시력의 측정은 국제식 시력표로 하고, 굴절 이상이 있는 사람에 대해서는 원칙적으로 교정시력을 측정한다.

3. **"손가락을 잃은 것"**이란 엄지손가락은 가락뼈사이관절, 그 밖의 손가락은 몸쪽가락뼈사이관절 이상을 잃은 경우를 말한다.
4. **"손가락을 제대로 못쓰게 된 것"**이란 손가락 끝부분의 $\frac{1}{2}$ 이상을 잃거나 손허리손가락관절(중수지관절) 또는 몸쪽가락뼈사이관절(엄지손가락의 경우에는 지관절을 말한다.)에 뚜렷한 운동장애가 남은 경우를 말한다.
5. **"발가락을 잃은 것"**이란 발가락 전부를 잃은 경우를 말한다.
6. **"발가락을 제대로 못쓰게 된 것"**이란 엄지발가락은 끝관절의 $\frac{1}{2}$ 이상을, 그 밖의 발가락은 끝관절 이상을 잃거나 발허리발가락관절(중족지관절, 발허리뼈의 둥근머리와 발가락뼈 첫마디뼈의 오목한 바닥 사이의 관절을 말한다.) 또는 몸쪽가락뼈사이관절(엄지발가락의 경우에는 가락뼈사이관절을 말한다.)에 뚜렷한 운동장애가 남은 경우를 말한다.
7. **"흉터가 남은 것"**이란 성형수술을 한 후에도 맨눈으로 식별이 가능한 흔적이 있는 상태를 말한다.
8. **"항상 보호를 받아야 하는 것"**이란 일상생활에서 기본적인 음식 섭취, 배뇨 등을 다른 사람에게 의존하여야 하는 것을 말한다.
9. **"수시로 보호를 받아야 하는 것"**이란 일상생활에서 기본적인 음식 섭취, 배뇨 등은 가능하나, 그 외의 일은 다른 사람에게 의존하여야 하는 것을 말한다.
10. **"항상 보호 또는 수시 보호를 받아야 하는 기간"**은 의사가 판정하는 노동능력 상실기간을 기준으로 하여 타당한 기간으로 정한다.
11. **"제대로 못쓰게 된 것"**이란 정상기능의 $\frac{3}{4}$ 이상을 상실한 경우를 말하고, **"뚜렷한 장애가 남은 것"**이란 정상기능의 $\frac{1}{2}$ 이상을 상실한 경우를 말하며, **"장애가 남은 것"**이란 정상기능의 $\frac{1}{4}$ 이상을 상실한 경우를 말한다.
12. **"신경계통의 기능 또는 정신기능에 뚜렷한 장애가 남아 특별히 손쉬운 노무 외에는 종사할 수 없는 것"**이란 신경계통의 기능 또는 정신기능의 뚜렷한 장애로 노동능력이 일반인의 $\frac{1}{4}$ 정도만 남아 평생동안 특별히 쉬운 일 외에는 노동을 할 수 없는 경우를 말한다.
13. **"신경계통의 기능 또는 정신기능에 장애가 남아 노무가 상당한 정도로 제한된 것"**이란 노동능력이 어느 정도 남아 있으나 신경계통의 기능 또는 정신기능의 장애로 종사할 수 있는 직종의 범위가 상당한 정도로 제한된 경우로서 다음 각 목의 어느 하나에 해당하는 경우를 말한다.
    가. 신체적 능력은 정상이지만 뇌손상에 따른 정신적 결손증상이 인정되는 경우
    나. 뇌전증 발작과 현기증이 나타날 가능성이 의학적·타각적(검사자가 대상자의 주관적 의사표현 없이 증상을 확인하는 것을 말한다.) 소견으로 증명되는 사람
    다. 사지에 경도(輕度)의 단마비(單痲痺)가 인정되는 사람
14. **"흉복부 장기의 기능에 뚜렷한 장애가 남아 특별히 손쉬운 노무 외에는 종사할 수 없는 것"**이란 흉복부 장기의 장애로 노동능력이 일반인의 $\frac{1}{4}$ 정도만 남은 경우를 말한다.
15. **"흉복부 장기의 기능에 장애가 남아 손쉬운 노무 외에는 종사할 수 없는 것"**이란 중등도(中等度)의 흉복부 장기의 장애로 노동능력이 일반인의 $\frac{1}{2}$ 정도만 남은 경우를 말한다.
16. **"흉복부 장기의 기능에 장애가 남아 노무가 상당한 정도로 제한된 것"**이란 중등도의 흉복부 장기의 장애로 취업가능한 직종의 범위가 상당한 정도로 제한된 경우를 말한다.

〔**별표 4**〕 화재위험유발지수(제11조 제1항 및 제13조 관련)〈개정 12.12.27.〉

등 급	평가점수	위험수준
A	80 이상	20 미만
B	60 이상 79 이하	20 이상 39 이하
C	40 이상 59 이하	40 이상 59 이하
D	20 이상 39 이하	60 이상 79 이하
E	20 미만	80 이상

[비고]
1. "**평가점수**"란 영업소 등에 사용되거나 설치된 가연물의 양, 소방시설의 화재진화를 위한 성능 등을 고려한 영업소의 화재안정성을 100점 만점 기준으로 환산한 점수를 말한다.
2. "**위험수준**"이란 영업소 등에 사용되거나 설치된 가연물의 양, 화기취급의 종류 등을 고려한 영업소의 화재 발생 가능성을 100점 만점 기준으로 환산한 점수를 말한다.

[별표 5] 평가대행자가 갖추어야 할 기술인력·시설·장비 기준(제14조 관련)
　　　　〈개정 21.7.6.〉

1. 기술인력 기준 : 다음 각 목의 기술인력을 보유할 것
   가. **소방기술사** 자격을 취득한 사람 **1명 이상**
   나. 다음 1) 또는 2)의 어느 하나에 해당하는 사람 **2명 이상**
      1) **소방기술사, 소방설비기사** 또는 **소방설비산업기사** 자격을 가진 사람
      2) 「소방시설공사업법」 제28조 제1항에 따라 소방기술과 관련된 자격·**학력** 및 **경력**을 인정받은 사람으로서 같은 조 제2항에 따른 **자격수첩**을 발급받은 사람
   다. 삭 제〈16.12.30.〉
2. 시설 및 장비 기준 : 다음 각 목의 시설 및 장비를 갖출 것
   가. 화재 모의시험이 가능한 **컴퓨터 1대** 이상
   나. 화재 모의시험을 위한 **프로그램**
   다. 삭 제〈14.12.23.〉

[비고]
1. 두 종류 이상의 자격을 가진 기술인력은 그 중 한 종류의 자격을 가진 기술인력으로 본다.
2. 평가대행자가 화재위험평가 대행업무와 「소방시설공사업법」 및 같은 법 시행령에 따른 전문 소방시설설계업 또는 전문 소방공사감리업을 함께 하는 경우에는 전문 소방시설설계업 또는 전문 소방공사감리업 보유 기술인력으로 등록된 소방기술사는 제1호 가목에 따라 갖추어야 하는 소방기술사로 볼 수 있다.

[별표 6] 과태료의 부과기준(제23조 관련)〈개정 21.7.6.〉

1. 일반기준

가. 위반행위의 횟수에 따른 과태료의 부과기준은 최근 **1년**간 같은 위반행위로 과태료 부과처분을 받은 경우에 적용한다. 이 경우 기준 적용일은 위반행위에 대한 처분일과 그 처분 후에 한 위반행위가 다시 적발된 날을 기준으로 하고, 적발된 위반행위에 대해서는 위반행위 직전 처분의 다음 횟수에 따른 처분을 한다.

나. 과태료 부과권자는 위반행위자가 다음의 어느 하나에 해당하는 경우에는 제2호에 따른 과태료 금액의 $\frac{1}{2}$의 범위에서 그 금액을 감경하여 부과할 수 있다. 다만, 과태료를 체납하고 있는 위반행위자의 경우에는 그러하지 아니하다.

1) 위반행위자가 「질서위반행위규제법 시행령」 제2조의2 제1항 각 호의 어느 하나에 해당하는 경우
2) 위반행위자가 처음 위반행위를 한 경우로서, **3년 이상** 해당 업종을 모범적으로 영위한 사실이 인정되는 경우
3) 위반행위자가 화재 등 재난으로 재산에 현저한 손실이 발생하거나 사업여건의 악화로 사업이 중대한 위기에 처하는 등의 사정이 있는 경우
4) 위반행위가 고의나 중대한 과실이 아닌 사소한 부주의나 오류로 인한 것으로 인정되는 경우
5) 위반행위자가 같은 위반행위로 다른 법률에 따라 과태료·벌금·영업정지 등의 제재를 받은 경우
6) 위반행위자가 위법행위로 인한 결과를 시정하거나 해소한 경우
7) 그 밖에 위반행위의 정도, 위반행위의 동기와 그 결과 등을 고려하여 감경할 필요가 있다고 인정되는 경우

2. 개별기준

위반행위	근거 법조문	과태료 금액(단위 : 만원)		
		1회	2회	3회 이상
가. 다중이용업주가 법 제8조 제1항 및 제2항을 위반하여 소방안전교육을 받지 않거나 종업원이 **소방안전교육**을 받도록 하지 않은 경우	법 제25조 제1항 제1호	50	100	300

위반행위	근거 법조문	과태료 금액(단위 : 만원)		
		1회	2회	3회 이상
나. 법 제9조 제1항을 위반하여 안전시설 등을 기준에 따라 설치·유지하지 않은 경우				
1) 안전시설 등의 작동·기능에 지장을 주지 않는 경미한 사항을 2회 이상 위반한 경우	법 제25조 제1항 제2호		50	
2) 안전시설 등을 다음에 해당하는 고장상태 등으로 방치한 경우 　　가) 소화펌프를 고장상태로 방치한 경우 　　나) 수신반(受信盤)의 전원을 차단한 상태로 방치한 경우 　　다) 동력(감시)제어반을 고장상태로 방치하거나 전원을 차단한 경우 　　라) 소방시설용 비상전원을 차단한 경우 　　마) 소화배관의 밸브를 잠금상태로 두어 소방시설이 작동할 때 소화수가 나오지 않거나 소화약제(消火藥劑)가 방출되지 않는 상태로 방치한 경우			100	
3) 안전시설 등을 설치하지 않은 경우			300	
4) 비상구를 폐쇄·훼손·변경하는 등의 행위를 한 경우		50	100	300
5) 영업장 내부 피난통로에 피난에 지장을 주는 물건 등을 쌓아 놓은 경우		50	100	300
다. 법 제9조 제3항을 위반한 경우				
1) 안전시설 등 설치신고를 하지 않고 안전시설 등을 설치한 경우	법 제25조 제1항 제2호의2		50	
2) 안전시설 등 설치신고를 하지 않고 영업장 내부구조를 변경한 경우			50	
3) 안전시설 등의 공사를 마친 후 신고를 하지 않은 경우		50	100	300
라. 법 제9조의2를 위반하여 비상구에 추락 등의 방지를 위한 장치를 기준에 따라 갖추지 않은 경우	법 제25조 제1항 제2호의3		300	
마. 법 제10조 제1항 및 제2항을 위반하여 실내장식물을 기준에 따라 설치·유지하지 않은 경우	법 제25조 제1항 제3호		300	

위반행위	근거 법조문	과태료 금액(단위 : 만원)		
		1회	2회	3회 이상
바. 법 제10조의2 제1항 및 제2항을 위반하여 **영업장의 내부구획 기준**에 따라 내부구획을 설치·유지하지 않은 경우	법 제25조 제1항 제3호의2	50	100	300
사. 법 제11조를 위반하여 **피난시설, 방화구획** 또는 **방화시설**을 **폐쇄·훼손·변경**하는 등의 행위를 한 경우	법 제25조 제1항 제4호	50	100	300
아. 법 제12조 제1항을 위반하여 **피난안내도**를 갖추어 두지 않거나 피난안내에 관한 영상물을 상영하지 않은 경우	법 제25조 제1항 제5호	50	100	300
자. 법 제13조 제1항 전단을 위반하여 **정기점검결과서**를 **보관**하지 않은 경우	법 제25조 제1항 제6호	50		
차. 다중이용업주가 법 제13조의2 제1항을 위반하여 화재배상책임보험에 가입하지 않은 경우 1) 가입하지 않은 기간이 **10일 이하**인 경우 2) 가입하지 않은 기간이 **10일 초과 30일 이하**인 경우 3) 가입하지 않은 기간이 **30일 초과 60일 이하**인 경우 4) 가입하지 않은 기간이 **60일 초과**인 경우	법 제25조 제1항 제6호의2	10 ● 10만원에 11일째부터 계산하여 1일마다 1만원을 더한 금액 ● 30만원에 31일째부터 계산하여 1일마다 3만원을 더한 금액 ● 120만원에 61일째부터 계산하여 1일마다 6만원을 더한 금액. 다만, 과태료의 총액은 300만원을 넘지 못한다.		
카. 보험회사가 법 제13조의3 제3항 또는 제4항을 위반하여 통지를 하지 않은 경우	법 제25조 제1항 제6호의3	300		
타. 보험회사가 법 제13조의5 제1항을 위반하여 다중이용업주와의 **화재배상책임보험 계약 체결**을 **거부**한 경우	법 제25조 제1항 제6호의4	300		
파. 보험회사가 법 제13조의6을 위반하여 **임의**로 **계약**을 **해제** 또는 **해지**하는 경우	법 제25조 제1항 제6호의4	300		
하. 법 제14조에 따른 **소방안전관리 업무**를 하지 않은 경우	법 제25조 제1항 제7호	50	100	300
거. 법 제14조의2 제1항을 위반하여 보고 또는 즉시 보고를 하지 않거나 거짓으로 한 경우	법 제25조 제1항 제8호	200		

[별표 7] 이행강제금 부과기준(제24조 제1항 관련)〈개정 14.12.23.〉

1. 일반기준

이행강제금 부과권자는 위반행위의 동기와 그 결과를 고려하여 제2호의 이행강제금 부과기준액의 $\frac{1}{2}$까지 경감하여 부과할 수 있다.

2. 개별기준

(단위 : 만원)

위반행위	근거 법조문	이행강제금 금액
가. 법 제9조 제2항에 따른 안전시설 등에 대하여 보완 등 필요한 조치명령을 위반한 경우	법 제26조 제1항	
1) **안전시설** 등의 작동ㆍ기능에 지장을 주지 않는 **경미**한 사항인 경우		200
2) **안전시설** 등을 **고장**상태로 방치한 경우		600
3) **안전시설** 등을 **설치**하지 않은 경우		1,000
나. 법 제10조 제3항에 따른 **실내장식물**에 대한 **교체** 또는 **제거** 등 필요한 **조치명령**을 위반한 경우	법 제26조 제1항	1,000
다. 법 제10조의2 제3항에 따른 **영업장**의 **내부구획**에 대한 **보완** 등 필요한 조치명령을 위반한 경우	법 제26조 제1항	1,000
라. 법 제15조 제2항에 따른 **소방특별조사 조치명령**을 **위반**한 경우	법 제26조 제1항	
1) 다중이용업소의 **공사의 정지** 또는 **중지명령**을 **위반**한 경우		200
2) 다중이용업소의 **사용금지** 또는 **제한명령**을 **위반**한 경우		600
3) 다중이용업소의 **개수ㆍ이전** 또는 **제거명령**을 **위반**한 경우		1,000

3 다중이용업소의 안전관리에 관한 특별법 시행규칙

(약칭 : 다중이용업소법 시행규칙)

일부개정 2021. 12. 7. 행정안전부령 제289호

제1조【목적】 이 규칙은 「다중이용업소의 안전관리에 관한 특별법」 및 같은 법 시행령에서 위임된 사항과 그 시행에 필요한 사항을 규정함을 목적으로 한다.

제2조【다중이용업】 「다중이용업소의 안전관리에 관한 특별법 시행령」(이하 "**영**"이라 한다.) 제2조 제8호에서 "**행정안전부령으로 정하는 영업**"이란 다음 각 호의 어느 하나에 해당하는 영업을 말한다.〈개정 21.12.7.〉

1. **전화방업 · 화상대화방업** : 구획된 실(室) 안에 전화기 · 텔레비전 · 모니터 또는 카메라 등 상대방과 대화할 수 있는 시설을 갖춘 형태의 영업
2. **수면방업** : 구획된 실(室) 안에 침대 · 간이침대 그 밖에 휴식을 취할 수 있는 시설을 갖춘 형태의 영업
3. **콜라텍업** : 손님이 춤을 추는 시설 등을 갖춘 형태의 영업으로서 주류판매가 허용되지 아니하는 영업
4. **방탈출카페업** : 제한된 시간 내에 방을 탈출하는 놀이 형태의 영업〈시행 22.6.8.〉
5. **키즈카페업** : 다음 각 목의 영업〈시행 22.6.8.〉
   가. 「관광진흥법 시행령」 제2조 제1항 제5호 다목에 따른 기타유원시설업으로서 실내공간에서 어린이(「어린이안전관리에 관한 법률」 제3조 제1호에 따른 어린이를 말한다. 이하 같다.)에게 놀이를 제공하는 영업
   나. 실내에 「어린이놀이시설 안전관리법」 제2조 제2호 및 같은 법 시행령 [별표 2] 제13호에 해당하는 어린이놀이시설을 갖춘 영업
   다. 「식품위생법 시행령」 제21조 제8호 가목에 따른 휴게음식점영업으로서 실내공간에서 어린이에게 놀이를 제공하고 부수적으로 음식류를 판매 · 제공하는 영업
6. **만화카페업** : 만화책 등 다수의 도서를 갖춘 다음 각 목의 영업. 다만, 도서를 대여 · 판매만 하는 영업인 경우와 영업장으로 사용하는 바닥면적의 합계가 $50m^2$ 미만인 경우는 제외한다.〈시행 22.6.8.〉
   가. 「식품위생법 시행령」 제21조 제8호 가목에 따른 휴게음식점영업
   나. 도서의 열람, 휴식공간 등을 제공할 목적으로 실내에 다수의 구획된 실(室)을 만들거나 입체 형태의 구조물을 설치한 영업

제3조【안전관리기본계획의 공고】 소방청장은 영 제4조 제3항에 따라 안전관리기본계획을 수립한 경우에는 이를 **관보**에 **공고**한다.〈개정 17.7.26.〉

제4조 【관련 행정기관의 허가 등의 통보】 ① 「다중이용업소의 안전관리에 관한 특별법」(이하 "**법**"이라 한다.) 제7조 제1항에 따른 다중이용업의 허가 · 인가 · 등록 · 신고수리(이하 "**허가 등**"이라 한다.)를 하는 행정기관(이하 "**허가관청**"이라 한다.)은 허가 등을 한 날부터 **14일 이내**에 다음 각 호의 사항을 별지 제1호 서식의 다중이용업 허가 등 사항(변경사항) 통보서에 따라 관할 **소방본부장** 또는 **소방서장**에게 통보하여야 한다.
1. 영업주의 **성명** · 주소
2. 다중이용업소의 **상호** · 소재지
3. 다중이용업의 **종류** · 영업장 면적
4. **허가** 등 일자

② 허가관청은 법 제7조 제2항 제1호에 따른 **휴 · 폐업**과 휴업 후 영업재개신고를 수리한 때에는 별지 제1호 서식의 다중이용업 허가 등 사항(변경사항) 통보서에 따라 **30일 이내**에 **소방본부장** 또는 **소방서장**에게 통보하여야 한다.

③ 허가관청은 법 제7조 제2항 제2호부터 제4호까지의 규정에 따른 **변경사항**의 신고를 수리한 때에는 수리한 날부터 **30일 이내**에 별지 제1호 서식의 다중이용업 허가 등 사항(변경사항) 통보서에 따라 그 변경내용을 관할 **소방본부장** 또는 **소방서장**에게 통보하여야 한다.

④ **소방본부장** 또는 **소방서장**은 허가관청으로부터 제1항부터 제3항까지에 따른 통보를 받은 경우에는 별지 제2호 서식의 다중이용업 허가 등 사항 처리 접수대장에 그 사실을 기록하여 관리하여야 한다.〈개정 13.1.11.〉

⑤ 허가관청은 제1항부터 제3항까지에 따른 통보를 할 때에는 법 제19조 제1항에 따른 전산시스템을 이용하여 통보할 수 있다.〈신설 13.1.11.〉

제5조 【소방안전교육의 대상자 등】 ① 법 제8조 제1항에 따라 **소방청장 · 소방본부장** 또는 **소방서장**이 실시하는 소방안전교육(이하 "**소방안전교육**"이라 한다.)을 받아야 하는 대상자(이하 "**교육대상자**"라 한다.)는 다음 각 호와 같다.〈개정 19.4.22.〉
1. 다중이용업을 운영하는 자(이하 "**다중이용업주**"라 한다.)
2. 다중이용업주 외에 해당 영업장(다중이용업주가 둘 이상의 영업장을 운영하는 경우에는 각각의 영업장을 말한다.)을 관리하는 **종업원 1명** 이상 또는 「국민연금법」제8조 제1항에 따라 국민연금 가입의무대상자인 **종업원 1명** 이상
3. 다중이용업을 하려는 자

② 제1항 제1호에도 불구하고 다중이용업주가 직접 소방안전교육을 받기 곤란한 경우로서 **소방청장**이 정하는 경우에는 영업장의 종업원 중 **소방청장**이 정하는 자로 하여금 다중이용업주를 대신하여 소방안전교육을 받게 할 수 있다.〈개정 17.7.26.〉

③ 교육대상자는 다음 각 호의 구분에 따른 시기에 소방안전교육을 받아야 한다. 다만, 교육대상자가 국외에 체류하고 있거나, 질병·부상 등으로 입원해 있는 등 정해진 기간 안에 소방안전교육을 받을 수 없는 사유가 있는 때에는 소방청장이 정하는 바에 따라 3개월의 범위에서 소방안전교육을 연기할 수 있다.〈개정 19.4.22.〉
1. **신규 교육**
   가. 다중이용업을 하려는 자 : 다중이용업을 시작하기 전. 다만, 다음의 경우에는 1) 또는 2)에서 정한 시기에 소방안전교육을 받아야 한다.
      1) 다른 법률에 따라 다중이용업주의 변경신고 또는 다중이용업주의 지위승계 신고를 하는 경우 : 허가관청이 해당 신고를 수리하기 전까지
      2) 법 제9조 제3항에 따라 안전시설 등의 설치신고 또는 영업장 내부구조 변경 신고를 한 경우 : 법 제9조 제3항 제3호에 따른 완공신고를 하기 전까지
   나. 교육대상 종업원 : 다중이용업에 종사하기 전
2. 수시 교육 : 법 제8조 제1항 및 제2항, 법 제9조 제1항·제10조·제11조·제12조 제1항·제13조 제1항 또는 법 제14조를 위반한 다중이용업주와 교육대상 종업원은 위반행위가 적발된 날부터 3개월 이내. 다만, 법 제9조 제1항의 위반행위의 경우에는 과태료 부과대상이 되는 위반행위인 경우에만 해당한다.
3. **보수 교육** : 제1호의 신규 교육 또는 직전의 보수 교육을 받은 날이 속하는 달의 마지막 날부터 2년 이내에 1회 이상
④ **소방청장·소방본부장** 또는 **소방서장**은 소방안전교육을 실시하려는 때에는 교육 일시 및 장소 등 소방안전교육에 필요한 사항을 교육일 **30일 전**까지 **소방청·소방본부** 또는 **소방서**의 홈페이지에 게재해야 한다. 이 경우 다음 각 호에서 정하는 시기에 교육대상자에게 알려야 한다.〈개정 19.4.22.〉
1. 신규 교육 대상자 중 법 제9조 제3항에 따라 안전시설 등의 설치신고 또는 영업장 내부구조 변경신고를 하는 자 : **신고 접수 시**
2. 수시 교육 및 보수 교육 대상자 : 교육일 **10일 전**
⑤ **소방청장·소방본부장** 또는 **소방서장**이 소방안전교육을 하려는 때에는 다중이용업과 관련된 「직능인 경제활동지원에 관한 법률」 제2조에 따른 직능단체 및 민법상의 비영리법인과 협의하여 다른 법령에서 정하는 다중이용업 관련 교육과 병행하여 실시할 수 있다.〈개정 17.7.26.〉
⑥ 소방안전교육 시간은 **4시간 이내**로 한다.
⑦ 제3항에 따라 소방안전교육을 받은 사람이 교육받은 날부터 **2년 이내**에 다중이용업을 하려는 경우 또는 다중이용업에 종사하려는 경우에는 제3항 제1호에 따른 신규 교육을 받은 것으로 본다.

⑧ **소방청장·소방본부장** 또는 **소방서장**은 소방안전교육을 이수한 사람에게 별지 제3호 서식의 소방안전교육 이수증명서를 발급하고, 그 내용을 별지 제4호 서식의 소방안전교육 이수증명서 발급(재발급)대장에 적어 관리하여야 한다.〈개정 17.7.26.〉
⑨ 제8항에 따라 소방안전교육 이수증명서를 발급받은 사람은 소방안전교육 이수증명서를 잃어버렸거나 헐어서 쓸 수 없게 되어 소방안전교육 이수증명서를 재발급받으려면 별지 제5호 서식의 소방안전교육 이수증명서 재발급 신청서에 이전에 발급받은 소방안전교육 이수증명서를 첨부(잃어버린 경우는 제외한다.)하여 **소방본부장** 또는 **소방서장**에게 제출하여야 한다. 이 경우 재발급 신청을 받은 소방본부장 또는 소방서장은 소방안전교육 이수증명서를 즉시 재발급하고, 별지 제4호 서식의 소방안전교육 이수증명서 발급(재발급) 대장에 그 사실을 적어 관리하여야 한다.
⑩ 제1항부터 제9항까지에서 정한 사항 외에 소방안전교육을 위하여 필요한 사항은 소방청장이 정한다.〈개정 17.7.26.〉
[전문개정 12.2.15.]

제6조【인터넷 홈페이지를 이용한 사이버 소방안전교육】
① **소방청장, 소방본부장** 또는 **소방서장**은 다중이용업주와 그 종업원 및 다중이용업을 하려는 자에 대한 자율안전관리 책임의식을 높이고 화재발생 시 초기대응능력을 향상하기 위하여 인터넷 홈페이지를 이용한 사이버 소방안전교육(이하 **"사이버 교육"**이라 한다.)을 위한 환경을 조성하여야 한다.〈개정 19.4.22.〉
② **소방청장, 소방본부장** 또는 **소방서장**은 제1항에 따른 사이버 교육을 위하여 소방청, 소방본부 또는 소방서의 인터넷 홈페이지에 누구나 쉽게 접속하여 사이버 교육을 받을 수 있도록 시스템을 구축·운영하여야 한다.〈개정 19.4.22.〉
③ 제2항의 사이버 교육을 위한 시스템 구축과 그 밖에 필요한 사항은 **소방청장**이 정한다.〈개정 17.7.26.〉

제7조【소방안전교육의 교과과정 등】
① 법 제8조 제1항에 따른 소방안전교육의 교과과정은 다음 각 호와 같다.
1. **화재안전**과 관련된 **법령** 및 **제도**
2. 다중이용업소에서 화재가 발생한 경우 **초기대응** 및 **대피요령**
3. **소방시설** 및 **방화시설**(防火施設)의 **유지·관리** 및 **사용방법**
4. **심폐소생술** 등 응급처치 요령
② 그 밖에 다중이용업소의 안전관리에 관한 교육내용과 관련된 세부사항은 **소방청장**이 정한다.〈개정 17.7.26.〉

제8조【소방안전교육에 필요한 교육인력 및 시설·장비기준 등】
소방청장·소방본부장 또는 **소방서장**은 소방안전교육의 내실화를 위하여 [별표 1]의 **교육인력** 및 **시설·장비**를 갖추어야 한다.〈개정 17.7.26.〉

제9조【안전시설 등의 설치·유지 기준】법 제9조 제1항에 따라 다중이용업소의 영업장에 설치·유지하여야 하는 안전시설 등(이하 "**안전시설 등**"이라 한다.)의 설치·유지 기준은 [별표 2]와 같다.
[전문개정 13.1.11.]

제10조 삭 제〈13.1.11.〉

제11조【안전시설 등의 설치신고】① 다중이용업을 하려는 자는 다중이용업소에 안전시설 등을 설치하거나 안전시설 등의 공사를 마친 경우에는 법 제9조 제3항에 따라 별지 제6호 서식의 안전시설 등 설치(완공)신고서(전자문서로 된 신고서를 포함한다.)에 다음 각 호의 서류(전자문서를 포함하며, 설치신고 시에는 제1호부터 제3호까지의 서류를 말한다.)를 첨부하여 **소방본부장** 또는 **소방서장**에게 제출해야 한다. 이 경우 소방본부장 또는 소방서장은 「전자정부법」제36조 제1항에 따른 행정정보의 공동이용을 통하여 제5호에 따른 전기안전점검 확인서를 확인해야 하며, 신고인이 확인에 동의하지 않는 경우에는 그 서류를 제출하도록 해야 한다.〈개정 21.12.7.〉

1. 「소방시설공사업법」제4조 제1항에 따른 소방시설설계업자가 작성한 **안전시설** 등의 **설계도서**(소방시설의 계통도, 실내장식물의 재료 및 설치면적, 내부구획의 재료, 비상구 및 창호도 등이 표시된 것을 말한다.) 1부. 다만, 완공신고의 경우에는 설치신고 시 제출한 설계도서와 달라진 내용이 있는 경우에만 제출한다.
2. 별지 제6호의2 서식의 **안전시설** 등 **설치명세서** 1부. 다만, 완공신고의 경우에는 설치내용이 설치신고 시와 달라진 경우에만 제출한다.
3. 구획된 실의 세부용도 등이 표시된 영업장의 평면도(복도, 계단 등 해당 영업장의 부수시설이 포함된 평면도를 말한다.) 1부. 다만, 완공신고의 경우에는 설치내용이 설치신고 시와 달라진 경우에만 제출한다.
4. 법 제13조의3 제1항에 따른 화재배상책임보험 증권 사본 등 화재배상책임보험 가입을 증명할 수 있는 서류 1부
5. 「전기안전관리법」제13조 제1항에 따른 전기안전점검 확인서 등 전기설비의 안전진단을 증빙할 수 있는 서류(고시원업, 전화방업·화상대화방업, 수면방업, 콜라텍업, 방탈출카페업, 키즈카페업, 만화카페업만 해당한다.) 1부

② **소방본부장** 또는 **소방서장**은 법 제9조 제5항에 따라 현장을 확인한 결과 안전시설 등이 [별표 2]에 적합하다고 인정하는 경우에는 별지 제7호 서식의 안전시설 등 완비증명서를 발급하고, 적합하지 아니한 때에는 신청인에게 서면으로 그 사유를 통보하고 보완을 요구하여야 한다.〈개정 12.2.15.〉

③ **소방본부장** 또는 **소방서장**은 제1항에 따른 안전시설 등 설치(완공)신고서를 접수하거나 제2항에 따른 안전시설 등 완비증명서를 발급한 때에는 별지 제8호 서식의 안전시설 등 완비증명서 발급대장에 발급일자 등을 적어 관리하여야 한다.〈개정 12.2.15.〉

④ 다중이용업주는 다음 각 호의 어느 하나에 해당하여 제2항에 따라 발급받은 안전시설 등 완비증명서를 재발급받으려는 경우에는 별지 제9호 서식의 안전시설 등 완비증명서 재발급 신청서에 이전에 발급받은 안전시설 등 완비증명서를 첨부(제1호의 경우는 제외한다.)하여 소방본부장 또는 소방서장에게 제출하여야 한다.〈개정 16.10.19.〉
  1. 안전시설 등 완비증명서를 잃어버린 경우
  2. 안전시설 등 완비증명서가 헐어서 쓸 수 없게 된 경우
  3. 안전시설 등 및 영업장 내부구조 변경 등이 없이 법 제7조 제2항 제3호 및 제4호에 해당하는 경우
  4. 안전시설 등을 추가하지 아니하는 업종으로 업종 변경을 한 경우. 다만, 내부구조 변경 등이 있거나 업종 변경에 따라 강화된 기준을 적용받는 경우는 제외한다.

⑤ **소방본부장** 또는 **소방서장**은 제4항에 따른 신청을 받은 날부터 **3일 이내**에 안전시설 등 완비증명서를 재발급하고, 별지 제8호 서식의 안전시설 등 완비증명서 발급대장에 그 사실을 기록하여 관리하여야 한다.〈신설 13.1.11.〉

제11조의2 【다중이용업소의 비상구 추락방지 기준】 ① 법 제9조의2에서 "**행정안전부령으로 정하는 비상구**"란 영업장의 위치가 **4층 이하**(지하층인 경우는 제외한다.)인 경우 그 영업장에 설치하는 **비상구**를 말한다.

② 제1항에 따른 비상구의 설치기준과 법 제9조의2에 따른 추락 등의 방지를 위한 장치의 설치기준은 [별표 2] 제2호 다목과 같다.
  [본조신설 19.4.22.]
  [종전 제11조의2는 제11조의3으로 이동 〈19.4.22.〉]

제11조의3 【영업장의 내부구획 기준】 법 제10조의2 제1항에 따라 다중이용업소의 영업장 내부를 구획함에 있어 배관 및 전선관 등이 영업장 또는 천장(반자 속)의 내부 구획된 부분을 관통하여 틈이 생긴 때에는 다음 각 호의 어느 하나에 해당하는 재료를 사용하여 그 틈을 메워야 한다.
  1. 「산업표준화법」에 따른 한국산업표준에서 **내화충전성능**을 인정한 구조로 된 것
  2. 「과학기술분야 정부출연연구기관 등의 설립·운영에 관한 법률」에 따라 설립된 **한국건설기술연구원**의 장이 **국토교통부장관**이 정하여 고시하는 기준에 따라 내화충전성능을 인정한 구조로 된 것

[본조신설 15.1.7.]
[제11조의2에서 이동 〈19.4.22.〉]

제12조【피난안내도 비치 대상 등】 ① 법 제12조 제2항에 따른 피난안내도 비치 대상, 피난안내 영상물 상영 대상, 피난안내도 비치 위치 및 피난안내 영상물 상영시간 등은 [별표 2의2]와 같다.〈개정 13.1.11.〉
② 제1항에 따라 피난안내도를 비치하거나 피난안내에 관한 영상물을 상영하여야 하는 다중이용업주는 법 제13조 제1항에 따라 안전시설 등을 점검할 때에 피난안내도 및 피난안내에 관한 영상물을 포함하여 점검하여야 한다.〈신설 12.2.15.〉
[제목개정 13.1.11.]

제13조【다중이용업소 안전시설 등 세부점검표】 법 제13조 제1항 및 제2항에 따라 안전시설 등을 점검하는 경우에는 별지 제10호 서식의 안전시설 등 세부점검표를 사용하여 점검한다.

제14조【안전점검의 대상, 점검자의 자격 등】 법 제13조 제3항에 따른 안전점검의 대상, 점검자의 자격, 점검주기, 점검방법은 다음 각 호와 같다.〈개정 16.10.19.〉
 1. **안전점검 대상** : 다중이용업소의 영업장에 설치된 영 제9조의 안전시설 등
 2. **안전점검자의 자격**은 다음 각 목과 같다.
  가. 해당 영업장의 **다중이용업주** 또는 다중이용업소가 위치한 특정소방대상물의 **소방안전관리자**(소방안전관리자가 선임된 경우에 한한다.)
  나. 해당 업소의 종업원 중 「화재예방, 소방시설 설치·유지 및 안전관리에 관한 법률 시행령」 제23조 제2항 제7호 마목 또는 제3항 제5호 자목에 따라 소방안전관리자 자격을 취득한 자, 「국가기술자격법」에 따라 **소방기술사·소방설비기사** 또는 **소방설비산업기사** 자격을 취득한 자
  다. 「화재예방, 소방시설 설치·유지 및 안전관리에 관한 법률」 제29조에 따른 **소방시설관리업자**
 3. **점검주기** : 매 분기별 1회 이상 점검. 다만, 「화재예방, 소방시설 설치·유지 및 안전관리에 관한 법률」 제25조 제1항에 따라 자체점검을 실시한 경우에는 자체점검을 실시한 그 분기에는 점검을 실시하지 아니할 수 있다.
 4. **점검방법** : 안전시설 등의 **작동** 및 **유지·관리 상태**를 점검한다.

제14조의2【화재배상책임보험 가입 영업소의 표지】 법 제13조의3 제2항에 따른 화재배상책임보험에 가입한 영업소임을 표시하는 표지의 규격, 재질 및 부착위치 등은 [별표 2의3]과 같다.
[본조신설 13.1.11.]

제14조의3【화재배상책임보험 계약 체결 사실 등의 통지시기 등】 ① **보험회사**는 법 제13조의3 제4항에 따라 화재배상책임보험 계약 체결 사실 등을 다음 각 호의 구분에 따른 시기에 **소방청장, 소방본부장** 또는 **소방서장**에게 알려야 한다.〈개정 17.7.26.〉

1. 법 제13조의3 제4항 제1호에 해당하는 경우 : 계약 체결 사실을 보험회사의 전산시스템에 입력한 날부터 **5일 이내**. 다만, 계약의 효력발생일부터 **30일**을 **초과**하여서는 **아니 된다**.
2. 법 제13조의3 제4항 제2호에 해당하는 경우 : 계약 해지 사실을 보험회사의 전산시스템에 입력한 날부터 **5일 이내**. 다만, 계약의 효력소멸일부터 **30일**을 **초과**하여서는 **아니 된다**.
3. 법 제13조의3 제4항 제3호에 해당하는 경우에는 다음 각 목의 시기
   가. **매월 1일부터 10일까지**의 기간 내에 계약이 끝난 경우 : **같은 달 20일까지**
   나. **매월 11일부터 20일까지**의 기간 내에 계약이 끝난 경우 : **같은 달 말일까지**
   다. **매월 21일부터 말일까지**의 기간 내에 계약이 끝난 경우 : **그 다음 달 10일까지**
② 보험회사가 제1항에 따라 화재배상책임보험 계약 체결 사실 등을 알릴 때에는 다음 각 호의 사항을 포함하여야 한다.
   1. 다중이용업주의 성명, 주민등록번호 및 주소(법인의 경우에는 법인의 명칭, 법인등록번호 및 주소를 말한다.)
   2. 다중이용업소의 상호, 영 제2조에 따른 다중이용업의 종류, 영업장 면적 및 영업장 주소
   3. 화재배상책임보험 계약기간(법 제13조의3 제4항 제1호의 경우만 해당한다.)
③ 보험회사가 제1항에 따라 화재배상책임보험 계약 체결 사실 등을 알릴 때에는 법 제19조 제2항에 따른 책임보험전산망을 이용하여야 한다. 다만, 전산망의 장애 등으로 책임보험전산망을 이용하기 곤란한 경우에는 문서 또는 전자우편 등의 방법으로 알릴 수 있다.
[본조신설 13.1.11.]

제14조의4【공동계약 체결이 가능한 경우】 법 제13조의5 제2항 전단에서 "**행정안전부령으로 정하는 사유**"란 다음 각 호의 어느 하나에 해당하는 사유가 있는 경우를 말한다.〈개정 17.7.26.〉
1. 해당 영업장에서 **화재 관련 사고가 발생**한 사실이 있는 경우
2. 보험회사가 「보험업법」에 따라 허가를 받거나 신고한 화재배상책임보험의 보험요율과 보험금액의 산출기준이 법 제13조의2 제1항에 따른 책임을 담보하기에 현저히 곤란하다고 「보험업법」 제176조에 따른 보험요율 산출기관이 인정한 경우
[본조신설 13.1.11.]

제14조의5【화재배상책임보험 계약의 해제·해지 가능 사유】 법 제13조의6 제3호에서 "**행정안전부령으로 정하는 경우**"란 다음 각 호의 어느 하나에 해당하는 경우를 말한다.〈개정 17.7.26.〉
1. **폐업**한 경우

2. 영 제2조에 따른 다중이용업에 해당하지 않게 된 경우
3. **천재지변, 사고** 등의 사유로 다중이용업주가 다중이용업을 더 이상 운영할 수 없게 된 사실을 증명한 경우
4. 「상법」 제650조 제1항·제2항, 제651조, 제652조 제1항 또는 제654조에 따른 계약 해지 사유가 발생한 경우

[본조신설 13.1.11.]

제15조 【손실보상 재결신청】 영 제12조 제4항에 따른 보상금의 지급 또는 공탁의 통지에 불복하는 자는 별지 제11호 서식의 손실보상재결신청서에 따라 **중앙토지수용위원회**에 재결을 신청하여야 한다.

제16조 【화재위험평가대행자의 등록신청 등】 ① 법 제16조 제1항에 따라 화재위험평가를 대행하려는 자는 별지 제12호 서식의 화재위험평가대행자 등록신청서에 다음 각 호의 서류(전자문서를 포함한다.)를 첨부하여 **소방청장**에게 제출하여야 한다. 〈개정 21.7.13.〉
1. 별지 제13호 서식의 **기술인력명부** 및 기술자격을 증명하는 서류(「국가기술자격법」에 따라 발급받은 **국가기술자격증**이 **없는 경우**만 해당한다.)
2. **실무경력증명서**(해당자에 한한다.) 1부
3. 영 [별표 5]에 따른 **시설** 및 **장비명세서** 1부
4. 별지 제13호의2 서식의 병력(病歷)신고 및 개인정보 이용 동의서(이하 이 조에서 "동의서"라 하며, 법인인 경우에는 소속 임원의 것을 포함한다.)

② 제1항에 따른 등록신청을 받은 **소방청장**은 「전자정부법」 제36조 제1항에 따른 행정정보의 공동이용을 통하여 **법인 등기사항증명서**(법인인 경우만 해당한다.), **사업자등록증**(개인인 경우만 해당한다.) 및 해당 기술인력의 **국가기술자격증**을 확인하여야 한다. 다만, 신청인이 사업자등록증 또는 국가기술자격증의 확인에 동의하지 않는 경우에는 그 사본을 첨부하도록 하여야 한다. 〈개정 17.7.26.〉

③ 제1항에 따라 동의서를 제출받은 소방청장은 국민건강보험공단 등 관계기관에 치료경력의 조회를 요청할 수 있다. 〈신설 21.7.13.〉

④ 소방청장은 동의서의 기재내용 또는 관계기관의 조회결과를 확인하여 필요한 경우 화재위험평가를 대행하려는 자에게 영 제15조의2 각 호에 해당하지 않음을 증명하는 해당 분야 전문의의 진단서 또는 소견서(제출일 기준 6개월 이내에 발급된 서류에 한정한다)를 제출하도록 요청할 수 있다. 이 경우 화재위험평가를 대행하려는 자는 해당 서류를 소방청장에게 제출해야 한다. 〈신설 21.7.13.〉

⑤ **소방청장**은 제1항에 따른 등록신청이 영 제14조 및 영 [별표 5]에 따른 기준에 적합하다고 인정되는 경우에는 등록신청을 받은 날부터 **30일 이내**에 별지 제14호 서식의 **화재위험평가대행자등록증**을 발급하고, 별지 제15호 서식의 화재위험평가대행자 등록증 발급(재발급)대장에 기록하여 관리해야 한다. 〈개정 21.7.13.〉

⑥ 제5항에 따라 화재위험평가대행자등록증을 발급받은 자(이하 "**평가대행자**"라 한다.)는 화재위험평가대행자등록증을 잃어버리거나 화재위험평가대행자등록증이 헐어 못쓰게 된 경우에는 소방청장에게 화재위험평가대행자등록증의 재발급을 신청할 수 있다.〈개정 21.7.13.〉

⑦ 평가대행자가 제6항에 따라 화재위험평가대행자등록증의 재발급을 신청하려는 때에는 별지 제16호 서식의 화재위험평가대행자등록증 재발급 신청서를 소방청장에게 제출하여야 한다.〈개정 21.7.13.〉

⑧ **소방청장**은 제7항에 따라 화재위험평가대행자등록증 재발급 신청서를 접수한 경우에는 **3일 이내**에 **화재위험평가대행자등록증**을 **재발급**해야 한다.〈개정 21.7.13.〉

⑨ 법 제17조 제1항에 따라 평가대행자의 등록이 취소된 자는 지체없이 화재위험평가대행자등록증을 소방청장에게 반납해야 한다.〈개정 21.7.13.〉

제17조【평가대행자의 등록사항 변경신청 등】 ① 평가대행자는 법 제16조 제1항 후단에 따라 등록사항 중 중요 사항을 변경하려는 때에는 별지 제12호 서식의 화재위험평가대행자 변경등록 신청서에 다음 각 호의 서류(전자문서를 포함한다.)를 첨부하여 소방청장에게 제출해야 한다.〈개정 21.7.13.〉

1. **화재위험평가대행자 등록증**
2. 별지 제13호 서식의 **기술인력명부**(기술인력이 변경된 경우만 해당한다.) 및 **기술자격**을 **증명**하는 **서류**(「국가기술자격법」에 따라 발급받은 국가기술자격증이 없는 경우만 해당한다.)
3. 별지 제13호의2 서식의 병력 신고 및 개인정보 이용 동의서(대표자가 변경된 경우만 해당한다.)

② 제1항에 따른 변경등록 신청을 받은 소방청장은「전자정부법」제36조 제1항에 따른 행정정보의 공동이용을 통하여 **법인 등기사항증명서**(법인인 경우만 해당한다.), **사업자등록증**(개인인 경우만 해당한다.) 및 해당 기술인력의 **국가기술자격증**을 확인하여야 한다. 다만, 신청인이 사업자등록증 또는 국가기술자격증의 확인에 동의하지 않는 경우에는 그 사본을 첨부하도록 하여야 한다.〈개정 17.7.26.〉

[전문개정 12.2.15.]

제18조【화재위험평가서의 보존기간】 법 제16조 제3항 제3호의 "**행정안전부령으로 정하는 기간동안**"이란 화재위험평가결과보고서를 **소방청장·소방본부장** 또는 **소방서장** 등에게 제출한 날부터 **2년간**을 말한다.〈개정 17.7.26.〉

제19조【휴업 또는 폐업신고 등】 ① 평가대행자는 법 제16조 제4항에 따라 휴업 또는 폐업을 하려는 때에는 별지 제17호 서식의 **화재위험평가대행자 휴업(폐업)신고서**에 화재위험평가대행자 등록증을 첨부하여 **소방청장**에게 제출하여야 한다.〈개정 17.7.26.〉

② **소방청장**은 제1항에 따라 휴업 또는 폐업신고를 받은 때에는 이를 **특별시장·광역시장·도지사** 또는 **특별자치도지사**에게 통보하여야 한다. 〈개정 17.7.26.〉
[제목개정 12.2.15.]

제20조 【행정처분기준】 법 제17조 제3항에 따른 평가대행자의 등록취소 또는 업무정지의 행정처분기준은 [별표 3]과 같다. 〈개정 13.1.11.〉

제21조 【안전관리우수업소 표지 크기 등】 ① 법 제21조 제3항에서 "**행정안전부령으로 정하는 기간동안**"이란 법 제21조 제1항에 따라 **소방본부장** 또는 **소방서장**으로부터 안전관리업무 이행실태가 우수하다고 통보받은 날부터 **2년**이 되는 날까지를 말한다. 〈개정 17.7.26.〉
② 법 제21조 제1항에 따른 안전관리우수업소(이하 "**안전관리우수업소**"라 한다.) 표지의 규격·재질·부착기간 등은 [별표 4]와 같다.

제22조 【안전관리우수업소 표지 발급대장의 관리 등】 ① 소방본부장 또는 소방서장은 영 제21조 제1항에 따라 안전관리우수업소 표지를 발급한 날부터 **2년**이 **되는 날** 이후 **30일 이내**에 **정기심사**를 실시하여 영 제19조에 따른 요건에 적합한 경우에는 안전관리우수업소표지를 갱신해 주어야 한다. 〈개정 13.1.11.〉
② 소방본부장 또는 소방서장은 안전관리우수업소표지를 발급 또는 갱신발급하였을 때에는 별지 제18호 서식의 안전관리우수업소표지 발급(갱신발급)대장에 그 사실을 기록하고 관리하여야 한다. 〈개정 13.1.11.〉

제23조 【안전관리우수업소의 공표】 ① **소방본부장** 또는 **소방서장**은 영 제21조 제1항에 따라 안전관리우수업소의 표지를 발급한 때에는 이를 지체없이 공표하여야 한다. 〈개정 13.1.11.〉
② 제1항에 따른 공표는 영 제18조 제3항에 따른 매체에 다음 각 호의 구분에 따라 그 내용을 기재하여 이를 공표한다.
  1. **안전관리우수업소**의 **공표** 또는 **갱신공표**의 경우
    가. 안전관리우수업소의 명칭과 다중이용업주 이름
    나. 안전관리우수업무의 내용
    다. 안전관리우수업소표지를 부착할 수 있는 기간
  2. **안전관리우수업소**의 **표지 사용정지**의 경우
    가. 안전관리우수업소의 표지 사용정지대상인 다중이용업소의 명칭과 다중이용업주 이름
    나. 안전관리우수업소표지의 사용을 정지하는 사유
    다. 안전관리우수업소표지의 사용정지일

제24조 【안전관리우수업소의 공표신청 등】 ① 영 제22조 제1항에 따라 안전관리우수업소로 인정을 받으려는 다중이용업주는 별지 제19호 서식의 안전관리우수업소 공표신청서에 안전시설 등 완비증명서 사본을 첨부하여 **소방본부장** 또는 **소방서장** 에게 신청하여야 한다.〈개정 13.1.11.〉

② 제1항에 따른 신청을 받은 **소방본부장** 또는 **소방서장**은「전자정부법」제36조 제1항에 따른 행정정보의 공동이용을 통하여 법인 등기사항증명서(법인인 경우만 해당한다.) 또는 사업자등록증(개인인 경우만 해당한다.)을 확인하여야 한다. 다만, 신청인이 확인에 동의하지 않는 경우에는 그 사본을 첨부하도록 하여야 한다.〈신설 13.1.11.〉

③ **소방본부장** 또는 **소방서장**은 제1항에 따른 신청을 받은 경우에는 영 제20조에 따라 예정공고를 거쳐 영 제19조의 안전관리우수업소 요건에 적합한지를 확인하여야 한다. 〈개정 13.1.11.〉

④ **소방본부장** 또는 **소방서장**은 제3항에 따른 확인결과 그 다중이용업소가 그 요건에 적합하다고 인정하는 때에는 그 사실을 안전관리우수업소 공표신청을 한 다중이용업주에게 통보하고 안전관리우수업소표지를 교부하여야 하며, 부적합하다고 인정하는 때에는 신청인에게 서면으로 그 사유를 통보하여야 한다.〈개정 13.1.11.〉

제25조 【소방안전교육 위탁기관이 갖추어야 하는 시설기준 등】 법 제22조 제1항에 따라 소방안전교육을 위탁받은 기관이 갖추어야 하는 시설기준은 [별표 5]와 같다.

제25조의2 【규제의 재검토】 소방청장은 다음 각 호의 사항에 대하여 다음 각 호의 기준일을 기준으로 3년마다(매 3년이 되는 해의 기준일과 같은 날 전까지를 말한다.) 그 타당성을 검토하여 개선 등의 조치를 해야 한다.〈개정 21.12.7.〉
1. 제11조의3에 따른 영업장의 내부구획 기준 : 2015년 1월 1일
2. 제12조 제1항 및 [별표 2의2]에 따른 피난안내도의 비치 대상 등 : 2015년 1월 1일
3. 제13조 및 별지 제10호 서식에 따른 다중이용업소 안전시설 등 세부점검표 : 2015년 1월 1일

[본조신설 15.1.7.]

제26조 【이행강제금 징수절차】 영 제24조에 따른 이행강제금의 징수절차에 관해서는「국고금관리법 시행규칙」을 준용한다. 이 경우 납입고지서에는 이의방법 및 이의 기간 등을 함께 적어야 한다.〈개정 12.2.15.〉

[제목개정 12.2.15.]

부 칙 〈제289호, 21.12.7.〉

제1조【시행일】 이 규칙은 공포 후 6개월이 경과한 날부터 시행한다.

제2조【안전시설 등의 설치·유지기준 변경에 관한 적용례】 별표 2 제2호 가목 1), 같은 표 제2호 가목 3) 나) 및 같은 표 제2호 다목 1)의 개정규정은 이 규칙 시행 이후 법 제9조 제3항에 따라 안전시설 등의 설치신고 또는 영업장 내부구조 변경신고를 하는 영업장부터 적용한다.

[별표 1] 소방안전교육에 필요한 교육인력 및 시설·장비 기준(제8조 관련) 〈개정 18.3.21.〉

1. 교육인력
   가. 인원 : **강사 4인** 및 **교무요원 2인** 이상
   나. 강사의 자격요건
      (1) 강사
         (가) **소방 관련학**의 **석사학위** 이상을 가진 자
         (나) 전문대학 또는 이와 동등 이상의 교육기관에서 **소방안전 관련 학과 전임강사** 이상으로 재직한 자
         (다) 「국가기술자격법 시행규칙」[별표 2]의 **소방기술사, 위험물기능장**, 「화재예방, 소방시설 설치·유지 및 안전관리에 관한 법률」제26조에 따른 **소방시설관리사**, 「소방기본법」제17조의2에 따른 **소방안전교육사** 자격을 소지한 자
         (라) 「국가기술자격법 시행규칙」[별표 2]의 **소방설비기사** 및 **위험물산업기사** 자격을 소지한 자로서 소방 관련 기관(단체)에서 **2년 이상** 강의 경력이 있는 자
         (마) 「국가기술자격법 시행규칙」[별표 2]의 **소방설비산업기사** 및 **위험물기능사** 자격을 소지한 자로서 소방 관련 기관(단체)에서 **5년 이상** 강의 경력이 있는 자
         (바) 대학 또는 이와 동등 이상의 교육기관에서 **소방안전 관련 학과**를 졸업하고 소방 관련 기관(단체)에서 **5년 이상** 강의 경력이 있는 자
         (사) 소방 관련 기관(단체)에서 **10년 이상 실무경력**이 있는 자로서 **5년 이상 강의 경력**이 있는 자
         (아) **소방위** 또는 **지방소방위** 이상의 **소방공무원** 또는 **소방설비기사** 자격을 소지한 **소방장** 또는 **지방소방장** 이상의 **소방공무원**
         (자) **간호사** 또는 「응급의료에 관한 법률」제36조에 따른 **응급구조사** 자격을 소지한 **소방공무원**(응급처치 교육에 한한다.)
      (2) 외래 초빙강사 : 강사의 자격요건에 해당하는 자일 것
2. 교육시설 및 교육용 기자재
   가. **사무실** : 바닥면적이 **60m²** 이상일 것
   나. **강의실** : 바닥면적이 **100m²** 이상이고, **의자·탁자** 및 **교육용 비품**을 갖출 것
   다. **실습실·체험실** : 바닥면적이 **100m²** 이상
   라. 교육용 기자재

기자재명	규 격	수량(단위 : 개)
빔 프로젝터(beam projector)(스크린 포함)		1
소화기(단면절개 : 斷面切開)	3종	각 1
경보설비시스템		1
간이스프링클러 계통도		1
자동화재탐지설비 세트		1
소화설비 계통도 세트		1
소화기 시뮬레이터 세트		1
응급교육기자재 세트		1
심폐소생술(CPR) 실습용 마네킹		1

〔별표 2〕 안전시설 등의 설치 · 유지 기준(제9조 관련) 〈개정 21.12.7.〉

안전시설 등 종류	설치 · 유지 기준
1. 소방시설	
가. 소화설비	
1) 소화기 또는 자동확산 소화기	영업장 안의 구획된 실마다 설치할 것
2) 간이스프링클러설비	「화재예방, 소방시설 설치 · 유지 및 안전관리에 관한 법률」 제9조 제1항에 따른 화재안전기준에 따라 설치할 것. 다만, 영업장의 구획된 실마다 **간이스프링클러헤드** 또는 **스프링클러헤드**가 설치된 경우에는 그 설비의 유효범위 부분에는 간이스프링클러설비를 설치하지 않을 수 있다.
나. 비상벨설비 또는 자동화재탐지설비	가) 영업장의 구획된 실마다 **비상벨설비** 또는 **자동화재탐지설비** 중 하나 이상을 「화재예방, 소방시설 설치 · 유지 및 안전관리에 관한 법률」 제9조 제1항에 따른 화재안전기준에 따라 설치할 것 나) **자동화재탐지설비**를 설치하는 경우에는 감지기와 지구음향장치는 영업장의 구획된 실마다 설치할 것. 다만, 영업장의 구획된 실에 비상방송설비의 음향장치가 설치된 경우 해당 실에는 지구음향장치를 설치하지 않을 수 있다. 다) **영상음향차단장치**가 설치된 영업장에 **자동화재탐지설비**의 **수신기**를 **별도**로 설치할 것
다. 피난설비	
1) 영 [별표 1의2] 제1호 다목 1)에 따른 피난기구	**4층 이하** 영업장의 비상구(발코니 또는 부속실)에는 피난기구를 「화재예방, 소방시설 설치 · 유지 및 안전관리에 관한 법률」 제9조 제1항에 따른 화재안전기준에 따라 설치할 것
2) 피난유도선	가) 영업장 내부 피난통로 또는 복도에 「화재예방, 소방시설 설치 · 유지 및 안전관리에 관한 법률」 제9조 제1항에 따라 소방청장이 정하여 고시하는 유도등 및 유도표지의 화재안전기준에 따라 설치할 것 나) 전류에 의하여 빛을 내는 방식으로 할 것
3) 유도등, 유도표지 또는 비상조명등	**영업장의 구획된 실마다 유도등, 유도표지** 또는 **비상조명등** 중 하나 이상을 「화재예방, 소방시설 설치 · 유지 및 안전관리에 관한 법률」 제9조 제1항에 따른 화재안전기준에 따라 설치할 것
4) 휴대용비상조명등	**영업장 안의 구획된 실마다 휴대용비상조명등**을 「화재예방, 소방시설 설치 · 유지 및 안전관리에 관한 법률」 제9조 제1항에 따른 화재안전기준에 따라 설치할 것

안전시설 등 종류	설치·유지 기준
2. 비상구	가. 공통 기준 1) 설치 위치 : 비상구는 영업장(2개 이상의 층이 있는 경우에는 각각의 층별 영업장을 말한다. 이하 이 표에서 같다.) **주된 출입구의 반대방향**에 설치하되, 주된 출입구 중심선으로부터의 수평거리가 영업장의 가장 긴 대각선 길이, 가로 또는 세로 길이 중 가장 긴 길이의 $\frac{1}{2}$ **이상** 떨어진 위치에 설치할 것. 다만, 건물구조로 인하여 주된 출입구의 반대방향에 설치할 수 없는 경우에는 주된 출입구 중심선으로부터의 수평거리가 영업장의 가장 긴 대각선 길이, 가로 또는 세로 길이 중 가장 긴 길이의 $\frac{1}{2}$ **이상** 떨어진 위치에 설치할 수 있다. 점검 10회 2) 비상구 규격 : **가로 75cm 이상, 세로 150cm 이상**(비상구 문틀을 제외한 비상구의 가로길이 및 세로길이를 말한다.)으로 할 것 점검 10회 3) 비상구 구조 　가) 비상구는 구획된 실 또는 천장으로 통하는 구조가 아닌 것으로 할 것. 다만, 영업장 바닥에서 천장까지 불연재료(不燃材料)로 구획된 부속실(전실)은 그러하지 아니하다. 　나) 비상구는 다른 영업장 또는 다른 용도의 시설(주차장은 제외한다.)을 경유하는 구조가 아닌 것이어야 하고, 층별 영업장은 다른 영업장 또는 다른 용도의 시설과 불연재료·준불연재료로 된 차단벽이나 칸막이로 분리되도록 할 것. 다만, 다음 (1)부터 (3)까지의 경우에는 분리 또는 구획하는 별도의 차단벽이나 칸막이 등을 설치하지 않을 수 있다. 　　(ㄱ) 둘 이상의 영업소가 주방 외에 객실부분을 공동으로 사용하는 등의 구조인 경우 　　(ㄴ) 「식품위생법 시행규칙」[별표 14] 제8호 가목 5) 다)에 해당되는 경우 　　(ㄷ) 「다중이용업소의 안전관리에 관한 특별법 시행령」제9조에 따른 안전시설 등을 갖춘 경우로서 실내에 설치한 유원시설업의 허가 면적 내에 「관광진흥법 시행규칙」[별표 1의2] 제1호 가목에 따라 청소년게임제공업 또는 인터넷컴퓨터게임시설제공업이 설치된 경우 4) 문이 열리는 방향 : **피난방향**으로 **열리는 구조**로 할 것. 다만, 주된 출입구의 문이 「건축법 시행령」제35조에 따른 피난계단 또는 특별피난계단의 설치기준에 따라 설치하여야 하는 문이 아니거나 같은 법 시행령 제46조에 따라 설치되는 방화구획이 아닌 곳에 위치한 주된 출입구가 다음의 기준을 충족하는 경우에는 자동문[미서기(슬라이딩)문을 말한다.]으로 설치할 수 있다. 　가) **화재감지기**와 **연동**하여 개방되는 구조 　나) **정전 시 자동**으로 개방되는 구조 　다) **정전 시 수동**으로 개방되는 구조

안전시설 등 종류	설치·유지 기준
2. 비상구	5) 문의 재질 : 주요 구조부(영업장의 벽, 천장 및 바닥을 말한다. 이하 이 표에서 같다.)가 **내화구조**(耐火構造)인 경우 비상구와 주된 출입구의 문은 **방화문**(防火門)으로 설치할 것. 다만, 다음의 어느 하나에 해당하는 경우에는 불연재료로 설치할 수 있다. 　가) 주요 구조부가 내화구조가 아닌 경우 　나) 건물의 구조상 비상구 또는 주된 출입구의 문이 지표면과 접하는 경우로서 화재의 연소 확대 우려가 없는 경우 　다) 비상구 또는 주출입구의 문이 「건축법 시행령」 제35조에 따른 피난계단 또는 특별피난계단의 설치기준에 따라 설치하여야 하는 문이 아니거나 같은 법 시행령 제46조에 따라 설치되는 방화구획이 아닌 곳에 위치한 경우 나. 복층구조(複層構造) 영업장(각각 다른 2개 이상의 층을 내부계단 또는 통로가 설치되어 하나의 층의 내부에서 다른 층으로 출입할 수 있도록 되어 있는 구조의 영업장을 말한다.)의 기준 　1) 각 층마다 **영업장 외부의 계단** 등으로 피난할 수 있는 **비상구**를 설치할 것 　2) 비상구의 문은 가목 5)에 따른 재질로 설치할 것 　3) 비상구의 문이 열리는 방향은 **실내에서 외부로 열리는 구조**로 할 것 　4) 영업장의 위치 및 구조가 다음의 어느 하나에 해당하는 경우에는 1)에도 불구하고 그 영업장으로 사용하는 어느 하나의 층에 비상구를 설치할 것 　　가) 건축물 주요 구조부를 훼손하는 경우 　　나) 옹벽 또는 외벽이 유리로 설치된 경우 등 다. 영업장의 위치가 **4층 이하**(지하층인 경우는 제외한다.)인 경우의 기준 　1) 피난시에 유효한 **발코니**(가로 75cm 이상, 세로 150cm 이상, 면적 1.12m² 이상, 난간의 높이 100cm 이상인 것을 말한다. 이하 이 목에서 같다.) 또는 부속실(불연재료로 바닥에서 천장까지 구획된 실로서 **가로 75cm 이상, 세로 150cm 이상, 면적 1.12m² 이상**인 것을 말한다. 이하 이 목에서 같다.)을 설치하고, 그 장소에 적합한 피난기구를 설치할 것 　2) 부속실을 설치하는 경우 부속실 입구의 문과 건물 외부로 나가는 문의 규격은 가목 2)에 따른 비상구 규격으로 할 것. 다만, 120cm 이상의 난간이 있는 경우에는 발판 등을 설치하고 건축물 외부로 나가는 문의 규격과 재질을 **가로 75cm** 이상, **세로 100cm** 이상의 창호로 설치할 수 있다. 　3) 추락 등의 방지를 위하여 다음 사항을 갖추도록 할 것 　　가) 발코니 및 부속실 입구의 문을 개방하면 경보음이 울리도록 경보음 발생 장치를 설치하고, 추락 위험을 알리는 표지를 문(부속실의 경우 외부로 나가는 문도 포함한다.)에 부착할 것 　　나) 부속실에서 건물 외부로 나가는 문 안쪽에는 기둥·바닥·벽 등의 견고한 부분에 탈착이 가능한 쇠사슬 또는 안전로프 등을 바닥에서부터 **120cm** 이상의 높이에 가로로 설치할 것. 다만, 120cm 이상의 난간이 설치된 경우에는 쇠사슬 또는 안전로프 등을 설치하지 않을 수 있다.

안전시설 등 종류	설치 · 유지 기준
3. 영업장 내부 피난통로	가. 내부 피난통로의 폭은 **120cm 이상**으로 할 것. 다만, 양 옆에 구획된 실이 있는 영업장으로서 구획된 실의 출입문 열리는 방향이 피난통로 방향인 경우에는 **150cm 이상**으로 설치하여야 한다. 나. 구획된 실부터 주된 출입구 또는 비상구까지의 내부 피난통로의 구조는 세 번 이상 구부러지는 형태로 설치하지 말 것
4. 창문	가. 영업장 층별로 **가로 50cm 이상, 세로 50cm 이상** 열리는 창문을 1개 이상 설치할 것 나. 영업장 내부 피난통로 또는 복도에 바깥 공기와 접하는 부분에 설치할 것(구획된 실에 설치하는 것을 제외한다.)
5. 영상음향차단장치 설계 17회	가. 화재 시 **자동화재탐지설비**의 감지기에 의하여 자동으로 음향 및 영상이 정지될 수 있는 구조로 설치하되, 수동(하나의 스위치로 전체의 음향 및 영상장치를 제어할 수 있는 구조를 말한다.)으로도 조작할 수 있도록 설치할 것 나. 영상음향차단장치의 수동차단스위치를 설치하는 경우에는 관계인이 일정하게 거주하거나 일정하게 근무하는 장소에 설치할 것. 이 경우 수동차단스위치와 가장 가까운 곳에 "**영상음향차단스위치**"라는 표지를 부착하여야 한다. 다. 전기로 인한 화재발생 위험을 예방하기 위하여 부하용량에 알맞은 **누전차단기**(과전류차단기를 포함한다.)를 설치할 것 라. 영상음향차단장치의 작동으로 실내 등의 전원이 차단되지 않는 구조로 설치할 것
6. 보일러실과 영업장 사이의 방화구획	보일러실과 영업장 사이의 출입문은 **방화문**으로 설치하고, 개구부(開口部)에는 **방화댐퍼**(화재 시 연기 등을 차단하는 장치)를 설치할 것

[비고]
1. "**방화문(防火門)**"이란 「건축법 시행령」 제64조에 따른 갑종방화문 또는 을종방화문으로서 언제나 닫힌 상태를 유지하거나 화재로 인한 연기의 발생 또는 온도의 상승에 따라 자동적으로 닫히는 구조를 말한다. 다만, 자동으로 닫히는 구조 중 열에 의하여 녹는 퓨즈[도화선(導火線)을 말한다.] 타입 구조의 방화문은 제외한다.
2. 법 제15조 제4항에 따라 소방청장·소방본부장 또는 소방서장은 해당 영업장에 대해 화재위험평가를 실시한 결과 화재위험유발지수가 영 제13조에 따른 기준 미만인 업종에 대해서는 소방시설·비상구 또는 그 밖의 안전시설 등의 설치를 면제한다.
3. 소방본부장 또는 소방서장은 비상구의 크기, 비상구의 설치거리, 간이스프링클러설비의 배관구경(口徑) 등 소방청장이 정하여 고시하는 안전시설 등에 대해서는 소방청장이 고시하는 바에 따라 안전시설 등의 설치·유지 기준의 일부를 적용하지 않을 수 있다.

〔별표 2의2〕 피난안내도 비치 대상 등(제12조 제1항 관련) 〈개정 19.4.22.〉

1. 피난안내도 비치 대상 : 영 제2조에 따른 다중이용업의 영업장. 다만, 다음 각 목의 어느 하나에 해당하는 경우에는 비치하지 않을 수 있다.
   가. 영업장으로 사용하는 바닥면적의 합계가 $33m^2$ 이하인 경우
   나. 영업장 내 구획된 실이 없고, 영업장 어느 부분에서도 출입구 및 비상구를 확인할 수 있는 경우
2. 피난안내 영상물 상영 대상
   가. 「영화 및 비디오물 진흥에 관한 법률」 제2조 제10호 및 제16호 나목의 **영화상영관** 및 **비디오물소극장업**의 **영업장**
   나. 「음악산업 진흥에 관한 법률」 제2조 제13호의 **노래연습장업**의 **영업장**
   다. 「식품위생법 시행령」 제21조 제8호 다목 및 라목의 **단란주점영업** 및 **유흥주점영업**의 영업장. 다만, 피난안내 영상물을 상영할 수 있는 시설이 설치된 경우만 해당한다.
   라. 삭 제〈15.1.7.〉
   마. 영 제2조 제8호에 해당하는 영업으로서 피난안내 영상물을 상영할 수 있는 시설을 갖춘 영업장
3. 피난안내도 비치 위치 : 다음 각 목의 어느 하나에 해당하는 위치에 모두 설치할 것
   가. **영업장 주출입구 부분**의 손님이 쉽게 볼 수 있는 위치
   나. **구획된 실의 벽, 탁자** 등 손님이 쉽게 볼 수 있는 위치
   다. 「게임산업진흥에 관한 법률」제2조 제7호의 인터넷컴퓨터게임시설제공업 영업장의 **인터넷컴퓨터게임시설**이 설치된 **책상**. 다만, 책상 위에 비치된 컴퓨터에 피난안내도를 내장하여 새로운 이용객이 컴퓨터를 작동할 때마다 피난안내도가 모니터에 나오는 경우에는 책상에 피난안내도가 비치된 것으로 본다.
4. 피난안내 영상물 상영시간 : 영업장의 내부구조 등을 고려하여 정하되, 상영시기(時期)는 다음 각 목과 같다.
   가. 영화상영관 및 비디오물소극장업 : **매 회 영화상영** 또는 **비디오물 상영 시작 전**
   나. 노래연습장업 등 그 밖의 영업 : **매 회 새로운 이용객**이 입장하여 **노래방 기기**(機器) 등을 **작동**할 때
5. 피난안내도 및 피난안내 영상물에 포함되어야 할 내용 : 다음 각 호의 내용을 모두 포함할 것. 이 경우 광고 등 피난안내에 혼선을 초래하는 내용을 포함해서는 안 된다.
   가. 화재 시 대피할 수 있는 **비상구 위치**
   나. 구획된 실 등에서 **비상구** 및 **출입구**까지의 **피난 동선**
   다. **소화기, 옥내소화전** 등 **소방시설**의 위치 및 **사용방법**
   라. **피난** 및 **대처방법**

6. 피난안내도의 크기 및 재질
   가. 크기 : B4(257mm×364mm) 이상의 크기로 할 것. 다만, 각 층별 영업장의 면적 또는 영업장이 위치한 층의 바닥면적이 각각 400m² 이상인 경우에는 A3(297mm×420mm) 이상의 크기로 하여야 한다.
   나. 재질 : 종이(코팅처리한 것을 말한다.), 아크릴, 강판 등 쉽게 훼손 또는 변형되지 않는 것으로 할 것
7. 피난안내도 및 피난안내 영상물에 사용하는 언어 : 피난안내도 및 피난안내 영상물은 한글 및 1개 이상의 외국어를 사용하여 작성하여야 한다.
8. 장애인을 위한 피난안내 영상물 상영 : 「영화 및 비디오물의 진흥에 관한 법률」 제2조 제10호에 따른 영화상영관 중 전체 객석 수의 합계가 300석 이상인 영화상영관의 경우 피난안내 영상물은 장애인을 위한 한국수어·폐쇄자막·화면해설 등을 이용하여 상영해야 한다.

[별표 2의3] 화재배상책임보험 가입 영업소 표지(제14조의2 관련) 〈신설 13.1.11.〉

1. 규격 : **지름 120mm**
2. 재질 : **투명**한 **코팅**으로 마감된 **종이 스티커**
3. 글씨체 및 크기 등
   가. 화재배상책임보험 가입업소 : 2002 Regular, 48포인트, 장평 100%, 행간 49.5포인트, 검정(K80), 가운데 정렬
   나. 가입기간 : 2002 Regular, 24포인트, 장평 90%, 검정(K100), 가운데 정렬. 다만, 가입기간에 따라 좌우 여백은 변경할 수 있다.
   다. 보험회사명(ㅇㅇㅇㅇ보험) : 2002 Regular, 30포인트, 장평 90%, 검정(K100)
4. 바탕색 : **흰색**
5. 이미지
   가. 상단 이미지 : **하늘색**(C25, M15) 그라데이션
   나. 하단 이미지 : **노랑**(Y100), **주황**(M75, Y75) 그라데이션

6. QR코드
  가. 수록내용 : 화재배상책임보험으로 보상하는 손해, 다중이용업소의 정의 및 종류
  나. 표기 위치 : 보험회사 명칭 옆 6mm
  다. 표기 크기 : 가로 20mm × 세로 20mm
  라. 색상 : **검정**(K100)
  마. 금지사항 : 코드 주변에 문자·그림 배치 및 코드와 문자·그림 중첩 금지
  바. QR코드 정보 저장소 : 법 제19조 제2항에 따라 책임보험전산망과 연계한 보험 관련 단체의 모바일 홈페이지
7. 부착기간 : **화재배상책임보험**의 **계약기간**
8. 부착위치 : 영업장의 **주된 출입문** 또는 **주된 출입문 주변**에 쉽게 볼 수 있는 위치

[비고]
위의 표지는 다중이용업주와 화재배상책임보험 계약을 체결한 보험회사에서 제작하여 배포할 수 있다.

[별표 3] 평가대행자에 대한 행정처분의 기준(제20조 관련) 〈개정 17.7.26.〉

1. 일반기준
   가. 위반행위가 **둘 이상**인 경우로서 그에 해당하는 각각의 행정처분기준이 다른 경우에는 그 중 무거운 처분기준에 따른다. 다만, 둘 이상의 처분기준이 동일한 업무정지인 경우에는 각 처분기준을 합산한 기간을 넘지 아니하는 범위에서 다음 각 세목에 해당하는 사유를 고려하여 무거운 처분기준의 $\frac{1}{2}$ 범위에서 가중할 수 있다.
      1) 위반행위가 고의나 중대한 과실에 의한 것으로 인정되는 경우
      2) 위반의 내용·정도가 중하다고 인정되는 경우
   나. 위반행위의 횟수에 따른 행정처분기준은 **최근 1년간**[제2호(10)의 경우에는 **3년간**] 같은 위반행위로 행정처분을 받은 경우에 적용한다. 이 경우 행정처분 기준의 적용은 같은 위반행위에 대하여 최초로 행정처분을 한 날을 기준으로 한다.
   다. 처분권자는 위반행위의 동기·내용·횟수 및 위반의 정도 등 다음 각 세목에 해당하는 사유를 고려하여 그 처분기준의 $\frac{1}{2}$ 범위에서 감경할 수 있다.
      1) 위반행위가 고의나 중대한 과실이 아닌 사소한 부주의나 오류로 인한 것으로 인정되는 경우
      2) 위반의 내용·정도가 경미하다고 인정되는 경우
      3) 위반 행위자가 처음 해당 위반행위를 한 경우로서, **5년 이상** 평가대행업을 모범적으로 해 온 사실이 인정되는 경우
      4) 위반 행위자가 해당 위반행위로 인하여 검사로부터 기소유예처분을 받거나 법원으로부터 선고유예의 판결을 받은 경우

2. 개별기준

위반사항	관련 조항	행정처분기준			
		1차	2차	3차	4차 이상
(1) 법 제16조에 따른 평가대행자가 갖추어야 하는 **기술인력·시설·장비**가 **등록요건**에 **미달**하게 된 경우	법 제17조 제1항 제5호				
(가) 등록요건의 기술능력에 속하는 **기술인력**이 **부족**한 경우		경고	업무정지 1월	업무정지 3월	업무정지 6월
(나) 등록요건의 기술인력에 속하는 **기술인력**이 **전혀 없는 경우**		등록취소			

위반사항	관련 조항	행정처분기준			
		1차	2차	3차	4차 이상
(다) 1개월 이상 시험장비가 없는 경우		업무정지 6개월	등록취소		
(라) 구비하여야 하는 **장비**가 **부족**한 경우		경고	업무정지 1월	업무정지 3월	업무정지 6월
(마) 구비하여야 하는 **장비**가 **전혀 없는** 경우		등록취소			
(2) 법 제16조 제2항 각 호의 어느 하나에 해당하는 경우	법 제17조 제1항 제1호	등록취소			
(3) **거짓**, 그 밖의 **부정한 방법**으로 등록한 경우	법 제17조 제1항 제2호	등록취소			
(4) **최근 1년 이내**에 **2회**의 **업무정지처분**을 받고 다시 업무정지처분 사유에 해당하는 행위를 한 경우	법 제17조 제1항 제3호	등록취소			
(5) 다른 사람에게 **등록증**이나 **명의**를 **대여**한 경우	법 제17조 제1항 제4호	등록취소			
(6) 법 제16조 제3항 제2호에 위반하여 **다른 평가서**의 내용을 **복제**한 경우	법 제17조 제1항 제6호	업무정지 3월	업무정지 6월	등록취소	
(7) 법 제16조 제3항 제3호에 위반하여 **평가서**를 행정안전부령으로 정하는 기간 동안 **보존**하지 **아니한 경우**	법 제17조 제1항 제7호	경고	업무정지 1월	업무정지 3월	업무정지 6월
(8) 법 제16조 제3항 제4호에 위반하여 도급받은 화재위험평가 업무를 **하도급** 한 경우	법 제17조 제1항 제8호	업무정지 6월	등록취소		
(9) **화재위험평가서**를 **허위**로 **작성**하거나 고의 또는 중대한 과실로 평가서를 **부실**하게 **작성**한 경우	법 제17조 제1항 제9호	업무정지 6월	등록취소		
(10) 등록 후 **2년 이내**에 화재위험평가 대행업무를 **개시**하지 **아니하거나** 계속하여 **2년 이상** 화재위험평가 대행**실적**이 없는 경우	법 제17조 제1항 제10호	경고	등록취소		
(11) **업무정지처분기간** 중 신규계약에 의하여 **화재위험평가대행업무**를 한 경우	법 제17조 제2항	등록취소			

[별표 4] 안전관리우수업소 표지의 규격, 재질 등(제21조 제2항 관련)

1. 규격 : **가로 450mm × 세로 300mm**
2. 재질 : **스테인리스**
3. 글씨체
    가. 소방시설·교육훈련·방화관리 : HY 울릉도 M 12mm(검정색)
    나. 소방안전관리 우수업소 : Asia 용비어천가 25mm(검정색)
    다. 발급일자 : HY 울릉도 M 12mm(검정색)
    라. 기관명 : HY 견고딕 17mm(스텐바탕색)
    마. 기관영문 : HY 견고딕 10mm(스텐바탕색)
4. 바탕 : **청색** 또는 **회색**
5. 이미지
    가. **표장** : 119 형상화 50mm(적색)
    나. **사람** : 청소년, 노약자 등 다중 20mm(황, 남, 청색)
    다. **안전관리 우수업소** : HY 견고딕 10mm(녹색)
    라. **밧줄** : 안전관리를 책임짐 15mm(청색)

[**별표 5**] 소방안전교육 위탁기관이 갖추어야 하는 시설기준(제25조 관련) 〈개정 18.3.21.〉

1. 사무실 : 바닥면적 60㎡ 이상일 것
2. 강의실 : 바닥면적 100㎡ 이상이고 **의자·탁자** 및 **교육용 비품**을 갖출 것
3. 실습·체험실 : 바닥면적 100㎡ 이상일 것
4. 교육용 기자재

갖추어야 할 교육용 기자재의 종류
1. 빔프로젝터 1개(스크린 포함)
2. 소화기(단면절개 : 斷面切開) : 3종 각 1개
3. 경보설비시스템 1개
4. 스프링클러모형 1개
5. 자동화재탐지설비 세트 1개
6. 소화설비 계통도 세트 1개
7. 소화기 시뮬레이터 세트 1개
8. 「화재예방, 소방시설 설치·유지 및 안전관리에 관한 법률 시행규칙」 제18조 제2항에 따른 소방시설 점검기구 각 1개

[별지 제10호 서식] 안전시설 등 세부점검표 〈개정 18.3.21.〉

1. 점검대상

대상명		전화번호	
소재지		주용도	
건물구조		대표자		소방안전관리자	

2. 점검사항 점검 11회

점검사항	점검결과	조치사항

① 소화기 또는 자동확산소화기의 외관점검
  - 구획된 실마다 설치되어 있는지 확인
  - 약제 응고상태 및 압력게이지 지시침 확인
② 간이스프링클러설비 작동기능점검
  - 시험밸브 개방 시 펌프기동, 음향경보 확인
  - 헤드의 누수·변형·손상·장애 등 확인
③ 경보설비 작동기능점검
  - 비상벨설비의 누름스위치, 표시등, 수신기 확인
  - 자동화재탐지설비의 감지기, 발신기, 수신기 확인
  - 가스누설경보기 정상작동여부 확인
④ 피난설비 작동기능점검 및 외관점검
  - 유도등·유도표지 등 부착상태 및 점등상태 확인
  - 구획된 실마다 휴대용비상조명등 비치여부
  - 화재신호 시 피난유도선 점등상태 확인
  - 피난기구(완강기, 피난사다리 등) 설치상태 확인
⑤ 비상구 관리상태 확인
⑥ 영업장 내부 피난통로 관리상태 확인
  - 영업장 내부 피난통로상 물건 적치 등 관리상태
⑦ 창문(고시원) 관리상태 확인
⑧ 영상음향차단장치 작동기능점검
  - 경보설비와 연동 및 수동작동여부 점검
    (화재신호 시 영상음향차단 되는 지 확인)
⑨ 누전차단기 작동여부 확인
⑩ 피난안내도 설치위치 확인
⑪ 피난안내영상물 상영여부 확인
⑫ 실내장식물·내부구획 재료 교체여부 확인
  - 커튼, 카펫 등 방염선처리제품 사용여부
  - 합판·목재 방염성능확보 여부
  - 내부구획재료 불연재료 사용여부
⑬ 방염 소파·의자 사용여부 확인
⑭ 안전시설 등 세부점검표 분기별 작성 및 1년간 보관여부
⑮ 화재배상책임보험 가입여부 및 계약기간 확인		

점검일자 :   .   .   .   점검자 :   (서명 또는 인)

210mm×297mm[백상지(80g/m^2) 또는 중질지(80g/m^2)]

NATIONAL FIRE SAFETY CODES
소방설비기사 · 소방시설관리사 · 소방기술사 시험, 현장실무자를 위한

화재안전기준 포켓북

 Part 4

기타 소방 관련 법령

1. 공공기관의 소방안전관리에 관한 규정
2. 건축물의 피난 · 방화구조 등의 기준에 관한 규칙
3. 방화문 및 자동방화셔터의 인정 및 관리기준
4. 화재예방, 소방시설 설치 · 유지 및 안전관리에 관한 법률 시행령
5. 화재예방, 소방시설 설치 · 유지 및 안전관리에 관한 법률 시행규칙

집중력 이렇게 높여라

아침을 꼭 챙겨 먹는다. 심장에서 뿜어내는 혈액의 20%가 뇌로 간다. 뇌의 에너지 소모량이 그만큼 많다는 뜻. 특히 대뇌의 노동 강도가 높은 시험 당일엔 탄수화물 중심의 충분한 아침 식사로 포도당을 공급해야 한다.

틈틈이 스트레칭을 한다. 긴장으로 굳은 몸을 풀어주고 혈액순환을 활발하게 해 두뇌 회전을 돕는다.

초콜릿이나 사탕·꿀물을 준비한다. 곡류의 포도당이 소화 과정을 통해 뇌세포에 이용되기까지는 시간이 걸린다. 따라서 시험을 보기 전 또는 쉬는 시간에 당분을 섭취해 포도당을 보완한다.

기름진 음식을 절제한다. 소화가 느리고 피로와 졸음을 유발한다.

커피·콜라 같은 카페인 음료를 피한다. 카페인이 두뇌 회전을 돕기는 하지만 방광을 자극해 시험 도중 오줌이 마려울 수 있다.

눈 지압을 하고 멀리 보며 쉰다. 손바닥을 비벼 따뜻하게 한 뒤 눈을 2~3초 댄다. 눈 주위 뼈를 시계 방향으로 꾹꾹 눌러준다. 눈의 긴장을 풀고 두통까지 가라앉힌다.

철분을 섭취한다. 뇌는 포도당과 함께 산소가 필요하다. 철분은 혈액 중 헤모글로빈의 원료가 된다. 오징어·쇠간·달걀 노른자 등에 많이 들어있다.

비타민 B군을 섭취한다. 두뇌 기능과 신체의 활력 증진에 꼭 필요한 비타민이다. 피로회복에도 도움을 준다. 만성피로에 지친 수험생이 장기적으로 복용해도 좋다.

1 공공기관의 소방안전관리에 관한 규정

타법개정 2016. 1. 19. 대통령령 제26916호

제1조【목적】 이 영은 「화재예방, 소방시설 설치·유지 및 안전관리에 관한 법률」 제24조에 따라 공공기관의 건축물·인공구조물 및 물품 등을 화재로부터 보호하기 위하여 소방안전관리에 필요한 사항을 규정함을 목적으로 한다.〈개정 16.1.19.〉
[전문개정 12.1.31.]

제2조【적용 범위】 이 영은 다음 각 호의 어느 하나에 해당하는 공공기관에 적용한다.
1. 국가 및 지방자치단체
2. 국공립학교
3. 「공공기관의 운영에 관한 법률」 제4조에 따른 공공기관
4. 「지방공기업법」 제49조에 따라 설립된 지방공사 또는 같은 법 제76조에 따라 설립된 지방공단
5. 「사립학교법」 제2조 제1항에 따른 사립학교

[전문개정 12.1.31.]

제3조 삭 제〈09.4.6.〉

제4조【기관장의 책임】 제2조에 따른 공공기관의 장(이하 "**기관장**"이라 한다.)은 다음 각 호의 사항에 대한 감독책임을 진다.
1. **소방시설, 피난시설** 및 **방화시설**의 **설치·유지** 및 **관리**에 관한 사항
2. **소방계획**의 **수립·시행**에 관한 사항
3. 소방 관련 **훈련** 및 **교육**에 관한 사항
4. 그 밖의 소방안전관리 **업무**에 관한 사항

[전문개정 12.1.31.]

제5조【소방안전관리자의 선임】 ① 기관장은 소방안전관리 업무를 원활하게 수행하기 위하여 감독직에 있는 사람으로서 다음 각 호의 구분에 따른 자격을 갖춘 사람을 소방안전관리자로 선임하여야 한다. 다만, 「화재예방, 소방시설 설치·유지 및 안전관리에 관한 법률 시행령」 제15조에 따라 소화기 또는 비상경보설비만을 설치하는 공공기관의 경우에는 소방안전관리자를 선임하지 아니할 수 있다.〈개정 16.1.19.〉
1. 「화재예방, 소방시설 설치·유지 및 안전관리에 관한 법률 시행령」 제22조 제1항 제1호의 특급 소방안전관리대상물에 해당하는 공공기관 : 같은 영 제23조 제1항 각 호의 어느 하나에 해당하는 사람
2. 제1호에 해당하지 않는 공공기관 : 다음 각 목의 어느 하나에 해당하는 사람

가. 「화재예방, 소방시설 설치·유지 및 안전관리에 관한 법률 시행령」 제23조 제1항, 제2항, 같은 조 제3항 제1호부터 제3호까지 및 제5호(가목 및 나목의 경우로 한정한다.)의 어느 하나에 해당하는 사람
　　나. 「화재예방, 소방시설 설치·유지 및 안전관리에 관한 법률」(이하 "**법**"이라 한다.) 제41조 제1항에 따른 소방안전관리자 등에 대한 강습교육(특급 소방안전관리대상물의 소방안전관리 업무 또는 공공기관의 소방안전관리 업무를 위한 강습교육으로 한정하며, 이하 "**강습교육**"이라 한다.)을 받은 사람
② **기관장**은 제1항 각 호에 해당하는 사람이 없는 경우에는 강습교육을 받을 사람을 미리 지정하고 그 지정된 사람을 소방안전관리자로 선임할 수 있다.
③ 공공기관의 건축물이나 그 밖의 시설이 **2개 이상**의 **구역**(건축물대장의 건축물 현황도에 표시된 대지경계선 안쪽 지역을 말한다.)에 분산되어 위치한 경우에는 각 구역별로 소방안전관리자를 선임하여야 하며, 공공기관의 건축물이나 그 밖의 시설을 관리하는 기관이 따로 있는 경우에는 그 관리기관의 장이 소방안전관리자를 선임하여야 한다.
④ **기관장**은 소방안전관리자의 퇴직 등의 사유로 새로 소방안전관리자를 선임하여야 할 때에는 그 사유가 발생한 날부터 **30일 이내**에 소방안전관리자를 선임하여야 한다.
　[전문개정 12.1.31.]

제6조【소방안전관리자의 선임 통보】 기관장은 제5조에 따라 소방안전관리자를 선임하였을 때에는 선임한 날부터 **14일 이내**에 그 선임 사실과 선임된 소방안전관리자의 소속·직위 및 성명을 관할 소방서장에게 통보하여야 한다. 이 경우 소방안전관리자가 제5조 제1항 각 호의 어느 하나에 해당하는 사람임을 증명하는 서류를 함께 제출하여야 하고, 제5조 제2항에 따라 강습교육을 받을 사람을 미리 지정하여 소방안전관리자를 선임한 경우에는 선임된 소방안전관리자가 강습교육을 받은 경우 지체없이 그 사실을 증명하는 서류를 제출하여야 한다.
　[전문개정 12.1.31.]

제7조【소방안전관리자의 책무】 제5조에 따라 선임된 소방안전관리자는 법 제20조 제6항 각 호의 소방안전관리 업무를 성실히 수행하여야 한다.
　[전문개정 12.1.31.]

제7조의2【소방안전관리자의 업무 대행】 기관장은 법 제29조에 따라 소방시설관리업의 등록을 한 자(이하 "**소방시설관리업자**"라 한다.)에게 소방안전관리 업무를 대행하게 할 수 있다. 이 경우 해당 공공기관의 소방안전관리자는 소방안전관리 업무를 대행하는 소방시설관리업자의 업무를 감독하여야 한다.
　[전문개정 12.1.31.]

제8조【소방안전관리자의 교육】 기관장은 제5조에 따라 선임된 소방안전관리자가 화재 예방 및 안전관리의 효율화, 새로운 기술의 보급과 안전의식의 향상을 위한 실무교육(법 제41조 제1항에 따른 실무교육을 말한다.)을 받도록 하여야 한다.
[전문개정 12.1.31.]

제9조【화기 단속 등】 실(室)이 벽·칸막이 등으로 나누어진 경우 그 사용책임자는 해당 실 안의 **화기 단속** 및 **화재 예방**을 위한 조치를 하여야 한다.
[전문개정 12.1.31.]

제10조【공공기관의 방호원 등의 업무】 ① **방호원**(공공기관의 건축물·인공구조물 및 물품 등을 화재, 외부의 침입 또는 도난 등으로부터 보호하기 위하여 경비 업무를 담당하는 사람을 말하되, 군인·경찰 및 교도관은 제외한다.)·**일직근무자** 및 **숙직자**(일직근무자 및 숙직자를 두는 경우로 한정한다.)는 옥외·공중집합장소 및 공중사용시설의 화기 단속과 화재 예방을 위한 조치를 하여야 한다.
② **숙직자**는 근무 중 화재 예방을 위하여 방호원을 지휘·감독한다.
[전문개정 12.1.31.]

제11조【기관장의 소방활동】 기관장은 화재가 발생하면 소방대가 현장에 도착할 때까지 **경보**를 울리거나 **대피**를 유도하는 등의 방법으로 **사람**을 **구출**하거나 **불**을 **끄거나 불이 번지지 아니하도록** 필요한 **조치**를 하여야 한다.
[전문개정 12.1.31.]

제12조【자위소방대의 편성】 ① 기관장은 화재가 발생하는 경우에 화재를 초기에 진압하고 인명 및 재산의 피해를 최소화하기 위하여 **자위소방대**(自衛消防隊)를 **편성·운영**하여야 한다.
② **자위소방대**는 해당 공공기관에 근무하는 모든 인원으로 구성하고, 자위소방대에는 **대장·부대장** 각 **1명**과 **지휘반·진압반·구조구급반** 및 **대피유도반**을 둔다.
③ 제2항에 따른 각 반(班)은 해당 기관에 근무하는 직원의 수를 고려하여 적절히 구성한다.
[전문개정 12.1.31.]

제13조【자위소방대의 임무】 자위소방대의 대장·부대장과 각 반의 임무는 다음 각 호와 같다.
1. **대장**은 자위소방대를 **총괄·지휘·운용**한다.
2. **부대장**은 대장을 보좌하고, 대장이 부득이한 사유로 임무를 수행할 수 없을 때에는 그 임무를 대행한다.
3. **지휘반**은 대장의 지휘를 받아 **다른 반**의 **임무**를 **조정**하고, 화재진압 등에 관한 **훈련계획**을 **수립·시행**한다.

4. **진압반**은 대장과 지휘반의 지휘를 받아 **화재**를 **진압**한다.
5. **구조구급반**은 대장과 지휘반의 지휘를 받아 **인명**을 **구조**하고 **부상자**를 **응급처치**한다.
6. **대피유도반**은 대장과 지휘반의 지휘를 받아 **근무자** 등을 **안전한 장소로 대피**하도록 **유도**한다.

[전문개정 12.1.31.]

제14조 【소방훈련과 교육】 ① 기관장은 해당 공공기관의 모든 인원에 대하여 **연 2회 이상** 소방훈련과 교육을 실시하되, 그 중 1회 이상은 소방관서와 합동으로 소방훈련을 실시하여야 한다. 다만, 상시 근무하는 인원이 **10명 이하**이거나 제5조 제1항 각 호 외의 부분 단서에 따라 소방안전관리자를 선임하지 아니할 수 있는 공공기관의 경우에는 소방관서와 합동으로 하는 소방훈련을 실시하지 아니할 수 있다.

② **기관장**은 제1항에 따라 소방훈련과 교육을 실시할 때에는 소화·화재통보·피난 등의 요령에 관한 사항을 포함하여 실시하여야 한다.

③ **기관장**은 제1항에 따라 실시한 소방훈련과 교육에 대한 기록을 **2년간 보관**하여야 한다.

[전문개정 12.1.31.]

제15조 삭 제〈14.7.7.〉

부 칙 〈제26916호, 16.1.19.〉

제1조 【시행일】 이 영은 2016년 1월 21일부터 시행한다.〈단서 생략〉

제2조 생 략

제3조 【다른 법령의 개정】 ① 및 ② 생략

③ 공공기관의 소방안전관리에 관한 규정 일부를 다음과 같이 개정한다.

제1조 및 제5조 제1항 제2호 나목 중「소방시설 설치·유지 및 안전관리에 관한 법률」을 각각 「화재예방, 소방시설 설치·유지 및 안전관리에 관한 법률」로 한다.

제5조 제1항 각 호 외의 부분 단서, 같은 항 제1호, 같은 항 제2호 가목 중 "「소방시설 설치·유지 및 안전관리에 관한 법률 시행령」"을 각각 "「화재예방, 소방시설 설치·유지 및 안전관리에 관한 법률 시행령」"으로 한다.

④부터 ⑦까지 생략

제4조 생 략

2 건축물의 피난·방화구조 등의 기준에 관한 규칙
(약칭: 건축물방화구조 규칙)

일부개정 2021. 9. 3. 국토교통부령 제884호

제1조【목적】 이 규칙은 「건축법」 제49조, 제50조, 제50조의2, 제51조, 제52조, 제52조의4, 제53조 및 제64조에 따른 건축물의 피난·방화 등에 관한 기술적 기준을 정함을 목적으로 한다. 〈개정 19.10.24.〉

제2조【내수재료】 「건축법 시행령」(이하 "**영**"이라 한다.) 제2조 제6호에서 "**국토교통부령으로 정하는 재료**"란 벽돌·자연석·인조석·콘크리트·아스팔트·도자기질 재료·유리 및 그 밖에 이와 비슷한 내수성 건축재료를 말한다. 〈개정 19.8.6.〉

제3조【내화구조】 영 제2조 제7호에서 "**국토교통부령으로 정하는 기준에 적합한 구조**"란 다음 각 호의 어느 하나에 해당하는 것을 말한다. 〈개정 21.8.27.〉
1. **벽**의 경우에는 다음 각 목의 어느 하나에 해당하는 것
   가. **철근콘크리트조** 또는 **철골철근콘크리트조**로서 두께가 **10cm 이상**인 것
   나. 골구를 철골조로 하고 그 양면을 두께 **4cm 이상**의 **철망모르타르**(그 바름바탕을 불연재료로 한 것으로 한정한다. 이하 이 조에서 같다.) 또는 두께 **5cm 이상**의 **콘크리트블록·벽돌** 또는 **석재**로 덮은 것
   다. **철재**로 보강된 콘크리트블록조·벽돌조 또는 **석조**로서 철재에 덮은 콘크리트블록 등의 두께가 **5cm 이상**인 것
   라. 벽돌조로서 두께가 **19cm 이상**인 것
   마. 고온·고압의 증기로 양생된 경량기포 콘크리트패널 또는 경량기포 콘크리트블록조로서 두께가 **10cm 이상**인 것
2. 외벽 중 **비내력벽**인 경우에는 제1호에도 불구하고 다음 각 목의 어느 하나에 해당하는 것
   가. **철근콘크리트조** 또는 **철골철근콘크리트조**로서 두께가 7cm 이상인 것
   나. 골구를 철골조로 하고 그 양면을 두께 **3cm 이상**의 철망모르타르 또는 두께 **4cm 이상**의 콘크리트블록·벽돌 또는 석재로 덮은 것
   다. 철재로 보강된 콘크리트블록조·벽돌조 또는 석조로서 철재에 덮은 콘크리트블록 등의 두께가 **4cm 이상**인 것
   라. **무근콘크리트조·콘크리트블록조·벽돌조** 또는 **석조**로서 그 두께가 **7cm 이상**인 것

3. **기둥**의 경우에는 그 작은 지름이 **25cm 이상**인 것으로서 다음 각 목의 어느 하나에 해당하는 것. 다만, 고강도 콘크리트(설계기준강도가 50MPa 이상인 콘크리트를 말한다. 이하 이 조에서 같다.)를 사용하는 경우에는 국토교통부장관이 정하여 고시하는 고강도 콘크리트 내화성능 관리기준에 적합해야 한다.
    가. 철근콘크리트조 또는 철골철근콘크리트조
    나. 철골을 두께 6cm(경량골재를 사용하는 경우에는 **5cm**) 이상의 철망모르타르 또는 두께 7cm 이상의 **콘크리트블록 · 벽돌** 또는 석재로 덮은 것
    다. 철골을 두께 5cm 이상의 **콘크리트**로 덮은 것
4. **바닥**의 경우에는 다음 각 목의 어느 하나에 해당하는 것
    가. **철근콘크리트조** 또는 **철골철근콘크리트조**로서 두께가 **10cm 이상**인 것
    나. **철재로 보강된 콘크리트블록조 · 벽돌조** 또는 **석조**로서 철재에 덮은 콘크리트블록 등의 두께가 **5cm 이상**인 것
    다. 철재의 양면을 두께 **5cm 이상**의 **철망모르타르** 또는 **콘크리트**로 덮은 것
5. **보**(지붕틀을 포함한다.)의 경우에는 다음 각 목의 어느 하나에 해당하는 것. 다만, 고강도 콘크리트를 사용하는 경우에는 국토교통부장관이 정하여 고시하는 고강도 콘크리트 내화성능 관리기준에 적합해야 한다.
    가. **철근콘크리트조** 또는 **철골철근콘크리트조**
    나. 철골을 두께 **6cm**(경량골재를 사용하는 경우에는 **5cm**) **이상**의 **철망모르타르** 또는 두께 5cm 이상의 콘크리트로 덮은 것
    다. 철골조의 **지붕틀**(바닥으로부터 그 아랫부분까지의 높이가 4m 이상인 것에 한한다.)로서 바로 아래에 반자가 없거나 불연재료로 된 반자가 있는 것
6. **지붕**의 경우에는 다음 각 목의 어느 하나에 해당하는 것
    가. **철근콘크리트조** 또는 **철골철근콘크리트조**
    나. 철재로 보강된 **콘크리트블록조 · 벽돌조** 또는 **석조**
    다. 철재로 보강된 유리블록 또는 망입유리(두꺼운 판유리에 철망을 넣은 것을 말한다.)로 된 것
7. **계단**의 경우에는 다음 각 목의 어느 하나에 해당하는 것
    가. **철근콘크리트조** 또는 **철골철근콘크리트조**
    나. **무근콘크리트조 · 콘크리트블록조 · 벽돌조** 또는 **석조**
    다. 철재로 보강된 **콘크리트블록조 · 벽돌조** 또는 **석조**
    라. **철골조**
8. 「과학기술분야 정부출연연구기관 등의 설립 · 운영 및 육성에 관한 법률」 제8조에 따라 설립된 한국건설기술연구원의 장(이하 "한국건설기술연구원장"이라 한다.)이

국토교통부장관이 정하여 고시하는 방법에 따라 품질을 시험한 결과 [별표 1]에 따른 성능기준에 적합할 것
9. 다음 각 목의 어느 하나에 해당하는 것으로서 **한국건설기술연구원장**이 **국토교통부장관**으로부터 승인받은 기준에 적합한 것으로 인정하는 것
   가. 한국건설기술연구원장이 인정한 내화구조 표준으로 된 것
   나. 한국건설기술연구원장이 인정한 성능설계에 따라 내화구조의 성능을 검증할 수 있는 구조로 된 것
10. 한국건설기술연구원장이 제27조 제1항에 따라 정한 인정기준에 따라 인정하는 것

제4조【방화구조】 영 제2조 제8호에서 "**국토교통부령으로 정하는 기준에 적합한 구조**"란 다음 각 호의 어느 하나에 해당하는 것을 말한다.〈개정 19.8.6.〉
1. **철망모르타르**로서 그 바름두께가 **2cm 이상**인 것
2. **석고판** 위에 **시멘트모르타르** 또는 **회반죽**을 바른 것으로서 그 두께의 합계가 **2.5cm 이상**인 것
3. 시멘트모르타르 위에 타일을 붙인 것으로서 그 두께의 합계가 **2.5cm 이상**인 것
4. 삭 제〈10.4.7.〉
5. 삭 제〈10.4.7.〉
6. 심벽에 흙으로 맞벽치기한 것
7. 「산업표준화법」에 따른 한국산업표준이 정하는 바에 따라 시험한 결과 **방화 2급** 이상에 해당하는 것

제5조【난연재료】 영 제2조 제9호에서 "**국토교통부령으로 정하는 기준에 적합한 재료**"란 「산업표준화법」에 따른 한국산업표준에 따라 시험한 결과 가스 유해성, 열방출량 등이 국토교통부장관이 정하여 고시하는 난연재료의 성능기준을 충족하는 것을 말한다.〈개정 19.8.6.〉

제6조【불연재료】 영 제2조 제10호에서 "**국토교통부령으로 정하는 기준에 적합한 재료**"란 다음 각 호의 어느 하나에 해당하는 것을 말한다.〈개정 19.8.6.〉
1. **콘크리트·석재·벽돌·기와·철강·알루미늄·유리·시멘트모르타르** 및 회. 이 경우 시멘트모르타르 또는 회 등 미장재료를 사용하는 경우에는 「건설기술진흥법」 제44조 제1항 제2호에 따라 제정된 건축공사 표준시방서에서 정한 두께 이상인 것에 한한다.
2. 「산업표준화법」에 따른 한국산업표준에서 정하는 바에 따라 시험한 결과 질량감소율 등이 국토교통부장관이 정하여 고시하는 불연재료의 성능기준을 충족하는 것
3. 그 밖에 제1호와 유사한 불연성의 재료로서 국토교통부장관이 인정하는 재료. 다만, 제1호의 재료와 불연성 재료가 아닌 재료가 복합으로 구성된 경우를 제외한다.

제7조【준불연재료】 영 제2조 제11호에서 "**국토교통부령으로 정하는 기준에 적합한 재료**"란 「산업표준화법」에 따른 한국산업표준에 따라 시험한 결과 가스 유해성, 열방출량 등이 국토교통부장관이 정하여 고시하는 준불연재료의 성능기준을 충족하는 것을 말한다.〈개정 19.8.6.〉

제7조의2【건축사보 배치 대상 마감재료 설치공사】 영 제19조 제7항 전단에서 "**국토교통부령으로 정하는 경우**"란 제24조 제3항에 따라 불연재료·준불연재료 또는 난연재료가 아닌 **단열재**를 사용하는 경우로서 해당 단열재가 외기(外氣)에 노출되는 경우를 말한다.〈신설 21.9.3.〉

제8조【직통계단의 설치기준】 ① 영 제34조 제1항 단서에서 "**국토교통부령으로 정하는 공장**"이란 반도체 및 디스플레이 패널을 제조하는 공장을 말한다.〈신설 19.8.6.〉
② 영 제34조 제2항에 따라 **2개소 이상**의 **직통계단**을 설치하는 경우 다음 각 호의 기준에 적합해야 한다.〈개정 19.8.6.〉
  1. 가장 멀리 위치한 직통계단 2개소의 출입구 간의 가장 가까운 직선거리(직통계단 간을 연결하는 복도가 건축물의 다른 부분과 방화구획으로 구획된 경우 출입구 간의 가장 가까운 보행거리를 말한다.)는 건축물 평면의 최대 대각선 거리의 $\frac{1}{2}$ 이상으로 할 것. 다만, **스프링클러** 또는 그 밖에 이와 비슷한 **자동식 소화설비**를 설치한 경우에는 $\frac{1}{3}$ 이상으로 한다.
  2. 각 직통계단 간에는 **각각 거실과 연결된 복도** 등 **통로**를 설치할 것

제8조의2【피난안전구역의 설치기준】 ① 영 제34조 제3항 및 제4항에 따라 설치하는 **피난안전구역**(이하 "**피난안전구역**"이라 한다.)은 해당 건축물의 **1개층을 대피공간**으로 하며, 대피에 장애가 되지 아니하는 범위에서 기계실, 보일러실, 전기실 등 건축설비를 설치하기 위한 공간과 같은 층에 설치할 수 있다. 이 경우 피난안전구역은 건축설비가 설치되는 공간과 내화구조로 구획하여야 한다.〈개정 12.1.6.〉
② 피난안전구역에 연결되는 **특별피난계단**은 피난안전구역을 거쳐서 **상·하층으로 갈 수 있는 구조**로 설치하여야 한다.
③ 피난안전구역의 구조 및 설비는 다음 각 호의 기준에 적합하여야 한다.〈개정 19.8.6.〉
  1. 피난안전구역의 **바로 아래층** 및 **위층**은 「녹색건축물 조성 지원법」 제15조 제1항에 따라 **국토교통부장관**이 정하여 고시한 기준에 적합한 **단열재**를 설치할 것. 이 경

우 아래층은 **최상층**에 있는 **거실**의 **반자** 또는 **지붕** 기준을 준용하고, **위층**은 **최하층**에 있는 **거실의 바닥** 기준을 준용할 것
2. 피난안전구역의 내부마감재료는 **불연재료**로 설치할 것
3. 건축물의 내부에서 피난안전구역으로 통하는 계단은 **특별피난계단**의 구조로 설치할 것
4. **비상용승강기**는 **피난안전구역**에서 **승하차** 할 수 있는 구조로 설치할 것
5. **피난안전구역**에는 식수공급을 위한 **급수전**을 **1개소 이상** 설치하고 **예비전원**에 의한 **조명설비**를 설치할 것
6. **관리사무소** 또는 **방재센터** 등과 긴급연락이 가능한 **경보** 및 **통신시설**을 설치할 것
7. [별표 1의2]에서 정하는 기준에 따라 산정한 면적 이상일 것
8. 피난안전구역의 높이는 **2.1m 이상**일 것
9. 「건축물의 설비기준 등에 관한 규칙」 제14조에 따른 **배연설비**를 설치할 것
10. 그 밖에 **소방청장**이 정하는 소방 등 재난관리를 위한 설비를 갖출 것

[본조신설 10.4.7.]

제9조【피난계단 및 특별피난계단의 구조】 ① 영 제35조 제1항 각 호 외의 부분 본문에 따라 건축물의 **5층 이상** 또는 **지하 2층 이하**의 층으로부터 **피난층** 또는 지상으로 통하는 **직통계단**(지하 1층인 건축물의 경우에는 5층 이상의 층으로부터 피난층 또는 지상으로 통하는 직통계단과 직접 연결된 **지하 1층의 계단을 포함**한다.)은 **피난계단** 또는 **특별피난계단**으로 설치해야 한다. 〈개정 19.8.6.〉

② 제1항에 따른 피난계단 및 특별피난계단의 구조는 다음 각 호의 기준에 적합해야 한다. 〈개정 21.3.26.〉
1. 건축물의 내부에 설치하는 피난계단의 구조
  가. 계단실은 창문·출입구 기타 개구부(이하 "**창문 등**"이라 한다.)를 제외한 당해 건축물의 다른 부분과 **내화구조**의 **벽**으로 구획할 것
  나. 계단실의 실내에 접하는 부분(바닥 및 반자 등 실내에 면한 모든 부분을 말한다.)의 마감(마감을 위한 바탕을 포함한다.)은 **불연재료**로 할 것
  다. 계단실에는 **예비전원**에 의한 **조명설비**를 할 것
  라. 계단실의 바깥쪽과 접하는 창문 등(망이 들어 있는 유리의 붙박이창으로서 그 면적이 각각 **1m² 이하**인 것을 제외한다.)은 당해 건축물의 다른 부분에 설치하는 창문 등으로부터 **2m 이상**의 거리를 두고 설치할 것
  마. 건축물의 내부와 접하는 계단실의 창문 등(출입구를 제외한다.)은 망이 들어 있는 유리의 붙박이창으로서 그 면적을 각각 **1m² 이하**로 할 것

바. 건축물의 내부에서 계단실로 통하는 출입구의 유효너비는 **0.9m 이상**으로 하고, 그 출입구에는 **피난의 방향**으로 **열 수** 있는 것으로서 **언제나 닫힌 상태를 유지**하거나 화재로 인한 **연기** 또는 **불꽃**을 감지하여 **자동적으로 닫히는 구조**로 된 영 제64조 제1항 제1호의 60＋방화문(이하 "**60＋방화문**"이라 한다.) 또는 같은 항 제12호의 방화문(이하 "**60분방화문**"이라 한다.)을 설치할 것. 다만, 연기 또는 불꽃을 감지하여 자동적으로 닫히는 구조로 할 수 없는 경우에는 **온도**를 감지하여 자동적으로 닫히는 구조로 할 수 있다.

사. 계단은 **내화구조**로 하고 **피난층** 또는 **지상**까지 직접 연결되도록 할 것

2. 건축물의 바깥쪽에 설치하는 피난계단의 구조

    가. 계단은 그 계단으로 통하는 출입구 외의 창문 등(망이 들어 있는 유리의 붙박이창으로서 그 면적이 각각 **1m² 이하**인 것을 제외한다.)으로부터 2m 이상의 거리를 두고 설치할 것

    나. 건축물의 내부에서 계단으로 통하는 출입구에는 60＋방화문 또는 60분방화문을 설치할 것

    다. 계단의 유효너비는 **0.9m 이상**으로 할 것

    라. 계단은 **내화구조**로 하고 지상까지 직접 연결되도록 할 것

3. 특별피난계단의 구조

    가. 건축물의 내부와 계단실은 노대를 통하여 연결하거나 외부를 향하여 열 수 있는 면적 **1m² 이상**인 창문(바닥으로부터 **1m 이상**의 높이에 설치한 것에 한한다.) 또는 「건축물의 설비기준 등에 관한 규칙」 제14조의 규정에 적합한 구조의 **배연설비**가 있는 면적 **3m² 이상**인 부속실을 통하여 연결할 것

    나. 계단실·노대 및 부속실(「건축물의 설비기준 등에 관한 규칙」 제10조 제2호 가목의 규정에 의하여 비상용승강기의 승강장을 겸용하는 부속실을 포함한다.)은 창문 등을 제외하고는 **내화구조**의 벽으로 각각 구획할 것

    다. 계단실 및 부속실의 실내에 접하는 부분(바닥 및 반자 등 실내에 면한 모든 부분을 말한다.)의 마감(마감을 위한 바탕을 포함한다.)은 불연재료로 할 것

    라. 계단실에는 예비전원에 의한 조명설비를 할 것

    마. 계단실·노대 또는 부속실에 설치하는 건축물의 바깥쪽에 접하는 창문 등(망이 들어 있는 유리의 붙박이창으로서 그 면적이 각각 1m² 이하인 것을 제외한다.)은 계단실·노대 또는 부속실 외의 당해 건축물의 다른 부분에 설치하는 창문 등으로부터 2m 이상의 거리를 두고 설치할 것

    바. 계단실에는 노대 또는 부속실에 접하는 부분 외에는 건축물의 내부와 접하는 창문 등을 설치하지 아니할 것

사. 계단실의 노대 또는 부속실에 접하는 창문 등(출입구를 제외한다.)은 망이 들어 있는 유리의 붙박이창으로서 그 면적을 각각 $1m^2$ 이하로 할 것
아. 노대 및 부속실에는 계단실 외의 건축물의 내부와 접하는 창문 등(출입구를 제외한다.)을 설치하지 아니할 것
자. 건축물의 내부에서 노대 또는 부속실로 통하는 출입구에는 60+방화문 또는 60분방화문을 설치하고, 노대 또는 부속실로부터 계단실로 통하는 출입구에는 60+방화문, 60분방화문 또는 영 제64조 제1항 제3호의 30분방화문을 설치할 것. 이 경우 **방화문**은 **언제나 닫힌 상태를 유지**하거나 화재로 인한 **연기** 또는 **불꽃**을 감지하여 자동적으로 닫히는 구조로 해야 하고, 연기 또는 불꽃으로 감지하여 자동적으로 닫히는 구조로 할 수 없는 경우에는 **온도**를 감지하여 **자동적으로 닫히는 구조**로 할 수 있다.
차. 계단은 내화구조로 하되, 피난층 또는 지상까지 직접 연결되도록 할 것
카. 출입구의 유효너비는 0.9m 이상으로 하고 피난의 방향으로 열 수 있을 것
③ 영 제35조 제1항 각 호 외의 부분 본문에 따른 피난계단 또는 특별피난계단은 돌음계단으로 해서는 안 되며, 영 제40조에 따라 옥상광장을 설치해야 하는 건축물의 피난계단 또는 특별피난계단은 해당 건축물의 옥상으로 통하도록 설치해야 한다. 이 경우 옥상으로 통하는 출입문은 피난방향으로 열리는 구조로서 피난 시 이용에 장애가 없어야 한다. 〈개정 19.8.6.〉
④ 영 제35조 제2항에서 **"갓복도식 공동주택"**이라 함은 각 층의 계단실 및 승강기에서 각 세대로 통하는 복도의 한쪽 면이 외기에 개방된 구조의 공동주택을 말한다.
〈개정 21.9.3.〉

제10조 【관람실 등으로부터의 출구의 설치기준】 ① 영 제38조 각 호의 어느 하나에 해당하는 건축물의 관람실 또는 집회실로부터 바깥쪽으로의 출구로 쓰이는 문은 안여닫이로 해서는 안 된다. 〈개정 19.8.6.〉
② 영 제38조에 따라 문화 및 집회시설 중 **공연장**의 **개별 관람실**(바닥면적이 $300m^2$ 이상인 것만 해당한다.)의 **출구**는 다음 각 호의 기준에 적합하게 설치해야 한다.
〈개정 19.8.6.〉
1. 관람실별로 **2개소 이상** 설치할 것
2. 각 출구의 **유효너비는 1.5m 이상**일 것
3. 개별 관람실 출구의 유효너비의 합계는 개별 관람실의 바닥면적 $100m^2$**마다 0.6m 의 비율**로 산정한 너비 이상으로 할 것
[제목개정 19.8.6.]

제11조 【건축물의 바깥쪽으로의 출구의 설치기준】 ① 영 제39조 제1항의 규정에 의하여 건축물의 바깥쪽으로 나가는 출구를 설치하는 경우 피난층의 계단으로부터 건축물의 바깥쪽으로의 출구에 이르는 보행거리(가장 가까운 출구와의 보행거리를 말한다. 이하 같다.)는 영 제34조 제1항의 규정에 의한 거리 이하로 하여야 하며, 거실(피난에 지장이 없는 출입구가 있는 것을 제외한다.)의 각 부분으로부터 건축물의 바깥쪽으로의 출구에 이르는 보행거리는 영 제34조 제1항의 규정에 의한 거리의 2배 이하로 하여야 한다.

② 영 제39조 제1항에 따라 건축물의 바깥쪽으로 나가는 출구를 설치하는 건축물 중 문화 및 집회시설(전시장 및 동·식물원을 제외한다.), 종교시설, 장례식장 또는 위락시설의 용도에 쓰이는 건축물의 바깥쪽으로의 출구로 쓰이는 문은 안여닫이로 하여서는 아니된다.〈개정 10.4.7.〉

③ 영 제39조 제1항에 따라 건축물의 바깥쪽으로 나가는 출구를 설치하는 경우 관람실의 바닥면적의 합계가 300m² 이상인 집회장 또는 공연장은 주된 출구 외에 보조출구 또는 비상구를 2개소 이상 설치해야 한다.〈개정 19.8.6.〉

④ 판매시설의 용도에 쓰이는 피난층에 설치하는 건축물의 바깥쪽으로의 출구의 유효너비의 합계는 해당 용도에 쓰이는 바닥면적이 최대인 층에 있어서의 해당 용도의 바닥면적 100m²마다 0.6m의 비율로 산정한 너비 이상으로 하여야 한다.〈개정 10.4.7.〉

⑤ 다음 각 호의 어느 하나에 해당하는 건축물의 피난층 또는 피난층의 승강장으로부터 건축물의 바깥쪽에 이르는 통로에는 제15조 제5항에 따른 경사로를 설치하여야 한다.〈개정 10.4.7.〉
   1. 제1종 근린생활시설 중 지역자치센터·파출소·지구대·소방서·우체국·방송국·보건소·공공도서관·지역건강보험조합 기타 이와 유사한 것으로서 동일한 건축물 안에서 당해 용도에 쓰이는 바닥면적의 합계가 1천m² 미만인 것
   2. 제1종 근린생활시설 중 마을회관·마을공동작업소·마을공동구판장·변전소·양수장·정수장·대피소·공중화장실 기타 이와 유사한 것
   3. 연면적이 5천m² 이상인 판매시설, 운수시설
   4. 교육연구시설 중 학교
   5. 업무시설 중 국가 또는 지방자치단체의 청사와 외국공관의 건축물로서 제1종 근린생활시설에 해당하지 아니하는 것
   6. 승강기를 설치하여야 하는 건축물

⑥ 「건축법」(이하 "**법**"이라 한다.) 제49조 제1항에 따라 영 제39조 제1항 각 호의 어느 하나에 해당하는 건축물의 바깥쪽으로 나가는 출입문에 유리를 사용하는 경우에는 안전유리를 사용하여야 한다.〈신설 15.7.9.〉

2. 건축물의 피난·방화구조 등의 기준에 관한 규칙

제12조【회전문의 설치기준】 영 제39조 제2항의 규정에 의하여 건축물의 출입구에 설치하는 회전문은 다음 각 호의 기준에 적합하여야 한다. 〈개정 05.7.22.〉
1. 계단이나 에스컬레이터로부터 **2m 이상**의 거리를 둘 것
2. 회전문과 문틀 사이 및 바닥 사이는 다음 각 목에서 정하는 간격을 확보하고 틈 사이를 고무와 고무펠트의 조합체 등을 사용하여 신체나 물건 등에 손상이 없도록 할 것
   가. 회전문과 문틀 사이는 **5cm 이상**
   나. 회전문과 바닥 사이는 **3cm 이하**
3. 출입에 지장이 없도록 일정한 방향으로 회전하는 구조로 할 것
4. 회전문의 중심축에서 회전문과 문틀 사이의 간격을 포함한 회전문 날개 끝부분까지의 길이는 **140cm 이상**이 되도록 할 것
5. 회전문의 회전속도는 분당회전수가 **8회**를 넘지 아니하도록 할 것
6. 자동회전문은 충격이 가하여지거나 사용자가 위험한 위치에 있는 경우에는 전자감지장치 등을 사용하여 정지하는 구조로 할 것

제13조【헬리포트 및 구조공간 설치기준】 ① 영 제40조 제4항 제1호에 따라 건축물에 설치하는 헬리포트는 다음 각 호의 기준에 적합해야 한다. 〈개정 21.3.26.〉
1. 헬리포트의 길이와 너비는 각각 22m 이상으로 할 것. 다만, 건축물의 옥상바닥의 길이와 너비가 각각 22m 이하인 경우에는 헬리포트의 길이와 너비를 각각 15m까지 감축할 수 있다.
2. 헬리포트의 중심으로부터 반경 12m 이내에는 헬리콥터의 이·착륙에 장애가 되는 건축물, 공작물, 조경시설 또는 난간 등을 설치하지 아니할 것
3. 헬리포트의 주위 한계선은 백색으로 하되, 그 선의 너비는 38cm로 할 것
4. 헬리포트의 중앙부분에는 지름 8m의 "ⓗ" 표지를 백색으로 하되, "H" 표지의 선의 너비는 38cm로, "O" 표지의 선의 너비는 60cm로 할 것
5. 헬리포트로 통하는 출입문에 영 제40조 제3항 각 호 외의 부분에 따른 비상문 자동개폐장치(이하 "**비상문 자동개폐장치**"라 한다.)를 설치할 것

② 영 제40조 제4항 제1호에 따라 옥상에 헬리콥터를 통하여 인명 등을 구조할 수 있는 공간을 설치하는 경우에는 직경 10m 이상의 구조공간을 확보해야 하며, 구조공간에는 구조활동에 장애가 되는 건축물, 공작물 또는 난간 등을 설치해서는 안 된다. 이 경우 구조공간의 표시기준 및 설치기준 등에 관하여는 제1항 제3호부터 제5호까지의 규정을 준용한다. 〈신설 21.3.26.〉

③ 영 제40조 제4항 제2호에 따라 설치하는 대피공간은 다음 각 호의 기준에 적합해야 한다. 〈신설 21.3.26.〉

1. 대피공간의 면적은 지붕 수평투영면적의 $\frac{1}{10}$ 이상일 것
2. **특별피난계단** 또는 **피난계단**과 연결되도록 할 것
3. 출입구·창문을 제외한 부분은 해당 건축물의 다른 부분과 **내화구조**의 **바닥 및 벽**으로 구획할 것
4. 출입구는 유효너비 **0.9m 이상**으로 하고, 그 출입구에는 **60+방화문** 또는 **60분방화문**을 설치할 것

4의2. 제4호에 따른 방화문에 비상문 자동개폐장치를 설치할 것
5. 내부 마감재료는 **불연재료**로 할 것
6. 예비전원으로 작동하는 **조명설비**를 설치할 것
7. 관리사무소 등과 긴급 연락이 가능한 통신시설을 설치할 것

[제목개정 10.4.7.]

제14조【방화구획의 설치기준】 ① 영 제46조 제1항 각 호 외의 부분 본문에 따라 건축물에 설치하는 방화구획은 다음 각 호의 기준에 적합해야 한다.〈개정 21.3.26.〉

1. **10층 이하의 층**은 바닥면적 **1천㎡**(스프링클러 기타 이와 유사한 **자동식 소화설비**를 설치한 경우에는 바닥면적 **3천㎡**) 이내마다 구획할 것
2. **매 층마다 구획**할 것. 다만, 지하 1층에서 지상으로 직접 연결하는 경사로 부위는 제외한다.
3. **11층 이상의 층**은 바닥면적 200㎡(스프링클러 기타 이와 유사한 **자동식 소화설비**를 설치한 경우에는 600㎡) 이내마다 구획할 것. 다만, 벽 및 반자의 실내에 접하는 부분의 마감을 **불연재료로 한 경우**에는 바닥면적 500㎡(스프링클러 기타 이와 유사한 **자동식 소화설비**를 설치한 경우에는 **1천500㎡**) 이내마다 구획하여야 한다.
4. 필로티나 그 밖에 이와 비슷한 구조(벽면적의 $\frac{1}{2}$ 이상이 그 층의 바닥면에서 위층 바닥 아랫면까지 공간으로 된 것만 해당한다.)의 부분을 주차장으로 사용하는 경우 그 부분은 건축물의 다른 부분과 구획할 것

② 제1항에 따른 방화구획은 다음 각 호의 기준에 적합하게 설치해야 한다.〈개정 21.3.26.〉

1. 영 제46조에 따른 방화구획으로 사용하는 **60+방화문** 또는 **60분방화문**은 언제나 닫힌 상태를 유지하거나 화재로 인한 연기 또는 불꽃을 감지하여 자동적으로 닫히는 구조로 할 것. 다만, 연기 또는 불꽃을 감지하여 자동적으로 닫히는 구조로 할 수 없는 경우에는 온도를 감지하여 자동적으로 닫히는 구조로 할 수 있다.
2. 외벽과 바닥 사이에 틈이 생긴 때나 급수관·배전관 그 밖의 관이 방화구획으로 되어 있는 부분을 관통하는 경우 그로 인하여 방화구획에 틈이 생긴 때에는 그 틈을 [별표 1]

제1호에 따른 내화시간(내화채움성능이 인정된 구조로 메워지는 구성 부재에 적용되는 내화시간을 말한다.) 이상 견딜 수 있는 내화채움성능이 인정된 구조로 메울 것
  가. 삭 제〈21.3.26.〉
  나. 삭 제〈21.3.26.〉
 3. 환기·난방 또는 냉방시설의 풍도가 방화구획을 관통하는 경우에는 그 관통부분 또는 이에 근접한 부분에 다음 각 목의 기준에 적합한 댐퍼를 설치할 것. 다만, 반도체공장 건축물로서 방화구획을 관통하는 풍도의 주위에 스프링클러헤드를 설치하는 경우에는 그렇지 않다.
  가. 화재로 인한 연기 또는 불꽃을 감지하여 자동적으로 닫히는 구조로 할 것. 다만, 주방 등 연기가 항상 발생하는 부분에는 온도를 감지하여 자동적으로 닫히는 구조로 할 수 있다.
  나. 국토교통부장관이 정하여 고시하는 비차열(非遮熱)성능 및 방연성능 등의 기준에 적합할 것
  다. 삭 제〈19.8.6.〉
  라. 삭 제〈19.8.6.〉
 4. 영 제46조 제1항 제2호 및 제81조 제5항 제5호에 따라 설치되는 자동방화셔터는 다음 각 목의 요건을 모두 갖출 것. 이 경우 자동방화셔터의 구조 및 성능기준 등에 관한 세부사항은 국토교통부장관이 정하여 고시한다.
  가. 피난이 가능한 60분+ 방화문 또는 60분 방화문으로부터 3m 이내에 별도로 설치할 것
  나. 전동방식이나 수동방식으로 개폐할 수 있을 것
  다. 불꽃감지기 또는 연기감지기 중 하나와 열감지기를 설치할 것
  라. 불꽃이나 연기를 감지한 경우 일부 폐쇄되는 구조일 것
  마. 열을 감지한 경우 완전 폐쇄되는 구조일 것
③ 영 제46조 제1항 제2호에서 "**국토교통부령으로 정하는 기준에 적합한 것**"이란 한국건설기술연구원장이 국토교통부장관이 정하여 고시하는 바에 따라 다음 각 호의 사항을 모두 인정한 것을 말한다.〈신설 21.3.26.〉
 1. 생산공장의 품질관리 상태를 확인한 결과 국토교통부장관이 정하여 고시하는 기준에 적합할 것
 2. 해당 제품의 품질시험을 실시한 결과 비차열 1시간 이상의 내화성능을 확보하였을 것
④ 영 제46조 제5항 제3호에 따른 하향식 **피난구**(덮개, 사다리, 경보시스템을 포함한다.)의 **구조**는 다음 각 호의 기준에 적합하게 설치해야 한다.〈신설 21.3.26.〉
 1. 피난구의 덮개는 품질시험을 실시한 결과 비차열 1시간 이상의 내화성능을 가져야 하며, 피난구의 유효 개구부 규격은 직경 60cm 이상일 것

2. 상층·하층 간 피난구의 설치위치는 수직방향 간격을 15cm 이상 띄어서 설치할 것
3. 아래층에서는 바로 위층의 피난구를 열 수 없는 구조일 것
4. 사다리는 바로 아래층의 바닥면으로부터 50cm 이하까지 내려오는 길이로 할 것
5. 덮개가 개방될 경우에는 건축물관리시스템 등을 통하여 경보음이 울리는 구조일 것
6. 피난구가 있는 곳에는 예비전원에 의한 조명설비를 설치할 것
⑤ 제2항 제2호에 따른 건축물의 외벽과 바닥 사이의 내화채움방법에 필요한 사항은 국토교통부장관이 정하여 고시한다.〈신설 21.3.26.〉

제14조의2 【복합건축물의 피난시설 등】

영 제47조 제1항 단서의 규정에 의하여 같은 건축물 안에 공동주택·의료시설·아동관련시설 또는 노인복지시설(이하 이 조에서 "**공동주택 등**"이라 한다.) 중 하나 이상과 위락시설·위험물저장 및 처리시설·공장 또는 자동차정비공장(이하 이 조에서 "**위락시설 등**"이라 한다.) 중 하나 이상을 함께 설치하고자 하는 경우에는 다음 각 호의 기준에 적합하여야 한다.〈개정 05.7.22.〉
1. 공동주택 등의 출입구와 위락시설 등의 출입구는 서로 그 보행거리가 30m 이상이 되도록 설치할 것
2. 공동주택 등(당해 공동주택 등에 출입하는 통로를 포함한다.)과 위락시설 등(당해 위락시설 등에 출입하는 통로를 포함한다.)은 내화구조로 된 바닥 및 벽으로 구획하여 서로 차단할 것
3. 공동주택 등과 위락시설 등은 서로 이웃하지 아니하도록 배치할 것
4. 건축물의 주요 구조부를 내화구조로 할 것
5. 거실의 벽 및 반자가 실내에 면하는 부분(반자돌림대·창대 그 밖에 이와 유사한 것을 제외한다. 이하 이 조에서 같다.)의 마감은 불연재료·준불연재료 또는 난연재료로 하고, 그 거실로부터 지상으로 통하는 주된 복도·계단 그 밖에 통로의 벽 및 반자가 실내에 면하는 부분의 마감은 불연재료 또는 준불연재료로 할 것

[본조신설 03.1.6.]

제15조 【계단의 설치기준】

① 영 제48조의 규정에 의하여 건축물에 설치하는 계단은 다음 각 호의 기준에 적합하여야 한다.〈개정 15.4.6.〉
1. 높이가 3m를 넘는 계단에는 높이 3m 이내마다 유효너비 **120cm 이상**의 계단참을 설치할 것
2. 높이가 1m를 넘는 계단 및 계단참의 양 옆에는 난간(벽 또는 이에 대치되는 것을 포함한다.)을 설치할 것
3. 너비가 3m를 넘는 계단에는 계단의 중간에 너비 3m 이내마다 난간을 설치할 것. 다만, 계단의 단높이가 15cm 이하이고, 계단의 단너비가 30cm 이상인 경우에는 그러하지 아니하다.

4. 계단의 유효높이(계단의 바닥 마감면부터 상부 구조체의 하부 마감면까지의 연직 방향의 높이를 말한다.)는 2.1m 이상으로 할 것

② 제1항에 따라 계단을 설치하는 경우 계단 및 계단참의 너비(옥내계단에 한정한다.), 계단의 단높이 및 단너비의 치수는 다음 각 호의 기준에 적합해야 한다. 이 경우 돌음계단의 단너비는 그 좁은 너비의 끝부분으로부터 30cm의 위치에서 측정한다. 〈개정 19.8.6.〉
1. 초등학교의 계단인 경우에는 계단 및 계단참의 유효너비는 150cm 이상, 단높이는 16cm 이하, 단너비는 26cm 이상으로 할 것
2. 중·고등학교의 계단인 경우에는 계단 및 계단참의 유효너비는 150cm 이상, 단높이는 18cm 이하, 단너비는 26cm 이상으로 할 것
3. 문화 및 집회시설(공연장·집회장 및 관람장에 한한다.)·판매시설 기타 이와 유사한 용도에 쓰이는 건축물의 계단인 경우에는 계단 및 계단참의 유효너비를 120cm 이상으로 할 것
4. 제1호부터 제3호까지의 건축물 외의 건축물의 계단으로서 다음 각 목의 어느 하나에 해당하는 층의 계단인 경우에는 계단 및 계단참은 유효너비를 120cm 이상으로 할 것
   가. 계단을 설치하려는 층이 지상층인 경우 : 해당 층의 바로 위층부터 최상층(상부층 중 피난층이 있는 경우에는 그 아래층을 말한다.)까지의 거실 바닥면적의 합계가 200m^2 이상인 경우
   나. 계단을 설치하려는 층이 지하층인 경우 : 지하층 거실 바닥면적의 합계가 100m^2 이상인 경우
5. 기타의 계단인 경우에는 계단 및 계단참의 유효너비를 60cm 이상으로 할 것
6. 「산업안전보건법」에 의한 작업장에 설치하는 계단인 경우에는 「산업안전기준에 관한 규칙」에서 정한 구조로 할 것

③ 공동주택(기숙사를 제외한다.)·제1종 근린생활시설·제2종 근린생활시설·문화 및 집회시설·종교시설·판매시설·운수시설·의료시설·노유자시설·업무시설·숙박시설·위락시설 또는 관광휴게시설의 용도에 쓰이는 건축물의 주계단·피난계단 또는 특별피난계단에 설치하는 난간 및 바닥은 아동의 이용에 안전하고 노약자 및 신체장애인의 이용에 편리한 구조로 하여야 하며, 양쪽에 벽 등이 있어 난간이 없는 경우에는 손잡이를 설치하여야 한다.〈개정 10.4.7.〉

④ 제3항의 규정에 의한 난간·벽 등의 손잡이와 바닥마감은 다음 각 호의 기준에 적합하게 설치하여야 한다.
1. 손잡이는 최대지름이 3.2cm 이상 3.8cm 이하인 원형 또는 타원형의 단면으로 할 것

2. 손잡이는 벽 등으로부터 5cm 이상 떨어지도록 하고, 계단으로부터의 높이는 85cm가 되도록 할 것
3. 계단이 끝나는 수평부분에서의 손잡이는 바깥쪽으로 30cm 이상 나오도록 설치할 것

⑤ 계단을 대체하여 설치하는 경사로는 다음 각 호의 기준에 적합하게 설치하여야 한다. 〈개정 10.4.7.〉
1. 경사도는 1 : 8을 넘지 아니할 것
2. 표면을 거친면으로 하거나 미끄러지지 아니하는 재료로 마감할 것
3. 경사로의 직선 및 굴절부분의 유효너비는 「장애인·노인·임산부 등의 편의증진 보장에 관한 법률」이 정하는 기준에 적합할 것

⑥ 제1항 각 호의 규정은 제5항의 규정에 의한 경사로의 설치기준에 관하여 이를 준용한다.

⑦ 제1항 및 제2항에도 불구하고 영 제34조 제4항 단서에 따라 피난층 또는 지상으로 통하는 직통계단을 설치하는 경우 계단 및 계단참의 유효너비는 다음 각 호의 구분에 따른 기준에 적합하여야 한다. 〈신설 15.4.6.〉
1. 공동주택 : 120cm 이상
2. 공동주택이 아닌 건축물 : 150cm 이상

⑧ 승강기기계실용 계단, 망루용 계단 등 특수한 용도에만 쓰이는 계단에 대해서는 제1항부터 제7항까지의 규정을 적용하지 아니한다. 〈개정 12.1.6.〉

제15조의2 【복도의 너비 및 설치기준】 ① 영 제48조의 규정에 의하여 건축물에 설치하는 복도의 유효너비는 다음 표와 같이 하여야 한다.

구 분	양 옆에 거실이 있는 복도	기타의 복도
유치원·초등학교 중학교·고등학교	2.4m 이상	1.8m 이상
공동주택·오피스텔	1.8m 이상	1.2m 이상
당해 층 거실의 바닥면적 합계가 200m² 이상인 경우	1.5m 이상(의료시설의 복도 1.8m 이상)	1.2m 이상

② 문화 및 집회시설(공연장·집회장·관람장·전시장에 한정한다.), 종교시설 중 종교집회장, 노유자시설 중 아동관련시설·노인복지시설, 수련시설 중 생활권수련시설, 위락시설 중 유흥주점 및 장례식장의 관람실 또는 집회실과 접하는 복도의 유효너비는 제1항에도 불구하고 다음 각 호에서 정하는 너비로 해야 한다. 〈개정 19.8.6.〉
1. 해당 층에서 해당 용도로 쓰는 바닥면적의 합계가 500m² 미만인 경우 1.5m 이상

2. 건축물의 피난·방화구조 등의 기준에 관한 규칙

2. 해당 층에서 해당 용도로 쓰는 바닥면적의 합계가 500m² 이상 1천m² 미만인 경우 1.8m 이상
3. 해당 층에서 해당 용도로 쓰는 바닥면적의 합계가 1천m² 이상인 경우 2.4m 이상

③ 문화 및 집회시설 중 공연장에 설치하는 복도는 다음 각 호의 기준에 적합해야 한다. 〈개정 19.8.6.〉

1. 공연장의 개별 관람실(바닥면적이 300m² 이상인 경우에 한정한다.)의 바깥쪽에는 그 양쪽 및 뒤쪽에 각각 복도를 설치할 것
2. 하나의 층에 개별 관람실(바닥면적이 300m² 미만인 경우에 한정한다.)을 2개소 이상 연속하여 설치하는 경우에는 그 관람실의 바깥쪽의 앞쪽과 뒤쪽에 각각 복도를 설치할 것[본조신설 05.7.22.]

④ 법 제19조에 따라 「공공주택 특별법 시행령」 제37조 제1항 제3호에 해당하는 건축물을 「주택법 시행령」 제4조의 준주택으로 용도변경하려는 경우로서 다음 각 호의 요건을 모두 갖춘 경우에는 용도변경한 건축물의 복도 중 양 옆에 거실이 있는 복도의 유효너비는 제1항에도 불구하고 **1.5m 이상**으로 할 수 있다.〈신설 21.10.15.〉

1. 용도변경의 목적이 해당 건축물을 「공공주택 특별법 시행령」 제43조 제1항에 따라 공공매입임대주택으로 공급하려는 공공주택사업자에게 매도하려는 것일 것
2. 둘 이상의 직통계단이 지상까지 직접 연결되어 있을 것
3. 건축물의 내부에서 계단실로 통하는 출입구의 유효너비가 **0.9m 이상**일 것
4. 제3호의 출입구에는 영 제64조 제1호에 따른 방화문을 피난하려는 방향으로 열리도록 설치하되, 해당 방화문은 항상 닫힌 상태를 유지하거나 화재로 인한 연기나 불꽃을 감지하여 자동으로 닫히는 구조일 것. 다만, 연기나 불꽃을 감지하여 자동으로 닫히는 구조로 할 수 없는 경우에는 온도를 감지하여 자동으로 닫히는 구조로 할 수 있다.

[본조신설 2005. 7. 22.]

제16조 【거실의 반자높이】 ① 영 제50조의 규정에 의하여 설치하는 거실의 반자(반자가 없는 경우에는 보 또는 바로 윗층의 바닥판의 밑면 기타 이와 유사한 것을 말한다. 이하 같다.)는 그 높이를 2.1m 이상으로 하여야 한다.

② 문화 및 집회시설(전시장 및 동·식물원은 제외한다.), 종교시설, 장례식장 또는 위락시설 중 유흥주점의 용도에 쓰이는 건축물의 관람실 또는 집회실로서 그 바닥면적이 200m² 이상인 것의 반자의 높이는 제1항에도 불구하고 4m(노대의 아랫부분의 높이는 2.7m) 이상이어야 한다. 다만, 기계환기장치를 설치하는 경우에는 그렇지 않다.〈개정 19.8.6.〉

제17조【채광 및 환기를 위한 창문 등】 ① 영 제51조에 따라 채광을 위하여 거실에 설치하는 창문 등의 면적은 그 거실의 바닥면적의 $\frac{1}{10}$ 이상이어야 한다. 다만, 거실의 용도에 따라 [별표 1의3]에 따라 조도 이상의 조명장치를 설치하는 경우에는 그러하지 아니하다.〈개정 12.1.6.〉

② 영 제51조의 규정에 의하여 환기를 위하여 거실에 설치하는 창문 등의 면적은 그 거실의 바닥면적의 $\frac{1}{20}$ 이상이어야 한다. 다만, 기계환기장치 및 중앙관리방식의 공기조화설비를 설치하는 경우에는 그러하지 아니하다.

③ 제1항 및 제2항의 규정을 적용함에 있어서 수시로 개방할 수 있는 미닫이로 구획된 2개의 거실은 이를 1개의 거실로 본다.

④ 영 제51조 제3항에서 "**국토교통부령으로 정하는 기준**"이란 높이 1.2m 이상의 난간이나 그 밖에 이와 유사한 추락방지를 위한 안전시설을 말한다.〈신설 13.3.23.〉

제18조【거실 등의 방습】 ① 영 제52조의 규정에 의하여 건축물의 최하층에 있는 거실 바닥의 높이는 지표면으로부터 45cm 이상으로 하여야 한다. 다만, 지표면을 콘크리트 바닥으로 설치하는 등 방습을 위한 조치를 하는 경우에는 그러하지 아니하다.

② 영 제52조에 따라 다음 각 호의 어느 하나에 해당하는 욕실 또는 조리장의 바닥과 그 바닥으로부터 높이 1m까지의 안쪽벽의 마감은 이를 내수재료로 해야 한다.〈개정 21.8.27.〉
  1. 제1종 근린생활시설 중 목욕장의 욕실과 휴게음식점의 조리장
  2. 제2종 근린생활시설 중 일반음식점 및 휴게음식점의 조리장과 숙박시설의 욕실

제18조의2【소방관 진입창의 기준】 법 제49조 제3항에서 "**국토교통부령으로 정하는 기준**"이란 다음 각 호의 요건을 모두 충족하는 것을 말한다.
  1. 2층 이상 11층 이하인 층에 각각 1개소 이상 설치할 것. 이 경우 소방관이 진입할 수 있는 창의 가운데에서 벽면 끝까지의 수평거리가 40m 이상인 경우에는 40m 이내마다 소방관이 진입할 수 있는 창을 추가로 설치해야 한다.
  2. 소방차 진입로 또는 소방차 진입이 가능한 공터에 면할 것
  3. 창문의 가운데에 지름 20cm 이상의 역삼각형을 야간에도 알아볼 수 있도록 빛 반사 등으로 붉은색으로 표시할 것
  4. 창문의 한쪽 모서리에 타격지점을 지름 3cm 이상의 원형으로 표시할 것
  5. 창문의 크기는 폭 90cm 이상, 높이 1.2m 이상으로 하고, 실내 바닥면으로부터 창의 아랫부분까지의 높이는 80cm 이내로 할 것
  6. 다음 각 목의 어느 하나에 해당하는 유리를 사용할 것
    가. 플로트판유리로서 그 두께가 6mm 이하인 것
    나. 강화유리 또는 배강도유리로서 그 두께가 5mm 이하인 것

2. 건축물의 피난·방화구조 등의 기준에 관한 규칙

　다. 가목 또는 나목에 해당하는 유리로 구성된 이중유리로서 그 두께가 24mm 이하인 것

[본조신설 19.8.6.]

제19조【경계벽 등의 구조】 ① 법 제49조 제4항에 따라 건축물에 설치하는 경계벽은 내화구조로 하고, 지붕 밑 또는 바로 위층의 바닥판까지 닿게 해야 한다. 〈개정 19.8.6.〉

② 제1항에 따른 경계벽은 소리를 차단하는데 장애가 되는 부분이 없도록 다음 각 호의 어느 하나에 해당하는 구조로 하여야 한다. 다만, 다가구주택 및 공동주택의 세대 간의 경계벽인 경우에는 「주택건설기준 등에 관한 규정」 제14조에 따른다. 〈개정 14.11.28.〉

1. 철근콘크리트조·철골철근콘크리트조로서 두께가 10cm 이상인 것
2. 무근콘크리트조 또는 석조로서 두께가 10cm(시멘트모르타르·회반죽 또는 석고 플라스터의 바름두께를 포함한다.) 이상인 것
3. 콘크리트블록조 또는 벽돌조로서 두께가 19cm 이상인 것
4. 제1호 내지 제3호의 것 외에 국토교통부장관이 정하여 고시하는 기준에 따라 국토교통부장관이 지정하는 자 또는 한국건설기술연구원장이 실시하는 품질시험에서 그 성능이 확인된 것
5. 한국건설기술연구원장이 제27조 제1항에 따라 정한 인정기준에 따라 인정하는 것

③ 법 제49조 제3항에 따른 가구·세대 등 간 소음방지를 위한 바닥은 경량충격음(비교적 가볍고 딱딱한 충격에 의한 바닥충격음을 말한다.)과 중량충격음(무겁고 부드러운 충격에 의한 바닥충격음을 말한다.)을 차단할 수 있는 구조로 하여야 한다. 〈신설 14.11.28.〉

④ 제3항에 따른 가구·세대 등 간 소음방지를 위한 바닥의 세부기준은 국토교통부장관이 정하여 고시한다. 〈신설 14.11.28.〉

[제목개정 14.11.28.]

제19조의2【침수방지시설】 법 제49조 제4항 제2호에서 **"국토교통부령으로 정하는 침수방지시설"**이란 다음 각 호의 시설을 말한다.

1. 차수판(遮水板)
2. 역류방지밸브

[본조신설 15.7.9.]

제20조【건축물에 설치하는 굴뚝】 영 제54조에 따라 건축물에 설치하는 굴뚝은 다음 각 호의 기준에 적합하여야 한다. 〈개정 10.4.7.〉

1. 굴뚝의 옥상 돌출부는 지붕면으로부터의 수직거리를 1m 이상으로 할 것. 다만, 용마루·계단탑·옥탑 등이 있는 건축물에 있어서 굴뚝의 주위에 연기의 배출을 방해하는 장애물이 있는 경우에는 그 굴뚝의 상단을 용마루·계단탑·옥탑 등보다 높게 하여야 한다.

2. 굴뚝의 상단으로부터 수평거리 1m 이내에 다른 건축물이 있는 경우에는 그 건축물의 처마보다 1m 이상 높게 할 것
3. 금속제 굴뚝으로서 건축물의 지붕 속·반자위 및 가장 아랫바닥 밑에 있는 굴뚝의 부분은 금속 외의 불연재료로 덮을 것
4. 금속제 굴뚝은 목재 기타 가연재료로부터 15cm 이상 떨어져서 설치할 것. 다만, 두께 10cm 이상인 금속 외의 불연재료로 덮은 경우에는 그러하지 아니하다.

제20조의2 【내화구조의 적용이 제외되는 공장건축물】 영 제56조 제1항 제3호 단서에서 "**국토교통부령으로 정하는 공장**"이란 [별표 2]의 업종에 해당하는 공장으로서 주요 구조부가 불연재료로 되어 있는 2층 이하의 공장을 말한다.〈개정 13.3.23.〉
[본조신설 00.6.3.]

제21조 【방화벽의 구조】 ① 영 제57조 제2항에 따라 건축물에 설치하는 **방화벽**은 다음 각 호의 기준에 적합해야 한다.〈개정 21.3.26.〉
1. 내화구조로서 **홀로 설 수 있는 구조**일 것
2. 방화벽의 양쪽 끝과 윗쪽 끝을 건축물의 외벽면 및 지붕면으로부터 **0.5m 이상** 튀어 나오게 할 것
3. 방화벽에 설치하는 **출입문의 너비** 및 **높이**는 각각 **2.5m 이하**로 하고, 해당 **출입문**에는 **60+방화문** 또는 **60분방화문**을 설치할 것
② 제14조 제2항의 규정은 제1항의 규정에 의한 방화벽의 구조에 관하여 이를 준용한다.

제22조 【대규모 목조건축물의 외벽 등】 ① 영 제57조 제3항의 규정에 의하여 연면적이 1천m² 이상인 목조의 건축물은 그 외벽 및 처마 밑의 연소할 우려가 있는 부분을 방화구조로 하되, 그 지붕은 불연재료로 하여야 한다.
② 제1항에서 "**연소할 우려가 있는 부분**"이라 함은 인접대지경계선·도로중심선 또는 동일한 대지 안에 있는 2동 이상의 건축물(연면적의 합계가 500m² 이하인 건축물은 이를 하나의 건축물로 본다.) 상호의 외벽 간의 중심선으로부터 **1층**에 있어서는 **3m 이내**, **2층 이상**에 있어서는 **5m 이내**의 거리에 있는 건축물의 각 부분을 말한다. 다만, 공원·광장·하천의 공지나 수면 또는 내화구조의 벽 기타 이와 유사한 것에 접하는 부분을 제외한다.

제22조의2 【고층건축물 피난안전구역 등의 피난용도 표시】 법 제50조의2 제2항에 따라 고층건축물에 설치된 피난안전구역, 피난시설 또는 대피공간에는 다음 각 호에서 정하는 바에 따라 화재 등의 경우에 피난용도로 사용되는 것임을 표시하여야 한다.
1. 피난안전구역
   가. 출입구 상부 벽 또는 측벽의 눈에 잘 띄는 곳에 "**피난안전구역**" 문자를 적은 표시판을 설치할 것

나. 출입구 측벽의 눈에 잘 띄는 곳에 해당 공간의 목적과 용도, 다른 용도로 사용하지 아니할 것을 안내하는 내용을 적은 표시판을 설치할 것
2. 특별피난계단의 계단실 및 그 부속실, 피난계단의 계단실 및 피난용승강기 승강장
　　가. 출입구 측벽의 눈에 잘 띄는 곳에 해당 공간의 목적과 용도, 다른 용도로 사용하지 아니할 것을 안내하는 내용을 적은 표시판을 설치할 것
　　나. 해당 건축물에 피난안전구역이 있는 경우 가목에 따른 표시판에 피난안전구역이 있는 층을 적을 것
3. 대피공간 : 출입문에 해당 공간이 화재 등의 경우 대피장소이므로 물건적치 등 다른 용도로 사용하지 아니할 것을 안내하는 내용을 적은 표시판을 설치할 것
[본조신설 15.7.9.]

제23조 【방화지구 안의 지붕·방화문 및 외벽 등】
① 법 제51조 제3항에 따라 방화지구 내 건축물의 지붕으로서 내화구조가 아닌 것은 불연재료로 하여야 한다. 〈개정 15.7.9.〉
② 법 제51조 제3항에 따라 방화지구 내 건축물의 인접 대지경계선에 접하는 외벽에 설치하는 창문 등으로서 제22조 제2항에 따른 연소할 우려가 있는 부분에는 다음 각 호의 방화설비를 설치해야 한다. 〈개정 21.3.26.〉 점검 17회
1. 60+방화문 또는 60분방화문
2. 소방법령이 정하는 기준에 적합하게 창문 등에 설치하는 드렌처
3. 당해 창문 등과 연소할 우려가 있는 다른 건축물의 부분을 차단하는 내화구조나 불연재료로 된 벽·담장 기타 이와 유사한 방화설비
4. 환기구멍에 설치하는 불연재료로 된 방화커버 또는 그물눈이 2mm 이하인 금속망

제24조 【건축물의 마감재료 등】
① 법 제52조 제1항에 따라 영 제61조 제1항 각 호의 건축물에 대하여는 그 거실의 벽 및 반자의 실내에 접하는 부분(반자돌림대·창대 기타 이와 유사한 것을 제외한다. 이하 이 조에서 같다.)의 마감재료(영 제61조 제1항 제4호에 해당하는 건축물의 경우에는 단열재를 포함한다.)는 불연재료·준불연재료 또는 난연재료를 사용해야 한다. 다만, 다음 각 호에 해당하는 부분의 마감재료 또는 준불연재료를 사용해야 한다. 〈개정 21.9.3.〉
1. 거실에서 지상으로 통하는 주된 복도·계단, 그 밖의 벽 및 반자의 실내에 접하는 부분
2. 강판과 심재(心材)로 이루어진 복합자재를 마감재료로 사용하는 부분
② 영 제61조 제1항 각 호의 건축물 중 다음 각 호의 어느 하나에 해당하는 거실의 벽 및 반자의 실내에 접하는 부분의 마감은 제1항에도 불구하고 불연재료 또는 준불연재료로 하여야 한다. 〈개정 10.12.30.〉

1. 영 제61조 제1항 각 호에 따른 용도에 쓰이는 거실 등을 지하층 또는 지하의 공작물에 설치한 경우의 그 거실(출입문 및 문틀을 포함한다.)
2. 영 제61조 제1항 제6호에 따른 용도에 쓰이는 건축물의 거실
③ 제1항 및 제2항에도 불구하고 영 제61조 제1항 제4호에 해당하는 건축물에서 단열재를 사용하는 경우로서 해당 건축물의 구조, 설계 또는 시공방법 등을 고려할 때 단열재로 불연재료 · 준불연재료 또는 난연재료를 사용하는 것이 곤란하여 법 제4조에 따른 건축위원회(시 · 도 및 시 · 군 · 구에 두는 건축위원회를 말한다.)의 심의를 거친 경우에는 단열재를 불연재료 · 준불연재료 또는 난연재료가 아닌 것으로 사용할 수 있다.〈개정 21.9.3.〉
④ 법 제52조 제1항에서 "**내부 마감재료**"란 건축물 내부의 천장 · 반자 · 벽(경계벽 포함) · 기둥 등에 부착되는 마감재료를 말한다. 다만, 「다중이용업소의 안전관리에 관한 특별법 시행령」 제3조에 따른 실내장식물을 제외한다.〈개정 21.9.3.〉
⑤ 영 제61조 제1항 제1호의2에 따른 공동주택에는 「다중이용시설 등의 실내공기질관리법」 제11조 제1항 및 같은 법 시행규칙 제10조에 따라 환경부장관이 고시한 오염물질방출 건축자재를 사용하여서는 안 된다.〈개정 21.9.3.〉
⑥ 영 제61조 제2항 제1호부터 제3호까지의 규정에 해당하는 건축물의 외벽에는 법 제52조 제2항 후단에 따라 불연재료 또는 준불연재료를 마감재료(단열재, 도장 등 코팅재료 및 그 밖에 마감재료를 구성하는 모든 재료를 포함한다. 이하 이 조에서 같다.)로 사용해야 한다. 다만, 다음 각 호의 어느 하나에 해당하는 경우 난연재료(제2호의 경우 단열재만 해당한다.)를 사용할 수 있다.〈개정 21.9.3.〉
 1. 국토교통부장관이 정하여 고시하는 화재 확산 방지구조 기준에 적합하게 설치하는 경우
 2. 마감재료를 구성하는 재료 전체를 하나로 보아 국토교통부장관이 고시하는 기준에 따라 난연성능을 시험한 결과 불연재료 또는 준불연재료에 해당하는 경우
⑦ 제6항에도 불구하고 영 제61조 제2항 제1호 · 제3호 및 제5호에 해당하는 건축물로서 5층 이하이면서 높이 22m 미만인 건축물의 경우 난연재료를 마감재료로 할 수 있다. 다만, 건축물의 외벽을 국토교통부장관이 정하여 고시하는 화재 확산 방지구조 기준에 적합하게 설치하는 경우에는 난연성능이 없는 재료를 마감재료로 사용할 수 있다.〈개정 21.9.3.〉
⑧ 영 제14조 제4항 각 호의 어느 하나에 해당하는 건축물 상호 간의 용도변경 중 영 [별표 1] 제3호 다목(목욕장만 해당한다.) · 라목, 같은 표 제4호 가목 · 사목 · 카목 · 파목(골프연습장, 놀이형 시설만 해당한다.) · 더목 · 러목, 같은 표 제7호 다목 2) 및

같은 표 제16호 가목·나목에 해당하는 용도로 변경하는 경우로서 스프링클러 또는 간이 스크링클러의 헤드가 창문 등으로부터 60cm 이내에 설치되어 건축물 내부가 화재로부터 방호되는 경우에는 제6항 및 제7항을 적용하지 않을 수 있다. 〈개정 21.9.3.〉
⑨ 영 제61조 제2항 제4호에 해당하는 건축물의 외벽[필로티 구조의 외기(外氣)에 면하는 천장 및 벽체를 포함한다.] 중 1층과 2층 부분에는 불연재료 또는 준불연재료를 마감재료로 해야 한다. 다만, 마감재료를 구성하는 재료 전체를 하나로 보아 국토교통부장관이 고시하는 기준에 따라 난연성능을 시험한 결과 불연재료 또는 준불연재료에 해당하는 경우 난연재료를 단열재로 사용할 수 있다. 〈개정 21.9.3.〉
⑩ 법 제52조 제4항에 따라 영 제61조 제2항 각 호에 해당하는 건축물의 인접대지경계선에 접하는 외벽에 설치하는 창호(窓戶)와 인접대지경계선 간의 거리가 1.5m 이내인 경우 해당 창호는 방화유리창 [「산업표준화법」에 따른 한국산업표준 KS F 2845(유리구획 부분의 내화 시험방법)에 규정된 방법에 따라 시험한 결과 비차열 20분 이상의 성능이 있는 것으로 한정한다.] 다만, 스프링클러 또는 간이스프링클러의 헤드가 창호로부터 60cm 이내에 설치되어 건축물 내부가 화재로부터 방호되는 경우에는 방화유리창으로 설치하지 않을 수 있다. 〈개정 21.9.3.〉
[제목개정 21.7.5.]

제24조의2 【화재위험이 적은 공장과 인접한 건축물의 마감재료】 ① 영 제61조 제2항 제1호 나목에서 **"국토교통부령으로 정하는 화재위험이 적은 공장"**이란 [별표 3]의 업종에 해당하는 공장을 말한다. 다만, 공장의 일부 또는 전체를 기숙사 및 구내식당의 용도로 사용하는 건축물을 제외한다. 〈개정 21.9.3.〉
② 삭 제〈21.9.3.〉
③ 삭 제〈21.9.3.〉
[본조신설 05.7.22.]
[제목개정 21.9.3.]

제24조의3 【건축자재 품질관리서】 ① 영 제62조 제1항 제4호에서 **"국토교통부령으로 정하는 건축자재"**란 영 제46조 및 이 규칙 제14조에 따라 방화구획을 구성하는 내화구조, 자동방화셔터, 내화채움성능이 인정된 구조 및 방화댐퍼를 말한다. 〈개정 21.3.26.〉
② 법 제52조의4 제1항에서 **"국토교통부령으로 정하는 사항을 기재한 품질관리서"**란 다음 각 호의 구분에 따른 서식을 말한다. 이 경우 다음 각 호에서 정한 서류를 첨부한다. 〈개정 21.3.26.〉
1. 영 제62조 제1항 제1호의 경우 : 별지 제1호 서식. 이 경우 다음 각 목의 서류를 첨부할 것
   가. 난연성능이 표시된 복합자재(심재로 한정한다.) 시험성적서[법 제52조의5 제1항에 따라 품질인정을 받은 경우에는 법 제52조의6 제7항에 따라 국토교통부장관이 정하여 고시하는 품질인정서(이하 "품질인정서"라 한다.)] 사본

나. 강판의 두께, 도금 종류 및 도금 부착량이 표시된 강판생산업체의 품질검사증 명서 사본
다. 실물모형시험(실제 시공될 건축물의 구조와 유사한 모형으로 시험하는 것을 말한다. 이하 같다.) 결과가 표시된 복합자재 시험성적서(법 제52조의5 제1항에 따라 품질인정을 받은 경우에는 품질인정서) 사본
2. 영 제62조 제1항 제2호의 경우 : 별지 제2호 서식. 이 경우 다음 각 목의 서류를 첨부할 것
  가. 난연성능이 표시된 단열재 시험성적서 사본. 이 경우 단열재가 둘 이상의 재료로 제작된 경우에는 각 재료별로 첨부해야 한다.
  나. 실물모형시험 결과가 표시된 단열재 시험성적서(외벽의 마감재료가 둘 이상의 재료로 제작된 경우만 첨부한다.)사본
3. 영 제62조 제1항 제3호의 경우 : 별지 제3호 서식. 이 경우 연기, 불꽃 및 열을 차단할 수 있는 성능이 표시된 방화문 시험성적서(법 제52조의5 제1항에 따라 품질인정을 받은 경우에는 품질인정서) 사본을 첨부할 것
3의2. 내화구조의 경우 : 별지 제3호의2 서식. 이 경우 내화성능 시간이 표시된 시험성적서(법 제52조의5 제1항에 따라 품질인정을 받은 경우에는 품질인정서) 사본을 첨부할 것
4. 자동방화셔터의 경우 : 별지 제4호 서식. 이 경우 연기 및 불꽃을 차단할 수 있는 성능이 표시된 자동방화셔터 시험성적서(법 제52조의5 제1항에 따라 품질인정을 받은 경우에는 품질인정서) 사본을 첨부할 것
5. 내화채움성능이 인정된 구조의 경우 : 별지 제5호 서식. 이 경우 연기, 불꽃 및 열을 차단할 수 있는 성능이 표시된 내화채움구조 시험성적서(법 제52조의5 제1항에 따라 품질인정을 받은 경우에는 품질인정서) 사본을 첨부할 것
6. 방화댐퍼의 경우 : 별지 제6호 서식. 이 경우 「산업표준화법」에 따른 한국산업규격에서 정하는 방화댐퍼의 방연시험방법에 적합한 것을 증명하는 시험성적서 사본을 첨부할 것
③ 공사시공자는 법 제52조의4 제1항에 따라 작성한 품질관리서의 내용과 같게 별지 제7호 서식의 건축자재 품질관리서 대장을 작성하여 공사감리자에게 제출해야 한다.
④ 공사감리자는 제3항에 따라 제출받은 건축자재 품질관리서 대장의 내용과 영 제62조 제3항에 따라 제출받은 품질관리서의 내용이 같은지를 확인하고 이를 영 제62조 제4항에 따라 건축주에게 제출해야 한다.
⑤ 건축주는 제4항에 따라 제출받은 건축자재 품질관리서 대장을 영 제62조 제4항에 따라 허가권자에게 제출해야 한다.
[전문개정 19.10.24.]

제24조의4 【건축자재 품질관리 정보 공개】 ① 법 제52조의4 제2항에 따라 건축자재의 성능시험을 의뢰받은 시험기관의 장(이하 **"건축자재 성능시험기관의 장"**이라 한다.)은 건축자재의 종류에 따라 국토교통부장관이 정하여 고시하는 사항을 포함한 시험성적서(이하 **"시험성적서"**라 한다.)를 성능시험을 의뢰한 제조업자 및 유통업자에게 발급해야 한다.
② 제1항에 따라 시험성적서를 발급한 건축자재 성능시험기관의 장은 그 발급일부터 7일 이내에 국토교통부장관이 정하여 고시하는 기관 또는 단체(이하 **"기관 또는 단체"**라 한다.)에 시험성적서의 사본을 제출해야 한다. 다만, 다음 각 호의 어느 하나에 해당하는 경우에는 제외한다.
  1. 건축자재의 성능시험을 의뢰한 제조업자 및 유통업자가 건축물에 사용하지 않을 목적으로 의뢰한 경우
  2. 법에서 정하는 성능에 미달하여 건축물에 사용할 수 없는 경우
③ 제1항에 따라 시험성적서를 발급받은 건축자재의 제조업자 및 유통업자는 시험성적서를 발급받은 날부터 1개월 이내에 성능시험을 의뢰한 건축자재의 종류, 용도, 색상, 재질 및 규격을 기관 또는 단체에 통보해야 한다. 다만, 제2항 각 호의 어느 하나에 해당하는 경우는 제외한다.
④ 기관 또는 단체는 법 제52조의4 제4항에 따라 다음 각 호의 사항을 해당 기관 또는 단체의 홈페이지 등에 게시하여 일반인이 알 수 있도록 해야 한다.
  1. 제2항에 따라 제출받은 시험성적서의 사본
  2. 제3항에 따라 통보받은 건축자재의 종류, 용도, 색상, 재질 및 규격
⑤ 기관 또는 단체는 국토교통부장관이 정하여 고시하는 시험성적서의 유효기간이 만료되기 1개월 전에 해당 시험성적서를 발급한 건축자재 성능시험기관의 장에게 그 사실을 알려야 한다.
⑥ 기관 또는 단체는 제5항에 따른 유효기간이 지난 시험성적서는 그 사실을 표시하여 해당 기관 또는 단체의 홈페이지 등에 게시해야 한다.
⑦ 기관 또는 단체는 제4항 및 제6항에 따른 정보 공개의 실적을 국토교통부장관에게 분기별로 보고해야 한다.
[본조신설 19.10.24.]

제24조의5 【건축자재 표면에 정보를 표시해야 하는 단열재】 법 제52조의4 제5항에서 **"국토교통부령으로 정하는 단열재"**란 영 제62조 제1항 제2호에 따른 단열재를 말한다.
[본조신설 19.10.24.]

제24조의6 【품질인정 대상 복합자재 등】 ① 영 제63조의2 제1호에서 "국토교통부령으로 정하는 강판과 심재로 이루어진 복합자재"란 강판과 단열재로 이루어진 복합자재를 말한다.

② 영 제63조의2 제4호에서 "국토교통부령으로 정하는 건축자재와 내화구조"란 제3조 제8호부터 제10호까지의 규정에 따른 내화구조를 말한다.

[본조신설 2021. 12. 23.]

제24조의7【건축자재 등의 품질인정 기준】 법 제52조의5 제1항에서 "국토교통부령으로 정하는 기준"이란 다음 각 호의 기준을 말한다.

1. 신청자의 제조현장을 확인한 결과 품질인정 또는 품질인정 유효기간의 연장을 신청한 자가 다음 각 목의 사항을 준수하고 있을 것
   가. 품질인정 또는 품질인정 유효기간의 연장 신청시 신청자가 제출한 다음 각 목에 관한 기준(유효기간 연장 신청의 경우에는 인정받은 기준을 말한다.)
      1) 원재료·완제품에 대한 품질관리기준
      2) 제조공정 관리 기준
      3) 제조·검사 장비의 교정기준
   나. 법 제52조의5 제1항에 따른 건축자재 등(이하 "건축자재 등"이라 한다.)에 대한 로트번호 부여
2. 건축자재 등에 대한 시험 결과 건축자재 등이 다음 각 목의 구분에 따른 품질기준을 충족할 것
   가. 영 제63조의2 제1호의 복합자재 : 제24조에 따른 난연성능
   나. 영 제63조의2 제2호 가목의 자동방화셔터 : 제14조 제2항 제4호에 따른 자동방화셔터 설치기준
   다. 영 제63조의2 제2호 나목의 내화채움성능이 인정된 구조 : [별표 1] 제1호에 따른 내화시간(내화채움성능이 인정된 구조로 메워지는 구성 부재에 적용되는 내화시간을 말한다.) 기준
   라. 영 제63조의2 제3호의 방화문 : 영 제64조 제1항 각 호의 구분에 따른 연기, 불꽃 및 열 차단 시간
   마. 제24조의6 제2항에 따른 내화구조 : [별표 1]에 따른 내화시간 성능기준
3. 그 밖에 국토교통부장관이 정하여 고시하는 품질인정과 관련된 기준을 충족할 것

[본조신설 2021. 12. 23.]

제24조의8(건축자재 등 품질인정 수수료) ① 법 제52조의6 제2항에 따른 수수료의 종류는 다음 각 호와 같다.
1. 품질인정 신청 수수료
2. 품질인정 유효기간 연장 신청 수수료

② 제1항에 따른 수수료는 [별표 4]와 같다.
③ 품질인정 또는 품질인정 유효기간의 연장을 신청하려는 자는 다음 각 호의 구분에 따른 시기에 수수료를 내야 한다.
1. 수수료 중 기본비용 및 추가비용 : 품질인정 또는 품질인정 유효기간의 연장 신청을 하는 때
2. 수수료 중 출장비용 및 자문비용 : 한국건설기술연구원장이 고지하는 납부시기
④ 한국건설기술연구원장은 다음 각 호의 어느 하나에 해당하는 경우에는 납부된 수수료의 전부 또는 일부를 반환해야 한다.
1. 품질인정 또는 품질인정 유효기간의 연장을 위한 시험·검사 등을 실시하기 전에 신청자가 신청을 철회한 경우
2. 신청을 반려한 경우
3. 수수료를 과오납(過誤納)한 경우
⑤ 수수료의 납부·반환 방법 및 반환 금액 등 수수료의 납부 및 반환에 필요한 세부사항은 국토교통부장관이 정하여 고시한다.
[본조신설 2021. 12. 23.]

제24조의9【품질인정자재 등의 제조업자 등에 대한 점검】 ① 한국건설기술연구원장은 법 제52조의6 제4항에 따라 매년 1회 이상 법 제52조의4 제2항에 따른 시험기관의 시험장소, 법 제52조의6 제4항에 따른 제조업자의 제조현장, 유통업자의 유통장소 및 건축공사장을 점검해야 한다.
② 한국건설기술연구원장은 제1항에 따라 제조현장 등을 점검하는 경우 다음 각 호의 사항을 확인해야 한다.
1. 법 제52조의4 제2항에 따른 시험기관이 품질인정자재 등과 관련하여 작성한 원시 데이터, 시험체 제작 및 확인 기록
2. 법 제52조의6 제3항에 따른 품질인정자재 등(이하 "품질인정자재 등"이라 한다.)의 품질인정 유효기간 및 품질인정표시
3. 제조업자가 작성한 납품확인서 및 품질관리서
4. 건축공사장에서의 시공 현황을 확인할 수 있는 다음 각 목의 서류
   가. 품질인정자재 등의 세부 인정내용
   나. 설계도서 및 작업설명서
   다. 건축공사 감리에 관한 서류
   라. 그 밖에 시공 현황을 확인할 수 있는 서류로서 국토교통부장관이 정하여 고시하는 서류
③ 제1항에 따른 점검의 세부 절차 및 방법은 국토교통부장관이 정하여 고시한다.
[본조신설 2021. 12. 23.]

제25조【지하층의 구조】 ① 법 제53조에 따라 건축물에 설치하는 **지하층의 구조** 및 **설비**는 다음 각 호의 기준에 적합하여야 한다.〈개정 10.12.30.〉
1. 거실의 바닥면적이 50m² 이상인 층에는 직통계단 외에 피난층 또는 지상으로 통하는 비상탈출구 및 환기통을 설치할 것. 다만, 직통계단이 2개소 이상 설치되어 있는 경우에는 그러하지 아니하다.
1의2. 제2종 근린생활시설 중 공연장·단란주점·당구장·노래연습장, 문화 및 집회시설 중 예식장·공연장, 수련시설 중 생활권수련시설·자연권수련시설, 숙박시설 중 여관·여인숙, 위락시설 중 단란주점·유흥주점 또는 「다중이용업소의 안전관리에 관한 특별법 시행령」 제2조에 따른 다중이용업의 용도에 쓰이는 층으로서 그 층의 거실의 바닥면적의 합계가 50m² 이상인 건축물에는 직통계단을 2개소 이상 설치할 것
2. 바닥면적이 1천m² 이상인 층에는 피난층 또는 지상으로 통하는 직통계단을 영 제46조의 규정에 의한 방화구획으로 구획되는 각 부분마다 1개소 이상 설치하되, 이를 피난계단 또는 특별피난계단의 구조로 할 것
3. 거실의 바닥면적의 합계가 1천m² 이상인 층에는 환기설비를 설치할 것
4. 지하층의 바닥면적이 300m² 이상인 층에는 식수공급을 위한 급수전을 1개소 이상 설치할 것

② 제1항 제1호에 따른 **지하층의 비상탈출구**는 다음 각 호의 기준에 적합하여야 한다. 다만, 주택의 경우에는 그러하지 아니하다.〈개정 10.4.7.〉
1. 비상탈출구의 유효너비는 0.75m 이상으로 하고, 유효높이는 1.5m 이상으로 할 것
2. 비상탈출구의 문은 피난방향으로 열리도록 하고, 실내에서 항상 열 수 있는 구조로 하여야 하며, 내부 및 외부에는 비상탈출구의 표시를 할 것
3. 비상탈출구는 출입구로부터 3m 이상 떨어진 곳에 설치할 것
4. 지하층의 바닥으로부터 비상탈출구의 아랫부분까지의 높이가 1.2m 이상이 되는 경우에는 벽체에 발판의 너비가 20cm 이상인 사다리를 설치할 것
5. 비상탈출구는 피난층 또는 지상으로 통하는 복도나 직통계단에 직접 접하거나 통로 등으로 연결될 수 있도록 설치하여야 하며, 피난층 또는 지상으로 통하는 복도나 직통계단까지 이르는 피난통로의 유효너비는 0.75m 이상으로 하고, 피난통로의 실내에 접하는 부분의 마감과 그 바탕은 불연재료로 할 것
6. 비상탈출구의 진입부분 및 피난통로에는 통행에 지장이 있는 물건을 방치하거나 시설물을 설치하지 아니할 것
7. 비상탈출구의 유도등과 피난통로의 비상조명등의 설치는 소방법령이 정하는 바에 의할 것

제26조【방화문의 구조】영 제64조 제1항에 따른 방화문은 한국건설기술연구원장이 국토교통부장관이 정하여 고시하는 바에 따라 품질을 시험한 결과 영 제64조 제1항 각 호의 기준에 따른 성능을 확보한 것이어야 한다.〈개정 21.12.23〉
 1. 삭 제〈21.12.23〉
 2. 삭 제〈21.12.23〉
 [전문개정 21.3.26.]

제27조【신제품에 대한 인정기준에 따른 인정】① 한국건설기술연구원장은 제3조 및 제19조에 따라 성능기준을 판단하기 어려운 신개발품 또는 규격 이외 제품(이하 "**신제품**"이라 한다.)에 대하여 성능인정을 하려는 경우에는 자문위원회(이하 "**위원회**"라 한다.)의 심의를 거친 기준을 성능을 확인하기 위한 기준으로 정할 수 있다.
② 제1항에 따른 자문에 응하기 위하여 한국건설기술연구원에 관계 전문가로 구성된 위원회를 둔다.
③ 한국건설기술연구원장은 제1항에 따라 결정된 인정기준을 해당 신청인에게 지체없이 통보하여야 하고, 한국건설기술연구원의 인터넷 홈페이지에 게시하여야 한다.
④ 제1항부터 제3항까지의 규정에 따른 성능인정 기준 및 절차, 위원회 운영 및 구성, 그 밖에 필요한 구체적인 사항은 한국건설기술연구원장이 정하는 바에 따른다.
 [본조신설 10.4.7.]

제28조【인정기준의 제정·개정 신청】① 제27조에 따른 기준에 따라 성능인정을 받고자 하는 자는 한국건설기술연구원장에게 신제품에 대한 인정기준의 제정 또는 개정을 신청할 수 있다.
② 제1항에 따라 인정기준에 대한 제정 또는 개정 신청이 있는 경우에는 한국건설기술연구원장은 신청내용을 검토하여 신청일부터 30일 내에 제정·개정 추진여부를 신청인에게 통보하여야 한다. 이 경우 인정기준을 제정·개정하지 않기로 한 경우에는 신청인에게 그 사유를 알려야 하며, 신청인이 이의가 있는 경우에는 다시 검토해 줄 것을 요청할 수 있다.
 [본조신설 10.4.7.]

제29조 삭 제〈18.10.18.〉

제30조【피난용승강기의 설치기준】영 제91조 제5호에서 "**국토교통부령으로 정하는 구조 및 설비 등의 기준**"이란 다음 각 호를 말한다.〈개정 21.3.26.〉
 1. 피난용승강기 승강장의 구조

가. 승강장의 출입구를 제외한 부분은 해당 건축물의 다른 부분과 내화구조의 바닥 및 벽으로 구획할 것
나. 승강장은 각 층의 내부와 연결될 수 있도록 하되, 그 출입구에는 60+방화문 또는 60분방화문을 설치할 것. 이 경우 방화문은 언제나 닫힌 상태를 유지할 수 있는 구조이어야 한다.
다. 실내에 접하는 부분(바닥 및 반자 등 실내에 면한 모든 부분을 말한다.)의 마감(마감을 위한 바탕을 포함한다.)은 불연재료로 할 것
라. 삭 제〈18.10.18.〉
마. 삭 제〈18.10.18.〉
바. 삭 제〈18.10.18.〉
사. 삭 제〈14.3.5.〉
아. 「건축물의 설비기준 등에 관한 규칙」 제14조에 따른 배연설비를 설치할 것. 다만, 「소방시설 설치·유지 및 안전관리에 관한 법률 시행령」 [별표 5] 제5호 가목에 따른 제연설비를 설치한 경우에는 배연설비를 설치하지 아니할 수 있다.
자. 삭 제〈14.3.5.〉

2. 피난용승강기 승강로의 구조
  가. 승강로는 해당 건축물의 다른 부분과 내화구조로 구획할 것
  나. 삭 제〈18.10.18.〉
  다. 승강로 상부에 「건축물의 설비기준 등에 관한 규칙」 제14조에 따른 배연설비를 설치할 것

3. 피난용승강기 기계실의 구조
  가. 출입구를 제외한 부분은 해당 건축물의 다른 부분과 내화구조의 바닥 및 벽으로 구획할 것
  나. 출입구에는 갑종방화문을 설치할 것

4. **피난용승강기 전용 예비전원** 점검 17회
  가. 정전 시 피난용승강기, 기계실, 승강장 및 폐쇄회로 텔레비전 등의 설비를 작동할 수 있는 별도의 예비전원 설비를 설치할 것
  나. 가목에 따른 예비전원은 초고층 건축물의 경우에는 2시간 이상, 준초고층 건축물의 경우에는 1시간 이상 작동이 가능한 용량일 것
  다. 상용전원과 예비전원의 공급을 자동 또는 수동으로 전환이 가능한 설비를 갖출 것
  라. 전선관 및 배선은 고온에 견딜 수 있는 내열성 자재를 사용하고, 방수조치를 할 것

[본조신설 12.1.6.]

제31조 삭 제〈15.10.7.〉

부 칙〈국토교통부령 제931호, 21.12.23.〉

제1조【시행일】 이 규칙은 2021년 12월 23일부터 시행한다. 다만, 제14조 제2항 제4호의 개정규정은 2022년 1월 31일부터 시행한다.

제2조【품질관리서의 첨부서류에 관한 적용례】 제24조의3 제2항 제1호 다목 및 제2호 나목의 개정규정은 이 규칙 시행 이후 실물모형시험을 하는 복합자재 및 단열재에 대한 품질관리서를 제출하는 경우부터 적용한다.

〔별표 1〕 내화구조의 성능기준(제3조 제8호 관련) 〈개정 19.10.24.〉 - 지붕 관련 부분

1. 일반기준

(단위 : 시간)

용도		구성 부재		벽						보·기둥	바닥	지붕·지붕틀
				내력벽	외벽		내력벽	내벽				
					비내력벽			비내력벽				
용도	용도 구분	용도 규모 층수/최고 높이(m)			연소 우려가 있는 부분	연소 우려가 없는 부분		간막이벽	승강기·계단실의 수직벽			
일반 시설	제1종 근린생활시설, 제2종 근린생활시설, 문화 및 집회시설, 종교시설, 판매시설, 운수시설, 교육연구시설, 노유자시설, 수련시설, 운동시설, 업무시설, 위락시설, 자동차 관련 시설(정비공장 제외), 동물 및 식물 관련 시설, 교정 및 군사시설, 방송통신시설, 발전시설, 묘지 관련 시설, 관광휴게시설, 장례시설	12/50	초과	3	1	0.5	3	2	2	3	2	1
			이하	2	1	0.5	2	1.5	1.5	2	2	0.5
		4/20 이하		1	1	0.5	1	1	1	1	1	0.5
주거 시설	단독주택, 공동주택, 숙박시설, 의료시설	12/50	초과	2	1	0.5	2	2	2	3	2	1
			이하	2	1	0.5	2	1	1	2	2	0.5
		4/20 이하		1	1	0.5	1	1	1	1	1	0.5
산업 시설	공장, 창고시설, 위험물 저장 및 처리시설, 자동차 관련 시설 중 정비공장, 자연순환 관련 시설	12/50	초과	2	1.5	0.5	2	1.5	1.5	3	2	1
			이하	2	1	0.5	2	1	1	2	2	0.5
		4/20 이하		1	1	0.5	1	1	1	1	1	0.5

2. 적용기준
   가. 용도
   1) 건축물이 하나 이상의 용도로 사용될 경우 위 표의 용도 구분에 따른 기준 중 가장 높은 내화시간의 용도를 적용한다.
   2) 건축물의 부분별 높이 또는 층수가 다를 경우 최고 높이 또는 최고 층수를 기준으로 제1호에 따른 구성 부재별 내화시간을 건축물 전체에 동일하게 적용한다.
   3) 용도 규모에서 건축물의 층수와 높이의 산정은 「건축법 시행령」 제119조에 따른다. 다만, 승강기탑, 계단탑, 망루, 장식탑, 옥탑 그 밖에 이와 유사한 부분은 건축물의 높이와 층수의 산정에서 제외한다.
   나. 구성 부재
   1) 외벽 중 비내력벽으로서 연소 우려가 있는 부분은 제22조 제2항에 따른 부분을 말한다.
   2) 외벽 중 비내력벽으로서 연소 우려가 없는 부분은 제22조 제2항에 따른 부분을 제외한 부분을 말한다.
   3) 내벽 중 비내력벽인 간막이벽은 건축법령에 따라 내화구조로 해야 하는 벽을 말한다.
   다. 그 밖의 기준
   1) 화재의 위험이 적은 제철·제강공장 등으로서 품질 확보를 위해 불가피한 경우에는 지방건축위원회의 심의를 받아 주요 구조부의 내화시간을 완화하여 적용할 수 있다.
   2) 외벽의 내화성능시험은 건축물 내부면을 가열하는 것으로 한다.

〔**별표 1의2**〕 **피난안전구역의 면적 산정기준**(제8조의2 제3항 제7호 관련) 〈신설 12.1.6.〉

1. 피난안전구역의 면적은 다음 산식에 따라 산정한다.

$$(\text{피난안전구역 윗층의 재실자수} \times 0.5) \times 0.28\text{m}^2$$

가. 피난안전구역 윗층의 재실자수는 해당 피난안전구역과 다음 피난안전구역 사이의 용도별 바닥면적을 사용 형태별 재실자 밀도로 나눈 값의 합계를 말한다. 다만, 문화·집회용도 중 벤치형 좌석을 사용하는 공간과 고정좌석을 사용하는 공간은 다음의 구분에 따라 피난안전구역 윗층의 재실자수를 산정한다.
  1) 벤치형 좌석을 사용하는 공간 : 좌석길이 / 45.5cm
  2) 고정좌석을 사용하는 공간 : 휠체어 공간수 + 고정좌석수

나. 피난안전구역 설치 대상 건축물의 용도에 따른 사용 형태별 재실자 밀도는 다음 표와 같다.

용 도	사용 형태별		재실자 밀도
문화·집회	고정좌석을 사용하지 않는 공간		0.45
	고정좌석이 아닌 의자를 사용하는 공간		1.29
	벤치형 좌석을 사용하는 공간		-
	고정좌석을 사용하는 공간		-
	무대		1.40
	게임제공업 등의 공간		1.02
운동	운동시설		4.60
교육	도서관	서고	9.30
		열람실	4.60
	학교 및 학원	교실	1.90
보육	보호시설		3.30
의료	입원치료구역		22.3
	수면구역		11.1
교정	교정시설 및 보호관찰소 등		11.1
주거	호텔 등 숙박시설		18.6
	공동주택		18.6
업무	업무시설, 운수시설 및 관련 시설		9.30

용 도	사용 형태별	재실자 밀도
판매	지하층 및 1층	2.80
	그 외의 층	5.60
	배송공간	27.9
저장	창고, 자동차 관련 시설	46.5
산업	공장	9.30
	제조업 시설	18.6

※ 계단실, 승강로, 복도 및 화장실은 사용 형태별 재실자 밀도의 산정에서 제외하고, 취사장·조리장의 사용 형태별 재실자 밀도는 9.30으로 본다.

2. 피난안전구역 설치 대상 용도에 대한「건축법 시행령」[별표 1]에 따른 용도별 건축물의 종류는 다음 표와 같다.

용 도	용도별 건축물
문화·집회	문화 및 집회시설(공연장·집회장·관람장·전시장만 해당한다.), 종교시설, 위락시설, 제1종 근린생활시설 및 제2종 근린생활시설 중 휴게음식점·제과점·일반음식점 등 음식·음료를 제공하는 시설, 제2종 근린생활시설 중 공연장·종교집회장·게임제공업 시설, 그 밖에 이와 비슷한 문화·집회시설
운동	운동시설, 제1종 근린생활시설 및 제2종 근린생활시설 중 운동시설
교육	교육연구시설, 수련시설, 자동차 관련 시설 중 운전학원 및 정비학원, 제2종 근린생활시설 중 학원·직업훈련소·독서실, 그 밖에 이와 비슷한 교육시설
보육	노유자시설, 제1종 근린생활시설 중 지역아동센터
의료	의료시설, 제1종 근린생활시설 중 의원, 치과의원, 한의원, 침술원, 접골원(接骨院), 조산원 및 안마원
교정	교정 및 군사시설
주거	공동주택 및 숙박시설
업무	업무시설, 운수시설, 제1종 근린생활시설과 제2종 근린생활시설 중 지역자치센터·파출소·사무소·이용원·미용원·목욕장·세탁소·기원·사진관·표구점, 그 밖에 이와 비슷한 업무시설
판매	판매시설(게임제공업 시설 등은 제외한다.), 제1종 근린생활시설 중 수퍼마켓과 일용품 등의 소매점
저장	창고시설, 자동차 관련 시설(운전학원 및 정비학원은 제외한다.)
산업	공장, 제2종 근린생활시설 중 제조업 시설

[별표 1의3] 거실의 용도에 따른 조도기준(제17조 제1항 관련) 〈개정 12.1.6.〉

거실의 용도 구분	조도 구분	바닥에서 85cm의 높이에 있는 수평면의 조도(룩스)
1. 거주	독서·식사·조리	150
	기타	70
2. 집무	설계·제도·계산	700
	일반사무	300
	기타	150
3. 작업	검사·시험·정밀검사·수술	700
	일반작업·제조·판매	300
	포장·세척	150
	기타	70
4. 집회	회의	300
	집회	150
	공연·관람	70
5. 오락	오락 일반	150
	기타	30
6. 기타		1란 내지 5란 중 가장 유사한 용도에 관한 기준을 적용한다.

[별표 2] 내화구조의 적용이 제외되는 공장의 업종(제20조의2 관련) 〈개정 10.12.30.〉

분류번호	업 종
10301	과실 및 채소 절임식품 제조업
10309	기타 과일·채소 가공 및 저장처리업
11201	얼음 제조업
11202	생수 제조업
11209	기타 비알코올음료 제조업
23110	판유리 제조업
23122	판유리 가공품 제조업
23221	구조용 정형내화제품 제조업
23229	기타 내화요업제품 제조업
23231	점토벽돌, 블록 및 유사 비내화 요업제품 제조업
23232	타일 및 유사 비내화 요업제품 제조업
23239	기타 구조용 비내화 요업제품 제조업
23911	건설용 석제품 제조업
23919	기타 석제품 제조업
24111	제철업
24112	제강업
24113	합금철 제조업
24119	기타 제철 및 제강업
24211	동 제련, 정련 및 합금 제조업
24212	알루미늄 제련, 정련 및 합금 제조업
24213	연 및 아연 제련, 정련 및 합금 제조업
24219	기타 비철금속 제련, 정련 및 합금 제조업
24311	선철주물 주조업
24312	강주물 주조업
24321	알루미늄주물 주조업
24322	동주물 주조업
24329	기타 비철금속 주조업
28421	운송장비용 조명장치 제조업
29172	공기조화장치 제조업
30310	자동차 엔진용 부품 제조업
30320	자동차 차체용 부품 제조업
30391	자동차용 동력전달장치 제조업
30392	자동차용 전기장치 제조업

(주) 분류번호는 「통계법」 제17조에 따라 통계청장이 고시하는 한국표준산업분류에 의한 분류번호를 말한다.

[별표 3] 화재위험이 적은 공장의 업종(제24조의2 제1항 관련) 〈개정 14.3.5.〉

분류번호	업 종
10121	가금류 가공 및 저장처리업
10129	기타 육류 가공 및 저장처리업
10211	수산동물 훈제, 조리 및 유사 조제식품 제조업
10212	수산동물 건조 및 염장품 제조업
10213	수산동물 냉동품 제조업
10219	기타 수산동물 가공 및 저장처리업
10220	수산식물 가공 및 저장처리업
10301	과실 및 채소 절임식품 제조업
10309	기타 과일·채소 가공 및 저장처리업
10743	장류 제조업
11201	얼음 제조업
11202	생수 생산업
11209	기타 비알코올음료 제조업
23110	판유리 제조업
23122	판유리 가공품 제조업
23192	포장용 유리용기 제조업
23221	구조용 정형내화제품 제조업
23229	기타 내화요업제품 제조업
23231	점토 벽돌, 블록 및 유사 비내화 요업제품 제조업
23232	타일 및 유사 비내화 요업제품 제조업
23239	기타 구조용 비내화 요업제품 제조업
23311	시멘트 제조업
23312	석회 및 플라스터 제조업
23323	플라스터 제품 제조업
23325	콘크리트 타일, 기와, 벽돌 및 블록 제조업
23326	콘크리트관 및 기타 구조용 콘크리트제품 제조업
23329	그외 기타 콘크리트 제품 및 유사제품 제조업
23911	건설용 석제품 제조업
23919	기타 석제품 제조업
24111	제철업
24112	제강업
24113	합금철 제조업
24119	기타 제철 및 제강업
24211	동 제련, 정련 및 합금 제조업
24212	알루미늄 제련, 정련 및 합금 제조업
24213	연 및 아연 제련, 정련 및 합금 제조업

분류번호	업 종
24219	기타 비철금속 제련, 정련 및 합금 제조업
24311	선철주물 주조업
24312	강주물 주조업
24321	알루미늄주물 주조업
24322	동주물 주조업
24329	기타 비철금속 주조업
25112	구조용 금속판제품 및 금속공작물 제조업
25113	금속 조립구조재 제조업
25119	기타 구조용 금속제품 제조업
28421	운송장비용 조명장치 제조업
29172	공기조화장치 제조업
30310	자동차 엔진용 부품 제조업
30320	자동차 차체용 부품 제조업
30391	자동차용 동력전달장치 제조업
30392	자동차용 전기장치 제조업

[비고]
분류번호는「통계법」제17조에 따라 통계청장이 고시하는 한국표준산업분류에 따른 분류번호를 말한다.

[별표 4] 건축자재 등 품질인정 수수료(제24조의8제2항 관련) 〈신설 2021. 12. 23.〉

1. 품질인정 신청 수수료
   가. 복합자재·방화문 및 자동방화셔터 : 다음의 금액을 합산한 금액
      1) 기본비용 : 다음의 금액을 합산한 금액
         (1) 특급기술자의 노임단가에 8.7을 곱한 금액과 고급기술자의 노임단가에 16.2를 곱한 금액 및 중급기술자의 노임단가에 5.8을 곱한 금액을 모두 합산한 금액
         (2) 시험·검사 등에 드는 비용으로서 국토교통부장관이 정하여 고시하는 금액
      2) 추가비용 : 기본비용에 0.6을 곱한 금액
      3) 출장비용 : 출장자가 소속된 기관의 여비 규정에 따른 금액
      4) 자문비용 : 특급기술자의 노임단가에 5.2를 곱한 금액과 고급기술자의 노임단가에 20.8을 곱한 금액과 중급기술자의 노임단가에 1.0을 곱한 금액 모두를 합산한 금액
   나. 내화구조 및 내화채움구조 : 다음의 금액을 합산한 금액
      1) 기본비용 : 다음의 금액을 합산한 금액
         (1) 특급기술자의 노임단가에 9.0을 곱한 금액과 고급기술자의 노임단가에 23.2를 곱한 금액 및 중급기술자의 노임단가에 5.8을 곱한 금액을 모두 합산한 금액
         (2) 시험·검사 등에 드는 비용으로서 국토교통부장관이 정하여 고시하는 금액
      2) 추가비용 : 기본비용에 0.6을 곱한 금액
      3) 출장비용 : 가목 3)에 따른 비용
      4) 자문비용 : 가목 4)에 따른 비용
2. 품질인정 유효기간 연장 신청 수수료
   가. 복합자재·방화문 및 자동방화셔터 : 다음의 금액을 합산한 금액
      1) 기본비용 : 다음의 금액을 합산한 금액
         (1) 특급기술자의 노임단가에 6.2를 곱한 금액과 고급기술자의 노임단가에 11.3을 곱한 금액 및 중급기술자의 노임단가에 5.8을 곱한 금액을 모두 합산한 금액
         (2) 시험·검사 등에 드는 비용으로서 국토교통부장관이 정하여 고시하는 금액
      2) 추가비용 : 기본비용에 0.6을 곱한 금액
      3) 출장비용 : 제1호 가목 3)에 따른 비용
      4) 자문비용 : 제1호 가목 4)에 따른 비용
   나. 내화구조 및 내화채움구조 : 다음의 금액을 합산한 금액
      1) 기본비용 : 다음의 금액을 합산한 금액
         (1) 특급기술자의 노임단가에 7.2를 곱한 금액과 고급기술자의 노임단가에 15.0을 곱한 금액 및 중급기술자의 노임단가에 5.8을 곱한 금액을 모두 합산한 금액
         (2) 시험·검사 등에 드는 비용으로서 국토교통부장관이 정하여 고시하는 금액

2) 추가비용 : 기본비용에 0.6을 곱한 금액
3) 출장비용 : 제1호 가목 3)에 따른 비용
4) 자문비용 : 제1호 가목 4)에 따른 비용

[비고]
1. 노임단가는 「통계법」 제27조 제1항에 따라 한국엔지니어링진흥협회가 조사·공표하는 임금단가를 8시간으로 나눈 금액을 말한다.
2. 추가비용은 둘 이상의 건축자재 등에 대해 품질인정 또는 품질인정 유효기간의 연장을 신청하는 경우의 두 번째 건축자재 등부터 산정하여 합산한다.
3. 자문비용은 품질인정 과정에서 외부 전문가의 자문을 받은 경우에만 합산한다.

3 방화문 및 자동방화셔터의 인정 및 관리기준

일부개정 2021. 8. 6. 국토교통부고시 제2021-1009호

제1장 총 칙

제1조【목적】 이 기준은 건축법 시행령 제46조 제1항 제2호 및 「건축물의 피난·방화구조 등의 기준에 관한 규칙」 제14조 제3항에 의한 방화문과 자동방화셔터의 인정 및 관리에 관한 사항을 정함을 목적으로 한다.

[전문개정]

제2조【정의】 이 기준에서 사용하는 용어의 정의는 다음과 같다.
1. "**방화문**"이라 함은 화재의 확대, 연소를 방지하기 위해 「건축물의 개구부에 설치하는 문으로 건축물의 피난·방화구조 등의 기준에 관한 규칙」(이하 "규칙"이라 한다.) 제26조의 규정에 따른 성능을 확보하여 한국건설기술연구원장(이하 "원장"이라 한다.)이 성능을 인정한 구조를 말한다.
2. "**자동방화셔터**"(이하 "셔터"라 한다.)라 함은 공항·체육관 등 넓은 공간에 부득이하게 수직 또는 수평 구획 벽을 설치하지 못하는 경우에 사용하는 셔터를 말하며, 규칙 제14조 제3항의 규정에 따른 성능을 확보하여 원장이 성능을 인정한 구조를 말한다.
3. "**방화댐퍼**"라 함은 「건축물의 피난·방화구조 등의 기준에 관한 규칙」 제14조 제2항 제3호 나목에 따라 이 기준에서 정하는 성능을 확보한 댐퍼를 말한다.
4. "**하향식 피난구**"란 규칙 제14조 제4항의 구조로서 발코니 바닥에 설치하는 수평 피난설비를 말한다.
5. "**품질시험**"이라 함은 방화문(셔터)의 인정에 필요한 내화시험 및 부가시험을 말한다.
6. "**제조업자**"라 함은 방화문(셔터)를 구성하는 주요 재료·제품의 생산 및 제조를 업으로 하는 자를 말한다.
7. "**시공자**"라 함은 방화문(셔터)를 사용하여 건축물을 건축하고자 하는 자로서 「건설산업기본법」 제9조의 규정에 따라 등록된 일반건설업을 영위하는 자(직영공사인 경우에는 건축주를 말한다.)를 말한다.
8. "**신청자**"라 함은 이 기준에 의하여 방화문(셔터)의 인정을 받고자 신청하는 자 또는 방화댐퍼, 하향식 피난구 성능확인을 신청하는 자를 말한다.
9. "**인정업자**"라 함은 이 기준에 의하여 원장이 방화문 또는 셔터의 성능을 인정한 구조를 보유한 자를 말한다.

10. "**인정품목**"이라 함은 방화문 또는 셔터를 구분하는 데 있어 그 구성 제품의 종류에 따라 유사한 형상, 작동방식 및 재료 등으로 분류한 것을 말한다.
〔전문개정〕

제3조【인정제도 운영위원회의 구성·운영】 ① 원장은 방화문과 셔터의 공정한 인정업무 수행을 위해 운영위원회(이하 "위원회"라 한다.)를 운영하여야 한다.
② 원장은 방화문과 셔터의 인정과 관련하여 한국건설기술연구원, 관련학회, 품질시험기관, 관련단체 및 산업계 등 전문가 **15인 이상**으로 운영위원회를 구성·운영한다.
③ 원장은 다음 각 호의 사항에 대하여 운영위원회의 자문을 받아야 한다.〈전문개정〉
  1. 방화문 및 셔터 인정제도 연간 운영계획
  2. 방화문 및 셔터 인정 및 관리업무 세부운영지침에 관한 사항
  3. 「방화문 및 셔터 인정 및 관리기준」의 개정에 관한 사항
  4. 그 밖에 원장이 방화문 및 셔터 인정제도를 운영함에 있어 필요하다고 판단하는 사항

제2장 방화문 및 셔터의 성능기준과 인정절차

제4조【성능기준 및 구성】 ① 건축물 방화구획을 위해 설치하는 방화문 및 셔터는 건축물의 용도 등 구분에 따라 화재 시의 가열에 규칙 제14조 제3항 또는 제26조에서 정하는 시간 이상을 견딜 수 있어야 하며, 차연성능, 개폐성능 등 방화문 또는 셔터가 갖추어야 하는 성능에 대해서는 세부운영지침에서 정하는 바에 따른다.〈전문개정〉
② 원장은 규칙 제14조 제3항 또는 제26조에서 정하는 내화성능보다 나은 성능을 확보한 방화문 또는 셔터에 대해 30분 단위로 추가하여 인정할 수 있다.〈전문개정〉
③ 방화문은 항상 닫혀있는 구조 또는 화재발생 시 불꽃, 연기 및 열에 의하여 자동으로 닫힐 수 있는 구조여야 한다.〈전문개정〉
④ **셔터**는 전동 및 수동에 의해서 개폐할 수 있는 장치와 화재발생 시 불꽃, 연기 및 열에 의하여 자동 폐쇄되는 장치 일체로서 화재발생시 불꽃 또는 **연기감지기**에 의한 **일부폐쇄**와 **열감지기**에 의한 **완전폐쇄**가 이루어 질 수 있는 구조를 가진 것이어야 한다. 다만, 수직방향으로 폐쇄되는 구조가 아닌 경우는 불꽃, 연기 및 열감지에 의해 완전폐쇄가 될 수 있는 구조여야 한다. 점검 11회
⑤ 셔터의 상부는 상층 바닥에 직접 닿도록 하여야 하며, 그렇지 않은 경우 방화구획 처리를 하여 연기와 화염의 이동통로가 되지 않도록 하여야 한다.

제5조【인정신청】 ① 신청자가 방화문 또는 셔터의 인정을 받고자 하는 경우, 별지 제1호 서식의 방화문(셔터) 인정 신청서에 [별표 1] 에서 정한 서류를 첨부하여 원장에게 신청하여야 한다.〈전문개정〉

② 제1항의 방화문 또는 셔터 신청자는 제조업자로 하며 단독으로만 신청할 수 있다. 다만, 원장이 인정하는 부득이한 경우에는 제조업자의 위임을 받은 자(이하 "대리신청인"이라 한다.)가 대리신청을 할 수 있다.〈전문개정〉
③ 인정을 받은 방화문 또는 셔터로서 [별표 5] 제1호부터 제3호 및 제8호에 따라 인정이 취소된 자가 동일 성능의 동일 인정품목에 대하여 새로이 인정신청을 하는 경우에는 품질의 개선 및 개량 등을 위하여 취소된 날로부터 **6개월 이후**에 하여야 한다.〈전문개정〉
④ 인정을 받은 방화문 또는 셔터로서 [별표 5] 제4호부터 제7호에 따라 인정이 취소된 자는 동일 성능의 동일 인정품목에 대한 인정신청을 새로이 하는 경우 인정이 취소된 날로부터 **12개월 이후**에 할 수 있다.〈전문개정〉
⑤ 인정을 받은 방화문 또는 셔터로서 [별표 5] 제9호부터 제13호에 따라 인정이 취소된 자가 동일 성능의 동일 인정품목에 대한 인정신청을 새로이 하는 경우에는 반려되거나 취소된 날로부터 **24개월 이후**에 하여야 한다.〈전문개정〉
⑥ 인정신청 시 인정이 유효하거나 취소된 구조와 동일한 방화문명 또는 셔터명을 사용할 수 없다.〈전문개정〉
⑦ 방화문 또는 셔터의 인정을 받은 자는 다음 각 호에 해당하는 경우에는 동일 품목에 대하여 방화문 또는 셔터 인정을 신청할 수 없다.
  1. 제14조에 따른 공장품질관리 확인점검 중인 경우(점검 개시일부터 결과보고일까지로 하되, 제20조에 따른 개선요청한 경우 조치완료일까지로 한다.)
  2. 제14조 및 제15조에 따른 공장 및 시공현장 품질관리 확인결과 제20조에 따라 방화문 또는 셔터의 인정이 일시정지 중인 경우
  3. 제17조에 따라 유효기간 연장을 위하여 품질시험을 실시 중인 경우(품질시험 개시일로부터 결과조치 완료일까지로 한다.)
⑧ 원장은 제1항에 따른 제출서류 중 원재료 및 구성재료 배합비 등 신청자가 영업활동을 위해 비밀보장을 요구하는 서류에 대하여는 비밀을 유지하여야 한다.
⑨ 제2항의 신청자는 방화문 또는 셔터로 인정받지 않은 구조를 방화문 또는 셔터로 생산하거나 판매 또는 시공할 수 없다.

제6조【공장의 품질관리상태 확인】 원장은 제5조의 규정에 의하여 신청된 방화문 또는 셔터에 대하여 [별표 1]의 인정신청 시 첨부도서에 대한 생산공장 품질관리상태를 확인하여야 한다.

[전문개정]

3. 방화문 및 자동방화셔터의 인정 및 관리기준

제7조【품질시험】 ① 신청자는 방화문 또는 셔터 품질시험의 전부 또는 일부를 「건축법 시행령」 제63조 각 호에 따른 건축자재 성능 시험기관(이하 "시험기관"이라 한다.)에서 할 수 있다. 다만, 동 시험기관에서 품질시험을 수행하는 것이 곤란하다고 인정되는 경우에는 원장의 입회하에 신청자가 원하는 시험기관에서 실시할 수 있다.〈전문개정〉
② 원장은 신청자가 시험기관을 지정하는 경우에 품질시험을 실시하는 시험기관의 장에게 신청자료 등을 제공하여야 한다.〈전문개정〉
③ 제1항의 시험기관은 원장이 정하는 바에 따라 제작된 시험체의 품질시험을 실시하되, 품질시험방법은 「산업표준화법」에 따른 한국산업표준이 정하는 바에 따라 품질시험을 실시하여야 한다. 다만, 품질시험방법이 별도로 정하여 있지 않은 경우에는 원장이 정하는 기준에 따른다.
④ 제1항의 신청자는 본인 또는 「독점규제 및 공정거래에 관한 법률」 제2조에 따른 신청자의 계열회사에서 품질시험을 하여서는 아니된다.

제8조【인정심사】 ① 원장은 제5조의 규정에 의하여 신청된 방화문 또는 셔터에 대하여 다음 각 호의 사항을 심사한 후 인정여부를 결정하여야 한다.〈전문개정〉
 1. 신청구조의 품질시험 방법과 결과의 적정성
 2. 신청구조의 안전성
 3. 신청구조의 제조·품질관리, 시공의 적정성 등
 4. 신청구조의 구조설명서 및 시방서, 재료의 품질규격 및 현장품질관리의 적정성 등
② 원장은 현장시공오차 및 시공기술자의 숙련도 등을 고려하여 안전율을 적용하여 인정할 수 있다.〈전문개정〉
③ 삭 제
④ 삭 제

제9조【인정절차 및 처리기간】 ① 원장은 제5조의 규정에 의하여 신청된 방화문 및 셔터에 대하여 [별표 2]의 방화문 및 셔터 인정절차에 따라 업무를 진행하고, 처리기간은 [별표 3]에서 정한 기간으로 한다.
② 원장은 방화문 및·셔터 인정 및 관리업무 수행상 불가피한 사유로 인하여 처리기간이 연장되어야 할 경우에는 **1회**에 한하여 **15일 이내**의 범위를 정하여 연장할 수 있으며, 신청자에게 그 사유를 통보하여야 한다.

제10조【인정 결과 등의 통보】 ① 원장은 제5조에 따라 신청된 방화문 또는 셔터를 인정하는 경우 또는 제17조에 따라 방화문 또는 셔터의 유효기간을 연장하는 경우에는 다음 각 호에서 정한 사항을 해당업체에 통보하고 이를 공고하여야 한다.

1. 공고내용(상세도면, 공사방법, 현장품질검사 및 검사 방법과 기준 등에 관한 세부 내용)
2. 인정서(별지 제2호 서식 또는 별지 제3호 서식)
3. 제품품질관리 사항

② 원장은 방화문 또는 셔터 인정의 일시정지 또는 일시정지 사유가 해소된 경우와 제20조에 따라 취소하는 경우에는 방화문명 또는 셔터명 및 일시정지 또는 취소 사유 등을 해당업체에 통보하고 이를 공고하여야 한다.

③ 원장은 제1항 및 제2항에 따라 방화문 또는 셔터의 인정, 유효기간 연장, 일시정지 또는 인정취소 공고를 한 경우에는 국토교통부장관 및 시·도지사, 대한건축사협회, 대한건설협회, 한국건설감리협회 등 건설관련단체에 공고내용을 통보하여야 한다.

제3장 방화문 및 셔터 인정의 품질관리

제11조【인정업자 등의 자체품질관리】 ① 인정업자는 인정받은 내용과 동일한 생산·제조를 위하여 자체품질관리를 다음 각호에 따라 실시하고, 그 결과를 기록·보존하여야 한다. 단, 제5조의 규정에 의한 대리신청인은 제조업자의 위임을 받아 자체품질관리 결과를 보전·관리할 수 있다.
1. 구성재료·원재료 등의 검사
2. 제조공정에 있어서의 중간검사 및 공정관리
3. 제품검사 및 제조설비의 유지관리
4. 제품생산, 판매실적 및 제품을 판매한 시공현장 등에 대한 상세 내역 등

② 인정업자는 방화문 또는 셔터의 현장반입 및 시공과 현장품질관리를 위해 인정받은 내용과 현장시공방법 및 검사방법 등을 첨부하여 시공자, 감리자 등에게 제출하여야 한다.

제12조【인정의 표시】 ① 인정업자는 방화문 또는 셔터 제품의 표면에 [별표 4]에 따른 표시를 하여야 하며, 시공자는 방화문 또는 셔터의 시공부위에 [별표 4]에 따른 표시를 하여야 한다.

② 제1항에서 규정한 인정표시는 인정 방화문 또는 셔터가 아닌 제품 또는 포장에 동일하거나 유사한 표시를 하여서는 아니된다.

제13조【생산 및 판매실적의 제출】 ① 원장은 인정업자(제14조 제2항에 의한 대리신청인을 포함한다)에게 인정된 방화문 또는 셔터의 생산 및 판매실적을 요구할 수 있으며, 요청을 받은 자는 요구된 자료를 즉시 제출하여야 한다.

② 인정업자는 매 분기별로 세부운영지침으로 정하는 서식에 따라 시공현장별 시공실적을 **다음 월 10일**까지 원장에게 제출하여야 한다.

제14조【공장 품질관리 확인점검】 ① 원장은 제10조에 따라 인정된 방화문 또는 셔터가 제11조부터 제13조의 규정에 따라 품질관리를 하고 있는지를 확인하기 위하여 연 2회 이상 제11조부터 제13조의 규정에 따른 공장 품질관리상태를 점검하여야 한다.
② 원장은 점검일 기준으로 **최근 5년동안 2회 이상** 공장품질 관리확인 점검 시 제20조의 시정조치, 일시정지 및 인정취소의 위반사항이 발견된 업체와 품질관리가 필요하다고 판단되는 업체에 대해 공장 품질관리상태 확인을 위한 점검을 추가 실시할 수 있다.
③ 원장은 국가 또는 지방자치단체의 장의 요청을 받은 경우에는 공장 품질관리상태 확인을 위한 점검을 추가 실시할 수 있다.
④ 원장은 점검일 기준으로 **최근 6회 이상** 공장품질 관리확인 점검 시 제20조의 시정조치, 일시정지 및 인정취소의 위반사항이 발견되지 아니한 업체는 공장품질관리 확인점검을 1회에 한해 생략할 수 있다.
⑤ 인정업자는 원장이 공장 품질관리상태를 확인하는 경우에는 시료채취·시험체 제작 등에 협조하여야 한다.
⑥ 원장은 공장품질관리상태 확인점검 시 적정관리 및 성능유지 여부에 대해 확인을 하며, 판정 및 점검에 관한 세부사항은 세부운영지침에서 정하는 바에 따른다.

제15조【시공현장 품질관리 확인점검】 ① 원장은 제10조에 따라 인정된 방화문 또는 셔터가 제11조부터 제13조의 규정에 따른 품질관리를 하고 있는지를 확인하기 위하여 인정된 방화문 또는 셔터가 시공되는 현장을 대상으로 **연 1회 이상, 1개소 이상** 방화문 또는 셔터의 품질관리상태를 점검할 수 있다.
② 원장은 점검일 기준으로 **최근 5년동안 2회 이상** 시공품질 관리확인 점검 시 제20조의 시정조치, 일시정지 및 인정취소의 위반사항이 발견된 업체와 품질관리가 필요하다고 판단되는 업체는 시공현장 품질관리상태 확인을 위한 점검을 추가 실시할 수 있다.
③ 원장은 국가 또는 지방자치단체의 장의 요청을 받은 경우에는 공장 품질관리상태 확인을 위한 점검을 추가 실시할 수 있다.
④ 원장은 시공현장 확인점검한 결과를 해당 시공현장의 시공자 및 감리자에게 통보하여야 한다.
⑤ 인정업자는 제2항에 따라 원장이 시공현장 품질관리상태를 확인점검하는 경우에는 시료채취·시험체 제작 등에 협조하여야 한다

⑥ 원장은 공장품질관리상태 확인점검 시 적정관리 및 성능유지 여부에 대해 확인을 하며, 판정 및 점검에 관한 세부사항은 세부운영지침에서 정하는 바에 따른다.

제16조【시험기관 품질시험결과 확인점검】 ① 원장은 시험기관이 제7조에 따른 품질시험을 실시하고 있는지를 확인하기 위하여 **연 1회 이상** 품질시험기관의 시험결과에 대한 확인점검을 실시하여야 한다.
② 시험기관의 장은 품질시험의 원시데이터(RAW DATA), 시험체 확인기록 및 제작일지 등 시험체 제작 제1항의 관리상태 확인 업무에 협조하여야 한다.

제17조【인정의 유효기간】 ① 제10조에 따라 인정받은 방화문 또는 셔터의 유효기간은 인정 또는 연장받은 날로부터 **5년**을 원칙으로 한다.
② 인정업자가 방화문 또는 셔터 유효기간의 연장을 받고자 할 경우에는 유효기간이 만료되기 **6개월 이내**에 원장에게 제6조에 따른 공장 품질관리상태 확인 및 제7조에 따른 품질시험를 요청하여야 하며, 유효기간 만료 **15일 전**까지 품질시험결과를 원장에게 제출하여야 한다.
③ 품질시험을 실시하는 시험기관의 장은 유효기간 연장을 위한 시험신청을 받은 사실을 원장에게 알려야 하며 품질시험의 실시 결과를 원장에게 즉시 제출하여야 한다.
④ 방화문 또는 셔터의 인정이 일시정지 중인 경우는 당해구조의 유효기간 연장신청을 할 수 없다.

제4장 방화문 및 셔터 인정의 취소 등

제18조【인정변경 및 양도·양수】 인정업자는 다음 각 호에 해당하는 변경사유가 발생 시에는 변경내용을 상세히 작성한 서류를 첨부하여 원장에게 인정변경 신청을 하고 확인을 받아야 한다. 이 경우, 인정변경신청은 변경사유가 발생한 날로부터 **60일 이내**에 하여야 하며, 인정 내화성능에 영향을 미치는 제품 크기 및 구성부재 변경 사항에 대해서는 변경신청할 수 없다.
1. 상호 또는 대표자의 변경(양도·양수, 상속 등 재산권 변동사항을 포함한다.)
2. 공장의 이전 또는 주요시설의 변경
3. 내화성능에 영향을 미치지 않는 경미한 세부인정 내용의 변경

제19조【신청의 보완 또는 반려】 ① 원장은 다음 각 호에 해당되는 경우에는 신청자에게 보완을 요청하여야 한다.
1. 제5조의 규정에 의하여 신청자가 첨부하여야 할 도서의 내용이 부실하거나, 사실과 상이한 문서를 제출한 경우
2. 제6조에 의한 신청자의 품질관리 확인 결과 제22조의 세부운영지침에 부합하지 않거나, 신청내용과 상이한 경우

② 원장은 다음 각 호에 해당되는 경우에는 신청을 반려하고, 반려사실을 신청자에게 통보하여야 한다.
1. 신청자가 인정신청 반려를 요청하는 경우
2. 신청자가 제1항의 보완요청을 **30일 이내**에 이행하지 않는 경우
3. 제7조에 의한 품질시험결과 성능이 확보되지 않는 경우
4. 제7조 제3항의 각 호와 같이 고의적으로 신청내용과 상이하게 제작된 경우
5. 제22조의 규정에 의한 수수료를 통보일로부터 **30일 이내**에 납부하지 않는 경우

제20조【인정의 취소 등】 ① 원장은 [별표 5]에 해당되는 경우에는 인정업자에게 개선요청, 일시정지 또는 취소할 수 있다.
② 원장은 제1항의 개선요청, 일시정지 결과의 적정성을 서면, 공장 또는 현장 점검 등으로 이를 확인하여야 한다.
③ 인정이 일시정지된 방화문 또는 셔터는 일시정지된 날로부터 정지해제된 날까지 판매 및 시공을 할 수 없다.
④ 원장은 제3항의 규정의 일시정지 사유 해소 결과의 적정성을 서면, 공장 또는 현장 점검 등으로 이를 확인하여야 하며, 일시정지 사유가 해소된 때에는 즉시 일시정지를 해제하여야 한다.
⑤ 원장은 다음 각호에 해당하는 경우 방화문 또는 셔터의 인정을 취소할 수 없다.
1. 제17조에 따른 유효기간 연장을 위한 시료채취가 이루어진 경우
2. 제14조 또는 제15조의 품질관리 확인점검 중인 경우
⑥ 인정이 취소된 방화문 또는 셔터는 취소된 날부터 판매 및 시공을 할 수 없다.

제5장 기 타

제21조【연간 운영계획 보고】 원장은 방화문 및 셔터 인정업무를 수행하기 위해 다음 각 호의 사항을 포함한 연간 운영계획을 매년 초 운영위원회 검토 후 국토교통부에 보고하여야 한다.
1. 전년도 공장 및 시공현장 품질관리 상태 확인점검 결과
2. 해당년도 공장 및 시공현장 품질관리 상태 확인점검 계획 등

제22조【세부운영지침】 ① 원장은 방화문 및 셔터 인정과 관련하여 다음의 내용이 포함된 세부운영지침을 작성하여야 한다.

1. 인정업무 처리문서, 기간, 절차, 기준, 구비서류, 서식, 수수료, 시료채취방법, 품질시험방법 세부기재사항
2. 공장품질관리 및 시공현장 품질관리 확인 점검의 기준, 서식, 수수료, 점검방법, 점검결과 판정 등 점검에 대한 세부사항
3. 제품의 원재료 및 구성재료 배합비 관리절차 등 그 밖의 필요한 사항

② 제1항에 규정한 세부운영지침의 제·개정 시에는 국토교통부장관의 승인을 득하여야 한다.

제23조【방화댐퍼】 ① 성능시험은 「건축법 시행령」 제63조에 따라 지정된 기관에서 할 수 있다.
② 방화댐퍼는 다음 각 호에 적합하게 설치되어야 한다.
1. 미끄럼부는 열팽창, 녹, 먼지 등에 의해 작동이 저해받지 않는 구조일 것
2. 방화댐퍼의 주기적인 작동상태, 점검, 청소 및 수리 등 유리·관리를 위하여 검사구·점검구는 방화댐퍼에 인접하여 설치할 것
3. 부착방법은 구조체에 견고하게 부착시키는 공법으로 화재 시 덕트가 탈락, 낙하해도 손상되지 않을 것
4. 배연기의 압력에 의해 방재상 해로운 진동 및 간격이 생기지 않는 구조일 것

③ 방화댐퍼는 다음 각 호의 성능을 확보하여야 한다.
1. [별표 6]에 따른 내화성능시험 결과 비차열 1시간 이상의 성능
2. KS F 2822(방화댐퍼의 방연시험방법)에서 규정한 방연성능

④ 방화댐퍼의 성능시험은 다음의 기준을 따라야 한다.
1. 시험체는 날개, 케이싱, 각종 부속품 등을 포함하여 실제의 것과 동일한 구성·재료 및 크기의 것으로 하되, 실제의 크기가 3m 곱하기 3m의 가열로 크기보다 큰 경우에는 시험체 크기를 가열로에 설치할 수 있는 최대크기로 한다.
2. 내화시험 및 방연시험은 시험체 양면에 대하여 **각 1회**씩 실시한다. 단, 수평부재에 설치되는 방화댐퍼의 경우 내화시험은 화재노출면에 대해 **2회** 실시한다.
3. 내화성능 시험체와 방연성능 시험체는 동일한 구성·재료로 제작되어야 하며, 내화성능 시험체는 가장 큰 크기로, 방연성능 시험체는 가장 작은 크기로 제작되어야 한다.

⑤ 시험성적서는 **2년간** 유효하며, 시험성적서와 동일한 구성 및 재질로서 내화성능 시험체 크기와 방연성능 시험체 크기 사이의 것인 경우에는 이미 발급된 성적서로 그 성능을 갈음할 수 있다.

제24조 【하향식 피난구】 ① 성능시험은 「건축법 시행령」 제63조에 따라 지정된 기관에서 할 수 있다.
② **하향식 피난구**는 다음 각 호의 성능을 확보하여야 한다.
  1. KS F 2257-1(건축부재의 내화시험방법-일반요구사항)에 적합한 수평가열로에서 시험한 결과 KS F 2268-1(방화문의 내화시험방법)에서 정한 비차열 1시간 이상의 내화성능이 있을 것
  2. 사다리는 「소방시설설치유지 및 안전관리에 관한 법률 시행령」 제37조에 따른 '피난사다리의 형식승인 및 검정기술기준'의 재료기준 및 작동시험기준에 적합할 것
  3. 덮개는 장변 중앙부에 $637N/0.2m^2$의 등분포하중을 가했을 때 중앙부 처짐량이 **15mm** 이하일 것

제25조 【건축자재 품질관리정보 구축기관 지정】「건축사법」 제31조에 따라 설립된 건축사협회는 제4조의 성능을 만족하는 방화문, 셔터, 제23조의 기준에 적합한 댐퍼의 품질관리에 필요한 정보를 홈페이지 등에 게시하여 일반인이 알 수 있도록 하여야 한다.
[종전의 제9조에서 이동]

제26조 【재검토기한】 국토교통부장관은 「훈령·예규 등의 발령 및 관리에 관한 규정」에 따라 이 고시에 대하여 2019년 7월 1일 기준으로 매 3년이 되는 시점(매 3년째의 6월 30일까지를 말한다)마다 그 타당성을 검토하여 개선 등의 조치를 하여야 한다.
[종전의 제10조에서 이동]

부 칙 〈제2021-1009호, 21. 8. 6.〉

제1조 【시행일】 이 고시는 2021년 8월 7일부터 발령한다.

제2조 【인정 방화문 및 방화셔터 대상 건축물에 관한 적용례】 이 고시 발령 이후 법 제11조에 따른 건축허가 또는 대수선허가를 신청(건축허가 또는 대수선허가를 신청하기 위해 법 제4조의2 제1항에 따라 건축위원회에 심의를 신청하는 경우를 포함한다.)하거나 법 제14조에 따른 건축신고를 하는 경우부터 적용한다.

제3조 【세부운영지침】 제22조에 따른 세부운영지침은 이 고시 발령 이후 1개월 이내에 국토교통부장관의 승인을 받아야 한다.

[별표 1] 방화문(셔터) 인정신청 시 첨부서류

신청도서	기재사항
1. 설계도서	• 구조설명도(구조의 형상, 크기, 구성건축 재료명 등) • 구성재료 설명 • 시방서
2. 품질관리 설명서	• 제품 및 재료설명서(제품 및 구성재료의 품질관리항목 및 품질기준) • 공정 및 제품관리에 관한 사항 • 제조 · 검사설비 리스트(주요설비 표시) • 시공 및 현장품질관리에 관한 사항(검사기준 포함)
3. 신청자의 사업개요	• 연혁 및 생산 · 판매실적 • 품질관리 조직(품질관리 전담인력의 자격증, 경력증명서 및 고용관련 서류) • 품질관리자(책임자 및 실무자의 품질교육 이수 증빙자료)
4. 기타 자료	• 법인등기부등본, 사업자등록증, 공장등록증 • 제조설비를 갖추고 제품을 생산할 수 있는 능력을 보유하고 있음을 증명할 수 있는 서류 • 제품의 원재료규격 및 배합비 • 제품 및 원재료 시험성적서 (KS 제품인 경우 생략 가능) • 사내규정 목차(규격번호 및 개정번호 포함)
5. 대리신청인의 경우	• 대리신청자 연혁 • 신청자와의 관계를 증명하는 서류 • 기타 필요한 서류

〔**별표 2**〕 방화문(셔터) 인정업무 절차

신청자	한국건설기술연구원	시험기관
인정신청	신청자격검토	
신청비용 납부	신청비용 통보	
	서류검토	
출장비용 납부	출장비용 통보	
시료보관·운반 및 시험체 제작	공장품질관리확인 및 시료채취	
	품질시험 수행·위탁	시험체 제작확인 및 품질시험
	인정심사	
	인정	
	신청자 및 해당기관 인정통보	

[별표 3] 방화문(셔터) 인정업무 및 처리기간

순 번	업무명	처리내용
1	신청자격 검토	• 신청자격 및 제한조건 검토
2	수수료 통보	• 수수료 납부요청
3	신청서류 검토	• 인정신청 시 첨부도서내용 확인 및 검토 • 자문회의 실시여부 결정
4	공장품질관리 확인 및 시료채취	• 공장품질관리 상태 확인 및 시료채취 • 심사결과 정리 및 보고
5	품질시험성적서 검토	• 품질시험성적서 검토 • 인정심사표 작성
6	인정 및 공고	• 인정서 및 세부인정내용 작성 • 인정 공고안 작성 • 관련기관 통보 • 신청업체에 인정서 발급
	처리기간	25일

※ 1개 구조 또는 1개 공장이 추가마다 처리기간은 7일씩 증가
※ 자문회의를 실시하는 경우 민원기간 10일 증가
※ 다음 각 호에 해당하는 기간은 처리기간으로 산입하지 아니한다.
 1. 신청자가 업무진행의 보류 요청에 따라 업무가 진행되지 않은 기간
 2. 천재지변 등 불가피한 사유가 발생하여 업무가 진행되지 않은 기간
 3. 수수료 통보에서 납부에 소요되는 기간
 4. 제17조의 규정에 의한 보완 등에 소요되는 기간
 5. 공장이 해외에 위치하여 공장품질관리 확인 및 시료채취를 위한 비자 또는 여권발급 소요되는 기간
 6. 시료채취이후부터 시험성적서 제출일까지의 기간

[**별표 4**] 방화문(셔터)의 인정표시

방화문(셔터)의 제조업자 및 시공자

1. 사용부위는 방화구획 개구부 등으로 표시한다.
2. 내화시간은 「건축법 시행령」(제46조 제1항 제2호)에 따른다.

[별표 5] 방화문(셔터) 인정의 취소, 일시정지, 개선요청에 관한 세부기준

	행위	관련 규정	1번 위반 (기한)	2번 위반 (기한)	3번 위반 이상
1	생산 및 판매실적을 제출하지 않는 경우	제13조 제2항	개선요청 (30일)	일시정지 (30일)	인정취소
2	공장 또는 시공현장 품질관리 확인점검 과 품질개선이 필요하다고 인정되는 경우	제14조 또는 제15조	개선요청 (30일)	일시정지 (30일)	인정취소
3	인정변경 등에 대한 확인신청을 하지 않는 경우	제18조	개선요청 (30일)	일시정지 (30일)	인정취소
4	자체품질관리의 실시결과를 허위로 기재하 거나 누락하는 경우	제11조 제1항	일시정지 (30일)	인정취소	-
5	인정의 표시를 허위로 기재하거나 누락하 는 경우	제12조	일시정지 (30일)	인정취소	-
6	공장 또는 시공현장 품질관리 확인점검을 방해하는 경우	제14조 또는 제15조	일시정지 (30일)	인정취소	-
7	인정 유효기간의 연장을 위한 품질시험결 과가 제출되지 않는 경우	제17조	일시정지 (60일)	인정취소	-
8	유효기간의 연장을 위한 품질시험결과 성 능이 확보되지 않는 경우	제17조	인정취소	-	-
9	인정내용과 상이하게 시험체를 제작하여 품질시험을 합격한 경우	제7조	인정취소	-	-
10	공장 또는 시공현장 품질관리 확인점검을 거부하는 경우	제14조 또는 제15조	인정취소	-	-
11	인정받지 않은 일반 제품을 인정제품으로 고의로 판매하는 경우		인정취소	-	-
12	세부 인정내용의 원재료의 품질기준과 상 이한 원재료로 만들어진 인정제품으로 판 매한 경우	제14조 또는 제15조	인정취소	-	-
13	인정내용의 배합비와 상이한 배합비로 만 들어진 제품을 인정제품으로 판매한 경우	제14조 또는 제15조	인정취소	-	-

* 위반횟수는 최근 5년간 같은 위반행위를 한 경우에 적용한다.

〔별표 6〕 방화댐퍼의 내화시험방법(제23조 제3항 제1호 관련)

1. 개 요

1.1 목 적
이 방화댐퍼의 내화시험방법(이하 "내화시험방법"이라 한다.)은 「자동방화셔터, 방화문 및 방화댐퍼의 기준」의 제2조의 '방화댐퍼'의 내화성능 확인을 위한 시험방법을 정하는 것을 목적으로 한다.

1.2 적용범위
이 내화시험방법은 「산업표준화법」에 따른 「한국산업표준(KS)」에 우선하여 적용하며, 이 내화시험방법에서 정하지 않은 사항은 「한국산업표준(KS)」에 따른다. 단, 이 내화시험방법에서 적용하는 「한국산업표준」은 최신 표준을 적용하여야 한다.

2. 용어의 정의
이 내화시험방법에서 사용하는 용어는 「한국산업표준」에서 정한 정의를 적용한다.

3. 시험방법

3.1 시험체 제작
가. 시험체는 연결되는 덕트 등을 제외한 방화댐퍼 본체만을 대상으로 하며, 시험체 제작은 「한국산업표준(건축 부재의 내화 시험방법 - 일반 요구사항, KS F 2257-1)」 및 시험신청내용에 따라 가능한 현장 시공조건과 동일하게 제작하여야 한다.

나. 시험체의 크기 등 시험체 제작과 관련된 사항은 「한국산업표준(KS F 2257-1)」에 따른다.

3.2 시험체 양생
시험체의 양생은 일반적인 사용 조건 및 「한국산업표준(KS F 2257-1)」에 따른다.

3.3 내화시험
가. 시험조건

1) 로내열전대 및 가열로의 압력
   로내열전대 및 가열로의 압력조건은 KS F 2257-1에 따른다.

2) 시험환경
   시험환경 조건은 KS F 2257-1에 따른다.

3) 시험의 실시 등
   시험의 실시, 측정 및 관측사항 등 시험조건에 관한 기타의 사항에 대하여는 「한국산업표준(KS F 2257-1)」에 따른다.

나. 시험체수
방화댐퍼의 내화시험은 2회를 실시한다. 수직부재에 설치되는 방화댐퍼의 경우 양면에 대해 각 1회씩 시험하며 수평부재에 설치되는 방화댐퍼의 경우 화재노출면에 대해 2회 시험한다.

다. 내화시험방법

내화시험 전 주위 온도에서 방화댐퍼의 작동장치(모터 등)를 사용하여 10번 개폐하여 작동에 이상이 없는지를 확인한 후, 방화댐퍼를 폐쇄 상태로 하여 「한국산업표준(KS F 2257-1)」의 표준 시간-가열온도 곡선에 따라 가열하면서 차염성을 측정한다.

3.4 판정기준

내화성능은 「한국산업표준(KS F 2257-1)」의 차염성 성능기준에 의하여 결정되어야 한다. 단, 면 패드는 적용하지 않는다.

4. 시험결과의 표현

시험성적서에는 신청 내화등급을 표시하고 합·부 표기를 하여야 한다. 기타 시험결과의 표현 및 시험성적서에 명시되어야 할 사항으로서 고시에서 정하지 않은 사항은 「한국산업표준 (KS F 2257-1)」에 따른다.

(a) 벽체에 설치되는 경우

(b) 바닥에 설치되는 경우

┃방화댐퍼 시험체 제작 예시┃

[별지 제1호 서식] 자동방화셔터, 방화문 및 방화댐퍼의 기준

방화문(셔터) 인정 신청서

방화문(셔터) 인정 신청서				
신청자	① 상호 또는 명칭			
	② 대표자	(연락처:)	③ 사업자 등록번호	
	④ 공장소재지	(연락처 :)		
구조의 개요	⑤ 상품명			
	⑥ 방화문(셔터)명			
	⑦ 사용부위			
	⑧ 내화시간			
「건축물의 피난 · 방화구조 등의 기준에 관한 규칙」 제26조(제14조 제3항)에 따라 위와 같이 방화문(셔터)의 인정을 받고자 신청합니다. 　　　년　　　월　　　일 　　　　　　　　　　　　　　　　　신청자　　　　(서명 또는 날인)				
한국건설기술연구원장 귀하				
구비서류 : [별표 1]의 도서				

[별지 제2호 서식] 자동방화셔터, 방화문 및 방화댐퍼의 기준

방화문 인정서

방 화 문 인 정 서
Certificate of Accreditation of Fire Door

1. 인정번호 :
Accreditation No.

2. 상 품 명 :
Name of Product

3. 방화문명 :
Name of Fire Resistant Construction

4. 사용부위 :
Limitation of Use

5. 방화문 내용 :
Contents of Certificate

6. 인정업체 및 대표자 :
Name of Corporation / Representative

7. 공장소재지 :
Address of Manufactory

8. 첨부서류 :
Attachment

9. 유효기간 :   년   월   일 까지
Date of Expiry

「건축물의 피난·방화구조 등의 기준에 관한 규칙」 제26조의 규정에 의하여 위와 같이 방화문의 성능을 인정합니다.
This Certificate is based on section 26 of Regulation on the Standards for Evacuation and Fireproof Construction of Buildings.

년   월   일

한 국 건 설 기 술 연 구 원 장
Korea Institute of Civil Engineering and Building Technology
[10223 경기도 고양시 일산서구 고양대로 283(대화동)]

〔별지 제3호 서식〕 자동방화셔터, 방화문 및 방화댐퍼의 기준

자동방화셔터 인정서

자 동 방 화 셔 터 인 정 서
Certificate of Accreditation of Fire Proof Shutter

1. 인정번호 :
Accreditation No.

2. 상 품 명 :
Name of Product

3. 자동방화셔터명 :
Name of Fire Proof Shutter

4. 사용부위 :
Limitation of Use

5. 자동방화셔터 내용 :
Contents of Certificate

6. 인정업체 및 대표자 :
Name of Corporation / Representative

7. 공장소재지 :
Address of Manufactory

8. 첨부서류 :
Attachment

9. 유효기간 :   년   월   일 까지
Date of Expiry

「건축물의 피난·방화구조 등의 기준에 관한 규칙」 제14조 제3항의 규정에 의하여 위와 같이 자동방화셔터의 성능을 인정합니다.
This Certificate is based on section 14(3) of Regulation on the Standards for Evacuation and Fireproof Construction of Buildings.

년   월   일

한 국 건 설 기 술 연 구 원 장
Korea Institute of Civil Engineering and Building Technology
[10223 경기도 고양시 일산서구 고양대로 283(대화동)]

4 화재예방, 소방시설 설치·유지 및 안전관리에 관한 법률 시행령
(약칭 : 소방시설법 시행령)

일부개정 2021. 8. 24. 대통령령 제31949호

[별표 1] 소방시설(제3조 관련) 〈개정 21.1.5.〉

1. **소화설비** : 물 또는 그 밖의 소화약제를 사용하여 소화하는 기계·기구 또는 설비로서 다음 각 목의 것
  가. 소화기구
    1) 소화기
    2) 간이소화용구 : 에어로졸식 소화용구, 투척용 소화용구, 소공간용 소화용구 및 소화약제 외의 것을 이용한 간이소화용구
    3) 자동확산소화기
  나. **자동소화장치**
    1) 주거용 주방자동소화장치
    2) 상업용 주방자동소화장치
    3) 캐비닛형 자동소화장치
    4) 가스자동소화장치
    5) 분말자동소화장치
    6) 고체에어로졸자동소화장치
  다. 옥내소화전설비(호스릴옥내소화전설비를 포함한다.)
  라. 스프링클러설비 등
    1) 스프링클러설비
    2) 간이스프링클러설비(캐비닛형 간이스프링클러설비를 포함한다.)
    3) 화재조기진압용 스프링클러설비
  마. **물분무등소화설비**
    1) 물분무소화설비
    2) 미분무소화설비
    3) 포소화설비
    4) 이산화탄소소화설비
    5) 할론소화설비
    6) 할로겐화합물 및 불활성기체소화설비
    7) 분말소화설비
    8) 강화액소화설비
    9) 고체에어로졸소화설비
  바. 옥외소화전설비

2. **경보설비** : 화재발생 사실을 통보하는 기계·기구 또는 설비로서 다음 각 목의 것
   가. 단독경보형 감지기
   나. 비상경보설비
      1) 비상벨설비
      2) 자동식 사이렌설비
   다. 시각경보기
   라. 자동화재탐지설비
   마. 비상방송설비
   바. 자동화재속보설비
   사. 통합감시시설
   아. 누전경보기
   자. 가스누설경보기
3. **피난구조설비** : 화재가 발생할 경우 피난하기 위하여 사용하는 기구 또는 설비로서 다음 각 목의 것
   가. 피난기구
      1) 피난사다리
      2) 구조대
      3) 완강기
      4) 그 밖에 법 제9조 제1항에 따라 소방청장이 정하여 고시하는 화재안전기준(이하 "화재안전기준"이라 한다.)으로 정하는 것
   나. 인명구조기구
      1) 방열복, 방화복(안전헬멧, 보호장갑 및 안전화를 포함한다.)
      2) 공기호흡기
      3) 인공소생기
   다. 유도등
      1) 피난유도선
      2) 피난구유도등
      3) 통로유도등
      4) 객석유도등
      5) 유도표지
   라. 비상조명등 및 휴대용비상조명등
4. **소화용수설비** : 화재를 진압하는 데 필요한 물을 공급하거나 저장하는 설비로서 다음 각 목의 것
   가. 상수도소화용수설비
   나. 소화수조·저수조, 그 밖의 소화용수설비
5. **소화활동설비** : 화재를 진압하거나 인명구조활동을 위하여 사용하는 설비로서 다음 각 목의 것

가. 제연설비
나. 연결송수관설비
다. 연결살수설비
라. 비상콘센트설비
마. 무선통신보조설비
바. 연소방지설비

〔**별표 2**〕 **특정소방대상물**(제5조 관련) 〈개정 21.8.24.〉

1. 공동주택
   가. **아파트 등** : 주택으로 쓰이는 층수가 **5층 이상인 주택**
   나. **기숙사** : 학교 또는 공장 등에서 학생이나 종업원 등을 위하여 쓰는 것으로서 공동취사 등을 할 수 있는 구조를 갖추되, 독립된 주거의 형태를 갖추지 않은 것(「교육기본법」 제27조 제2항에 따른 학생복지주택을 포함한다.)
2. 근린생활시설
   가. **슈퍼마켓**과 일용품(식품, 잡화, 의류, 완구, 서적, 건축자재, 의약품, 의료기기 등) 등의 소매점으로서 같은 건축물(하나의 대지에 두 동 이상의 건축물이 있는 경우에는 이를 같은 건축물로 본다. 이하 같다.)에 해당 용도로 쓰는 **바닥면적의 합계**가 **1천m^2 미만**인 것
   나. **휴게음식점**, 제과점, 일반음식점, **기원**(棋院), **노래연습장** 및 **단란주점**(단란주점은 같은 건축물에 해당 용도로 쓰는 바닥면적의 합계가 150m^2 미만인 것만 해당한다.)
   다. **이용원, 미용원, 목욕장** 및 세탁소(공장이 부설된 것과 「대기환경보전법」, 「물환경보전법」 또는 「소음·진동관리법」에 따른 배출시설의 설치허가 또는 신고의 대상이 되는 것은 제외한다.)
   라. 의원, **치과의원, 한의원**, 침술원, 접골원(接骨院), **조산원, 산후조리원** 및 **안마원**(「의료법」 제82조 제4항에 따른 **안마시술소**를 포함한다.)
   마. 탁구장, 테니스장, 체육도장, 체력단련장, **에어로빅장, 볼링장, 당구장**, 실내낚시터, 골프연습장, 물놀이형 시설(「관광진흥법」 제33조에 따른 안전성 검사의 대상이 되는 물놀이형 시설을 말한다. 이하 같다.), 그 밖에 이와 비슷한 것으로서 같은 건축물에 해당 용도로 쓰는 바닥면적의 합계가 **500m^2 미만**인 것
   바. **공연장**(극장, 영화상영관, 연예장, 음악당, 서커스장, 「영화 및 비디오물의 진흥에 관한 법률」 제2조 제16호 가목에 따른 비디오물감상실업의 시설, 같은 호 나목에 따른 비디오물소극장업의 시설, 그 밖에 이와 비슷한 것을 말한다. 이하 같다.) 또는 **종교집회장**[교회, 성당, 사찰, 기도원, 수도원, 수녀원, 제실(祭室), 사당, 그 밖에 이와 비슷한 것을 말한다. 이하 같다.]으로서 같은 건축물에 해당 용도로 쓰는 바닥면적의 합계가 **300m^2 미만**인 것
   사. **금융업소, 사무소, 부동산중개사무소**, 결혼상담소 등 소개업소, **출판사, 서점**, 그 밖에 이와 비슷한 것으로서 같은 건축물에 해당 용도로 쓰는 바닥면적의 합계가 500m^2 미만인 것
   아. 제조업소, 수리점, 그 밖에 이와 비슷한 것으로서 같은 건축물에 해당 용도로 쓰는 바닥면적의 합계가 500m^2 미만이고, 「대기환경보전법」, 「물환경보전법」 또는 「소음·진동관리법」에 따른 배출시설의 설치허가 또는 신고의 대상이 아닌 것
   자. 「게임산업진흥에 관한 법률」 제2조 제6호의2에 따른 **청소년게임제공업** 및 **일반게임제공업**의 시설, 같은 조 제7호에 따른 인터넷컴퓨터게임시설제공업의 시설 및 같은 조 제8호에 따른 복합유통게임제공업의 시설로서 같은 건축물에 해당 용도로 쓰는 바닥면적의 합계가 **500m^2 미만**인 것

차. 사진관, 표구점, **학원**(같은 건축물에 해당 용도로 쓰는 바닥면적의 합계가 500m² 미만인 것만 해당하며, 자동차 학원 및 무도학원은 제외한다.), **독서실, 고시원**(「다중이용업소의 안전관리에 관한 특별법」에 따른 **다중이용업 중 고시원업의 시설**로서 독립된 주거의 형태를 갖추지 않은 것으로서 같은 건축물에 해당 용도로 쓰는 바닥면적의 합계가 500m² 미만인 것을 말한다.), 장의사, 동물병원, 총포판매사, 그 밖에 이와 비슷한 것

카. **의약품 판매소, 의료기기 판매소** 및 **자동차영업소**로서 같은 건축물에 해당 용도로 쓰는 바닥면적의 합계가 **1천m² 미만**인 것

타. 삭 제〈13.1.9〉

3. 문화 및 집회시설

가. 공연장으로서 근린생활시설에 해당하지 않는 것

나. **집회장** : 예식장, 공회당, 회의장, 마권(馬券) 장외 발매소, 마권 전화투표소, 그 밖에 이와 비슷한 것으로서 근린생활시설에 해당하지 않는 것

다. **관람장** : **경마장**, 경륜장, 경정장, **자동차 경기장**, 그 밖에 이와 비슷한 것과 체육관 및 운동장으로서 관람석의 바닥면적의 합계가 1천m² 이상인 것

라. **전시장** : 박물관, 미술관, 과학관, 문화관, **체험관, 기념관**, 산업전시장, **박람회장**, 견본주택, 그 밖에 이와 비슷한 것

마. **동·식물원** : 동물원, **식물원**, 수족관, 그 밖에 이와 비슷한 것

4. 종교시설

가. 종교집회장으로서 근린생활시설에 해당하지 않는 것

나. 가목의 종교집회장에 설치하는 **봉안당**(奉安堂)

5. 판매시설

가. **도매시장** : 「농수산물 유통 및 가격안정에 관한 법률」 제2조 제2호에 따른 **농수산물도매시장**, 같은 조 제5호에 따른 **농수산물공판장**, 그 밖에 이와 비슷한 것(그 안에 있는 근린생활시설을 포함한다.)

나. 소매시장 : **시장**, 「유통산업발전법」 제2조 제3호에 따른 **대규모 점포**, 그 밖에 이와 비슷한 것(그 안에 있는 근린생활시설을 포함한다.)

다. 전통시장 : 「전통시장 및 상점가 육성을 위한 특별법」 제2조 제1호에 따른 전통시장(그 안에 있는 근린생활시설을 포함하며, 노점형 시장은 제외한다.)

라. 상점 : 다음의 어느 하나에 해당하는 것(그 안에 있는 근린생활시설을 포함한다.)

1) 제2호 가목에 해당하는 용도로서 같은 건축물에 해당 용도로 쓰는 바닥면적 합계가 1천m² 이상인 것

2) 제2호 자목에 해당하는 용도로서 같은 건축물에 해당 용도로 쓰는 바닥면적 합계가 500m² 이상인 것

6. 운수시설

가. 여객자동차터미널

나. **철도 및 도시철도 시설**(정비창 등 관련 시설을 포함한다.)

다. 공항시설(항공관제탑을 포함한다.)
라. **항만시설** 및 **종합여객시설**
7. 의료시설
   가. **병원** : 종합병원, 병원, 치과병원, 한방병원, 요양병원
   나. **격리병원 : 전염병원, 마약진료소**, 그 밖에 이와 비슷한 것
   다. **정신의료기관**
   라. 「장애인복지법」 제58조 제1항 제4호에 따른 장애인 의료재활시설
8. 교육연구시설
   가. 학교
      1) 초등학교, 중학교, 고등학교, 특수학교, 그 밖에 이에 준하는 학교 : 「학교시설사업 촉진법」 제2조 제1호 나목의 **교사**(校舍)(교실·도서실 등 교수·학습활동에 직접 또는 간접적으로 필요한 시설물을 말하되, 병설유치원으로 사용되는 부분은 제외한다. 이하 같다.), **체육관**, 「학교급식법」 제6조에 따른 **급식시설, 합숙소**(학교의 운동부, 기능선수 등이 집단으로 숙식하는 장소를 말한다. 이하 같다.)
      2) 대학, 대학교, 그 밖에 이에 준하는 각종 학교 : 교사 및 합숙소
   나. 교육원(연수원, 그 밖에 이와 비슷한 것을 포함한다.)
   다. 직업훈련소
   라. 학원(근린생활시설에 해당하는 것과 자동차운전학원·정비학원 및 무도학원은 제외한다.)
   마. 연구소(연구소에 준하는 시험소와 계량계측소를 포함한다.)
   바. 도서관
9. 노유자시설
   가. 노인 관련 시설 : 「노인복지법」에 따른 노인주거복지시설, 노인의료복지시설, 노인여가복지시설, 주·야간보호서비스나 단기보호서비스를 제공하는 재가노인복지시설(「노인장기요양보험법」에 따른 재가장기요양기관을 포함한다.), 노인보호전문기관, 노인일자리지원기관, 학대피해노인전용쉼터, 그 밖에 이와 비슷한 것
   나. 아동 관련 시설 : 「아동복지법」에 따른 아동복지시설, 「영유아보육법」에 따른 **어린이집**, 「유아교육법」에 따른 **유치원**[제8호 가목 1)에 따른 학교의 교사 중 병설유치원으로 사용되는 부분을 포함한다.], 그 밖에 이와 비슷한 것
   다. 장애인 관련 시설 : 「장애인복지법」에 따른 장애인 거주시설, 장애인 지역사회재활시설(장애인 심부름센터, 한국수어통역센터, 점자도서 및 녹음서 출판시설 등 장애인이 직접 그 시설 자체를 이용하는 것을 주된 목적으로 하지 않는 시설은 제외한다.), 장애인 직업재활시설, 그 밖에 이와 비슷한 것
   라. 정신질환자 관련 시설 : 「정신건강증진 및 정신질환자 복지서비스 지원에 관한 법률」에 따른 정신재활시설(생산품판매시설은 제외한다.), 정신요양시설, 그 밖에 이와 비슷한 것
   마. 노숙인 관련 시설 : 「노숙인 등의 복지 및 자립 지원에 관한 법률」 제2조 제2호에 따른 노숙인복지시설(노숙인일시보호시설, 노숙인자활시설, 노숙인재활시설, 노숙인요양시설 및 쪽방상담소만 해당한다.), 노숙인종합지원센터 및 그 밖에 이와 비슷한 것

바. 가목부터 마목까지에서 규정한 것 외에 「사회복지사업법」에 따른 사회복지시설 중 결핵환자 또는 한센인 요양시설 등 다른 용도로 분류되지 않는 것
10. 수련시설
  가. 생활권 수련시설 : 「청소년활동 진흥법」에 따른 청소년수련관, 청소년 문화의 집, 청소년특화시설, 그 밖에 이와 비슷한 것
  나. 자연권 수련시설 : 「청소년활동 진흥법」에 따른 청소년수련원, 청소년야영장, 그 밖에 이와 비슷한 것
  다. 「청소년활동 진흥법」에 따른 유스호스텔
11. 운동시설
  가. 탁구장, 체육도장, 테니스장, **체력단련장, 에어로빅장, 볼링장**, 당구장, 실내낚시터, **골프연습장**, 물놀이형 시설, 그 밖에 이와 비슷한 것으로서 근린생활시설에 해당하지 않는 것
  나. 체육관으로서 관람석이 없거나 관람석의 바닥면적이 1천m^2 미만인 것
  다. 운동장 : 육상장, 구기장, 볼링장, 수영장, 스케이트장, 롤러스케이트장, 승마장, 사격장, **궁도장**, 골프장 등과 이에 딸린 건축물로서 관람석이 없거나 관람석의 바닥면적이 1천m^2 미만인 것
12. 업무시설
  가. 공공업무시설 : 국가 또는 지방자치단체의 **청사**와 외국공관의 건축물로서 근린생활시설에 해당하지 않는 것
  나. 일반업무시설 : **금융업소**, 사무소, 신문사, **오피스텔**(업무를 주로 하며, 분양하거나 임대하는 구획 중 일부의 구획에서 숙식을 할 수 있도록 한 건축물로서 국토교통부장관이 고시하는 기준에 적합한 것을 말한다.), 그 밖에 이와 비슷한 것으로서 근린생활시설에 해당하지 않는 것
  다. **주민자치센터(동사무소), 경찰서, 지구대, 파출소, 소방서, 119안전센터**, 우체국, 보건소, 공공도서관, 국민건강보험공단, 그 밖에 이와 비슷한 용도로 사용하는 것
  라. 마을회관, 마을공동작업소, 마을공동구판장, 그 밖에 이와 유사한 용도로 사용되는 것
  마. **변전소**, 양수장, 정수장, 대피소, **공중화장실**, 그 밖에 이와 유사한 용도로 사용되는 것
13. 숙박시설
  가. 일반형 숙박시설 : 「공중위생관리법 시행령」 제4조 제1호 가목에 따른 숙박업의 시설
  나. 생활형 숙박시설 : 「공중위생관리법 시행령」 제4조 제1호 나목에 따른 숙박업의 시설
  다. 고시원(근린생활시설에 해당하지 않는 것을 말한다.)
  라. 그 밖에 가목부터 다목까지의 시설과 비슷한 것
14. 위락시설
  가. **단란주점으로서 근린생활시설에 해당하지 않는 것**
  나. 유흥주점, 그 밖에 이와 비슷한 것
  다. 「관광진흥법」에 따른 **유원시설업(遊園施設業)의 시설**, 그 밖에 이와 비슷한 시설(근린생활시설에 해당하는 것은 제외한다.)

라. **무도장** 및 무도학원
마. **카지노영업소**
15. 공장
    물품의 제조·가공[세탁·염색·도장(塗裝)·표백·재봉·건조·인쇄 등을 포함한다.] 또는 수리에 계속적으로 이용되는 건축물로서 근린생활시설, 위험물 저장 및 처리시설, 항공기 및 자동차 관련 시설, 분뇨 및 쓰레기 처리시설, 묘지 관련 시설 등으로 따로 분류되지 않는 것
16. 창고시설(위험물 저장 및 처리시설 또는 그 부속용도에 해당하는 것은 제외한다.)
    가. 창고(물품저장시설로서 냉장·냉동창고를 포함한다.)
    나. 하역장
    다. 「물류시설의 개발 및 운영에 관한 법률」에 따른 **물류터미널**
    라. 「유통산업발전법」 제2조 제15호에 따른 집배송시설
17. 위험물 저장 및 처리시설
    가. 위험물제조소 등
    나. 가스시설 : 산소 또는 가연성 가스를 제조·저장 또는 취급하는 시설 중 지상에 노출된 산소 또는 가연성 가스 탱크의 저장용량의 합계가 100톤 이상이거나 저장용량이 30톤 이상인 탱크가 있는 가스시설로서 다음의 어느 하나에 해당하는 것
       1) 가스제조시설
          가) 「고압가스 안전관리법」 제4조 제1항에 따른 고압가스의 제조허가를 받아야 하는 시설
          나) 「도시가스사업법」 제3조에 따른 도시가스사업 허가를 받아야 하는 시설
       2) 가스저장시설
          가) 「고압가스 안전관리법」 제4조 제3항에 따른 고압가스 저장소의 설치허가를 받아야 하는 시설
          나) 「액화석유가스의 안전관리 및 사업법」 제8조 제1항에 따른 액화석유가스 저장소의 설치 허가를 받아야 하는 시설
       3) 가스취급시설
          「액화석유가스의 안전관리 및 사업법」 제5조에 따른 액화석유가스 충전사업 또는 액화석유가스 집단공급사업의 허가를 받아야 하는 시설
18. 항공기 및 자동차 관련 시설(건설기계 관련 시설을 포함한다.)
    가. 항공기격납고
    나. 차고, 주차용 건축물, 철골 조립식 주차시설(바닥면이 조립식이 아닌 것을 포함한다.) 및 기계장치에 의한 주차시설
    다. 세차장
    라. 폐차장
    마. 자동차 검사장
    바. 자동차 매매장
    사. 자동차 정비공장

아. 운전학원 · 정비학원
자. 다음의 건축물을 제외한 건축물의 내부(「건축법 시행령」 제119조 제1항 제3호 다목에 따른 필로티와 건축물 지하를 포함한다.)에 설치된 주차장
  1) 「건축법 시행령」 [별표 1] 제1호에 따른 단독주택
  2) 「건축법 시행령」 [별표 1] 제2호에 따른 공동주택 중 50세대 미만인 연립주택 또는 50세대 미만인 다세대주택
차. 「여객자동차 운수사업법」, 「화물자동차 운수사업법」 및 「건설기계관리법」에 따른 차고 및 주기장(駐機場)

19. 동물 및 식물 관련 시설
  가. 축사[부화장(孵化場)을 포함한다.]
  나. 가축시설 : 가축용 운동시설, 인공수정센터, 관리사(管理舍), 가축용 창고, 가축시장, 동물검역소, 실험동물 사육시설, 그 밖에 이와 비슷한 것
  다. 도축장
  라. 도계장
  마. 작물 재배사(栽培舍)
  바. 종묘배양시설
  사. 화초 및 분재 등의 온실
  아. 식물과 관련된 마목부터 사목까지의 시설과 비슷한 것(동 · 식물원은 제외한다.)

20. 자원순환 관련 시설
  가. 하수 등 처리시설
  나. 고물상
  다. 폐기물재활용시설
  라. 폐기물처분시설
  마. 폐기물감량화시설

21. 교정 및 군사시설
  가. 보호감호소, 교도소, 구치소 및 그 지소
  나. 보호관찰소, 갱생보호시설, 그 밖에 범죄자의 갱생 · 보호 · 교육 · 보건 등의 용도로 쓰는 시설
  다. 치료감호시설
  라. 소년원 및 소년분류심사원
  마. 「출입국관리법」 제52조 제2항에 따른 보호시설
  바. 「경찰관 직무집행법」 제9조에 따른 유치장
  사. 국방 · 군사시설(「국방 · 군사시설 사업에 관한 법률」 제2조 제1호 가목부터 마목까지의 시설을 말한다.)

22. 방송통신시설
  가. 방송국(방송프로그램 제작시설 및 송신 · 수신 · 중계시설을 포함한다.)
  나. 전신전화국

다. 촬영소
라. 통신용 시설
마. 그 밖에 가목부터 라목까지의 시설과 비슷한 것
23. 발전시설
 가. 원자력발전소
 나. 화력발전소
 다. 수력발전소(조력발전소를 포함한다.)
 라. 풍력발전소
 마. 전기저장시설(20kWh를 초과하는 리튬·나트륨·레독스플로우 계열의 이차전지를 이용한 전기저장장치의 시설을 말한다. 이하 같다.)
 바. 그 밖에 가목부터 마목까지의 시설과 비슷한 것(집단에너지 공급시설을 포함한다.)
24. 묘지 관련 시설
 가. 화장시설
 나. 봉안당(제4호 나목의 봉안당은 제외한다.)
 다. 묘지와 자연장지에 부수되는 건축물
 라. 동물화장시설, 동물건조장(乾燥葬)시설 및 동물 전용의 납골시설
25. 관광 휴게시설
 가. 야외음악당
 나. 야외극장
 다. 어린이회관
 라. 관망탑
 마. 휴게소
 바. 공원·유원지 또는 관광지에 부수되는 건축물
26. 장례시설
 가. 장례식장[의료시설의 부수시설(「의료법」 제36조 제1호에 따른 의료기관의 종류에 따른 시설을 말한다.)은 제외한다.]
 나. 동물 전용의 장례식장
27. 지하가
  지하의 인공구조물 안에 설치되어 있는 상점, 사무실, 그 밖에 이와 비슷한 시설이 연속하여 지하도에 면하여 설치된 것과 그 지하도를 합한 것
 가. 지하상가
 나. 터널 : 차량(궤도차량용은 제외한다.) 등의 통행을 목적으로 지하, 해저 또는 산을 뚫어서 만든 것
28. 지하구
 가. 전력·통신용의 전선이나 가스·냉난방용의 배관 또는 이와 비슷한 것을 집합수용하기 위하여 설치한 지하 인공구조물로서 사람이 점검 또는 보수를 하기 위하여 출입이 가능한 것 중 폭 **1.8m 이상**이고 **높이가 2m 이상**이며 길이가 **50m 이상**(전력 또는 **통신사업용**인 것은 **500m 이상**)인 것
 나. 「국토의 계획 및 이용에 관한 법률」 제2조 제9호에 따른 공동구

29. 문화재

「문화재보호법」에 따라 문화재로 지정된 건축물

30. 복합건축물 점검 14회

가. 하나의 건축물이 제1호부터 제27호까지의 것 중 둘 이상의 용도로 사용되는 것. 다만, 다음의 어느 하나에 해당하는 경우에는 복합건축물로 보지 않는다.
  1) 관계 법령에서 주된 용도의 부수시설로서 그 설치를 의무화하고 있는 용도 또는 시설
  2) 「주택법」 제35조 제1항 제3호 및 제4호에 따라 주택 안에 부대시설 또는 복리시설이 설치되는 특정소방대상물
  3) 건축물의 주된 용도의 기능에 필수적인 용도로서 다음의 어느 하나에 해당하는 용도
    가) 건축물의 설비, 대피 또는 위생을 위한 용도, 그 밖에 이와 비슷한 용도
    나) 사무, 작업, 집회, 물품저장 또는 주차를 위한 용도, 그 밖에 이와 비슷한 용도
    다) 구내식당, 구내세탁소, 구내운동시설 등 종업원후생복리시설(기숙사는 제외한다.) 또는 구내소각시설의 용도, 그 밖에 이와 비슷한 용도

나. 하나의 건축물이 **근린생활시설, 판매시설, 업무시설, 숙박시설** 또는 **위락시설**의 용도와 **주택의 용도**로 함께 사용되는 것

[비고]
1. 내화구조로 된 하나의 특정소방대상물이 개구부(건축물에서 채광·환기·통풍·출입 등을 위하여 만든 창이나 출입구를 말한다.)가 없는 내화구조의 바닥과 벽으로 구획되어 있는 경우에는 그 구획된 부분을 각각 **별개의 특정소방대상물**로 본다.
2. 둘 이상의 특정소방대상물이 다음 각 목의 어느 하나에 해당되는 구조의 복도 또는 통로(이하 이 표에서 "**연결통로**"라 한다.)로 연결된 경우에는 이를 **하나의 소방대상물**로 본다. 점검 10회
  가. 내화구조로 된 연결통로가 다음의 어느 하나에 해당되는 경우
    1) 벽이 없는 구조로서 그 길이가 6m 이하인 경우
    2) 벽이 있는 구조로서 그 길이가 10m 이하인 경우. 다만, 벽 높이가 바닥에서 천장까지의 높이의 $\frac{1}{2}$ 이상인 경우에는 벽이 있는 구조로 보고, 벽 높이가 바닥에서 천장까지의 높이의 $\frac{1}{2}$ 미만인 경우에는 벽이 없는 구조로 본다.
  나. 내화구조가 아닌 연결통로로 연결된 경우
  다. 컨베이어로 연결되거나 플랜트설비의 배관 등으로 연결되어 있는 경우
  라. 지하보도, 지하상가, 지하가로 연결된 경우
  마. 방화셔터 또는 갑종방화문이 설치되지 않은 피트로 연결된 경우
  바. 지하구로 연결된 경우
3. 제2호에도 불구하고 연결통로 또는 지하구와 소방대상물의 양쪽에 다음 각 목의 어느 하나에 적합한 경우에는 각각 **별개의 소방대상물**로 본다. 점검 10회
  가. 화재 시 경보설비 또는 자동소화설비의 작동과 연동하여 자동으로 닫히는 **방화셔터** 또는 **갑종방화문이 설치된 경우**
  나. 화재 시 자동으로 방수되는 방식의 **드렌처설비** 또는 **개방형 스프링클러헤드가 설치된 경우**
4. 위 제1호부터 제30호까지의 특정소방대상물의 지하층이 지하가와 연결되어 있는 경우 해당 지하층의 부분을 지하가로 본다. 다만, 다음 **지하가와 연결되는 지하층에 지하층** 또는 지하가에 설치된 **방화문이 자동폐쇄장치·자동화재탐지설비** 또는 자동소화설비와 연동하여 닫히는 **구조**이거나 그 윗부분에 드렌처설비가 설치된 경우에는 **지하가로 보지 않는다.**

[별표 4] 수용인원의 산정방법(제15조 관련) 〈개정 12.9.14.〉

1. 숙박시설이 있는 특정소방대상물
    가. 침대가 있는 숙박시설 : 해당 특정소방물의 종사자수에 침대수(2인용 침대는 2개로 산정한다.)를 합한 수
    나. 침대가 없는 숙박시설 : 해당 특정소방대상물의 종사자수에 숙박시설 바닥면적의 합계를 $3m^2$로 나누어 얻은 수를 합한 수
2. 제1호 외의 특정소방대상물 점검 12회
    가. **강의실**·**교무실**·상담실·실습실·휴게실 용도로 쓰이는 특정소방대상물 : 해당 용도로 사용하는 바닥면적의 합계를 **$1.9m^2$로 나누어 얻은 수**
    나. 강당, **문화 및 집회시설**, **운동시설**, 종교시설 : 해당 용도로 사용하는 바닥면적의 합계를 **$4.6m^2$로 나누어 얻은 수**(관람석이 있는 경우 고정식 의자를 설치한 부분은 그 부분의 의자수로 하고, 긴 의자의 경우에는 의자의 정면 너비를 0.45m로 나누어 얻은 수로 한다.)
    다. 그 밖의 특정소방대상물 : 해당 용도로 사용하는 바닥면적의 합계를 $3m^2$로 나누어 얻은 수

[비고]
1. 위 표에서 바닥면적을 산정할 때에는 복도(「건축법 시행령」 제2조 제11호에 따른 준불연재료 이상의 것을 사용하여 바닥에서 천장까지 벽으로 구획한 것을 말한다.), 계단 및 화장실의 바닥면적을 포함하지 않는다.
2. 계산 결과 소수점 이하의 수는 반올림한다.

[별표 10] 과태료의 부과기준(제40조 관련) 〈개정 20.11.10.〉

1. 일반기준
   가. 과태료 부과권자는 다음의 어느 하나에 해당하는 경우에는 제2호의 개별기준에 따른 과태료 금액의 $\frac{1}{2}$까지 그 금액을 줄여 부과할 수 있다. 다만, 과태료를 체납하고 있는 위반행위자에 대해서는 그러하지 아니하다.
   1) 위반행위자가 「질서위반행위규제법 시행령」 제2조의2 제1항 각 호의 어느 하나에 해당하는 경우
   2) 위반행위자가 처음 위반행위를 하는 경우로서 3년 이상 해당 업종을 모범적으로 영위한 사실이 인정되는 경우
   3) 위반행위자가 화재 등 재난으로 재산에 현저한 손실을 입거나 사업 여건의 악화로 그 사업이 중대한 위기에 처하는 등 사정이 있는 경우
   4) 위반행위가 사소한 부주의나 오류 등 과실로 인한 것으로 인정되는 경우
   5) 위반행위자가 같은 위반행위로 다른 법률에 따라 과태료·벌금·영업정지 등의 처분을 받은 경우
   6) 위반행위자가 위법행위로 인한 결과를 시정하거나 해소한 경우
   7) 그 밖에 위반행위의 정도, 위반행위의 동기와 그 결과 등을 고려하여 과태료를 줄일 필요가 있다고 인정되는 경우
   나. 위반행위의 횟수에 따른 과태료의 가중된 부과기준은 최근 1년간 같은 위반행위로 과태료 부과처분을 받은 경우에 적용한다. 이 경우 기간의 계산은 위반행위에 대하여 과태료 부과처분을 받은 날과 그 처분 후 다시 같은 위반행위를 하여 적발된 날을 기준으로 한다.
   다. 나목에 따라 가중된 부과처분을 하는 경우 가중처분의 적용 차수는 그 위반행위 전 부과처분 차수(나목에 따른 기간 내에 과태료 부과처분이 둘 이상 있었던 경우에는 높은 차수를 말한다.)의 다음 차수로 한다.

2. 개별기준

위반행위	근거 법조문	과태료 금액 (단위 : 만원)		
		1차 위반	2차 위반	3차 이상 위반
가. 법 제9조 제1항 전단을 위반한 경우	법 제53조 제1항 제1호			
1) 2) 및 3)의 규정을 제외하고 소방시설을 최근 1년 이내에 2회 이상 화재안전기준에 따라 관리·유지하지 않은 경우		100		

위반행위	근거 법조문	과태료 금액 (단위 : 만원)		
		1차 위반	2차 위반	3차 이상 위반
2) 소방시설을 다음에 해당하는 고장상태 등으로 방치한 경우		200		
가) 소화펌프를 고장상태로 방치한 경우 나) 수신반, 동력(감시)제어반 또는 소방시설용 비상전원을 차단하거나, 고장난 상태로 방치하거나, 임의로 조작하여 자동으로 작동이 되지 않도록 한 경우 다) 소방시설이 작동하는 경우 소화배관을 통하여 소화수가 방수되지 않는 상태 또는 소화약제가 방출되지 않는 상태로 방치한 경우				
3) 소방시설을 설치하지 않은 경우		300		
나. 법 제10조 제1항을 위반하여 피난시설, 방화구획 또는 방화시설을 폐쇄·훼손·변경하는 등의 행위를 한 경우	법 제53조 제1항 제2호	100	200	300
다. 법 제10조의2 제1항을 위반하여 임시소방시설을 설치·유지·관리하지 않은 경우	법 제53조 제1항 제3호	300		
라. 법 제12조 제1항을 위반한 경우	법 제53조 제2항 제1호	200		
마. 법 제20조 제4항·제31조 또는 제32조 제3항에 따른 신고를 하지 않거나 거짓으로 신고한 경우	법 제53조 제2항 제3호			
1) 지연신고기간이 1개월 미만인 경우		30		
2) 지연신고기간이 1개월 이상 3개월 미만인 경우		50		
3) 지연신고기간이 3개월 이상이거나 신고를 하지 않은 경우		100		
4) 거짓으로 신고한 경우		200		
바. 삭 제⟨15.6.30.⟩				
사. 법 제20조 제1항을 위반하여 소방안전관리 업무를 수행하지 않은 경우	법 제53조 제2항 제5호	50	100	200
아. 특정소방대상물의 관계인 또는 소방안전관리대상물의 소방안전관리자가 법 제20조 제6항에 따른 소방안전관리 업무를 하지 않은 경우	법 제53조 제2항 제6호	50	100	200
자. 법 제20조 제7항을 위반하여 소방안전관리대상물의 관계인이 소방안전관리자에 대한 지도와 감독을 하지 않은 경우	법 제53조 제2항 제7호	200		

위반행위	근거 법조문	과태료 금액 (단위 : 만원)		
		1차 위반	2차 위반	3차 이상 위반
차. 법 제21조의2 제3항을 위반하여 피난유도 안내정보를 제공하지 아니한 경우	법 제53조 제2항 제7호의2	50	100	200
카. 법 제22조 제1항을 위반하여 소방훈련 및 교육을 하지 않은 경우	법 제53조 제2항 제8호	50	100	200
타. 법 제24조 제1항을 위반하여 소방안전관리 업무를 하지 않은 경우	법 제53조 제2항 제9호	50	100	200
파. 법 제25조 제2항을 위반하여 소방시설 등의 점검결과를 보고하지 않거나 거짓으로 보고한 경우	법 제53조 제2항 제10호			
1) 지연보고기간이 1개월 미만인 경우		30		
2) 지연보고기간이 1개월 이상 3개월 미만인 경우		50		
3) 지연보고기간이 3개월 이상 또는 보고하지 않은 경우		100		
4) 거짓으로 보고한 경우		200		
하. 관리업자가 법 제33조 제2항을 위반하여 지위승계, 행정처분 또는 휴업·폐업의 사실을 특정소방대상물의 관계인에게 알리지 않거나 거짓으로 알린 경우	법 제53조 제2항 제11호	200		
거. 관리업자가 법 제33조 제3항을 위반하여 기술인력의 참여없이 자체점검을 실시한 경우	법 제53조 제2항 제12호	200		
너. 관리업자가 법 제33조의2 제2항에 따른 서류를 거짓으로 제출한 경우	법 제53조 제2항 제12호의2	200		
더. 소방안전관리자 및 소방안전관리보조자가 법 제41조 제1항 제1호 또는 제2호를 위반하여 실무교육을 받지 않은 경우	법 제53조 제3항	50		
러. 법 제46조 제1항에 따른 명령을 위반하여 보고 또는 자료제출을 하지 않거나 거짓으로 보고 또는 자료제출을 한 경우 또는 정당한 사유없이 관계 공무원의 출입 또는 조사·검사를 거부·방해 또는 기피한 경우	법 제53조 제2항 제13호	50	100	200

5 화재예방, 소방시설 설치·유지 및 안전관리에 관한 법률 시행규칙

(약칭 : 소방시설법 시행규칙)

타법개정 2021. 7. 13. 행정안전부령 제268호

제19조【점검결과 보고서의 제출】 ① 법 제20조 제2항 전단에 따른 소방안전관리대상물의 관계인 및 「공공기관의 소방안전관리에 관한 규정」 제5조에 따라 소방안전관리자를 선임해야 하는 공공기관의 장은 [별표 1]에 따른 작동기능점검 또는 종합정밀점검을 실시한 경우 법 제25조 제2항에 따라 **7일 이내**에 별지 제21호 서식의 소방시설 등 자체점검 실시결과 보고서를 소방본부장 또는 소방서장에게 제출해야 한다. 이 경우 소방청장이 지정하는 전산망을 통하여 그 점검결과 보고서를 제출할 수 있다. 〈개정 21.3.25.〉

② 삭 제〈21.3.25.〉

③ 법 제20조 제2항 전단에 따른 소방안전관리대상물의 관계인 및 「공공기관의 소방안전관리에 관한 규정」 제5조에 따라 소방안전관리자를 선임해야 하는 공공기관의 기관장은 법 제25조 제3항에 따라 [별표 1]에 따른 작동기능점검 또는 종합정밀점검을 실시한 경우 그 **점검결과**를 **2년간 자체 보관**해야 한다. 〈개정 21.3.25.〉

[전문개정 14.7.8.]

부 칙〈제268호, 21.7.13.〉

이 규칙은 공포한 날부터 시행한다.

[별표 1] 소방시설 등의 자체점검의 구분과 그 대상, 점검자의 자격, 점검방법 · 횟수 및 시기(제18조 제1항 관련) <개정 21.7.13.>

1. 소방시설 등에 대한 자체점검은 다음 각 목과 같이 구분한다.
   가. 작동기능점검 : 소방시설 등을 인위적으로 조작하여 정상적으로 작동하는지를 점검하는 것
   나. **종합정밀점검** : 소방시설 등의 작동기능점검을 포함하여 소방시설 등의 설비별 주요 구성부품의 구조기준이 법 제9조 제1항에 따라 소방청장이 정하여 고시하는 **화재안전기준** 및 **「건축법」** 등 관련 법령에서 정하는 기준에 적합한지 여부를 점검하는 것을 말한다.
2. **작동기능점검**은 다음의 구분에 따라 실시한다.
   가. 작동기능점검은 영 제5조에 따른 특정소방대상물을 대상으로 한다. 다만, 다음의 어느 하나에 해당하는 특정소방대상물은 제외한다.
      1) 위험물제조소 등과 영 [별표 5]에 따라 소화기구만을 설치하는 특정소방대상물
      2) 영 제22조 제1항 제1호에 해당하는 특정소방대상물
   나. 작동기능점검은 해당 특정소방대상물의 관계인 · 소방안전관리자 또는 소방시설관리업자(소방시설관리사를 포함하여 등록된 기술인력을 말한다.)가 점검할 수 있다. 이 경우 소방시설관리업자 또는 소방안전관리자로 선임된 소방시설관리사 및 소방기술사가 점검하는 경우에는 [별표 2]에 따른 점검인력 배치기준을 따라야 한다.
   다. 작동기능점검은 [별표 2의2]에 따른 점검장비를 이용하여 점검할 수 있다.
   라. **작동기능점검은 연 1회 이상** 실시한다.
   마. **작동기능점검의 점검시기**는 다음과 같다.
      1) 제3호 가목에 따른 종합정밀점검대상 : 종합정밀점검을 받은 달부터 6개월이 되는 달에 실시한다.
      2) 제19조 제1항에 따라 작동기능점검 결과를 보고하여야 하는 대상 [1)에 해당하는 경우는 제외한다.]
         가) 건축물의 사용승인일(건축물의 경우에는 건축물관리대장 또는 건물 등기사항증명서에 기재되어 있는 날, 시설물의 경우에는 「시설물의 안전 및 유지관리에 관한 특별법」 제55조 제1항에 따른 시설물통합정보관리체계에 저장 · 관리되고 있는 날을 말하며, 건축물관리대장, 건물 등기사항증명서 및 시설물통합정보관리체계를 통해 확인되지 않는 경우에는 소방시설완공검사증명서에 기재된 날을 말한다. 이하 이 표에서 같다.)이 속하는 달의 말일까지 실시한다.
         나) 신규로 건축물의 사용승인을 받은 건축물은 그 다음 해(건축물이 아닌 경우에는 그 특정소방대상물을 이용 또는 사용하기 시작한 해의 다음 해를 말한다. 이하 이 표에서 같다.)부터 실시하되, 소방시설완공검사증명서를 받은 후 1년이 경과한 후에 사용승인을 받은 경우에는 사용승인을 받은 그 해부터 실시한다. 다만, 그 해의 작동기능점검은 가)에도 불구하고 사용승인일부터 3개월 이내에 실시할 수 있다.
      3) 그 밖의 점검대상 : 연중 실시한다.

5. 화재예방, 소방시설 설치·유지 및 안전관리에 관한 법률 시행규칙

3. **종합정밀점검**은 다음의 구분에 따라 실시한다.
    가. 종합정밀점검은 다음의 어느 하나에 해당하는 특정소방대상물을 대상으로 한다.
      1) **스프링클러설비**가 설치된 특정소방대상물
      2) **물분무등소화설비**[호스릴(Hose Reel)방식의 물분무등소화설비만을 설치한 경우는 제외한다.]가 설치된 **연면적 5,000㎡ 이상**인 특정소방대상물(위험물제조소 등은 제외한다.)
      3) 「다중이용업소의 안전관리에 관한 특별법 시행령」 제2조 제1호 나목, 같은 조 제2호(비디오물소극장업은 제외한다.)·제6호·제7호·제7호의2 및 제7호의5의 다중이용업의 영업장이 설치된 특정소방대상물로서 **연면적이 2,000㎡ 이상**인 것
      4) 제연설비가 설치된 터널
      5) 「공공기관의 소방안전관리에 관한 규정」 제2조에 따른 공공기관 중 연면적(터널·지하구의 경우 그 길이와 평균 폭을 곱하여 계산된 값을 말한다.)이 **1,000㎡ 이상**인 것으로서 **옥내소화전설비** 또는 **자동화재탐지설비**가 설치된 것. 다만, 「소방기본법」 제2조 제5호에 따른 소방대가 근무하는 공공기관은 제외한다. 점검 10회
    나. 종합정밀점검은 소방시설관리업자 또는 소방안전관리자로 선임된 소방시설관리사 및 소방기술사가 실시할 수 있다. 이 경우 [별표 2]에 따른 점검인력 배치기준을 따라야 한다.
    다. 종합정밀점검은 [별표 2의2]에 따른 점검장비를 이용하여 점검하여야 한다.
    라. 종합정밀점검의 **점검횟수**는 다음과 같다.
      1) 연 1회 이상(영 제22조 제1항 제1호에 해당하는 특정소방대상물의 경우에는 반기에 1회 이상) 실시한다.
      2) 1)에도 불구하고 소방본부장 또는 소방서장은 소방청장이 소방안전관리가 우수하다고 인정한 특정소방대상물에 대해서는 3년의 범위에서 소방청장이 고시하거나 정한 기간 동안 종합정밀점검을 면제할 수 있다. 다만, 면제기간 중 화재가 발생한 경우는 제외한다.
    마. 종합정밀점검의 **점검시기**는 다음 기준에 의한다. 점검 12회
      1) 건축물의 **사용승인일이 속하는 달**에 실시한다. 다만, 「공공기관의 안전관리에 관한 규정」 제2조 제2호 또는 제5호에 따른 **학교의 경우**에는 해당 건축물의 사용승인일이 **1월에서 6월 사이에 있는 경우**에는 **6월 30일까지** 실시할 수 있다.
      2) 1)에도 불구하고 신규로 건축물의 사용승인을 받은 건축물은 그 다음 해부터 실시하되, 건축물의 사용승인일이 속하는 달의 말일까지 실시한다. 다만, 소방시설완공검사증명서를 받은 후 1년이 경과한 이후에 사용승인을 받은 경우에는 사용승인을 받은 그 해부터 실시하되, 그 해의 종합정밀점검은 사용승인일부터 3개월 이내에 실시할 수 있다.
      3) 건축물 사용승인일 이후 제3호 가목 3)에 해당하게 된 때에는 그 다음 해부터 실시한다.
      4) 하나의 대지경계선 안에 2개 이상의 점검대상 건축물이 있는 경우에는 그 건축물 중 사용승인일이 가장 빠른 건축물의 사용승인일을 기준으로 점검할 수 있다.
4. 제1호에도 불구하고 「공공기관의 소방안전관리에 관한 규정」 제2조에 따른 공공기관의 장(이하 "기관장"이라 한다.)은 공공기관에 설치된 소방시설 등의 유지·관리상태를 맨눈 또는 신체감각을 이용하여 점검하는 외관점검을 월 1회 이상 실시(작동기능점검 또는 종합정밀점검

을 실시한 달에는 실시하지 않을 수 있다.)하고, 그 점검결과를 **2년간 자체 보관**하여야 한다. 이 경우 외관점검의 점검자는 해당 특정소방대상물의 관계인, 소방안전관리자 또는 소방시설관리업자(소방시설관리사를 포함하여 등록된 기술인력을 말한다.)로 하여야 한다.

5. 제1호 및 제4호에도 불구하고 기관장은 해당 공공기관의 전기시설물 및 가스시설에 대하여 다음 각 목의 구분에 따른 점검 또는 검사를 받아야 한다.

　가. 전기시설물의 경우 : 「전기사업법」 제63조에 따른 사용 전 검사, 같은 법 제65조에 따른 정기검사 및 같은 법 제66조에 따른 일반용 전기설비의 점검

　나. 가스시설의 경우 : 「도시가스사업법」 제17조에 따른 검사, 「고압가스 안전관리법」 제16조의2 및 제20조 제4항에 따른 검사 또는 「액화석유가스의 안전관리 및 사업법」 제37조 및 제44조 제2항·제4항에 따른 검사

5. 화재예방, 소방시설 설치·유지 및 안전관리에 관한 법률 시행규칙

〔**별표 2**〕 **소방시설 등의 자체점검 시 점검인력 배치기준**(제18조 제1항 관련) 〈개정 18.9.5.〉

1. 소방시설관리업자가 점검하는 경우에는 소방시설관리사 1명과 영 [별표 9] 제2호에 따른 보조 기술인력(이하 "**보조인력**"이라 한다.) 2명을 점검인력 1단위로 하되, 점검인력 1단위에 2명(같은 건축물을 점검할 때에는 4명) 이내의 보조인력을 추가할 수 있다. 다만, 제26조의2 제2호에 따른 작동기능점검(이하 "**소규모점검**"이라 한다.)의 경우에는 보조인력 1명을 점검인력 1단위로 한다.

1의2. 소방안전관리자로 선임된 소방시설관리사 및 소방기술사가 점검하는 경우에는 소방시설관리사 또는 소방기술사 중 1명과 보조인력 2명을 점검인력 1단위로 하되, 점검인력 1단위에 4명 이내의 보조인력을 추가할 수 있다. 다만, 보조인력은 해당 특정소방대상물의 관계인 또는 소방안전관리보조자로 할 수 있으며, 소규모 점검의 경우에는 보조인력 1명을 점검인력 1단위로 한다.

2. 점검인력 1단위가 하룻동안 점검할 수 있는 특정소방대상물의 연면적(이하 "**점검한도 면적**"이라 한다.)은 다음 각 목과 같다.
   가. **종합정밀점검** : 10,000m^2
   나. **작동기능점검** : 12,000m^2(소규모 점검의 경우에는 3,500m^2)

3. 점검인력 1단위에 보조인력을 **1명씩 추가**할 때마다 **종합정밀점검**의 경우에는 3,000m^2, **작동기능점검**의 경우에는 3,500m^2씩을 점검한도 면적에 더한다.

4. 소방시설관리업자 또는 소방안전관리자로 선임된 소방시설관리사 및 소방기술사가 하룻동안 점검한 면적은 실제 점검면적(지하구는 그 길이에 폭의 길이 1.8m를 곱하여 계산된 값을 말하며, 터널은 3차로 이하인 경우에는 그 길이에 폭의 길이 3.5m를 곱하고, 4차로 이상인 경우에는 그 길이에 폭의 길이 7m를 곱한 값을 말한다. 다만, 한쪽 측벽에 소방시설이 설치된 4차로 이상인 터널의 경우는 그 길이와 폭의 길이 3.5m를 곱한 값을 말한다. 이하 같다.)에 다음 각 목의 기준을 적용하여 계산한 면적(이하 "**점검면적**"이라 한다.)으로 하되, 점검면적은 점검한도 면적을 초과하여서는 아니 된다.
   가. 실제 점검면적에 다음의 가감계수를 곱한다.

구 분	대상 용도	가감계수
1류	노유자시설, 숙박시설, 위락시설, 의료시설(정신보건의료기관), 수련시설, 복합건축물(1류에 속하는 시설이 있는 경우)	1.2
2류	문화 및 집회시설, 종교시설, 의료시설(정신보건시설 제외), 교정 및 군사시설(군사시설 제외), 지하가, 복합건축물(1류에 속하는 시설이 있는 경우 제외), 발전시설, 판매시설	1.1
3류	근린생활시설, 운동시설, 업무시설, 방송통신시설, 운수시설	1.0
4류	공장, 위험물 저장 및 처리시설, 창고시설	0.9
5류	공동주택(아파트 제외), 교육연구시설, 항공기 및 자동차 관련 시설, 동물 및 식물 관련 시설, 분뇨 및 쓰레기 처리시설, 군사시설, 묘지 관련 시설, 관광휴게시설, 장례식장, 지하구, 문화재	0.8

나. 점검한 특정소방대상물이 다음의 어느 하나에 해당할 때에는 다음에 따라 계산된 값을 가목에 따라 계산된 값에서 뺀다.
   1) 영 [별표 5] 제1호 라목에 따라 **스프링클러설비가 설치되지 않은 경우** : 가목에 따라 계산된 값에 0.1을 곱한 값
   2) 영 [별표 5] 제1호 바목에 따라 **물분무등소화설비가 설치되지 않은 경우** : 가목에 따라 계산된 값에 0.15를 곱한 값
   3) 영 [별표 5] 제5호 가목에 따라 **제연설비가 설치되지 않은 경우** : 가목에 따라 계산된 값에 0.1을 곱한 값
다. 2개 이상의 특정소방대상물을 하루에 점검하는 경우에는 나중에 점검하는 특정소방대상물에 대하여 특정소방대상물 간의 최단주행거리 5km마다 나목에 따라 계산된 값(나목에 따라 계산된 값이 없을 때에는 가목에 따라 계산된 값을 말한다.)에 0.02를 곱한 값을 더한다.

5. 제2호부터 제4호까지의 규정에도 불구하고 **아파트**(공용시설, 부대시설 또는 복리시설은 포함하고, 아파트가 포함된 복합건축물의 아파트 외의 부분은 제외한다. 이하 이 표에서 같다.)를 점검할 때에는 다음 각 목의 기준에 따른다.
  가. 점검인력 1단위가 하룻동안 점검할 수 있는 아파트의 세대수(이하 "**점검한도 세대수**"라 한다.)는 다음과 같다.
   1) **종합정밀점검** : 300세대
   2) **작동기능점검** : 350세대(소규모 점검의 경우에는 90세대)
  나. 점검인력 1단위에 보조인력을 **1명씩 추가**할 때마다 **종합정밀점검**의 경우에는 **70세대**, **작동기능점검**의 경우에는 **90세대**씩을 점검한도 세대수에 더한다.
  다. 소방시설관리업자 또는 소방안전관리자로 선임된 소방시설관리사 및 소방기술사가 하룻동안 점검한 세대수는 실제 점검 세대수에 다음의 기준을 적용하여 계산한 세대수(이하 "**점검세대수**"라 한다.)로 하되, 점검세대수는 점검한도 세대수를 초과하여서는 아니 된다.
   1) 점검한 아파트가 다음의 어느 하나에 해당할 때에는 다음에 따라 계산된 값을 실제 점검 세대수에서 뺀다.
     (가) 영 [별표 5] 제1호 라목에 따라 스프링클러설비가 설치되지 않은 경우 : 실제 점검 세대수에 0.1을 곱한 값
     (나) 영 [별표 5] 제1호 바목에 따라 물분무등소화설비가 설치되지 않은 경우 : 실제 점검 세대수에 0.15를 곱한 값
     (다) 영 [별표 5] 제5호 가목에 따라 제연설비가 설치되지 않은 경우 : 실제 점검 세대수에 0.1을 곱한 값
   2) 2개 이상의 아파트를 하루에 점검하는 경우에는 나중에 점검하는 아파트에 대하여 아파트 간의 최단주행거리 5km마다 1)에 따라 계산된 값 (1)에 따라 계산된 값이 없을 때에는 실제 점검 세대수를 말한다.)에 0.02를 곱한 값을 더한다.

6. **아파트와 아파트 외 용도의 건축물**을 하루에 점검할 때에는 **종합정밀점검**의 경우 제5호에 따라 계산된 값에 **33.3**, **작동기능점검**의 경우 제5호에 따라 계산된 값에 **34.3**(소규모 점검의 경우에는 38.9)을 곱한 값을 점검면적으로 보고 제2호 및 제3호를 적용한다.
7. 종합정밀점검과 작동기능점검을 하루에 점검하는 경우에는 작동기능점검의 점검면적 또는 점검 세대수에 0.8을 곱한 값을 종합정밀점검 점검면적 또는 점검 세대수로 본다.
8. 제3호부터 제7호까지의 규정에 따라 계산된 값은 소수점 이하 둘째자리에서 반올림한다.

[별표 8] 행정처분기준(제44조 관련) 〈개정 19.8.13.〉

1. 일반기준 점검 15회
   가. 위반행위가 동시에 둘 이상 발생한 때에는 그 중 중한 처분기준(중한 처분기준이 동일한 경우에는 그 중 하나의 처분기준을 말한다. 이하 같다.)에 의하되, 둘 이상의 처분기준이 동일한 영업정지이거나 사용정지인 경우에는 중한 처분의 $\frac{1}{2}$까지 가중하여 처분할 수 있다.
   나. 영업정지 또는 사용정지 처분기간 중 영업정지 또는 사용정지에 해당하는 위반사항이 있는 경우에는 종전의 처분기간 만료일의 다음 날부터 새로운 위반사항에 의한 영업정지 또는 사용정지의 행정처분을 한다.
   다. 위반행위의 차수에 따른 **행정처분의 가중된 처분기준**은 최근 1년간 같은 위반행위로 행정처분을 받은 경우에 적용한다. 이 경우 기간의 계산은 위반행위에 대하여 행정처분을 받은 날과 그 처분 후 다시 같은 위반행위를 하여 적발된 날을 기준으로 한다.
   라. 다목에 따라 가중된 행정처분을 하는 경우 가중처분의 적용 차수는 그 위반행위 전 행정처분 차수(다목에 따른 기간 내에 행정처분이 둘 이상 있었던 경우에는 높은 차수를 말한다.)의 다음 차수로 한다.
   마. 영업정지 등에 해당하는 위반사항으로서 위반행위의 동기·내용·횟수·사유 또는 그 결과를 고려하여 다음의 어느 하나에 해당하는 경우에는 그 처분을 가중하거나 감경할 수 있다. 이 경우 그 처분이 영업정지 또는 자격정지일 때에는 그 처분기준의 $\frac{1}{2}$의 범위에서 가중하거나 감경할 수 있고, 등록취소 또는 자격취소일 때에는 등록취소 또는 자격취소 전 차수의 행정처분이 영업정지 또는 자격정지이면 그 처분기준의 2배 이상의 영업정지 또는 자격정지로 감경(법 제19조 제1항 제1호·제3호, 법 제28조 제1호·제4호·제5호·제7호 및 법 제34조 제1항 제1호·제4호·제7호를 위반하여 등록취소 또는 자격취소된 경우는 제외한다.)할 수 있다.
      1) 가중 사유
         가) 위반행위가 사소한 부주의나 오류가 아닌 고의나 중대한 과실에 의한 것으로 인정되는 경우
         나) 위반의 내용·정도가 중대하여 관계인에게 미치는 피해가 크다고 인정되는 경우
      2) 감경 사유
         가) 위반행위가 사소한 부주의나 오류 등 과실에 의한 것으로 인정되는 경우
         나) 위반의 내용·정도가 경미하여 관계인에게 미치는 피해가 적다고 인정되는 경우
         다) 위반행위를 처음으로 한 경우로서, 5년 이상 방염처리업, 소방시설관리업 등을 모범적으로 해 온 사실이 인정되는 경우
         라) 그 밖에 다음의 경미한 위반사항에 해당되는 경우 점검 11회
            (1) 스프링클러설비 헤드가 살수(撒水)반경에 미치지 못하는 경우
            (2) 자동화재탐지설비 감지기 2개 이하가 설치되지 않은 경우
            (3) 유도등(誘導燈)이 일시적으로 점등(點燈)되지 않는 경우
            (4) 유도표지(誘導標識)가 정해진 위치에 붙어 있지 않은 경우

2. 개별기준
  가. 삭 제〈15.7.16.〉
  나. 소방시설관리사에 대한 행정처분기준

위반사항	근거 법조문	행정처분기준		
		1차	2차	3차
(1) 거짓, 그 밖의 부정한 방법으로 시험에 합격한 경우	법 제28조 제1호	자격취소		
(2) 법 제20조 제6항에 따른 소방안전관리 업무를 하지 않거나 거짓으로 한 경우	법 제28조 제2호	경고 (시정명령)	자격정지 6월	자격취소
(3) 법 제25조에 따른 점검을 하지 않거나 거짓으로 한 경우	법 제28조 제3호	경고 (시정명령)	자격정지 6월	자격취소
(4) 법 제26조 제6항을 위반하여 소방시설관리증을 다른 자에게 빌려준 경우	법 제28조 제4호	자격취소		
(5) 법 제26조 제7항을 위반하여 동시에 둘 이상의 업체에 취업한 경우	법 제28조 제5호	자격취소		
(6) 법 제26조 제8항을 위반하여 성실하게 자체점검 업무를 수행하지 아니한 경우	법 제28조 제6호	경고	자격정지 6월	자격취소
(7) 법 제27조 각 호의 어느 하나의 결격사유에 해당하게 된 경우	법 제28조 제7호	자격취소		
(8) 삭 제〈14.7.8〉				
(9) 삭 제〈12.2.3〉				

  다. 소방시설관리업에 대한 행정처분기준

위반사항	근거 법조문	행정처분기준		
		1차	2차	3차
(1) 거짓, 그 밖의 부정한 방법으로 등록을 한 경우	법 제34조 제1항 제1호	등록취소		
(2) 법 제25조 제1항에 따른 점검을 하지 않거나 거짓으로 한 경우	법 제34조 제1항 제2호	경고 (시정명령)	영업정지 3개월	등록취소
(3) 법 제29조 제2항에 따른 등록기준에 미달하게 된 경우. 다만, 기술인력이 퇴직하거나 해임되어 30일 이내에 재선임하여 신고하는 경우는 제외한다.	법 제34조 제1항 제3호	경고 (시정명령)	영업정지 3개월	등록취소
(4) 법 제30조 각 호의 어느 하나의 등록의 결격사유에 해당하게 된 경우	법 제34조 제1항 제4호	등록취소		
(5) 법 제33조 제1항을 위반하여 다른 자에게 등록증 또는 등록수첩을 빌려준 경우	법 제34조 제1항 제7호	등록취소		

시 간

생각하는 시간을 가져라
사고는 힘의 근원이다.
놀 수 있는 시간을 가져라
놀이는 변함 없는 젊음의 비결이다.
책 읽을 수 있는 시간을 가져라
독서는 지혜의 원천이다.
기도할 수 있는 시간을 가져라
기도는 역경을 당했을 때 극복하는 길이 된다.
사랑할 수 있는 시간을 가져라
사랑한다는 것은 삶을 가치 있게 만드는 것이다.
우정을 나눌 수 있는 시간을 가져라
우정은 생활의 향기를 더해 준다.
웃을 수 있는 시간을 가져라
웃음은 영혼의 음악이다.
줄 수 있는 시간을 가져라
일 년 중 어느 날이고 간에 시간은 잠깐 사이에 지나간다.

• 김형모의 「짧은 얘기 긴 생각 그리고 시」 중에서 •

찾아보기

숫자·영문

4방향 흔들림 방지 버팀대 ·················· 286
S ·· 285
S_s ··· 285

ㄱ

가동중량 ·· 285
가스연소기 ··· 332
가스자동소화장치 ································· 4
가압수조 ··· 13, 29, 41, 69, 87, 107, 121, 135
가연성가스 경보기 ······························· 332
가요성 이음장치 ·································· 285
가지배관 ······················ 40, 69, 87, 247
가지배관 고정장치 ······························· 286
간이소화장치 ······································ 281
간이완강기 ··· 206
간이피난유도선 ··································· 281
간이헤드 ·· 69
감지기 ··· 301
개방형 미분무소화설비 ······················· 120
개방형 미분무헤드 ······························· 120
개방형스프링클러헤드 ··························· 39
개폐표시형밸브 ··· 13, 29, 41, 70, 87, 121, 134
객석유도등 ·· 335
거실 ··· 4, 301
거실제연설비 ······································ 225
거실통로유도등 ··································· 335
건식스프링클러설비 ······························· 41
건식스프링클러헤드 ······························· 40
경계구역 ·· 301
계단통로유도등 ··································· 335

고가수조 ··· 12, 29, 39, 69, 86, 106, 134
고압 ·· 346
고압 미분무소화설비 ··························· 120
고정포방출설비 ··································· 135
고체에어로졸자동소화장치 ······················ 4
고층건축물 ·· 275
공기안전매트 ······································ 206
공기호흡기 ·· 214
공동예상제연구역 ································ 217
공용배전반 ·· 354
공용분전반 ·· 355
공용큐비클식 ····································· 354
과전류차단기 ····································· 354
교차배관 ························ 40, 69, 87, 247
교차회로방식 ···················· 121, 155, 167, 189
구조대 ·· 206
구조부재 ··· 285
국소방출방식 ····· 121, 134, 155, 167, 189
근입깊이 ··· 285
급기량 ·· 225
급수배관 ··· 12, 29, 40, 70, 87, 106, 135, 276
기동용 수압개폐장치 ··· 12, 29, 39, 69, 86,
                              106, 134, 256

ㄴ

내진 ·· 284
내진스토퍼 ·· 285
누설동축케이블 ·································· 350
누설량 ·· 225
누전경보기 ·· 329
능력단위 ·· 4

ㄷ

다수인피난장비 ·············· 206
다중이용업 ···················· 363
단독경보형감지기 ············ 322
단독형 ···························· 332
단부 ······························· 285
대형소화기 ························ 3
도로터널 ························ 270

ㄹ

라인 프로포셔너방식 ········ 135

ㅁ

면진 ······························· 284
무선식 ···························· 322
물분무헤드 ······················ 106
미분무 ···························· 120
미분무소화설비 ················ 120
미분무헤드 ······················ 120
밀폐구조의 영업장 ············ 363

ㅂ

반사판(디플렉터) ········ 41, 70
반횡류환기방식 ················ 270
발신기 ······················ 301, 322
방수구 ···························· 256
방연풍속 ························· 225
방열복 ···························· 214
방화댐퍼 ························· 484
방화문 ········ 155, 167, 177, 189, 217
방화벽 ···························· 238

방화복 ···························· 214
배기구 ···························· 270
배출풍도 ························· 217
변류기 ···························· 329
변전설비 ························· 354
변전소 ···························· 346
보충량 ···························· 225
복도통로유도등 ················ 335
부압식스프링클러설비 ········ 40
분기구 ···························· 238
분리형 ···························· 332
분말자동소화장치 ················ 4
분배기 ···························· 350
분전반 ···························· 238
분파기 ···························· 350
불활성기체소화약제 ·········· 177
비상경보장치 ··················· 281
비상벨설비 ······················ 322
비상조명등 ······················ 343

ㅅ

상쇄배관(offset) ·············· 286
상수도직결형 간이스프링클러설비 ······· 70
상업용 주방자동소화장치 ······ 4
설계도서 ························· 121
설계화재강도 ··················· 270
세장비 ···························· 284
소방부하 ·························· 41
소방전원 보존형 발전기 ······ 41
소방회로 ························· 354
소형소화기 ························ 3
소화기 ······················· 3, 281
소화수조 또는 저수조 ········ 267
소화약제 ···························· 3

속보기 ·· 320
송수구 ································ 247, 256
송액관 ·· 135
수신기 ································ 301, 322
수신부 ································ 329, 332
수전설비 ······································ 354
수직거리 ······································ 217
수직직선배관 ······························· 286
수평지진하중 ······························· 284
수평직선배관 ······························· 286
수평투영면 ·································· 265
습식스프링클러설비 ······················ 40
습식유수검지장치 ························· 70
승강식 피난기 ···························· 206
시각경보장치 ······························· 301
시공자 ··· 484
신축배관 ····························· 40, 70, 87
실내장식물 ·································· 363
심부화재 ······································ 155

ㅇ

안전시설 등 ································ 363
압력수조 ··· 12, 29, 39, 69, 86, 106, 134
압축공기포소화설비 ··················· 135
양방향 터널 ································ 270
연기발생률 ·································· 270
연성계 ··· 12, 29, 39, 69, 86, 106, 134, 256
연소할 우려가 있는 개구부 ··· 41, 121, 247
영향구역 ······································ 286
예상제연구역 ······························· 217
완강기 ··· 206
유·무선식 ·································· 322
유도등 ··· 335
유류화재(B급 화재) ························ 4

유선식 ··· 322
유수검지장치 ······················ 40, 87, 121
유입공기 ······································ 225
유입풍도 ······································ 217
음량조절기 ·································· 326
인공소생기 ·································· 214
인입개폐기 ··························· 346, 354
인입구 배선 ································ 354
인입선 ··· 354
일반화재(A급 화재) ························ 4
일반회로 ······································ 354
일방향 터널 ································ 270
일산화탄소 경보기 ······················ 332
일제개방밸브 ······················· 40, 106
일제살수식스프링클러설비 ········· 41

ㅈ

자동소화장치 ································· 3
자동식 사이렌설비 ······················ 322
자동차압·과압조절형 급기댐퍼 ········· 225
자동폐쇄장치 ······························· 226
자동확산소화기 ······························ 3
작업구 ··· 238
저압 ··· 346
저압 미분무소화설비 ················· 120
전기사업자 ·································· 354
전기화재(C급 화재) ························ 4
전역방출방식 ····· 121, 134, 155, 167, 189
전용배전반 ·································· 354
전용분전반 ·································· 354
전용큐비클식 ······························· 354
정격토출량 ··· 12, 29, 39, 70, 86, 134, 256
정격토출압력 ··· 12, 29, 39, 70, 86, 134, 256
제어반 ··· 238

제어반 등 ·· 286
제연경계의 폭 ····································· 217
제연구역 ································· 217, 225
제진 ·· 284
조기반응형헤드 ································· 39
종류환기방식 ······································ 270
종방향 흔들림 방지 버팀대 ········· 286
주거용 주방자동소화장치 ·············· 3
주방화재(K급 화재) ·························· 4
주배관 ······················ 40, 70, 87, 247, 256
준비작동식스프링클러설비 ··········· 40
준비작동식유수검지장치 ················ 70
중계기 ··· 301
중압 미분무소화설비 ···················· 120
증폭기 ·· 326, 350
지진거동특성 ······································ 284
지진동 ·· 285
지진분리이음 ······································ 284
지진분리장치 ······································ 285
지진하중 ··· 285
지하구 ··· 238
진공계 ··· 12, 29, 39, 69, 86, 106, 134, 256
집합관 ··· 189

ㅊ

채수구 ··· 267
체절운전 ······························· 12, 39, 86, 256
체크밸브 ··· 247
충압펌프 ··· 12, 29, 39, 69, 86, 134, 256
충전밀도 ··· 177
충전비 ·································· 155, 167, 189
측벽형스프링클러헤드 ····················· 39

ㅋ

캐비닛형 간이스프링클러설비 ········· 70
캐비닛형 자동소화장치 ··················· 4
케이블접속부 ······································ 238

ㅌ

탐지부 ··· 332
통로유도등 ··· 335
통로유도표지 ······································ 336
통신망 ··· 320
특고압 ··· 346
특고압 케이블 ···································· 238

ㅍ

팽창비 ··· 134
펌프 프로포셔너방식 ···················· 135
편심하중 ··· 285
폐쇄형 미분무소화설비 ················ 120
폐쇄형 미분무헤드 ·························· 120
폐쇄형스프링클러헤드 ····················· 39
포소화전설비 ······································ 135
포워터스프링클러설비 ·················· 135
포헤드설비 ··· 135
표면화재 ··· 155
프레져 프로포셔너방식 ················ 135
프레져사이드 프로포셔너방식 ··· 135
플랩댐퍼 ··· 225
피난구유도등 ······································ 335
피난구유도표지 ································· 335
피난사다리 ··· 206
피난연결통로 ······································ 270
피난유도선 ··· 336

하향식 피난구 ·································· 484
하향식 피난구용 내림식사다리 ············ 207
할로겐화합물 및 불활성기체소화약제 ··· 177
할로겐화합물소화약제 ························ 177
호스릴방식 ················ 121, 155, 167, 189
호스릴포소화설비 ······························ 135
호스접결구 ······································· 247
호칭지름 ·· 265
혼합기 ·· 350
화재위험평가 ···································· 363
화재조기진압용 스프링클러헤드 ·········· 86
확성기 ·· 326
환기구 ·· 238
횡류환기방식 ···································· 270
횡방향 흔들림 방지 버팀대 ················ 286
휴대용비상조명등 ······························ 343

MEMO

MEMO

MEMO

MEMO

[초스피드기억법]

화재안전기준 포켓북

3rd Edition

2008. 2. 4. 초 판 1쇄 발행
2021. 1. 5. 8차 개정증보 8판 1쇄 발행
2021. 4. 7. 9차 개정증보 9판 1쇄 발행
2022. 2. 25. 10차 개정증보 10판 1쇄 발행

지은이 | 공하성
펴낸이 | 이종춘
펴낸곳 | BM (주)도서출판 성안당

주소 | 04032 서울시 마포구 양화로 127 첨단빌딩 3층(출판기획 R&D 센터)
     | 10881 경기도 파주시 문발로 112 파주 출판 문화도시(제작 및 물류)

전화 | 02) 3142-0036
     | 031) 950-6300
팩스 | 031) 955-0510
등록 | 1973. 2. 1. 제406-2005-000046호
출판사 홈페이지 | http://www.cyber.co.kr
ISBN | 978-89-315-2760-5 (13530)
정가 | 20,000원

이 책을 만든 사람들

기획 | 최옥현
진행 | 박경희
교정·교열 | 최주연
전산편집 | 전채영
표지 디자인 | 박원석
홍보 | 김계향, 이보람, 유미나, 서세원
국제부 | 이선민, 조혜란, 권수경
마케팅 | 구본철, 차정욱, 나진호, 이동후, 강호묵
마케팅 지원 | 장상범, 박지연
제작 | 김유석

이 책의 어느 부분도 저작권자나 BM (주)도서출판 성안당 발행인의 승인 문서 없이 일부 또는 전부를 사진 복사나 디스크 복사 및 기타 정보 재생 시스템을 비롯하여 현재 알려지거나 향후 발명될 어떤 전기적, 기계적 또는 다른 수단을 통해 복사하거나 재생하거나 이용할 수 없음.

※ 잘못된 책은 바꾸어 드립니다.